新世纪高等院校精品教材

微积分学

下 册

吴迪光 张 彬 编著

浙江大学出版社

图书在版编目（CIP）数据

微积分学.下／吴迪光等编著.　杭州：浙江大学出版社，
1995（2018.7 重印）
　ISBN 978-7-308-01539-4

　Ⅰ.微… Ⅱ.吴… Ⅲ.微积分－高等学校－教材 Ⅳ.
O172

　中国版本图书馆 CIP 数据核字（2007）第 003010 号

微积分学（下）

吴迪光　张　彬　编著

责任编辑	樊晓燕
出版发行	浙江大学出版社
	（杭州市天目山路 148 号　邮政编码 310007）
	（网址：http://www.zjupress.com）
排　　版	杭州中大图文设计有限公司
印　　刷	浙江省良渚印刷厂
开　　本	787mm×1092mm　1/16
印　　张	20.25
字　　数	518 千
版 印 次	1995 年 10 月第 1 版　2018 年 7 月第 14 次印刷
书　　号	ISBN 978-7-308-01539-4
定　　价	39.00 元

目 录

第八章 矢量代数与空间解析几何

矢量在科学技术中是一类十分普遍的量,从力学、物理学中的一些基本法则抽象概括出来的矢量的代数运算,成为学习物理学、力学和电学等的基础知识,也是讨论几何问题的有力工具. 本章介绍矢量及其代数运算,并用它来讨论空间解析几何问题. 为与中学数学衔接,先介绍一点行列式作为预备知识.

§1 预备知识 —— 二阶与三阶行列式

1.1 二阶行列式

二元线性方程组

$$\begin{cases} a_1 x + b_1 y = c_1, & (1.1) \\ a_2 x + b_2 y = c_2. & (1.2) \end{cases}$$

用加减消去法解,$(1.1) \times b_2 - (1.2) \times b_1$,得

$$(a_1 b_2 - a_2 b_1)x = b_2 c_1 - b_1 c_2,$$

$(1.2) \times a_1 - (1.1) \times a_2$,得

$$(a_1 b_2 - a_2 b_1)y = a_1 c_2 - a_2 c_1,$$

当 $a_1 b_2 - a_2 b_1 \neq 0$ 时,可得方程组的唯一解

$$x = \frac{b_2 c_1 - b_1 c_2}{a_1 b_2 - a_2 b_1}, \quad y = \frac{a_1 c_2 - a_2 c_1}{a_1 b_2 - a_2 b_1}. \tag{1.3}$$

为便于记忆,我们引入一种符号来表示这组解的公式(1.3).

分母都是 $a_1 b_2 - a_2 b_1$,只与方程组的系数有关,其中的各个乘数按它们原来在方程组中的位置排列成正方形,即

$$\begin{matrix} a_1 & b_1 \\ a_2 & b_2 \end{matrix}$$

可以看出 $a_1 b_2 - a_2 b_1$ 是正方形中实线表示的对角线(叫做**主对角线**)上两个数的积,再添加正号与虚线表示的对角线(叫做**副对角线**)上两个数的积,再添上负号所构成的两项之和. 我们引进符号

$$\begin{vmatrix} a_1 & b_1 \\ a_2 & b_2 \end{vmatrix} \tag{1.4}$$

来表示代数式 $a_1 b_2 - a_2 b_1$,即

$$\begin{vmatrix} a_1 & b_1 \\ a_2 & b_2 \end{vmatrix} \triangleq a_1 b_2 - a_2 b_1. \tag{1.5}$$

称符号(1.4)为**二阶行列式**,a_1, a_2, b_1, b_2 称为行列式的**元素**. 这四个元素排列成二行二列(横排叫**行**,竖排叫**列**). 利用对角线把二阶行列式表示成(1.5)式,叫做行列式的**展开式**. 这种展开方法称为**对角线法则**.

这样二元线性方程组在系数行列式 $D \triangleq \begin{vmatrix} a_1 & b_1 \\ a_2 & b_2 \end{vmatrix} \neq 0$ 的条件下,解的公式可写成

$$x = \frac{D_x}{D}, \quad y = \frac{D_y}{D}. \tag{1.6}$$

其中 $\quad D_x \triangleq \begin{vmatrix} c_1 & b_1 \\ c_2 & b_2 \end{vmatrix}, \quad D_y \triangleq \begin{vmatrix} a_1 & c_1 \\ a_2 & c_2 \end{vmatrix}.$

公式(1.6)称为解二元线性方程组的**克莱姆(Cramer)规则**.

例 1 解线性方程组 $\begin{cases} 2x - 2y = -3, \\ x + 4y = 1. \end{cases}$

解 这时 $\quad D = \begin{vmatrix} 2 & -2 \\ 1 & 4 \end{vmatrix} = 2 \times 4 - 1 \times (-2) = 10,$

$$D_x = \begin{vmatrix} -3 & -2 \\ 1 & 4 \end{vmatrix} = -3 \times 4 - 1 \times (-2) = -10,$$

$$D_y = \begin{vmatrix} 2 & -3 \\ 1 & 1 \end{vmatrix} = 2 \times 1 - 1 \times (-3) = 5.$$

因系数行列式 $D \neq 0$,所以方程组的唯一解是

$$x = \frac{D_x}{D} = -1, \quad y = \frac{D_y}{D} = \frac{1}{2}.$$

1.2 三阶行列式

再用消去法解三元线性方程组

$$\begin{cases} a_1 x + b_1 y + c_1 z = d_1, \\ a_2 x + b_2 y + c_2 z = d_2, \\ a_3 x + b_3 y + c_3 z = d_3. \end{cases} \tag{1.7}$$

先从前两个方程消去 z,后两方程消去 z,得到只含 x, y 的二元线性方程组;再从这两个方程消去 y,就得到

$$(a_1 b_2 c_3 + a_2 b_3 c_1 + a_3 b_1 c_2 - a_1 b_3 c_2 - a_2 b_1 c_3 - a_3 b_2 c_1)x$$
$$= b_1 c_2 d_3 + b_2 c_3 d_1 + b_3 c_1 d_2 - b_1 c_3 d_2 - b_2 c_1 d_3 - b_3 c_2 d_1,$$

当 x 的系数

$$D \triangleq (a_1 b_2 c_3 + a_2 b_3 c_1 + a_3 b_1 c_2 - a_1 b_3 c_2 - a_2 b_1 c_3 - a_3 b_2 c_1) \neq 0$$

时,解得 x,同理可求得 y 和 z:

$$\left. \begin{aligned} x &= \frac{1}{D}(b_1 c_2 d_3 + b_2 c_3 d_1 + b_3 c_1 d_2 - b_1 c_3 d_2 - b_2 c_1 d_3 - b_3 c_2 d_1), \\ y &= \frac{1}{D}(a_1 c_3 d_2 + a_2 c_1 d_3 + a_3 c_2 d_1 - a_1 c_2 d_3 - a_2 c_3 d_1 - a_3 c_1 d_2), \\ z &= \frac{1}{D}(a_1 b_2 d_3 + a_2 b_3 d_1 + a_3 b_1 d_2 - a_1 b_3 d_2 - a_2 b_1 d_3 - a_3 b_2 d_1). \end{aligned} \right\} \tag{1.8}$$

所以,当 $D \neq 0$ 时,(1.7)的唯一解就是(1.8).

为便于记忆,我们引进三阶行列式

$$\begin{vmatrix} a_1 & b_1 & c_1 \\ a_2 & b_2 & c_2 \\ a_3 & b_3 & c_3 \end{vmatrix},$$

并规定它表示所有取自不同行不同列的三个元素的乘积,冠上一定的正负号的六项代数和:

$$a_1b_2c_3 + a_2b_3c_1 + a_3b_1c_2 - a_1b_3c_2 - a_2b_1c_3 - a_3b_2c_1,$$

即

$$\begin{vmatrix} a_1 & b_1 & c_1 \\ a_2 & b_2 & c_2 \\ a_3 & b_3 & c_3 \end{vmatrix} \triangleq a_1b_2c_3 + a_2b_3c_1 + a_3b_1c_2 - a_1b_3c_2 - a_2b_1c_3 - a_3b_2c_1, \tag{1.9}$$

称(1.9)为三阶行列式的**展开式**. 展开三阶行列式也可采用对角线法则: 凡是主对角线(从左上角到右下角及与其平行的对角线,如图 8-1 中的实线所示)上三个元素乘积再冠上正号;副对角线(从右上角到左下角及与其平行的对角线,如图 8-1 中的虚线所示)上三个元素的乘积再冠上负号. 三阶行列式就表示这六项之和.

这样(1.8)中的分母都是三元线性方程组(1.7)的系数行列式

$$D = \begin{vmatrix} a_1 & b_1 & c_1 \\ a_2 & b_2 & c_2 \\ a_3 & b_3 & c_3 \end{vmatrix},$$

而分子是把行列式 D 中的第 $1,2,3$ 列分别换成常数项 d_1,d_2,d_3 得到的行列式 D_x, D_y, D_z,即

$$D_x = \begin{vmatrix} d_1 & b_1 & c_1 \\ d_2 & b_2 & c_2 \\ d_3 & b_3 & c_3 \end{vmatrix}, D_y = \begin{vmatrix} a_1 & d_1 & c_1 \\ a_2 & d_2 & c_2 \\ a_3 & d_3 & c_3 \end{vmatrix}, D_z = \begin{vmatrix} a_1 & b_1 & d_1 \\ a_2 & b_2 & d_2 \\ a_3 & b_3 & d_3 \end{vmatrix}.$$

因此三元线性方程组(1.7)在系数行列式 $D \neq 0$ 条件下的唯一解(1.8)就可以简记成

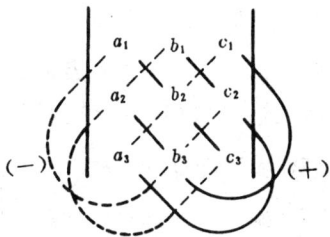

图 8-1

$$x = \frac{D_x}{D}, \quad y = \frac{D_y}{D}, \quad z = \frac{D_z}{D}. \tag{1.10}$$

这称为三元线性方程组的克莱姆规则.

例 2 用对角线法则计算三阶行列式

解 $\begin{vmatrix} 1 & 4 & -3 \\ 2 & 5 & 0 \\ -7 & 3 & 6 \end{vmatrix} = 1 \times 5 \times 6 + 2 \times 3 \times (-3) + (-7) \times 4 \times 0 - (-7) \times 5$

$$\times (-3) - 1 \times 3 \times 0 - 2 \times 4 \times 6$$
$$= 30 - 18 + 0 - 105 - 0 - 48 = -141.$$

例 3 解线性方程组 $\begin{cases} 2y + 3z = -8, \\ x + 3y - 2z = 2, \\ 2x - 3y + 7z = -9. \end{cases}$

解 这时

$$D = \begin{vmatrix} 0 & 2 & 3 \\ 1 & 3 & -2 \\ 2 & -3 & 7 \end{vmatrix} = -49, \quad D_x = \begin{vmatrix} -8 & 2 & 3 \\ 2 & 3 & -2 \\ -9 & -3 & 7 \end{vmatrix} = -49,$$

$$D_y = \begin{vmatrix} 0 & -8 & 3 \\ 1 & 2 & -2 \\ 2 & -9 & 7 \end{vmatrix} = 49, \quad D_z = \begin{vmatrix} 0 & 2 & -8 \\ 1 & 3 & 2 \\ 2 & -3 & -9 \end{vmatrix} = 98.$$

因为系数行列式 $D \neq 0$,故方程组的唯一解是

$$x = \frac{D_x}{D} = 1, \quad y = \frac{D_y}{D} = -1, \quad z = \frac{D_z}{D} = -2.$$

用对角线法则计算行列式,有时运算较繁,尤其是这种方法对于三阶以上的行列式不再成立,所以需要寻求别的计算方法.这个问题将在《线性代数》课程中通过对行列式的一般定义与性质的讨论得到多种方法,这里仅介绍所谓按行展开法.

将(1.9)式的右边按 a_1, b_1, c_1 集项

$$\begin{vmatrix} a_1 & b_1 & c_1 \\ a_2 & b_2 & c_2 \\ a_3 & b_3 & c_3 \end{vmatrix} = a_1(b_2c_3 - b_3c_2) - b_1(a_2c_3 - a_3c_2) + c_1(a_2b_3 - a_3b_2),$$

再用二阶行列式记括号内的代数式,便得

$$\begin{vmatrix} a_1 & b_1 & c_1 \\ a_2 & b_2 & c_2 \\ a_3 & b_3 & c_3 \end{vmatrix} = a_1 \begin{vmatrix} b_2 & c_2 \\ b_3 & c_3 \end{vmatrix} - b_1 \begin{vmatrix} a_2 & c_2 \\ a_3 & c_3 \end{vmatrix} + c_1 \begin{vmatrix} a_2 & b_2 \\ a_3 & b_3 \end{vmatrix}, \tag{1.11}$$

其中三个二阶行列式 $\begin{vmatrix} b_2 & c_2 \\ b_3 & c_3 \end{vmatrix}, \begin{vmatrix} a_2 & c_2 \\ a_3 & c_3 \end{vmatrix}, \begin{vmatrix} a_2 & b_2 \\ a_3 & b_3 \end{vmatrix}$ 是三阶行列式中第一行的元素 a_1, b_1, c_1 分别划去它们各自所在行及所在列的元素后余下的二阶行列式,分别称为元素 a_1, b_1, c_1 的**余子**(行列)**式**.公式(1.11)称为三阶行列式**按第一行的展开式**.这样,三阶行列式的计算便降为二阶行列式的计算.展开式(1.11)中应注意第二项 b_1 与它的余子式 $\begin{vmatrix} a_2 & c_2 \\ a_3 & c_3 \end{vmatrix}$ 的积必须冠上负号.

例4 用按行展开法重新计算例2.

解 $\begin{vmatrix} 1 & 4 & -3 \\ 2 & 5 & 0 \\ -7 & 3 & 6 \end{vmatrix} = 1 \times \begin{vmatrix} 5 & 0 \\ 3 & 6 \end{vmatrix} - 4 \times \begin{vmatrix} 2 & 0 \\ -7 & 6 \end{vmatrix} + (-3) \times \begin{vmatrix} 2 & 5 \\ -7 & 3 \end{vmatrix}$

$$= 30 - 48 - 123 = -141.$$

例5 验证三阶行列式交换任意两行元素的位置,行列式的值只相差一个负号.

证 记三阶行列式为 D,并按第一行展开,有

$$D = \begin{vmatrix} a_1 & b_1 & c_1 \\ a_2 & b_2 & c_2 \\ a_3 & b_3 & c_3 \end{vmatrix} = a_1 \begin{vmatrix} b_2 & c_2 \\ b_3 & c_3 \end{vmatrix} - b_1 \begin{vmatrix} a_2 & c_2 \\ a_3 & c_3 \end{vmatrix} + c_1 \begin{vmatrix} a_2 & b_2 \\ a_3 & b_3 \end{vmatrix}$$

$$= a_1b_2c_3 - a_1b_3c_2 - b_1a_2c_3 + b_1a_3c_2 + c_1a_2b_3 - c_1a_3b_2. \tag{1.12}$$

若将上式右边六项按 a_2, b_2, c_2 集项,得

$$D = a_2(b_3c_1 - b_1c_3) - b_2(a_3c_1 - a_1c_3) + c_2(b_1a_3 - b_3a_1)$$

$$= -a_2 \begin{vmatrix} b_1 & b_3 \\ c_1 & c_3 \end{vmatrix} + b_2 \begin{vmatrix} a_1 & a_3 \\ c_1 & c_3 \end{vmatrix} - c_2 \begin{vmatrix} a_1 & a_3 \\ b_1 & b_3 \end{vmatrix}.$$

把负号括出,并用按第一行元素展开公式(1.11)就是

$$D = -\begin{vmatrix} a_2 & b_2 & c_2 \\ a_1 & b_1 & c_1 \\ a_3 & b_3 & c_3 \end{vmatrix},$$

即得

$$\begin{vmatrix} a_1 & b_1 & c_1 \\ a_2 & b_2 & c_2 \\ a_3 & b_3 & c_3 \end{vmatrix} = -\begin{vmatrix} a_2 & b_2 & c_2 \\ a_1 & b_1 & c_1 \\ a_3 & b_3 & c_3 \end{vmatrix}.$$

这表明交换行列式第一行与第二行的元素,行列式要变号.

同理,若将(1.12)式右边的六项按 a_3, b_3, c_3 集项,可得

$$
\begin{vmatrix}
a_1 & b_1 & c_1 \\
a_2 & b_2 & c_2 \\
a_3 & b_3 & c_3
\end{vmatrix} = -
\begin{vmatrix}
a_3 & b_3 & c_3 \\
a_2 & b_2 & c_2 \\
a_1 & b_1 & c_1
\end{vmatrix}.
$$

这表明交换第一行与第三行的元素,行列式也要变号.

余下只须证明交换第二行与第三行的元素命题也成立.这点不难,接连使用三次上面已证的结论就可得证.

证毕

§2 矢量概念及其线性运算、矢量的投影

2.1 矢量概念

在科学技术中经常遇到的量有两类,一类是只有大小可以用实数表示的量,叫做**数量**(或**标量**),如时间、温度、功、质量、长度等.另一类是既有大小又有方向的量叫做**矢量**(或**向量**),如速度、加速度、力、位移、电场强度等.矢量用拉丁字母上加箭头表示,如 $\vec{a}, \vec{b}, \vec{c}$,或用黑体字表示如 a, b, c. 矢量的大小又叫矢量的**模**,用 $|\vec{a}|$(或 $|a|$)表示矢量 $\vec{a}$(或 a)的模.

矢量在几何上采用空间的一个有向的线段表示,以这个线段的长度表示矢量的模,以它的方向表示矢量的方向,如图 8-2. 特别是起点为 P 终点是 Q 的矢量,记为 $\overrightarrow{PQ}$,其模记作 $|\overrightarrow{PQ}|$,如图 8-3.

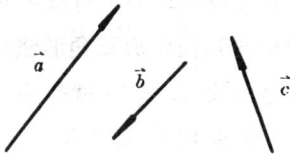
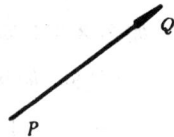

图 8-2   图 8-3

矢量的本质属性是大小和方向,数学中研究的矢量只考虑其大小和方向,而与起点位置无关,这类矢量叫做**自由矢量**.于是两个大小相等,方向相同的矢量 $\vec{a}, \vec{b}$ 称为**相等矢量**.记作 $\vec{a} = \vec{b}$. 它们经过平行移动是能够重合的.

矢量 $\vec{a}$ 和 $\vec{b}$ 经过平行移动使起点重合时所构成的夹角 $\theta(0 \leqslant \theta \leqslant \pi)$,称作**矢量 $\vec{a}, \vec{b}$ 的夹角**. 特别当 $\theta = 0$ 或 π 时,称**矢量 $\vec{a}$ 与 $\vec{b}$ 平行**,记作 $\vec{a} /\!/ \vec{b}$;当 $\theta = \dfrac{\pi}{2}$ 时,称**矢量 $\vec{a}$ 与 $\vec{b}$ 相互垂直(或正交)**,记作 $\vec{a} \perp \vec{b}$.

模为 1 的矢量,称为**单位矢量**,方向与 $\vec{a}$ 相同的单位矢量记作 $\vec{a}^0$. 模为零的矢量,称为**零矢量**,记作 $\vec{0}$,零矢量的方向可以任意选取.

如果一组矢量平行于同一条直线(或同一个平面),则称它们是**共线(或共面)矢量**. 由此可知平行矢量一定是共线的.

2.2 矢量的线性运算

（一）矢量的加减法

根据力的合成原理，我们定义矢量的加法运算.

定义 经过平行移动使矢量 $\vec{a}$ 与 $\vec{b}$ 的起点重合，以它们为邻边的平行四边形的对角线矢量 $\vec{c}$（如图 8-4），称为矢量 $\vec{a}$ 与 $\vec{b}$ 的**和矢量**.记作 $\vec{a}+\vec{b}$，即 $\vec{c}=\vec{a}+\vec{b}$.这种运算叫做**矢量的加法**.

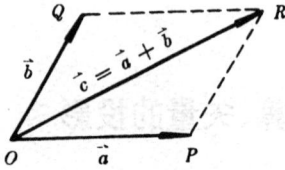

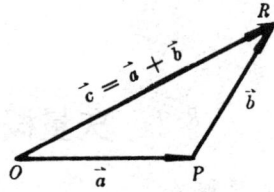

图 8-4　　　　　　　　　　　　　图 8-5

求和矢量的这一方法称为**平行四边形法则**.

若记 $\overrightarrow{OP}=\vec{a}$，$\overrightarrow{OQ}=\vec{b}$，$\overrightarrow{OR}=\vec{c}$，于是

$$\overrightarrow{OP}+\overrightarrow{OQ}=\overrightarrow{OR},$$

由平行四边形知 $\overrightarrow{OQ}=\overrightarrow{PR}$，故有

$$\overrightarrow{OP}+\overrightarrow{PR}=\overrightarrow{OR}, \quad 即 \quad \vec{a}+\vec{b}=\vec{c}.$$

这样，矢量 $\vec{a}$ 的终点连接 $\vec{b}$ 的起点，从 $\vec{a}$ 的起点到 $\vec{b}$ 的终点所引的矢量就是 $\vec{a}$ 与 $\vec{b}$ 的和矢量 $\vec{c}=\vec{a}+\vec{b}$（如图 8-5）.因而就把求和矢量的平行四边形法则简化成**三角形法则**.

特别当 $\vec{a},\vec{b}$ 共线时，如果 $\vec{a},\vec{b}$ 同向，那么它们的和矢量的模 $|\vec{a}+\vec{b}|$ 就是两个矢量模的和 $|\vec{a}|+|\vec{b}|$，即 $|\vec{a}+\vec{b}|=|\vec{a}|+|\vec{b}|$（如图 8-6）；如果 $\vec{a},\vec{b}$ 方向相反，那么和矢量的模为 $|\vec{a}+\vec{b}|=||\vec{a}|-|\vec{b}||$，而方向指向与模较大的矢量的方向一致（如图 8-7）.

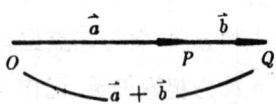
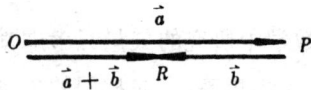
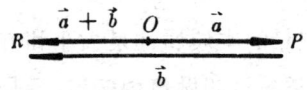

图 8-6　　　　　　　　　　　图 8-7

如果空间有多个矢量（不论它们是不是共平面！）相加，根据三角形法则，只要把它们依次尾头相接，然后从第一个矢量的起点到最后一个矢量的终点所引的矢量，就是它们的和矢量，如图 8-8 所示.

从图 8-4 和图 8-9 看出矢量的加法运算满足下列规则：

（1）**交换律** $\vec{a}+\vec{b}=\vec{b}+\vec{a}$；

（2）**结合律** $(\vec{a}+\vec{b})+\vec{c}=\vec{a}+(\vec{b}+\vec{c})$.

类似于数的减法是加法的逆运算，用矢量加法的逆运算来定义矢量的减法.

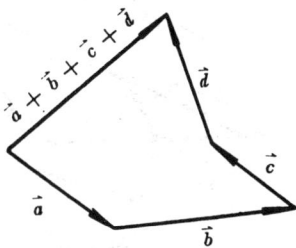

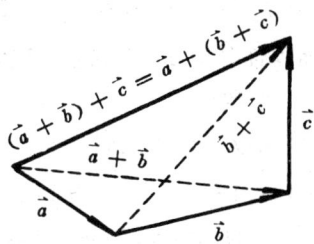

图 8-8   图 8-9

定义 若 $\vec{b} + \vec{c} = \vec{a}$，则称 $\vec{c}$ 为 $\vec{a}$ 与 $\vec{b}$ 的**差矢量**，记作 $\vec{a} - \vec{b}$，即 $\vec{c} = \vec{a} - \vec{b}$. 这种运算叫做**矢量的减法**.

由加法的三角形法则推出差矢量的作法为：平行移动矢量 $\vec{a}$，$\vec{b}$，使它们的起点重合，则两终点的连线，方向指向被减的矢量 $\vec{a}$，就是 $\vec{a}$ 与 $\vec{b}$ 的差矢量 $\vec{c} = \vec{a} - \vec{b}$. 如图 8-10 所示.

（二）数量与矢量的乘法

设有 5 个相同的力 $\vec{F}$ 作用在同一个质点上，力学知识告诉我们，它等效于 $\vec{F}$ 的 5 倍力 $5\vec{F}$ 作用的结果，仿此可定义数量与矢量的乘法.

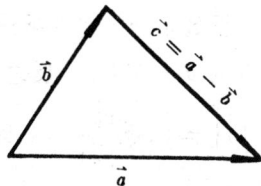

图 8-10

定义 实数 m 与矢量 $\vec{a}$ 的乘积是一个矢量，记作 $m\vec{a}$，其大小为 $|\vec{a}|$ 的 $|m|$ 倍，其方向是：当 $m > 0$ 时，$m\vec{a}$ 与 $\vec{a}$ 同向；当 $m < 0$ 时，$m\vec{a}$ 与 $\vec{a}$ 反向；当 $m = 0$ 时，$m\vec{a} = \vec{0}$，方向任意. 这种运算叫做**数量与矢量的乘法**（或简称**数乘矢量**）.

例如，已知矢量 $\vec{a}$，要作矢量 $3\vec{a}, \frac{1}{2}\vec{a}, -2\vec{a}$. 只须将 $\vec{a}$ 的模扩大 3 倍，并方向保持不变就得 $3\vec{a}$；将 $\vec{a}$ 的模缩小一半，方向保持不变就是 $\frac{1}{2}\vec{a}$；将 $\vec{a}$ 的模扩大 2 倍，方向相反就是 $-2\vec{a}$（图 8-11）.

特别 $(-1) \cdot \vec{a} \triangleq -\vec{a}$，这是一个与 $\vec{a}$ 的模相同，方向相反的矢量，称它为 $\vec{a}$ 的**负矢量**. 这样就有

$$\vec{a} + (-\vec{b}) = \vec{a} - \vec{b}, \quad \vec{a} + (-\vec{a}) = \vec{a} - \vec{a} = \vec{0}.$$

由数乘矢量的定义，与非零矢量 $\vec{a}$ 同方向的单位矢量是

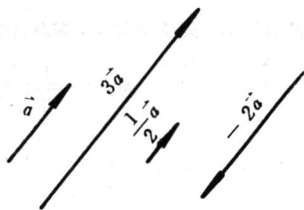

图 8-11

$$\vec{a}^0 = \frac{\vec{a}}{|\vec{a}|} \quad \text{或者} \quad \vec{a} = |\vec{a}| \vec{a}^0.$$

数量与矢量的乘法满足以下运算规则：

（1）分配律 $m(\vec{a} + \vec{b}) = m\vec{a} + m\vec{b}$.

（2）分配律 $(m + n)\vec{a} = m\vec{a} + n\vec{a}$.

（3）结合律 $m(n\vec{a}) = (mn)\vec{a}$.

证(1)　根据三角形法则，$\vec{a}+\vec{b}$ 作 $\triangle OAB$，每边放大 $|m|$ 倍后得 $\triangle OA'B'$（图 8-12），由相似三角形判定定理知 $\triangle OA'B' \sim \triangle OAB$. 于是 $\overrightarrow{OB'} = \overrightarrow{OA'} + \overrightarrow{A'B'}$，即 $m(\vec{a}+\vec{b}) = m\vec{a} + m\vec{b}$. 从而得证分配律(1)成立. 其实分配律(1)就是相似三角形性质的代数形式.

分配律(2)请读者自己完成.

(3) 因 $|m(n\vec{a})| = |m||n\vec{a}| = |m||n||\vec{a}| = |mn||\vec{a}|$，故 $m(n\vec{a})$ 与 $(mn)\vec{a}$ 的模相等. 当 $m>0, n>0$ 时，$mn>0$，所以 $(mn)\vec{a}$ 与 $\vec{a}$ 同向. 另一方面 $n\vec{a}$ 与 $\vec{a}$ 同向，$m(n\vec{a})$ 与 $\vec{a}$ 同向.

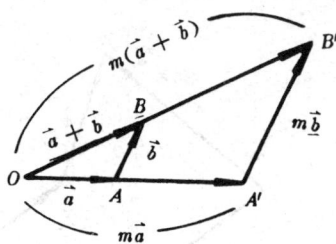

图 8-12

从而 $(mn)\vec{a}$ 与 $m(n\vec{a})$ 同向. 同理当 $m<0, n<0$ 时亦有 $m(n\vec{a})$ 与 $(mn)\vec{a}$ 同向. 当 $m>0, n<0$ 时，$mn<0$，所以 $(mn)\vec{a}$ 与 $\vec{a}$ 反向，另一方面 $n\vec{a}$ 与 $\vec{a}$ 反向，$m(n\vec{a})$ 与 $\vec{a}$ 反向，从而 $m(n\vec{a})$ 与 $(mn)\vec{a}$ 同向. 同理当 $m<0, n>0$ 时亦有 $m(n\vec{a})$ 与 $(mn)\vec{a}$ 同向.

综上讨论，得证结合律 $m(n\vec{a}) = (mn)\vec{a}$ 成立.　　　　　　证毕

根据数量与矢量的乘法定义，矢量 $m\vec{a}$ 与 $\vec{a}$ 是共线的. 于是，对于非零矢量 $\vec{a}$，如果 $\vec{b} = m\vec{a}$，那么 $\vec{b}$ 与 $\vec{a}$ 一定共线. 反之，如果 $\vec{b}$ 与 $\vec{a}$ 共线，那么也一定存在唯一实数 m，使得 $\vec{b} = m\vec{a}$. 这是因为 $|\vec{a}| \neq 0$，令 $\dfrac{|\vec{b}|}{|\vec{a}|} = k$，即 $|\vec{b}| = k|\vec{a}|$. 当 $\vec{b}$ 与 $\vec{a}$ 同向时取 $m=k$，反向时取 $m=-k$. 从而有 $\vec{b} = m\vec{a}$. 且 m 由 $\vec{a}, \vec{b}$ 唯一确定，假如不然，还有一个 m_1 使 $\vec{b} = m_1\vec{a}$，那么两式相减得 $\vec{0} = (m-m_1)\vec{a}$，因 $m-m_1 \neq 0$，必定 $\vec{a} = \vec{0}$，这与题设矛盾，所以 m 唯一，这样就得出如下结论：

定理一　设 $\vec{a}$ 为非零矢量，矢量 $\vec{b}$ 与矢量 $\vec{a}$ 共线的充要条件是，存在唯一实数 m，使得 $\vec{b} = m\vec{a}$.

例1　用矢量方法证明对角线相互平分的四边形是平行四边形.

证　如图 8-13，设点 M 为四边形 $ABCD$ 两对角线的交点，且已知 $AM = MC, BM = MD$. 由于
$$\overrightarrow{AB} = \overrightarrow{AM} + \overrightarrow{MB} = \frac{1}{2}(\overrightarrow{AC} + \overrightarrow{DB});$$
$$\overrightarrow{DC} = \overrightarrow{DM} + \overrightarrow{MC} = \frac{1}{2}(\overrightarrow{DB} + \overrightarrow{AC}),$$

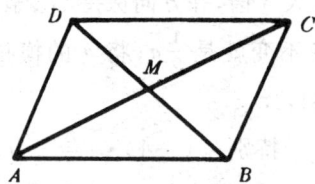

图 8-13

得　　$\overrightarrow{AB} = \overrightarrow{DC}$.

所以，$\overrightarrow{AB} \ /\!/ \ \overrightarrow{DC}$，且 $|\overrightarrow{AB}| = |\overrightarrow{DC}|$，从而得证 $ABCD$ 是平行四边形.　　　　　　证毕

例2　设 $\vec{r}_A, \vec{r}_B, \vec{r}_c, \vec{r}$ 分别为空间任一点 M 到 $\triangle ABC$ 的顶点 A, B, C 及其重心 G 所引的矢量. 试证
$$\vec{r} = \frac{1}{3}(\vec{r}_A + \vec{r}_B + \vec{r}_c).$$

证　设 D 为边 BC 的中点（如图 8-14）.

$$\overrightarrow{MG} = \overrightarrow{r_A} + \overrightarrow{AG} = \overrightarrow{r_A} + \frac{2}{3}\overrightarrow{AD},(\because |\overrightarrow{AG}| = \frac{2}{3}|\overrightarrow{AD}|)$$

$$= \overrightarrow{r_A} + \frac{2}{3}(\overrightarrow{AB} + \frac{1}{2}\overrightarrow{BC}) = \overrightarrow{r_A} + \frac{2}{3}\overrightarrow{AB} + \frac{1}{3}\overrightarrow{BC}$$

$$= \overrightarrow{r_A} + \frac{2}{3}(\overrightarrow{r_B} - \overrightarrow{r_A}) + \frac{1}{3}(\overrightarrow{r_c} - \overrightarrow{r_B})$$

$$= \frac{1}{3}(\overrightarrow{r_A} + \overrightarrow{r_B} + \overrightarrow{r_c}).$$ 证毕

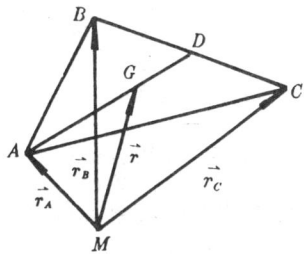

图 8-14

(三) 矢量的线性组合和矢量的分解

以上定义的两个矢量的加减法以及数乘矢量的运算,统称为矢量的线性运算,这类运算可以推广到两个以上矢量的情形,例如,有一组矢量 $\overrightarrow{a_1},\overrightarrow{a_2},\cdots,\overrightarrow{a_n}$,经过数乘矢量与加减运算后得到的表达式

$$\lambda_1\overrightarrow{a_1} + \lambda_2\overrightarrow{a_2} + \cdots + \lambda_n\overrightarrow{a_n}. \tag{2.1}$$

称(2.1)式为矢量 $\overrightarrow{a_1},\overrightarrow{a_2},\cdots,\overrightarrow{a_n}$ 的**线性组合**,其中 $\lambda_i(i = 1,2,\cdots,n)$ 都是实数.

在科学技术中常会遇到相反的问题,需要把一个矢量分解成几个矢量之和,关于矢量的分解有如下几个基本结论.

定理二 设 $\overrightarrow{a},\overrightarrow{b}$ 不共线,则矢量 $\overrightarrow{c}$ 与 $\overrightarrow{a},\overrightarrow{b}$ 共面的充要条件是,存在唯一的两个实数 λ,μ 使得

$$\overrightarrow{c} = \lambda\overrightarrow{a} + \mu\overrightarrow{b} \tag{2.2}$$

成立.

就是说,**当 $\overrightarrow{a},\overrightarrow{b}$ 不共线时,任意一个与 $\overrightarrow{a},\overrightarrow{b}$ 共面的矢量 $\overrightarrow{c}$ 一定可以沿 $\overrightarrow{a},\overrightarrow{b}$ 方向进行分解.**

证 必要性.若 $\overrightarrow{c}$ 与 $\overrightarrow{a},\overrightarrow{b}$ 共面,平行移动使它们的起点重合于 O 点,过 $\overrightarrow{c}$ 的终点 R 分别引平行于 $\overrightarrow{a}$ 的直线交 $\overrightarrow{b}$ 所在的直线于 Q 点,引平行于 $\overrightarrow{b}$ 的直线交 $\overrightarrow{a}$ 所在的直线于 P 点(如图 8-15).

因 $\overrightarrow{OP}$ 与 $\overrightarrow{a}$ 共线,由定理一,存在唯一实数 λ,使得 $\overrightarrow{OP} = \lambda\overrightarrow{a}$;因 $\overrightarrow{OQ}$ 与 $\overrightarrow{b}$ 共线,存在唯一实数 μ,使得 $\overrightarrow{OQ} = \mu\overrightarrow{b}$.

由矢量加法的平行四边形法则,便得

$$\overrightarrow{c} = \overrightarrow{OR} = \overrightarrow{OP} + \overrightarrow{OQ} = \lambda\overrightarrow{a} + \mu\overrightarrow{b}.$$

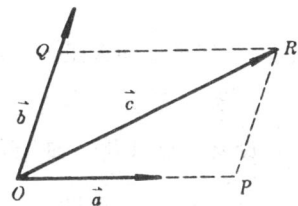

图 8-15

充分性.设 $\overrightarrow{c} = \lambda\overrightarrow{a} + \mu\overrightarrow{b}$ 成立,由四边形法则,矢量 $\overrightarrow{c}$ 与 $\lambda\overrightarrow{a}$,$\mu\overrightarrow{b}$ 共面.而 $\lambda\overrightarrow{a}$ 与 $\overrightarrow{a}$ 共线,$\mu\overrightarrow{b}$ 与 $\overrightarrow{b}$ 共线,从而得证 $\overrightarrow{c}$ 与 $\overrightarrow{a},\overrightarrow{b}$ 共面. 证毕

定理三 若 $\overrightarrow{a},\overrightarrow{b},\overrightarrow{c}$ 三矢量不共面,则对于空间任一矢量 $\overrightarrow{d}$,总存在唯一的一组实数 λ,μ,γ,使得

$$\overrightarrow{d} = \lambda\overrightarrow{a} + \mu\overrightarrow{b} + \gamma\overrightarrow{c} \tag{2.3}$$

成立.

就是说,**任意一个矢量总可以沿不共面的三个矢量的方向进行分解.**

证 平行移动使矢量 $\overrightarrow{a},\overrightarrow{b},\overrightarrow{c},\overrightarrow{d}$ 的起点重合于 O 点.过矢量 $\overrightarrow{d}$ 的终点 R 分别作平行于 $\overrightarrow{b}$ 与 $\overrightarrow{c}$ 决定的平面,平行于 $\overrightarrow{a}$ 与 $\overrightarrow{c}$ 决定的平面,平行于 $\overrightarrow{a}$ 与 $\overrightarrow{b}$ 决定的平面,分别与 $\overrightarrow{a},\overrightarrow{b},\overrightarrow{c}$(或其延长

线）交于点 A,B,C（图 8-16），则 $\overrightarrow{OR}$ 就是以 OA,OB,OC 为棱的平行六面体的对角线矢量，由矢量的加法得

$$\vec{d} = \overrightarrow{OR} = \overrightarrow{OA} + \overrightarrow{OB} + \overrightarrow{OC}. \qquad (2.4)$$

根据定理一，因 $\overrightarrow{OA}$ 与 $\vec{a}$ 共线，存在唯一实数 λ，使得 $\overrightarrow{OA} = \lambda\vec{a}$；因 $\overrightarrow{OB}$ 与 $\vec{b}$ 共线，存在唯一实数 μ，使 $\overrightarrow{OB} = \mu\vec{b}$；因 $\overrightarrow{OC}$ 与 $\vec{c}$ 共线，存在唯一实数 γ，使得 $\overrightarrow{OC} = \gamma\vec{c}$. 把它们代入 (2.4) 式，就是

$$\vec{d} = \overrightarrow{OR} = \lambda\vec{a} + \mu\vec{b} + \gamma\vec{c}. \qquad \text{证毕}$$

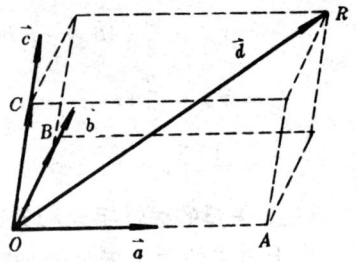

图 8-16

例 3 设 $\vec{e_1}, \vec{e_2}, \vec{e_3}$ 非零不共面矢量，验证 $\vec{a} = 3\vec{e_1} + \vec{e_2}, \vec{b} = 4\vec{e_2} + 3\vec{e_3}, \vec{c} = -4\vec{e_1} + \vec{e_3}$ 共面.

证 设 $\vec{c} = \lambda\vec{a} + \mu\vec{b}$，其中 λ, μ 为待定实数，把已知的矢量 $\vec{a}, \vec{b}, \vec{c}$ 代入，得等式

$$-4\vec{e_1} + \vec{e_3} = \lambda(3\vec{e_1} + \vec{e_2}) + \mu(4\vec{e_2} + 3\vec{e_3}).$$

即

$$(3\lambda + 4)\vec{e_1} + (\lambda + 4\mu)\vec{e_2} + (3\mu - 1)\vec{e_3} = \vec{0}.$$

于是得

$$\begin{cases} 3\lambda + 4 = 0, \\ \lambda + 4\mu = 0, \\ 3\mu - 1 = 0. \end{cases}$$

这方程组显然存在解 $\lambda = -\dfrac{4}{3}, \mu = \dfrac{1}{3}$，从而等式

$$\vec{c} = -\frac{4}{3}\vec{a} + \frac{1}{3}\vec{b}$$

成立. 依定理二知矢量 $\vec{a}, \vec{b}, \vec{c}$ 共面. 证毕

2.3 矢量的投影

设有一点 A 及一轴 l，过点 A 作轴 l 的垂直平面与轴 l 交于 A'，称 A' 为点 A 在轴 l 上的**投影**.

设一矢量 $\overrightarrow{AB}$ 的起点 A 与终点 B 在轴 l 上的投影分别为 A' 和 B'（图 8-17），则称有向线段 $\overrightarrow{A'B'}$ 的值 $A'B'$ 为**矢量 $\overrightarrow{AB}$ 在轴 l 上的投影**. 记作

$$P_{rj_l}\overrightarrow{AB} \xlongequal{\text{或}} (\overrightarrow{AB})_l = A'B'.$$

矢量 $\overrightarrow{AB}$ 在轴 l 上的投影等于它的模乘以它与轴 l 的夹角的余弦，即

$$(\overrightarrow{AB})_l = |\overrightarrow{AB}|\cos(\overrightarrow{AB}, l). \quad \text{①}$$

事实上，过点 A 作平行于 l 的轴 l' 与过点 B 且垂直于轴 l

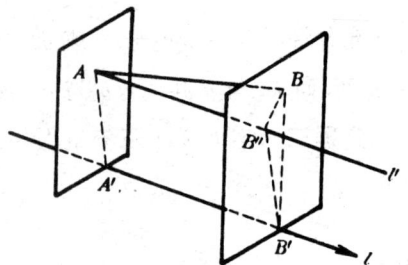

图 8-17

---

① 记号 $(\overrightarrow{AB}, l)$ 表示矢量 $\overrightarrow{AB}$ 与轴 l 正向的夹角. 同样，今后 $(\vec{a}, \vec{b})$ 表示矢量 $\vec{a}$ 与 $\vec{b}$ 正向的夹角.

的平面交于点 B''. 于是 $AB'' \underline{\underline{/\!/}} A'B'$, 而 $AB'' = |\overrightarrow{AB}|\cos(\overrightarrow{AB}, l)$, 故有

$$(\overrightarrow{AB})_l = (\overrightarrow{AB})_{l'} = |\overrightarrow{AB}|\cos(\overrightarrow{AB}, l).$$

矢量的投影可正(当 $0 \leqslant (\overrightarrow{AB}, l) < \dfrac{\pi}{2}$),可负(当 $\dfrac{\pi}{2} < (\overrightarrow{AB}, l) \leqslant \pi$),亦可是零(当 $(\overrightarrow{AB}, l) = \dfrac{\pi}{2}$).

可以证明,**多个矢量的和在同一轴 l 上的投影等于各矢量在同轴上投影之和**,即

$$(\overrightarrow{a} + \overrightarrow{b} + \cdots + \overrightarrow{c})_l = (\overrightarrow{a})_l + (\overrightarrow{b})_l + \cdots + (\overrightarrow{c})_l.$$

§3 空间直角坐标系 矢量的坐标表达式

3.1 空间直角坐标系

(一) 空间直角坐标系的概念

过空间一定点 O 引三条相互垂直的数轴 Ox, Oy, Oz,这三条数轴称为**坐标轴**(x 轴, y 轴和 z 轴),它们的排列顺序,按右手定则,即伸出右手掌,四指指向 x 轴正向,握拳转向 y 轴正向,这时大姆指伸出的方向为 z 轴的正向. 如图 8-18 所示. 这样就建立了一个**空间直角坐标系**. 记作

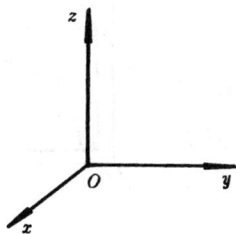

图 8-18

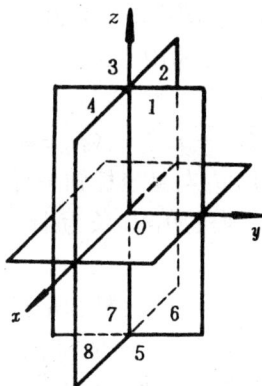

图 8-19

$Oxyz$. 定点 O 称为**坐标原点**,由两条坐标轴决定的平面,称为**坐标平面**,分别称作 xOy 平面, yOz 平面, zOx 平面. 三个坐标平面把空间分成八部分,称之为**卦限**, $x > 0, y > 0, z > 0$ 的部分为第 1 卦限,其余卦限的编号如图 8-19 所示.

建立了空间直角坐标系后,空间任一点 M 的位置就可以用一有序的实数组 x, y, z 来确定. 只要过点 M 作三个分别平行于坐标平面的平面,设与 x 轴, y 轴, z 轴的交点依次是 P, Q, R,它们在所在坐标轴上的坐标记为 x, y, z. 按此作法,点 M 对应于唯一确定的一组数 x, y, z.

反之,如果给定一有序数组 x, y, z,在 x 轴上过坐标为 x 的点处作一垂直于 x 轴的平面,在 y 轴上过坐标为 y 的点处作一垂直于 y 轴的平面,在 z 轴上过坐标为 z 的点处作一垂直于 z 轴的平面. 这三个平面有唯一交点 M. 按此作法,任意给定一有序数组 x, y, z,对应于空间的一个点.

因此,建立空间直角坐标系后,空间的点 M 与有序数组 (x, y, z) 之间构成一一对应关系

$$M \leftrightarrow (x, y, z).$$

我们称有序数组 (x,y,z) 为点 M 的**坐标**. 其中 x 称为点 M 的**横坐标**,y 为**纵坐标**,z 为**竖坐标**,这时点 M 可记作 $M(x,y,z)$,如图 8-20 所示.

例如,$M_1(2,1,3)$ 是第 1 卦限内的点;$M_2(2,-1,3)$ 是第 4 卦限内的点;$M_3(-1,3,-2)$ 是第 6 卦限内的点.

xOy 坐标平面上的点,竖坐标 $z=0$,于是坐标为 $(x,y,0)$;同理,yOz 坐标平面上的点的坐标为 $(0,y,z)$,zOx 坐标平面上的点的坐标为 $(x,0,z)$.

x 轴上的点,纵坐标 $y=0$,竖坐标 $z=0$,于是坐标是 $(x,0,0)$;同理,y 轴上的点的坐标是 $(0,y,0)$,z 轴上的点的坐标是 $(0,0,z)$. 原点 O 的坐标是 $(0,0,0)$.

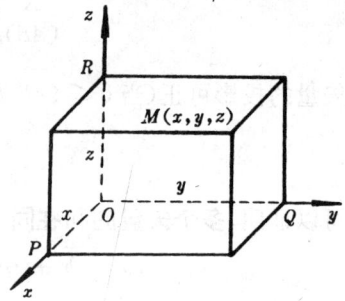

图 8-20

(二) 空间两点间的距离公式

设 $M_1(x_1,y_1,z_1)$,$M_2(x_2,y_2,z_2)$ 为空间两点,试求它们间的距离.

先假设连线 M_1M_2 与三坐标轴既不平行也不垂直. 过点 M_1 与 M_2 分别作三个平行于三个坐标平面的平面. 这六个平面在空间围成一个以 M_1M_2 为对角线的长方体. 过顶点 M_1 的三条棱 M_1P,M_1Q,M_1R 分别平行于 x 轴、y 轴和 z 轴(图 8-21).

由几何知识,长方体的对角线长的平方等于三条棱长的平方和. 即有

$$|M_1M_2|^2 = |M_1P|^2 + |M_1Q|^2 + |M_1R|^2.$$

而 $\quad M_1P = x_2 - x_1, M_1Q = y_2 - y_1, M_1R = z_2 - z_1,$

故得 $\quad d = |M_1M_2|$

$$= \sqrt{(x_2-x_1)^2 + (y_2-y_1)^2 + (z_2-z_1)^2}. \quad (3.1)$$

如果线段 M_1M_2 与某坐标轴平行,不妨设与 x 轴平行,这时 $y_2 = y_1, z_2 = z_1$,线段 M_1M_2 长为 $|x_2 - x_1|$,公式(3.1)显然成立.

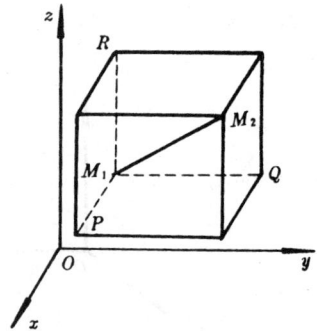

图 8-21

如果线段 M_1M_2 与某坐标轴垂直,不妨设与 z 轴垂直,这时 $z_2 = z_1$,点 M_1 与 M_2 在与 xOy 坐标平面相平行的平面上. 根据平面上两点间的距离公式知 $|M_1M_2| = \sqrt{(x_2-x_1)^2 + (y_2-y_1)^2}$,公式(3.1)亦成立.

因此,公式(3.1)是空间任意**两点间的距离公式**.

例如,$M_1(3,-1,4)$,$M_2(0,2,-2)$ 两点间的距离是

$$d = |M_1M_2| = \sqrt{(0-3)^2 + (2+1)^2 + (-2-4)^2} = 3\sqrt{6}.$$

3.2 矢量的坐标表达式

从上节看到,矢量的线性运算是用几何作图的方法实现的,这对于定量分析问题很不方便,需要寻求别的办法. 由 §2 的定理三知,空间任一矢量均可沿三个不共面的方向进行分解. 下面讨论沿空间直角坐标系的三个坐标轴方向来分解矢量,记与 x 轴,y 轴,z 轴同向的单位矢量为 $\vec{i},\vec{j},\vec{k}$,称它们为**基本单位矢量**.

设矢量 $\vec{a}$ 在 x 轴,y 轴,z 轴上的投影依次是 a_x, a_y, a_z(图 8-22),则 $\vec{a}$ 在 x 轴方向的分矢量是 $a_x\vec{i}$,在 y 轴方向上的分矢量是 $a_y\vec{j}$,在 z 轴方向上的分矢量是 $a_z\vec{k}$,由矢量的加法得 $\vec{a}$ 沿三个坐标轴方向的分解式是

$$\vec{a} = a_x \vec{i} + a_y \vec{j} + a_z \vec{k} \tag{3.2}$$

或记为

$$\vec{a} = \{a_x, a_y, a_z\}.$$

称(3.2)为矢量 $\vec{a}$ 的**坐标表达式**,其中 a_x, a_y, a_z 称为**矢量 $\vec{a}$ 的坐标**(或者分量).

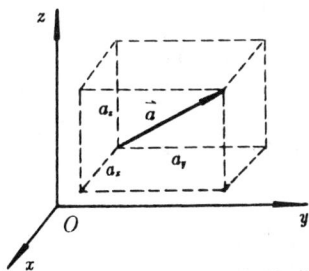

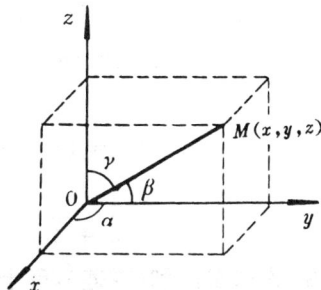

图 8-22   图 8-23

特别是起点在坐标原点的矢量 $\overrightarrow{OM}$,叫做**矢径**,记作 $\vec{r} = \overrightarrow{OM}$(图 8-23),它在坐标轴上的投影就是终点 M 的坐标 x, y, z,于是,坐标表达式为

$$\vec{r} = \overrightarrow{OM} = x\vec{i} + y\vec{j} + z\vec{k} \tag{3.3}$$

或记成 $\vec{r} = \{x, y, z\}$.

有了矢量的坐标表达式,那么矢量的模和方向都可用确切而简单的代数式表示. 由图 8-22 知,$\vec{a}$ 的模就是

$$|\vec{a}| = \sqrt{a_x^2 + a_y^2 + a_z^2}. \tag{3.4}$$

矢径 $\vec{r}$ 的模是

$$|\vec{r}| = \sqrt{x^2 + y^2 + z^2}. \tag{3.5}$$

一个矢量与 x 轴,y 轴,z 轴正向有一组夹角 α, β, γ. 反之,给定一组夹角 α, β, γ(满足一定的条件),就确定了一个矢量的方向,因此可用一组与 x 轴,y 轴,z 轴正向的夹角 α, β, γ(称为矢量的**方向角**)来表示一个矢量的方向. 方向角的余弦 $\cos\alpha, \cos\beta, \cos\gamma$ 称为矢量的**方向余弦**. 由于矢量的夹角变化范围是 $[0, \pi]$,因此,对于一组方向角 α, β, γ,就有一组确定的方向余弦 $\cos\alpha, \cos\beta, \cos\gamma$.

由投影公式

$$(\vec{a})_x = a_x = |\vec{a}|\cos\alpha, \quad (\vec{a})_y = a_y = |\vec{a}|\cos\beta, \quad (\vec{a})_z = a_z = |\vec{a}|\cos\gamma.$$

当 $\vec{a} \neq \vec{0}$ 时,得方向余弦的坐标表达式:

$$\cos\alpha = \frac{a_x}{|\vec{a}|} = \frac{a_x}{\sqrt{a_x^2 + a_y^2 + a_z^2}}, \cos\beta = \frac{a_y}{|\vec{a}|} = \frac{a_y}{\sqrt{a_x^2 + a_y^2 + a_z^2}}, \cos\gamma = \frac{a_z}{|\vec{a}|} = \frac{a_z}{\sqrt{a_x^2 + a_y^2 + a_z^2}}. \tag{3.6}$$

将这组公式两边平方后相加,得到三个方向角所必须满足的条件

$$\cos^2\alpha + \cos^2\beta + \cos^2\gamma = 1. \tag{3.7}$$

与 $\vec{a}$ 同方向的单位矢量可表示为

$$\vec{a}^0 = \frac{\vec{a}}{|\vec{a}|} = \frac{a_x \vec{i} + a_y \vec{j} + a_z \vec{k}}{\sqrt{a_x^2 + a_y^2 + a_z^2}} = \cos\alpha \vec{i} + \cos\beta \vec{j} + \cos\gamma \vec{k}. \tag{3.8}$$

有了矢量的坐标表达式,矢量的几何运算就可以转化为矢量坐标的代数运算. 设矢量

$$\vec{a} = a_x \vec{i} + a_y \vec{j} + a_z \vec{k}, \quad \vec{b} = b_x \vec{i} + b_y \vec{j} + b_z \vec{k}.$$

由矢量加法的结合律与分配律,有

$$\vec{a} + \vec{b} = (a_x \vec{i} + a_y \vec{j} + a_z \vec{k}) + (b_x \vec{i} + b_y \vec{j} + b_z \vec{k})$$
$$= (a_x + b_x)\vec{i} + (a_y + b_y)\vec{j} + (a_z + b_z)\vec{k}.$$

同理

$$\vec{a} - \vec{b} = (a_x - b_x)\vec{i} + (a_y - b_y)\vec{j} + (a_z - b_z)\vec{k}$$

或者记成

$$\vec{a} \pm \vec{b} = \{a_x \pm b_x, a_y \pm b_y, a_z \pm b_z\}. \tag{3.9}$$

由此可见,**两矢量的和(或差),等于它们对应坐标的和(或差).**

利用数乘矢量的运算规律,有

$$\lambda\vec{a} = \lambda(a_x \vec{i} + a_y \vec{j} + a_z \vec{k}) = (\lambda a_x)\vec{i} + (\lambda a_y)\vec{j} + (\lambda a_z)\vec{k} \tag{3.10}$$

或简记成

$$\lambda\vec{a} = \{\lambda a_x, \lambda a_y, \lambda a_z\}.$$

可见,**数量与矢量的乘积等于把数量乘以矢量的每个坐标.**

例 1　设 $\vec{a} = \vec{i} + 2\vec{j} - \frac{1}{4}\vec{k}, \vec{b} = 4\vec{j} + \vec{k}$,试求矢量 $\vec{c} = 2\vec{a} - \frac{1}{2}\vec{b}$ 的模,方向余弦及单位矢量 $\vec{c}^0$.

解　$\vec{c} = 2\vec{a} - \frac{1}{2}\vec{b} = 2(\vec{i} + 2\vec{j} - \frac{1}{4}\vec{k}) - \frac{1}{2}(4\vec{j} + \vec{k})$

$$= 2\vec{i} + (4 - 2)\vec{j} + (-\frac{1}{2} - \frac{1}{2})\vec{k} = 2\vec{i} + 2\vec{j} - \vec{k}.$$

于是

$$|\vec{c}| = |2\vec{i} + 2\vec{j} - \vec{k}| = \sqrt{2^2 + 2^2 + (-1)^2} = 3.$$

$$\cos\alpha = \frac{c_x}{|\vec{c}|} = \frac{2}{3}, \quad \cos\beta = \frac{c_y}{|\vec{c}|} = \frac{2}{3}, \quad \cos\gamma = \frac{c_z}{|\vec{c}|} = \frac{-1}{3}.$$

$$\vec{c}^0 = \frac{2}{3}\vec{i} + \frac{2}{3}\vec{j} - \frac{1}{3}\vec{k}.$$

例 2　已知两点 $M_1(x_1, y_1, z_1), M_2(x_2, y_2, z_2)$,试求矢量 $\overrightarrow{M_1M_2}$ 的坐标表达式.

解　引矢径

$$\overrightarrow{OM_1} = x_1\vec{i} + y_1\vec{j} + z_1\vec{k}; \quad \overrightarrow{OM_2} = x_2\vec{i} + y_2\vec{j} + z_2\vec{k}.$$

(图 8-24),由矢量的减法,得

$$\overrightarrow{M_1M_2} = \overrightarrow{OM_2} - \overrightarrow{OM_1} = (x_2\vec{i} + y_2\vec{j} + z_2\vec{k}) - (x_1\vec{i} + y_1\vec{j} + z_1\vec{k})$$
$$= (x_2 - x_1)\vec{i} + (y_2 - y_1)\vec{j} + (z_2 - z_1)\vec{k} \tag{3.11}$$

或记成

$$\overrightarrow{M_1M_2} = \{x_2 - x_1, y_2 - y_1, z_2 - z_1\}.$$

由此表明,**已知起点与终点坐标的矢量,它的坐标为终点的坐标减去起点的坐标.**

例3 （有向线段的定比分点）如图 8-25，在点 $M_1(x_1, y_1, z_1)$ 与 $M_2(x_2, y_2, z_2)$ 的有向线段 $\overline{M_1M_2}$ 上求一分点 $M(x, y, z)$ 使得有向线段 $\overline{M_1M}$ 与 $\overline{MM_2}$ 成定比 λ，即使得

$$\frac{M_1M}{MM_2} = \lambda \qquad (\lambda \neq -1). \qquad (3.12)$$

解 引矢量

$$\overrightarrow{M_1M} = (x - x_1)\vec{i} + (y - y_1)\vec{j} + (z - z_1)\vec{k},$$

$$\overrightarrow{MM_2} = (x_2 - x)\vec{i} + (y_2 - y)\vec{j} + (z_2 - z)\vec{k},$$

因 $\overrightarrow{M_1M}$ 与 $\overrightarrow{MM_2}$ 共线，于是由 (3.12) 得

$$\overrightarrow{M_1M} = \lambda \overrightarrow{MM_2},$$

即

$$(x - x_1)\vec{i} + (y - y_1)\vec{j} + (z - z_1)\vec{k}$$
$$= \lambda(x_2 - x)\vec{i} + \lambda(y_2 - y)\vec{j} + \lambda(z_2 - z)\vec{k}.$$

因此

$$\begin{cases} x - x_1 = \lambda(x_2 - x), \\ y - y_1 = \lambda(y_2 - y), \\ z - z_1 = \lambda(z_2 - z). \end{cases}$$

解出

$$x = \frac{x_1 + \lambda x_2}{1 + \lambda}, \quad y = \frac{y_1 + \lambda y_2}{1 + \lambda}, \quad z = \frac{z_1 + \lambda z_2}{1 + \lambda}.$$

$$(3.13)$$

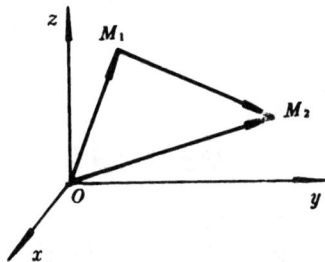

图 8-24

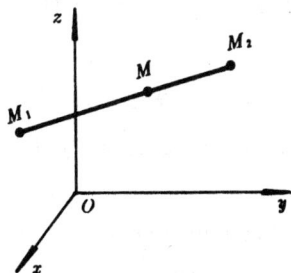

图 8-25

特别当 $\lambda = 1$ 时.

$$x = \frac{x_1 + x_2}{2}, \quad y = \frac{y_1 + y_2}{2}, \quad z = \frac{z_1 + z_2}{2}.$$

这时 M 为线段 M_1M_2 的中点，称 (3.13) 为**定比分点公式**.

例4 由 §2 中定理一知

$$\vec{a}, \vec{b} \text{ 共线} \Leftrightarrow \vec{b} = m\vec{a}.$$

若 $\vec{a} = \{a_x, a_y, a_z\}, \vec{b} = \{b_x, b_y, b_z\}$，则有

$$\{b_x, b_y, b_z\} = m\{a_x, a_y, a_z\},$$

得

$$b_x = ma_x, \quad b_y = ma_y, \quad b_z = ma_z.$$

或

$$\frac{a_x}{b_x} = \frac{1}{m}, \quad \frac{a_y}{b_y} = \frac{1}{m}, \quad \frac{a_z}{b_z} = \frac{1}{m}.$$

所以，得

$$\vec{a} \; // \; \vec{b} \text{（共线）} \Leftrightarrow \frac{a_x}{b_x} = \frac{a_y}{b_y} = \frac{a_z}{b_z}. \qquad (3.14)$$

此即，**两矢量平行的充要条件是它们的对应坐标成比例**.

§4 矢量的乘法

4.1 两矢量的数量积

(一) 数量积的概念

由力学知识,物体在恒力 $\vec{F}$ (大小与方向都保持不变) 作用下发生位移 $\vec{s}$ (图 8-26),则该力所作的功等于力 $\vec{F}$ 在位移方向的分力 $|\vec{F}|\cos(\vec{F},\vec{s})$ 乘以位移的大小 $|\vec{s}|$,即

$$W = |\vec{F}|\cos(\vec{F},\vec{s}) \cdot |\vec{s}| = |\vec{F}||\vec{s}|\cos(\vec{F},\vec{s}).$$

可见,功这个数量由力 $\vec{F}$ 与位移 $\vec{s}$ 这两个矢量所唯一确定. 这类由两个矢量确定一个数量的运算在其他学科领域中也常遇到,为此在数学中把这种运算抽象成两个矢量的数量积概念.

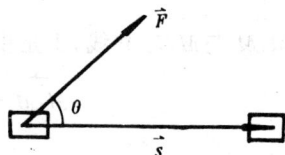

定义 矢量 $\vec{a},\vec{b}$ 的模与它们夹角的余弦的乘积,称为矢量 $\vec{a},\vec{b}$ 的**数量积**(或**内积**),记作 $\vec{a}\cdot\vec{b}$,即

$$\vec{a}\cdot\vec{b} = |\vec{a}||\vec{b}|\cos(\vec{a},\vec{b}). \tag{4.1}$$

图 8-26

由于这里用圆点"·"表示乘号,故数量积也叫矢量的**点乘积**(或**点积**).

这样,恒力作功,就是力 $\vec{F}$ 与位移矢量 $\vec{s}$ 的数量积,即

$$W = \vec{F}\cdot\vec{s}. \tag{4.2}$$

大家知道,矢量 $\vec{a}$ 在矢量 $\vec{b}$ 上的投影是

$$(\vec{a})_{\vec{i}} = |\vec{a}|\cos(\vec{a},\vec{b}) = |\vec{a}||\vec{b}^0|\cos(\vec{a},\vec{b}).$$

故矢量 $\vec{a}$ 在矢量 $\vec{b}^0$ 上的投影就是矢量 $\vec{a}$ 与单位矢量 $\vec{b}^0$ 的数量积,即

$$(\vec{a})_{\vec{i}} = \vec{a}\cdot\vec{b}^0. \tag{4.3}$$

如果是 $\vec{b}$ 在 $\vec{a}$ 上的投影,那么

$$(\vec{b})_{\vec{a}} = \vec{b}\cdot\vec{a}^0. $$

由定义,得 $\quad \vec{a}\cdot\vec{a} = |\vec{a}||\vec{a}|\cos(\vec{a},\vec{a}) = |\vec{a}|^2,$ $\tag{4.4}$

于是有 $\quad |\vec{a}| = \sqrt{\vec{a}\cdot\vec{a}}.$ $\tag{4.5}$

(二) 数量积的性质

根据数量积定义,当 $\vec{a}\perp\vec{b}$ 时,有

$$\vec{a}\cdot\vec{b} = |\vec{a}||\vec{b}|\cos\frac{\pi}{2} = 0,$$

反之,若 $\vec{a},\vec{b}$ 为非零矢量,且有 $\vec{a}\cdot\vec{b} = |\vec{a}||\vec{b}|\cos\theta = 0$,因 $|\vec{a}|\neq 0, |\vec{b}|\neq 0$,必定 $\cos\theta = 0$,从而 $\theta = \frac{\pi}{2}$,即 $\vec{a}\perp\vec{b}$.

如果注意到零矢量可以与任何矢量垂直,那么就得到如下重要结论.

定理 两个矢量 $\vec{a},\vec{b}$ 相互垂直的充要条件是它们的数量积等于零. 即

$$\vec{a}\perp\vec{b}\Leftrightarrow\vec{a}\cdot\vec{b} = 0. \tag{4.6}$$

(三) 数量积的运算规律

数量积满足以下运算规律：

(1) 交换律 $\quad \vec{a} \cdot \vec{b} = \vec{b} \cdot \vec{a}.$

(2) 结合律 $\quad \lambda(\vec{a} \cdot \vec{b}) = (\lambda \vec{a}) \cdot \vec{b} = \vec{a} \cdot (\lambda \vec{b}).$

(3) 分配律 $\quad \vec{a} \cdot (\vec{b} + \vec{c}) = \vec{a} \cdot \vec{b} + \vec{a} \cdot \vec{c}.$

用数量积定义和数乘矢量的定义立即可证交换律与结合律成立. 留给读者自己完成, 这里只证明分配律.

证(3) 如果 $\vec{a}, \vec{b}, \vec{c}$ 有一个零矢量, 那么分配律显然成立. 因而只须假设 $\vec{a}, \vec{b}, \vec{c}$ 均为非零矢量. 先设 $\vec{a}$ 是单位矢量, 证明等式：

$$\vec{a}^0 (\vec{b} + \vec{c}) = \vec{a}^0 \cdot \vec{b} + \vec{a}^0 \cdot \vec{c}.$$

由数量积的几何意义, $\vec{a}^0 \cdot (\vec{b} + \vec{c}) = (\vec{b} + \vec{c})_{\vec{a}}, \vec{a}^0 \cdot \vec{b} = (\vec{b})_{\vec{a}}, \vec{a}^0 \cdot \vec{c} = (\vec{c})_{\vec{a}}.$ 又根据矢量的投影原理, 多个矢量的和在同一轴上的投影等于各矢量在同轴上的投影之和, 故有

$$(\vec{b} + \vec{c})_{\vec{a}} = (\vec{b})_{\vec{a}} + (\vec{c})_{\vec{a}},$$

即

$$\vec{a}^0 \cdot (\vec{b} + \vec{c}) = \vec{a}^0 \cdot \vec{b} + \vec{a}^0 \cdot \vec{c}.$$

当 $\vec{a}$ 不是单位矢量时, $\vec{a} = |\vec{a}| \vec{a}^0$, 对上述等式两边同乘以数 $|\vec{a}|$, 根据数乘矢量的运算以及数量积的结合律(2), 有

$$|\vec{a}| \vec{a}^0 \cdot (\vec{b} + \vec{c}) = |\vec{a}| \vec{a}^0 \cdot \vec{b} + |\vec{a}| \vec{a}^0 \cdot \vec{c} = (|\vec{a}| \vec{a}^0) \cdot \vec{b} + (|\vec{a}| \vec{a}^0) \cdot \vec{c}.$$

而 $|\vec{a}| \vec{a}^0 = \vec{a}$, 所以

$$\vec{a} \cdot (\vec{b} + \vec{c}) = \vec{a} \cdot \vec{b} + \vec{a} \cdot \vec{c}. \qquad\qquad 证毕$$

(四) 数量积的坐标表达式

利用数量积的上述运算规律, 来推导数量积的坐标表达式.

设 $\vec{a} = \{a_x, a_y, a_z\}, \vec{b} = \{b_x, b_y, b_z\}$, 则

$$\begin{aligned}
\vec{a} \cdot \vec{b} &= (a_x \vec{i} + a_y \vec{j} + a_z \vec{k}) \cdot (b_x \vec{i} + b_y \vec{j} + b_z \vec{k}) \\
&= a_x b_x \vec{i} \cdot \vec{i} + a_x b_y \vec{i} \cdot \vec{j} + a_x b_z \vec{i} \cdot \vec{k} + a_y b_x \vec{j} \cdot \vec{i} + a_y b_y \vec{j} \cdot \vec{j} \\
&\quad + a_y b_z \vec{j} \cdot \vec{k} + a_z b_x \vec{k} \cdot \vec{i} + a_z b_y \vec{k} \cdot \vec{j} + a_z b_z \vec{k} \cdot \vec{k}.
\end{aligned}$$

因为 $\vec{i}, \vec{j}, \vec{k}$ 相互垂直, 故有

$$\vec{i} \cdot \vec{j} = \vec{i} \cdot \vec{k} = \vec{j} \cdot \vec{k} = \vec{j} \cdot \vec{i} = \vec{k} \cdot \vec{i} = \vec{k} \cdot \vec{j} = 0,$$
$$\vec{i} \cdot \vec{i} = \vec{j} \cdot \vec{j} = \vec{k} \cdot \vec{k} = 1.$$

代入前式, 便得

$$\vec{a} \cdot \vec{b} = a_x b_x + a_y b_y + a_z b_z. \tag{4.7}$$

这就是**数量积的坐标表达式**, 它表明：**两个矢量的数量积等于它们的对应坐标乘积之和.**

应用数量积的坐标表达式, 又可以推出以下的重要结果：

$$\vec{a} \perp \vec{b} \Leftrightarrow \vec{a} \cdot \vec{b} = a_x b_x + a_y b_y + a_z b_z = 0. \quad |\vec{a}| = \sqrt{\vec{a} \cdot \vec{a}} = \sqrt{a_x^2 + a_y^2 + a_z^2},$$

$$\cos(\vec{a}, \vec{b}) = \frac{\vec{a} \cdot \vec{b}}{|\vec{a}||\vec{b}|} = \frac{a_x b_x + a_y b_y + a_z b_z}{\sqrt{a_x^2 + a_y^2 + a_z^2} \cdot \sqrt{b_x^2 + b_y^2 + b_z^2}}.$$

例1 设 $|\vec{a}| = 2, |\vec{b}| = 3, \vec{a}, \vec{b}$ 的夹角 $\theta = \dfrac{\pi}{3}$, 试求

(1) $(\vec{a} - 2\vec{b}) \cdot (3\vec{a} + \vec{b})$;   (2) $|\vec{a} - 2\vec{b}|.$

解 (1) $(\vec{a} - 2\vec{b}) \cdot (3\vec{a} + \vec{b}) = 3\vec{a} \cdot \vec{a} - 6\vec{a} \cdot \vec{b} + \vec{a} \cdot \vec{b} - 2\vec{b} \cdot \vec{b}$

$$= 3\vec{a}^2 - 5\vec{a} \cdot \vec{b} - 2\vec{b}^2 \qquad (\text{记 } \vec{a} \cdot \vec{a} = \vec{a}^2)$$

$$= 3|\vec{a}|^2 - 5|\vec{a}||\vec{b}|\cos\frac{\pi}{3} - 2|\vec{b}|^2$$

$$= 3 \times 2^2 - 5 \times 2 \times 3 \times \frac{1}{2} - 2 \times 3^2 = -21.$$

(2) 因 $|\vec{a} - 2\vec{b}|^2 = (\vec{a} - 2\vec{b}) \cdot (\vec{a} - 2\vec{b}) = \vec{a}^2 - 4\vec{a} \cdot \vec{b} + 4\vec{b}^2$

$$= |\vec{a}|^2 - 4|\vec{a}||\vec{b}|\cos\frac{\pi}{3} + 4|\vec{b}|^2 = 2^2 - 4 \times 2 \times 3 \times \frac{1}{2} + 4 \times 3^2 = 28,$$

所以

$$|\vec{a} - 2\vec{b}| = \sqrt{28} = 2\sqrt{7}.$$

例 2 设 $\vec{a} = \vec{i} - 2\vec{j} + 2\vec{k}, \vec{b} = 3\vec{j} - 4\vec{k}$，试求

(1) $\vec{a}$ 与 $\vec{b}$ 的夹角 θ；(2) 与 $\vec{a}, \vec{b}$ 共面的矢量 $\vec{c}$，使得 $(\vec{c})_{\vec{a}} = 2, (\vec{c})_{\vec{i}} = 2$.

解 (1) 由 $\vec{a} \cdot \vec{b} = |\vec{a}||\vec{b}|\cos\theta$，知 $\cos\theta = \dfrac{\vec{a} \cdot \vec{b}}{|\vec{a}||\vec{b}|}$，

而 $\vec{a} \cdot \vec{b} = (\vec{i} - 2\vec{j} + 2\vec{k}) \cdot (3\vec{j} - 4\vec{k}) = 1 \times 0 - 2 \times 3 - 2 \times 4 = -14$,

$$|\vec{a}| = |\vec{i} - 2\vec{j} + 2\vec{k}| = \sqrt{1^2 + (-2)^2 + 2^2} = 3,$$

$$|\vec{b}| = |3\vec{j} - 4\vec{k}| = \sqrt{0^2 + 3^2 + (-4)^2} = 5,$$

所以

$$\cos\theta = \frac{-14}{3 \times 5} = -\frac{14}{15}, \quad \text{查表得} \quad \theta \approx 158°57'38''.$$

(2) 因 $\vec{a}, \vec{b}$ 的对应坐标不成比例，故不共线，欲要 $\vec{c}$ 与 $\vec{a}, \vec{b}$ 共面，根据 §2 定理二，存在唯一的数对 λ, μ，使得

$$\vec{c} = \lambda\vec{a} + \mu\vec{b} = \lambda(\vec{i} - 2\vec{j} + 2\vec{k}) + \mu(3\vec{j} - 4\vec{k})$$

$$= \lambda\vec{i} + (-2\lambda + 3\mu)\vec{j} + (2\lambda - 4\mu)\vec{k}.$$

由题设

$$(\vec{c})_{\vec{a}} = \vec{c} \cdot \vec{a}^0 = \frac{\vec{c} \cdot \vec{a}}{|\vec{a}|} = \frac{1}{3}[\lambda - 2(-2\lambda + 3\mu) + 2(2\lambda - 4\mu)] = 2,$$

得

$$9\lambda - 14\mu = 6. \tag{4.8}$$

由题设

$$(\vec{c})_{\vec{i}} = \vec{c} \cdot \vec{b}^0 = \frac{\vec{c} \cdot \vec{b}}{|\vec{b}|} = \frac{1}{5}[0 \times \lambda + 3(-2\lambda + 3\mu) - 4(2\lambda - 4\mu)] = 2,$$

$$14\lambda - 25\mu = -10. \tag{4.9}$$

联立 (4.8) 与 (4.9) 解出 $\lambda = 10, \mu = 6$，故所求矢量为

$$\vec{c} = 10\vec{a} + 6\vec{b} = 10(\vec{i} - 2\vec{j} + 2\vec{k}) + 6(3\vec{j} - 4\vec{k})$$

$$= 10\vec{i} - 2\vec{j} - 4\vec{k}.$$

例 3 用矢量方法证明三角形的三条高交于一点.

证 任作 $\triangle ABC$，并分别作 BC 与 AC 边上的高线 AD 与 BE，它们相交于点 H，连接 CH 并

延长交 AB 边于 F(图 8-27). 只须证明 $CH \perp AB$,即得 $CF \perp AB$.

因 $AD \perp BC$,即 $AH \perp BC$,故 $\overrightarrow{AH} \cdot \overrightarrow{BC} = 0$;同理,$\overrightarrow{BH} \cdot \overrightarrow{AC} = 0$,于是

$$\overrightarrow{CH} \cdot \overrightarrow{AB} = (\overrightarrow{CA} + \overrightarrow{AH}) \cdot (\overrightarrow{AH} + \overrightarrow{HB})$$
$$= \overrightarrow{CA} \cdot \overrightarrow{AH} + \overrightarrow{AH}^2 + \overrightarrow{CA} \cdot \overrightarrow{HB} + \overrightarrow{AH} \cdot \overrightarrow{HB}$$
$$= \overrightarrow{AH} \cdot (\overrightarrow{CA} + \overrightarrow{AH} + \overrightarrow{HB}) + \overrightarrow{CA} \cdot \overrightarrow{HB}$$
$$= \overrightarrow{AH} \cdot \overrightarrow{CB} + \overrightarrow{CA} \cdot \overrightarrow{HB}$$
$$= 0 + 0 = 0.$$

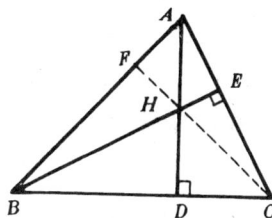

图 8-27

所以 $\overrightarrow{CH} \perp \overrightarrow{AB}$,即 $CF \perp AB$,从而得证命题成立. 证毕

例 4 用矢量方法证明余弦定理 $c^2 = a^2 + b^2 - 2ab\cos\theta$.

证 任作 $\triangle ABC$(图 8-28),记 $\overrightarrow{CB} = \vec{a}$,$\overrightarrow{CA} = \vec{b}$,$\overrightarrow{AB} = \vec{c}$,则 $\vec{c} = \vec{a} - \vec{b}$,于是

$$\vec{c}^2 = (\vec{a} - \vec{b})^2 = (\vec{a} - \vec{b}) \cdot (\vec{a} - \vec{b})$$
$$= \vec{a}^2 - 2\vec{a} \cdot \vec{b} + \vec{b}^2$$
$$= \vec{a}^2 + \vec{b}^2 - 2|\vec{a}||\vec{b}|\cos\theta,$$

即 $c^2 = a^2 + b^2 - 2ab\cos\theta.$ 证毕

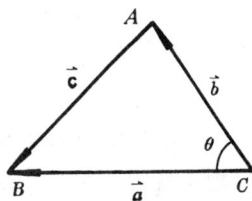

图 8-28

4.2 两矢量的矢量积

(一) 矢量积的概念

在开门时,要用一个水平的拉力 $\vec{F}$,设门轴到把手的矢量为 $\vec{r}$,$r = |\vec{r}|$ 就是转动半径(如图 8-29). 经验告诉我们,当 $\vec{F} \perp \vec{r}$ 时开门最容易,当 $\vec{F} /\!/ \vec{r}$ 时,门就拉不动了. 对于一般情形,平行于 $\vec{r}$ 的分力 F_2,力矩为零,垂直于 $\vec{r}$ 的分力 $F_1 = |\vec{F}|\sin\theta$ 产生力矩 $\vec{M}$,其大小为 $|\vec{r}||\vec{F}|\sin\theta$,由力学知识,力矩是一个矢量,它的方向是用右手定则规定的,即伸出右手掌,四指指向 $\vec{r}$ 的方向,再握拳转向 $\vec{F}$ 方向,这时大姆指的方向就是力矩方向,如图 8-30 所示. 亦即 $\vec{M}$ 垂直于 $\vec{r}$,$\vec{F}$ 所在的平面,且 $\vec{r}$,$\vec{F}$,$\vec{M}$ 满足右手定则. 规定力矩的方向是为了确切地表示物体发生转动的方向(这里是开门还是关门两个运动).

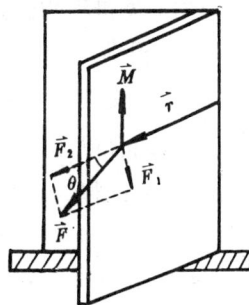

图 8-29

这种由两个矢量确定另一个矢量的运算,在其它学科中经常可见,在数学上就抽象出两个矢量的矢量积的概念.

定义 由两个矢量 $\vec{a}$ 与 $\vec{b}$ 按下列条件确定一个矢量 $\vec{c}$:

(i) 模为 $|\vec{c}| = |\vec{a}||\vec{b}|\sin\theta$, ($\theta$ 为 $\vec{a}$,$\vec{b}$ 的夹角).

(ii) 方向为 $\vec{c} \perp \vec{a}$,$\vec{c} \perp \vec{b}$,且 $\vec{a}$,$\vec{b}$,$\vec{c}$ 符合右手定则.

则称 $\vec{c}$ 为矢量 $\vec{a}$ 与 $\vec{b}$ 的**矢量积**(或**外积**),记作 $\vec{a} \times \vec{b}$,即

$$\vec{c} = \vec{a} \times \vec{b}.$$

由于这种矢量的乘法运算用"×"符号,所以矢量积也叫**叉乘积**(或叉积).

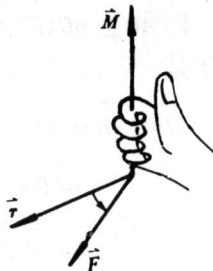

这样,力矩就是 $\vec{r}$ 与 $\vec{F}$ 的矢量积.

$$\vec{M} = \vec{r} \times \vec{F}.$$

以 $\vec{a}, \vec{b}$ 为邻边的平行四边形, $\vec{a}$ 边上的高是 $h = |\vec{b}| \sin\theta$,于是矢量积的模是

$$|\vec{a} \times \vec{b}| = |\vec{a}| |\vec{b}| \sin\theta = |\vec{a}| \cdot h.$$

它在几何上表示以 $\vec{a}, \vec{b}$ 为邻边的平形四边形的面积(图 8-31).这就是矢量积的几何意义.

图 8-30

(二) 矢量积的性质

由矢量积定义,若 $\vec{a} // \vec{b}$,则 $|\vec{a} \times \vec{b}| = |\vec{a}| |\vec{b}| \sin\theta = 0$,故 $\vec{a} \times \vec{b} = \vec{0}$.反之,若 $\vec{a}, \vec{b}$ 为非零矢量,且有 $\vec{a} \times \vec{b} = \vec{0}$,则 $|\vec{a} \times \vec{b}| = |\vec{a}| |\vec{b}| \sin\theta = 0$,因 $|\vec{a}| \neq 0, |\vec{b}| \neq 0$,从而 $\sin\theta = 0, \theta = 0$ 或 π,所以 $\vec{a} // \vec{b}$.

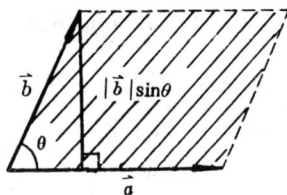

如果注意到零矢量的方向可以任意,可看成与任何矢量平行,那么就得到矢量积的一个重要性质.

图 8-31

定理 两个矢量 $\vec{a}, \vec{b}$ 相互平行的充要条件是,它们的矢量积等于零矢量,即

$$\vec{a} // \vec{b} \Leftrightarrow \vec{a} \times \vec{b} = \vec{0}. \tag{4.10}$$

这个性质将在往后讨论几何问题时经常用到.特别是 $\vec{a} \times \vec{a} = \vec{0}$,即任何矢量自身的矢量积为零矢量.

(三) 矢量积的运算规律

矢量积满足下列运算规律:

(1) 反交换律 $\quad \vec{a} \times \vec{b} = - \vec{b} \times \vec{a}.$

(2) 结合律 $\quad \lambda(\vec{a} \times \vec{b}) = (\lambda\vec{a}) \times \vec{b} = \vec{a} \times (\lambda\vec{b}).$

(3) 分配律 $\quad \vec{a} \times (\vec{b} + \vec{c}) = \vec{a} \times \vec{b} + \vec{a} \times \vec{c};$
$$(\vec{a} + \vec{b}) \times \vec{c} = \vec{a} \times \vec{c} + \vec{b} \times \vec{c}.$$

由矢量积的定义及数乘矢量的定义易知规律(1),(2)成立.这里只证明(3).

证(3) $\vec{a}, \vec{b}, \vec{c}$ 中有一个是零矢量时,分配律(3)显然成立,因此只须对 $\vec{a}, \vec{b}, \vec{c}$ 均为非零矢量的情形加以证明.

不妨设 $\vec{a} = \vec{a^0}$,即证

$$\vec{a^0} \times (\vec{b} + \vec{c}) = \vec{a^0} \times \vec{b} + \vec{a^0} \times \vec{c},$$

成立,因为不然 $\vec{a} = |\vec{a}| \vec{a^0}$,再利用结合律(2)即可.

如图 8-32,过空间点 O 作一垂直于 $\vec{a^0} = \overrightarrow{OA}$ 的平面 Π,设 $\overrightarrow{AB} = \vec{b}, \overrightarrow{BC} = \vec{c}$,则 $\overrightarrow{AC} = \vec{b} + \vec{c}$,记点 B 和点 C 在平面 Π 上的投影分别为 B' 和 C',于是 $\triangle OB'C'$ 是 $\triangle ABC$ 在平面 Π 上的投影三角形.再把 $\triangle OB'C'$ 在平面 Π 上以 O 点为中心,按逆时针方向旋转 $90°$,得 $\triangle OB''C''$(图 8-32),于是

$$|\vec{a^0} \times \vec{b}| = |\vec{b}|\sin(\vec{a},\vec{b}) = OB',$$

$$\overrightarrow{OB''} \perp \vec{a^0}, \quad \overrightarrow{OB''} \perp \vec{b},$$

所以

$$\vec{a^0} \times \vec{b} = \overrightarrow{OB''}.$$

同理可得

$$\vec{a^0} \times \vec{c} = \overrightarrow{B''C''},$$

$$\vec{a^0} \times \overrightarrow{AC} = \vec{a^0} \times (\vec{b} + \vec{c}) = \overrightarrow{OC''}.$$

因为 $\overrightarrow{OC''} = \overrightarrow{OB''} + \overrightarrow{B''C''}$,

从而得证

$$\vec{a^0} \times (\vec{b} + \vec{c}) = \vec{a^0} \times \vec{b} + \vec{a^0} \times \vec{c}.$$

再利用此结果及反交换律,有

$$(\vec{a} + \vec{b}) \times \vec{c} = -\vec{c} \times (\vec{a} + \vec{b}) = -\vec{c} \times \vec{a} - \vec{c} \times \vec{b}$$
$$= \vec{a} \times \vec{c} + \vec{b} \times \vec{c}.$$

便得

$$(\vec{a} + \vec{b}) \times \vec{c} = \vec{a} \times \vec{c} + \vec{b} \times \vec{c}.$$

证毕

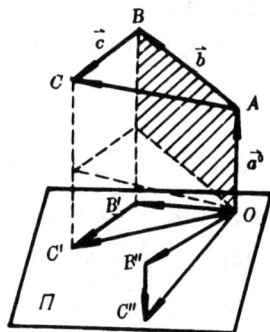

图 8-32

(四) 矢量积的坐标表达式

利用矢量积的运算规律可推出矢量积的坐标表达式.

设 $\vec{a} = \{a_x, a_y, a_z\}$, $\vec{b} = \{b_x, b_y, b_z\}$,则有

$$\vec{a} \times \vec{b} = (a_x\vec{i} + a_y\vec{j} + a_z\vec{k}) \times (b_x\vec{i} + b_y\vec{j} + b_z\vec{k})$$
$$= a_xb_x\vec{i} \times \vec{i} + a_xb_y\vec{i} \times \vec{j} + a_xb_z\vec{i} \times \vec{k} + a_yb_x\vec{j} \times \vec{i} + a_yb_y\vec{j} \times \vec{j} + a_yb_z\vec{j} \times \vec{k}$$
$$+ a_zb_x\vec{k} \times \vec{i} + a_zb_y\vec{k} \times \vec{j} + a_zb_z\vec{k} \times \vec{k}.$$

因 $\vec{i} \times \vec{i} = \vec{j} \times \vec{j} = \vec{k} \times \vec{k} = \vec{0},$

$$\vec{i} \times \vec{j} = \vec{k}, \vec{j} \times \vec{k} = \vec{i}, \vec{k} \times \vec{i} = \vec{j},$$

$$\vec{j} \times \vec{i} = -\vec{k}, \vec{k} \times \vec{j} = -\vec{i}, \vec{i} \times \vec{k} = -\vec{j}.$$

两个基本单位矢量的矢量积可用图 8-33 记忆,按逆时针方向为正,顺时针方向为负.

于是

$$\vec{a} \times \vec{b} = (a_yb_z - a_zb_y)\vec{i} - (a_xb_z - a_zb_x)\vec{j} + (a_xb_y - a_yb_x)\vec{k}$$
$$= \begin{vmatrix} a_y & a_z \\ b_y & b_z \end{vmatrix}\vec{i} - \begin{vmatrix} a_x & a_z \\ b_x & b_z \end{vmatrix}\vec{j} + \begin{vmatrix} a_x & a_y \\ b_x & b_y \end{vmatrix}\vec{k}. \tag{4.11}$$

为了帮助记忆,借助三阶行列式的记号

$$\vec{a} \times \vec{b} = \begin{vmatrix} \vec{i} & \vec{j} & \vec{k} \\ a_x & a_y & a_z \\ b_x & b_y & b_z \end{vmatrix}. \tag{4.12}$$

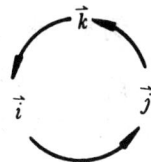

图 8-33

称(4.11)或(4.12)为**矢量积的坐标表达式**.

由(4.11),当 $\vec{a} \times \vec{b} = \vec{0}$ 时,必有

$$a_yb_z - a_zb_y = 0, \quad a_zb_x - a_xb_z = 0, \quad a_xb_y - a_yb_x = 0,$$

于是得比例式:

$$\frac{a_x}{b_x} = \frac{a_y}{b_y} = \frac{a_z}{b_z}. \quad ① \tag{4.13}$$

反之,当(4.13)成立时,$\vec{a} \times \vec{b} = \vec{0}$ 必成立,这样,再次得到 §3.2 中出现过的结论:**两矢量相互平行的充要条件是它们对应坐标成比例.**

把有关的结果汇总在一起,就是

$$\vec{a} /\!/ \vec{b} \Leftrightarrow \vec{a} \times \vec{b} = \vec{0} \Leftrightarrow \frac{a_x}{b_x} = \frac{a_y}{b_y} = \frac{a_z}{b_z}. \tag{4.14}$$

例 5 $\vec{a} = \{3, -1, 1\}$, $\vec{b} = \{0, 2, 1\}$,试求

(1) $(4\vec{a} - \vec{b}) \times (\vec{a} + \vec{b})$;(2) 同时垂直于 $\vec{a}, \vec{b}$ 的单位矢量.

解 (1) $(4\vec{a} - \vec{b}) \times (\vec{a} + \vec{b}) = 4\vec{a} \times \vec{a} - \vec{b} \times \vec{a} + 4\vec{a} \times \vec{b} - \vec{b} \times \vec{b}$

$$= \vec{0} + \vec{a} \times \vec{b} + 4\vec{a} \times \vec{b} + \vec{0} = 5\vec{a} \times \vec{b}$$

$$= 5 \begin{vmatrix} \vec{i} & \vec{j} & \vec{k} \\ 3 & -1 & 1 \\ 0 & 2 & 1 \end{vmatrix} = 5 \left(\begin{vmatrix} -1 & 1 \\ 2 & 1 \end{vmatrix} \vec{i} - \begin{vmatrix} 3 & 1 \\ 0 & 1 \end{vmatrix} \vec{j} + \begin{vmatrix} 3 & -1 \\ 0 & 2 \end{vmatrix} \vec{k} \right)$$

$$= 5(-3\vec{i} - 3\vec{j} + 6\vec{k}) = 15(-\vec{i} - \vec{j} + 2\vec{k}).$$

(2) 由矢量积的定义知,矢量 $\vec{a} \times \vec{b}$,既垂直于 $\vec{a}$,又垂直于 $\vec{b}$,因此所求单位矢量与矢量 $\vec{a} \times \vec{b}$ 平行.

$$\vec{a} \times \vec{b} = \begin{vmatrix} \vec{i} & \vec{j} & \vec{k} \\ 3 & -1 & 1 \\ 0 & 2 & 1 \end{vmatrix} = -3\vec{i} - 3\vec{j} + 6\vec{k}.$$

$$(\vec{a} \times \vec{b})^0 = \frac{-3\vec{i} - 3\vec{j} + 6\vec{k}}{\sqrt{(-3)^2 + (-3)^2 + 6^2}} = \frac{1}{3\sqrt{6}}(-3\vec{i} - 3\vec{j} + 6\vec{k})$$

$$= \frac{1}{\sqrt{6}}\{-1, -1, 2\}.$$

因此,所求单位矢量为

$$\vec{c^0} = \pm \frac{1}{\sqrt{6}}\{-1, -1, 2\}.$$

例 6 求以 $A(5, 1, 2), B(2, -1, 0), C(1, 3, -2)$ 为顶点的三角形面积.

解 根据矢量积的几何意义,$\triangle ABC$ 的面积就是以 $\overrightarrow{AB}, \overrightarrow{AC}$ 为邻边的平行四边形面积的一半,于是,引矢量

$$\overrightarrow{AB} = (2-5)\vec{i} + (-1-1)\vec{j} + (0-2)\vec{k} = -3\vec{i} - 2\vec{j} - 2\vec{k},$$

$$\overrightarrow{AC} = (1-5)\vec{i} + (3-1)\vec{j} + (-2-2)\vec{k} = -4\vec{i} + 2\vec{j} - 4\vec{k},$$

---

① 在比例式(4.13)中,当分母出现 0 时,比如 $b_y = 0$,仍然写成(4.13)的形式,$\frac{a_x}{b_x} = \frac{a_y}{0} = \frac{a_z}{b_z}$,只是作这样理解:$\frac{a_x}{b_x}$ $= \frac{a_z}{b_z}, a_y = 0.$

则
$$\overrightarrow{AB} \times \overrightarrow{AC} = \begin{vmatrix} \vec{i} & \vec{j} & \vec{k} \\ -3 & -2 & -2 \\ -4 & 2 & -4 \end{vmatrix}$$

$$= \begin{vmatrix} -2 & -2 \\ 2 & -4 \end{vmatrix}\vec{i} - \begin{vmatrix} -3 & -2 \\ -4 & -4 \end{vmatrix}\vec{j} + \begin{vmatrix} -3 & -2 \\ -4 & 2 \end{vmatrix}\vec{k}$$

$$= 12\vec{i} - 4\vec{j} - 14\vec{k},$$

故

$$S_{\triangle ABC} = \frac{1}{2}|\overrightarrow{AB} \times \overrightarrow{AC}| = \frac{1}{2}|12\vec{i} - 4\vec{j} - 14\vec{k}| = \sqrt{89}.$$

例 7 用矢量方法证明三角形的正弦定理.

证 如图 8-34 所示 $\triangle ABC$ 的三边长分别为 a,b,c,由矢量积定义知 $\triangle ABC$ 的面积为

$$S = \frac{1}{2}|\overrightarrow{AB} \times \overrightarrow{AC}| = \frac{1}{2}|\overrightarrow{AB}||\overrightarrow{AC}|\sin A = \frac{1}{2}bc\sin A,$$

$$S = \frac{1}{2}|\overrightarrow{BA} \times \overrightarrow{BC}| = \frac{1}{2}|\overrightarrow{BA}||\overrightarrow{BC}|\sin B = \frac{1}{2}ca\sin B,$$

$$S = \frac{1}{2}|\overrightarrow{CA} \times \overrightarrow{CB}| = \frac{1}{2}|\overrightarrow{CA}||\overrightarrow{CB}|\sin C = \frac{1}{2}ab\sin C,$$

于是 $bc\sin A = ca\sin B = ab\sin C,$

同除以 abc,得证

$$\frac{\sin A}{a} = \frac{\sin B}{b} = \frac{\sin C}{c}.$$

证毕

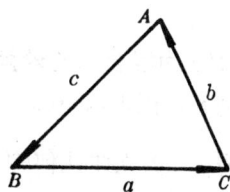

图 8-34

4.3 三矢量的混合积

定义 对三个矢量 $\vec{a},\vec{b},\vec{c}$ 施加点乘和叉乘两种运算,得到 $(\vec{a} \times \vec{b}) \cdot \vec{c}$,称为矢量 $\vec{a},\vec{b},\vec{c}$ 的**混合积**.

由于最后施行点乘,故混合积是一个数量.

因为 $(\vec{a} \times \vec{b}) \cdot \vec{c} = |\vec{a} \times \vec{b}||\vec{c}|\cos(\vec{a} \times \vec{b}, \vec{c})$,其中 $|\vec{a} \times \vec{b}|$ 表示以 $\vec{a},\vec{b}$ 为邻边的平行四边形面积,而 $|\vec{c}|\cos(\vec{a} \times \vec{b}, \vec{c}) = (\vec{c})_{\vec{a} \times \vec{b}}$.当 $\vec{c}$ 与 $\vec{a} \times \vec{b}$ 的夹角为锐角时,$\cos(\vec{a} \times \vec{b}, \vec{c}) > 0$,这时 $|\vec{c}|\cos(\vec{a} \times \vec{b}, \vec{c})$ 就是以 $\vec{a},\vec{b},\vec{c}$ 为相邻三条棱的平行六面体在 $\vec{a}$ 与 $\vec{b}$ 所在平面上的高 h;如果 $\vec{a} \times \vec{b}$ 与 $\vec{c}$ 的夹角为钝角,$\cos(\vec{a} \times \vec{b}, \vec{c}) < 0$,这时,高 $h = -|\vec{c}|\cos(\vec{a} \times \vec{b}, \vec{c})$,如图 8-35.所以混合积 $(\vec{a} \times \vec{b}) \cdot \vec{c}$ 的绝对值在几何上表示以 $\vec{a},\vec{b},\vec{c}$ 为相邻三棱的平行六面体的体积 V,即

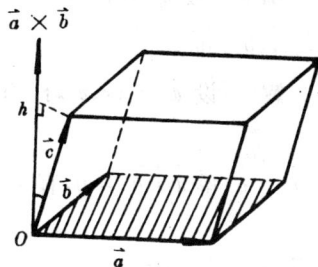

图 8-35

$$V = |(\vec{a} \times \vec{b}) \cdot \vec{c}|. \tag{4.15}$$

由此几何意义可推出

$$\vec{a},\vec{b},\vec{c} \text{ 共面} \Leftrightarrow (\vec{a} \times \vec{b}) \cdot \vec{c} = 0. \tag{4.16}$$

若设 $\vec{a} = \{a_x, a_y, a_z\}$，$\vec{b} = \{b_x, b_y, b_z\}$，$\vec{c} = \{c_x, c_y, c_z\}$，应用数量积和矢量积的坐标表达式，得

$$(\vec{a} \times \vec{b}) \cdot \vec{c} = \left[\begin{vmatrix} a_y & a_z \\ b_y & b_z \end{vmatrix} \vec{i} - \begin{vmatrix} a_x & a_z \\ b_x & b_z \end{vmatrix} \vec{j} + \begin{vmatrix} a_x & a_y \\ b_x & b_y \end{vmatrix} \vec{k} \right] \cdot (c_x \vec{i} + c_y \vec{j} + c_z \vec{k})$$

$$= \begin{vmatrix} a_y & a_z \\ b_y & b_z \end{vmatrix} c_x - \begin{vmatrix} a_x & a_z \\ b_x & b_z \end{vmatrix} c_y + \begin{vmatrix} a_x & a_y \\ b_x & b_y \end{vmatrix} c_z.$$

根据三阶行列式按第一行展开法及交换行列式任意两行的元素行列式要变号的性质，上式右边可以表示成三阶行列式，从而得

$$(\vec{a} \times \vec{b}) \cdot \vec{c} = \begin{vmatrix} a_x & a_y & a_z \\ b_x & b_y & b_z \\ c_x & c_y & c_z \end{vmatrix}. \tag{4.17}$$

这就是混合积的坐标表达式.

交换行列式两行的元素，行列式要变号，如果再交换一次，那么就复原，故有

$$(\vec{a} \times \vec{b}) \cdot \vec{c} = (\vec{b} \times \vec{c}) \cdot \vec{a} = (\vec{c} \times \vec{a}) \cdot \vec{b}, \tag{4.18}$$

称(4.18)为混合积的**轮换性**.

例 8 试求以 $A(2,0,0), B(-1,2,3), C(4,1,0), D(5,0,1)$ 为顶点的四面体的体积 V.

解 由立体几何知识，这四面体体积等于以 $\overrightarrow{AB}, \overrightarrow{AC}, \overrightarrow{AD}$ 为相邻三条棱的平行六面体的体积的六分之一，故有

$$V = \frac{1}{6} |(\overrightarrow{AB} \times \overrightarrow{AC}) \cdot \overrightarrow{AD}|.$$

引矢量 $\overrightarrow{AB} = -3\vec{i} + 2\vec{j} + 3\vec{k}, \overrightarrow{AC} = 2\vec{i} + \vec{j}, \overrightarrow{AD} = 3\vec{i} + \vec{k}.$

于是 $(\overrightarrow{AB} \times \overrightarrow{AC}) \cdot \overrightarrow{AD} = \begin{vmatrix} -3 & 2 & 3 \\ 2 & 1 & 0 \\ 3 & 0 & 1 \end{vmatrix} = -3 \begin{vmatrix} 1 & 0 \\ 0 & 1 \end{vmatrix} - 2 \begin{vmatrix} 2 & 0 \\ 3 & 1 \end{vmatrix} + 3 \begin{vmatrix} 2 & 1 \\ 3 & 0 \end{vmatrix}$

$$= -3 - 4 - 9 = -16,$$

所求四面体体积为 $V = \frac{1}{6} |(\overrightarrow{AB} \times \overrightarrow{AC}) \cdot \overrightarrow{AD}| = \frac{1}{6} |-16| = \frac{8}{3}.$

例 9 设 $\vec{a} = \{1,0,0\}, \vec{b} = \{0,1,-2\}, \vec{c} = \{2,-2,1\}$，求单位矢量 $\vec{d}$，使得 $\vec{d} \perp \vec{c}$，且 $\vec{d}$ 与 $\vec{a}, \vec{b}$ 共面.

解 设 $\vec{d} = \{x, y, z\}$，由 $|\vec{d}| = 1$ 得

$$x^2 + y^2 + z^2 = 1, \tag{4.19}$$

由 $\vec{d} \perp \vec{c}$，得 $\vec{d} \cdot \vec{c} = 0$，有

$$2x - 2y + z = 0, \tag{4.20}$$

由 $\vec{d}$ 与 $\vec{a}, \vec{b}$ 共面，得

$$(\vec{a} \times \vec{b}) \cdot \vec{d} = \begin{vmatrix} x & y & z \\ 1 & 0 & 0 \\ 0 & 1 & -2 \end{vmatrix} = 2y + z = 0, \tag{4.21}$$

联立方程(4.19),(4.20),(4.21)解出 $x = \pm \frac{2}{3}, y = \pm \frac{1}{3}, z = \mp \frac{2}{3},$

故所求单位矢量为 $\vec{d} = \pm\{\dfrac{2}{3}, \dfrac{1}{3}, -\dfrac{2}{3}\}$.

另解 由 $\vec{d}$ 与 $\vec{a},\vec{b}$ 共面,且 $\vec{a},\vec{b}$ 不共线,故根据 §2.2 定理二可设

$$\vec{d} = \lambda\vec{a} + \mu\vec{b} = \lambda\vec{i} + \mu\vec{j} - 2\mu\vec{k}, \tag{4.22}$$

其中 λ, μ 待定.

又由 $\vec{d} \cdot \vec{c} = 0$ 及 $|\vec{d}| = 1$ 得 $\begin{cases} 2\lambda - 4\mu = 0, \\ \lambda^2 + 5\mu^2 = 1, \end{cases}$

解出 $\lambda = \pm\dfrac{2}{3}, \mu = \pm\dfrac{1}{3}$. 代入 (4.22) 得所求单位矢量

$$\vec{d} = \pm\dfrac{2}{3}\vec{i} \pm \dfrac{1}{3}\vec{j} \mp \dfrac{2}{3}\vec{k} = \pm\dfrac{1}{3}\{2,1,-2\}.$$

例 10 验证四点 $A(1,0,1), B(4,4,6), C(2,2,3)$ 和 $D(10,14,17)$ 在同一平面上.

证 从 A 点出发引矢量

$$\overrightarrow{AB} = \{3,4,5\}, \qquad \overrightarrow{AC} = \{1,2,2\}, \qquad \overrightarrow{AD} = \{9,14,16\}.$$

计算得

$$(\overrightarrow{AB} \times \overrightarrow{AC}) \cdot \overrightarrow{AD} = \begin{vmatrix} 3 & 4 & 5 \\ 1 & 2 & 2 \\ 9 & 14 & 16 \end{vmatrix} = 3\begin{vmatrix} 2 & 2 \\ 14 & 16 \end{vmatrix} - 4\begin{vmatrix} 1 & 2 \\ 9 & 16 \end{vmatrix} + 5\begin{vmatrix} 1 & 2 \\ 9 & 14 \end{vmatrix}$$

$$= 12 + 8 - 20 = 0,$$

所以三矢量 $\overrightarrow{AB}, \overrightarrow{AC}$ 和 $\overrightarrow{AD}$ 共面. 从而得证 A, B, C, D 四点在同一平面上. 证毕

*4.4 二重矢积

对三个矢量 $\vec{a}, \vec{b}, \vec{c}$ 接连施行二次叉乘运算: $\vec{a} \times (\vec{b} \times \vec{c})$,称为 $\vec{a}, \vec{b}, \vec{c}$ 的**二重矢积**.

二重矢积是一个矢量.

由矢量积定义知 $\vec{a} \times (\vec{b} \times \vec{c}) \perp (\vec{b} \times \vec{c})$,又 $\vec{b} \perp (\vec{b} \times \vec{c})$ 以及 $\vec{c} \perp (\vec{b} \times \vec{c})$,因而 $\vec{a} \times (\vec{b} \times \vec{c})$ 与 $\vec{b}$, $\vec{c}$ 共面,所以根据 §2.2 定理二存在唯一实数 λ, μ,使得

$$\vec{a} \times (\vec{b} \times \vec{c}) = \lambda\vec{b} + \mu\vec{c}.$$

也就是说,二重矢积 $\vec{a} \times (\vec{b} \times \vec{c})$ 可以沿 $\vec{b}, \vec{c}$ 方向分解,并有

$$\vec{a} \times (\vec{b} \times \vec{c}) = (\vec{a} \cdot \vec{c})\vec{b} - (\vec{a} \cdot \vec{b})\vec{c}. \tag{4.23}$$

事实上,要证明等式 (4.23),可取 $\vec{b}^0 = \vec{e_1}$,则 $\vec{b} = b_1\vec{e_1}$;取单位矢量 $\vec{e_2}$,使与 $\vec{b}, \vec{c}$ 共面且 $\vec{e_2} \perp \vec{e_1}$,则 $\vec{c} = c_1\vec{e_1} + c_2\vec{e_2}$;再取单位矢量 $\vec{e_3}$,使 $\vec{e_1}, \vec{e_2}, \vec{e_3}$ 构成两两垂直,且满足右手定则的正交标架,则 $\vec{a} = a_1\vec{e_1} + a_2\vec{e_2} + a_3\vec{e_3}$,于是

$$\vec{b} \times \vec{c} = b_1\vec{e_1} \times (c_1\vec{e_1} + c_2\vec{e_2}) = b_1c_2\vec{e_1} \times \vec{e_2} = b_1c_2\vec{e_3},$$

$$\vec{a} \times (\vec{b} \times \vec{c}) = (a_1\vec{e_1} + a_2\vec{e_2} + a_3\vec{e_3}) \times (b_1c_2\vec{e_3}) = a_2b_1c_2\vec{e_1} - a_1b_1c_2\vec{e_2}.$$

另一方面, $\vec{a} \times (\vec{b} \times \vec{c}) = \lambda\vec{b} + \mu\vec{c} = \lambda b_1\vec{e_1} + \mu(c_1\vec{e_1} + c_2\vec{e_2}) = (\lambda b_1 + \mu c_1)\vec{e_1} + \mu c_2\vec{e_2}.$

比较上述两式,得

$$\begin{cases} \lambda b_1 + \mu c_1 = a_2 b_1 c_2, \\ \mu c_2 = -a_1 b_1 c_2, \end{cases} \qquad 解出 \begin{cases} \lambda = a_1 c_1 + a_2 c_2 = \vec{a} \cdot \vec{c}, \\ \mu = -a_1 b_1 = -\vec{a} \cdot \vec{b}. \end{cases}$$

从而得证 $\vec{a} \times (\vec{b} \times \vec{c}) = \lambda\vec{b} + \mu\vec{c} = (\vec{a} \cdot \vec{c})\vec{b} - (\vec{a} \cdot \vec{b})\vec{c}.$ 证毕

例 11 设 $\vec{a} = \{1,2,3\}, \vec{b} = \{2,-1,3\}, \vec{c} = \{4,0,1\}$,计算 $\vec{a} \times (\vec{b} \times \vec{c})$.

解 利用二重矢积分解公式 (4.23)

$$\vec{a} \times (\vec{b} \times \vec{c}) = (\vec{a} \cdot \vec{c})\vec{b} - (\vec{a} \cdot \vec{b})\vec{c} = 7\vec{b} - 9\vec{c}$$

$$= 7(2\vec{i} - \vec{j} + 3\vec{k}) - 9(4\vec{i} + \vec{k}) = -22\vec{i} - 7\vec{j} + 12\vec{k}.$$

另解
$$\vec{b} \times \vec{c} = \begin{vmatrix} \vec{i} & \vec{j} & \vec{k} \\ 2 & -1 & 3 \\ 4 & 0 & 1 \end{vmatrix} = -\vec{i} + 10\vec{j} + 4\vec{k},$$

$$\vec{a} \times (\vec{b} \times \vec{c}) = (\vec{i} + 2\vec{j} + 3\vec{k}) \times (-\vec{i} + 10\vec{j} + 4\vec{k})$$

$$= \begin{vmatrix} \vec{i} & \vec{j} & \vec{k} \\ 1 & 2 & 3 \\ -1 & 10 & 4 \end{vmatrix} = -22\vec{i} - 7\vec{j} + 12\vec{k}.$$

例 12 证明等式 $(\vec{a} \times \vec{b}) \cdot (\vec{c} \times \vec{d}) = (\vec{a} \cdot \vec{c})(\vec{b} \cdot \vec{d}) - (\vec{a} \cdot \vec{d})(\vec{b} \cdot \vec{c})$.

证 由三矢量 $\vec{a}, \vec{b}$ 和 $(\vec{c} \times \vec{d})$ 的混合积的轮换性,有

$$(\vec{a} \times \vec{b}) \cdot (\vec{c} \times \vec{d}) = [\vec{b} \times (\vec{c} \times \vec{d})] \cdot \vec{a}.$$

又由二重矢积的分解公式(4.23),有

$$\vec{b} \times (\vec{c} \times \vec{d}) = (\vec{b} \cdot \vec{d})\vec{c} - (\vec{b} \cdot \vec{c})\vec{d}.$$

代入上式,得

$$(\vec{a} \times \vec{b}) \cdot (\vec{c} \times \vec{d}) = (\vec{b} \cdot \vec{d})\vec{c} \cdot \vec{a} - (\vec{b} \cdot \vec{c})\vec{d} \cdot \vec{a} = (\vec{b} \cdot \vec{d})(\vec{c} \cdot \vec{a}) - (\vec{b} \cdot \vec{c})(\vec{d} \cdot \vec{a}).$$
证毕

§5 空间直线与平面的方程

5.1 空间直线方程

大家知道,过空间一定点 $P(x_0, y_0, z_0)$,且与一非零矢量 $\vec{v} = \{l, m, n\}$ 相平行的直线 L 的位置是完全确定的(图 8-36),下面考察这直线 L 上的动点 M 的坐标 (x, y, z) 具有什么共同的性质.

引矢量 $\overrightarrow{PM} = \{x - x_0, y - y_0, z - z_0\}$,

由 $\overrightarrow{PM} \parallel \vec{v}$ 的充要条件,得

$$\frac{x - x_0}{l} = \frac{y - y_0}{m} = \frac{z - z_0}{n}. \tag{5.1}$$

可见,凡是 L 上的点,它的坐标 (x, y, z) 一定满足方程(5.1);反之,凡是坐标 (x, y, z) 满足方程(5.1)的点 M 也一定在直线 L 上,因为不然矢量 $\overrightarrow{PM}$ 就不平行于 $\vec{v}$. 因此,称(5.1)为**直线 L 的方程**.

图 8-36

这里矢量 $\vec{v}$ 称为直线 L 的**方向矢量**,而它的坐标 l, m, n 称为直线 L 的**方向数**. 因为方程(5.1)是由定点与方向矢量确定的,故(5.1)称为**直线的点向式方程**(也叫**对称式方程**).

若令(5.1)式的比值为 t,则有

$$\begin{cases} x = x_0 + lt, \\ y = y_0 + mt, \qquad (-\infty < t < \infty), \\ z = z_0 + nt, \end{cases} \tag{5.2}$$

这 称为**直线的参数式方程**, t 称为参数. 给定 t 的一个值 t_1,就确定了直线 L 上的一个点 (x_1, y_1, z_1).

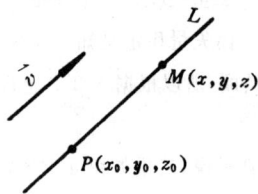

特别,当直线过坐标原点时,参数方程为 $\begin{cases} x = lt, \\ y = mt, \quad (-\infty < t < +\infty). \\ z = nt, \end{cases}$

例 1 求通过两点 $M_1(x_1,y_1,z_1)$ 和 $M_2(x_2,y_2,z_2)$ 的直线方程.

解 过两点决定一条直线,根据点向式方程,这里还缺少方向矢量 $\vec{v}$ 一个条件,为此引矢量 $\overrightarrow{M_1M_2} = \{x_2 - x_1, y_2 - y_1, z_2 - z_1\}$ 作为直线的方向矢量 $\vec{v}$,于是所求直线方程是

$$\frac{x - x_1}{x_2 - x_1} = \frac{y - y_1}{y_2 - y_1} = \frac{z - z_1}{z_2 - z_1}. \tag{5.3}$$

(5.3) 称为**直线的两点式方程**.

例 2 求过点 $P(4, -2, 1)$,且与直线 $L: \dfrac{x}{5} = \dfrac{y-1}{4} = \dfrac{z+3}{-1}$ 平行的直线方程.

解 因为所求直线与已知直线 L 平行,于是 L 的方向矢量 $\vec{v} = \{5, 4, -1\}$ 就是所求直线的方向矢量,故所求直线是

$$\frac{x - 4}{5} = \frac{y + 2}{4} = \frac{z - 1}{-1}.$$

5.2 平面方程

由几何学知,通过定点 $P(x_0, y_0, z_0)$,且与非零矢量 $\vec{n} = \{A, B, C\}$ 垂直的平面是唯一确定的 (图 8-37).试考察此平面上动点 M 的坐标 (x, y, z) 具有什么共同的性质.

为此引矢量

$$\overrightarrow{PM} = \{x - x_0, y - y_0, z - z_0\}.$$

因为 $\overrightarrow{PM} \perp \vec{n}$,根据两矢量相互垂直的充要条件,有

$$\overrightarrow{PM} \cdot \vec{n} = 0,$$

于是得 $\quad A(x - x_0) + B(y - y_0) + C(z - z_0) = 0. \tag{5.4}$

可见,凡是此平面上的点 M,其坐标 (x, y, z) 必定满足方程(5.4);反之,方程(5.4) 的一组解 x, y, z,以它们为坐标的点 $M(x, y, z)$ 也一定在通过点 P,且垂直于矢量 $\vec{n}$ 的平面上.这是因为矢量 $\overrightarrow{PM} = \{x - x_0, y - y_0, z - z_0\}$,由 (5.4) 知 $\overrightarrow{PM} \perp \vec{n}$.

因此,我们称(5.4)为过点 P,且垂直于 $\vec{n}$ 的**平面方程**.这里 $\vec{n}$ 称为**平面的法线矢量**.由于方程(5.4) 由定点和法矢量完全决定,故(5.4) 称为**平面的点法式方程**.

把方程(5.4) 中的括号去掉,得 $Ax + By + Cz - (Ax_0 + By_0 + Cz_0) = 0$,

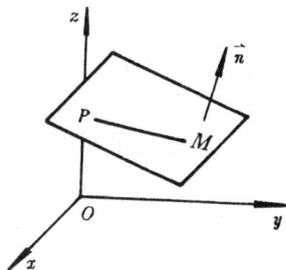

记 $\quad D = -(Ax_0 + By_0 + Cz_0)$,则(5.4) 改写成

$$Ax + By + Cz + D = 0. \tag{5.5}$$

由此知,平面方程一定是三元一次方程,其中系数 A, B, C 不全为零;反之,任何一个三元一次方程(5.5),在几何上一定表示一个平面.事实上,假设 x_0, y_0, z_0 是(5.5) 的一组解,即

$$Ax_0 + By_0 + Cz_0 + D = 0,$$

解出 $\quad D = -(Ax_0 + By_0 + Cz_0)$.并代入(5.5),得

$$Ax + By + Cz - (Ax_0 + By_0 + Cz_0) = 0,$$

即
$$A(x - x_0) + B(y - y_0) + C(z - z_0) = 0.$$

这是一个通过定点 (x_0, y_0, z_0)，且以 $\vec{n} = \{A, B, C\}$ 为法矢量的平面方程.

综上讨论,得到如下重要结论.

定理 平面方程一定是三元一次方程,反之三元一次方程在几何上一定表示一个平面.

因此,我们称(5.5)为平面的**一般式方程**.

下面讨论方程(5.5)的一些特殊情形.

当 $D = 0$ 时,$Ax + By + Cz = 0$,平面通过坐标原点(如图 8-38(a)). 当 A, B, C 有一个为零时,不妨设 $C = 0$,$Ax + By + D = 0$,法矢量 $\vec{n} = \{A, B, 0\}$ 与 z 轴垂直,故平面平行 z 轴(图 8-38(b)). 当 A, B, C 中有两个为零时,如 $B = C = 0$,$Ax + D = 0$,得 $x = -\dfrac{D}{A}$,法矢量 $\vec{n} = \{A, 0, 0\}$ 与 x 轴平行,故平面垂直 x 轴(图 8-38(c)).

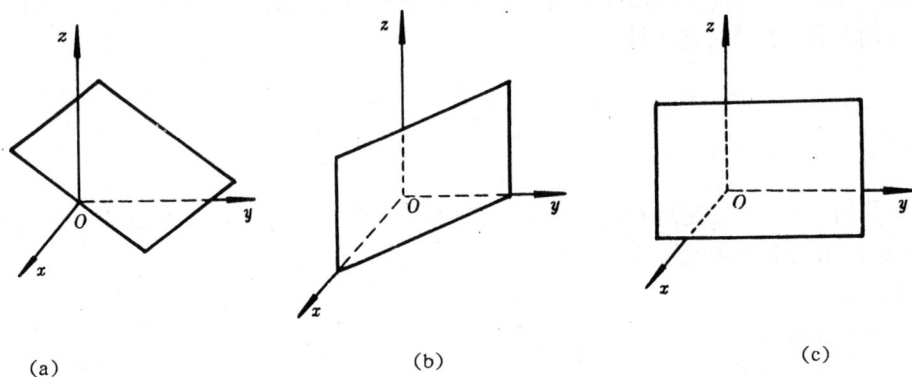

|(a)|(b)|(c)|

图 8-38

三个坐标平面的方程是

$$xOy \text{ 平面：} \qquad z = 0.$$
$$yOz \text{ 平面：} \qquad x = 0.$$
$$zOx \text{ 平面：} \qquad y = 0.$$

例 3 求过点 $P(2, 1, 3)$,且与平面 $x - 2y + 7z + 1 = 0$ 平行的平面方程.

解 由题设所求平面的法矢量,就是已知平面的矢量 $\vec{n} = \vec{i} - 2\vec{j} + 7\vec{k}$,于是由点法式得所求平面方程为

$$(x - 2) - 2(y - 1) + 7(z - 3) = 0,$$

即
$$x - 2y + 7z - 21 = 0.$$

例 4 求过两点 $P(1, 0, 3)$,$Q(3, 1, -1)$,且平行于 y 轴的平面方程.

解 因为平面过 P, Q 两点,故法矢量 $\vec{n}$ 必定垂直 $\overrightarrow{PQ}$;又因平面与 y 轴平行,故 $\vec{n}$ 必垂直 y 轴,所以可取 $\vec{n} = \overrightarrow{PQ} \times \vec{j}$.

引矢量 $\qquad \overrightarrow{PQ} = 2\vec{i} + \vec{j} - 4\vec{k}$,

则
$$\vec{n} = \overrightarrow{PQ} \times \vec{j} = \begin{vmatrix} \vec{i} & \vec{j} & \vec{k} \\ 2 & 1 & -4 \\ 0 & 1 & 0 \end{vmatrix} = 4\vec{i} + 2\vec{k}.$$

故所求平面方程为 $4(x-1)+2(z-3)=0$　　或　　$2x+z-5=0$.

另解,利用平面的一般式方程

$$Ax+By+Cz+D=0,$$

因平面过点 P 与点 Q,将它们的坐标代入一般方程得方程组

$$\begin{cases} A+3C+D=0, \\ 3A+B-C+D=0. \end{cases} \tag{5.6}$$

又因平面平行 y 轴,其法矢量 $\vec{n}=A\vec{i}+B\vec{j}+C\vec{k}\perp\vec{j}$,故有

$$\vec{n}\cdot\vec{j}=B=0.$$

代入(5.6),$\begin{cases} A+3C+D=0, \\ 3A-C+D=0. \end{cases}$

解此方程组得

$$A=-\frac{2}{5}D,\quad C=-\frac{1}{5}D,$$

代入一般式方程

$$-\frac{2}{5}Dx-\frac{1}{5}Dz+D=0,$$

消去公因子 D,整理得所求平面方程为　　$2x+z-5=0$.

例5　求过 $P(a,0,0),Q(0,b,0),R(0,0,c)$ 三点的平面方程,其中 a,b,c 均不为 0.

解　把 P,Q,R 三点的坐标代入一般式方程得

$$\begin{cases} aA+D=0, \\ bB+D=0, \\ cC+D=0. \end{cases}$$

解出　　$A=-\frac{1}{a}D,\quad B=-\frac{1}{b}D,\quad C=-\frac{1}{c}D.$

代入一般式方程　　$-\frac{1}{a}Dx-\frac{1}{b}Dy-\frac{1}{c}Dz+D=0.$

消去公因子 D,得　　$\dfrac{x}{a}+\dfrac{y}{b}+\dfrac{z}{c}=1.$ $\tag{5.7}$

(5.7)称为**平面的截距式方程**.其中 a,b,c 分别为平面在 x 轴、y 轴、z 轴上的**截距**,这种形式便于画出平面图形.例如,平面 $\dfrac{x}{2}+\dfrac{y}{3}+z=1$,是一个在 x 轴上的截距为 2,在 y 轴上的截距为 3,在 z 轴上的截距为 1 的平面,如图 8-39 所示.

例6　求过点 $P(-1,1,2)$ 及直线 $\dfrac{x-2}{3}=\dfrac{y-1}{-2}=\dfrac{z+2}{0}$ 的平面方程.

解　已知直线的方向矢量是 $\vec{v}=3\vec{i}-2\vec{j}$.

在直线上任取点 $M(2,1,-2)$,引矢量

$$\overrightarrow{PM}=3\vec{i}-4\vec{k},$$

取平面的法矢量为

$$\vec{n}=\overrightarrow{PM}\times\vec{v}=\begin{vmatrix} \vec{i} & \vec{j} & \vec{k} \\ 3 & 0 & -4 \\ 3 & -2 & 0 \end{vmatrix}$$

$$=-8\vec{i}-12\vec{j}-6\vec{k}\;/\!/\;\{4,6,3\},$$

故所求平面方程为

图 8-39

$$4(x+1)+6(y-1)+3(z-2)=0 \text{ 或 } 4x+6y+3z-8=0.$$

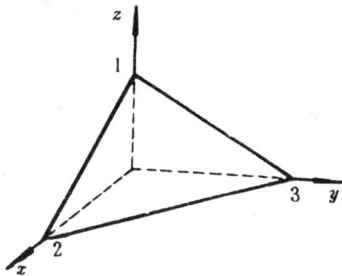

5.3　平面束方程

一条直线总可以看成某两个不平行平面的交线,于是两个平面方程的联立方程组

$$\begin{cases} A_1x + B_1y + C_1z + D_1 = 0, \\ A_2x + B_2y + C_2z + D_2 = 0 \end{cases} \tag{5.8}$$

表示一条直线(其中系数 A_1, B_1, C_1 与 A_2, B_2, C_2 不成比例). 称(5.8)为**直线的一般式方程**.

特别是坐标轴的方程为

$$x\text{轴}: \begin{cases} y = 0, \\ z = 0. \end{cases} \quad y\text{轴}: \begin{cases} x = 0, \\ z = 0. \end{cases} \quad z\text{轴}: \begin{cases} x = 0, \\ y = 0. \end{cases}$$

大家知道,通过一条直线可以作无限多个平面(图 8-40),我们称过直线 L 的所有平面的全体为**直线 L 的平面束**.

如果直线 L 用一般式方程(5.8)表示,那么直线 L 的平面束方程就是

$$\lambda(A_1x + B_1y + C_1z + D_1) + \mu(A_2x + B_2y + C_2z + D_2) = 0, \tag{5.9}$$

其中 λ, μ 为任意参数,给 λ, μ 一对值,方程(5.9)决定平面束中的一个平面. 这是因为方程(5.9)是三元一次方程,是个平面方程式. 而且不论 λ, μ 取什么值,直线 L 上的点的坐标一定满足方程组(5.8),从而也一定满足方程(5.9),这就是说,该平面一定通过直线 L.

至此我们已经看到,直线方程除点向式外,还有参数式,两点式以及一般式等多种形式. 其实它们之间是可以转换的,在解题时要灵活选用较方便的方程式.

例 7　将直线的一般式方程　$\begin{cases} 2x - y - 3z + 2 = 0, \\ x + 2y - z - 6 = 0 \end{cases}$ 化为点向式和参数式.

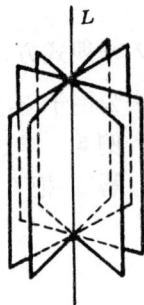

图 8-40

解　这里两个平面的法矢量分别为　$\vec{n_1} = \{2, -1, -3\}, \quad \vec{n_2} = \{1, 2, -1\}.$

于是直线的方向矢量是　$\vec{v} = \vec{n_1} \times \vec{n_2} = \begin{vmatrix} \vec{i} & \vec{j} & \vec{k} \\ 2 & -1 & -3 \\ 1 & 2 & -1 \end{vmatrix} = 7\vec{i} - \vec{j} + 5\vec{k}.$

再在直线上任取一点,为此,可令 $z = 0$,代入一般方程,得

$$\begin{cases} 2x - y + 2 = 0, \\ x + 2y - 6 = 0, \end{cases}$$

解出　$x = \dfrac{2}{5}, y = \dfrac{14}{5}$,于是找到直线上一点 $\left(\dfrac{2}{5}, \dfrac{14}{5}, 0\right)$.

故直线的点向式方程为　$\dfrac{x - \dfrac{2}{5}}{7} = \dfrac{y - \dfrac{14}{5}}{-1} = \dfrac{z - 0}{5}.$

再令比值为 t,得参数式方程　$\begin{cases} x = \dfrac{2}{5} + 7t, \\ y = \dfrac{14}{5} - t, \\ z = 5t. \end{cases}$

例 8　求过直线 $L: \begin{cases} x - y + z + 2 = 0, \\ 2x + 3y - z + 1 = 0, \end{cases}$ 且与已知平面　$4x - 2y + 3z + 5 = 0$ 垂直的平面方程.

解法一（用点法式）　在直线 L 上任取一点，为此令 $y = 0$，解方程组

$$\begin{cases} x + z + 2 = 0, \\ 2x - z + 1 = 0, \end{cases}$$

得　$x = -1, z = -1$，于是求得 L 上一点 $(-1, 0, -1)$.

又因 L 的方向矢量与构成 L 的两个平面的法矢量 $\vec{n_1} = \{1, -1, 1\}$ 和 $\vec{n_2} = \{2, 3, -1\}$ 都垂直，因此，可取

$$\vec{v} = \vec{n_1} \times \vec{n_2} = \begin{vmatrix} \vec{i} & \vec{j} & \vec{k} \\ 1 & -1 & 1 \\ 2 & 3 & -1 \end{vmatrix} = -2\vec{i} + 3\vec{j} + 5\vec{k}.$$

已知平面的法矢量是 $\vec{n_3} = \{4, -2, 3\}$. 由于所求平面的法矢量 $\vec{n}$ 既垂直于 $\vec{v}$，又垂直于 $\vec{n_3}$，因此可取

$$\vec{n} = \vec{v} \times \vec{n_3} = \begin{vmatrix} \vec{i} & \vec{j} & \vec{k} \\ -2 & 3 & 5 \\ 4 & -2 & 3 \end{vmatrix} = 19\vec{i} + 26\vec{j} - 8\vec{k},$$

由点法式可得所求平面方程为

$$19(x + 1) + 26(y - 0) - 8(z + 1) = 0$$

或

$$19x + 26y - 8z + 11 = 0.$$

解法二（用平面束）　过直线 L 的平面束方程是

$$\lambda(x - y + z + 2) + \mu(2x + 3y - z + 1) = 0,$$

即

$$(\lambda + 2\mu)x + (-\lambda + 3\mu)y + (\lambda - \mu)z + 2\lambda + \mu = 0.$$

它的法矢量是 $\vec{n} = \{\lambda + 2\mu, -\lambda + 3\mu, \lambda - \mu\}$，已知平面的法矢量是 $\vec{n_3} = \{4, -2, 3\}$，要从平面束中找出与已知平面垂直的一个，只须令 $\vec{n} \cdot \vec{n_3} = 0$，得

$$4(\lambda + 2\mu) - 2(-\lambda + 3\mu) + 3(\lambda - \mu) = 0,$$

解出　$\mu = 9\lambda$，代入平面束方程　$19\lambda x + 26\lambda y - 8\lambda z + 11\lambda = 0$，

消去公因子 λ 就是所求平面方程　$19x + 26y - 8z + 11 = 0.$

5.4　有关平面和空间直线的问题

（一）平面、直线的相对位置关系

（1）平面与平面

设有平面 $II_1: A_1x + B_1y + C_1z + D_1 = 0$ 和 $II_2: A_2x + B_2y + C_2z + D_2 = 0$. 它们的法矢量分别是

$$\vec{n_1} = \{A_1, B_1, C_1\} \quad \text{和} \quad \vec{n_2} = \{A_2, B_2, C_2\}.$$

称法矢量 $\vec{n_1}$ 与 $\vec{n_2}$ 之间的夹角 θ 或 $\pi - \theta$ 为**平面 II_1 与 II_2 的夹角**（二面角）.

特别当 $\theta = \dfrac{\pi}{2}$ 时，两平面垂直，这时有

$$\vec{n_1} \cdot \vec{n_2} = A_1A_2 + B_1B_2 + C_1C_2 = 0, \tag{5.10}$$

当 $\theta = 0$ 或 π 时，两平面平行，这时有

$$\frac{A_1}{A_2} = \frac{B_1}{B_2} = \frac{C_1}{C_2}. \tag{5.11}$$

(2) 直线与直线

设有直线

$$L_1: \frac{x-x_1}{l_1} = \frac{y-y_1}{m_1} = \frac{z-z_1}{n_1} \quad \text{和} \quad L_2: \frac{x-x_2}{l_2} = \frac{y-y_2}{m_2} = \frac{z-z_2}{n_2},$$

它们的方向矢量分别是 $\vec{v_1} = \{l_1, m_1, n_1\}$ 和 $\vec{v_2} = \{l_2, m_2, n_2\}$,称方向矢量 $\vec{v_1}$ 与 $\vec{v_2}$ 之间的夹角 θ 或 $\pi - \theta$ 为**直线 L_1 与 L_2 的夹角**.

特别当 $\theta = \frac{\pi}{2}$ 时,$L_1 \perp L_2$,这时有

$$l_1 l_2 + m_1 m_2 + n_1 n_2 = 0. \tag{5.12}$$

当 $\theta = 0$ 或 π 时,$L_1 /\!/ L_2$,这时有

$$\frac{l_1}{l_2} = \frac{m_1}{m_2} = \frac{n_1}{n_2}. \tag{5.13}$$

注意到空间两条不平行的定直线 L_1 与 L_2,可能相交也可能不相交. 不相交时即为异面直线,利用混合积判断三矢量共面的充要条件,可以方便地判断两直线 L_1 与 L_2 是否是异面,只须在每条直线上各任取一点 P_1 与 P_2,那么 L_1 与 L_2 是异面直线的充要条件就是混合积

$$(\vec{v_1} \times \vec{v_2}) \cdot \vec{P_1P_2} \neq 0, \tag{5.14}$$

亦即用 $\vec{v_1}, \vec{v_2}, \vec{P_1P_2}$ 为棱可构成一个平行六面体(图 8-41).

(3) 平面与直线

设有平面 $II: Ax + By + Cz + D = 0$,法矢量为

$$\vec{n} = \{A, B, C\};$$

直线 $L: \dfrac{x-x_0}{l} = \dfrac{y-y_0}{m} = \dfrac{z-z_0}{n}$,方向矢量为

$$\vec{v} = \{l, m, n\}.$$

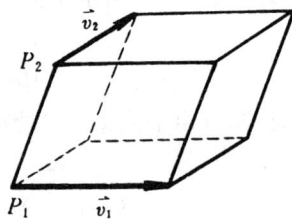

图 8-41

若 $\vec{v}$ 与 $\vec{n}$ 的夹角为 θ,则 $\dfrac{\pi}{2} - \theta$ 或 $\theta - \dfrac{\pi}{2}$ 称为直线 L 与平面 II 的交角(图 8-42).

特别当 $\theta = \dfrac{\pi}{2}$ 时,$L /\!/ II$,这时有

$$Al + Bm + Cn = 0. \tag{5.15}$$

当 $\theta = 0$ 或 π 时,$L \perp II$,这时有

$$\frac{A}{l} = \frac{B}{m} = \frac{C}{n}. \tag{5.16}$$

以上(5.10) $\sim$ (5.13),(5.15),(5.16) 的结果,都不必强记,只要抓住平面的法矢量与直线的方向矢量之间的夹角即可掌握.

(二)点到平面的距离

设平面 $Ax + By + Cz + D = 0$,试求平面外一点 $P(x_1, y_1, z_1)$ 到该平面的距离.

在平面上任取一点 $M(x, y, z)$,引矢量

$$\vec{PM} = \{x - x_1, y - y_1, z - z_1\},$$

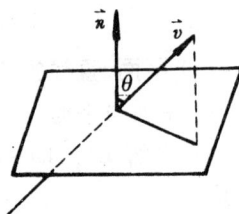

图 8-42

它在平面法矢量 $\vec{n} = \{A, B, C\}$ 上的投影是

$$(\overrightarrow{PM})_{\vec{n}} = \frac{\overrightarrow{PM} \cdot \vec{n}}{|\vec{n}|} = \frac{A(x - x_1) + B(y - y_1) + C(z - z_1)}{\sqrt{A^2 + B^2 + C^2}}$$

$$= \frac{-(Ax_1 + By_1 + Cz_1) + Ax + By + Cz}{\sqrt{A^2 + B^2 + C^2}}$$

$$= -\frac{Ax_1 + By_1 + Cz_1 + D}{\sqrt{A^2 + B^2 + C^2}} \quad (\because M \text{ 是平面上的点}).$$

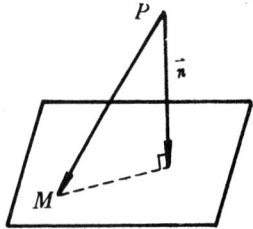

图 8-43

从图 8-43 知,点到平面的距离为

$$d = |(\overrightarrow{PM})_{\vec{n}}| = \frac{|Ax_1 + By_1 + Cz_1 + D|}{\sqrt{A^2 + B^2 + C^2}}. \tag{5.17}$$

例 9 原点 $(0,0,0)$ 到平面 $\dfrac{x}{a} + \dfrac{y}{b} + \dfrac{z}{c} = 1$ 的距离为

$$d = \frac{1}{\sqrt{(\frac{1}{a})^2 + (\frac{1}{b})^2 + (\frac{1}{c})^2}},$$

因此有等式 $\dfrac{1}{d^2} = \dfrac{1}{a^2} + \dfrac{1}{b^2} + \dfrac{1}{c^2}$.

例 10 求两平行平面 $\Pi_1: Ax + By + Cz + D_1 = 0$, $\Pi_2: Ax + By + Cz + D_2 = 0$ 之间的距离.

解 只须在平面 Π_1 上任取一点 (x_1, y_1, z_1),它到平面 Π_2 上的距离即为平面之间的距离,于是

$$d = \frac{|Ax_1 + By_1 + Cz_1 + D_2|}{\sqrt{A^2 + B^2 + C^2}} = \frac{|D_2 - D_1|}{\sqrt{A^2 + B^2 + C^2}}. \tag{5.18}$$

（三）点到直线的距离

设有直线 $\dfrac{x - x_0}{l} = \dfrac{y - y_0}{m} = \dfrac{z - z_0}{n}$,求点 $P(x_1, y_1, z_1)$ 到该直线的距离.

直线的方向矢量是 $\vec{v} = \{l, m, n\}$.
在 L 上任取一点 $M(x_0, y_0, z_0)$,引矢量

$$\overrightarrow{PM} = \{x_0 - x_1, y_0 - y_1, z_0 - z_1\}.$$

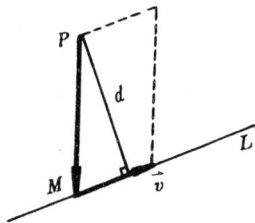

图 8-44

因为 $|\overrightarrow{PM} \times \vec{v}| = |\overrightarrow{PM}||\vec{v}|\sin(\overrightarrow{PM}, \vec{v})$,由图 8-44 知点 P 到直线 L 的距离为 $d = |\overrightarrow{PM}|\sin(\overrightarrow{PM}, \vec{v})$,所以

$$d = \frac{|\overrightarrow{PM} \times \vec{v}|}{|\vec{v}|}. \tag{5.19}$$

例如,原点 $O(0,0,0)$ 到直线 $\dfrac{x-1}{2} = \dfrac{y}{-3} = \dfrac{z+2}{1}$ 的距离. 这里直线的方向矢量是 $\vec{v} = \{2, -3, 1\}$. 在直线上取一点 $M(1, 0, -2)$,引矢量 $\overrightarrow{OM} = \{1, 0, -2\}$.

于是
$$\overrightarrow{OM} \times \vec{v} = \begin{vmatrix} \vec{i} & \vec{j} & \vec{k} \\ 1 & 0 & -2 \\ 2 & -3 & 1 \end{vmatrix} = -6\vec{i} - 5\vec{j} - 3\vec{k},$$

所以,原点到直线 L 的距离为

$$d = \frac{|\overrightarrow{OM} \times \vec{v}|}{|\vec{v}|} = \frac{|-6\vec{i} - 5\vec{j} - 3\vec{k}|}{|2\vec{i} - 3\vec{j} + \vec{k}|} = \frac{1}{\sqrt{14}}\sqrt{(-6)^2 + (-5)^2 + (-3)^2} = \sqrt{5}.$$

§6 曲面方程与空间曲线方程

6.1 曲面方程与空间曲线方程的概念

建立空间直角坐标系之后,空间的点与有序数组 (x,y,z) 构成了一一对应关系,再把空间几何图形看成是符合某种规则的点的轨迹,那么几何图形就可以用点的坐标 (x,y,z) 所满足的方程式相对应. 例如,以点 $C(x_0,y_0,z_0)$ 为球心,R 为半径的球面,可以看成动点 $M(x,y,z)$ 到定点 C 的距离等于 R 的轨迹(图 8-45).于是由两点距离公式,得

$$|CM| = \sqrt{(x - x_0)^2 + (y - y_0)^2 + (z - z_0)^2} = R.$$

两边平方,便为

$$(x - x_0)^2 + (y - y_0)^2 + (z - z_0)^2 = R^2. \tag{6.1}$$

上述列式过程表明,该球面上任意点 M 的坐标 (x,y,z) 一定满足方程 (6.1).反之,凡不在该球面上的点 M'(在球内或球外)的坐标 (x',y',z') 一定不满足方程 (6.1),因为这时

$$|CM'| = \sqrt{(x' - x_0)^2 + (y' - y_0)^2 + (z' - z_0)^2} \neq R.$$

可见,方程 (6.1) 表征了该球面的共有属性,称 (6.1) 为该**球面的方程**.

特别当球心在原点时,即 $(x_0,y_0,z_0) = (0,0,0)$.球面方程为

$$x^2 + y^2 + z^2 = R^2. \tag{6.2}$$

一般地说,若曲面 Σ 上任意点的坐标 (x,y,z) 都满足方程

$$F(x,y,z) = 0, \tag{6.3}$$

而不在 Σ 上的点,它的坐标一定不满足方程 (6.3),则称 (6.3) 为**曲面 Σ 的方程**.反之,称曲面 Σ 为**方程 (6.3) 的图形**.

如果把空间曲线 Γ 看成是某两个曲面 Σ_1,Σ_2 的交线,那么这两个曲面方程的联立方程组

$$\begin{array}{l} \Sigma_1: \\ \Sigma_2: \end{array} \begin{cases} F_1(x,y,z) = 0, \\ F_2(x,y,z) = 0, \end{cases} \tag{6.4}$$

称为**曲线 Γ 的方程**.

这是因为方程组 (6.4) 反映了曲线 Γ 的共有属性.凡是 Γ 上的点 $M(x,y,z)$,既在曲面 Σ_1 上,又在曲面 Σ_2 上,从而点 M 的坐标 (x,y,z) 一定满足方程组 (6.4).反之,设 x,y,z 是方程组 (6.4) 的任何一组解,那么点 $M(x,y,z)$ 一定既在曲面 Σ_1 上又在曲面 Σ_2 上,从而必在曲线 Γ 上.

例如,方程组 $\begin{cases} x^2 + y^2 + z^2 = 25, \\ z = 3 \end{cases}$ 表示以原点为球心,5 为半径的球面与平面 $z = 3$ 的一

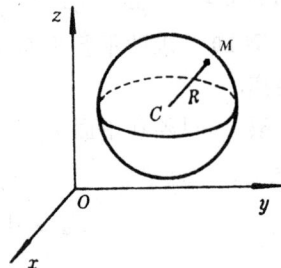

条交线(图 8-46),它是在平面 $z = 3$ 上的一个圆.

跟平面曲线可以用参数方程表示相类似,空间曲线也有参数式,它在讨论运动问题中尤为常见.

例如(圆柱螺线) 设有一段长为 a 的细杆 AB,A 端套在轴 l 上(可以绕轴转动,也可以平行于自身沿轴上下移动),以等角速度 ω 绕轴旋转,同时又以等速 v 沿轴向上移动,试求细杆 B 端点的运动轨迹曲线.

取定轴 l 为 z 轴,细杆 A,B 两端的初始位置分别在原点$(0,0,0)$ 和点 $(a,0,0)$,建立直角坐标系(如图 8-47),设经过时间 t,B 端的位置在 $M(x,y,z)$ 处,M 在 xOy 平面上的投影为 $M'(x,y,0)$,由图 8-47 知

$$\overrightarrow{OM} = \overrightarrow{OM'} + \overrightarrow{M'M},$$

而 $\vec{r} = \overrightarrow{OM} = x\vec{i} + y\vec{j} + z\vec{k}$,$\overrightarrow{OM'} = x\vec{i} + y\vec{j} = a\cos\omega t\,\vec{i} + a\sin\omega t\,\vec{j}$,$\overrightarrow{M'M} = z\vec{k} = vt\vec{k}$.于是

$$x\vec{i} + y\vec{j} + z\vec{k} = a\cos\omega t\,\vec{i} + a\sin\omega t\,\vec{j} + vt\vec{k}.$$

从而得

$$\begin{cases} x = a\cos\omega t, \\ y = a\sin\omega t, \\ z = vt. \end{cases} \tag{6.5}$$

这就是 B 端运动轨迹方程(该曲线称为**圆柱螺线**).

一般空间曲线的参数方程为 $\begin{cases} x = x(t), \\ y = y(t), \\ z = z(t). \end{cases}$

其中 t 为参数,给 t 一个值 t_0,就确定了曲线上的一个点 (x_0, y_0, z_0).

曲面方程需要时也可以用参数形式表示.例如,半径为 R 的球面,若取球心为坐标原点建立空间直角坐标系 $Oxyz$,则球面上任一点 $M(x,y,z)$ 可表示成

$$\begin{cases} x = R\sin\varphi\cos\theta, \\ y = R\sin\varphi\sin\theta, \\ z = R\cos\varphi. \end{cases} \tag{6.6}$$

其中 φ, θ 为参数,φ 为 z 轴正向到矢径 $\overrightarrow{OM}$ 的转角,变化范围是 $0 \leqslant \varphi \leqslant \pi$;$\theta$ 为 x 轴正向到 $\overrightarrow{OM'}$(M' 为 M 在 xOy 平面上的投影)的转角,变化范围是 $0 \leqslant \theta < 2\pi$(图 8-48).

一般,在取定的空间直角坐标系 $Oxyz$ 中,我们把一张曲面上点的坐标 x, y, z 用含有两个独立的变量 u, v 的参数式表示出来,即

$$\begin{cases} x = x(u,v), \\ y = y(u,v), \\ z = z(u,v). \end{cases} \tag{6.7}$$

如果对于 (u,v) 的每一对值,由 (6.7) 确定的点 (x,y,z) 都在这张曲面上;反之,这张曲面上的每一点的坐标都可以由 (u,v) 的某一对值通过 (6.7) 表示,那么称 (6.7) 为该**曲面的参数方程**,$u,$

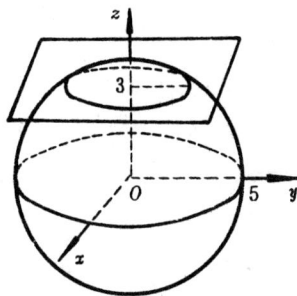

图 8-46

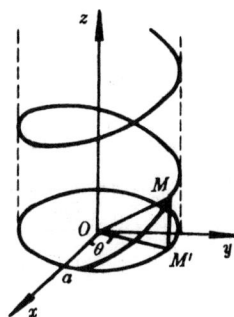

图 8-47

v 称为曲面的**参数**.

解析几何的基本课题是：(1) 由产生图形的几何条件建立该图形所对应的方程；(2) 由方程画出图形.

6.2 柱面方程

由一条动直线 L 沿一定曲线 Γ 平行移动所形成的曲面,称为**柱面**.并称动直线 L 为该**柱面的母线**,称定曲线 Γ 为该**柱面的准线**(图 8-49).

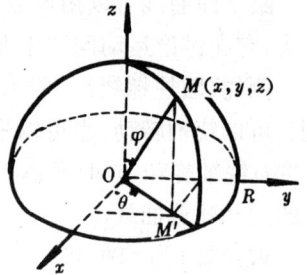

图 8-48

例 1 设柱面 Σ 的准线 Γ 的方程是

$$\begin{cases} F(x,y) = 0, \\ z = 0. \end{cases} \tag{6.8}$$

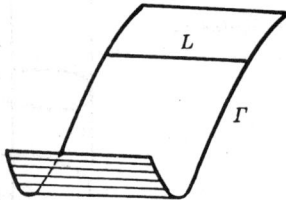

图 8-49

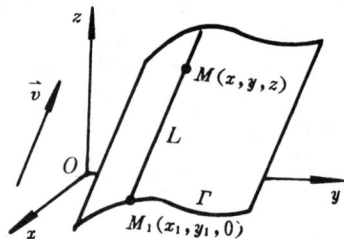

图 8-50

母线 L 的方向矢量是 $\vec{v} = \{a,b,c\}$(这里 $c \neq 0$),试求柱面 Σ 的方程.

解 设 $M(x,y,z)$ 为柱面 Σ 上任一点,过点 M 的母线与准线 Γ 交于 $M_1(x_1,y_1,0)$(图 8-50).由柱面定义及两矢量共线的充要条件知

$$\vec{M_1M} = \lambda\vec{v},$$

即

$$\{x - x_1, y - y_1, z - 0\} = \lambda\{a,b,c\}.$$

于是得 $x - x_1 = \lambda a, y - y_1 = \lambda b, z - 0 = \lambda c$,消去 λ,解出

$$x_1 = x - \frac{a}{c}z, \quad y_1 = y - \frac{b}{c}z. \tag{6.9}$$

因为点 $M_1(x_1,y_1,0)$ 在准线 Γ 上,所以将 x_1, y_1 代入(6.8)中的第一个方程,就得柱面 Σ 的方程

$$F\left(x - \frac{a}{c}z, y - \frac{b}{c}z\right) = 0. \tag{6.10}$$

例如,准线 Γ 是 xOy 平面上的一个圆 $\begin{cases} x^2 + y^2 = a^2, \\ z = 0, \end{cases}$ 母线 L 的方向矢量分别是 $\vec{v_1} = \{0,1,1\}$ 和 $\vec{v_2} = \{0,0,1\}$,那么柱面方程分别是

$$x^2 + (y - z)^2 = a^2 \quad \text{（因由(6.9)知,} x_1 = x, y_1 = y - z\text{）} \tag{6.11}$$

和

$$x^2 + y^2 = a^2. \quad \text{（因由(6.9)知,} x_1 = x, y_1 = y\text{）} \tag{6.12}$$

(见图 8-51(a)、(b)).

注意：方程(6.12)不要误认为是平面上的圆方程,它是一个圆柱面方程,因为我们是在空间考察问题.

特别是以(6.8)为准线,母线 L 平行 z 轴,即 L 的方向矢量是 $\vec{v} = \{0,0,1\}$ 时,由(6.9)式

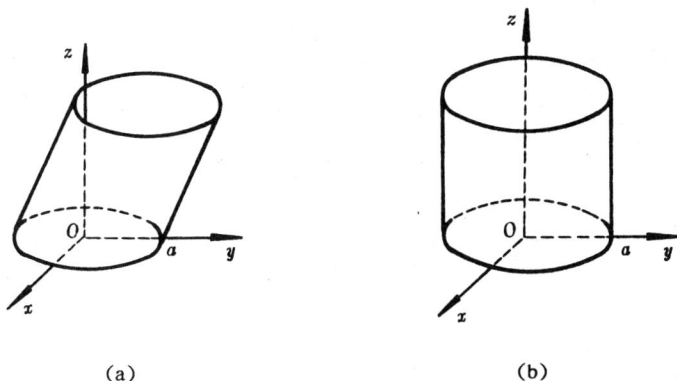

(a)   (b)

图 8-51

得 $x_1 = x, y_1 = y$. 从而柱面的方程就是

$$F(x, y) = 0, \qquad\qquad (6.13)$$

这是一个不含变量 z 的二元方程.

反之，任何一个不含变量 z 的二元方程(6.13)，总可以看成准线是 $\begin{cases} F(x, y) = 0, \\ z = 0, \end{cases}$ 母线 L 平行 z 轴的柱面，这是因为若 $P(x_0, y_0, z_0)$ 是曲面(6.13)上的点(图 8-52)，必有 $F(x_0, y_0) = 0$，而 过 P 且平行于 z 轴的直线 $L: \begin{cases} x = x_0, \\ y = y_0 \end{cases}$ 上的任意点 $M(x_0, y_0, z)$ 显然都在曲面(6.13)上，所以曲 面(6.13)是由平行于 z 轴的直线 L 所组成，亦即是母线平行于 z 轴的柱面.

同理，二元方程 $F(y, z) = 0$ 和 $F(x, z) = 0$ 亦分别表示 母线平行 x 轴和母线平行 y 轴的柱面.

例如 $\dfrac{x^2}{a^2} + \dfrac{y^2}{b^2} = 1, x^2 = y$ 和 $\dfrac{x^2}{a^2} - \dfrac{y^2}{b^2} = 1$ 分别表 示 母线平行 z 轴的椭圆柱面，抛物柱面和双曲柱面(图 8-53(a),(b),(c)).

6.3 锥面方程

过空间一定点的动直线，沿空间不过定点的曲线移动 所生成的曲面，叫做**锥面**. 这动直线叫做该**锥面的母线**，这 曲线叫做该**锥面的准线**. 定点叫做该**锥面的顶点**(图 8-54). 通常锥面的准线取平面曲线.

例 2 设锥面 Σ 的准线 Γ 的方程为

$$\begin{cases} F(x, y) = 0, \\ z = h, \end{cases} \qquad (h \neq 0) \qquad (6.14)$$

且以原点为顶点，试求此锥面的方程.

解 设 $M(x, y, z)$ 为锥面 Σ 上的任一点，且过 M 的母线 L 与准线 Γ 交于点 $M_1(x_1, y_1, h)$(图 8-55).

由于 $\overrightarrow{OM_1} = \lambda \overrightarrow{OM}$，即 $\{x_1, y_1, h\} = \lambda\{x, y, z\}$，

于是有 $x_1 = \lambda x, \quad y_1 = \lambda y, \quad h = \lambda z$,

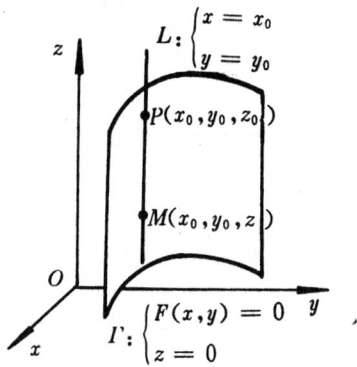

图 8-52

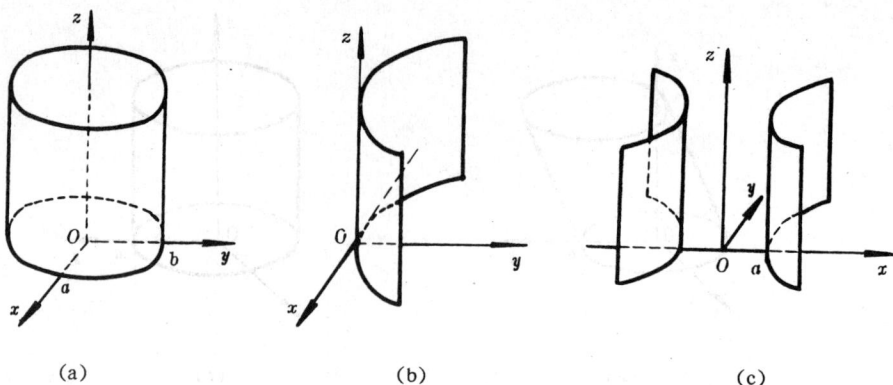

| (a) | (b) | (c) |

图 8-53

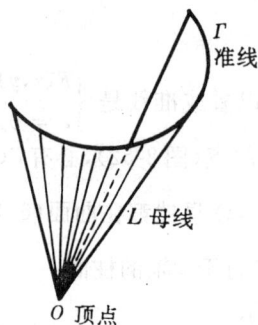

图 8-54

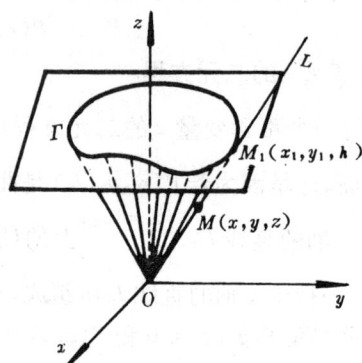

图 8-55

消去 λ ,得 $\quad x_1 = \dfrac{h}{z}x, y_1 = \dfrac{h}{z}y$,因为 M_1 在准线 Γ 上, $F(x_1, y_1) = 0$,所以得

$$F\left(\frac{h}{z}x, \frac{h}{z}y\right) = 0, \tag{6.15}$$

这就是所求的锥面方程.

例如　以 $z = c$ 平面上的一个椭圆 $\begin{cases} \dfrac{x^2}{a^2} + \dfrac{y^2}{b^2} = 1, \\ z = c \end{cases}$

为准线,原点为顶点的锥面方程为

$$\frac{1}{a^2}\left(\frac{c}{z}x\right)^2 + \frac{1}{b^2}\left(\frac{c}{z}y\right)^2 = 1 \quad 或 \quad \frac{x^2}{a^2} + \frac{y^2}{b^2} = \frac{z^2}{c^2}, \tag{6.16}$$

这曲面叫做**椭圆锥面**(图 8-56).

特别是以 $\begin{cases} x^2 + y^2 = a^2, \\ z = h \end{cases}$ 为准线,原点为顶点的锥面方程为

$$x^2 + y^2 = \frac{a^2}{h^2}z^2,$$

这就是常见的**圆锥面**.

6.4　旋转曲面方程

由一条曲线绕定直线旋转而生成的曲面,叫做**旋转曲面**,这定直线叫做该**旋转曲面**的旋转

· 38 ·

轴.

例 3 设曲线 Γ：$\begin{cases} x = x(t), \\ y = y(t), \\ z = z(t). \end{cases}$ 假定 Γ 不是垂直于 z 轴的平面上

的曲线，求 Γ 绕 z 轴旋转而生成的旋转曲面 Σ 的方程.

解 设 $M(x,y,z)$ 为 Σ 上任一点，按旋转曲面生成规律，必是
准线 Γ 上某一点 $M_1(x_1,y_1,z_1)$ 绕 z 轴旋转某个角度时得到的（图
8-57），于是

$$\begin{cases} x_1 = x(t_1), \\ y_1 = y(t_1), \\ z_1 = z(t_1), \end{cases}$$

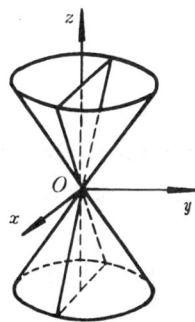

图 8-56

且有 $z = z_1$，$x^2 + y^2 = x_1^2 + y_1^2$.

从 $z_1 = z(t_1)$ 解出 $t_1 = z^{-1}(z_1)$，这里假设函数 $z = z(t)$
存在反函数，因而得

$$\begin{cases} x_1 = x(z^{-1}(z_1)), \\ y_1 = y(z^{-1}(z_1)). \end{cases}$$

所以，就有

$$x^2 + y^2 = [x(z^{-1}(z_1))]^2 + [y(z^{-1}(z_1))]^2,$$

这便是所求旋转曲面方程.

例 4 求由过 $A(1,0,0)$ 和 $B(0,1,1)$ 两点的直线，绕 z
轴旋转所生成的旋转曲面方程.

解 这里过 A,B 两点的直线方程为

$$\frac{x-1}{-1} = \frac{y}{1} = \frac{z}{1},$$

参数方程是

$$\begin{cases} x = 1 - t, \\ y = t, \\ z = t. \end{cases}$$

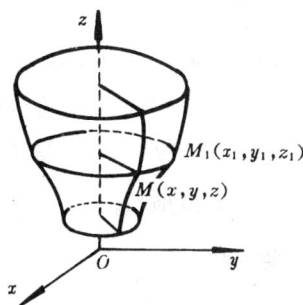

图 8-57

上式中消去 t，解出 x,y：

$$\begin{cases} x = 1 - z, \\ y = z. \end{cases}$$

于是得 $\quad x^2 + y^2 = (1-z)^2 + z^2,$

或 $\quad \dfrac{x^2 + y^2}{\dfrac{1}{2}} - \dfrac{(z - \dfrac{1}{2})^2}{\dfrac{1}{4}} = 1.$

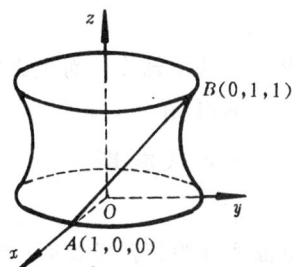

图 8-58

这就是所求的旋转曲面方程，它是一个全由直线构成的曲面，这类曲面叫做**直纹面**（图
8-58）.

通常 Γ 取为坐标平面上的曲线，旋转轴取成坐标轴.

例 5 设 yOz 平面上的曲线 Γ：$\begin{cases} F(y,z) = 0, \\ x = 0, \end{cases}$ $\qquad$ (6.17)

求 Γ 绕 y 轴旋转所生成的旋转曲面方程.

解 假设 Γ 的参数方程为

$$\begin{cases} x = 0, \\ y = y, \\ z = z(y). \end{cases}$$

设 $M(x,y,z)$ 为旋转曲面 Σ 上的任一点,根据曲面的生成规律,它一定是曲线 Γ 上的某点 $M_1(x_1,y_1,z_1)$ 旋转而来图(8-59),于是有 $\begin{cases} x_1 = 0, \\ y_1 = y, \\ z_1 = z(y). \end{cases}$

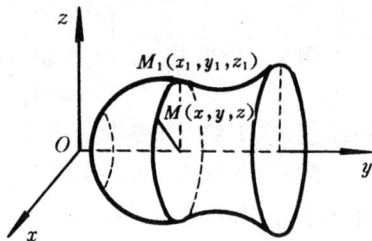

图 8-59

因为点 M 和 M_1 同在一个截面圆上,故有

$$x^2 + z^2 = z_1^2, \text{ 得 } z_1 = \pm\sqrt{x^2 + z^2}.$$

又因 $M_1(x_1,y_1,z_1)$ 是 Γ 上的点,将上面的 y_1 与 z_1 代入(6.17)的第一个方程,得

$$F(y, \pm\sqrt{x^2 + z^2}) = 0. \tag{6.18}$$

这就是曲线 Γ 绕 y 轴旋转而生成的旋转曲面方程.

从方程(6.18)的结构看到,绕 y 轴旋转而成的旋转曲面方程,可以由曲线 Γ 在 yOz 平面上的方程 $F(y,z) = 0$ 直接写出,其中变量 y 保持不变,而把变量 z 用 $\pm\sqrt{x^2 + z^2}$ 代入即可.

类似地,若 Γ: $\begin{cases} F(y,z) = 0, \\ x = 0 \end{cases}$ 绕 z 轴旋转,这时变量 z 保持不变,而变量 y 用 $\pm\sqrt{y^2 + x^2}$ 代替,得

$$F(\pm\sqrt{y^2 + x^2}, z) = 0, \tag{6.19}$$

这就是 Γ 绕 z 轴旋转而生成的旋转曲面方程.

若 Γ: $\begin{cases} F(x,y) = 0, \\ z = 0 \end{cases}$ 绕 x 轴旋转,这时变量 x 保持不变,变量 y 用 $\pm\sqrt{y^2 + z^2}$ 代替,得

$$F(x, \pm\sqrt{y^2 + z^2}) = 0, \tag{6.20}$$

就是 Γ 绕 x 轴旋转而生成的旋转曲面方程.

例如,在 yOz 平面上的抛物线 $z = y^2$,绕 z 轴旋转所生成的旋转曲面方程是 z 不变,y 用 $\pm\sqrt{y^2 + x^2}$ 代替,即得

$$z = (\pm\sqrt{y^2 + x^2})^2 \quad \text{或} \quad z = x^2 + y^2.$$

这曲面称为旋转抛物面(图 8-60).

如果,绕 y 转,得旋转曲面方程

$$\sqrt{x^2 + z^2} = y^2. \quad (\because z \geqslant 0, z \text{ 用 }\sqrt{x^2 + z^2} \text{ 代入})(\text{图 } 8\text{-}61).$$

6.5 空间曲线在坐标平面上的投影

设空间曲线 Γ:

$$\begin{cases} x^2 + y^2 + z^2 = 25, \\ x^2 + y^2 + (z-3)^2 = 16. \end{cases} \tag{6.21}$$

将(6.21)中的第一个方程减去第二个方程,消去 x,y,得到 $z = 3$,于是得到(6.21)的同解方程组

$$\begin{cases} x^2 + y^2 + z^2 = 25, \\ z = 3. \end{cases} \tag{6.22}$$

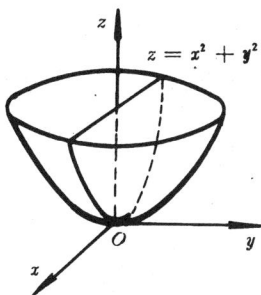

图 8-60

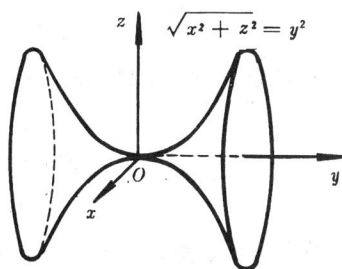

图 8-61

再将(6.22)中的第一个方程里的 z 消去,得同解方程组

$$\begin{cases} x^2 + y^2 = 16, \\ z = 3. \end{cases} \tag{6.23}$$

显然方程组(6.21),(6.22),(6.23)表示空间同一条曲线 Γ. 只是(6.21)看成两个球面的交线,(6.22)看成球面与平面的交线,(6.23)看成圆柱面与平面的交线. 其中以(6.23)表示最简单,我们称母线平行于 z 轴的柱面 $x^2 + y^2 = 16$ 为**空间曲线 Γ 投影到 xOy 平面上的投影柱面**. 简称为 Γ 的投影柱面. 而称

$$\Gamma' : \begin{cases} x^2 + y^2 = 16, \\ z = 0 \end{cases}$$

为 Γ 在 xOy **平面上的投影曲线**. 简称为 Γ 的投影曲线.

对于一般空间曲线 Γ:

$$\begin{cases} F_1(x, y, z) = 0, \\ F_2(x, y, z) = 0, \end{cases}$$

消去变量 z,得到

$$G(x, y) = 0, \tag{6.24}$$

(6.24)就是 Γ 的投影柱面方程,而

$$\Gamma' : \begin{cases} G(x, y) = 0, \\ z = 0. \end{cases} \tag{6.25}$$

就是 Γ 在 xOy 平面上的投影曲线方程.

例 6   求曲线 Γ:$\begin{cases} x^2 + y^2 + z^2 = R^2, \\ z = \sqrt{x^2 + y^2}, \end{cases}$ $(R > 0)$ $\tag{6.26}$

在 xOy 平面与 yOz 平面上的投影曲线方程.

解   方程组 $\begin{cases} x^2 + y^2 + z^2 = R^2, \\ z = \sqrt{x^2 + y^2}, \end{cases}$ 消去变量 z,得到投影柱面方程

$$x^2 + y^2 = \frac{1}{2} R^2,$$

再与 $z = 0$ 联立,就是 Γ 在 xOy 平面上的投影曲线方程

$$\Gamma' : \begin{cases} x^2 + y^2 = \frac{1}{2} R^2, \\ z = 0. \end{cases}$$

这是 xOy 平面上以原点为圆心, $\dfrac{R}{\sqrt{2}}$ 为半径的一个圆(图 8-62).

若把方程组(6.26)中的 x 消去,得到

$$2z^2 = R^2 \quad \text{或} \quad z = \frac{1}{\sqrt{2}}R, \quad (\because z = \sqrt{x^2 + y^2} \geqslant 0).$$

这就是 Γ 投影到 yOz 平面的投影柱面方程,再与 $x = 0$ 联立,就是投影曲线方程

$$\Gamma' : \begin{cases} z = \frac{1}{\sqrt{2}}R, \\ x = 0, \end{cases} \quad (|y| \leqslant \frac{1}{\sqrt{2}}R).$$

这是一条在 yOz 平面上 $z = \frac{1}{\sqrt{2}}R$ 的水平直线段(图 8-63).

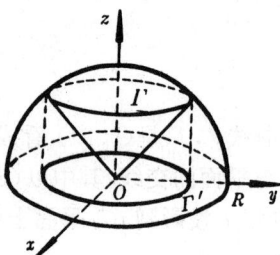

图 8-62

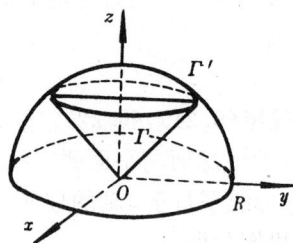

图 8-63

§7 二次曲面 坐标变换

7.1 常见的二次曲面

在 §5 我们已经得知三元一次方程表示一个平面,也称**一次曲面**. 一般来说,三元二次方程 $ax^2 + by^2 + cz^2 + dxy + eyz + fzx + gx + hy + jz + k = 0$ (系数 a, b, c, d, e, f 不全为 0) 表示空间的一个曲面,称为**二次曲面**. 如在 §6 中见过的球面、圆柱面、抛物柱面、双曲柱面、椭圆柱面以及圆锥面等等都是二次曲面. 本节再介绍几种常见的二次曲面,这里采用先给出标准方程,通过**截痕法**(即用平行于坐标平面的平面截割曲面,得到平面截痕线,根据这些曲线的形状来了解方程所表示的曲面的总体特征),认识方程表示的曲面,并作出其图形.

（一）椭球面

方程 $$\frac{x^2}{a^2} + \frac{y^2}{b^2} + \frac{z^2}{c^2} = 1 \quad (a > 0, b > 0, c > 0) \tag{7.1}$$

表示的曲面称为**椭球面**.

令 $z = h$ $(|h| \leqslant c)$,得交线

$$\begin{cases} \dfrac{x^2}{a^2} + \dfrac{y^2}{b^2} = (1 - \dfrac{h^2}{c^2}), \\ z = h \end{cases} \quad \text{或} \quad \begin{cases} \dfrac{x^2}{\left(a\sqrt{1 - \dfrac{h^2}{c^2}}\right)^2} + \dfrac{y^2}{\left(b\sqrt{1 - \dfrac{h^2}{c^2}}\right)^2} = 1, \\ z = h. \end{cases}$$

这是在平面 $z = h$ 上,以 $a_1 = a\sqrt{1 - \dfrac{h^2}{c^2}}$ 和 $b_1 = b\sqrt{1 - \dfrac{h^2}{c^2}}$ 为两半轴的一个椭圆,当 $|h|$ 从 0 增大至 c 时,两个半轴 a_1, b_1 分别从 a, b 减少到 0,即椭圆缩成一点.

同理,用平面 $x = h$ 或 $y = h$ 截割曲面时,交线也都是椭圆并随着 $|h|$ 从 0 增大至 a 或 b 时,

椭圆由大逐渐变小,最后收缩成一点.

这样对方程(7.1)所表示的曲面的形状,就有了总体了解,根据上述讨论画出椭球面的图形(图 8-64).

当 $a = b$ 时,(7.1)成为

$$\frac{x^2 + y^2}{a^2} + \frac{z^2}{c^2} = 1,$$

这是椭圆 $\begin{cases} \dfrac{y^2}{a^2} + \dfrac{z^2}{c^2} = 1, \\ x = 0 \end{cases}$ 或椭圆 $\begin{cases} \dfrac{x^2}{a^2} + \dfrac{z^2}{b^2} = 1, \\ y = 0 \end{cases}$ 绕 z 轴旋

转而成的旋转曲面(称为**旋转椭球面**).

特别当 $a = b = c$ 时,椭球面(7.1)就成了球面 $x^2 + y^2 + z^2 = a^2$. 可见,球面是椭球面的一种特殊情形.

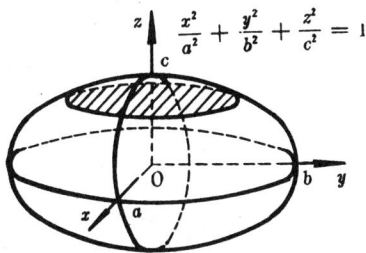

(二)椭圆抛物面

方程　　$z = \dfrac{x^2}{a^2} + \dfrac{y^2}{b^2}$ 　$(a > 0, b > 0)$ 　　　(7.2)

所表示的曲面称为**椭圆抛物面**.

由方程(7.2)知 $z \geqslant 0$,曲面在上半空间,令 $z = h(> 0)$,得交线

$$\begin{cases} \dfrac{x^2}{a^2 h} + \dfrac{y^2}{b^2 h} = 1, \\ z = h. \end{cases}$$

这是在平面 $z = h$ 上,以 $a_1 = a\sqrt{h}, b_1 = b\sqrt{h}$ 为半轴的椭圆. 当 $z = h = 0$ 时,$a_1 = b_1 = 0$,椭圆缩成一点;当 h 增大时,a_1, b_1 随之增大,从而椭圆不断扩大.

这样,对方程(7.2)所表示的曲面的形状,就有了总体了解,根据上述讨论画出椭圆抛物面的图形(图 8-65).

特别当 $a = b$ 时,方程(7.2)成为

$$z = \frac{x^2 + y^2}{a^2}.$$

它在水平面 $z = h$ 上的截痕线是一个圆. 是由抛物线

$$\begin{cases} z = \dfrac{x^2}{a^2}, \\ y = 0 \end{cases} \quad 或 \quad \begin{cases} z = \dfrac{y^2}{a^2}, \\ x = 0 \end{cases}$$

绕 z 轴旋转而成的**旋转抛物面**.

(三)单叶双曲面

方程　　$\dfrac{x^2}{a^2} + \dfrac{y^2}{b^2} - \dfrac{z^2}{c^2} = 1$ 　$(a > 0, b > 0, c > 0)$ 　(7.3)

表示的曲面,称为**单叶双曲面**.

由于方程(7.3)中 x, y, z 都是平方项,因而该曲面关于三个坐标平面都呈对称,用平面 $z = h$ 截割,得交线

$$\begin{cases} \dfrac{x^2}{a^2} + \dfrac{y^2}{b^2} = 1 + \dfrac{h^2}{c^2}, \\ z = h. \end{cases}$$

这是在平面 $z = h$ 上,以 $a_1 = a\sqrt{1 + \dfrac{h^2}{c^2}}, b_1 = b\sqrt{1 + \dfrac{h^2}{c^2}}$ 为两半轴的椭圆,当 $z = h = 0$

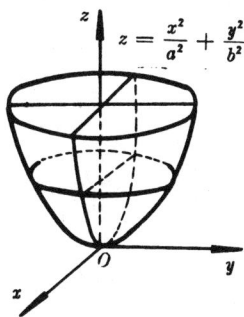

图 8-64

图 8-65

时,$a_1 = a, b_1 = b$;当 $|h|$ 从 0 增大时,a_1, b_1 不断增大.

如果用平面 $y = h$ 截割,得交线

$$\begin{cases} \dfrac{x^2}{a^2} - \dfrac{z^2}{c^2} = 1 - \dfrac{h^2}{b^2}, \\ y = h. \end{cases}$$

这是平面 $y = h$ 上的双曲线. 当 $|h| \leqslant b$ 时,它的实轴平行于 x 轴,虚轴平行于 z 轴;当 $|h| > b$ 时,它的实轴平行于 z 轴,虚轴平行于 x 轴.

同样,用平面 $x = h$ 截割,交线也是双曲线.

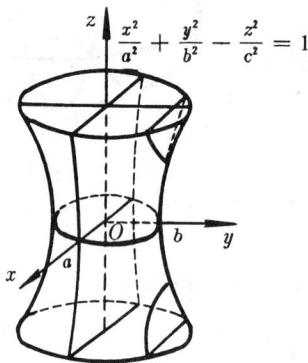

图 8-66

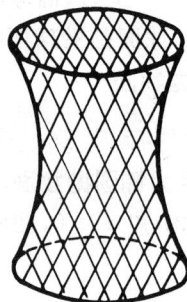

图 8-67

根据上述讨论作出单叶双曲面的图形(图 8-66).

若将方程(7.3)变形为

$$\left(\frac{x}{a} + \frac{z}{c}\right)\left(\frac{x}{a} - \frac{z}{c}\right) = \left(1 + \frac{y}{b}\right)\left(1 - \frac{y}{b}\right),$$

再作方程组

$$\begin{cases} \alpha\left(\dfrac{x}{a} + \dfrac{z}{c}\right) = \beta\left(1 + \dfrac{y}{b}\right), \\ \beta\left(\dfrac{x}{a} - \dfrac{z}{c}\right) = \alpha\left(1 - \dfrac{y}{b}\right), \end{cases}$$

及

$$\begin{cases} \lambda\left(\dfrac{x}{a} + \dfrac{z}{c}\right) = \mu\left(1 - \dfrac{y}{b}\right), \\ \mu\left(\dfrac{x}{a} - \dfrac{z}{c}\right) = \lambda\left(1 + \dfrac{y}{b}\right). \end{cases}$$

其中 α, β 以及 λ, μ 分别是不同时为零的两个任意常数. 由此可见单叶双曲面是由两族直线编织而成. 因而它是一个直纹面(图 8-67).

用同样方法,可以得下述双叶双曲面以及双曲抛物面的图形:

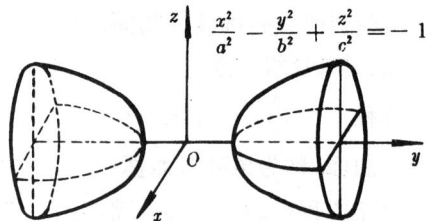

图 8-68

双叶双曲面(图 8-68):$\dfrac{x^2}{a^2} - \dfrac{y^2}{b^2} + \dfrac{z^2}{c^2} = -1.$

$$(7.4)$$

双曲抛物面(图 8-69):$z = -\dfrac{x^2}{a^2} + \dfrac{y^2}{b^2}.$

$$(7.5)$$

双曲抛物面的形状像马鞍,因此也叫做**马鞍面**.有趣的是,双曲抛物面从整体外观上看,形状是较为复杂的曲面,其实它和单叶双曲面一样,完全由两族直线编织而成,也是一个直纹面(图8-70).它们的这一特性常被应用到一些特殊的建筑结构中.

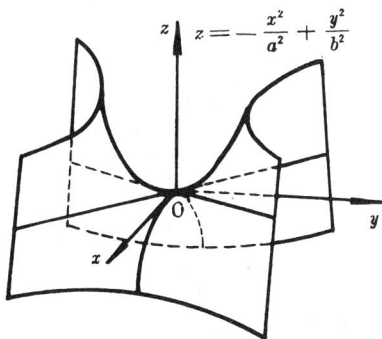
$$z = -\frac{x^2}{a^2} + \frac{y^2}{b^2}$$

图 8-69

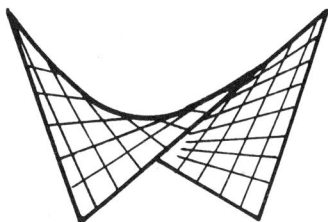

图 8-70

*7.2　坐标变换

我们知道点的坐标与选取的坐标系有关,一个曲面的方程,在不同坐标系下也就不一样.§7.1中介绍的二次曲面的方程都是标准方程,其中2次项全是平方项,这里坐标系的选取尽可能使曲面关于坐标平面、坐标轴呈对称,从而使曲面的方程取最简的形式.为了认识一般三元二次方程所表示的图形,要把方程转化成标准形式,这需要建立新的坐标系,点的坐标需作相应的变换,坐标变换的首要问题是研究在新旧坐标系下点的坐标变换公式.下面讨论空间直角坐标系常用的两种坐标变换公式.

(一) 平移变换

设新坐标系 $O'x'y'z'$ 和旧坐标系 $Oxyz$ 的基本单位矢量 $\vec{i}, \vec{j}, \vec{k}$ 完全相同,只是坐标原点 O' 和 O 不同,新坐标系可以看成是由旧坐标系平移得到(图8-71).

设新坐标系的原点 O' 在旧坐标系中的坐标为 (a,b,c);点 M 在旧坐标系中的坐标为 (x,y,z),在新坐标系中的坐标为 (x',y',z').由于

$$\overrightarrow{OM} = \overrightarrow{OO'} + \overrightarrow{O'M},$$

即

$$x\vec{i} + y\vec{j} + z\vec{k} = (a\vec{i} + b\vec{j} + c\vec{k}) + (x'\vec{i} + y'\vec{j} + z'\vec{k})$$
$$= (a + x')\vec{i} + (b + y')\vec{j} + (c + z')\vec{k}.$$

故得到坐标 (x,y,z) 与 (x',y',z') 之间的变换公式

$$\begin{cases} x = a + x', \\ y = b + y' \\ z = c + z'. \end{cases} \tag{7.6}$$

或

$$\begin{cases} x' = x - a, \\ y' = y - b, \\ z' = z - c. \end{cases} \tag{7.7}$$

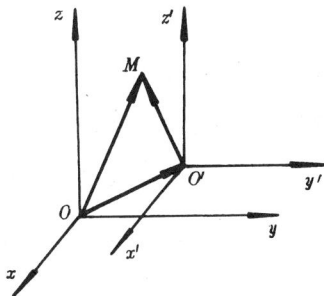

图 8-71

(7.6)是由新坐标 (x',y',z') 变换到旧坐标 (x,y,z) 的变换公式,而(7.7)是由旧坐标 (x,y,z) 变换到新坐标的变换公式.统称为**直角坐标系的平移变换公式**(简称为**平移变换公式**).

例1　由 §6.4 例4,过 $A(1,0,0)$ 和 $B(0,1,1)$ 两点的直线,绕 z 轴旋转所生成的旋转曲面方程是

$$\frac{x^2 + y^2}{\frac{1}{2}} - \frac{(z - \frac{1}{2})^2}{\frac{1}{4}} = 1,$$

这不是标准方程,若作平移变换,令

$$\begin{cases} x' = x, \\ y' = y, \\ z' = z - \frac{1}{2}. \end{cases}$$

便化为标准方程

$$\frac{x'^2 + y'^2}{\frac{1}{2}} - \frac{z'^2}{\frac{1}{4}} = 1.$$

对照常见二次曲面的标准方程,可知它是一个单叶双曲面(图 8-72).

(二) 旋转变换

设新坐标系 $O'x'y'z'$ 和旧坐标系 $Oxyz$ 有公共的原点 O,但坐标轴的方向不同,它们之间的坐标变换称为**旋转变换**(图 8-73).

设新坐标系和旧坐标系的基本单位矢量分别是 $\vec{i'}, \vec{j'}, \vec{k'}$ 和 $\vec{i}, \vec{j}, \vec{k}$,在旧坐标系下,$\vec{i'}$ 的方向角为 $\alpha_1, \beta_1, \gamma_1$;$\vec{j'}$ 的方向角为 $\alpha_2, \beta_2, \gamma_2$;$\vec{k'}$ 的方向角为 $\alpha_3, \beta_3, \gamma_3$. 即有下表:

	$\vec{i}$	$\vec{j}$	$\vec{k}$
$\vec{i'}$	α_1	β_1	γ_1
$\vec{j'}$	α_2	β_2	γ_2
$\vec{k'}$	α_3	β_3	γ_3

设 M 为空间任意一点,它的旧坐标为 (x, y, z),新坐标为 (x', y', z'). 则有

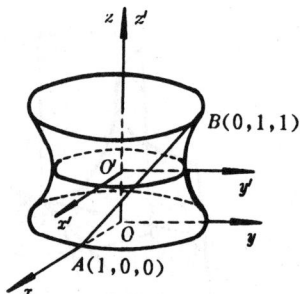

图 8-72

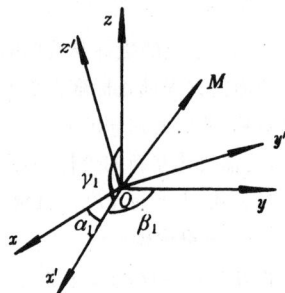

图 8-73

$$\overrightarrow{OM} = x\vec{i} + y\vec{j} + z\vec{k} = x'\vec{i'} + y'\vec{j'} + z'\vec{k'}. \tag{7.8}$$

用 $\vec{i} = \cos\alpha_1 \vec{i'} + \cos\alpha_2 \vec{j'} + \cos\alpha_3 \vec{k'}, \vec{j} = \cos\beta_1 \vec{i'} + \cos\beta_2 \vec{j'} + \cos\beta_3 \vec{k'}, \vec{k} = \cos\gamma_1 \vec{i'} + \cos\gamma_2 \vec{j'} + \cos\gamma_3 \vec{k'}$ 分别点乘 (7.8) 式的两边,便得

$$\begin{cases} x = x'\cos\alpha_1 + y'\cos\alpha_2 + z'\cos\alpha_3, \\ y = x'\cos\beta_1 + y'\cos\beta_2 + z'\cos\beta_3, \\ z = x'\cos\gamma_1 + y'\cos\gamma_2 + z'\cos\gamma_3, \end{cases} \tag{7.9}$$

它称为新坐标 (x', y', z') 到旧坐标 (x, y, z) 的**旋转变换公式**.

同理,如果分别用 $\vec{i'}, \vec{j'}, \vec{k'}$ 点乘等式 (7.8) 的两边,就得旧坐标 (x, y, z) 到新坐标 (x', y', z') 的旋转变换公式:

$$\begin{cases} x' = x\cos\alpha_1 + y\cos\beta_1 + z\cos\gamma_1, \\ y' = x\cos\alpha_2 + y\cos\beta_2 + z\cos\gamma_2, \\ z' = x\cos\alpha_3 + y\cos\beta_3 + z\cos\gamma_3, \end{cases} \tag{7.10}$$

公式 (7.9) 和 (7.10) 互为逆变换.

一种特殊而重要的情形是新旧坐标系的 z 轴不变,坐标系绕 z 轴旋转 θ 角(图 8-74),这时新旧坐标轴的方向角为:

	$\vec{i}$	$\vec{j}$	$\vec{k}$
$\vec{i'}$	θ	$\dfrac{\pi}{2}-\theta$	$\dfrac{\pi}{2}$
$\vec{j'}$	$\dfrac{\pi}{2}+\theta$	θ	$\dfrac{\pi}{2}$
$\vec{k'}$	$\dfrac{\pi}{2}$	$\dfrac{\pi}{2}$	0

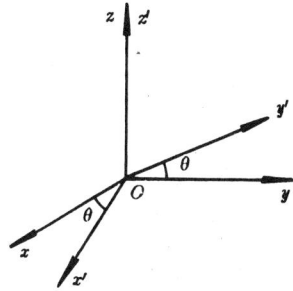

图 8-74

代入(7.9)得

$$\begin{cases} x = x'\cos\theta + y'\cos(\dfrac{\pi}{2}+\theta) + z'\cos\dfrac{\pi}{2}, \\ y = x'\cos(\dfrac{\pi}{2}-\theta) + y'\cos\theta + z'\cos\dfrac{\pi}{2}, \\ z = x'\cos\dfrac{\pi}{2} + y'\cos\dfrac{\pi}{2} + z'\cos0. \end{cases}$$

即
$$\begin{cases} x = x'\cos\theta - y'\sin\theta, \\ y = x'\sin\theta + y'\cos\theta, \\ z = z'. \end{cases} \qquad (7.11)$$

这就是平面直角坐标系的旋转变换公式.

例2 将三元二次方程 $z = xy$ 化为标准方程,并作出其图形.

解 要化成标准方程,须将乘积项 xy 消去,为此要作旋转变换,这里保持 z 不动,让 $Oxyz$ 旋转 θ 角,由(7.11)知

$$\begin{cases} x = x'\cos\theta - y'\sin\theta, \\ y = x'\sin\theta + y'\cos\theta, \\ z = z'. \end{cases}$$

代入原方程

$$z' = xy = (x'\cos\theta - y'\sin\theta)(x'\sin\theta + y'\cos\theta)$$
$$= x'^2\cos\theta\sin\theta - y'^2\sin\theta\cos\theta + x'y'(\cos^2\theta - \sin^2\theta),$$

为消去乘积项 $x'y'$,令

$$\cos^2\theta - \sin^2\theta = 0,$$

解出 $\theta = \pm\dfrac{\pi}{4}$ 或 $\pm\dfrac{3}{4}\pi$,不妨取 $\theta = \dfrac{\pi}{4}$,这样旋转变换为

$$\begin{cases} x = \dfrac{x' - y'}{\sqrt{2}}, \\ y = \dfrac{x' + y'}{\sqrt{2}}, \\ z = z'. \end{cases}$$

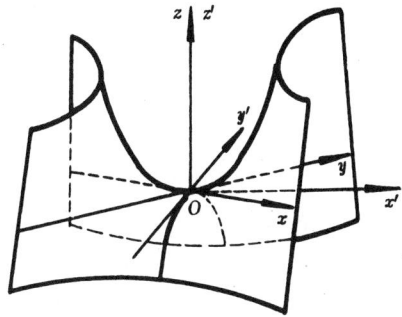

图 8-75

代入原方程,化为

$$z' = \dfrac{x'^2}{2} - \dfrac{y'^2}{2},$$

它的二次项都是平方项,已是二次曲面的标准方程. 对照 §7.1方程(7.5)可知它是马鞍面方程,所以原方程 $z = xy$ 的图形是一个马鞍面,从上述讨论看到,只要坐标系绕 z 轴逆时针旋转 $\dfrac{\pi}{4}$,就可把方程化为标准形式(图8-75).

习题八

§1

1. 分别用对角线法则和按行展开法计算行列式.

(1) $\begin{vmatrix} 2 & 1 & 2 \\ 0 & 5 & 5 \\ 2 & 3 & 5 \end{vmatrix}$; (2) $\begin{vmatrix} 2 & 0 & 1 \\ 1 & -4 & -1 \\ -1 & 8 & 3 \end{vmatrix}$;

(3) $\begin{vmatrix} 1 & 2 & 3 \\ 3 & 1 & 2 \\ 2 & 3 & 1 \end{vmatrix}$; (4) $\begin{vmatrix} 1 & 1 & 1 \\ x & y & z \\ x^2 & y^2 & z^2 \end{vmatrix}$.

2. 解方程 $\begin{vmatrix} x^2 & 0 & -2 \\ x & 4 & 1 \\ 1 & 3 & 1 \end{vmatrix} = 0$.

3. 用克莱姆规则解下列线性方程组:

(1) $\begin{cases} 3x + 5y = 19, \\ 3x + 4y = 2. \end{cases}$ (2) $\begin{cases} 2x - z = 1, \\ 2x + 4y - z = 1, \\ -x + 8y + 3z = 2. \end{cases}$ (3) $\begin{cases} 2x - y + z = 0, \\ 3x + 2y - 5z = 1, \\ x + 3y - 2z = 4. \end{cases}$

4. 证明(1) 若三阶行列式中有两行元素对应相等,则行列式等于零;

(2) 若三阶行列式中有两行元素对应成比例,则行列式等于零.

§2

5. 在平行四边形 $ABCD$ 内,设 $\overrightarrow{AB} = \vec{a}, \overrightarrow{AD} = \vec{b}$,试用矢量 $\vec{a}, \vec{b}$ 表示 $\overrightarrow{AM}, \overrightarrow{BM}, \overrightarrow{CM}, \overrightarrow{DM}$.其中 M 是两对角线的交点.

6. 设 $\vec{a}, \vec{b}$ 都是单位矢量,回答下列问题:(1) $\vec{a}$ 与 $\vec{b}$ 必定相等吗?

(2) $\vec{a} + \vec{b}, \vec{a} - \vec{b}$ 有可能也是单位矢量吗?

7. 证明三角不等式 $|\vec{a} \pm \vec{b}| \leqslant |\vec{a}| + |\vec{b}|$.并问何时等号成立.

8. 设非零矢量 $\vec{a}, \vec{b}$ 满足什么几何条件时,以下各式成立?

(1) $|\vec{a} + \vec{b}| = |\vec{a} - \vec{b}|$; (2) $|\vec{a} + \vec{b}| > |\vec{a} - \vec{b}|$;

(3) $|\vec{a} - \vec{b}| > |\vec{a} + \vec{b}|$; (4) $|\vec{a} + \vec{b}| = |\vec{a}| - |\vec{b}|$.

9. 设 $\vec{m}, \vec{n}$ 是两个非零矢量,试求它们的夹角平分线上的单位矢量.

10. 设矢量 $\vec{a}, \vec{b}$ 的夹角为 $60°$,且 $|\vec{a}| = 2, |\vec{b}| = 1$,试用几何作图法求出下列各矢量,并利用余弦定理计算它们的模.

(1) $\vec{P} = 3\vec{a} + 2\vec{b}$; (2) $\vec{Q} = 2\vec{a} - 3\vec{b}$.

11. 已知 $|\vec{a}| = 11, |\vec{b}| = 7, |\vec{a} - \vec{b}| = 18$,求 $|\vec{a} + \vec{b}|$.

12. 设 $\vec{a} = \vec{e}_1 - 2\vec{e}_2 + \vec{e}_3, \vec{b} = 3\vec{e}_1 - \vec{e}_2 + 2\vec{e}_3, \vec{c} = 4\vec{e}_1 + 2\vec{e}_2 + 2\vec{e}_3$,其中 $\vec{e}_1, \vec{e}_2, \vec{e}_3$ 为不共面的矢量,试判定 $(\vec{b} - \vec{a})$ 与 $\vec{c}$ 是否共线.

13. 设 $\vec{l} = 3\vec{a} + \vec{b} - 7\vec{c}, \vec{m} = \vec{a} - 3\vec{b} + \vec{c}, \vec{n} = \vec{a} + \vec{b} - 3\vec{c}$,其中 $\vec{a}, \vec{b}, \vec{c}$ 为三个不共面的矢量,试判断 $\vec{l}$, $\vec{m}, \vec{n}$ 是否共面?若共面,写出它们的线性组合式.

14. 用矢量方法证明:可作一三角形,使它的各边分别平行且等于已知三角形的三条中线.

15. 设矢量 $\vec{a}, \vec{b}$ 不共线,$\vec{c} = \lambda\vec{a} + \mu\vec{b}$,且 $\vec{a}, \vec{b}, \vec{c}$ 有共同起点 O,试证明矢量 $\vec{a}, \vec{b}, \vec{c}$ 的终点在一条直线上的充分必要条件为 $\lambda + \mu = 1$.

16. 在四面体 $OABC$ 中,设 $\overrightarrow{OA} = \vec{a}, \overrightarrow{OB} = \vec{b}, \overrightarrow{OC} = \vec{c}$,点 P 是 $\triangle ABC$ 内部任意一点,证明:$\overrightarrow{OP} = \lambda\vec{a} + \mu\vec{b} +$

$\vec{\gamma c}$,且 $\lambda + \mu + \gamma = 1$.

§3

17. 在空间直角坐标系中作出点 $M_1(1,3,2)$, $M_2(2,-1,3)$ 和 $M_3(-1,0,-2)$.

18. 写出点 $P(a,b,c)$ 关于三个坐标平面,关于三条坐标轴和关于坐标原点的对称点.

19. 已知点 $A(1,0,2)$, $B(0,-3,2)$, $C(4,-1,6)$,试证 $\triangle ABC$ 是直角三角形.

20. 在第三卦限内求一点,已知它与三个坐标轴的距离为 $d_x = 5$, $d_y = 3\sqrt{5}$, $d_z = 2\sqrt{13}$.

21. 在 y 轴上求与 $A(2,1,-3)$ 和 $B(1,-5,4)$ 等距离的一点.

22. 已知两点 $M_1(1,\sqrt{2},4)$ 和 $M_2(2,0,3)$,求矢量 $\overrightarrow{M_1M_2}$ 的模、方向余弦和方向角.

23. 求以 $\vec{a} = \vec{i} + 3\vec{j}$ 和 $\vec{b} = 2\vec{j} - \vec{k}$ 为邻边的平行四边形的对角线长.

24. 已知矢量 $\vec{a} = 5\vec{i} + \vec{j} - 3\vec{k}$ 的终点为 $M(1,-2,0)$,求它的起点坐标.

25. 已知矢量 $\vec{a} = \vec{i} - 2\vec{j} + 2\vec{k}$, $\vec{b} = 2\vec{j} - 4\vec{k}$,试求与矢量 $\vec{c} = 3\vec{a} + 2\vec{b}$ 同方向的单位矢量.

26. 求方向与矢量 $\vec{a} = -3\vec{j} + 4\vec{k}$ 和 $\vec{b} = \vec{i} + 2\vec{j} - 2\vec{k}$ 的角平分线平行,且模为 $\sqrt{5}$ 的矢量.

27. 设有三力 $\vec{F_1} = \vec{i} + \vec{j} - 3\vec{k}$, $\vec{F_2} = -2\vec{i} - \vec{j} + 5\vec{k}$, $\vec{F_3} = 3\vec{i} - 2\vec{j} + 4\vec{k}$ 作用于一物体上,求合力的大小和方向余弦.

28. 一个矢量的三个方向角之和等于 180° 吗?它们存在什么联系?

29. 证明 $\sin^2\alpha + \sin^2\beta + \sin^2\gamma = 2$,其中 α,β,γ 是一个矢量的三个方向角.

30. 设 $A(3,-1,2)$, $B(4,2,-5)$,试求线段 AB 的 (1) 中点 M 的坐标;(2) 三等分点 P_1,P_2 的坐标.

31. 已知两点 $A(0,-1,5)$ 和 $B(2,1,3)$,试求方向与 $\overrightarrow{AB}$ 一致,模为 5 的矢量 $\vec{c}$ 的坐标表达式.

32. 求以 $A(1,0,2)$, $B(0,-3,2)$, $C(4,-1,6)$ 为顶点的三角形的重心坐标.

§4

33. 设矢量 $\vec{P} = \vec{a} + 3\vec{b}$, $\vec{Q} = 2\vec{a} - \vec{b}$,其中 $|\vec{a}| = 2$, $|\vec{b}| = 1$, $\vec{a},\vec{b}$ 的夹角为 60°,试求:(1) $\vec{P} \cdot \vec{Q}$;(2) $|\vec{P}|$ 和 $|\vec{Q}|$;(3) $\vec{P}$ 与 $\vec{Q}$ 的夹角余弦.

34. 已知矢量 $\vec{a},\vec{b},\vec{c}$ 两两都成 60° 角,且 $|\vec{a}| = 4$, $|\vec{b}| = 2$, $|\vec{c}| = 6$,求 $|\vec{a} + \vec{b} + \vec{c}|$.

35. 用矢量方法证明菱形的对角线相互垂直.

36. 证明矢量 $\vec{P} = (\vec{a} \cdot \vec{c})\vec{b} - (\vec{b} \cdot \vec{c})\vec{a}$ 与矢量 $\vec{c}$ 垂直.

37. 已知矢量 $\vec{a} = 3\vec{i} - 5\vec{j} + 4\vec{k}$, $\vec{b} = 2\vec{i} + \vec{j} - 2\vec{k}$, $\vec{c} = 3\vec{j} + \vec{k}$,求(1) $\vec{a} \cdot \vec{b}$,(2) $\vec{a} \cdot \vec{c}$,(3) $(2\vec{a}) \cdot (\vec{b} - 3\vec{c})$.

38. 设力 $\vec{F} = 2\vec{i} - 3\vec{j} + 4\vec{k}$ 作用在一质点上,质点从 $M_1(1,2,-1)$ 沿直线移动到 $M_2(3,1,2)$,求此力所作的功(力的单位为牛顿,位移单位为米).

39. 求矢量 $\vec{a} = -\vec{j} + 2\vec{k}$, $\vec{b} = \vec{i} - 2\vec{j} + 2\vec{k}$ 的夹角余弦.

40. 已知 $A(1,1,1)$, $B(2,2,1)$, $C(2,1,2)$,求矢量 $\overrightarrow{AB}$ 与 $\overrightarrow{AC}$ 的夹角 θ 及 $\overrightarrow{AB}$ 在 $\overrightarrow{AC}$ 上的投影.

41. 已知 $\vec{a} = 4\vec{i} - \vec{j} + 2\vec{k}$, $\vec{b} = 3\vec{i} - \vec{k}$, $\vec{c} = \vec{i} - 2\vec{j} + 2\vec{k}$.求矢量 $\vec{a}$, $\vec{b}$ 及 $(\vec{a} + \vec{b} + \vec{c})$ 在矢量 $\vec{c}$ 上的投影.

42. 设 $\vec{a} = 2\vec{i} + \vec{j} + 2\vec{k}$, $\vec{b} = \vec{i} + 3\vec{j} + 5\vec{k}$,试在 $\vec{a},\vec{b}$ 所确定的平面内找一个与 $\vec{a}$ 垂直的单位矢量.

43. 矢量 $\vec{a},\vec{b},\vec{c}$ 具有相等的模,且两两所成的角相等,若 $\vec{a} = \vec{i} + \vec{j}$, $\vec{b} = \vec{j} + \vec{k}$,求矢量 $\vec{c}$.

44. 已知 $|\vec{a}| = 2$, $|\vec{b}| = 3$, $\vec{a}$ 与 $\vec{b}$ 的夹角为 $\dfrac{2\pi}{3}$,求 $|\vec{a} \times \vec{b}|$.

45. 已知 $\vec{a} = \vec{i} - 2\vec{j} + 3\vec{k}$, $\vec{b} = 4\vec{i} + \vec{k}$,求 (1) $\vec{a} \times \vec{b}$,(2) $(3\vec{a} + 2\vec{b}) \times \vec{a}$.

46. 试求与矢量 $\vec{a} = 2\vec{i} - \vec{j} - 2\vec{k}$, $\vec{b} = 6\vec{i} - 3\vec{j} + 2\vec{k}$ 都垂直的单位矢量.

47. 求下列各对矢量为邻边的平行四边形面积. (1) $\vec{a} = \{1,2,3\}$, $\vec{b} = \{4,-1,0\}$;(2) $\vec{a} = \{-1,3,0\}$,$\vec{b} = \{3,5,1\}$.

48. 求以 $A(1,1,1),B(3,2,0),C(2,4,1)$ 为顶点的三角形面积.

49. 判断下列各对矢量中,哪些是相互垂直的,哪些是相互平行的?

(1) $\vec{a} = \{3,2,1\}$, $\vec{b} = \{2,-3,0\}$;

(2) $\vec{a} = \{5,1,-7\}$, $\vec{b} = \{\frac{10}{3},\frac{2}{3},-\frac{14}{3}\}$;

(3) $\vec{a} = \{-1,3,2\}$, $\vec{b} = \{3,1,1\}$.

50. 下列命题是否正确,为什么?

(1) 若 $\vec{a} \cdot \vec{b} = 0$,则必 $\vec{a} = \vec{0}$ 或 $\vec{b} = \vec{0}$;

(2) 若 $\vec{a} \cdot \vec{b} = \vec{a} \cdot \vec{c}$,则必 $\vec{b} = \vec{c}$;

(3) 若 $\vec{a} \times \vec{b} = \vec{a} \times \vec{c}$,则必 $\vec{b} = \vec{c}$;

(4) 若 $\vec{a} + \vec{b} = \vec{a} + \vec{c}$,则必 $\vec{b} = \vec{c}$.

51. 求与矢量 $\vec{a} = \{2,-1,2\}$ 共线,且满足矢量方程 $\vec{a} \cdot \vec{x} = -18$ 的矢量 $\vec{x}$.

52. 求以矢量 $\vec{a} = \{2,1,-1\}$,$\vec{b} = \{1,-2,1\}$ 为邻边的平行四边形的二对角线夹角的正弦.

53. 已知 $\vec{a} = \{3,0,1\}$,$\vec{b} = \{-1,4,2\}$,$\vec{c} = \{0,3,-2\}$.求(1) $\vec{a} \cdot (\vec{b} \times \vec{c})$,(2) $\vec{a} \times (\vec{b} \times \vec{c})$,(3) 以 $\vec{a}$,$\vec{b}$,$\vec{c}$ 为棱的平行六面体的体积.

54. 求以 $A(1,0,0),B(3,5,7),C(5,9,2),D(1,-2,6)$ 为顶点的四面体的体积.

55. 证明 $A(0,1,0),B(3,4,5),C(10,9,8),D(7,6,3)$ 四点在同一平面上.

56. 设 $\vec{a} + \vec{b} + \vec{c} = \vec{0}$,证明 $\vec{a} \times \vec{b} = \vec{b} \times \vec{c} = \vec{c} \times \vec{a}$.

57. 已知 $\vec{a} \perp \vec{b}$,计算 $\vec{a} \times \{\vec{a} \times [\vec{a} \times (\vec{a} \times \vec{b})]\}$.

§5

58. 求满足下列条件的直线方程:

(1) 过原点且平行于矢量 $\vec{v} = \{1,-2,3\}$;

(2) 过点 $(1,-2,0)$ 且平行于直线 $\frac{x+2}{3} = \frac{y}{2} = \frac{z-2}{1}$;

(3) 过点 $(3,-2,4)$ 且同时垂直于矢量 $\vec{a} = \{6,3,1\}$ 和 $\vec{b} = \{2,4,5\}$;

(4) 过两点 $A(2,1,-1)$ 和 $B(3,1,4)$.

59. 直线 l_1: $\frac{x-1}{1} = \frac{y+1}{2} = \frac{z-1}{m}$ 与直线 l_2: $\frac{x+1}{1} = \frac{y-1}{1} = \frac{z}{1}$ 相交于一点,试确定参数 m 的值,并写出交点的坐标.

60. 求满足下列条件的平面方程:

(1) 过点 $(2,-1,3)$ 且平行于平面 $4x - y + 3z - 6 = 0$;

(2) 通过 y 轴及点 $M(-1,3,2)$;

(3) 过点 $(2,-2,4)$ 及直线 $\begin{cases} x+y-z = 0, \\ y+2z = 0; \end{cases}$

(4) 过两平行直线 $\frac{x-3}{2} = \frac{y}{1} = \frac{z-1}{2}$ 与 $\frac{x+1}{2} = \frac{y-1}{1} = \frac{z}{2}$;

(5) 过点 $M_1(2,-1,3)$ 和 $M_2(3,1,2)$,且垂直于平面 $3x - y + 4z + 2 = 0$;

(6) 过 $A(2,-1,4),B(-1,3,-2),C(0,2,3)$ 三点.

61. 求通过直线 l_1: $\frac{x-1}{2} = \frac{y+2}{3} = \frac{z+3}{4}$,且平行于直线 l_2: $\frac{x}{1} = \frac{y}{1} = \frac{z}{2}$ 的平面方程.

62. 把下列直线的一般式方程化为对称式方程和参数式方程:

(1) $\begin{cases} 2x - y + 3z - 1 = 0, \\ 5x + 4y - z - 7 = 0; \end{cases}$　　(2) $\begin{cases} 3x + 2y + 5z + 6 = 0. \\ x + 4y + 3z + 4 = 0; \end{cases}$

(3) $\begin{cases} x - y - 2 = 0, \\ 4x + y - 3z + 7 = 0. \end{cases}$

63. 求过点 $(1, 0, -2)$ 且与平面 $2x + y - 1 = 0$ 及 $x - 4y + 2z - 3 = 0$ 均平行的直线方程.

64. 求直线 $\dfrac{x-1}{1} = \dfrac{y+1}{-2} = \dfrac{z}{6}$ 与平面 $2x + 3y + z - 1 = 0$ 的交点.

65. 证明直线 $\dfrac{x-2}{2} = \dfrac{y-3}{10} = \dfrac{z+1}{1}$ 落在平面 $3x - y + 4z + 1 = 0$ 上.

66. 求过点 $P(-1, 2, -3)$,垂直于矢量 $\vec{a} = \{6, -2, -3\}$,且与直线 $\dfrac{x-1}{3} = \dfrac{y+1}{4} = \dfrac{z-3}{-5}$ 相交的直线方程.

67. 求过直线 $\begin{cases} x + y - z + 1 = 0, \\ 2x - y + 3z + 4 = 0, \end{cases}$ 且垂直于平面 $3x - 2y - z - 4 = 0$ 的平面方程.

68. 求点 $P(2, 5, 1)$ 在直线 $\dfrac{x-4}{1} = \dfrac{y}{1} = \dfrac{z+2}{-1}$ 上的投影点的坐标.

69. 求点 $M(3, -1, 4)$ 在平面 $4x + 3y - 7z - 55 = 0$ 上的投影点的坐标.

70. 求直线 $\begin{cases} x + y - z - 1 = 0, \\ x - y + z + 1 = 0, \end{cases}$ 在平面 $x + y + z = 0$ 上的投影直线的方程.

71. 检验下列各对几何图形的相对位置关系(平行,垂直,不平行也不垂直):

(1) 直线 $\dfrac{x+3}{2} = \dfrac{y-7}{0} = \dfrac{z}{3}$ 与直线 $\begin{cases} x = 3t, \\ y = 1 + 5t, \\ z = 4 - 2t; \end{cases}$

(2) 平面 $x - 2y + 5z + 6 = 0$ 与平面 $\dfrac{2}{5}x - \dfrac{4}{5}y + 2y + 1 = 0$;

(3) 平面 $4x + y + 3z - 2 = 0$ 与直线 $\begin{cases} x + y + z - 1 = 0, \\ 2x - y - 4 = 0. \end{cases}$

72. 试证原点到平面 $\dfrac{x}{a} + \dfrac{y}{b} + \dfrac{z}{c} = 1$ 的距离 d 满足等式: $\dfrac{1}{d^2} = \dfrac{1}{a^2} + \dfrac{1}{b^2} + \dfrac{1}{c^2}$.

73. 试求通过直线 $\begin{cases} x + 5y + z = 0, \\ x - z + 4 = 0, \end{cases}$ 并与平面 $x - 4y - 8z + 12 = 0$ 构成 $\dfrac{\pi}{4}$ 角的平面方程.

74. 求两平面 $x - 3y + 2z - 5 = 0$ 与 $3x - 2y - z + 3 = 0$ 的夹角平分面的方程.

75. 求点 $M(2, 1, 3)$ 到直线 $\dfrac{x+1}{3} = \dfrac{y-1}{2} = \dfrac{z}{1}$ 的距离.

76. 证明直线 l_1: $\dfrac{x+1}{3} = \dfrac{y-3}{1} = \dfrac{z}{2}$ 与直线 l_2: $\dfrac{x-2}{2} = \dfrac{y-1}{-1} = \dfrac{z-3}{4}$ 是异面直线,并求它们之间的最短距离.

§ 6

77. 球面方程中的 x, y, z 的平方项系数有何特征?求在下列方程中的球面方程,并求出球心与半径.

(1) $x^2 + y^2 - z^2 + 2z + 2x = 0$;　　　(2) $x^2 + y^2 + z^2 - 2x - 4y + 2 = 0$.

78. 求下列球面的方程:

(1) 一条直径的两个端点为 $(4, 3, 1)$ 和 $(2, -1, 3)$;

(2) 球心在 $(3, -1, 2)$ 且与平面 $2x - y + 3z + 9 = 0$ 相切;

(3) 球心在 $(6, -8, 1)$ 且与 z 轴相切;

(4) 过原点和 $A(0, 2, 0)$, $B(1, 3, 0)$ 及 $C(0, 0, -4)$.

79. 求直线 $\dfrac{x-1}{-1} = \dfrac{y}{1} = \dfrac{z-1}{-2}$ 与球面 $(x-2)^2 + (y+1)^2 + (z-3)^2 = 24$ 的交点.

80. 母线平行坐标轴的柱面方程有何特征?指出下列曲面哪些是母线平行坐标轴的柱面?并画出其图形.

(1) $y^2 + z^2 = 2y$;　　(2) $x + y + z = 2$;　　(3) $x + z = 2$;

(4) $x^2 = 4z$;　　(5) $x^2 + y^2 + 2z^2 - 2x = 0$;　　(6) $y^2 - x^2 + 2x = 0$.

81. 试求圆锥面 $x^2 + y^2 - \dfrac{1}{3}z^2 = 0$ 的母线和对称轴的夹角.

82. 一直角三角板,绕其一直角边(该边长为 a,且与斜边的夹角成 $60°$)转动一周,求斜边所成的圆锥面方程.

83. 求以 $A(0,0,1)$ 为顶点,以椭圆 $\begin{cases} \dfrac{x^2}{25} + \dfrac{y^2}{9} = 1; \\ z = 3 \end{cases}$ 为准线的锥面方程.

84. 求与 xOy 平面成 $45°$ 角,且过点 $A(1,0,0)$ 的一切直线所成的轨迹方程.

85. 试求抛物线 $\begin{cases} z = \sqrt{y-1}; \\ x = 0 \end{cases}$ 绕 y 轴旋转一周所成的旋转曲面方程.

86. 试求曲线 $\begin{cases} x^2 + y^2 - 2x = 0; \\ z = 0. \end{cases}$ (1) 绕 x 轴,(2) 绕 y 轴旋转一周生成的旋转曲面方程.

87. 称满足 $F(tx, ty, tz) = t^n F(x, y, z)$ 的函数为 n 次齐次函数. 令 $F(x, y, z) = 0$ 叫做 n 次齐次方程. 证明 n 次齐次方程 $F(x, y, z) = 0$ 表示的曲面是以原点为顶点的锥面.

88. 试求通过两曲面 $x^2 + y^2 + 4z^2 = 1$ 和 $x^2 = y^2 + z^2$ 的交线 C,且母线平行于 z 轴的柱面方程及 C 在 xOy 平面上的投影曲线方程.

89. 求下列曲线在 xOy 平面上的投影曲线方程:

(1) $\begin{cases} x^2 + (y-2)^2 + (z-1)^2 = 25, \\ x^2 + y^2 + z^2 = 16; \end{cases}$ (2) $\begin{cases} x^2 + y^2 = z, \\ z = 3; \end{cases}$

(3) 在 $x + y + z + 1 = 0$ 的平面上作以点 $(1, 1, -3)$ 为中心,2 为半径的圆.

90. 设一直线 L: $\begin{cases} 4x - y + 3z - 6 = 0; \\ x + 5y - z + 10 = 0, \end{cases}$ 试求 (1) 在 yOz 平面上的投影直线 L_1 的方程;(2) 在平面 Π: $2x - y + 5z - 5 = 0$ 上的投影直线 L_2 的方程.

91. 试建立下列空间曲线的参数方程:

(1) $\begin{cases} z = x^2 + y^2, \\ z = 4; \end{cases}$ (2) $\begin{cases} x^2 + y^2 + z^2 = 4R^2, \\ (x - R)^2 + y^2 = R^2, \end{cases}$ $(x \geqslant 0, y \geqslant 0, z \geqslant 0)$;

(3) $\begin{cases} x^2 + y^2 = a^2, \\ x + y + 2z = 1. \end{cases}$

§ 7

92. 指出下列方程所表示的曲面的名称,若是旋转曲面,指出它是什么曲线绕什么轴旋转而成的?

(1) $9x^2 + 4y^2 + 4z^2 = 36$;   (2) $x^2 - \dfrac{y^2}{4} + z^2 = 1$;   (3) $x^2 - y^2 - z^2 = 1$;

(4) $x^2 + y^2 - 9z = 0$;   (5) $x^2 - y^2 = 4z$;   (6) $z - \sqrt{x^2 + y^2} = 0$.

93. 指出下列方程表示怎样的曲面,并作出其草图.

(1) $x^2 + \dfrac{y^2}{4} + \dfrac{z^2}{9} = 1$;   (2) $36x^2 + 9y^2 - 4z = 36$;

(3) $x^2 + \dfrac{y^2}{4} - \dfrac{z^2}{9} = 0$;   (4) $x^2 - \dfrac{y^2}{4} - \dfrac{z^2}{4} = 1$.

94. 一动点与定点 $A(0, 1, 0)$ 的距离为与平面 $y = 4$ 的距离的一半,试求动点的轨迹方程,并指出是什么几何图形.

95. 证明直线 l: $\begin{cases} \dfrac{x}{a} + \dfrac{z}{c} = 0, \\ y = b \end{cases}$ 在单叶双曲面 $\dfrac{x^2}{a^2} + \dfrac{y^2}{b^2} - \dfrac{z^2}{c^2} = 1$ 上.

96. 用积分证明椭圆抛物面 $\dfrac{x^2}{a^2} + \dfrac{y^2}{b^2} = \dfrac{z}{c}$ 与平面 $z = h (h > 0)$ 所围成的体积等于底面积乘高的一半.

97. 画出下列各组曲面围成的立体图形:

(1) 平面 $x + \dfrac{y}{3} + \dfrac{z}{2} = 1$ 与三个坐标平面;

(2) 旋转抛物面 $z = x^2 + y^2$,三个坐标平面和平面 $x + y = 1$;

(3) 球面 $x^2 + y^2 + (z - R)^2 = R^2$ 与圆锥面 $x^2 + y^2 = z^2$ 包含 z 轴的部分;

(4) 抛物柱面 $z = y^2$ 和平面 $z = 1, x = 0, x = 2$;

(5) 抛物面 $x^2 + y^2 = 2 - z$ 与平面 $z = 0$;

(6) 旋转抛物面 $y + 1 = x^2 + z^2$ 与平面 $y = 2$;

(7) 圆锥面 $x^2 + y^2 = (1-z)^2$ 与平面 $z = 0$；

(8) 抛物面 $x^2 + y^2 = 1 - z$，圆柱面 $x^2 + y^2 = 1$ 和平面 $y - z + 2 = 0$；

(9) 球面 $x^2 + y^2 + z^2 = 4a^2$ 与圆柱面 $(x-a)^2 + y^2 = a^2$，包含 x 轴正向部分（只要求画出第一卦限的部分）；

(10) 两个圆柱面 $y^2 + z^2 = R^2$ 和 $x^2 + z^2 = R^2$（只要求画出第一卦限部分）.

98. 利用平移变换将方程 $36x^2 + 9y^2 + 4z^2 - 18y + 8z - 23 = 0$ 化成标准方程，并指出该曲面的名称.

99. 设旋转变换公式是

$$\begin{cases} x = x', \\ y = \dfrac{1}{\sqrt{2}}y' + \dfrac{1}{\sqrt{2}}z', \\ z = -\dfrac{1}{\sqrt{2}}y' + \dfrac{1}{\sqrt{2}}z'. \end{cases}$$

已知二次曲面在旧坐标系下的方程是

$$2x^2 + 3y^2 + 3z^2 + 4yz = 1,$$

求此二次曲面在新坐标系下的方程.

100. 利用旋转变换将方程 $x^2 + y^2 + 6xy - z - 3 = 0$ 化成标准方程，并指出此曲面的名称.

综合题

101. 用矢量方法证明平行四边形四边的平方和等于对角线的平方和.

102. 已知矢量 $(\vec{a} + 3\vec{b})$ 与 $(7\vec{a} - 5\vec{b})$ 垂直，矢量 $(\vec{a} - 4\vec{b})$ 与 $(7\vec{a} - 2\vec{b})$ 垂直，试求矢量 $\vec{a}$ 与 $\vec{b}$ 的夹角.

103. 一直线过点 $B(1,2,3)$ 且与矢量 $\vec{c} = \{6,6,7\}$ 平行，求点 $A(3,4,2)$ 到该直线的距离.

104. 已知矢量 $\vec{c}$ 与矢量 $\vec{P} = \{0,1,2\}$ 和 $\vec{Q} = \{-2,1,3\}$ 共面，且在 $\vec{P}$ 上的投影为 $\sqrt{5}$，在 $\vec{Q}$ 上的投影为 $-\sqrt{14}$，试求矢量 $\vec{c}$.

105. 已知点 A,B,C 对于原点 O 的矢径分别为 $\vec{r_1}, \vec{r_2}, \vec{r_3}$，且 $\vec{r_1}, \vec{r_2}, \vec{r_3}$ 不共面，试求点 C 在 OA 和 OB 所确定的平面上的投影点 D，并求出当 $A(1,2,3), B(0,-1,2), C(2,1,0)$ 时，相应的 D 点坐标.

106. 试用三角形 ABC 的顶点的矢径 $\vec{r_1}, \vec{r_2}, \vec{r_3}$ 表示三角形的面积. 并由此证明：当 $\vec{r_1} \times \vec{r_2} + \vec{r_2} \times \vec{r_3} + \vec{r_3} \times \vec{r_1} = \vec{0}$ 时，A,B,C 三点在同一直线上.

107. 设有如图所示的长方体 $OABCDEFG$，试求 (1) $\overrightarrow{OD}$ 在 $\overrightarrow{BG}$ 上的投影；(2) $\triangle ACE$ 的面积；(3) 四面体 $BEFG$ 的体积.

108. 已知 $P(1,2,-1), Q(3,-1,4), R(2,6,2)$ 为平行四边形 $PQRS$ 的三个顶点，试求：(1) 第四个顶点 S 的坐标；(2) 平行四边形 $PQRS$ 的面积 A；(3) $PQRS$ 的面积 A 在三个坐标平面上的投影.

109. 已知直线 l_1 过点 $A(3,0,1)$ 且与 $\vec{a} = \{2,4,3\}$ 平行，直线 l_2 过点 $B(-1,3,2)$ 且与 $\vec{b} = \{2,0,1\}$ 平行，试求 l_1 与 l_2 之间的最短距离.

110. 求过点 $(2,1,3)$ 且与直线 $\dfrac{x+1}{3} = \dfrac{y-1}{2} = \dfrac{z}{-1}$ 垂直相交的直线方程.

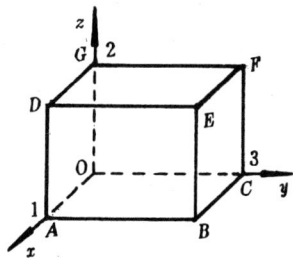

第 107 题

111. 求过点 $M(-2,3,0)$ 的直线 l，使 l 平行于已知平面 $x - 2y - z + 4 = 0$ 且与已知直线 $l_1: \dfrac{x+1}{3} = \dfrac{y-3}{1} = \dfrac{z}{2}$ 相交.

112. 试求点 $P_0(x_0, y_0, z_0)$ 关于已知平面 $ax + by + cz + d = 0$ 的对称点 $P_1(x_1, y_1, z_1)$ 的坐标.

113. 求垂直于平面 $5x - y + 3z - 2 = 0$，且与它的交线在 xOy 平面上的平面方程.

114. 试证明直线 $\dfrac{x+3}{5} = \dfrac{y+1}{2} = \dfrac{z-2}{4}$ 和直线 $\dfrac{x-8}{3} = \dfrac{y-1}{1} = \dfrac{z-6}{2}$ 相交，并写出由此两直线决定的平面方程.

115.试求在由平面 $x + y + z = 1$ 与三坐标平面所构成的四面体内的内切球面的方程.

116.已知 l_1 和 l_2 是两条既不共面也不垂直的直线,试证 l_2 绕 l_1 旋转所成的曲面是单叶双曲面.

第九章　多元函数的微分学

在自然界中一个事物依赖于多个因素的情形,比起单因素来说更为普遍,数学中的多元函数就是用来描述、研究这类多因素事物内在的数量关系,跟一元函数一样也有微分与积分两部分.本章先讨论多元函数的微分学,它的一些基本概念、基本理论与方法,和一元函数有密切的联系.

§1　多元函数的基本概念

1.1　空间

(一) 空间与距离

大家知道,有了数轴之后,全体实数与数轴上的点构成一一对应.数轴上两点 $M_1(x_1)$ 和 $M_2(x_2)$ 之间的距离为

$$d = |M_1 M_2| = |x_2 - x_1| = \sqrt{(x_2 - x_1)^2};$$

建立平面直角坐标系后,全体有序实数对 (x, y) 与整个平面上的点构成一一对应.平面上两点 $M_1(x_1, y_1)$ 和 $M_2(x_2, y_2)$ 之间的距离为

$$d = |M_1 M_2| = \sqrt{(x_2 - x_1)^2 + (y_2 - y_1)^2};$$

建立空间直角坐标系之后,全体有序实数组 (x, y, z) 与整个空间的点构成一一对应,空间两点 $M_1(x_1, y_1, z_1)$ 和 $M_2(x_2, y_2, z_2)$ 之间的距离为

$$d = |M_1 M_2| = \sqrt{(x_2 - x_1)^2 + (y_2 - y_1)^2 + (z_2 - z_1)^2}.$$

我们称全体实数 $R = \{x \mid -\infty < x < +\infty\}$ 为**一维空间**,记作 R^1.有序实数对 (x, y) 的全体称为**二维空间**,记作 R^2,即

$$R^2 = \{(x, y) \mid -\infty < x < +\infty, -\infty < y < +\infty\}.$$

有序实数组 (x, y, z) 的全体称为**三维空间**,记作 R^3,即

$$R^3 = \{(x, y, z) \mid -\infty < x < +\infty, -\infty < y < +\infty, -\infty < z < +\infty\}.$$

仿此,我们把由 n 个实数构成的有序实数组 $(x_1, x_2, \cdots, x_n)$ 的全体称为 n **维空间**,记作 R^n,即

$$R^n = \{(x_1, x_2, \cdots, x_n) \mid -\infty < x_i < +\infty, i = 1, 2, \cdots, n\}.$$

其中每一数组 $(x_1, x_2, \cdots, x_n)$ 称为 n 维空间的一个**点**,并且定义 n 维空间中两点 $M_1(x_1, x_2, \cdots, x_n)$ 和 $M_2(y_1, y_2, \cdots, y_n)$ 之间的距离为

$$d = |M_1 M_2| = \sqrt{(y_1 - x_1)^2 + (y_2 - x_2)^2 + \cdots + (y_n - x_n)^2} = \sqrt{\sum_{i=1}^{n} (y_i - x_i)^2}.$$

(二) 邻域

和直线上点的邻域概念完全相仿,引入 n 维空间 R^n 的邻域概念.设点 $P(p_1, p_2, \cdots, p_n) \in R^n$,对于任意一个正实数 δ,记

$$U(P, \delta) = \{(x_1, x_2, \cdots, x_n) \mid \sqrt{\sum_{i=1}^{n} (x_i - p_i)^2} < \delta\},$$

称 $U(P,\delta)$ 为 n 维空间中点 P 的 δ 邻域.

当 $n=2$ 时,$U(P,\delta)$ 就是以 $P(x_0,y_0)$ 为圆心,δ 为半径,不包含边界圆周的圆域(图 9-1):

$$U(P,\delta) = \{(x,y)\in R^2 \mid \sqrt{(x-x_0)^2+(y-y_0)^2} < \delta\}.$$

当 $n=3$ 时,$U(P,\delta)$ 就是以 $P(x_0,y_0,z_0)$ 为球心,δ 为半径,不包含边界球面的球体(图 9-2):

$$U(P,\delta) = \{(x,y,z)\in R^3 \mid \sqrt{(x-x_0)^2+(y-y_0)^2+(z-z_0)^2} < \delta\}.$$

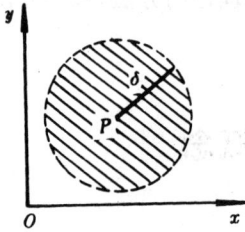

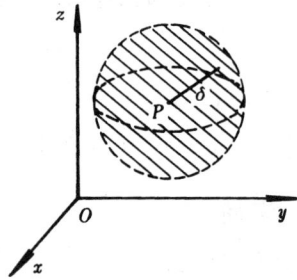

图 9-1 图 9-2

如果邻域不包含中心点 $P(p_1,p_2,\cdots p_n)\in R^n$,则称为**空心邻域**,记作 $U^0(P,\delta)$,即

$$U^0(P,\delta) = \{(x_1,x_2,\cdots,x_n) \mid 0 < \sqrt{\sum_{i=1}^{n}(x_i-p_i)^2} < \delta\}.$$

(三) 点集的内点、外点、边界点

设 E 是 R^n 的一个子集,即 $E\subset R^n$. 如果对于点 $M\in E$,存在点 M 的一个邻域 $U(M,\delta)\subset E$,则称 M 是 E 的一个**内点**(图 9-3).

如果对于点 $P\bar{\in} E$,存在点 P 的一个邻域 $U(P,\delta)\bigcap E = \varnothing$,则称 P 是 E 的**外点**(图 9-3).

如果对于点 Q,不论 $\delta > 0$ 多么小,$U(Q,\delta)$ 内总有 E 的点,又有不是 E 的点,则称 Q 为 E 的**边界点**(图 9-3),并称 E 的边界点的全体为 E 的**边界**,记作 ∂E. 显然 E 的边界点本身可以属于 E 也可以不属于 E.

例如 在 R^2 中,设 $E = \{(x,y) \mid 1 < x^2+y^2 \leqslant 4\}$,则 E 的全体内点是 $\{(x,y) \mid 1 < x^2+y^2 < 4\}$,$E$ 的边界为 $\partial E = \{(x,y) \mid x^2+y^2 = 1\}\bigcup\{(x,y) \mid x^2+y^2 = 4\}$.

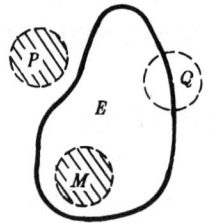

图 9-3

(四) 区域

若集 D 满足下列条件:

(1) 全是 D 的内点组成(这样的 D 称为**开集**);

(2) (连通性)D 中任意两点总可以用 D 内的一条折线相连结.

则称 D 为**连通的开集**,也称为**区域**.

区域,在一维空间就是开区间,在二维空间也叫做平面区域,在三维空间也叫做空间区域.

例如,邻域 $U(P,\delta)$ 和空心邻域 $U^0(P,\delta)$ 都是开集. 邻域是区域,但空心邻域在一维空间不是区域,在多维空间才是区域.

区域与其边界的并集,称为**闭区域**,记作

$$\overline{D} = D\bigcup\partial D.$$

在不需要区分区域与闭区域的场合时,我们统称它们为区域.

如果存在正数 K,使得集 $E \subset U(O, K)$,则称 E 为**有界集**,否则称为**无界集**. 易知邻域和空心邻域都是有界的.

1.2 多元函数的概念

(一) 多元函数的定义

先看几个具体例子.

例 1 由几何学知识,圆锥体的体积 V 依赖于高 h 和底圆半径 r,有

$$V = \frac{1}{3} \pi r^2 h; \tag{1.1}$$

长方体的体积 V 依赖于它的长 x,宽 y,高 z,有

$$V = xyz. \tag{1.2}$$

例 2 化工热力学中反映物质的压强 p、绝对温度 T 和容积 V 三者之间关系的著名马丁 - 侯状态方程

$$p = \frac{RT}{V - b} + \frac{A_2 + B_2 T + C_2 e^{-kT/TC}}{(V - b)^2} + \frac{A_3 + B_3 T + C_3 e^{-kT/TC}}{(V - b)^3} + \frac{A_4 + B_4 T}{(V - b)^4} + \frac{B_5 T}{(V - b)^5}. \tag{1.3}$$

其中 p, T, V 是变量,其它字母均为常数.

例 3 在长距离输电中,通过导线的电流 i 不仅与时间 t 有关,而且还与离导线始端的距离 x 有关,由电工学知识,对某种理想的输电线有

$$i = i_0 \cos ax \sin \omega t \qquad (i_0, a, \omega \text{ 为常数}). \tag{1.4}$$

例 4 设某一实验可能有 N 种结果,它们出现的概率分别为 $p_1, p_2, \cdots, p_N$,则事先告诉你将出现第 i 种结果的信息的信息量为 $-\log_2 p_i$,而该实验的不确定性则可用这组信息的平均信息量 H(即期望值)—— 熵

$$H = -\sum_{i=1}^{N} p_i \log_2 p_i \tag{1.5}$$

来表示. 熵的大小依赖于 N 种不同结果出现的概率 $p_1, p_2, \cdots, p_N$.

上述这种一个事物依赖于多个因素的情形是十分普遍的,如果我们把每一个因素用一个变量 $x_i (i = 1, 2, \cdots, n)$ 去记它,并把它们看作 n 维空间 R^n 中点的坐标,那么给每一个变量一个值,就相当于给定 R^n 中的一个点 $P(x_1, x_2, \cdots, x_n)$. 这样就可以仿照一元函数的定义,给出多元函数的定义.

定义 设 D 是 R^n 中的一个点集,若存在一个规则 f,对于 D 中每一点 P,按照规则 f 都有唯一的一个实数 u 与之对应. 则称**对应规则 f 为定义在 D 上的一个函数**,习惯上就说 u **是点 P 的函数**,简称**点函数**,记作 $u = f(P), P \in D$.

其中 D 称为函数 f 的**定义域**,记作 D_f,其对应的函数值 $f(P)$ 所构成的数集 $\{u \mid u = f(P), P \in D\}$ 叫做函数 f 的**值域**,记作 R_f.

若把 D 中的点 $P(x_1, x_2, \cdots, x_n)$ 的 n 个坐标看作 n 个变量,就称 f 为 n **元函数**,并称 $x_1, x_2, \cdots, x_n$ 为函数 f 的**自变量**,u 为函数 f 的**因变量**,通常记作

$$u = f(x_1, x_2, \cdots, x_n), \qquad (x_1, x_2, \cdots, x_n) \in D.$$

当 $D \subset R$ 是一维空间的点集时,则 $u = f(P)$ 就是一元函数

$$y = f(x), \qquad x \in D;$$

当 $D \in R^2$ 是二维空间的点集时,则 $u = f(P)$ 就是**二元函数**,通常记作

$$z = f(x, y), \qquad (x, y) \in D;$$

当 $D \subset R^3$ 是三维空间的点集时,则 $u = f(P)$ 就是**三元函数**,通常记作
$$u = f(x, y, z), \quad (x, y, z) \in D.$$

当 $n \geqslant 2$ 时的函数统称为**多元函数**.

这样开头列举的例子 (1.1),(1.3),(1.4) 为二元函数,(1.2) 为三元函数,(1.5) 是 N 元函数.

(二) 函数的定义域

与一元函数一样,多元函数的定义域通常由实际问题决定. 如果当多元函数用数学式子表达时,又没有规定其定义域,那么我们约定它的定义域为使数学表达式有意义的点的全体.

例如,二元函数
$$z = \sqrt{4 - x^2 - y^2} + \arcsin \frac{y}{x},$$

右边第一项必须满足 $4 - x^2 - y^2 \geqslant 0$,第二项必须满足 $x \neq 0$,且 $\left| \frac{y}{x} \right| \leqslant 1$,于是它的定义域为
$$D = \{(x, y) \mid x^2 + y^2 \leqslant 4, |y| \leqslant |x|, x \neq 0\}.$$

其图形为平面上由圆 $x^2 + y^2 = 4$ 与两条直线 $y = \pm x$ 所围成的阴影部分,包括边界,但原点 $(0, 0)$ 除外(图 9-4).

又如,三元函数
$$u = \ln(1 - x^2 - y^2 - z^2),$$
要使这个数学表达式有意义,必须 $1 - x^2 - y^2 - z^2 > 0$,于是定义域为
$$D = \{(x, y, z) \mid x^2 + y^2 + z^2 < 1\}.$$
这是空间以原点为球心,1 为半径的球域,但不包括边界球面.

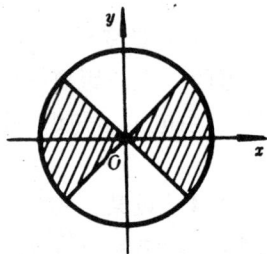

图 9-4

(三) 二元函数的图形

为了对二元函数有一个直观的了解. 我们把函数 $z = f(x, y)$ 看成对于定义域 D 中每一点 $P(x, y)$,空间 R^3 中有唯一确定的一个点 $M(x, y, f(x, y))$ 与之对应.当 P 取遍 D 中所有点时,对应点 M 的全体,一般来说是空间的一张曲面,这曲面称为二元函数 $z = f(x, y)$, $(x, y) \in D$ 的图形(图 9-5).

或者说,三维空间 R^3 的点集
$$\{(x, y, z) \mid z = f(x, y), (x, y) \in D\}$$
称为**二元函数** $z = f(x, y)$, $(x, y) \in D$ **的图形**.

例如,二元函数
$$z = \sqrt{a^2 - x^2 - y^2}$$
的定义域是 $D = \{(x, y) \mid x^2 + y^2 \leqslant a^2\}$,函数的图形是以原点为球心 a 为半径的上半球面(图 9-6).

又如,二元函数
$$z = xy$$
的定义域是全平面 $D = \{(x, y) \mid -\infty < x < +\infty, -\infty < y < +\infty\}$,函数的图形在上一章 §7.2 中已经见过,是一个马鞍面.

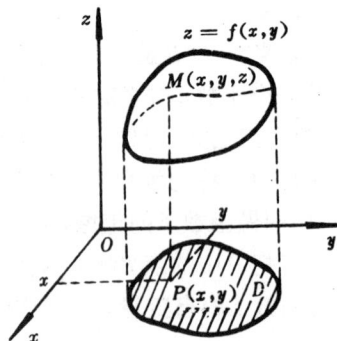

图 9-5

1.3 多元函数的极限与连续

(一)二元函数的极限

现在讨论二元函数的极限定义,就是讨论当 $P(x,y)$ 趋向 $P_0(x_0,y_0)$ 时,函数值 $f(x,y)$ 趋向常数 A 的涵义,如果把多元函数看作点 P 的函数 $u=f(P)$,那么仿照一元函数的极限定义,立即可以给出多元函数的极限定义.

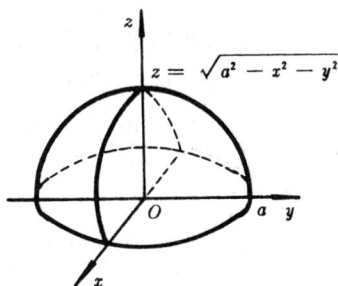

$$z=\sqrt{a^2-x^2-y^2}$$

图 9-6

定义 设函数 $u=f(P)$ 在点 P_0 的邻域内有定义(但点 P_0 本身可以除外),如果存在常数 A,对于任意给定的正数 ε,总存在正数 δ,使当 $0<|P-P_0|<\delta$ 时恒有

$$|f(P)-A|<\varepsilon, \tag{1.6}$$

则称**常数 A 为函数 $f(P)$ 当 P 趋向 P_0 时的极限.**
记作

$$\lim_{P\to P_0}f(P)=A. \tag{1.7}$$

简单地说就是:
$$\lim_{P\to P_0}f(P)=A\Leftrightarrow\forall\,\varepsilon>0,\exists\,\delta>0,\text{使当 }P\in U^0(P_0,\delta)\text{ 时},\text{恒有}$$

$$|f(P)-A|<\varepsilon.$$

如果 $u=f(P)$ 是二元函数,点 P 的坐标用变量 x,y 表示,则 $P(x,y),P_0(x_0,y_0),u=f(P)=f(x,y)$.这时 $|P-P_0|=\sqrt{(x-x_0)^2+(y-y_0)^2}$,于是二元函数的极限定义又可表述为:

定义 设二元函数 $u=f(x,y)$ 在点 (x_0,y_0) 的邻域内有定义(点 (x_0,y_0) 本身可以除外),如果存在常数 A,对于任意给定的正数 ε,总存在正数 δ,使当 $0<\sqrt{(x-x_0)^2+(y-y_0)^2}<\delta$ 时恒有

$$|f(x,y)-A|<\varepsilon, \tag{1.8}$$

则称**常数 A 为函数 $f(x,y)$ 当 (x,y) 趋向于 (x_0,y_0) 时的极限**,记作

$$\lim_{(x,y)\to(x_0,y_0)}f(x,y)=A \quad\text{或}\quad \lim_{\substack{x\to x_0\\y\to y_0}}f(x,y)=A. \tag{1.9}$$

理解这个定义时应注意到不等式(1.6)成立,只要求点 P 到点 P_0 的距离小于 δ,并没有规定 P 趋向 P_0 的**途径**如何.在平面上,点 $P(x,y)\to P_0(x_0,y_0)$ 的途径可以有无限多种(图 9-7),于是定义就意味着不论 P 以何种途径趋向于 P_0,极限必须是同一个 A,如果有两种途径不趋向同一极限或者有一种途径的极限不存在,那就表明函数的极限 $\lim_{P\to P_0}f(P)$ 不存在.

多元函数极限中 $P\to P_0$ 的方式比起一元函数中 $x\to x_0$ 的方式仅有左右两种情形来说,要复杂得多,正因为这一差异,使得一元函数的某些重要理论不能推广到多元函数中,对此我们在学习多元函数时应予注意.

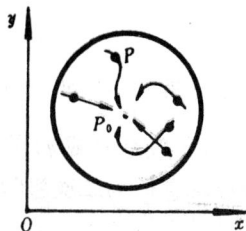

图 9-7

例 5 证明 $\lim_{\substack{x\to x_0\\y\to y_0}}x=x_0$.

证 因为 $|x-x_0|\leqslant\sqrt{(x-x_0)^2+(y-y_0)^2}$,所以对于任意给定的正数 ε,只要取 $\delta=\varepsilon$,则当 $0<\sqrt{(x-x_0)^2+(y-y_0)^2}<\delta$ 时就有

$$|x-x_0|<\varepsilon.$$

证毕

同理可证　　$\lim\limits_{\substack{x \to x_0 \\ y \to y_0}} y = y_0, \quad \lim\limits_{\substack{x \to x_0 \\ y \to y_0}} a = a.$

　　一元函数极限的四则运算法则,可以证明对于多元函数也适用,有了这些法则就可以来计算一些多元函数的极限,如

$$\lim_{\substack{x \to 2 \\ y \to 1}} (x^2 + xy - 3y^2 + 1) = \lim_{\substack{x \to 2 \\ y \to 1}} x^2 + \lim_{\substack{x \to 2 \\ y \to 1}} xy - 3 \lim_{\substack{x \to 2 \\ y \to 1}} y^2 + \lim_{\substack{x \to 2 \\ y \to 1}} 1$$

$$= 2^2 + 2 \times 1 - 3 \times 1^2 + 1 = 4.$$

　　例 6　证明　$\lim\limits_{\substack{x \to 0 \\ y \to 0}} xy \sin \dfrac{1}{\sqrt{x^2 + y^2}} = 0.$

　　证　由于

$$\left| xy \sin \frac{1}{\sqrt{x^2 + y^2}} - 0 \right| \leqslant |xy| \leqslant \frac{x^2 + y^2}{2} < x^2 + y^2,$$

$\forall \varepsilon > 0$,只要取 $\delta = \sqrt{\varepsilon} > 0$,则当 $0 < \sqrt{(x - 0)^2 + (y - 0)^2} < \delta$ 时,就有

$$\left| xy \sin \frac{1}{\sqrt{x^2 + y^2}} - 0 \right| < x^2 + y^2 < \delta^2 = \varepsilon,$$

所以,按极限定义得证

$$\lim_{\substack{x \to 0 \\ y \to 0}} xy \sin \frac{1}{\sqrt{x^2 + y^2}} = 0. \qquad\qquad 证毕$$

　　例 7　讨论极限　$\lim\limits_{\substack{x \to 0 \\ y \to 0}} \dfrac{x^2 y}{x^4 + y^2}$ 的存在性.

　　解　如果沿直线 $y = x$,点 $P(x, y) \to (0, 0)$,这时.

$$\lim_{\substack{x \to 0 \\ y \to 0}} \frac{x^2 y}{x^4 + y^2} = \lim_{\substack{x \to 0 \\ y = x \to 0}} \frac{x^2 \cdot x}{x^4 + x^2} = \lim_{x \to 0} \frac{x}{x^2 + 1} = 0;$$

如果沿抛物线 $y = x^2$,点 $P(x, y) \to (0, 0)$,这时

$$\lim_{\substack{x \to 0 \\ y \to 0}} \frac{x^2 y^2}{x^4 + y^2} = \lim_{\substack{x \to 0 \\ y = x^2 \to 0}} \frac{x^2 \cdot x^2}{x^4 + x^4} = \lim_{x \to 0} \frac{1}{2} = \frac{1}{2}.$$

可见,点 $P(x, y)$ 沿直线 $y = x$ 与沿抛物线 $y = x^2$ 两种途径趋向 $(0, 0)$ 时的极限不一样.按极限定义,$\lim\limits_{\substack{x \to 0 \\ y \to 0}} \dfrac{x^2 y}{x^4 + y^2}$ 不存在.

　　这里我们应指出,二元函数的极限: $\lim\limits_{(x, y) \to (x_0, y_0)} f(x, y)$ 与

$$\lim_{x \to x_0} \lim_{y \to y_0} f(x, y), \qquad \lim_{y \to y_0} \lim_{x \to x_0} f(x, y)$$

的意义是不一样的.后两者是先把 x(或 y)看成常量求极限 $\lim\limits_{y \to y_0} f(x, y)$(或 $\lim\limits_{x \to x_0} f(x, y)$),如果极限存在,一般是 x(或 y)的函数,然后再对它求当 $x \to x_0$(或 $y \to y_0$)的极限.这是先后两次取极限,所以称它们为**二次极限**.而 $\lim\limits_{\substack{x \to x_0 \\ y \to y_0}} f(x, y)$ 是指 $x \to x_0$ 与 $y \to y_0$ 同时变化时的函数极限,故又称它为

二重极限.

　　二重极限与二次极限的存在性之间没有什么必然的联系.比如,由例 7 知 $f(x, y) = \dfrac{x^2 y}{x^4 + y^2}$ 当点 $P(x, y) \to (0, 0)$ 时的二重极限不存在,但是两个二次极限都存在:

$$\lim_{y \to 0} \lim_{x \to 0} \frac{x^2 y}{x^4 + y^2} = \lim_{y \to 0} 0 = 0, \qquad \lim_{x \to 0} \lim_{y \to 0} \frac{x^2 y}{x^4 + y^2} = \lim_{x \to 0} 0 = 0.$$

反之,二重极限存在,似乎二次极限也该存在,但事实却并非如此.例如函数

$$f(x,y) = \begin{cases} x\sin\dfrac{1}{y} + y\sin\dfrac{1}{x} & (x \neq 0, y \neq 0), \\ 0 & (x = 0 \text{ 或 } y = 0). \end{cases}$$

由于

$$\left| x\sin\frac{1}{y} + y\sin\frac{1}{x} \right| \leqslant |x| + |y|,$$

得 $\lim\limits_{\substack{x\to 0 \\ y\to 0}} f(x,y) = 0$,二重极限存在.

但是,因为 $\lim\limits_{x\to 0} y\sin\dfrac{1}{x}$ 和 $\lim\limits_{y\to 0} x\sin\dfrac{1}{y}$ 都不存在,所以二次极限 $\lim\limits_{y\to 0}\lim\limits_{x\to 0} y\sin\dfrac{1}{x}$ 和 $\lim\limits_{x\to 0}\lim\limits_{y\to 0} x\sin\dfrac{1}{y}$ 都不存在.

(二)二元函数的连续性

定义一　设 $P_0(x_0,y_0)$ 是函数 $z = f(x,y)$ 定义域 D 的一个内点,如果

$$\lim_{P\to P_0} f(P) = f(P_0) \quad \text{或} \quad \lim_{\substack{x\to x_0 \\ y\to y_0}} f(x,y) = f(x_0,y_0), \tag{1.10}$$

则称函数 $f(P) = f(x,y)$ **在点 $P_0(x_0,y_0)$ 处连续**.

如果(1.10)等式左端的极限不存在或者存在但不等于 $f(x_0,y_0)$ 或者 $f(x_0,y_0)$ 无定义,则称 $P_0(x_0,y_0)$ 为**函数 $f(x,y)$ 的间断点**.

记 $\Delta x = x - x_0$, $\Delta y = y - y_0$,则称

$$\Delta z = f(x_0 + \Delta x, y_0 + \Delta y) - f(x_0,y_0)$$

为函数 $f(x,y)$ 在点 $P_0(x_0,y_0)$ 处的全增量.

连续的定义也可用全增量的形式来描述:

定义二　若函数 $z = f(x,y)$ 在点 $P_0(x_0,y_0)$ 处的全增量有

$$\lim_{\substack{\Delta x\to 0 \\ \Delta y\to 0}} \Delta z = 0, \tag{1.11}$$

则称**函数 $f(x,y)$ 在点 $P_0(x_0,y_0)$ 处连续**.

如果让一个自变量固定,如令 $y = y_0$,只给自变量 x 一个增量 Δx,那么

$$\Delta_x z \triangleq f(x_0 + \Delta x, y_0) - f(x_0,y_0)$$

称为函数 $f(x,y)$ 在点 $P_0(x_0,y_0)$ 处关于 x 的偏增量(简称关于 x 的偏增量),类似地称

$$\Delta_y z \triangleq f(x_0, y_0 + \Delta y) - f(x_0,y_0)$$

为关于 y 的偏增量.

根据函数连续的定义,若 $f(x,y)$ 在点 $P_0(x_0,y_0)$ 处连续,即 $\lim\limits_{\substack{x\to x_0 \\ y\to y_0}} f(x,y) = f(x_0,y_0)$,则必有

$$\lim_{x\to x_0} f(x,y_0) = f(x_0,y_0) \quad \text{和} \quad \lim_{y\to y_0} f(x_0,y) = f(x_0,y_0),$$

换句话说,当二元函数 $f(x,y)$ 在点 $P_0(x_0,y_0)$ 处连续时,一元函数 $f(x,y_0)$ 和 $f(x_0,y)$ 分别在 x_0 处和 y_0 处一定也是连续的.

由例 6 知,函数 $f(x,y) = \begin{cases} xy\sin\dfrac{1}{\sqrt{x^2 + y^2}}, & (x,y) \neq (0,0), \\ 0, & (x,y) = (0,0) \end{cases}$ 在原点 $(0,0)$ 处是连续的.

由例 7 知，函数 $f(x,y) = \begin{cases} \dfrac{x^2 y}{x^4 + y^2}, & (x,y) \neq (0,0), \\ 0, & (x,y) = (0,0) \end{cases}$ 在原点 $(0,0)$ 处是间断的.

定义 如果函数 $f(x,y)$ 在区域 D 上每一点都连续，则称函数 $f(x,y)$ **在区域** D **上连续**①. 或称 $f(x,y)$ **是** D **上的连续函数**.

根据极限运算法则，可知二元连续函数的和、差、积、商（分母不为零）是连续函数，二元连续函数的复合函数也是连续函数，例如

$$\sin(x + xy - y^2), \quad \sqrt{1 - x^2 - y^2}, \quad \ln(y^2 - 4x + 8)$$

在它们的定义域内都是连续的.

在有界闭区域上连续的二元函数，具有与在闭区间上连续的一元函数同样的一些重要性质，即若函数 $f(P) = f(x,y)$ 在平面有界闭区域 D 上连续，那么：

(1) $f(P)$ 必在 D 上有界，且取到它的最大值与最小值.

(2) 若 $P_1(x_1, y_1)$ 与 $P_2(x_2, y_2)$ 为 D 中的两点，且有 $f(x_1, y_1) < f(x_2, y_2)$，则对任何介于 $f(x_1, y_1)$ 与 $f(x_2, y_2)$ 之间的实数 k，在 D 中必存在一点 $P_0(x_0, y_0)$，使得

$$f(x_0, y_0) = k.$$

(3) $f(P) = f(x,y)$ 在 D 上必定**一致连续**，即对于任意给定的 $\varepsilon > 0$，存在与点 $P(x,y)$ 无关的正数 $\delta(\varepsilon)$，只要 D 中任意两点 $P_1(x_1, y_1)$ 与 $P_2(x_2, y_2)$ 满足

$$P_1 P_2 = \sqrt{(x_2 - x_1)^2 + (y_2 - y_1)^2} < \delta,$$

就有

$$|f(P_1) - f(P_2)| = |f(x_1, y_1) - f(x_2, y_2)| < \varepsilon$$

成立.

以上关于二元函数的极限和连续性的讨论，完全适用于一般的 n 元函数.

§2 偏导数

2.1 偏导数概念

要考察所有自变量同时变化时多元函数的变化率问题是相当复杂的，一种比较简单的方法是，逐个考察只让一个自变量变化时所引起的函数变化率. 例如，理想气体的热力学过程有状态方程 $P = \dfrac{RT}{V}$（其中 R 为常数），压强 P 是绝对温度 T 与容积 V 的函数，要考察压强的变化率，我们分为等容过程和绝热过程进行，即令 V 不变，P 对 T 的变化率 $\dfrac{R}{V}$ 和令 T 不变，P 对 V 的变化率 $-\dfrac{RT}{V^2}$，这种变化率对于二元函数来说就是所谓偏导数.

定义 设二元函数 $z = f(x,y)$ 在点 $P_0(x_0, y_0)$ 的某一邻域内有定义，若极限

$$\lim_{\Delta x \to 0} \frac{\Delta_x z}{\Delta x} = \lim_{\Delta x \to 0} \frac{f(x_0 + \Delta x, y_0) - f(x_0, y_0)}{\Delta x}$$

存在、有限，则称此极限为**二元函数** $z = f(x,y)$ **在点** $P_0(x_0, y_0)$ **处对** x **的偏导数**，记作

---

① 当 D 是闭区域时，边界点 P_0 的连续性只要求属于 D 的点 P 趋向 P_0 时的极限值等于函数值，即 $\displaystyle\lim_{\substack{P \to P_0 \\ P \in D}} f(P) = f(P_0)$.

$$f'_x(x_0,y_0) \quad \text{或} \quad z'_x(x_0,y_0) \quad \text{或} \quad \frac{\partial z}{\partial x}\Big|_{(x_0,y_0)} \quad \text{或} \quad \frac{\partial}{\partial x}f(x,y)\Big|_{(x_0,y_0)}.$$

即

$$f'_x(x_0,y_0) = z'_x(x_0,y_0) = \frac{\partial z}{\partial x}\Big|_{(x_0,y_0)} = \frac{\partial}{\partial x}f(x,y)\Big|_{(x_0,y_0)} = \lim_{\Delta x \to 0}\frac{f(x_0+\Delta x,y_0)-f(x_0,y_0)}{\Delta x}.$$

同理可以定义**函数** $z = f(x,y)$ **在点** $P_0(x_0,y_0)$ **对** y **的偏导数**:

$$f'_y(x_0,y_0) = z'_y(x_0,y_0) = \frac{\partial z}{\partial y}\Big|_{(x_0,y_0)} = \frac{\partial}{\partial y}f(x,y)\Big|_{(x_0,y_0)}$$

$$= \lim_{\Delta y \to 0}\frac{\Delta_y z}{\Delta y} = \lim_{\Delta y \to 0}\frac{f(x_0,y_0+\Delta y)-f(x_0,y_0)}{\Delta y}.$$

如果函数 $z = f(x,y)$ 在区域 D 内每一点 $P(x,y)$ 对 x 和对 y 的偏导数都存在,分别记作

$$f'_x(x,y) \quad \text{或} \quad z'_x(x,y) \quad \text{或} \quad \frac{\partial z}{\partial x} \quad \text{或} \quad \frac{\partial}{\partial x}f(x,y)$$

和

$$f'_y(x,y) \quad \text{或} \quad z'_y(x,y) \quad \text{或} \quad \frac{\partial z}{\partial y} \quad \text{或} \quad \frac{\partial}{\partial y}f(x,y),$$

并称它们为**偏导函数**.

于是,偏导数 $f'_x(x_0,y_0)$ 和 $f'_y(x_0,y_0)$ 分别就是偏导函数 $f'_x(x,y)$ 和 $f'_y(x,y)$ 在点 $P_0(x_0,y_0)$ 处的函数值. 即

$$f'_x(x_0,y_0) = f'_x(x,y)\big|_{(x_0,y_0)}$$

和

$$f'_y(x_0,y_0) = f'_y(x,y)\big|_{(x_0,y_0)}.$$

由偏导数的定义可以看出二元函数 $f(x,y)$ 在点 $P_0(x_0,y_0)$ 处对 x 的偏导数,就是把 y 看成常数 y_0 的一元函数 $f(x,y_0)$ 的导数,即

$$f'_x(x_0,y_0) = \frac{d}{dx}f(x,y_0)\big|_{x=x_0}.$$

同理

$$f'_y(x_0,y_0) = \frac{d}{dy}f(x_0,y)\big|_{y=y_0}.$$

因而一元函数的求导公式和求导法则,对于多元函数的偏导数仍然适用.

对于二元以上的函数的偏导数,可以完全类似地定义.

例 1 设 $f(x,y) = x^2 - e^{xy} + \frac{1}{2}y^3$,求 $f'_x(1,2),f'_y(1,2)$.

解 把 y 看成常数对 x 求导,得

$$f'_x(x,y) = 2x - ye^{xy}.$$

于是

$$f'_x(1,2) = 2 - 2e^2.$$

把 x 看成常数对 y 求导,得

$$f'_y(x,y) = -xe^{xy} + \frac{3}{2}y^2,$$

于是

$$f'_y(1,2) = -e^2 + 6.$$

例 2 设 $f(x,y) = e^{xy}\sin\pi y + (x-1)\text{arctg}\sqrt{\frac{x}{y}}$,求 $f'_x(1,1),f'_y(1,1)$.

解法一 先求出偏导函数

$$f'_x(x,y) = ye^{xy}\sin\pi y + \text{arctg}\sqrt{\frac{x}{y}} + \frac{(x-1)\sqrt{y}}{2(x+y)\sqrt{x}},$$

$$f'_y(x,y) = e^{xy}(x\sin\pi y + \pi\cos\pi y) - \frac{(x-1)\sqrt{x}}{2(x+y)\sqrt{y}},$$

再用点 $(1,1)$ 代入,得

$$f'_x(1,1) = 0 + \text{arctg}1 + 0 = \frac{\pi}{4}.$$

$$f'_y(1,1) = e(0 + \pi\cos\pi) - 0 = -\pi e.$$

本题还可以采用较为简便的方法求解.

解法二 直接用偏导数定义

$$f'_x(1,1) = \lim_{x\to 1}\frac{f(x,1) - f(1,1)}{x-1} = \lim_{x\to 1}\frac{(x-1)\text{arctg}\sqrt{x} - 0}{x-1}$$
$$= \lim_{x\to 1}\text{arctg}\sqrt{x} = \frac{\pi}{4}.$$

$$f'_y(1,1) = \lim_{y\to 1}\frac{f(1,y) - f(1,1)}{y-1} = \lim_{y\to 1}\frac{e^y\sin\pi y - 0}{y-1}$$
$$= \lim_{y\to 1}e^y(\sin\pi y + \pi\cos\pi y) = -\pi e.$$

这里未定式极限用洛必达法则求得.

解法三 化为一元函数求导数

$$f'_x(1,1) = \frac{d}{dx}f(x,1)\Big|_{x=1}$$
$$= \frac{d}{dx}(x-1)\text{arctg}\sqrt{x}\Big|_{x=1} = \left[\text{arctg}\sqrt{x} + \frac{(x-1)}{1+x}\cdot\frac{1}{2\sqrt{x}}\right]\Big|_{x=1} = \frac{\pi}{4}.$$

$$f'_y(1,1) = \frac{d}{dy}f(1,y)\Big|_{y=1} = \frac{d}{dy}e^y\sin\pi y\Big|_{y=1} = e^y(\sin\pi y + \pi\cos\pi y)\Big|_{y=1} = -\pi e.$$

例 3 设 $z = (1 + x^3 y)^y$,求 $\dfrac{\partial z}{\partial x}, \dfrac{\partial z}{\partial y}$.

解 把 y 看成常数对 x 求偏导数,得

$$\frac{\partial z}{\partial x} = y(1 + x^3 y)^{y-1}\cdot\frac{\partial}{\partial x}(1 + x^3 y) = 3x^2 y^2(1 + x^3 y)^{y-1}.$$

再把 x 看成常数对 y 求偏导数,这时 z 是 y 的幂指函数,

$$\frac{\partial z}{\partial y} = \frac{\partial}{\partial y}e^{y\ln(1+x^3 y)} = e^{y\ln(1+x^3 y)}\cdot\left[\ln(1+x^3 y) + y\cdot\frac{x^3}{1+x^3 y}\right].$$

例 4 设 $z = f(\sin\dfrac{y}{x})$,其中 $f(u)$ 是可导函数,求 $\dfrac{\partial z}{\partial x}, \dfrac{\partial z}{\partial y}$.

解 把 y 看成常数,利用复合函数求导法则对 x 求偏导数.

$$\frac{\partial z}{\partial x} = f'(\sin\frac{y}{x})\cdot\frac{\partial}{\partial x}\sin\frac{y}{x} = f'(\sin\frac{y}{x})\cos\frac{y}{x}\cdot\frac{\partial}{\partial x}\left(\frac{y}{x}\right)$$
$$= -\frac{y}{x^2}\cos\frac{y}{x}f'(\sin\frac{y}{x}).$$

再把 x 看成常数,利用复合函数求导法则对 y 求偏导数.

$$\frac{\partial z}{\partial y} = f'(\sin\frac{y}{x})\cdot\cos\frac{y}{x}\cdot\frac{1}{x} = \frac{1}{x}\cos\frac{y}{x}f'(\sin\frac{y}{x}).$$

例 5 验证函数 $u = \sqrt{x^2 + y^2 + z^2}$ 满足方程

$$x \frac{\partial u}{\partial x} + y \frac{\partial u}{\partial y} + z \frac{\partial u}{\partial z} = u.$$

证 将 y, z 看成常数,对 x 求偏导数,得

$$\frac{\partial u}{\partial x} = \frac{x}{\sqrt{x^2 + y^2 + z^2}},$$

同理有

$$\frac{\partial u}{\partial y} = \frac{y}{\sqrt{x^2 + y^2 + z^2}}, \qquad \frac{\partial u}{\partial z} = \frac{z}{\sqrt{x^2 + y^2 + z^2}}.$$

把它们代入方程的左边

$$x \frac{\partial u}{\partial x} + y \frac{\partial u}{\partial y} + z \frac{\partial u}{\partial z} = \frac{x^2 + y^2 + z^2}{\sqrt{x^2 + y^2 + z^2}} = \sqrt{x^2 + y^2 + z^2} = u$$

$$= 右边.$$

从而得证命题成立.   证毕

例 6 讨论函数 $z = f(x, y) = \begin{cases} \dfrac{x^2 y}{x^4 + y^2}, & (x, y) \neq (0, 0), \\ 0, & (x, y) = (0, 0) \end{cases}$ 在点 $(0,0)$ 处的连续性与可导性.

解 在 §1.3 中已知该函数在点 $(0, 0)$ 处是间断的,而按偏导数定义,有

$$f'_x(0, 0) = \lim_{x \to 0} \frac{f(0 + x, 0) - f(0, 0)}{x} = \lim_{x \to 0} \frac{0}{x} = \lim_{x \to 0} = 0.$$

同理 $f'_y(0, 0) = 0$.

由此可见,函数在原点的一阶偏导数都存在,但是函数在原点却不连续.这表明对多元函数来说可导未必连续.

最后说明一下**二元函数偏导数的几何意义**.

因为 $z = f(x, y)$ 在点 $P(x_0, y_0)$ 处对 x 的偏导数 $f'_x(x_0, y_0)$,就是把变量 y 固定在 $y = y_0$ 处的一元函数 $z = f(x, y_0)$ 在 $x = x_0$ 处的导数,即

$$f'_x(x_0, y_0) = \frac{d}{dx} f(x, y_0) \big|_{x = x_0}.$$

所以偏导数 $f'_x(x_0, y_0)$ 在几何上就是曲面 $z = f(x, y)$ 与平面 $y = y_0$ 的交线 $\Gamma : \begin{cases} z = f(x, y), \\ y = y_0 \end{cases}$ 上在 $x = x_0$ 的对应点 $M(x_0, y_0, f(x_0, y_0))$ 处的切线 MT 对 x 轴的斜率(图 9-8).

同理,偏导数 $f'_y(x_0, y_0)$ 的几何意义是,曲面 $z = f(x, y)$ 与平面 $x = x_0$ 的交线 $\begin{cases} z = f(x, y), \\ x = x_0, \end{cases}$ 在点 $M(x_0, y_0, f(x_0, y_0))$ 处的切线对 y 轴的斜率.

2.2 高阶偏导数

如果函数 $z = f(x, y)$ 的一阶偏导数 $\dfrac{\partial z}{\partial x} = f'_x(x, y), \dfrac{\partial z}{\partial y} = f'_y(x, y)$ 的偏导数

$$\frac{\partial}{\partial x}\left(\frac{\partial z}{\partial x}\right), \quad \frac{\partial}{\partial y}\left(\frac{\partial z}{\partial x}\right), \quad \frac{\partial}{\partial x}\left(\frac{\partial z}{\partial y}\right), \quad \frac{\partial}{\partial y}\left(\frac{\partial z}{\partial y}\right)$$

仍然存在,则称它们为函数 $z = f(x, y)$ 的**二阶偏导数**,分别记作

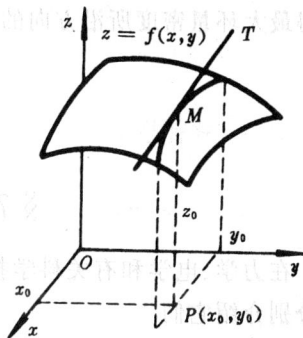

图 9-8

$$\frac{\partial^2 z}{\partial x^2} = f''_{xx}(x,y), \quad \frac{\partial^2 z}{\partial x \partial y} = f''_{xy}(x,y),$$

$$\frac{\partial^2 z}{\partial y \partial x} = f''_{yx}(x,y), \quad \frac{\partial^2 z}{\partial y^2} = f''_{yy}(x,y).$$

也就是

$$f''_{xx}(x,y) = \lim_{\Delta x \to 0} \frac{f'_x(x+\Delta x,y) - f'_x(x,y)}{\Delta x}, \quad f''_{xy}(x,y) = \lim_{\Delta y \to 0} \frac{f'_x(x,y+\Delta y) - f'_x(x,y)}{\Delta y},$$

$$f''_{yx}(x,y) = \lim_{\Delta x \to 0} \frac{f'_y(x+\Delta x,y) - f'_y(x,y)}{\Delta x}, \quad f''_{yy}(x,y) = \lim_{\Delta y \to 0} \frac{f'_y(x,y+\Delta y) - f'_y(x,y)}{\Delta y}.$$

其中 $f''_{xy}(x,y), f''_{yx}(x,y)$ 是两次对不同的自变量求偏导数,称它们为**二阶混合偏导数**.

类似地可定义一般 n 元函数的偏导数和其 n 阶偏导数. 二阶及二阶以上的偏导数统称为**高阶偏导数**.

例 7 设 $z = x^2 y + \cos(3x - 2y)$,求所有二阶偏导数.

解 先求一阶偏导数

$$\frac{\partial z}{\partial x} = 2xy - 3\sin(3x - 2y), \quad \frac{\partial z}{\partial y} = x^2 + 2\sin(3x - 2y);$$

再求二阶偏导数

$$\frac{\partial^2 z}{\partial x^2} = \frac{\partial}{\partial x}\left(\frac{\partial z}{\partial x}\right) = \frac{\partial}{\partial x}[2xy - 3\sin(3x - 2y)] = 2y - 9\cos(3x - 2y),$$

$$\frac{\partial^2 z}{\partial x \partial y} = \frac{\partial}{\partial y}\left(\frac{\partial z}{\partial x}\right) = \frac{\partial}{\partial y}[2xy - 3\sin(3x - 2y)] = 2x + 6\cos(3x - 2y),$$

$$\frac{\partial^2 z}{\partial y \partial x} = \frac{\partial}{\partial x}\left(\frac{\partial z}{\partial y}\right) = \frac{\partial}{\partial x}[x^2 + 2\sin(3x - 2y)] = 2x + 6\cos(3x - 2y),$$

$$\frac{\partial^2 z}{\partial y^2} = \frac{\partial}{\partial y}\left(\frac{\partial z}{\partial y}\right) = \frac{\partial}{\partial y}[x^2 + 2\sin(3x - 2y)] = -4\cos(3x - 2y).$$

上述计算结果发现,两个二阶混合偏导数相等,即 $\frac{\partial^2 z}{\partial x \partial y} = \frac{\partial^2 z}{\partial y \partial x}$. 这并不是偶然的,在一定条件下,混合偏导数与求导顺序无关,有下述定理.

定理 若函数 $z = f(x,y)$ 在点 $P(x,y)$ 的某个邻域内混合偏导数 $f''_{xy}(x,y)$ 和 $f''_{yx}(x,y)$ 都存在,且它们在点 $P(x,y)$ 处连续,则必有

$$f''_{xy}(x,y) = f''_{yx}(x,y).$$

证 取足够小的 $|\Delta x|, |\Delta y|$,使点 $(x+\Delta x, y), (x, y+\Delta y), (x+\Delta x, y+\Delta y)$ 仍在该邻域内,记

$$W = f(x+\Delta x, y+\Delta y) - f(x+\Delta x, y) - f(x, y+\Delta y) + f(x,y), \quad (2.1)$$

并引入变量 x 的函数(把 y 看作常量)

$$\varphi(x) = f(x, y+\Delta y) - f(x,y).$$

于是(2.1)式就是

$$W = \varphi(x+\Delta x) - \varphi(x).$$

由于 $f''_{xy}(x,y)$ 在点 (x,y) 的邻域内存在,因而 $f'_x(x,y)$ 也存在,故当 $|\Delta y|$ 足够小时,有导数

$$\varphi'(x) = f'_x(x, y+\Delta y) - f'_x(x,y),$$

根据一元函数可导必连续可知 $\varphi(x)$ 连续. 于是 $\varphi(x)$ 在 $[x, x+\Delta x]$ 中应用拉格朗日中值定理,得

$$W = \varphi(x+\Delta x) - \varphi(x) = \Delta x \varphi'(x + \theta_1 \Delta x),$$

$$= \Delta x [f'_x(x + \theta_1 \Delta x, y+\Delta y) - f'_x(x + \theta_1 \Delta x, y)], \quad (0 < \theta_1 < 1).$$

因 $f''_{xy}(x,y)$ 在点 (x,y) 的邻域内存在,故可在 $[y,y+\Delta y]$ 中对括号内的 $f'_x(x+\theta_1\Delta x,y)$ 再应用拉格朗日中值定理,得

$$W = \Delta x\Delta y f''_{xy}(x+\theta_1\Delta x,y+\theta_2\Delta y).\qquad (0<\theta_2<1).\qquad (2.2)$$

同理记

$$\psi(y) = f(x+\Delta x,y) - f(x,y),$$

则有

$$\begin{aligned}
W &= f(x+\Delta x,y+\Delta y) - f(x,y+\Delta y) - f(x+\Delta x,y) + f(x,y)\\
&= \psi(y+\Delta y) - \psi(y)\\
&= \Delta y\psi'(y+\theta_3\Delta y) && (0<\theta_3<1)\\
&= \Delta y[f'_y(x+\Delta x,y+\theta_3\Delta y) - f'_y(x,y+\theta_3\Delta y)]\\
&= \Delta y\Delta x f''_{yx}(x+\theta_4\Delta x,y+\theta_3\Delta y). && (0<\theta_4<1).
\end{aligned}$$

即

$$W = \Delta x\Delta y f''_{yx}(x+\theta_4\Delta x,y+\theta_3\Delta y),\qquad (0<\theta_3,\theta_4<1).\qquad (2.3)$$

当 $\Delta x\neq 0,\Delta y\neq 0$ 时,由 (2.2) 和 (2.3) 两式得到

$$f''_{xy}(x+\theta_1\Delta x,y+\theta_2\Delta y) = f''_{yx}(x+\theta_4\Delta x,y+\theta_3\Delta y).$$
$$(0<\theta_1,\theta_2,\theta_3,\theta_4<1)\qquad (2.4)$$

由题设 $f''_{xy}(x,y)$ 和 $f''_{yx}(x,y)$ 在点 (x,y) 处连续,因此当 $\Delta x\to 0,\Delta y\to 0$ 时,(2.4) 式两边的极限都存在而且相等,这就得证

$$f''_{xy}(x,y) = f''_{yx}(x,y)$$

成立.   证毕

这个定理表明,**当混合偏导数在某点存在且连续时**[①]**,则混合偏导数与求导顺序无关**. 而且这个结论可以推广到一般的 n 元函数,也可以推广到更高阶的混合偏导数.

例 8 验证函数 $u=\dfrac{1}{r}$,$r=\sqrt{x^2+y^2+z^2}$ 是拉普拉斯方程 $\dfrac{\partial^2 u}{\partial x^2}+\dfrac{\partial^2 u}{\partial y^2}+\dfrac{\partial^2 u}{\partial z^2}=0$ 的解.

证 把 y,z 看成常量,利用一元复合函数的求导法则对 x 求导

$$\frac{\partial u}{\partial x} = -\frac{1}{r^2}\frac{\partial r}{\partial x} = -\frac{1}{r^2}\cdot\frac{x}{\sqrt{x^2+y^2+z^2}} = -\frac{x}{r^3}.$$

$$\frac{\partial^2 u}{\partial x^2} = -\frac{1}{r^3} + 3x\cdot\frac{1}{r^4}\frac{\partial r}{\partial x} = -\frac{1}{r^3} + \frac{3x^2}{r^5}.$$

因为函数 u 对自变量 x,y,z 的轮换对称性,得到

$$\frac{\partial^2 u}{\partial y^2} = -\frac{1}{r^3} + \frac{3y^2}{r^5},\qquad \frac{\partial^2 u}{\partial z^2} = -\frac{1}{r^3} + \frac{3z^2}{r^5}.$$

于是

$$\frac{\partial^2 u}{\partial x^2}+\frac{\partial^2 u}{\partial y^2}+\frac{\partial^2 u}{\partial z^2} = -\frac{3}{r^3} + \frac{3(x^2+y^2+z^2)}{r^5} = -\frac{3}{r^3} + \frac{3}{r^3} = 0.$$

可见函数 u 满足拉普拉斯方程.   证毕

例 9 设 $z=f[x+\varphi(y)]$,其中 $f(u)$ 是二阶可导函数,φ 是可导函数,试证

$$\frac{\partial z}{\partial x}\cdot\frac{\partial^2 z}{\partial x\partial y} = \frac{\partial z}{\partial y}\cdot\frac{\partial^2 z}{\partial x^2}.$$

---

① "多元函数 $f(P)$ 在点 P 的某个邻域内偏导数存在,且偏导数在该点处连续". 我们简述为"函数 $f(P)$ 在点 P 处存在连续的偏导数."

证　　令 $u = x + \varphi(y)$，把 y 看成常量，利用一元复合函数的求导法则对 x 求导

$$\frac{\partial z}{\partial x} = \frac{dz}{du} \cdot \frac{\partial u}{\partial x} = f'[x + \varphi(y)],$$

同理对 y 求导

$$\frac{\partial z}{\partial y} = \frac{dz}{du} \cdot \frac{\partial u}{\partial y} = f'[x + \varphi(y)] \cdot \varphi'(y) = f' \cdot \varphi'.$$

于是

$$\frac{\partial^2 z}{\partial x \partial y} = \frac{\partial}{\partial y}\left(\frac{\partial z}{\partial x}\right) = f''[x + \varphi(y)] \cdot \frac{\partial u}{\partial y} = f''[x + \varphi(y)]\varphi'(y) = f'' \cdot \varphi',$$

$$\frac{\partial^2 z}{\partial x^2} = \frac{\partial}{\partial x}\left(\frac{\partial z}{\partial x}\right) = f''[x + \varphi(y)] \cdot \frac{\partial u}{\partial x} = f''(x + \varphi(y)) = f''.$$

则

$$\frac{\partial z}{\partial x} \cdot \frac{\partial^2 z}{\partial x \partial y} = f' \cdot f''\varphi', \qquad \frac{\partial z}{\partial y} \cdot \frac{\partial^2 z}{\partial x^2} = f'\varphi' \cdot f''.$$

得证

$$\frac{\partial z}{\partial x} \cdot \frac{\partial^2 z}{\partial x \partial y} = \frac{\partial z}{\partial y} \cdot \frac{\partial^2 z}{\partial x^2}. \qquad\qquad 证毕$$

§3　多元复合函数的偏导数

设 $z = f(u, v)$ 通过中间变量 $u = u(x, y), v = v(x, y)$，而成为 x, y 的**复合函数**，记作

$$z = f[u(x, y), v(x, y)].$$

本节讨论多元复合函数的偏导数求法，即如何求 $\dfrac{\partial z}{\partial x}, \dfrac{\partial z}{\partial y}$？为此先证明函数的全增量公式.

3.1　全增量公式

定理一　设函数 $z = f(x, y)$ 在点 (x, y) 处具有连续的偏导数 $f'_x(x, y)$ 和 $f'_y(x, y)$，则全增量 $\Delta z = f(x + \Delta x, y + \Delta y) - f(x, y)$ 可表示为

$$\Delta z = f'_x(x, y)\Delta x + f'_y(x, y)\Delta y + \varepsilon_1 \Delta x + \varepsilon_2 \Delta y, \qquad\qquad (3.1)$$

其中 $\displaystyle\lim_{\substack{\Delta x \to 0 \\ \Delta y \to 0}} \varepsilon_1 = 0, \quad \lim_{\substack{\Delta x \to 0 \\ \Delta y \to 0}} \varepsilon_2 = 0.$

称 (3.1) 为函数的全增量公式.

证　将 Δz 改写为

$$\Delta z = f(x + \Delta x, y + \Delta y) - f(x, y)$$
$$= [f(x + \Delta x, y + \Delta y) - f(x, y + \Delta y)] + [f(x, y + \Delta y) - f(x, y)].$$

因 $f'_x(x, y)$ 在 (x, y) 处存在，故 $f(x, y)$ 对 x 来说一定也是连续的. 因此上式第一个方括号中可以应用一元函数的拉格朗日中值定理，得

$$f(x + \Delta x, y + \Delta y) - f(x, y + \Delta y) = f'_x(x + \theta_1 \Delta x, y + \Delta y)\Delta x, \qquad (0 < \theta_1 < 1).$$

同理，从第二个方括号得

$$f(x, y + \Delta y) - f(x, y) = f'_y(x, y + \theta_2 \Delta y)\Delta y, \qquad (0 < \theta_2 < 1).$$

于是有

$$\Delta z = f'_x(x + \theta_1 \Delta x, y + \Delta y)\Delta x + f'_y(x, y + \theta_2 \Delta y)\Delta y.$$

由题设 $f'_x(x, y)$ 和 $f'_y(x, y)$ 在 (x, y) 处连续，所以有

$$f'_x(x + \theta_1 \Delta x, y + \Delta y) = f'_x(x, y) + \varepsilon_1,$$
$$f'_y(x, y + \theta_2 \Delta y) = f'_y(x, y) + \varepsilon_2.$$

其中 $\lim\limits_{\substack{\Delta x \to 0 \\ \Delta y \to 0}} \varepsilon_1 = 0, \lim\limits_{\substack{\Delta x \to 0 \\ \Delta y \to 0}} \varepsilon_2 = 0$,把上述两式代入 Δz 便得到(3.1)式.　　　　　　　　证毕

若记 (x,y) 与 $(x + \Delta x, y + \Delta y)$ 两点之间的距离为 ρ,即 $\rho = \sqrt{\Delta x^2 + \Delta y^2}$,则有

$$(\varepsilon_1 \Delta x + \varepsilon_2 \Delta y) = \rho(\varepsilon_1 \frac{\Delta x}{\sqrt{\Delta x^2 + \Delta y^2}} + \varepsilon_2 \frac{\Delta y}{\sqrt{\Delta x^2 + \Delta y^2}}).$$

由于 $\left| \dfrac{\Delta x}{\sqrt{\Delta x^2 + \Delta y^2}} \right| \leqslant 1,\quad \left| \dfrac{\Delta y}{\sqrt{\Delta x^2 + \Delta y^2}} \right| \leqslant 1$,得

$$\left| \varepsilon_1 \frac{\Delta x}{\sqrt{\Delta x^2 + \Delta y^2}} + \varepsilon_2 \frac{\Delta y}{\sqrt{\Delta x^2 + \Delta y^2}} \right| \leqslant \varepsilon_1 \left| \frac{\Delta x}{\sqrt{\Delta x^2 + \Delta y^2}} \right| + \varepsilon_2 \left| \frac{\Delta y}{\sqrt{\Delta x^2 + \Delta y^2}} \right|$$

$$\leqslant \varepsilon_1 + \varepsilon_2 \to 0, \quad (当 \Delta x \to 0, \Delta y \to 0,即 \rho \to 0).$$

记 $\varepsilon = \varepsilon_1 \dfrac{\Delta x}{\rho} + \varepsilon_2 \dfrac{\Delta y}{\rho}$,所以全增量公式(3.1)又可写成

$$\Delta z = f'_x(x,y)\Delta x + f'_y(x,y)\Delta y + \varepsilon \rho, \qquad \lim\limits_{\rho \to 0} \varepsilon = 0$$

或 $$\Delta z = f'_x(x,y)\Delta x + f'_y(x,y)\Delta y + o(\rho), \tag{3.2}$$

其中 $$\lim\limits_{\rho \to 0} \frac{o(\rho)}{\rho} = 0.$$

全增量公式还可以推广到二元以上的函数. 如三元函数 $u = f(x,y,z)$ 的全增量公式为

$$\Delta u = f'_x(x,y,z)\Delta x + f'_y(x,y,z)\Delta y + f'_z(x,y,z)\Delta z + o(\rho).$$

这里 $\rho = \sqrt{\Delta x^2 + \Delta y^2 + \Delta z^2}$.

3.2 复合函数的偏导数

单元复合函数求导有一个链导法则:$\dfrac{dy}{dx} = \dfrac{dy}{du} \cdot \dfrac{du}{dx}$,多元复合函数求偏导数,也有一个类似的法则.

定理二(多元复合函数求导法) 设 $\dfrac{\partial u}{\partial x}, \dfrac{\partial u}{\partial y}, \dfrac{\partial v}{\partial x}, \dfrac{\partial v}{\partial y}$ 在点 $P(x,y)$ 处存在,函数 $z = f(u,v)$ 在相应点 (u,v) 处具有连续的偏导数,则 z 关于 x,y 的偏导数存在,且有

$$\frac{\partial z}{\partial x} = \frac{\partial z}{\partial u} \cdot \frac{\partial u}{\partial x} + \frac{\partial z}{\partial v} \cdot \frac{\partial v}{\partial x}, \qquad \frac{\partial z}{\partial y} = \frac{\partial z}{\partial u} \cdot \frac{\partial u}{\partial y} + \frac{\partial z}{\partial v} \cdot \frac{\partial v}{\partial y}, \tag{3.3}$$

证 给自变量 x 以增量 $\Delta x \neq 0$,引发中间变量 u,v 产生的偏增量记为 $\Delta_x u$ 和 $\Delta_x v$,由题设 $z = f(u,v)$ 具有连续的偏导数,全增量公式成立,因此函数 $z = f(u,v)$ 关于 x 的偏增量可表示成

$$\Delta_x z = f'_u(u,v)\Delta_x u + f'_v(u,v)\Delta_x v + \varepsilon_1 \Delta_x u + \varepsilon_2 \Delta_x v,$$

其中 $\varepsilon_1 \to 0, \varepsilon_2 \to 0$ (当 $\Delta_x u \to 0, \Delta_x v \to 0$).

两边除以 Δx,

$$\frac{\Delta_x z}{\Delta x} = f'_u(u,v) \frac{\Delta_x u}{\Delta x} + f'_v(u,v) \frac{\Delta_x v}{\Delta x} + \varepsilon_1 \frac{\Delta_x u}{\Delta x} + \varepsilon_2 \frac{\Delta_x v}{\Delta x}.$$

让 $\Delta x \to 0$,由于 $\dfrac{\partial u}{\partial x}, \dfrac{\partial v}{\partial x}$ 存在,于是 $u(x,y), v(x,y)$ 关于 x 连续,所以当 $\Delta x \to 0$ 时 $\Delta_x u \to 0, \Delta_x v \to 0$,从而 $\varepsilon_1 \to 0, \varepsilon_2 \to 0$. 这样

$$\lim\limits_{\Delta x \to 0} \frac{\Delta_x z}{\Delta x} = f'_u(u,v) \frac{\partial u}{\partial x} + f'_v(u,v) \frac{\partial v}{\partial x}.$$

按偏导数定义,得

$$\frac{\partial z}{\partial x} = f'_u(u,v) \frac{\partial u}{\partial x} + f'_v(u,v) \frac{\partial v}{\partial x}$$

或

$$\frac{\partial z}{\partial x} = \frac{\partial z}{\partial u} \cdot \frac{\partial u}{\partial x} + \frac{\partial z}{\partial v} \cdot \frac{\partial v}{\partial x}.$$

同理可证

$$\frac{\partial z}{\partial y} = \frac{\partial z}{\partial u} \cdot \frac{\partial u}{\partial y} + \frac{\partial z}{\partial v} \cdot \frac{\partial v}{\partial y}.$$

证毕

这个定理是对于含有两个中间变量和两个自变量情形的复合函数的,函数的复合结构可用图 9-9 形象表示.求导的法则是对每一个中间变量施行链导法则,再相加.它还可以推广到函数的中间变量多于两个以及自变量的个数多于两个或者仅有一个的情形.只要搞清函数的复合结构,哪些是中间变量,哪些是自变量,法则就不难掌握.

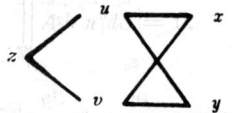

图 9-9

若 $z = f(u, v, w)$,而 $u = u(x, y), v = v(x, y), w = w(x, y)$.这是含有三个中间变量和两个自变量的复合函数.其复合结构如图 9-10.

则

$$\frac{\partial z}{\partial x} = \frac{\partial z}{\partial u} \cdot \frac{\partial u}{\partial x} + \frac{\partial z}{\partial v} \cdot \frac{\partial v}{\partial x} + \frac{\partial z}{\partial w} \cdot \frac{\partial w}{\partial x},$$

$$\frac{\partial z}{\partial y} = \frac{\partial z}{\partial u} \cdot \frac{\partial u}{\partial y} + \frac{\partial z}{\partial v} \cdot \frac{\partial v}{\partial y} + \frac{\partial z}{\partial w} \cdot \frac{\partial w}{\partial y}.$$

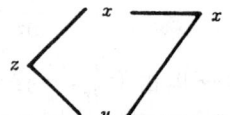

图 9-10

若 $z = f(u, v)$,而 $u = u(x), v = v(x)$,这时只有一个自变量(图 9-11),于是

$$\frac{dz}{dx} = \frac{\partial z}{\partial u} \cdot \frac{du}{dx} + \frac{\partial z}{\partial v} \cdot \frac{dv}{dx}.$$

它称为**全导数**.

若 $z = f(x, u)$,而 $u = u(x, y)$,这时,仍然把函数看成是两个中间变量,两个自变量的情形.只是变量 x 既是中间变量又是自变量,具有双重身份(图 9-12),于是

$$\frac{\partial z}{\partial y} = \frac{\partial z}{\partial x} \cdot \frac{\partial x}{\partial y} + \frac{\partial z}{\partial u} \cdot \frac{\partial u}{\partial y} = \frac{\partial z}{\partial u} \cdot \frac{\partial u}{\partial y}.$$

图 9-11

对于 x 的偏导数为

$$\frac{\partial z}{\partial x} = \frac{\partial z}{\partial x} \cdot \frac{dx}{dx} + \frac{\partial z}{\partial u} \cdot \frac{\partial u}{\partial x} = \frac{\partial z}{\partial x} + \frac{\partial z}{\partial u} \cdot \frac{\partial u}{\partial x}.$$

这等式两边同时出现 $\frac{\partial z}{\partial x}$,表面看似乎是矛盾的,但根据多元复合函数求导规则,很清楚等式左边与右边的 $\frac{\partial z}{\partial x}$,含义是不同的.左边是函数 $z = f[x, u(x, y)]$ 对自变量 x 求偏导数,其中 $u(x, y)$ 是 x 的函数,而右边的 $\frac{\partial z}{\partial x}$ 是函数 $z = f(x, u)$ 对中间变量 x 求偏导数,其中 u 看成常量.

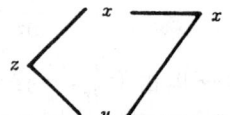

图 9-12

为避免混淆起见,通常改写成

$$\frac{\partial z}{\partial x} = \frac{\partial f}{\partial x} + \frac{\partial f}{\partial u} \cdot \frac{\partial u}{\partial x}.$$

例 1 设 $z = u^2 e^v, u = \dfrac{x}{y}, v = 3x - 2y$,求 $\dfrac{\partial z}{\partial x}, \dfrac{\partial z}{\partial y}$.

解 这是两个中间变量和两个自变量的函数,其复合结构如图 9-13. 由复合函数的求导法则

$$\frac{\partial z}{\partial x} = \frac{\partial z}{\partial u} \cdot \frac{\partial u}{\partial x} + \frac{\partial z}{\partial v} \cdot \frac{\partial v}{\partial x}$$

$$= 2ue^v \cdot \frac{1}{y} + u^2 e^v \cdot 3$$

$$= \frac{2x}{y^2} e^{3x-2y} + 3\frac{x^2}{y^2} e^{3x-2y}$$

$$= \frac{x}{y^2} e^{3x-2y}(2+3x).$$

$$\frac{\partial z}{\partial y} = \frac{\partial z}{\partial u} \cdot \frac{\partial u}{\partial y} + \frac{\partial z}{\partial v} \cdot \frac{\partial v}{\partial y} = 2ue^v \cdot \left(-\frac{x}{y^2}\right) + u^2 e^v \cdot (-2)$$

$$= -2\left(\frac{x}{y}\right)^2\left(\frac{1}{y}+1\right)e^{3x-2y}.$$

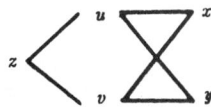

图 9-13

例 2 设 $z = f(x^2, e^x)$,其中 f 具有一阶连续偏导数,试求 $\dfrac{dz}{dx}$.

解 这是有两个中间变量一个自变量的函数,令 $u = x^2, v = e^x$,复合结构如图 9-14,由复合函数求导法则,得全导数

$$\frac{dz}{dx} = \frac{\partial z}{\partial u} \cdot \frac{du}{dx} + \frac{\partial z}{\partial v} \cdot \frac{dv}{dx}$$

$$= f'_u(u,v) \cdot 2x + f'_v(u,v)e^x.$$

例 3 设 $z = (1+x^3 y)^y$,求 $\dfrac{\partial z}{\partial x}, \dfrac{\partial z}{\partial y}$.

解 此题在 §2 曾计算过,现在采用多元复合函数求导法则重新计算.

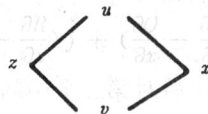

图 9-14

令 $u = 1 + x^3 y, v = y$,则 $z = u^v$,其复合结构如图 9-15,于是

$$\frac{\partial z}{\partial x} = \frac{\partial z}{\partial u} \cdot \frac{\partial u}{\partial x} + \frac{\partial z}{\partial v} \cdot \frac{\partial v}{\partial x}$$

$$= vu^{v-1} \cdot 3x^2 y + u^v \ln u \cdot 0$$

$$= 3x^2 y^2 (1+x^3 y)^{y-1}.$$

$$\frac{\partial z}{\partial y} = \frac{\partial z}{\partial u} \cdot \frac{\partial u}{\partial y} + \frac{\partial z}{\partial v} \cdot \frac{\partial v}{\partial y}$$

$$= vu^{v-1} \cdot x^3 + u^v \ln u \cdot 1$$

$$= x^3 y(1+x^3 y)^{y-1} + (1+x^3 y)^y \ln(1+x^3 y).$$

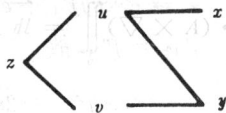

图 9-15

例 4 设 $z = f(e^x \sin y, x^2 - y^2)$,其中 f 具有连续的二阶偏导数,求 $\dfrac{\partial^2 z}{\partial x \partial y}$.

解 令 $u = e^x \sin y, v = x^2 - y^2$,则 $z = f(u,v)$,这是含有两个中间变量两个自变量的复合函数,于是

$$\frac{\partial z}{\partial x} = \frac{\partial z}{\partial u} \cdot \frac{\partial u}{\partial x} + \frac{\partial z}{\partial v} \cdot \frac{\partial v}{\partial x}$$

$$= f'_u(u,v) \cdot e^x \sin y + f'_v(u,v) \cdot 2x,$$

再对 y 求偏导数,有

$$\frac{\partial^2 z}{\partial x \partial y} = \frac{\partial}{\partial y}\left(\frac{\partial z}{\partial x}\right) = e^x \cos y f'_u(u,v) + e^x \sin y \frac{\partial}{\partial y} f'_u(u,v) + 2x \frac{\partial}{\partial y} f'_v(u,v).$$

这里遇到一阶偏导数 $f'_u(u,v), f'_v(u,v)$ 对自变量 y 求偏导数问题,只要注意到 $f'_u(u,v)$ 和 $f'_v(u,v)$ 仍然是以 u,v 为中间变量,x,y 为自变量的复合函数,或者说偏导函数 f'_u, f'_v 与原来的函数 f

的复合结构相同.那么应用复合函数求导法则,便可求出二阶偏导数.

$$\frac{\partial}{\partial y}f'_u(u,v) = \frac{\partial}{\partial u}f'_u(u,v)\cdot\frac{\partial u}{\partial y} + \frac{\partial}{\partial v}f'_u(u,v)\frac{\partial v}{\partial y}$$

$$= f''_{uu}(u,v)\cdot e^x\cos y + f''_{uv}(u,v)\cdot(-2y),$$

$$\frac{\partial}{\partial y}f'_v(u,v) = \frac{\partial}{\partial u}f'_v(u,v)\cdot\frac{\partial u}{\partial y} + \frac{\partial}{\partial v}f'_v(u,v)\frac{\partial v}{\partial y}$$

$$= f''_{vu}(u,v)\cdot e^x\cos y + f''_{vv}(u,v)\cdot(-2y).$$

把它们代入上式,便得

$$\frac{\partial^2 z}{\partial x\partial y} = e^x\cos y f'_u(u,v) + e^x\sin y[f''_{uu}(u,v)e^x\cos y - 2yf''_{uv}(u,v)]$$

$$+ 2x[f''_{vu}(u,v)e^x\cos y - 2yf''_{vv}(u,v)].$$

因为 $f''_{uv} = f''_{vu}$,故

$$\frac{\partial^2 z}{\partial x\partial y} = e^x\cos y f'_u(u,v) + 2e^x(x\cos y - y\sin y)f''_{uv}(u,v) + e^{2x}\sin y\cos y f''_{uu}(u,v) - 4xy f''_{vv}(u,v)$$

$$\xlongequal{\text{简记}} e^x\cos y f'_u + 2e^x(x\cos y - y\sin y)f''_{uv} + e^{2x}\sin y\cos y f''_{uu} - 4xy f''_{vv}.$$

在 熟悉多元复合函数的求导法则之后,为简便起见,不再引入中间变量 u,v 的记号,并约定 f'_1 表示对第一个中间变量的偏导数;f'_2 表示对第二个中间变量的偏导数,而 f''_{12} 表示先对第一个后对第二个中间变量的偏导数等等.

直接使用求导法则,可得

$$\frac{\partial z}{\partial x} = f'_1(e^x\sin y, x^2 - y^2)\cdot e^x\sin y + f'_2(e^x\sin y, x^2 - y^2)\cdot 2x \xlongequal{\text{简记}} f'_1\cdot e^x\sin y + 2xf'_2.$$

$$\frac{\partial^2 z}{\partial x\partial y} = \frac{\partial}{\partial y}(f'_1\cdot e^x\sin y + 2xf'_2) = e^x\cos y f'_1 + e^x\sin y\frac{\partial}{\partial y}f'_1 + 2x\frac{\partial}{\partial y}f'_2$$

$$= e^x\cos y f'_1 + e^x\sin y[f''_{11}\cdot e^x\cos y + f''_{12}\cdot(-2y)] + 2x[f''_{21}e^x\cos y + f''_{22}(-2y)].$$

因为 $f''_{12} = f''_{21}$,故

$$\frac{\partial^2 z}{\partial x\partial y} = e^x\cos y f'_1 + 2e^x(x\cos y - y\sin y)f''_{12} + e^{2x}\sin y\cos y f''_{11} - 4xy f''_{22}.$$

例 5 设 $u = x, v = x^2 + y^2$,把 u,v 作为新的自变量,变换方程

$$y\frac{\partial z}{\partial x} - x\frac{\partial z}{\partial y} = 0.$$

解 引入新的自变量 u,v 之后,则 z 是 u,v 的函数,并将它看成复合结构如图 9-16 所示的复合函数,于是

$$\frac{\partial z}{\partial x} = \frac{\partial z}{\partial u}\cdot\frac{\partial u}{\partial x} + \frac{\partial z}{\partial v}\cdot\frac{\partial v}{\partial x} = \frac{\partial z}{\partial u}\cdot 1 + \frac{\partial z}{\partial v}\cdot 2x.$$

$$\frac{\partial z}{\partial y} = \frac{\partial z}{\partial u}\cdot\frac{\partial u}{\partial y} + \frac{\partial z}{\partial v}\cdot\frac{\partial v}{\partial y} = \frac{\partial z}{\partial u}\cdot 0 + \frac{\partial z}{\partial v}\cdot 2y = 2y\frac{\partial z}{\partial v}.$$

代入原方程左边

$$y\frac{\partial z}{\partial x} - x\frac{\partial z}{\partial y} = y\left(\frac{\partial z}{\partial u} + 2x\frac{\partial z}{\partial v}\right) - x\left(2y\frac{\partial z}{\partial v}\right) = y\frac{\partial z}{\partial u}.$$

所以方程变换成

图 9-16

$$\frac{\partial z}{\partial u} = 0, \qquad (y\neq 0).$$

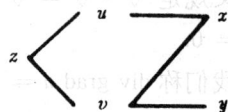

这里对方程中的变量施行变换,目的在于简化方程,使得容易求出它的解来.比如本例,由

新方程立即得到 $z = \varphi(v) + C$，再代回原变量，就是原方程的通解

$$z = \varphi(x^2 + y^2) + C,$$

其中 φ 为任一可微函数，C 为任意常数.

例 6 将方程 $\dfrac{\partial^2 u}{\partial x^2} + \dfrac{\partial^2 u}{\partial y^2} = 0$ 变换成极坐标下的表达式.

解 即对方程作变换

$$\begin{cases} x = r\cos\theta, \\ y = r\sin\theta. \end{cases} \tag{3.4}$$

引入新变量 r, θ 之后，u 是 r, θ 的函数，并将它看成以 r, θ 为中间变量，x, y 为自变量的复合函数，由复合函数求导法则

$$\frac{\partial u}{\partial x} = \frac{\partial u}{\partial r} \cdot \frac{\partial r}{\partial x} + \frac{\partial u}{\partial \theta} \cdot \frac{\partial \theta}{\partial x}, \qquad \frac{\partial u}{\partial y} = \frac{\partial u}{\partial r} \cdot \frac{\partial r}{\partial y} + \frac{\partial u}{\partial \theta} \cdot \frac{\partial \theta}{\partial y}.$$

再求偏导数

$$\begin{aligned}
\frac{\partial^2 u}{\partial x^2} &= \frac{\partial}{\partial x}\left(\frac{\partial u}{\partial r} \cdot \frac{\partial r}{\partial x} + \frac{\partial u}{\partial \theta} \cdot \frac{\partial \theta}{\partial x} \right) \\
&= \left(\frac{\partial^2 u}{\partial r^2} \cdot \frac{\partial r}{\partial x} + \frac{\partial^2 u}{\partial r \partial \theta} \cdot \frac{\partial \theta}{\partial x} \right) \frac{\partial r}{\partial x} + \frac{\partial u}{\partial r} \cdot \frac{\partial^2 r}{\partial x^2} + \left(\frac{\partial^2 u}{\partial \theta \partial r} \cdot \frac{\partial r}{\partial x} + \frac{\partial^2 u}{\partial \theta^2} \cdot \frac{\partial \theta}{\partial x} \right) \frac{\partial \theta}{\partial x} + \frac{\partial u}{\partial \theta} \cdot \frac{\partial^2 \theta}{\partial x^2} \\
&= \frac{\partial^2 u}{\partial r^2} \left(\frac{\partial r}{\partial x} \right)^2 + \frac{\partial^2 u}{\partial \theta^2} \left(\frac{\partial \theta}{\partial x} \right)^2 + 2 \frac{\partial^2 u}{\partial r \partial \theta} \cdot \frac{\partial r}{\partial x} \cdot \frac{\partial \theta}{\partial x} + \frac{\partial u}{\partial r} \cdot \frac{\partial^2 r}{\partial x^2} + \frac{\partial u}{\partial \theta} \cdot \frac{\partial^2 \theta}{\partial x^2}.
\end{aligned}$$

同理

$$\frac{\partial^2 u}{\partial y^2} = \frac{\partial^2 u}{\partial r^2} \left(\frac{\partial r}{\partial y} \right)^2 + \frac{\partial^2 u}{\partial \theta^2} \left(\frac{\partial \theta}{\partial y} \right)^2 + 2 \frac{\partial^2 u}{\partial r \partial \theta} \cdot \frac{\partial r}{\partial y} \cdot \frac{\partial \theta}{\partial y} + \frac{\partial u}{\partial r} \cdot \frac{\partial^2 r}{\partial y^2} + \frac{\partial u}{\partial \theta} \cdot \frac{\partial^2 \theta}{\partial y^2}.$$

两式相加，得

$$\begin{aligned}
\frac{\partial^2 u}{\partial x^2} + \frac{\partial^2 u}{\partial y^2} &= \frac{\partial^2 u}{\partial r^2} \left[\left(\frac{\partial r}{\partial x} \right)^2 + \left(\frac{\partial r}{\partial y} \right)^2 \right] + \frac{\partial^2 u}{\partial \theta^2} \left[\left(\frac{\partial \theta}{\partial x} \right)^2 + \left(\frac{\partial \theta}{\partial y} \right)^2 \right] + 2 \frac{\partial^2 u}{\partial r \partial \theta} \left(\frac{\partial \theta}{\partial x} \cdot \frac{\partial r}{\partial x} + \frac{\partial \theta}{\partial y} \cdot \frac{\partial r}{\partial y} \right) \\
&\quad + \frac{\partial u}{\partial r} \left(\frac{\partial^2 r}{\partial x^2} + \frac{\partial^2 r}{\partial y^2} \right) + \frac{\partial u}{\partial \theta} \left(\frac{\partial^2 \theta}{\partial x^2} + \frac{\partial^2 \theta}{\partial y^2} \right).
\end{aligned} \tag{3.5}$$

由 $\begin{cases} r = \sqrt{x^2 + y^2} \\ \theta = \operatorname{arctg} \dfrac{y}{x} \end{cases}$，得

$$\frac{\partial r}{\partial x} = \frac{x}{r} = \cos\theta, \qquad \frac{\partial r}{\partial y} = \frac{y}{r} = \sin\theta,$$

$$\frac{\partial \theta}{\partial x} = -\frac{y}{r^2} = -\frac{\sin\theta}{r}, \qquad \frac{\partial \theta}{\partial y} = \frac{x}{r^2} = \frac{\cos\theta}{r}, \tag{3.6}$$

于是

$$\frac{\partial^2 r}{\partial x^2} = -\sin\theta \, \frac{\partial \theta}{\partial x} = \frac{\sin^2\theta}{r}, \qquad \frac{\partial^2 r}{\partial y^2} = \cos\theta \cdot \frac{\partial \theta}{\partial y} = \frac{\cos^2\theta}{r},$$

$$\frac{\partial^2 \theta}{\partial x^2} = \frac{2\sin\theta\cos\theta}{r^2}, \qquad \frac{\partial^2 \theta}{\partial y^2} = -\frac{2\sin\theta\cos\theta}{r^2}. \tag{3.7}$$

把 (3.6),(3.7) 代入 (3.5) 式，

$$\frac{\partial^2 u}{\partial x^2} + \frac{\partial^2 u}{\partial y^2} = \frac{\partial^2 u}{\partial r^2} + \frac{\partial^2 u}{\partial \theta^2} \cdot \frac{1}{r^2} + \frac{\partial u}{\partial r} \cdot \frac{1}{r},$$

所以原方程在极坐标下的表达式为

$$\frac{\partial^2 u}{\partial r^2} + \frac{1}{r} \, \frac{\partial u}{\partial r} + \frac{1}{r^2} \, \frac{\partial^2 u}{\partial \theta^2} = 0. \tag{3.8}$$

方程(3.8)是二维拉普拉斯方程在极坐标下的表达式,它在数学物理方程、电磁场理论等许多方面中都将用到.

§4 隐函数的偏导数

跟一元函数相仿,多元函数中也有因变量与自变量之间的函数关系不是直接用自变量的一个数学表达式给出的,而是用包含自变量与因变量的一个方程式给出的.例如方程 $e^{xz} + xy + z = 0$ 确定了 z 是 x,y 的一个函数.

我们称由方程 $F(x,y,z) = 0$ 确定的函数 $z = f(x,y)$ 为**隐函数**.

一般来说,二元方程 $F(x,y) = 0$ 确定一个一元隐函数;三元方程 $F(x,y,z) = 0$ 确定一个二元隐函数;而含有五个变量两个方程构成的方程组

$$\begin{cases} F(x,y,z,u,v) = 0, \\ G(x,y,z,u,v) = 0 \end{cases}$$

可确定两个三元隐函数.通常情况由变量个数与方程个数就能知道可以确定几个几元的隐函数.

大家知道,不是每一个方程一定可以确定一个隐函数,比如方程 $x^2 + y^2 + z^2 + 1 = 0$ 就不存在隐函数.究竟具备什么条件时,隐函数存在,且有连续的偏导数?这个理论问题有如下结论.

隐函数存在定理一 设点 $P(x_0,y_0,z_0)$ 满足方程 $F(x,y,z) = 0$;在点 $P(x_0,y_0,z_0)$ 的某个邻域内函数 $F(x,y,z)$ 具有连续的偏导数 $F'_x(x,y,z),F'_y(x,y,z),F'_z(x,y,z)$,且 $F'_z(x_0,y_0,z_0) \neq 0$,则方程 $F(x,y,z) = 0$ 在点 (x_0,y_0) 的一个邻域内唯一确定一个单值函数 $z = f(x,y)$,它满足条件 $z_0 = f(x_0,y_0)$,且有连续的偏导数 $f'_x(x,y),f'_y(x,y)$.

这个定理的证明从略.要注意掌握隐函数存在的条件,例如,方程 $x^2 + y^2 + z^2 = 1$,这里 $F(x,y,z) = x^2 + y^2 + z^2 - 1$,在点 $(0,0,1)$ 满足 $F(0,0,1) = 0 + 0 + 1 - 1 = 0$,在点 $(0,0,1)$ 的一个邻域内偏导数 $F'_x = 2x, F'_y = 2y, F'_z = 2z$ 存在且连续,并满足 $F'_z(0,0,1) = 2 \neq 0$.故定理的条件全部满足,从而方程 $x^2 + y^2 + z^2 = 1$ 在点 $(0,0)$ 的某个邻域内唯一确定 z 是 x,y 的一个单值的、具有连续偏导数的函数 $z = f(x,y)$.事实上,从方程解出 $z = \sqrt{1 - x^2 - y^2}$ 就是.

在满足隐函数存在定理的条件下,利用复合函数的求导法则就可以求出隐函数的偏导数.假设 $z = f(x,y)$ 是由方程 $F(x,y,z) = 0$ 所确定的隐函数,把它代入原方程,得到一个关于 x,y 的恒等式

$$F[x,y,f(x,y)] \equiv 0.$$

将上式两边对 x 和 y 分别求偏导数,得

$$F'_x(x,y,z) + F'_z(x,y,z) \frac{\partial z}{\partial x} = 0$$

和

$$F'_y(x,y,z) + F'_z(x,y,z) \frac{\partial z}{\partial y} = 0.$$

由于 $F'_z \neq 0$,便有

$$\frac{\partial z}{\partial x} = -\frac{F'_x(x,y,z)}{F'_z(x,y,z)}, \qquad \frac{\partial z}{\partial y} = -\frac{F'_y(x,y,z)}{F'_z(x,y,z)}. \tag{4.1}$$

例 1 设 $z = f(x,y)$ 是由方程 $e^{xz} + xy + z = 0$ 确定的隐函数,求 $\dfrac{\partial z}{\partial x}, \dfrac{\partial z}{\partial y}$.

解 记 $F(x,y,z) = e^{xz} + xy + z$,求偏导数得

$$F'_z = ze^{xz} + y, \quad F'_y = x, \quad F'_z = xe^{xz} + 1.$$

只要 $F'_z \neq 0$,就有

$$\frac{\partial z}{\partial x} = -\frac{F'_x}{F'_z} = -\frac{ze^{xz} + y}{xe^{xz} + 1}, \qquad \frac{\partial z}{\partial y} = -\frac{F'_y}{F'_z} = -\frac{x}{xe^{xz} + 1}.$$

例 2 设 $z = f(x,y)$ 是由方程 $z^5 - xz^4 + yz^3 = 1$ 确定的隐函数,求 $\dfrac{\partial^2 z}{\partial x \partial y}\Big|_{\substack{x=0 \\ y=0}}$.

解 记 $F(x,y,z) = z^5 - xz^4 + yz^3 - 1$,求偏导数得

$$F'_x = -z^4, \quad F'_y = z^3, \quad F'_z = 5z^4 - 4xz^3 + 3yz^2.$$

于是

$$\frac{\partial z}{\partial x} = \frac{z^2}{5z^2 - 4xz + 3y}, \qquad \frac{\partial z}{\partial y} = -\frac{z}{5z^2 - 4xz + 3y}.$$

为了求二阶混合偏导数,只须将 $\dfrac{\partial z}{\partial x}$ 再对 y 求偏导数.

$$\frac{\partial^2 z}{\partial x \partial y} = \frac{\partial}{\partial y}\left(\frac{\partial z}{\partial x}\right) = \frac{2z\dfrac{\partial z}{\partial y}(5z^2 - 4xz + 3y) - z^2\left(10z\dfrac{\partial z}{\partial y} - 4x\dfrac{\partial z}{\partial y} + 3\right)}{(5z^2 - 4xz + 3y)^2}. \tag{4.2}$$

将 $x = 0, y = 0$ 代入原方程得 $z = 1$,于是

$$\frac{\partial z}{\partial x}\Big|_{\substack{x=0 \\ y=0}} = \frac{1}{5}, \qquad \frac{\partial z}{\partial y}\Big|_{\substack{x=0 \\ y=0}} = -\frac{1}{5}.$$

将它们代入(4.2)式,就得

$$\frac{\partial^2 z}{\partial x \partial y}\Big|_{\substack{x=0 \\ y=0}} = -\frac{3}{25}.$$

隐函数求导,其实不必套用公式(4.1),只要抓住 z 是 x,y 的函数,直接将方程两边对 x 或 y 求偏导数,然后从等式中解出偏导数 $\dfrac{\partial z}{\partial x}$ 或 $\dfrac{\partial z}{\partial y}$ 即可.

例 3 设 $z = z(x,y)$ 是由方程 $f(y - x, yz) = 0$ 确定的隐函数,其中 f 具有连续的二阶偏导数,求 $\dfrac{\partial^2 z}{\partial x^2}$.

解 记住方程中的 z 是 x,y 的函数,将方程两边对 x 求偏导数,得

$$f'_1(y - x, yz) \cdot (-1) + f'_2(y - x, yz) \cdot y\frac{\partial z}{\partial x} = 0.$$

解出

$$\frac{\partial z}{\partial x} = \frac{f'_1}{yf'_2}. \tag{4.3}$$

再对 x 求偏导数

$$\frac{\partial^2 z}{\partial x^2} = \frac{\partial}{\partial x}\left(\frac{f'_1}{yf'_2}\right)$$

$$= \frac{yf'_2\left[f''_{11} \cdot (-1) + f''_{12} \cdot y\dfrac{\partial z}{\partial x}\right] - f'_1 \cdot y\left[f''_{21} \cdot (-1) + f''_{22} \cdot y\dfrac{\partial z}{\partial x}\right]}{y^2 f'^2_2}$$

$$= \frac{-f'_2 f''_{11} + f'_1 f''_{12} + y(f'_2 f''_{12} - f'_1 f''_{22})\dfrac{\partial z}{\partial x}}{yf'^2_2},$$

将(4.3)代入,就得

$$\frac{\partial^2 z}{\partial x^2} = \frac{1}{y f'^3_2} (-f'^2_2 f''_{11} + 2 f'_1 f'_2 f''_{12} - f'^2_1 f''_{22}).$$

隐函数存在定理一及偏导数公式(4.1)可以推广到由方程

$$F(x_1, x_2, \cdots, x_n, u) = 0$$

确定的 n 元隐函数 $u = u(x_1, x_2, \cdots, x_n)$ 的情形,这时偏导数为

$$\frac{\partial u}{\partial x_i} = -\frac{F'_{x_i}(x_1, x_2, \cdots, x_n, u)}{F'_u(x_1, x_2, \cdots, x_n, u)} \qquad (i = 1, 2, \cdots, n). \tag{4.4}$$

对于由方程组

$$\begin{cases} F(x, y, u, v) = 0, \\ G(x, y, u, v) = 0 \end{cases} \tag{4.5}$$

确定的一对二元隐函数的存在性,有如下的充分条件.

隐函数存在定理二 设点 $P(x_0, y_0, u_0, v_0)$ 的坐标满足方程(4.5)(即 $F(x_0, y_0, u_0, v_0) = 0$, $G(x_0, y_0, u_0, v_0) = 0$),在点 P 的某个邻域内函数 $F(x, y, u, v)$ 和 $G(x, y, u, v)$ 具有连续的偏导数 F'_x, F'_y, F'_u, F'_v 和 G'_x, G'_y, G'_u, G'_v,且行列式

$$\begin{vmatrix} F'_u & F'_v \\ G'_u & G'_v \end{vmatrix}_P \neq 0,$$

则方程组(4.5)在点 (x_0, y_0) 的一个邻域内唯一确定一对单值二元函数 $u = u(x, y), v = v(x, y)$, 它们满足 $u_0 = u(x_0, y_0), v_0 = v(x_0, y_0)$,且具有连续的偏导数 $\frac{\partial u}{\partial x}, \frac{\partial u}{\partial y}, \frac{\partial v}{\partial x}, \frac{\partial v}{\partial y}$.

(证明从略).

在定理条件下,方程组(4.5)所确定的隐函数的偏导数,可以应用多元复合函数求导法则求得. 假设 $u = u(x, y), v = v(x, y)$ 是方程组(4.5)所确定的一对隐函数,将它们代入原方程组(4.5)中得到关于 x, y 的恒等式

$$\begin{cases} F[x, y, u(x, y), v(x, y)] \equiv 0, \\ G[x, y, u(x, y), v(x, y)] \equiv 0. \end{cases}$$

利用多元复合函数求导法则,上式两边对 x 求偏导数

$$\begin{cases} F'_x + F'_u \cdot \dfrac{\partial u}{\partial x} + F'_v \cdot \dfrac{\partial v}{\partial x} = 0, \\ G'_x + G'_u \cdot \dfrac{\partial u}{\partial x} + G'_v \cdot \dfrac{\partial v}{\partial x} = 0. \end{cases}$$

只要 $\begin{vmatrix} F'_u & F'_v \\ G'_u & G'_v \end{vmatrix} \neq 0$,就有

$$\frac{\partial u}{\partial x} = -\frac{\begin{vmatrix} F'_x & F'_v \\ G'_x & G'_v \end{vmatrix}}{\begin{vmatrix} F'_u & F'_v \\ G'_u & G'_v \end{vmatrix}}, \qquad \frac{\partial v}{\partial x} = -\frac{\begin{vmatrix} F'_u & F'_x \\ G'_u & G'_x \end{vmatrix}}{\begin{vmatrix} F'_u & F'_v \\ G'_u & G'_v \end{vmatrix}}. \tag{4.6}$$

同理可得

$$\frac{\partial u}{\partial y} = -\frac{\begin{vmatrix} F'_y & F'_v \\ G'_y & G'_v \end{vmatrix}}{\begin{vmatrix} F'_u & F'_v \\ G'_u & G'_v \end{vmatrix}}, \qquad \frac{\partial v}{\partial y} = -\frac{\begin{vmatrix} F'_u & F'_y \\ G'_u & G'_y \end{vmatrix}}{\begin{vmatrix} F'_u & F'_v \\ G'_u & G'_v \end{vmatrix}}. \tag{4.7}$$

这里行列式 $\begin{vmatrix} F'_u & F'_v \\ G'_u & G'_v \end{vmatrix}$ 称为函数组 $F(x,y,u,v),G(x,y,u,v)$ 关于变量 u,v 的雅可比(Jacobi)

行列式,记作 $\dfrac{\partial(F,G)}{\partial(u,v)}$.

这样(4.6)、(4.7)可以表示成

$$\frac{\partial u}{\partial x} = -\frac{\dfrac{\partial(F,G)}{\partial(x,v)}}{\dfrac{\partial(F,G)}{\partial(u,v)}}, \qquad \frac{\partial u}{\partial y} = -\frac{\dfrac{\partial(F,G)}{\partial(y,v)}}{\dfrac{\partial(F,G)}{\partial(u,v)}}, \tag{4.8}$$

$$\frac{\partial v}{\partial x} = -\frac{\dfrac{\partial(F,G)}{\partial(u,x)}}{\dfrac{\partial(F,G)}{\partial(u,v)}}, \qquad \frac{\partial v}{\partial y} = -\frac{\dfrac{\partial(F,G)}{\partial(u,y)}}{\dfrac{\partial(F,G)}{\partial(u,v)}}. \tag{4.9}$$

例 4 设 $\begin{cases} u^3 + xv = y \\ v^3 + yu = x \end{cases}$,求 $\dfrac{\partial u}{\partial x},\dfrac{\partial v}{\partial x}$.

解 由题设知,所给方程组确定了一对二元隐函数 $u = u(x,y)$,$v = v(x,y)$,记

$$F(x,y,u,v) = u^3 + xv - y,$$
$$G(x,y,u,v) = v^3 + yu - x.$$

由

$$\frac{\partial(F,G)}{\partial(u,v)} = \begin{vmatrix} F'_u & F'_v \\ G'_u & G'_v \end{vmatrix} = \begin{vmatrix} 3u^2 & x \\ y & 3v^2 \end{vmatrix} = 9u^2v^2 - xy,$$

$$\frac{\partial(F,G)}{\partial(x,v)} = \begin{vmatrix} F'_x & F'_v \\ G'_x & G'_v \end{vmatrix} = \begin{vmatrix} v & x \\ -1 & 3v^2 \end{vmatrix} = 3v^3 + x,$$

$$\frac{\partial(F,G)}{\partial(u,x)} = \begin{vmatrix} F'_u & F'_x \\ G'_u & G'_x \end{vmatrix} = \begin{vmatrix} 3u^2 & v \\ y & -1 \end{vmatrix} = -3u^2 - yv,$$

所以

$$\frac{\partial u}{\partial x} = -\frac{\dfrac{\partial(F,G)}{\partial(x,v)}}{\dfrac{\partial(F,G)}{\partial(u,v)}} = -\frac{3v^3 + x}{9u^2v^2 - xy}, \qquad \frac{\partial v}{\partial x} = -\frac{\dfrac{\partial(F,G)}{\partial(u,x)}}{\dfrac{\partial(F,G)}{\partial(u,v)}} = \frac{3u^2 + yv}{9u^2v^2 - xy}.$$

另解 不用公式(4.8),(4.9)亦可直接计算,只要抓住 u,v 是 x,y 的函数,将原方程组两边对 x 求偏导数.

$$\begin{cases} 3u^2 \dfrac{\partial u}{\partial x} + x \dfrac{\partial v}{\partial x} + v = 0, \\ 3v^2 \dfrac{\partial v}{\partial x} + y \dfrac{\partial u}{\partial x} = 1. \end{cases}$$

或

$$\begin{cases} 3u^2 \dfrac{\partial u}{\partial x} + x \dfrac{\partial v}{\partial x} = -v, \\ y \dfrac{\partial u}{\partial x} + 3v^2 \dfrac{\partial v}{\partial x} = 1. \end{cases}$$

利用克莱姆规则,解出

$$\frac{\partial u}{\partial x} = \frac{\begin{vmatrix} -v & x \\ 1 & 3v^2 \end{vmatrix}}{\begin{vmatrix} 3u^2 & x \\ y & 3v^2 \end{vmatrix}} = \frac{-3v^3 - x}{9u^2v^2 - xy}, \qquad \frac{\partial v}{\partial x} = \frac{\begin{vmatrix} 3u^2 & -v \\ y & 1 \end{vmatrix}}{\begin{vmatrix} 3u^2 & x \\ y & 3v^2 \end{vmatrix}} = \frac{3u^2 + yv}{9u^2v^2 - xy}.$$

§5 全微分

5.1 多元函数全微分的概念

跟一元函数的微分相仿,用函数增量的线性主部来定义多元函数的微分.

定义 若二元函数 $z = f(x,y)$ 在点 (x,y) 处的全增量 $\Delta z = f(x + \Delta x, y + \Delta y) - f(x,y)$ 可以表示成

$$\Delta z = A\Delta x + B\Delta y + o(\rho), \tag{5.1}$$

其中系数 A,B 与自变量的增量 $\Delta x, \Delta y$ 无关,而仅与 x, y 有关. $\rho = \sqrt{\Delta x^2 + \Delta y^2}$, $o(\rho)$ 是 ρ 的高阶无穷小,则称**函数 $z = f(x,y)$ 在点 (x,y) 处可微**. 其中 Δz 的线性主部 $A\Delta x + B\Delta y$ 称为**函数 $z = f(x,y)$ 在点 (x,y) 处的全微分**,记作 dz,即

$$dz = A\Delta x + B\Delta y. \tag{5.2}$$

从这定义可知,全微分具有两个特性:

1° 是自变量增量的一次函数;

2° 它与全增量之差 $\Delta z - dz$ 是 $\rho = \sqrt{\Delta x^2 + \Delta y^2}$ 的一个高阶无穷小,即有 $\lim\limits_{\rho \to 0} \dfrac{\Delta z - dz}{\rho} = 0$.

如果函数 $z = f(x,y)$ 在点 (x,y) 处的全增量公式 $\Delta z = f'_x(x,y)\Delta x + f'_y(x,y)\Delta y + o(\rho)$ 成立,按可微定义,这时函数必定在该点可微,于是由全增量公式成立条件就得到了可微的充分条件.

定理一(可微的充分条件) 若函数 $z = f(x,y)$ 在点 (x,y) 处偏导数 $f'_x(x,y), f'_y(x,y)$ 存在且连续,则函数 $z = f(x,y)$ 必在该点可微.

下面讨论可微的必要条件.

定理二(可微的必要条件) 若函数 $z = f(x,y)$ 在点 (x,y) 处可微,则

(1) 函数 $z = f(x,y)$ 在点 (x,y) 处一定连续;

(2) 偏导数 $f'_x(x,y), f'_y(x,y)$ 在点 (x,y) 处必定存在,且 $A = f'_x(x,y), B = f'_y(x,y)$,因此

$$dz = f'_x(x,y)\Delta x + f'_y(x,y)\Delta y. \tag{5.3}$$

证 由函数 $z = f(x,y)$ 在点 (x,y) 处可微,即有

$$\Delta z = A\Delta x + B\Delta y + o(\rho). \tag{5.4}$$

这里 $\rho = \sqrt{\Delta x^2 + \Delta y^2}$,当 $\rho \to 0$ 时 $\Delta x \to 0$, $\Delta y \to 0$,于是

$$\lim_{\substack{\Delta x \to 0 \\ \Delta y \to 0}} \Delta z = \lim_{\substack{\Delta x \to 0 \\ \Delta y \to 0}} [A\Delta x + B\Delta y + o(\rho)] = A \cdot 0 + B \cdot 0 + 0 = 0,$$

所以函数 $z = f(x,y)$ 在点 (x,y) 处连续.

令 $\Delta y = 0$,由 (5.4) 式得偏增量

$$\Delta_x z = A\Delta x + o(\Delta x).$$

于是

$$\lim_{\Delta x \to 0} \frac{\Delta_x z}{\Delta x} = \lim_{\Delta x \to 0} \frac{A\Delta x + o(\Delta x)}{\Delta x} = \lim_{\Delta x \to 0} A + \lim_{\Delta x \to 0} \frac{o(\Delta x)}{\Delta x} = A.$$

所以偏导数 $f'_x(x,y)$ 存在,且等于 A.

同理可得 $f'_y(x,y)$ 也存在,且等于 B. 证毕

与一元函数类似,我们约定自变量的增量就是自变量的微分,即

$$\Delta x = dx, \qquad \Delta y = dy,$$

因此,全微分可表示成

$$dz = f'_x(x,y)dx + f'_y(x,y)dy$$

或

$$dz = \frac{\partial z}{\partial x}dx + \frac{\partial z}{\partial y}dy. \tag{5.5}$$

例 1　求函数 $z = e^{\frac{x}{y}}$ 在点 $(1,2)$ 处的全微分.

解　$\frac{\partial z}{\partial x} = \frac{1}{y}e^{\frac{x}{y}}, \frac{\partial z}{\partial y} = -\frac{x}{y^2}e^{\frac{x}{y}}$, 且当 $y \neq 0$ 时它们均连续, 所以 z 在 $(x,y) \neq (x,0)$ 点处都可微, 其全微分是

$$dz = \frac{1}{y}e^{\frac{x}{y}}dx - \frac{x}{y^2}e^{\frac{x}{y}}dy,$$

因此, 在点 $(1,2)$ 有

$$dz|_{(1,2)} = f'_x(1,2)dx + f'_y(1,2)dy = \frac{1}{2}e^{\frac{1}{2}}dx - \frac{1}{4}e^{\frac{1}{2}}dy.$$

上述二元函数全微分的定义以及可微的充分条件和必要条件, 可以推广到二元以上的函数. 例如, 公式 (5.5) 在三元函数 $u = f(x,y,z)$ 的情形, 其全微分为

$$du = \frac{\partial u}{\partial x}dx + \frac{\partial u}{\partial y}dy + \frac{\partial u}{\partial z}dz.$$

例 2　求函数　$u = x(1 + \cos y) + yz$ 的全微分.

解　$\frac{\partial u}{\partial x} = 1 + \cos y, \quad \frac{\partial u}{\partial y} = z - x\sin y, \quad \frac{\partial u}{\partial z} = y,$

且三个偏导数在空间任意点 (x,y,z) 都连续, 故得全微分为,

$$du = \frac{\partial u}{\partial x}dx + \frac{\partial u}{\partial y}dy + \frac{\partial u}{\partial z}dz = (1 + \cos y)dx + (z - x\sin y)dy + ydz.$$

我们在 §2.1 例 6 已讨论过函数

$$f(x,y) = \begin{cases} \dfrac{x^2 y}{x^4 + y^2}, & (x,y) \neq (0,0) \\ 0, & (x,y) = (0,0) \end{cases}$$

在原点 $(0,0)$ 处偏导数存在, 但不连续, 于是可微的必要条件不满足. 由此可见, 多元函数可微一定偏导数存在, 但偏导数存在不一定可微.

5.2　全微分形式的不变性

当以 x,y 为自变量的函数 $z = f(x,y)$ 具有连续的偏导数时, 必定可微, 其全微分为

$$dz = \frac{\partial z}{\partial x}dx + \frac{\partial z}{\partial y}dy. \tag{5.6}$$

如果 x,y 不是自变量, 而是复合函数的中间变量时, 在一定条件下公式 (5.6) 仍然成立. 我们称这种性质为**一阶全微分形式的不变性**. 现就如下情形为例作出证明.

设 $z = f(x,y), x = \varphi(s,t), y = \psi(s,t)$ 都具有连续的偏导数.

由多元复合函数求导法则, 得

$$\frac{\partial z}{\partial s} = \frac{\partial z}{\partial x}\frac{\partial x}{\partial s} + \frac{\partial z}{\partial y} \cdot \frac{\partial y}{\partial s}, \qquad \frac{\partial z}{\partial t} = \frac{\partial z}{\partial x} \cdot \frac{\partial x}{\partial t} + \frac{\partial z}{\partial y} \cdot \frac{\partial y}{\partial t}.$$

因题设 $\frac{\partial z}{\partial x}, \frac{\partial z}{\partial y}, \frac{\partial x}{\partial s}, \frac{\partial x}{\partial t}, \frac{\partial y}{\partial s}, \frac{\partial y}{\partial t}$ 都连续, 上述两式右边连续, 于是左边 $\frac{\partial z}{\partial s}, \frac{\partial z}{\partial t}$ 也是连续的, 从而根据

可微的充分条件，复合函数

$$z = f[\varphi(s,t), \psi(s,t)]$$

是可微的，其全微分为

$$\begin{aligned}
dz &= \frac{\partial z}{\partial s}ds + \frac{\partial z}{\partial t}dt \\
&= \left(\frac{\partial z}{\partial x}\frac{\partial x}{\partial s} + \frac{\partial z}{\partial y}\cdot\frac{\partial y}{\partial s}\right)ds + \left(\frac{\partial z}{\partial x}\cdot\frac{\partial x}{\partial t} + \frac{\partial z}{\partial y}\cdot\frac{\partial y}{\partial t}\right)dt \\
&= \frac{\partial z}{\partial x}\left(\frac{\partial x}{\partial s}ds + \frac{\partial x}{\partial t}dt\right) + \frac{\partial z}{\partial y}\left(\frac{\partial y}{\partial s}ds + \frac{\partial y}{\partial t}dt\right).
\end{aligned}$$

而

$$dx = \frac{\partial x}{\partial s}ds + \frac{\partial x}{\partial t}dt, \qquad dy = \frac{\partial y}{\partial s}ds + \frac{\partial y}{\partial t}dt,$$

得

$$dz = \frac{\partial z}{\partial x}dx + \frac{\partial z}{\partial y}dy. \hspace{3cm} \text{证毕}$$

利用全微分形式的不变性，就可得到常用的微分运算法则. 若 u,v 可微，则有

$$d(u \pm v) = du \pm dv;$$
$$d(uv) = vdu + udv, \quad \text{特别 } d(Cu) = Cdu \quad (C \text{ 为常数});$$
$$d\left(\frac{u}{v}\right) = \frac{vdu - udv}{v^2}, \quad (v \neq 0).$$

事实上，依一阶全微分形式的不变性，不论 x,y 是自变量还是中间变量总有

$$d(u + v) = \frac{\partial}{\partial x}(u + v)dx + \frac{\partial}{\partial y}(u + v)dy,$$

由求导法则 $\frac{\partial}{\partial x}(u + v) = \frac{\partial u}{\partial x} + \frac{\partial v}{\partial x}, \frac{\partial}{\partial y}(u + v) = \frac{\partial u}{\partial y} + \frac{\partial v}{\partial y}$，把它们代入上式，并再次利用全微分形式的不变性，得

$$d(u + v) = \left(\frac{\partial u}{\partial x}dx + \frac{\partial u}{\partial y}dy\right) + \left(\frac{\partial v}{\partial x}dx + \frac{\partial v}{\partial y}dy\right) = du + dv.$$

这就证明了第一条法则，其余法则留给读者自己完成.

这样，求全微分可以不必先求偏导数，可直接用微分法则和一阶全微分形式的不变性进行计算.

例 3 求函数 $z = e^{xy}\cos(x - y)$ 的全微分.

解
$$\begin{aligned}
dz &= de^{xy}\cos(x - y) \\
&= e^{xy}d\cos(x - y) + \cos(x - y)de^{xy} \\
&= -e^{xy}\sin(x - y)d(x - y) + \cos(x - y)e^{xy}d(xy) \\
&= -e^{xy}\sin(x - y)(dx - dy) + \cos(x - y)e^{xy}(xdy + ydx) \\
&= e^{xy}[y\cos(x - y) - \sin(x - y)]dx + e^{xy}[x\cos(x - y) + \sin(x - y)]dy.
\end{aligned}$$

例 4 设 $z = f(x - y, yz)$，这里 f 具有连续的偏导数，求 $\frac{\partial z}{\partial x}, \frac{\partial z}{\partial y}$.

解 这是一个隐函数求偏导数问题. 先对方程两边求全微分，得

$$\begin{aligned}
dz &= f'_1 \cdot d(x - y) + f'_2 \cdot dyz \\
&= f'_1 \cdot (dx - dy) + f'_2 \cdot (zdy + ydz),
\end{aligned}$$

即

$$(1 - yf'_2)dz = f'_1 dx + (zf'_2 - f'_1)dy.$$

解出 dz

$$dz = \frac{f'_1}{1 - yf'_2}dx + \frac{zf'_2 - f'_1}{1 - yf'_2}dy.$$

再由全微分的定义,便得

$$\frac{\partial z}{\partial x} = \frac{f'_1}{1 - yf'_2}, \qquad \frac{\partial z}{\partial y} = \frac{zf'_2 - f'_1}{1 - yf'_2}, \qquad (1 - yf'_2 \neq 0).$$

例 5 设 $z = z(x,y)$ 是方程 $F(x + \frac{z}{y}, y + \frac{z}{x}) = 0$ 所确定的隐函数,其中 F 具有连续偏导数,且 $xF'_1 + yF'_2 \neq 0$. 证明 $x\frac{\partial z}{\partial x} + y\frac{\partial z}{\partial y} = z - xy$.

证 方程两边求微分,得

$$F'_1 \cdot d(x + \frac{z}{y}) + F'_2 \cdot d(y + \frac{z}{x}) = 0,$$

即

$$F'_1 \cdot (dx + \frac{ydz - zdy}{y^2}) + F'_2 \cdot (dy + \frac{xdz - zdx}{x^2}) = 0.$$

解出 dz

$$dz = \frac{(y^2zF'_2 - x^2y^2F'_1)dx + (x^2zF'_1 - x^2y^2F'_2)dy}{x^2yF'_1 + xy^2F'_2},$$

所以

$$\frac{\partial z}{\partial x} = \frac{y(zF'_2 - x^2F'_1)}{x(xF'_1 + yF'_2)}, \qquad \frac{\partial z}{\partial y} = \frac{x(zF'_1 - y^2F'_2)}{y(xF'_1 + yF'_2)}.$$

于是

$$\begin{aligned}
x\frac{\partial z}{\partial x} + y\frac{\partial z}{\partial y} &= \frac{y(zF'_2 - x^2F'_1) + x(zF'_1 - y^2F'_2)}{xF'_1 + yF'_2} \\
&= \frac{(z - xy)(xF'_1 + yF'_2)}{xF'_1 + yF'_2} = z - xy.
\end{aligned}$$

证毕

例 6 设 $y = g(x,z)$,而 z 是由方程 $f(x - z, xy) = 0$ 所确定的 x,y 的函数,其中 g,f 具有连续的偏导数. 求 $\frac{dz}{dx}$.

解 这里变量 x,y,z 之间的关系虽然不以方程组形式表示,但仍然可以看作含有三个变量两个方程的方程组,它能确定两个一元函数. 依题意是求 $\frac{dz}{dx}$,表明 z 是一个因变量,x 是一个自变量,那么还有一个变量 y 必定是因变量,也即 $y = y(x), z = z(x)$. 分析清楚了变量间的关系,就可着手求导.

将方程 $y = g(x,z)$ 和 $f(x - z, xy) = 0$ 两边对 x 求导数,得

$$\begin{cases} \dfrac{dy}{dx} = g'_1 + g'_2 \cdot \dfrac{dz}{dx}, \\ f'_1 \cdot (1 - \dfrac{dz}{dx}) + f'_2 \cdot (y + x\dfrac{dy}{dx}) = 0 \end{cases} \quad \text{或} \quad \begin{cases} \dfrac{dy}{dx} - g'_2\dfrac{dz}{dx} = g'_1, \\ xf'_2\dfrac{dy}{dx} - f'_1\dfrac{dz}{dx} = -f'_1 - yf'_2. \end{cases}$$

解出

$$\frac{dz}{dx} = \frac{f'_1 + yf'_2 + xf'_2g'_1}{f'_1 - xf'_2g'_2}, \qquad (f'_1 - xf'_2g'_2 \neq 0).$$

另解 这题设中变量之间的关系比较复杂,如果利用全微分形式的不变性,只要把所有变量一律看成自变量先求全微分,再按题意就可解出所有的导数. 方法很简便.

对等式 $y = g(x,z)$ 和 $f(x - z, xy) = 0$ 两边求全微分,有

$$\begin{cases} dy = g'_1 \cdot dx + g'_2 \cdot dz, \\ f'_1 \cdot (dx - dz) + f'_2 \cdot (ydx + xdy) = 0. \end{cases} \tag{5.7}$$

从上两式中消去 dy,可得

$$(f'_1 + yf'_2 + xg'_1f'_2)dx - (f'_1 - xf'_2g'_2)dz = 0.$$

所以

$$\frac{dz}{dx} = \frac{f'_1 + yf'_2 + xg'_1f'_2}{f'_1 - xf'_2g'_2}.$$

如果从(5.7)中消去 dz,就可得

$$\frac{dy}{dx} = \frac{f'_1g'_1 + f'_1g'_2 + yf'_2g'_2}{f'_1 - xf'_2g'_2}.$$

例 7 设 $\begin{cases} y = u + v^2, \\ z = xu - v + 1, \end{cases}$ 求 du, dv 及 $\dfrac{\partial u}{\partial x}, \dfrac{\partial v}{\partial y}$.

解 先把原方程两边求全微分

$$\begin{cases} dy = du + 2vdv, \\ dz = udx + xdu - dv. \end{cases} \tag{5.8}$$

因为原方程组含有 x, y, z, u, v 五个变量两个方程,它只能确定两个隐函数,而由题设已知 u, v 是因变量;x, y 是自变量,故 z 只能是自变量,即

$$u = u(x, y, z), \qquad v = v(x, y, z).$$

再把(5.8)改写成

$$\begin{cases} du + 2vdv = dy, \\ xdu - dv = -udx + dz. \end{cases}$$

解出 du 和 dv,得

$$du = \frac{-2uvdx + dy + 2vdz}{1 + 2xv}, \qquad dv = \frac{udx + xdy - dz}{1 + 2xv}.$$

所以

$$\frac{\partial u}{\partial x} = \frac{-2uv}{1 + 2xv}, \qquad \frac{\partial v}{\partial y} = \frac{x}{1 + 2xv}.$$

从例 4、例 5 可看出,利用全微分求偏导数的方法,它的最大优点是在微分运算时,可以不必预先区分变量是什么性质,一样进行微分,运算也比较简便,并且同时可得到所有的一阶偏导数. 所以这是一种求隐函数,尤其是由方程组确定的隐函数的偏导数常用的方法.

5.3 全微分在近似计算与误差估计中的应用

设函数 $z = f(x, y)$ 在点 (x_0, y_0) 可微,则全增量可表示为

$$\Delta z = f'_x(x_0, y_0)\Delta x + f'_y(x_0, y_0)\Delta y + o(\rho),$$

其中 $\rho = \sqrt{\Delta x^2 + \Delta y^2}, \lim\limits_{\rho \to 0} \dfrac{o(\rho)}{\rho} = 0.$

略去高阶无穷小量 $o(\rho)$,就得到用全微分近似全增量的公式

$$\Delta z \approx f'_x(x_0, y_0)\Delta x + f'_y(x_0, y_0)\Delta y. \tag{5.9}$$

于是有

$$f(x_0 + \Delta x, y_0 + \Delta y) \approx f(x_0, y_0) + f'_x(x_0, y_0)\Delta x + f'_y(x_0, y_0)\Delta y. \tag{5.10}$$

这两个公式可以用来计算 $f(x_0 + \Delta x, y_0 + \Delta y)$ 及 Δz 的近似值,还可以用来估计误差.

如果用 $f(x_0, y_0)$ 近似 $f(x_0 + \Delta x, y_0 + \Delta y)$,那么所发生的绝对误差 Δz 可以用 dz 来估计:

$$\Delta z \approx dz = f'_x(x_0, y_0)\Delta x + f'_y(x_0, y_0)\Delta y.$$

记自变量 x, y 的绝对误差限为 δ_x, δ_y,即 $|\Delta x| = |x - x_0| \leqslant \delta_x, |\Delta y| = |y - y_0| \leqslant \delta_y$. 那么,有

$$|\Delta z| \approx |dz| \leqslant |f'_x(x_0, y_0)|\delta_x + |f'_y(x_0, y_0)|\delta_y \triangleq \delta_z. \tag{5.11}$$

及
$$\frac{|\Delta z|}{|f(x_0,y_0)|} \approx \frac{|dz|}{|f(x_0,y_0)|} \leqslant \left|\frac{f'_x(x_0,y_0)}{f(x_0,y_0)}\right|\delta_x + \left|\frac{f'_y(x_0,y_0)}{f(x_0,y_0)}\right|\delta_y \triangleq \frac{\delta_z}{|z|}. \qquad (5.12)$$

因此,可得 $f(x_0,y_0)$ 的绝对误差限为 δ_z,相对误差限为 $\frac{\delta_z}{|z|}$ 或即 $\frac{\delta_z}{|f(x_0,y_0)|}$.

例8 求 $\ln(\sqrt[3]{1.03} + \sqrt[4]{0.98} - 1)$ 的近似值.

解 取函数 $z = f(x,y) = \ln(\sqrt[3]{x} + \sqrt[4]{y} - 1)$,则

$$dz = \frac{\frac{1}{3}x^{-\frac{2}{3}}}{\sqrt[3]{x} + \sqrt[4]{y} - 1}\Delta x + \frac{\frac{1}{4}y^{-\frac{3}{4}}}{\sqrt[3]{x} + \sqrt[4]{y} - 1}\Delta y.$$

于是

$$f(x + \Delta x, y + \Delta y) \approx f(x,y) + \frac{\frac{1}{3}x^{-\frac{2}{3}}}{\sqrt[3]{x} + \sqrt[4]{y} - 1}\Delta x + \frac{\frac{1}{4}y^{-\frac{3}{4}}}{\sqrt[3]{x} + \sqrt[4]{y} - 1}\Delta y.$$

用 $x = y = 1, \Delta x = 0.03, \Delta y = -0.02$ 代入就得

$$\ln(\sqrt[3]{1 + 0.03} + \sqrt[4]{1 - 0.02} - 1) \approx \ln 1 + \frac{1}{3} \times 0.03 + \frac{1}{4} \times (-0.02) = 0.005.$$

例9 如图 9-17,在点 O 处测量一障碍物两侧点 A 与点 B 之间的直线距离,测得数据 $OA = a = 150$ 米,$OB = b = 136$ 米,$\angle AOB = \theta = 60°$. 已知 a 有 ± 0.2 米,b 有 ± 0.1 米,角 θ 有 $\pm 0.5°$ 的误差. 试求 $AB = c$ 的近似值及其绝对误差限和相对误差限.

解 根据余弦定理
$$c^2 = a^2 + b^2 - 2ab\cos\theta,$$

两边微分,得

$$cdc = ada + bdb + ab\sin\theta d\theta - b\cos\theta da - a\cos\theta db.$$

于是

$$dc = \frac{1}{c}\big[(a - b\cos\theta)da + (b - a\cos\theta)db + ab\sin\theta d\theta\big],$$

图 9-17

这里取 $a = 150, b = 136, \theta = 60°, \delta a = 0.2, \delta b = 0.1, \delta\theta = 0.5° = \frac{\pi}{360}$.

所以 A,B 两点间的距离近似值为

$$c = \sqrt{150^2 + 136^2 - 2 \times 150 \times 136 \times \cos 60°} = \sqrt{20596} \approx 143.5.$$

及
$$|dc| \leqslant \frac{1}{c}\big[|a - b\cos\theta|\delta a + |b - a\cos\theta|\delta b + |ab\sin\theta|\delta\theta\big]$$

$$= \frac{1}{143.5}\Big[82 \times 0.2 + 61 \times 0.1 + 20400 \times \frac{\sqrt{3}}{2} \times \frac{\pi}{360}\Big] \approx 1.23.$$

和
$$\left|\frac{dc}{c}\right| \leqslant \frac{1.23}{143.5} = 0.00857 \leqslant 0.9\%.$$

即所求绝对误差限为 1.23,相对误差限为 0.9%

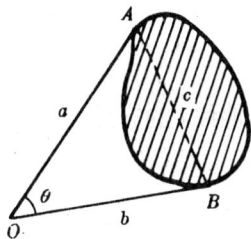

§6 矢值函数与偏导数在几何上的应用

6.1 矢值函数与导矢量

(一) 矢值函数的概念

模和方向都不变的矢量称为**常矢量**. 模和方向(或两者之一)改变的矢量称为**变矢量**. 例

如,质点沿曲线运动时,运动速度的大小和方向会改变,这时速度就是一个变矢量.

定义 若对于实变量 t 在某个变化范围 T 内的每一个值,变矢量 $\vec{a}$ 按照一定规则都有一个确定的矢量和它相对应,则称**变矢量 $\vec{a}$ 为变量 t 的矢值函数**.记作

$$\vec{a} = \vec{f}(t), \quad t \in T.$$

这时变矢量 $\vec{a}$ 在空间直角坐标系 $Oxyz$ 中的三个坐标,显然都是 t 的函数:

$$a_x = f_x(t), \quad a_y = f_y(t), \quad a_z = f_z(t).$$

于是变矢量 $\vec{a}$ 的坐标表达式为

$$\vec{a} = f_x(t)\vec{i} + f_y(t)\vec{j} + f_z(t)\vec{k} \tag{6.1}$$

或

$$\vec{a} = \{f_x(t), f_y(t), f_z(t)\}.$$

如果把变矢量 $\vec{a}$ 的起点取在坐标原点,那么变矢量可以表示成它的终点 M 的矢径形式

$$\vec{r} = \overrightarrow{OM} = \vec{r}(t).$$

当 t 变动时,终点 M 在空间描出的一条曲线 l 称为矢值函数 $\vec{r}(t)$ 的**矢端曲线**. 而

$$\vec{r} = \vec{r}(t) \tag{6.2}$$

称为**曲线 l 的矢量方程**. $\vec{r}(t) = x\vec{i} + y\vec{j} + z\vec{k}$ 的三个坐标都是 t 的函数,即有

$$\begin{cases} x = x(t), \\ y = y(t), \quad t \in T. \\ z = z(t), \end{cases} \tag{6.3}$$

这就是矢端曲线 l 的参数方程.

仿照函数的极限与连续性定义,还可以定义矢值函数的极限与连续性.

如果对于任意给定的 $\varepsilon > 0$,总存在 $\delta > 0$,使当 $0 < |t - t_0| < \delta$ 时,恒有

$$|\vec{f}(t) - \vec{a_0}| < \varepsilon,$$

则称常矢量 $\vec{a_0}$ 为矢值函数 $\vec{f}(t)$ 当 $t \to t_0$ 时的极限. 记作 $\lim\limits_{t \to t_0} \vec{f}(t) = \vec{a_0}$.

如果 $\lim\limits_{t \to t_0} \vec{f}(t) = \vec{f}(t_0)$,则称**矢值函数 $\vec{f}(t)$ 在点 $t = t_0$ 处连续**.

(二) 导矢量

定义 设矢值函数 $\vec{f}(t)$ 在点 t 的某个邻域内有定义,如果极限

$$\lim_{\Delta t \to 0} \frac{\Delta \vec{f}}{\Delta t} = \lim_{\Delta t \to 0} \frac{\vec{f}(t + \Delta t) - \vec{f}(t)}{\Delta t} \tag{6.4}$$

存在,则称此极限为**矢值函数 $\vec{f}(t)$ 在点 t 处的导矢量**.记作 $\dfrac{d\vec{f}}{dt}$ 或 $\vec{f}'(t)$. 即

$$\frac{d\vec{f}}{dt} = \lim_{\Delta t \to 0} \frac{\vec{f}(t + \Delta t) - \vec{f}(t)}{\Delta t}.$$

并称 $d\vec{f} = \vec{f}'(t)dt$ 为**矢值函数 $\vec{f}(t)$ 在点 t 处的矢量微分**.

特别当矢值函数是矢径形式

$$\vec{r} = \vec{r}(t) = x(t)\vec{i} + y(t)\vec{j} + z(t)\vec{k}$$

时,导矢量是

$$\frac{d\vec{r}}{dt} = \lim_{\Delta t \to 0} \frac{\vec{r}(t + \Delta t) - \vec{r}(t)}{\Delta t}. \tag{6.5}$$

因为
$$\Delta\vec{r} = \vec{r}(t + \Delta t) - \vec{r}(t)$$
$$= [x(t + \Delta t) - x(t)]\vec{i} + [y(t + \Delta t) - y(t)]\vec{j} + [z(t + \Delta t) - z(t)]\vec{k}$$
$$= \Delta x\vec{i} + \Delta y\vec{j} + \Delta z\vec{k}.$$

故导矢量为

$$\frac{d\vec{r}}{dt} = \lim_{\Delta t \to 0} \frac{\Delta\vec{r}}{\Delta t} = \lim_{\Delta t \to 0} \frac{\Delta x}{\Delta t}\vec{i} + \lim_{\Delta t \to 0} \frac{\Delta y}{\Delta t}\vec{j} + \lim_{\Delta t \to 0} \frac{\Delta z}{\Delta t}\vec{k}$$
$$= \frac{dx}{dt}\vec{i} + \frac{dy}{dt}\vec{j} + \frac{dz}{dt}\vec{k}. \tag{6.6}$$

矢量微分为

$$d\vec{r} = \vec{r}'(t)dt = dx\vec{i} + dy\vec{j} + dz\vec{k}. \tag{6.7}$$

（三）导矢量的几何意义

设图 9-18 中的 l 为矢值函数 $\vec{r} = \vec{r}(t)$ 的矢端曲线.

$$\overrightarrow{OP} = \vec{r}(t), \quad \overrightarrow{OQ} = \vec{r}(t + \Delta t),$$

则 $\quad \Delta\vec{r} = \vec{r}(t + \Delta t) - \vec{r}(t) = \overrightarrow{PQ}.$

当 $\Delta t > 0$ 时,$\dfrac{\Delta\vec{r}}{\Delta t}$ 与 $\overrightarrow{PQ}$ 同向,于是 $\dfrac{\Delta\vec{r}}{\Delta t}$ 指向参数 t 增加方向;当

$\Delta t < 0$ 时,$\dfrac{\Delta\vec{r}}{\Delta t}$ 与 $\overrightarrow{PQ}$ 反向,于是 $\dfrac{\Delta\vec{r}}{\Delta t}$ 还是指向 t 增加方向.

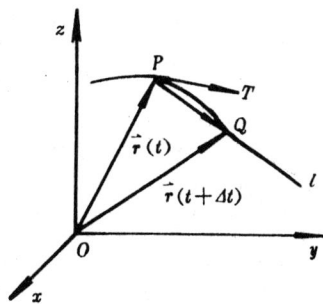

图 9-18

当 $\Delta t \to 0$,即点 Q 沿曲线 l 趋向点 P 时 $\overrightarrow{PQ}$ 的极限位置 $\overrightarrow{PT}$ 就是曲线 l 在点 P 处的切向矢量,记为 $\vec{\tau}$,其方向指向参数 t 增加的方向.

所以**导矢量 $\dfrac{d\vec{r}}{dt}$ 的几何意义**：矢端曲线 l 在 t 的对应点 P 处的切向矢量,即

$$\vec{\tau} = \frac{d\vec{r}}{dt} = \frac{dx}{dt}\vec{i} + \frac{dy}{dt}\vec{j} + \frac{dz}{dt}\vec{k}. \tag{6.8}$$

且其方向指向参数增加的方向.

6.2　空间曲线的切线与法平面

设曲线 l 的参数方程为

$$\begin{cases} x = x(t), \\ y = y(t), \\ z = z(t). \end{cases}$$

其中函数 $x(t), y(t), z(t)$ 具有连续的导数,且导数不同时为零,把方程写成矢量形式

$$\vec{r} = \vec{r}(t) = x(t)\vec{i} + y(t)\vec{j} + z(t)\vec{k}.$$

曲线上一点 $P(x_0, y_0, z_0)$（对应于参数值 $t = t_0$）处的切向矢量是

$$\vec{\tau} = \frac{dx}{dt}\Big|_{t=t_0}\vec{i} + \frac{dy}{dt}\Big|_{t=t_0}\vec{j} + \frac{dz}{dt}\Big|_{t=t_0}\vec{k}.$$

于是切线方程为

$$\frac{x - x_0}{\dfrac{dx}{dt}\Big|_{t=t_0}} = \frac{y - y_0}{\dfrac{dy}{dt}\Big|_{t=t_0}} = \frac{z - z_0}{\dfrac{dz}{dt}\Big|_{t=t_0}}. \tag{6.9}$$

过点 P 且与该点切线垂直的平面称为**曲线 l 在 P 点的法平面**. 它的法线矢量就是 l 的切向矢量 $\vec{\tau}$, 于是法平面的方程为

$$\left(\frac{dx}{dt}\right)_{t=t_0} \cdot (x - x_0) + \left(\frac{dy}{dt}\right)_{t=t_0} \cdot (y - y_0) + \left(\frac{dz}{dt}\right)_{t=t_0} \cdot (z - z_0) = 0. \tag{6.10}$$

例 1 求圆柱螺旋线 $\begin{cases} x = a\cos t, \\ y = a\sin t, \\ z = bt \end{cases}$ 在对应于 $t = \dfrac{2\pi}{3}$ 的点处的切线方程和法平面方程.

解 曲线的矢量方程为

$$\vec{r} = a\cos t\,\vec{i} + a\sin t\,\vec{j} + bt\,\vec{k},$$

则切向矢量是

$$\vec{\tau} = \frac{d\vec{r}}{dt} = -a\sin t\,\vec{i} + a\cos t\,\vec{j} + b\,\vec{k}.$$

$$\vec{\tau}\,\Big|_{t=\frac{2\pi}{3}} = -\frac{\sqrt{3}}{2}a\,\vec{i} - \frac{1}{2}a\,\vec{j} + b\,\vec{k}.$$

当 $t = \dfrac{2\pi}{3}$ 时 $x_0 = -\dfrac{a}{2}, y_0 = \dfrac{\sqrt{3}}{2}a, z_0 = \dfrac{2\pi}{3}b.$

故所求切线方程为

$$\frac{x + \dfrac{a}{2}}{-\dfrac{\sqrt{3}}{2}a} = \frac{y - \dfrac{\sqrt{3}}{2}a}{-\dfrac{1}{2}a} = \frac{z - \dfrac{2\pi}{3}b}{b}$$

或

$$\frac{x - x_0}{-y_0} = \frac{y - y_0}{x_0} = \frac{z - z_0}{b}.$$

法平面方程为

$$\frac{\sqrt{3}}{2}a\left(x + \frac{a}{2}\right) + \frac{1}{2}a\left(y - \frac{\sqrt{3}}{2}a\right) - b\left(z - \frac{2\pi}{3}b\right) = 0.$$

当曲线用一般方程

$$\begin{cases} F(x,y,z) = 0, \\ G(x,y,z) = 0 \end{cases}$$

给出时, 我们可以视 x 为自变量, y 与 z 为一对隐函数 $y = y(x), z = z(x)$, 这样曲线的参数方程可写成

$$\begin{cases} x = x, \\ y = y(x), \\ z = z(x). \end{cases}$$

应用 §4 隐函数组的求导公式 (4.6), 当 $\dfrac{\partial(F,G)}{\partial(y,z)} \neq 0$ 时, 有

$$\frac{dy}{dx} = -\frac{\frac{\partial(F,G)}{\partial(x,z)}}{\frac{\partial(F,G)}{\partial(y,z)}}, \qquad \frac{dz}{dx} = -\frac{\frac{\partial(F,G)}{\partial(y,x)}}{\frac{\partial(F,G)}{\partial(y,z)}},$$

从而得切向矢量

$$\vec{\tau} = \{\frac{dx}{dx}, \frac{dy}{dx}, \frac{dz}{dx}\} = \{1, -\frac{\frac{\partial(F,G)}{\partial(x,z)}}{\frac{\partial(F,G)}{\partial(y,z)}}, -\frac{\frac{\partial(F,G)}{\partial(y,x)}}{\frac{\partial(F,G)}{\partial(y,z)}}\} \mathbin{/\mkern-3mu/} \{\frac{\partial(F,G)}{\partial(y,z)}, \frac{\partial(F,G)}{\partial(z,x)}, \frac{\partial(F,G)}{\partial(x,y)}\}. \tag{6.11}$$

其中利用等式

$$-\frac{\partial(F,G)}{\partial(y,x)} = \frac{\partial(F,G)}{\partial(x,y)}, \qquad -\frac{\partial(F,G)}{\partial(x,z)} = \frac{\partial(F,G)}{\partial(z,x)}.$$

于是过点 $P(x_0, y_0, z_0)$ 的切线方程为

$$\frac{x-x_0}{\left.\frac{\partial(F,G)}{\partial(y,z)}\right|_P} = \frac{y-y_0}{\left.\frac{\partial(F,G)}{\partial(z,x)}\right|_P} = \frac{z-z_0}{\left.\frac{\partial(F,G)}{\partial(x,y)}\right|_P}. \tag{6.12}$$

法平面方程是

$$\left.\frac{\partial(F,G)}{\partial(y,z)}\right|_P \cdot (x-x_0) + \left.\frac{\partial(F,G)}{\partial(z,x)}\right|_P \cdot (y-y_0) + \left.\frac{\partial(F,G)}{\partial(x,y)}\right|_P \cdot (z-z_0) = 0. \tag{6.13}$$

例 2 求曲线 $\begin{cases} z = x^2 + y^2, \\ x^2 + (y-1)^2 = 1 \end{cases}$ 在点 $P(1,1,2)$ 处的切线方程和法平面方程.

解 记 $F(x,y,z) = x^2 + y^2 - z$, $G(x,y,z) = x^2 + (y-1)^2 - 1$.

$$\frac{\partial(F,G)}{\partial(y,z)} = \begin{vmatrix} F'_y & F'_z \\ G'_y & G'_z \end{vmatrix} = \begin{vmatrix} 2y & -1 \\ 2y-2 & 0 \end{vmatrix} = 2y - 2,$$

$$\frac{\partial(F,G)}{\partial(z,x)} = \begin{vmatrix} F'_z & F'_x \\ G'_z & G'_x \end{vmatrix} = \begin{vmatrix} -1 & 2x \\ 0 & 2x \end{vmatrix} = -2x,$$

$$\frac{\partial(F,G)}{\partial(x,y)} = \begin{vmatrix} F'_x & F'_y \\ G'_x & G'_y \end{vmatrix} = \begin{vmatrix} 2x & 2y \\ 2x & 2y-2 \end{vmatrix} = -4x.$$

于是在 $P(1,1,2)$ 处的切向矢量是

$$\vec{\tau} = \{\frac{\partial(F,G)}{\partial(y,z)}, \frac{\partial(F,G)}{\partial(z,x)}, \frac{\partial(F,G)}{\partial(x,y)}\}_P = \{2y-2, -2x, -4x\}_P$$

$$= \{0, -2, -4\} \mathbin{/\mkern-3mu/} \{0, 1, 2\}.$$

故过点 P 的切线方程为

$$\frac{x-1}{0} = \frac{y-1}{1} = \frac{z-2}{2}.$$

法平面方程为

$$0(x-1) + (y-1) + 2(z-2) = 0$$

或

$$y + 2z - 3 = 0.$$

本例也可以不用公式(6.12),而直接采用将确定曲线的方程组两边对 x 求导数的方法,得到 $\frac{dx}{dx} = 1, \frac{dy}{dx}$ 和 $\frac{dz}{dx}$,而获得切向矢量,从而写出切线方程和法平面方程,请读者自己完成.

6.3 曲面的切平面与法线

通过曲面上一点,在曲面上可以作无限多条曲线,如果每条曲线在该点都存在切线,且所

有切线共面. 那么我们称此平面为**曲面在该点的切平面**
(图 9-19). 本段讨论如何求切平面方程问题.

设曲面 Σ 的方程为
$$F(x,y,z) = 0. \tag{6.14}$$
这里函数 F 具有连续的偏导数 F'_x, F'_y, F'_z, 且它们不同
时为零. 这样的曲面我们称为**光滑曲面**.

假定 $M(x_0, y_0, z_0)$ 是 Σ 上一点, Γ 为 Σ 上过点 M 的任
意一条曲线, 其参数方程为
$$\begin{cases} x = x(t), \\ y = y(t), \\ z = z(t). \end{cases} \tag{6.15}$$

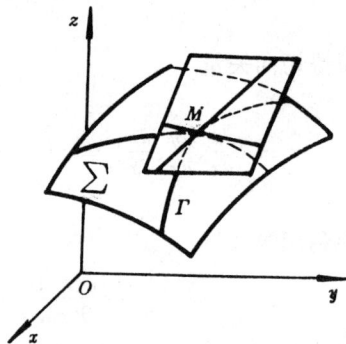

将它代入曲面方程(6.14), 得到关于 t 的一个恒等式
$$F[x(t), y(t), z(t)] \equiv 0.$$

上式两边对 t 求导

图 9-19

$$(F'_x)_M \cdot \frac{dx}{dt}\Big|_{t=t_0} + (F'_y)_M \cdot \frac{dy}{dt}\Big|_{t=t_0} + (F'_z)_M \cdot \frac{dz}{dt}\Big|_{t=t_0} = 0. \tag{6.16}$$

记
$$\vec{n} = \{F'_x, F'_y, F'_z\}_M. \tag{6.17}$$
由 §6.1 知, 曲线 Γ 在点 M 处的切向矢量是
$$\vec{\tau}\Big|_{t=t_0} = \{\frac{dx}{dt}, \frac{dy}{dt}, \frac{dz}{dt}\}\Big|_{t=t_0}.$$

于是(6.16)式就是 $\quad \vec{n} \cdot \vec{\tau} = 0$, 所以 $\vec{\tau} \perp \vec{n}$.

这里 $\vec{n}$ 是由点 M 完全确定的矢量. 再由 Γ 的任意性便知 Σ 上过点 M 的任一条曲线在 M 点
处的切向矢量 $\vec{\tau}$ 都垂直于 $\vec{n}$. 从而 Σ 上过 M 点的无数条曲线的切线一定共面, 这平面就是曲面
Σ 在 M 点处的切平面, $\vec{n}$ 就是切平面的法矢量.

所以, 切平面方程为
$$F'_x(x_0,y_0,z_0)(x-x_0) + F'_y(x_0,y_0,z_0)(y-y_0) + F'_z(x_0,y_0,z_0)(z-z_0) = 0. \tag{6.18}$$
过点 M 的切平面的法线也叫做**曲面在点 M 的法线**. 其方程为
$$\frac{x-x_0}{F'_x(x_0,y_0,z_0)} = \frac{y-y_0}{F'_y(x_0,y_0,z_0)} = \frac{z-z_0}{F'_z(x_0,y_0,z_0)}. \tag{6.19}$$

特别当曲面方程是 $z = z(x,y)$ 时, 此处
$$F(x,y,z) = z(x,y) - z.$$

$$F'_x = \frac{\partial z}{\partial x}, \quad F'_y = \frac{\partial z}{\partial y}, \quad F'_z = -1.$$

则法线矢量是
$$\vec{n} = \{\frac{\partial z}{\partial x}, \frac{\partial z}{\partial y}, -1\}. \tag{6.20}$$

因而切平面方程为
$$(\frac{\partial z}{\partial x})_M(x-x_0) + (\frac{\partial z}{\partial y})_M(y-y_0) - (z-z_0) = 0.$$

法线方程为

$$\frac{x - x_0}{\left(\frac{\partial z}{\partial x}\right)_M} = \frac{y - y_0}{\left(\frac{\partial z}{\partial y}\right)_M} = \frac{z - z_0}{-1}.$$

例 3 求椭圆抛物面 $z = x^2 + \frac{1}{4} y^2 + 3$ 上与平面 $2x + y + z = 0$ 平行的切平面方程和法线方程.

解 设 $M(x_0, y_0, z_0)$ 为抛物面上任一点,依 (6.20) 式法线矢量为

$$\vec{n} = \left\{\frac{\partial z}{\partial x}, \frac{\partial z}{\partial y}, -1\right\}_M = \left\{2x, \frac{1}{2}y, -1\right\}_M = \left\{2x_0, \frac{1}{2}y_0, -1\right\}.$$

由题设 $\vec{n} \parallel \{2, 1, 1\}$,于是有

$$\frac{2x_0}{2} = \frac{\frac{1}{2}y_0}{1} = \frac{-1}{1},$$

解这等式得 $x_0 = -1, y_0 = -2$,再把它们代入抛物面方程,求出 $z_0 = 5$,所以切点 M 的坐标为 $(-1, -2, 5)$. 故所求切平面方程是

$$2(x + 1) + (y + 2) + (z - 5) = 0, \quad 即 \quad 2x + y + z - 1 = 0.$$

法线方程是

$$\frac{x + 1}{2} = \frac{y + 2}{1} = \frac{z - 5}{1}.$$

注意到,空间曲线可以看成两个曲面的交线,那么曲线上一点处的切线,就是这两个曲面在该点切平面的交线,照此思路我们获得了求空间曲线的切线方程的又一个方法.

例 4 重新解 §6.2 例 2.

解 先求抛物面 $z = x^2 + y^2$ 在点 $P(1, 1, 2)$ 处的切平面方程.

令 $F(x, y, z) = x^2 + y^2 - z$,则法线矢量是

$$\vec{n} = \{F'_x, F'_y, F'_z\}_P = \{2x, 2y, -1\}_P = \{2, -2, -1\}.$$

从而切平面方程为

$$2(x - 1) + 2(y - 1) - (z - 2) = 0.$$

即

$$2x + 2y - z - 2 = 0.$$

再求圆柱面 $x^2 + (y - 1)^2 = 1$ 在点 P 的切平面方程.

令 $G(x, y, z) = x^2 + (y - 1)^2 - 1$,则法线矢量是

$$\vec{n} = \{G'_x, G'_y, G'_z\}_P = \{2x, 2y - 2, 0\}_P = \{2, 0, 0\}.$$

从而切平面方程为

$$2(x - 1) = 0, \quad 即 \quad x - 1 = 0.$$

把两个切平面方程联立就得所求的切线方程

$$\begin{cases} 2x + 2y - z - 2 = 0, \\ x - 1 = 0. \end{cases}$$

* 例 5 有时曲面也用参数方程

$$\begin{cases} x = x(u, v), \\ y = y(u, v), \\ z = z(u, v) \end{cases} \tag{6.21}$$

表示,试求对应于 (u_0, v_0) 的点 $P(x_0, y_0, z_0)$ 处的切平面方程. 这里我们假定遇到的隐函数及复合函数都是存在且具有连续的导数.

解　由(6.21)中第一和第二个方程联立

$$\begin{cases} \varphi(x,y,u,v) = x(u,v) - x = 0, \\ \psi(x,y,u,v) = y(u,v) - y = 0. \end{cases} \tag{6.22}$$

所确定的隐函数组记作　$u = u(x,y), v = v(x,y)$. 并把它们代入第三个方程,得到曲面的一般方程

$$z = z[u(x,y), v(x,y)].$$

则有

$$\frac{\partial z}{\partial x} = \frac{\partial z}{\partial u} \cdot \frac{\partial u}{\partial x} + \frac{\partial z}{\partial v} \cdot \frac{\partial v}{\partial x}, \qquad \frac{\partial z}{\partial y} = \frac{\partial z}{\partial u} \cdot \frac{\partial u}{\partial y} + \frac{\partial z}{\partial v} \cdot \frac{\partial v}{\partial y}. \tag{6.23}$$

应用 §4 隐函数组的求导公式,对方程组(6.22)求导,得

$$\frac{\partial u}{\partial x} = -\frac{\dfrac{\partial(\varphi,\psi)}{\partial(x,v)}}{\dfrac{\partial(\varphi,\psi)}{\partial(u,v)}} = -\frac{\begin{vmatrix} -1 & \dfrac{\partial x}{\partial v} \\ 0 & \dfrac{\partial y}{\partial v} \end{vmatrix}}{\begin{vmatrix} \dfrac{\partial x}{\partial u} & \dfrac{\partial x}{\partial v} \\ \dfrac{\partial y}{\partial u} & \dfrac{\partial y}{\partial v} \end{vmatrix}} = \frac{\dfrac{\partial y}{\partial v}}{\dfrac{\partial(x,y)}{\partial(u,v)}},$$

$$\frac{\partial v}{\partial x} = -\frac{\dfrac{\partial(\varphi,\psi)}{\partial(u,x)}}{\dfrac{\partial(\varphi,\psi)}{\partial(u,v)}} = -\frac{\begin{vmatrix} \dfrac{\partial x}{\partial u} & -1 \\ \dfrac{\partial y}{\partial u} & 0 \end{vmatrix}}{\begin{vmatrix} \dfrac{\partial x}{\partial u} & \dfrac{\partial x}{\partial v} \\ \dfrac{\partial y}{\partial u} & \dfrac{\partial y}{\partial v} \end{vmatrix}} = -\frac{\dfrac{\partial y}{\partial u}}{\dfrac{\partial(x,y)}{\partial(u,v)}}.$$

把 $\dfrac{\partial u}{\partial x}, \dfrac{\partial v}{\partial x}$ 代入(6.23)中第一个式子,得到

$$\frac{\partial z}{\partial x} = \frac{\partial z}{\partial u} \frac{\dfrac{\partial y}{\partial v}}{\dfrac{\partial(x,y)}{\partial(u,v)}} + \frac{\partial z}{\partial v} \frac{-\dfrac{\partial y}{\partial u}}{\dfrac{\partial(x,y)}{\partial(u,v)}} = -\frac{\dfrac{\partial(y,z)}{\partial(u,v)}}{\dfrac{\partial(x,y)}{\partial(u,v)}}.$$

同理可得

$$\frac{\partial z}{\partial y} = -\frac{\dfrac{\partial(z,x)}{\partial(u,v)}}{\dfrac{\partial(x,y)}{\partial(u,v)}},$$

于是法线矢量为

$$\vec{n} = \left\{ \frac{\partial z}{\partial x}, \frac{\partial z}{\partial y}, -1 \right\}_{(u_0, v_0)} = \left\{ -\frac{\dfrac{\partial(y,z)}{\partial(u,v)}}{\dfrac{\partial(x,y)}{\partial(u,v)}}, -\frac{\dfrac{\partial(z,x)}{\partial(u,v)}}{\dfrac{\partial(x,y)}{\partial(u,v)}}, -1 \right\}_{(u_0, v_0)}$$

$$/\!/ \left\{ \frac{\partial(y,z)}{\partial(u,v)}, \frac{\partial(z,x)}{\partial(u,v)}, \frac{\partial(x,y)}{\partial(u,v)} \right\}_{(u_0, v_0)}.$$

因此切平面方程是

$$\frac{\partial(y,z)}{\partial(u,v)}\bigg|_{(u_0,v_0)} \cdot (x - x_0) + \frac{\partial(z,x)}{\partial(u,v)}\bigg|_{(u_0,v_0)} \cdot (y - y_0) + \frac{\partial(x,y)}{\partial(u,v)}\bigg|_{(u_0,v_0)} \cdot (z - z_0) = 0.$$

法线方程是

$$\frac{x-x_0}{\left.\frac{\partial(y,z)}{\partial(u,v)}\right|_{(u_0,v_0)}}=\frac{y-y_0}{\left.\frac{\partial(z,x)}{\partial(u,v)}\right|_{(u_0,v_0)}}=\frac{z-z_0}{\left.\frac{\partial(x,y)}{\partial(u,v)}\right|_{(u_0,v_0)}}.$$

§7　多元函数的极值与条件极值问题

多元函数的极值有广泛的应用,我们以二元函数为例来讨论.

7.1　极值及其判别法

定义　设函数 $z=f(x,y)$ 在点 $P_0(x_0,y_0)$ 的某邻域内有定义,若对于该邻域内任意点 $P(x,y)$ 有

$$f(x,y)\leqslant f(x_0,y_0)\qquad(\text{或 } f(x,y)\geqslant f(x_0,y_0)),$$

则称 $f(x_0,y_0)$ **为函数 $f(x,y)$ 的极大(或极小)值**,称取到极值的点 $P_0(x_0,y_0)$ **为极大(或极小)值点**. 极大值与极小值统称为**极值**,极大值点与极小值点统称**极值点**.

例如　函数 $z=\sqrt{1-x^2-(y-1)^2}$ 在点 $(0,1)$ 取到极大值 $f(0,1)=1$(图 9-20). 函数 $z=\sqrt{x^2+y^2}$ 在点 $(0,0)$ 取到极小值 $f(0,0)=0$(图 9-21).

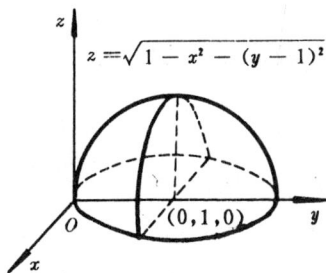

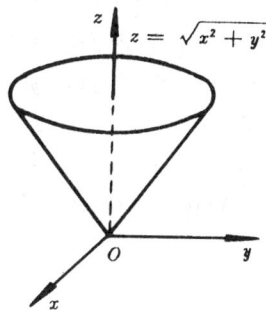

图 9-20　　　　　　　　　　　　　　　　　图 9-21

如果函数 $z=f(x,y)$ 在点 $P_0(x_0,y_0)$ 取到极大(或极小)值,那么当 $y=y_0$ 时一元函数 $f(x,y_0)$ 在 $x=x_0$ 处也必取到极大(极小)值,因而由一元函数极值的必要条件有

$$\frac{d}{dx}f(x,y_0)\big|_{x=x_0}=f'_x(x_0,y_0)=0,$$

同理必有

$$\frac{d}{dy}f(x_0,y)\big|_{y=y_0}=f'_y(x_0,y_0)=0.$$

这样我们就得到可导的二元函数取到极值的必要条件.

定理一(极值的必要条件)　设函数 $z=f(x,y)$ 在点 $P_0(x_0,y_0)$ 的某个邻域内偏导数存在,若 $P_0(x_0,y_0)$ 是极值点,则必有

$$\begin{cases}f'_x(x_0,y_0)=0,\\ f'_y(x_0,y_0)=0.\end{cases}\tag{7.1}$$

使一阶偏导数等于零的点 (x_0,y_0) 称为**函数的驻点**. 与一元函数情形相似,驻点未必是极值点. 例如,函数 $z=xy$,在原点 $(0,0)$ 有 $z'_x(0,0)=0,z'_y(0,0)=0$,但是 $z(0,0)=0$ 既不是极

大值也不是极小值,因为在点$(0,0)$不论多么小的邻域内,总有使$z>0$(当x,y同号时)与$z<0$(当x,y异号时)的点存在,故条件(7.1)是极值的必要条件而不是充分条件.

对于不是可导的函数,在偏导数不存在的点也有可能取到极值.例如,$z=\sqrt{x^2+y^2}$,在$(0,0)$偏导数不存在,但$(0,0)$却是极小值点.因而和一元函数一样,多元函数的极值点一定在驻点及导数不存在的点之中.

定理的结论可以推广到二元以上的函数,如可导的三元函数$u=f(x,y,z)$,在点(x_0,y_0,z_0)取到极值的必要条件是

$$\begin{cases} f'_x(x_0,y_0,z_0)=0, \\ f'_y(x_0,y_0,z_0)=0, \\ f'_z(x_0,y_0,z_0)=0. \end{cases}$$

怎样鉴别函数的极值点有如下的方法.

定理二(极值的充分条件) 设函数$z=f(x,y)$在点$P_0(x_0,y_0)$的某个邻域内具有连续的二阶偏导数,且$f'_x(x_0,y_0)=0,f'_y(x_0,y_0)=0$.记

$$A=f''_{xx}(x_0,y_0), \quad B=f''_{xy}(x_0,y_0), \quad C=f''_{yy}(x_0,y_0)$$

那么

(1) 若$B^2-AC<0$,且当$A<0$(或$C<0$)时,则$f(x_0,y_0)$是极大值,

当$A>0$(或$C>0$)时,则$f(x_0,y_0)$是极小值.

(2) 若$B^2-AC>0$,则$f(x_0,y_0)$不是极值.

(3) 若$B^2-AC=0$,则$f(x_0,y_0)$可能是极值也可能不是极值,须另加讨论.

(证明见§7.4)

例1 求函数$z=x^4+y^4-x^2-2xy-y^2$的极值.

解 由极值的必要条件,令

$$\begin{cases} z'_x=4x^3-2x-2y=0, \\ z'_y=4y^3-2x-2y=0. \end{cases}$$

解得驻点$(-1,-1),(1,1),(0,0)$.

$$A=z''_{xx}=12x^2-2, \quad B=z''_{xy}=-2, \quad C=z''_{yy}=12y^2-2.$$

在点$(-1,-1)$处,$B^2-AC=-96<0,A=10>0$,故$(-1,-1)$是极小值点,极小值为$z(-1,-1)=-2$.

在点$(1,1)$处,$B^2-AC=-96<0$,又$A=10>0$,故$(1,1)$也是极小值点,极小值为$z(1,1)=-2$.

在点$(0,0)$处,$B^2-AC=0$,充分条件失效.但当$x=y$时,$z=2x^2(x^2-4)<0$ ($|x|<2$);当$x=-y$时,$z=2x^4>0$,可见在原点$(0,0)$不论多么小的邻域内,总有使$z>0$与$z<0$的点存在,所以$(0,0)$不是极值点.

7.2 最大最小值问题

注意到极值点是区域的内点.如果一个函数的最大值(或最小值)在区域内部取到,自然这个最大(或最小)值也是极大值(或极小值),但是最大值(或最小值)也可能在区域(当区域是有界闭的时候)的边界上取到.因此一般来说,求函数的最大(或最小)值的基本思路是,先求出区域上的极值,再与边界上的函数值相比较,大者就是最大值,小者就是最小值.

如果遇到应用问题,由题意肯定最大(或最小)值在区域内部取到,且仅有一个极值可疑

点,这时就可断定最大(或最小)值在该点取到,无须再加判别.

例 2 求函数 $f(x,y) = \sin x + \sin y - \sin(x+y)$ 在 x 轴,y 轴与直线 $x+y = 2\pi$ 围成的三角形区域 D(图 9-22)上的最大值.

解 由必要条件,有

$$\begin{cases} f'_x = \cos x - \cos(x+y) = 0, \\ f'_y = \cos y - \cos(x+y) = 0. \end{cases}$$

在三角形区域 $D = \{(x,y)\,|\,x \geqslant 0, y \geqslant 0, x+y \leqslant 2\pi\}$ 内部方程组仅有一组解 $x = \dfrac{2\pi}{3}, y = \dfrac{2\pi}{3}$,即函数 $f(x,y)$ 在 D 内仅有一个驻点 $P(\dfrac{2\pi}{3}, \dfrac{2\pi}{3})$.

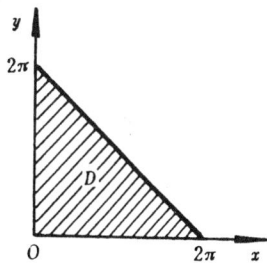

图 9-22

这里 $A = f''_{xx}(P) = [-\sin x + \sin(x+y)]_P = -\sqrt{3} < 0$,

$$B = f''_{xy}(P) = \sin(x+y)|_P = -\frac{\sqrt{3}}{2},$$

$$C = f''_{yy}(P) = [-\sin y + \sin(x+y)]_P = -\sqrt{3}.$$

在 $P(\dfrac{2\pi}{3}, \dfrac{2\pi}{3})$ 处

$$B^2 - AC = (-\frac{\sqrt{3}}{2})^2 - (-\sqrt{3})^2 = -\frac{9}{4} < 0,$$

又 $A < 0$,于是 $f(\dfrac{2\pi}{3}, \dfrac{2\pi}{3}) = \sin\dfrac{2\pi}{3} + \sin\dfrac{2\pi}{3} - \sin\dfrac{4\pi}{3} = \dfrac{3\sqrt{3}}{2}$ 是极大值.

在 D 的边界 $y = 0$ 上,$f(x,0) = \sin x - \sin x = 0$,

在 D 的边界 $x = 0$ 上,$f(0,y) = \sin y - \sin y = 0$,

在 D 的边界 $x+y = 2\pi$ 上,$f(x, 2\pi - x) = \sin x + \sin(2\pi - x) - \sin 2\pi = 0$.

比较上述极大值与边界上的函数值,可见函数在点 $P(\dfrac{2\pi}{3}, \dfrac{2\pi}{3})$ 处取到最大值 $\dfrac{3\sqrt{3}}{2}$.

例 3 欲建造一个露天的长方体水池,容积为 9 立方米,已知每平方米侧面造价是底面造价的 1.5 倍,问如何设计长、宽、高尺寸,方使总造价最省.

解 设长、宽、高分别为 x, y, z(米),底面每平方米造价为 a 元.
因为 $xyz = 9$,
所以总造价为

$$u = axy + 1.5a \times 2(x+y)z = axy + 3a(x+y)z = axy + 3a(x+y) \cdot \frac{9}{xy}.$$

由必要条件

$$\begin{cases} u'_x = ay - \dfrac{27a}{x^2} = 0, \\ u'_y = ax - \dfrac{27a}{y^2} = 0. \end{cases}$$

解得 $x = y = 3, z = 1$,只有一个驻点 $(3,3)$,而依题意存在最小值,所以当 $x = y = 3$(米),$z = 1$(米)时总造价最省.

例 4 某厂家生产的一种产品同时在两个市场销售,售价分别为 p_1(元)、p_2(元);销售量分别为 q_1(件)、q_2(件);需求函数分别为 $q_1 = 24 - 0.2p_1$ 和 $q_2 = 10 - 0.05p_2$;总成本函数为 $c = 35 + 40(q_1 + q_2)$.试问厂家如何确定两个市场的售价,使其获得利润最大?最大利润是多少?

解 总收益函数为

$$R = p_1q_1 + p_2q_2 = 24p_1 - 0.2p_1^2 + 10p_2 - 0.05p_2^2 (元).$$

收益减去成本就是利润,于是利润函数为

$$L = R - C = 32p_1 - 0.2p_1^2 + 12p_2 - 0.05p_2^2 - 1395(元), \quad (p_1 > 0, p_2 > 0).$$

令
$$\begin{cases} L'_{p_1} = 32 - 0.4p_1 = 0, \\ L'_{p_2} = 12 - 0.1p_2 = 0. \end{cases}$$

解出 $p_1 = 80, p_2 = 120$,得唯一驻点$(80,120)$.

$$A = L''_{p_1p_1} = -0.4 < 0, \quad B = L''_{p_1p_2} = 0, \quad C = L''_{p_2p_2} = -0.1.$$

于是
$$B^2 - AC = -0.04 < 0.$$

故$(80,120)$是当 $p_1 > 0, p_2 > 0$ 时的唯一极大值点,从而也是最大值点.

所以,当两个市场的产品定价分别为80元与120元时可获得最大利润,最大利润是
$$L(80,120) = 605(元).$$

7.3 条件极值与拉格朗日乘数法

在许多极值问题中,自变量除受定义域的限制外,常常还受到某些条件的制约.比如,要制作一个有盖的圆柱形容器,如何设计尺寸可使材料最省,这样的提法毫无意义,实际问题必定还有容积一定的条件.这种带有约束条件的极值,我们称为**条件极值**.相应地前面所提的极值称为**无条件极值**.

条件极值的一般提法:求函数 $u = f(x,y,z)$ (7.2)

在约束条件 $\qquad\qquad\qquad \varphi(x,y,z) = 0$ (7.3)

下的极值.

如果能从约束条件(7.3)中解出一个变量 $z = z(x,y)$ 代入函数(7.2)中,得到
$$u = f[x,y,z(x,y)]. \tag{7.4}$$

那么原来三元函数(7.2)带一个约束条件(7.3)的条件极值问题,就转化成二元函数(7.4)的无条件极值问题,不过这一做法未必可能.下面介绍条件极值的一般解法 —— 拉格朗日乘数法,我们用最简单的二元函数

$$z = f(x,y) \tag{7.5}$$

带一个约束条件

$$\varphi(x,y) = 0 \tag{7.6}$$

下的条件极值问题为例说明这种方法.

假设由约束条件(7.6)存在隐函数 $y = y(x)$,代入(7.5)中,消去一个变量 y,成为一元函数

$$z = f[x,y(x)]. \tag{7.7}$$

假设(x_0,y_0)是极值点,由一元函数极值的必要条件,得
$$\frac{dz}{dx} = f'_x(x_0,y_0) + f'_y(x_0,y_0)y'(x_0) = 0. \tag{7.8}$$

其中 $y'(x_0)$ 是未知的,利用隐函数求导法则,由(7.6)得
$$y'(x_0) = -\frac{\varphi'_x(x_0,y_0)}{\varphi'_y(x_0,y_0)},$$

代入(7.8)中
$$f'_x(x_0,y_0) - \frac{f'_y(x_0,y_0)}{\varphi'_y(x_0,y_0)}\varphi'_x(x_0,y_0) = 0.$$

令　$\lambda = -\dfrac{f'_y(x_0, y_0)}{\varphi'_y(x_0, y_0)}$，于是有

$$f'_x(x_0, y_0) + \lambda\varphi'_x(x_0, y_0) = 0, \qquad f'_y(x_0, y_0) + \lambda\varphi'_y(x_0, y_0) = 0.$$

自然点 (x_0, y_0) 满足约束条件(7.6)，因此得到点 (x_0, y_0) 是极值点的必要条件：

$$\begin{cases} f'_x(x_0, y_0) + \lambda\varphi'_x(x_0, y_0) = 0, \\ f'_y(x_0, y_0) + \lambda\varphi'_y(x_0, y_0) = 0, \\ \varphi(x_0, y_0) = 0. \end{cases} \qquad (7.9)$$

这相当于三元函数

$$F(x, y, \lambda) = f(x, y) + \lambda\varphi(x, y) \qquad (7.10)$$

在点 $P(x_0, y_0)$ 处取得无条件极值的必要条件，这一方法称为**拉格朗日乘数法**. F 称为**拉格朗日函数**(或辅助函数)，λ 称为**拉格朗日乘数**.

　　拉格朗日乘数法，可以推广到二元以上函数及有多个约束条件的条件极值问题. 例如，求函数 $u = f(x, y, z)$ 在约束条件

$$\varphi_1(x, y, z) = 0; \qquad \varphi_2(x, y, z) = 0 \text{ 下的条件极值. 可作辅助函数}$$

$$F(x, y, z, \lambda, \mu) = f(x, y, z) + \lambda\varphi_1(x, y, z) + \mu\varphi_2(x, y, z).$$

　　例 5　求椭球面 $\dfrac{x^2}{6} + \dfrac{y^2}{3} + \dfrac{z^2}{2} = 1$ 在第一卦限内的一点 M，使过 M 的切平面与三坐标平面围成的四面体的体积最小，并写出这切平面方程及算出最小体积.

　　解　设切点 M 的坐标为 (x_0, y_0, z_0)，则切平面方程为

$$\frac{x_0 x}{6} + \frac{y_0 y}{3} + \frac{z_0 z}{2} = 1.$$

它在 x 轴、y 轴、z 轴上的截距分别是 $\dfrac{6}{x_0}, \dfrac{3}{y_0}, \dfrac{2}{z_0}$，于是由切平面与三个坐标平面围成的四面体的体积为

$$V = \frac{1}{6} \cdot \frac{6}{x_0} \cdot \frac{3}{y_0} \cdot \frac{2}{z_0} = \frac{6}{x_0 y_0 z_0},$$

这样，问题归结为求函数 $V = \dfrac{6}{x_0 y_0 z_0}$　$(x_0 > 0, y_0 > 0, z_0 > 0)$ 在约束条件 $\dfrac{x_0^2}{6} + \dfrac{y_0^2}{3} + \dfrac{z_0^2}{2} = 1$ 下的条件极值.

　　作辅助函数

$$F(x_0, y_0, z_0, \lambda) = \frac{6}{x_0 y_0 z_0} + \lambda\left(\frac{x_0^2}{6} + \frac{y_0^2}{3} + \frac{z_0^2}{2} - 1\right).$$

令

$$\begin{cases} F'_{x_0} = -\dfrac{6}{x_0^2 y_0 z_0} + \dfrac{\lambda}{3}x_0 = 0, \\[2mm] F'_{y_0} = -\dfrac{6}{x_0 y_0^2 z_0} + \dfrac{2\lambda}{3}y_0 = 0, \\[2mm] F'_{z_0} = -\dfrac{6}{x_0 y_0 z_0^2} + \lambda z_0 = 0, \\[2mm] F'_{\lambda} = \dfrac{x_0^2}{6} + \dfrac{y_0^2}{3} + \dfrac{z_0^2}{2} - 1 = 0. \end{cases}$$

第 1,2,3 个方程分别乘以 x_0, y_0, z_0 后相加，并用第 4 个方程代入，得

$$\frac{6}{x_0 y_0 z_0} = \frac{2}{3}\lambda,$$

再分别代入第 1,2,3 个方程，解出

$$x_0 = \pm\sqrt{2}, \qquad y_0 = \pm 1, \qquad z_0 = \pm\sqrt{\frac{2}{3}}.$$

因此得到在 $x_0 > 0, y_0 > 0, z_0 > 0$ 内的唯一驻点 $(\sqrt{2}, 1, \sqrt{\frac{2}{3}})$.

依题意存在体积最小的四面体,所以 $(\sqrt{2}, 1, \sqrt{\frac{2}{3}})$ 就是所求的切点,故切平面方程为

$$\frac{\sqrt{2}}{6}x + \frac{y}{3} + \frac{\sqrt{\frac{2}{3}}z}{2} = 1 \quad \text{或} \quad \sqrt{2}\,x + 2y + \sqrt{6}\,z = 6.$$

最小四面体的体积为

$$V = \frac{6}{\sqrt{2} \times 1 \times \sqrt{\frac{2}{3}}} = 3\sqrt{3}.$$

例 6 抛物面 $2z = x^2 + y^2$ 与平面 $x + y + z = 1$ 的交线是一个椭圆,试求坐标原点到这个椭圆的最长距离和最短距离.

解 坐标原点到空间任一点 $P(x, y, z)$ 的距离是 $d = \sqrt{x^2 + y^2 + z^2}$,但点 P 既在抛物面上,又在平面上,因而问题就是求函数 $d = \sqrt{x^2 + y^2 + z^2}$ 在约束条件 $\varphi_1 = x^2 + y^2 - 2z = 0$ 与 $\varphi_2 = x + y + z - 1 = 0$ 下的条件极值问题.

为简单起见,改为求极值点相同的函数

$$f(x, y, z) = d^2 = x^2 + y^2 + z^2$$

在约束条件下的极值问题.

作辅助函数

$$F(x, y, z, \lambda, \mu) = x^2 + y^2 + z^2 + \lambda(x^2 + y^2 - 2z) + \mu(x + y + z - 1).$$

令

$$\begin{cases} F'_x = 2x + 2\lambda x + \mu = 0, \\ F'_y = 2y + 2\lambda y + \mu = 0, \\ F'_z = 2z - 2\lambda + \mu = 0, \\ F'_\lambda = x^2 + y^2 - 2z = 0, \\ F'_\mu = x + y + z - 1 = 0. \end{cases}$$

由第 1,2 个方程解得 $x = y$,代入第 4,5 个方程有

$$\begin{cases} z = x^2, \\ z = 1 - 2x. \end{cases}$$

于是解出 $x = y = -1 \pm \sqrt{2}, z = 3 \mp 2\sqrt{2}$.

这就得到可能使函数 f 取到极值的两个点:$(-1+\sqrt{2}, -1+\sqrt{2}, 3-2\sqrt{2})$ 和 $(-1-\sqrt{2}, -1-\sqrt{2}, 3+2\sqrt{2})$,而 f 的最大最小值都是存在的,因此两点对应的函数值

$$f(-1+\sqrt{2}, -1+\sqrt{2}, 3-2\sqrt{2})$$
$$= (-1+\sqrt{2})^2 + (-1+\sqrt{2})^2 + (3-2\sqrt{2})^2 = 23 - 16\sqrt{2},$$
$$f(-1-\sqrt{2}, -1-\sqrt{2}, 3+2\sqrt{2}) = 23 + 16\sqrt{2}.$$

其中较大的数 $23 + 16\sqrt{2}$ 就是 f 的最大值,较小的数 $23 - 16\sqrt{2}$ 就是 f 的最小值,所以原点到椭圆的最长距离是 $\sqrt{23 + 16\sqrt{2}}$,最短距离是 $\sqrt{23 - 16\sqrt{2}}$.

例 7　某公司通过电台及报纸两种方式做销售某种产品的广告,根据统计资料,销售收入 R(万元)与电台广告费用 x(万元)及报纸广告费用 y(万元)之间的关系有如下经验公式:
$$R = 15 + 14x + 32y - 8xy - 2x^2 - 10y^2.$$
(1) 在广告费用不限的情况下,求最优广告策略;(2) 如果提供广告费用为 1.5 万元,求相应的最优广告策略.

解(1) 利润函数为
$$L = R - (x + y) = 15 + 13x + 31y - 8xy - 2x^2 - 10y^2, \quad (x \geqslant 0, y \geqslant 0).$$
令
$$\begin{cases} L'_x = 13 - 8y - 4x = 0, \\ L'_y = 31 - 8x - 20y = 0. \end{cases}$$
解此方程组得唯一的一组解 $x = 0.75, y = 1.25$.
又
$$A = L''_{xx} = -4, B = L''_{xy} = -8, C = L''_{yy} = -20.$$
于是有
$$B^2 - AC = (-8)^2 - 4 \times 20 = -16 < 0, \text{且 } A < 0,$$
故 $(0.75, 1.25)$ 是极大值点,又因它是在 $x > 0, y > 0$ 内的唯一驻点,所以也是最大值点,即采用 0.75 万元作电台广告费,1.25 万元作报纸广告费的策略最优,可获最大利润.

(2) 在广告费用只有 1.5 万元的情况下,这是个求利润函数 L 在约束条件 $x + y = 1.5$(万元)下的条件极值问题.

作辅助函数
$$F(x, y, \lambda) = 15 + 13x + 31y - 8xy - 2x^2 - 10y^2 + \lambda(x + y - 1.5),$$
令
$$\begin{cases} F'_x = 13 - 8y - 4x + \lambda = 0, \\ F'_y = 31 - 8x - 20y + \lambda = 0, \\ F'_\lambda = x + y - 1.5 = 0. \end{cases}$$
把第 1,2 个方程相减,再与第 3 个方程联立,得
$$\begin{cases} 2x + 6y = 9, \\ x + y = 1.5. \end{cases}$$
解此方程组,得到唯一的一组解 $x = 0, y = 1.5$. 又根据题意存在最优策略,所以当广告费只有 1.5 万元的条件下,把它全部投入报纸广告,可以获利最大.

例 8　最小二乘法.

在科学试验中,对观测得到的数据 $(x_i, y_i)(i = 1, 2, \cdots, n)$ 要作进一步理论分析,希望从中找出变量 y 与变量 x 之间的函数关系 $y = F(x)$(也称**经验公式**). 由于观测数据一般都存在误差,因而不要求数据都满足函数 $y = F(x)$,换句话说,不要求曲线 $y = F(x)$ 通过所有的点 $(x_i, y_i)(i = 1, 2, \cdots, n)$,而只要求在给定点 x_i 上的偏差　$\varepsilon_i = F(x_i) - y_i$ 按某种标准达到最小,在科学技术中通常采用使偏差平方和
$$\varepsilon = \sum_{i=1}^{n} \varepsilon_i^2 = \sum_{i=1}^{n} [F(x_i) - y_i]^2 \tag{7.11}$$
达到最小的标准在某类曲线中选配,按这种标准选配最佳曲线的方法,叫做**最小二乘法**.

最小二乘法在具体操作时,首先要确定曲线的类型,下面我们以直线型为例介绍这一方法.

设有一组观测数据

x_i	x_1	x_2	x_3	$\cdots$	x_n
y_i	y_1	y_2	y_3	$\cdots$	y_n

试用最小二乘法求 y 与 x 之间的函数关系.

首先将点 (x_i, y_i) 在平面直角坐标系中标出(图 9-23). 若这些点的分布呈直线形,那么可选择一次函数(即直线类)为模型. 即令

$$y = F(x) = ax + b.$$

其中 a, b 为待定的系数. 于是第 i 点的偏差为

$$\varepsilon_i = F(x_i) - y_i = (ax_i + b) - y_i,$$

偏差平方和是

$$\varepsilon = \sum_{i=1}^{n} \varepsilon_i^2 = \sum_{i=1}^{n} (ax_i + b - y_i)^2.$$

这样最小二乘法便是如何选择 a, b 使得 ε 达到最小的问题,这相当于求二元函数 $\varepsilon = \varepsilon(a, b)$ 的最小值问题.

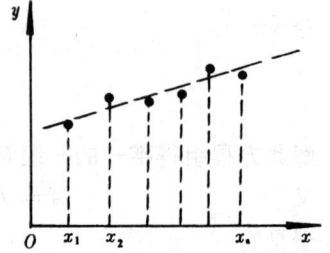

图 9-23

再根据极值的必要条件,有

$$\begin{cases} \varepsilon'_a = 2 \sum_{i=1}^{n} x_i(ax_i + b - y_i) = 0, \\ \varepsilon'_b = 2 \sum_{i=1}^{n} (ax_i + b - y_i) = 0. \end{cases}$$

即

$$\begin{cases} (\sum_{i=1}^{n} x_i^2)a + (\sum_{i=1}^{n} x_i)b = \sum_{i=1}^{n} x_i y_i, \\ (\sum_{i=1}^{n} x_i)a + (\sum_{i=1}^{n} 1)b = \sum_{i=1}^{n} y_i. \end{cases} \tag{7.12}$$

注意到 $\sum_{i=1}^{n} 1 = n$. 当 $n \sum_{i=1}^{n} x_i^2 - (\sum_{i=1}^{n} x_i)^2 \neq 0$ 时,可求得唯一解

$$\begin{cases} a = \dfrac{n \sum_{i=1}^{n} x_i y_i - \sum_{i=1}^{n} x_i \cdot \sum_{i=1}^{n} y_i}{n \sum_{i=1}^{n} x_i^2 - (\sum_{i=1}^{n} x_i)^2}, \\ b = \dfrac{\sum_{i=1}^{n} x_i^2 \sum_{i=1}^{n} y_i - \sum_{i=1}^{n} x_i y_i \cdot \sum_{i=1}^{n} x_i}{n \sum_{i=1}^{n} x_i^2 - (\sum_{i=1}^{n} x_i)^2}. \end{cases} \tag{7.13}$$

而

$$A = \varepsilon''_{aa} = 2 \sum_{i=1}^{n} x_i^2, \qquad B = \varepsilon''_{ab} = 2 \sum_{i=1}^{n} x_i, \qquad C = \varepsilon''_{bb} = 2 \sum_{i=1}^{n} 1.$$

据柯西不等式可知

$$B^2 - AC = (2 \sum_{i=1}^{n} x_i)^2 - 4 \sum_{i=1}^{n} x_i^2 \sum_{i=1}^{n} 1 = 4[(\sum_{i=1}^{n} x_i)^2 - \sum_{i=1}^{n} 1 \cdot \sum_{i=1}^{n} x_i^2] \leqslant 0.$$

又 $A = 2 \sum_{i=1}^{n} x_i^2 > 0$,故由(7.12)式确定的 a, b 作斜率和截距的直线 $y = ax + b$,就是要求的所谓最佳直线. 通常称(7.12)为**法方程**.

例如,某一实验测得一组数据如下:

x_i	-1	0	1	2	3	4
y_i	6	4.5	5	4	3.5	3

试用最小二乘法求最佳直线.

令 $\quad F(x) = ax + b.$

法方程(7.12)中的各系数列表计算如下:

i	x_i	y_i	x_i^2	$x_i y_i$	$\varepsilon_i = ax_i + b - y_i$
1	-1	6	1	-6	-0.3095
2	0	4.5	0	0	0.6476
3	1	5	1	5	-0.3953
4	2	4	4	8	0.0618
5	3	3.5	9	10.5	0.0189
6	4	3	16	12	-0.024
$\sum\limits_{i=1}^{6}$	9	26	31	29.5	

于是法方程为

$$\begin{cases} 31a + 9b = 29.5, \\ 9a + 6b = 26. \end{cases}$$

解得 $\qquad a = \dfrac{-57}{105} = -0.5429, \quad b = \dfrac{540.5}{105} = 5.1476.$

所以最佳直线为

$$y = -0.5429x + 5.1476.$$

这样的结果是否令人满意,一般可算出每个测点 x_i 的偏差 ε_i,用 $\max\limits_{1 \leqslant i \leqslant n} |\varepsilon_i|$ 是不是达到要求来检验. 从表中最后一列看出第 2 个测点的偏差最大 $|\varepsilon_2| = 0.6476$,如果这样的误差不符要求,那么可设法再增加观测次数,来改善曲线拟合数据的程度,如果还不能达到要求,则应考虑更换数学模型(即曲线的类型).

7.4 二元函数的泰勒公式与极值的充分条件

(一)二元函数的泰勒公式

在第四章中我们已经看到,一元函数的泰勒公式使得满足一定条件的函数,都可以用最简单、性质优良的函数 —— 多项式来近似. 这为函数性态的研究提供了极为有效的工具. 对于多元函数也有类似的泰勒公式.

定理(泰勒公式) 设二元函数 $z = f(x, y)$ 在点 $P_0(x_0, y_0)$ 的某个邻域内具有直到 $n+1$ 阶连续的偏导数,则在该邻域内任一点 $P(x_0 + h, y_0 + k)$ 处的函数值可表示成

$$f(x_0 + h, y_0 + k) = f(x_0, y_0) + \left(h\frac{\partial}{\partial x} + k\frac{\partial}{\partial y}\right)f(x_0, y_0) + \frac{1}{2!}\left(h\frac{\partial}{\partial x} + k\frac{\partial}{\partial y}\right)^2 f(x_0, y_0)$$

$$+ \cdots + \frac{1}{n!}\left(h\frac{\partial}{\partial x} + k\frac{\partial}{\partial y}\right)^n f(x_0, y_0) + R_n, \tag{7.14}$$

其中 $\qquad R_n = \dfrac{1}{(n+1)!}(h\dfrac{\partial}{\partial x} + k\dfrac{\partial}{\partial y})^{n+1}f(x_0 + \theta h, y_0 + \theta k), \quad 0 < \theta < 1.$

称(7.14)为**二元函数** $f(x,y)$ **在点** $P_0(x_0,y_0)$ **处的** n **阶泰勒公式**,而 R_n 称为**泰勒公式的余项**.

证 过 $P_0(x_0,y_0)$ 和 $P(x_0 + h, y_0 + k)$ 两点的直线的参数方程为

$$\begin{cases} x = x_0 + ht, \\ y = y_0 + kt. \end{cases} \qquad (7.15)$$

线段 P_0P 上每一点 $Q(x,y)$ 对应于参数 t 的一个值.当 $t = 0$ 时就是 P_0 点,当 $t = 1$ 时就是 P 点(图 9-24).于是二元函数

$$f(x,y) = f(x_0 + ht, y_0 + kt)$$

就可看成 t 的一元函数,记作 $\Phi(t)$,即

$$\Phi(t) = f(x_0 + ht, y_0 + kt). \qquad (7.16)$$

由题设得 $\Phi(t)$ 具有 $n + 1$ 阶连续的导数,应用一元函数在 $t = 0$ 处的泰勒公式

$$\Phi(t) = \Phi(0) + \Phi'(0)t + \dfrac{\Phi''(0)}{2!}t^2 + \cdots + \dfrac{\Phi^{(n)}(0)}{n!}t^n$$

$$+ \dfrac{\Phi^{(n+1)}(\theta t)}{(n+1)!}t^{n+1}, \quad 0 < \theta < 1.$$

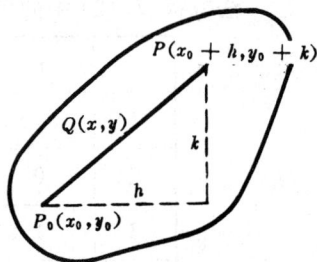

图 9-24

特别当 $t = 1$ 时

$$\Phi(1) = \Phi(0) + \Phi'(0) + \dfrac{\Phi''(0)}{2!} + \cdots + \dfrac{\Phi^{(n)}(0)}{n!} + \dfrac{\Phi^{(n+1)}(\theta)}{(n+1)!}, \quad 0 < \theta < 1. \qquad (7.17)$$

这里 $\quad \Phi(0) = f(x_0,y_0), \qquad \Phi(1) = f(x_0 + h, y_0 + k).$

由复合函数求导法则对(7.16)求全导数

$$\Phi'(t) = f'_x(x_0 + ht, y_0 + kt)h + f'_y(x_0 + ht, y_0 + kt)k$$

$$\triangleq (h\dfrac{\partial}{\partial x} + k\dfrac{\partial}{\partial y})f(x_0 + ht, y_0 + kt),$$

$$\Phi''(t) = h[f''_{xx}(x_0 + ht, y_0 + kt)h + f''_{xy}(x_0 + ht, y_0 + kt)k]$$

$$+ k[f''_{yx}(x_0 + ht, y_0 + kt)h + f''_{yy}(x_0 + ht, y_0 + kt)k]$$

$$= h^2 f''_{xx}(x_0 + ht, y_0 + kt) + 2hk f''_{xy}(x_0 + ht, y_0 + kt) + k^2 f''_{yy}(x_0 + ht, y_0 + kt)$$

$$\triangleq (h\dfrac{\partial}{\partial x} + k\dfrac{\partial}{\partial y})^2 f(x_0 + ht, y_0 + kt).$$

一般地可得

$$\Phi^{(m)}(t) = (h\dfrac{\partial}{\partial x} + k\dfrac{\partial}{\partial y})^m f(x_0 + ht, y_0 + kt), \quad (m = 1,2,\cdots,n+1).$$

令 $t = 0$,则

$$\Phi'(0) = (h\dfrac{\partial}{\partial x} + k\dfrac{\partial}{\partial y})f(x_0,y_0),$$

$$\Phi''(0) = (h\dfrac{\partial}{\partial x} + k\dfrac{\partial}{\partial y})^2 f(x_0,y_0),$$

$$\cdots$$

$$\Phi^{(m)}(0) = (h\dfrac{\partial}{\partial x} + k\dfrac{\partial}{\partial y})^m f(x_0,y_0).$$

而 $\qquad\qquad \Phi^{(n+1)}(\theta) = (h\dfrac{\partial}{\partial x} + k\dfrac{\partial}{\partial y})^{n+1}f(x_0 + \theta h, y_0 + \theta k),$

把它们全部代入(7.17)式,就是二元函数 $f(x,y)$ 在点 $P_0(x_0,y_0)$ 处的 n 阶泰勒公式(7.14).

证毕

例 9 写出函数 $f(x,y) = e^x\ln(1 + y)$ 在点 $(0,0)$ 处的二阶泰勒公式.

解 $f'_x(x,y) = e^x\ln(1+y)$, $f'_y(x,y) = \dfrac{e^x}{1+y}$,

$$f''_{xx}(x,y) = e^x\ln(1+y), \quad f''_{xy}(x,y) = f''_{yx}(x,y) = \dfrac{e^x}{1+y},$$

$$f''_{yy}(x,y) = -\dfrac{e^x}{(1+y)^2},$$

$$f'''_{xxx}(x,y) = e^x\ln(1+y), \quad f'''_{xxy} = f'''_{xyx} = f'''_{yxx} = \dfrac{e^x}{1+y},$$

$$f'''_{xyy} = f'''_{yxy} = f'''_{yyx} = -\dfrac{e^x}{(1+y)^2}, \quad f'''_{yyy}(x,y) = \dfrac{2e^x}{(1+y)^3}.$$

在(0,0) 点

$$f(0,0) = 0, \quad f'_x(0,0) = 0, \quad f'_y(0,0) = 1,$$

$$f''_{xx}(0,0) = 0, \quad f''_{xy}(0,0) = 1, \quad f''_{yy}(0,0) = -1.$$

这里公式(7.14) 中的 $h = x, k = y$,于是所求二阶泰勒公式为

$$e^x\ln(1+y) = f(0,0) + [f'_x(0,0)h + f'_y(0,0)k] + \frac{1}{2}[h^2 f''_{xx}(0,0) + 2hk f''_{xy}(0,0)$$

$$+ k^2 f''_{yy}(0,0)] + R_2 = y + \frac{1}{2}(2xy - y^2) + R_2.$$

其中余项为

$$R_2 = \frac{1}{3!}[h^3 f'''_{xxx}(\theta h,\theta k) + 3h^2 k f'''_{xxy}(\theta h,\theta k) + 3hk^2 f'''_{xyy}(\theta h,\theta k) + k^3 f'''_{yyy}(\theta h,\theta k)]$$

$$= \frac{1}{3!}e^{\theta x}[\ln(1+\theta y)\cdot x^3 + \frac{3x^2 y}{1+\theta y} - \frac{3xy^2}{(1+\theta y)^2} + \frac{2y^3}{(1+\theta y)^3}], \quad (0 < \theta < 1).$$

(二) 二元函数极值的充分条件

利用二元函数的泰勒公式,现在来证明二元函数极值的充分条件§7.1 定理二.

定理(极值的充分条件) 设二元函数 $z = f(x,y)$ 在点 $P_0(x_0,y_0)$ 的一个邻域内具有连续的二阶偏导数,且 $f'_x(x_0,y_0) = 0, f'_y(x_0,y_0) = 0$. 记 $A = f''_{xx}(x_0,y_0), B = f''_{xy}(x_0,y_0), C = f''_{yy}(x_0,y_0)$,那么

(1) 当 $B^2 - AC < 0$,且 $A < 0$(或 $C < 0$) 时,$f(x_0,y_0)$ 是极大值;而在 $A > 0$(或 $C > 0$) 时,$f(x_0,y_0)$ 是极小值.

(2) 当 $B^2 - AC > 0$ 时,$f(x_0,y_0)$ 不是极值.

(3) 当 $B^2 - AC = 0$ 时,$f(x_0,y_0)$ 可能是极值,也可能不是极值,须另加讨论.

证 由函数 $f(x,y)$ 在点 $P_0(x_0,y_0)$ 的一阶泰勒公式,并注意到 $f'_x(x_0,y_0) = 0, f'_y(x_0,y_0) = 0$,有

$$f(x_0 + h, y_0 + k) = f(x_0,y_0) + \frac{1}{2!}[h^2 f''_{xx}(x_0 + \theta h, y_0 + \theta k)$$

$$+ 2hk f''_{xy}(x_0 + \theta h, y_0 + \theta k) + k^2 f''_{yy}(x_0 + \theta h, y_0 + \theta k)],$$

所以

$$\Delta z = f(x_0 + h, y_0 + k) - f(x_0,y_0) = \frac{h^2}{2}f''_{xx}(x_0 + \theta h, y_0 + \theta k) + hk f''_{xy}(x_0 + \theta h, y_0 + \theta k)$$

$$+ \frac{k^2}{2}f''_{yy}(x_0 + \theta h, y_0 + \theta k).$$

因为 $f(x,y)$ 在 (x_0,y_0) 具有连续的二阶偏导数,故当 $\rho = \sqrt{h^2 + k^2} \to 0$ 时,有

$$f''_{xx}(x_0 + \theta h, y_0 + \theta k) = A + \alpha, \quad f''_{xy}(x_0 + \theta h, y_0 + \theta k) = B + \beta,$$

$$f''_{yy}(x_0 + \theta h, y_0 + \theta k) = C + \gamma.$$

其中 当 $\rho \to 0$ 时,$\alpha,\beta,\gamma \to 0$. 于是

$$\Delta z = \frac{h^2}{2}(A + \alpha) + hk(B + \beta) + \frac{k^2}{2}(C + \gamma)$$

$$= \frac{1}{2}(h^2 A + 2hkB + k^2 C) + \frac{1}{2}(h^2\alpha + 2hk\beta + k^2\gamma). \tag{7.18}$$

当 $\rho \to 0$ 时,上式右边第二个括号是 ρ 的高阶无穷小,从而当 $|h|,|k|$ 足够小时,Δz 的符号由上式右边第一项的符号决定. 记

$$P \triangleq h^2 A + 2hkB + k^2 C. \tag{7.19}$$

如果 $B^2 - AC < 0$,这时 A, C 不能为零,且同号,从而

$$P = \frac{1}{A}\left[(Ah + Bk)^2 + k^2(AC - B^2)\right]$$

$$= \frac{1}{C}\left[(Bh + Ck)^2 + h^2(AC - B^2)\right], \tag{7.20}$$

可见,h, k 不论取什么值(只要不同时为零),(7.20) 式右边方括号内总是正数,因而 P 与 A 或 C 同号,所以当 $|h|,|k|$ 足够小时,Δz 与 A 或 C 同号,这样就证明了当 $A < 0$(或 $C < 0$)时,$f(x_0, y_0)$ 是函数 $f(x, y)$ 的极大值;当 $A > 0$(或 $C > 0$)时,$f(x_0, y_0)$ 是函数 $f(x, y)$ 的极小值.

如果 $B^2 - AC > 0$,当 A 和 C 有一个不为零时,从 (7.20) 式可知,对于 h, k 不同的取值,P 从而 Δz 可正可负;当 $A = C = 0$ 时,由 (7.19) 式知 $P = 2hkB$,对于 h, k 不同的取值,P 从而 Δz 可正可负,这就证明了当 $B^2 - AC > 0$ 时 $f(x_0, y_0)$ 不是函数 $f(x, y)$ 的极值.

如果 $B^2 - AC = 0$,若 $A \neq 0$,由 (7.20) 的第一个等式看到,当 $Ah + Bk = 0$ 时,$P = 0$,这时 Δz 的符号与 (7.18) 式右边的第二个括号相同,而后者的符号无法判定,所以 $f(x, y)$ 在 (x_0, y_0) 处可能取到极值,也可能不取极值,须另加讨论.

§8 方向导数与数量场的梯度

8.1 数量场和矢量场

在物理学中,将发生物理现象的空间称为**场**. 如果场中每一点对应的物理量是矢量,我们就将它称为**矢量场**,如果是数量就将它称为**数量场**. 如力场、流速场、静电场强、磁场等都是矢量场;温度场、静电位场等是数量场.

如果场中每一点对应的物理量不随时间变化,称为**定常场**(或**稳定场**),否则,称为**非定常场**(或**非稳定场**).

以下我们只讨论定常场.

从数学上看,一个数量场就是一个数量函数 $u = u(P), P \in V$. 一个矢量场就是一个矢值函数 $\vec{A} = \vec{A}(P), P \in V$. 在选定直角坐标系 $Oxyz$ 下,那数量场就是

$$u = u(P) = u(x, y, z), \quad (x, y, z) \in V.$$

矢量场就是

$$\vec{A} = \vec{A}(P) = \vec{A}(x, y, z)$$

$$= A_x(x, y, z)\vec{i} + A_y(x, y, z)\vec{j} + A_z(x, y, z)\vec{k}, \quad (x, y, z) \in V.$$

为了形象地了解一个数量场,常常令 $u = C$(常数),得到一个曲面

$$u(x, y, z) = C.$$

称为**等值面**. 给 C 不同的常数,就得到一族等值面,它显示出该数量场的物理量分布状态. 例如,在真空中电量为 q 的点电荷的周围每一点有一个电位,形成一个电位场,由物理学知,放置

在坐标原点的点电荷 q 距离点电荷 r 处的电位是

$$\varphi = \frac{q}{4\pi\varepsilon_0 r}, \qquad (r = \sqrt{x^2 + y^2 + z^2}).$$

电位等于 C 的点的全体为

$$\{(x,y,z) \mid \frac{q}{4\pi\varepsilon_0 r} = C, r = \sqrt{x^2 + y^2 + z^2}\}.$$

得

$$r = \frac{q}{4\pi\varepsilon_0 C} \quad \text{或} \quad x^2 + y^2 + z^2 = (\frac{q}{4\pi\varepsilon_0 C})^2,$$

可见等电位面是一个以点电荷为中心,$\frac{q}{4\pi\varepsilon_0 C}$ 为半径的一个球面.

在二维空间,等值面

$$u(x,y) = C, \quad (x,y) \in D$$

称为**等值线**. 例如,地球上每一地点有一个确定的海拔高度,所有海拔高度为 C 米的点

$$\{(x,y) \mid h(x,y) = C\}$$

通常是一条曲线,我们称它为**等高线**. 这在地形测量图中是常见的(如图 9-25).

为了对矢量场有较形象的了解. 我们把场中这样的曲线:它的每一点与矢量场在该点的矢量相切. 这曲线称为**矢线**. 在流速场中矢线就是流线,它是水分子的流动轨迹. 在做物理实验时见到的铁屑在磁场中的排列形状,形象地显示出该磁场的磁力线形状.

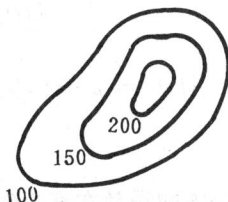

图 9-25

8.2 方向导数

在本章 §2 讨论过三元函数的偏导数,它是考察函数沿三个坐标轴方向的变化率问题,但在科学技术里,常常需要研究一个函数沿任何指定方向的变化率. 比如大型水坝浇灌混凝土时,有化学反应热产生,整个大坝形成一个温度场,由于各处的温度不尽相同,冷却的速度有快有慢,就有可能在凝固时产生裂缝,留下隐患,这是水利工程设计与施工时应注意的. 又比如,由于带电体的形状不同,电荷在其上的分布也就不同,在尖端部位容易发生放电现象,这是大家知道的物理常识. 本段讨论这种沿指定方向的函数变化率及其计算问题.

定义 设数量场 $u(P)$,$P \in V$,及从 P 点出发的射线 l,在 l 上任取一点 Q(图 9-26),如果函数 $u(P)$ 在线段 PQ 上的平均变化率

$$\frac{u(Q) - u(P)}{|PQ|}$$

当 $Q \to P$ 时的有穷极限

$$\lim_{Q \to P} \frac{u(Q) - u(P)}{|PQ|}$$

图 9-26

存在,则称此极限为**函数 $u(P)$ 在点 P 处沿 l 方向的方向导数**,记作 $\left.\frac{\partial u}{\partial l}\right|_P$,即

$$\left.\frac{\partial u}{\partial l}\right|_P = \lim_{Q \to P} \frac{u(Q) - u(P)}{|PQ|}. \tag{8.1}$$

方向导数与偏导数一样是反映函数变化率的一个概念,所不同的是方向不限于沿坐标轴

方向,它可以是沿任何指定的方向,并且是单侧的(从 P 指向 Q 的方向).

从定义可以看出,方向导数的概念与坐标系的选择无关.

为了推导方向导数的简便计算公式,我们选取坐标系 $Oxyz$,推导方向导数在直角坐标系下的表达式. 这时

$$u(P) = u(x,y,z), \quad (x,y,z) \in V.$$

设函数 $u(x,y,z)$ 在 V 内具有一阶连续的偏导数,射线的方向矢量为

$$\vec{l^0} = \cos\alpha\,\vec{i} + \cos\beta\,\vec{j} + \cos\gamma\,\vec{k}.$$

Q 为射线 l 上任一异于 P 的点,坐标为 $Q(x + \Delta x, y + \Delta y, z + \Delta z)$. 由全增量公式

$$u(Q) - u(P) = u(x + \Delta x, y + \Delta y, z + \Delta z) - u(x,y,z)$$

$$= \frac{\partial u}{\partial x}\Delta x + \frac{\partial u}{\partial y}\Delta y + \frac{\partial u}{\partial z}\Delta z + o(\rho). \tag{8.2}$$

其中 $o(\rho)$ 是当 $\rho = \sqrt{\Delta x^2 + \Delta y^2 + \Delta z^2} = |PQ| \to 0$ 时的高阶无穷小,(8.2) 式两边除以 $|PQ|$,有

$$\frac{u(Q) - u(P)}{|PQ|} = \frac{\partial u}{\partial x}\frac{\Delta x}{|PQ|} + \frac{\partial u}{\partial y}\frac{\Delta y}{|PQ|} + \frac{\partial u}{\partial z}\frac{\Delta z}{|PQ|} + \frac{o(\rho)}{\rho},$$

而 $\frac{\Delta x}{|PQ|} = \cos\alpha, \frac{\Delta y}{|PQ|} = \cos\beta, \frac{\Delta z}{|PQ|} = \cos\gamma$,代入上式

$$\frac{u(Q) - u(P)}{|PQ|} = \frac{\partial u}{\partial x}\cos\alpha + \frac{\partial u}{\partial y}\cos\beta + \frac{\partial u}{\partial z}\cos\gamma + \frac{o(\rho)}{\rho}.$$

再令 $|PQ| = \rho \to 0$,便得

$$\frac{\partial u}{\partial l} = \frac{\partial u}{\partial x}\cos\alpha + \frac{\partial u}{\partial y}\cos\beta + \frac{\partial u}{\partial z}\cos\gamma. \tag{8.3}$$

这就是方向导数在直角坐标系下的表达式.

例 1 求函数 $u = x^2 y + \frac{z}{x}$ 在点 $P(1,2,-1)$ 处沿 $\vec{l} = \vec{i} - 2\vec{j} + 2\vec{k}$ 方向的方向导数.

解 这里 $\vec{l^0} = \frac{1}{3}\vec{i} - \frac{2}{3}\vec{j} + \frac{2}{3}\vec{k}$,

于是 $$\cos\alpha = \frac{1}{3}, \quad \cos\beta = -\frac{2}{3}, \quad \cos\gamma = \frac{2}{3}.$$

又

$$\frac{\partial u}{\partial x} = 2xy - \frac{z}{x^2}, \quad \frac{\partial u}{\partial y} = x^2, \quad \frac{\partial u}{\partial z} = \frac{1}{x},$$

$$\frac{\partial u}{\partial x}\Big|_P = 5, \quad \frac{\partial u}{\partial y}\Big|_P = 1, \quad \frac{\partial u}{\partial z}\Big|_P = 1,$$

所以方向导数为

$$\frac{\partial u}{\partial l}\Big|_P = \frac{\partial u}{\partial x}\Big|_P\cos\alpha + \frac{\partial u}{\partial y}\Big|_P\cos\beta + \frac{\partial u}{\partial z}\Big|_P\cos\gamma$$

$$= 5 \times \frac{1}{3} + 1 \times \left(-\frac{2}{3}\right) + 1 \times \frac{2}{3} = \frac{5}{3}.$$

例 2 设 $u = u(x,y,z)$,求 u 在点 $P(x,y,z)$ 沿 $\vec{l_1} = \vec{i}$ 方向和沿 $\vec{l_2} = -\vec{i}$ 方向的方向导数.

解 这里 $\vec{l_1} = \vec{i}, \cos\alpha = 1, \cos\beta = \cos\gamma = 0$,

故 $$\frac{\partial u}{\partial l_1}\Big|_P = \frac{\partial u}{\partial x}\Big|_P\cos\alpha = \frac{\partial u}{\partial x}\Big|_P,$$

而 $$\vec{l_2} = -\vec{i}, \cos\alpha = -1, \cos\beta = \cos\gamma = 0,$$

故
$$\frac{\partial u}{\partial l_2}\big|_P = \frac{\partial u}{\partial x}\big|_P \cos\alpha = -\frac{\partial u}{\partial x}\big|_P.$$

上述结果表明,沿 x 轴正向的方向导数等于该点(对 x)的偏导数;沿 x 轴负向的方向导数等于该点(对 x)的偏导数的相反数,由此也可见方向导数是单侧的变化率.

8.3 数量场的梯度

有了方向导数,就解决了数量场在一点处沿指定方向的变化率问题,在科学技术中希望知道沿什么方向的变化率最大?最大值是多少?为此我们将 §8.2 中的公式 (8.3) 改为

$$\frac{\partial u}{\partial l}\big|_P = \frac{\partial u}{\partial x}\big|_P \cos\alpha + \frac{\partial u}{\partial y}\big|_P \cos\beta + \frac{\partial u}{\partial z}\big|_P \cos\gamma$$

$$= (\frac{\partial u}{\partial x}\vec{i} + \frac{\partial u}{\partial y}\vec{j} + \frac{\partial u}{\partial z}\vec{k})_P \cdot (\cos\alpha \vec{i} + \cos\beta \vec{j} + \cos\gamma \vec{k}) \triangleq \vec{G}(P) \cdot \vec{l^0}. \tag{8.4}$$

其中
$$\vec{G}(P) = (\frac{\partial u}{\partial x}\vec{i} + \frac{\partial u}{\partial y}\vec{j} + \frac{\partial u}{\partial z}\vec{k})_P,$$

$$\vec{l^0} = \cos\alpha \vec{i} + \cos\beta \vec{j} + \cos\gamma \vec{k},$$

于是
$$\frac{\partial u}{\partial l}\big|_P = |\vec{G}(P)| \cdot \cos\theta.$$

这里 θ 是矢量 $\vec{G}(P)$ 与 $\vec{l^0}$ 的夹角.

由上可见,当 $\theta = 0$,即当 $\vec{l^0}$ 的方向与 $\vec{G}(P)$ 的方向一致时,$\frac{\partial u}{\partial l}\big|_P$ 取到最大值,其最大值就是矢量 $\vec{G}(P)$ 的模,这一特殊意义的矢量 $\vec{G}(P)$,就是所谓数量场的梯度.

定义 以数量场 $u(P)$ 在点 P 处取到最大方向导数的方向为方向,以最大方向导数为模的矢量,称为**数量场 $u(P)$ 在点 P 处的梯度**,记作 $\mathrm{grad}u|_P$.

这里 grad 是英文 gradient 的缩写,在直角坐标系下,数量场 $u(P) = u(x,y,z)$ 在点 P 处的梯度就是

$$\mathrm{grad}u|_P = \frac{\partial u}{\partial x}\vec{i} + \frac{\partial u}{\partial y}\vec{j} + \frac{\partial u}{\partial z}\vec{k}. \tag{8.5}$$

于是 (8.4) 式就是

$$\frac{\partial u}{\partial l}\big|_P = \mathrm{grad}u|_P \cdot \vec{l^0},$$

即数量场 $u(P)$ 在点 P 处沿 $\vec{l}$ 方向的方向导数等于梯度在 $\vec{l}$ 方向上的投影,而最大的方向导数等于梯度的模,即

$$\max(\frac{\partial u}{\partial l})_P = \left|\mathrm{grad}u\big|_P\right|. \tag{8.6}$$

由曲面法线矢量的求法,等值面

$$u(P) = u(x,y,z) = C$$

在点 P 处的法线矢量是

$$\vec{n} = \pm(\frac{\partial u}{\partial x}\vec{i} + \frac{\partial u}{\partial y}\vec{j} + \frac{\partial u}{\partial z}\vec{k}),$$

可见,数量场 $u(P)$ 在点 P 处的梯度方向与等值面 $u(x,y,z) = C$ 在点 P 处的法线矢量 $\vec{n}$ 是平行的,也即梯度方向垂直于等值面.且指向 u 值增加的一侧,如图 9-27 所示.

例 3 设 $u = y^2 + 2yz - x^2$,求 u 在点 $P(1,3,2)$ 处的梯度和最大方向导数.

解 $\dfrac{\partial u}{\partial x} = -2x$, $\quad \dfrac{\partial u}{\partial y} = 2y + 2z$, $\quad \dfrac{\partial u}{\partial z} = 2y$.

$\dfrac{\partial u}{\partial x}\Big|_P = -2$, $\quad \dfrac{\partial u}{\partial y}\Big|_P = 10$, $\quad \dfrac{\partial u}{\partial z}\Big|_P = 6$.

所以梯度是

$$\text{grad}\,u|_P = \dfrac{\partial u}{\partial x}\Big|_P \vec{i} + \dfrac{\partial u}{\partial y}\Big|_P \vec{j} + \dfrac{\partial u}{\partial z}\Big|_P \vec{k}$$

$$= -2\vec{i} + 10\vec{j} + 6\vec{k}.$$

最大方向导数是

$$\max\left(\dfrac{\partial u}{\partial l}\right)_P = \left| \text{grad}\,u|_P \right| = |-2\vec{i} + 10\vec{j} + 6\vec{k}| = 2\sqrt{35}.$$

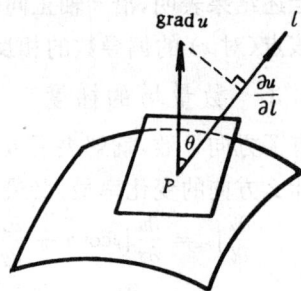

图 9-27

例 4 求 $r = \sqrt{x^2 + y^2 + z^2}$ 的梯度.

解 $\dfrac{\partial r}{\partial x} = \dfrac{x}{\sqrt{x^2 + y^2 + z^2}} = \dfrac{x}{r}$,

同理有 $\quad \dfrac{\partial r}{\partial y} = \dfrac{y}{r}$, $\quad \dfrac{\partial r}{\partial z} = \dfrac{z}{r}$.

所以

$$\text{grad}\,r = \dfrac{x}{r}\vec{i} + \dfrac{y}{r}\vec{j} + \dfrac{z}{r}\vec{k} = \dfrac{\vec{r}}{r}.$$

例 5 求电位场 $\varphi = \dfrac{q}{4\pi\varepsilon_0 r}$ 的梯度,其中 $r = \sqrt{x^2 + y^2 + z^2}$ 是矢径 $\vec{r} = x\vec{i} + y\vec{j} + z\vec{k}$ 的模.

解 $\dfrac{\partial \varphi}{\partial x} = \dfrac{q}{4\pi\varepsilon_0}\left(-\dfrac{1}{r^2}\right)\dfrac{\partial r}{\partial x} = -\dfrac{q}{4\pi\varepsilon_0}\cdot\dfrac{x}{r^3}$,

同理有

$$\dfrac{\partial \varphi}{\partial y} = -\dfrac{q}{4\pi\varepsilon_0}\cdot\dfrac{y}{r^3}, \qquad \dfrac{\partial \varphi}{\partial z} = -\dfrac{q}{4\pi\varepsilon_0}\cdot\dfrac{z}{r^3}.$$

所以电位的梯度为

$$\text{grad}\,\varphi = -\dfrac{q}{4\pi\varepsilon_0}\left(\dfrac{x}{r^3}\vec{i} + \dfrac{y}{r^3}\vec{j} + \dfrac{z}{r^3}\vec{k}\right) = -\dfrac{q}{4\pi\varepsilon_0}\dfrac{\vec{r}}{r^3}.$$

据物理学知静电场的电场强度为

$$\vec{E} = \dfrac{q}{4\pi\varepsilon_0}\cdot\dfrac{\vec{r}}{r^3},$$

故有

$$\vec{E} = -\text{grad}\,\varphi.$$

这结果说明,静电场的电场强度等于负的电位梯度. 换句话说,沿负的电场强度方向电位降落最快.

求数量场 $u(x,y,z)$ 的梯度,是对函数 $u(x,y,z)$ 一种特定的微分运算:

$$\text{grad}\,u = \dfrac{\partial u}{\partial x}\vec{i} + \dfrac{\partial u}{\partial y}\vec{j} + \dfrac{\partial u}{\partial z}\vec{k} \triangleq \left(\dfrac{\partial}{\partial x}\vec{i} + \dfrac{\partial}{\partial y}\vec{j} + \dfrac{\partial}{\partial z}\vec{k}\right)u.$$

梯度具有如下运算性质:

设 $u = u(x,y,z)$, $v = v(x,y,z)$ 具有连续偏导数,则有

1° $\text{grad}(\alpha u + \beta v) = \alpha\,\text{grad}\,u + \beta\,\text{grad}\,v$, （其中 α, β 为常数）.

2° $\quad \text{grad}(uv) = v\,\text{grad}\,u + u\,\text{grad}\,v.$

3° $\quad$ 若 $f(u)$ 是可微函数,则有 $\text{grad}f(u) = f'(u)\text{grad}\,u.$

证明请读者自己完成.

例 6 应用梯度运算性质,重新计算例 5.

$$\text{grad}\varphi = \text{grad}\left(\frac{q}{4\pi\varepsilon_0} \cdot \frac{1}{r}\right) = \frac{q}{4\pi\varepsilon_0}\text{grad}\frac{1}{r}$$

$$= \frac{q}{4\pi\varepsilon_0}\left(\frac{1}{r}\right)'\text{grad}\,r = -\frac{q}{4\pi\varepsilon_0 r^2} \cdot \frac{\vec{r}}{r} = -\frac{q}{4\pi\varepsilon_0} \cdot \frac{\vec{r}}{r^3}.$$

习题九

§ 1

1. 求下列函数的定义域,并在 xOy 平面上画出其图形.

(1) $z = \sqrt{1-x^2} + \sqrt{y}$;　　(2) $z = \sqrt{(x^2+y^2-1)(9-x^2-y^2)}$;　　(3) $z = \arccos\frac{y}{x}$;

(4) $z = \ln(x^2 + 4y^2 - 1)$;　　(5) $z = \text{arctg}\frac{x-y}{x^2+y^2}$;　　(6) $z = \arcsin\frac{x}{y} + \sqrt{xy}$.

2. (1) 设 $f(x,y) = \frac{x^2+y^2}{2xy}$,求 $f(2,-3)$,$f\left(1,\frac{y}{x}\right)$;

(2) 设 $f(x,y) = \frac{x^2-y^2}{2xy}$,求 $F(x) = f\left(x,\frac{1}{x}\right)$.

3. 就指定的 C 值,作出下列函数的等值线 $f(x,y) = C$ 或等值面 $f(x,y,z) = C$.

(1) $f(x,y) = \frac{2x}{x^2+y^2}$,$\quad C = -1,\frac{1}{2},1$;　　(2) $f(x,y) = x+y$,$\quad C = -1,0,2$;

(3) $f(x,y,z) = x+y+z$,$\quad C = -1,2$;　　(4) $f(x,y,z) = x^2+2y^2+3z^2$,$\quad C = 6,12$.

4. 证明 $f(x,y) = x^2 + y^2 - 2xy\arcsin\frac{y}{x}$ 是二次齐次函数.即满足 $f(tx,ty) = t^2 f(x,y)$.

5. 利用二重极限定义证明 $\lim\limits_{\substack{x\to 0 \\ y\to 0}} xy\frac{x^2-y^2}{x^2+y^2} = 0$.

6. 设 $f(x,y) = \frac{3xy}{x^2+y^2}$,试讨论极限 $\lim\limits_{y\to 0}\lim\limits_{x\to 0}f(x,y)$,$\lim\limits_{x\to 0}\lim\limits_{y\to 0}f(x,y)$,$\lim\limits_{\substack{x\to 0 \\ y\to 0}}f(x,y)$ 的存在性.

7. 求下列函数的极限:

(1) $\lim\limits_{\substack{x\to 0 \\ y\to 3}}\frac{xy}{\sqrt{xy+1}-1}$;　　(2) $\lim\limits_{\substack{x\to 0 \\ y\to a}}\frac{\sin xy}{x}$.

8. 证明:若二元函数 $f(x,y)$ 在区域 D 上连续,则在该区域上对每一个变量 x 或 y 来说一定是连续的,但反之不然.

§ 2

9. 设函数 $f(x,y) = x + (y-1)\arcsin\sqrt{\frac{x}{y}}$,试用定义求 $f'_x(x,1)$.

10. 求函数 $z = x^3 + y^3 - 2xy + y^2$ 在点 $(2,-1)$ 处的偏导数.

11. 已知 $f(x,y) = \sqrt[3]{x^2+y^2}$,求 $f'_x(1,1)$ 及 $f'_y(1,2)$.

12. 求下列函数关于各个自变量的偏导数:

(1) $z = x^4 - 3x^2y + y^4$;　　(2) $z = \ln\text{tg}\frac{x}{y}$;　　(3) $z = e^{\frac{x}{y}}\cos(x+y)$;

(4) $z = e^x(\cos y + x\sin y)$;　　(5) $z = \ln(x + \sqrt{x^2+y^2})$;　　(6) $z = (x^2+y^2)e^{\frac{x^2+y^2}{xy}}$;

(7) $z = \arcsin\frac{x}{y}$;　　(8) $u = xy(z^2+y)$;　　(9) $u = \left(\frac{x}{y}\right)^z$;

(10) $z = f(x^2 - y^2)$.

13. 在抛物面 $z = 1 + \frac{1}{4}(x^2+y^2)$ 与平面 $y = 2$ 的交线上的点 $M(2,2,3)$ 处作切线,试求切线与 x 轴正向

的夹角及切线方程.

14. 求下列函数的所有二阶偏导数:

(1) $u = \ln(x + y^2)$;　　　　(2) $u = \text{arctg}\dfrac{x+y}{1-xy}$;　　　　(3) $u = xy + yz + zx$;

(4) $u = xy^2z^3$.

15. 已知 $u = x\ln(xy)$,　求 $\dfrac{\partial^3 u}{\partial x^2 \partial y}$.

16. 已知 $u = e^{xyz}$,　求 $\dfrac{\partial^3 u}{\partial x \partial y \partial z}$.

17. 设(1) $u = x^{y^2}$;　(2) $u = \arccos\sqrt{\dfrac{x}{y}}$,证明 $\dfrac{\partial^2 u}{\partial x \partial y} = \dfrac{\partial^2 u}{\partial y \partial x}$.

18. 设 $u = x\varphi(x + y) + y\psi(x + y)$,其中 φ, ψ 具有二阶连续的导数,试证明

$$\frac{\partial^2 u}{\partial x^2} - 2\frac{\partial^2 u}{\partial x \partial y} + \frac{\partial^2 u}{\partial y^2} = 0.$$

19. 若 $u(x,y,z)$ 具有二阶连续偏导数,且满足 $\Delta u = \dfrac{\partial^2 u}{\partial x^2} + \dfrac{\partial^2 u}{\partial y^2} + \dfrac{\partial^2 u}{\partial z^2} \equiv 0$,则称 u 是调和函数.

已知 $f(x,y,z)$ 是调和函数,且有各阶连续偏导数,证明 $F(x,y,z) = yf'_z - zf'_y$ 亦为调和函数.

20. 验证函数 $u = \dfrac{1}{2a\sqrt{\pi t}}e^{-\frac{(x-x_0)^2}{4a^2 t}}$ 满足热传导方程 $\dfrac{\partial u}{\partial t} = a^2\dfrac{\partial^2 u}{\partial x^2}$　(a, x_0 是常数).

$$\S 3$$

21. 分析下列函数的复合结构,填空:

(1) 若 z 是 u, v, w 的函数,又 u, v, w 都是 x, y 的函数,则 z 是____个中间变量,____个自变量的复合函数.

(2) 若 $z = f(x,y)$,又 $y = g(x)$,则 z 是____个中间变量,____个自变量的复合函数.

(3) 若 $u = f(x + y + z)$,则 u 是____个中间变量,____个自变量的复合函数.

(4) 若 $u = f(x + y, x + z)$,则 u 是____个中间变量,____个自变量的复合函数.

22. 用复合函数的求导法,求下列函数对各个自变量的偏导数:

(1) 设 $z = \dfrac{x^2}{y}, x = u - 2v, y = v + 2u$;

(2) 设 $z = \text{arctg}\dfrac{x}{y}, x = u\cos v, y = u\sin v$;

(3) 设 $z = e^{xy}, x = \ln\sqrt{u^2 + v^2}, y = \text{arctg}\dfrac{u}{v}$;

(4) 设 $w = x + \sqrt{yz} + \sin z,　x = u + v, y = u^2 - v, z = uv$;

(5) 设 $z = u^2vw^3, u = 2x + 1, v = x^2, w = 3x - 1$;

(6) 设 $z = e^{x-2y}, x = \sin t, y = t^3$;

(7) 设 $z = \arcsin\dfrac{x}{y}, y = \sqrt{x^2 + 1}$;

(8) 设 $z = \dfrac{1}{2}\ln\dfrac{x+y}{x-y}, x = \sec t, y = 2\sin t$,在 $t = \pi$ 处.

23. 设 $z = f(u,v), u = x^2 - y^2, v = e^{xy}$,求 $\dfrac{\partial z}{\partial x}, \dfrac{\partial z}{\partial y}$.

24. 设 $u = f(x + y, xz)$,求 $\dfrac{\partial u}{\partial x}, \dfrac{\partial u}{\partial y}, \dfrac{\partial u}{\partial z}$.

25. 设 $u = f(ty, t^2 + y^2), y = \varphi(t)$,求 $\dfrac{du}{dt}$.

26. 设 $u = \varphi\left(\dfrac{x}{y}, \dfrac{y}{z}\right)$,求 $\dfrac{\partial u}{\partial x}, \dfrac{\partial u}{\partial y}, \dfrac{\partial u}{\partial z}$.

27. 函数 $u = f(x + xy + xyz)$ 与 $v = f(x, xy, xyz)$ 的复合结构有何区别?试求出各自对 x 的偏导数.

28. 设 $u = f(x^2, y^2) + g(x^2 + y^2)$,求 $\dfrac{\partial u}{\partial x}, \dfrac{\partial u}{\partial y}$.

29. 试用复合函数求导法,求下列函数对各个自变量的偏导数:

(1) $z = e^{xy}\sin(x+y)$;　　　　(2) $z = (x + \dfrac{y}{x})^y$;　　　　(3) $z = (x + y^2)^{\sin(2x+y)}$.

30. 设 $f(tx,ty) = t^n f(x,y)$,证明 $x f'_x(x,y) + y f'_y(x,y) = n f(x,y)$.

31. 设 $z = f[F(x) + G(y)]$,求 $G'(y)\dfrac{\partial z}{\partial x} - F'(x)\dfrac{\partial z}{\partial y}$.

32. 试求下列函数指定的偏导数:

(1) $z = yf(x+y, x-y)$,求 $\dfrac{\partial^2 z}{\partial y^2}$;

(2) $z = xf(\dfrac{y}{x}) + g(\dfrac{y}{x})$,求 $\dfrac{\partial^2 z}{\partial x^2}, \dfrac{\partial^2 z}{\partial y^2}, \dfrac{\partial^2 z}{\partial x \partial y}$;

(3) $u = f(x,y,z), z = \ln\sqrt{x^2+y^2}$,求 $\dfrac{\partial^2 u}{\partial x \partial y}$.

(4) $u = f(x, x^2+y^2, xy)$,求 $\dfrac{\partial^2 u}{\partial x \partial y}$;

(5) $u = f(xz, y+z)$,求 $\dfrac{\partial^3 u}{\partial x \partial y \partial z}$.

33. 设 $u = f(x+y+z, x^2+y^2+z^2)$,计算 $\Delta u = \dfrac{\partial^2 u}{\partial x^2} + \dfrac{\partial^2 u}{\partial y^2} + \dfrac{\partial^2 u}{\partial z^2}$.

34. 验证下列函数满足指定的等式:

(1) 若 $u = \sin x + F(\sin y - \sin x)$,则 $\dfrac{\partial u}{\partial x}\cos y + \dfrac{\partial u}{\partial y}\cos x = \cos x\cos y$;

(2) 若 $z = xy + xF(\dfrac{y}{x})$,则 $x\dfrac{\partial z}{\partial x} + y\dfrac{\partial z}{\partial y} = z + xy$;

(3) 若 $z = \varphi(x+at) + \psi(x-at)$,则 $\dfrac{\partial^2 z}{\partial t^2} = a^2\dfrac{\partial^2 z}{\partial x^2}$;

(4) 若 $u = \dfrac{xy}{z}\ln x + xf(\dfrac{y}{x}, \dfrac{z}{x})$,则 $x\dfrac{\partial u}{\partial x} + y\dfrac{\partial u}{\partial y} + z\dfrac{\partial u}{\partial z} = u + \dfrac{xy}{z}$;

(5) 若 $u = \varphi(\dfrac{y}{x}) + x\psi(\dfrac{y}{x})$,则 $x^2\dfrac{\partial^2 u}{\partial x^2} + 2xy\dfrac{\partial^2 u}{\partial x \partial y} + y^2\dfrac{\partial^2 u}{\partial y^2} = 0$;

(6) 若 $u = \varphi(xy) + \sqrt{xy}\,\psi(\dfrac{y}{x})$,则 $y^2\dfrac{\partial^2 u}{\partial y^2} - x^2\dfrac{\partial^2 u}{\partial x^2} = 0$.

35. 设 $u = x, v = \dfrac{y}{x}$,取 u, v 作为新的自变量,变换方程 $x\dfrac{\partial z}{\partial x} + y\dfrac{\partial z}{\partial y} - z = 0$.

36. 设 $u = x + 2y + 2, v = x - y + 1$,取 u, v 作为新的自变量,变换方程 $2\dfrac{\partial^2 z}{\partial x^2} + \dfrac{\partial^2 z}{\partial x \partial y} - \dfrac{\partial^2 z}{\partial y^2} + \dfrac{\partial z}{\partial x} + \dfrac{\partial z}{\partial y}$

$= 0$.

37. 设函数 $f(\xi,\eta)$ 具有二阶连续的偏导数,且满足拉普拉斯方程 $\dfrac{\partial^2 f}{\partial \xi^2} + \dfrac{\partial^2 f}{\partial \eta^2} = 0$. 试证: 函数 $z = f(x^2 - y^2,$

$2xy)$ 也满足拉普拉斯方程 $\qquad \dfrac{\partial^2 z}{\partial x^2} + \dfrac{\partial^2 z}{\partial y^2} = 0$.

38. 设 $u = x - 2\sqrt{y}, v = x + 2\sqrt{y}$ $(y > 0)$,取 u, v 为新的自变量,试变换方程 $\dfrac{\partial^2 z}{\partial x^2} - y\dfrac{\partial^2 z}{\partial y^2} = \dfrac{1}{2}\dfrac{\partial z}{\partial y}$.

$$\S 4$$

39. 设 $\ln\sqrt{x^2+y^2} = \text{arctg}\,\dfrac{y}{x}$,求 $\dfrac{dy}{dx}$.

40. 设 $\dfrac{x}{z} = \ln\dfrac{z}{y}$,求 $\dfrac{\partial z}{\partial x}, \dfrac{\partial z}{\partial y}, \dfrac{\partial^2 z}{\partial x \partial y}$.

41. 设 $x - mz = \varphi(y - nz)$,其中 m, n 为常数,求 $\dfrac{\partial z}{\partial x}, \dfrac{\partial z}{\partial y}$.

42. 设 $F(\dfrac{x}{z}, \dfrac{y}{z}) = 0$,求 $\dfrac{\partial z}{\partial x}, \dfrac{\partial z}{\partial y}$.

43. 设 $y^2 + xz + z^2 - e^z - 4 = 0$,求 $\dfrac{\partial z}{\partial x}, \dfrac{\partial z}{\partial y}, \dfrac{\partial^2 z}{\partial x^2}$.

44. 设函数 $z = z(x,y)$ 由方程 $F(x + \dfrac{z}{y}, y + \dfrac{z}{x}) = 0$ 所确定,证明有等式 $x\dfrac{\partial z}{\partial x} + y\dfrac{\partial z}{\partial y} = z - xy$.

45. 设 $u = u(x,y)$ 是由方程 $u = \varphi(u) + \displaystyle\int_y^x P(t)dt$ 所确定的隐函数,其中 $\varphi'(u)$ 和 $P(t)$ 连续,$\varphi'(u) \neq 1$,而

函数 $z = f(u)$ 有一阶连续导数,试求 $P(x) \dfrac{\partial z}{\partial y} + P(y) \dfrac{\partial z}{\partial x}$.

46. 设 $F(x - y, y - z, z - x) = 0$,求 $\dfrac{\partial z}{\partial x}, \dfrac{\partial z}{\partial y}$.

47. 设 $z^3 - 3xyz = a^3$,求 $\dfrac{\partial^2 z}{\partial x^2}, \dfrac{\partial^2 z}{\partial y^2}$.

48. 设 $\begin{cases} u + v = x + y, \\ \dfrac{\sin u}{\sin v} = \dfrac{x}{y}, \end{cases}$ 求 $\dfrac{\partial u}{\partial x}, \dfrac{\partial u}{\partial y}$.

49. 设 $\begin{cases} x^2 + y^2 + z^2 = 50, \\ x + 2y + 3z = 4, \end{cases}$ 求 $\dfrac{dy}{dx}, \dfrac{dz}{dx}$.

50. 设 $\begin{cases} xu - yv = 0, \\ yu + xv = 1, \end{cases}$ 求 $\dfrac{\partial u}{\partial x}, \dfrac{\partial u}{\partial y}, \dfrac{\partial v}{\partial x}$ 和 $\dfrac{\partial v}{\partial y}$.

51. 设 $\begin{cases} x = e^r \cos\theta, \\ y = e^r \sin\theta, \end{cases}$ 求 $\dfrac{\partial r}{\partial x}, \dfrac{\partial \theta}{\partial x}, \dfrac{\partial r}{\partial y}$ 和 $\dfrac{\partial \theta}{\partial y}$.

52. 设 $f(x, y, z) = x^2 y^3 z$ 和方程

$$x + y - z - 4 + e^{-z-y} = e^{xz}. \tag{$*$}$$

(1) 如果 $z = z(x, y)$ 是由方程($*$)确定的隐函数,试求 $\dfrac{\partial z}{\partial x} \Big|_{(1,1,-2)}$;

(2) 如果 $y = y(x, z)$ 是由方程($*$)确定的隐函数,试求 $\dfrac{\partial y}{\partial x} \Big|_{(1,1,-2)}$.

53. 设 $u = f(x, y, z)$,其中 f 有连续的二阶偏导数,z 由方程 $z^5 - 5xy + 5z = 1$ 所确定,求 $\dfrac{\partial u}{\partial x}, \dfrac{\partial^2 u}{\partial x^2}$.

54. 设 $u = x + y \sin u$ 确定函数 $u = u(x, y)$,假定它有任意阶连续的偏导数,证明:

(1) $\dfrac{\partial u}{\partial y} = \sin u \cdot \dfrac{\partial u}{\partial x}$;   (2) $\dfrac{\partial^n u}{\partial y^n} = \dfrac{\partial^{n-1}}{\partial x^{n-1}} (\sin^n u \cdot \dfrac{\partial u}{\partial x})$.

55. 设方程 $\dfrac{\partial^2 u}{\partial x^2} + \dfrac{\partial^2 u}{\partial y^2} + \dfrac{\partial^2 u}{\partial z^2} = 0$ 中的 u 是 $r = \sqrt{x^2 + y^2 + z^2}$ 的函数,即 $u = f(r)$,且 f 有二阶连续导数,试对于这样的 u 将方程化为常微分方程,并求出 $f(r)$.

§5

56. 求下列函数的全微分:

(1) $z = (xy + 2) \sin x$;   (2) $u = \sqrt{x^2 + y^2 + z^2}$;   (3) $f(x, y, z) = \sqrt[z]{\dfrac{x}{y}}$,求 $df(1,1,1)$;

(4) $u = (\dfrac{x}{y})^z$;   (5) $z = f(x^2 - y^2, xy)$.

57. (1) 函数 $z = f(x, y)$ 在点 (x_0, y_0) 处的连续性、可偏导性和可微性的关系怎样?

(2) 证明函数 $f(x, y) = \begin{cases} \dfrac{\sqrt{|xy|}}{x^2 + y^2} \sin(x^2 + y^2), & \text{当 } x^2 + y^2 \neq 0, \\ 0, & \text{当 } x^2 + y^2 = 0 \end{cases}$ 在点 $(0,0)$ 处连续,偏导数存在,但不可微.

58. 求下列隐函数的全微分:

(1) $x^2 + y^2 + z^2 = R^2$;   (2) $z = y + \ln \dfrac{x}{z}$,求 $dz|_{(1,1,1)}$;   (3) $f(\dfrac{y}{x}, \dfrac{z}{y}) = 0$,求 dz;

(4) $\begin{cases} u^2 - v + x = 0 \\ u + v^2 - y = 0 \end{cases}$,求 du, dv.

59. 已知下列微分表达式是某个函数的全微分. 试用凑微分法求出这个函数.

(1) $(x^2 - y^2)dx + (y^2 - 2xy)dy$;   (2) $xydz + xzdy + yzdx$;

(3) $e^x \sin y dx + (2y + e^x \cos y)dy$;   (4) $e^{x^2 - y^2}(xdx - ydy)$.

60. 利用微分形式不变性,求下列复合函数或隐函数的偏导数:

(1) 设 $x^2 + y^2 + z^2 = xf(\dfrac{y}{x})$,求 $\dfrac{\partial z}{\partial x}, \dfrac{\partial z}{\partial y}$.

(2) 已知 $u = f(x, y, z)$,$h(x, y) = 0$,$z = g(x, y)$,这里 f, g, h 均有一阶连续的偏导数,且 $\dfrac{\partial h}{\partial y} \neq 0$. 试求 $\dfrac{du}{dx}$.

(3) 设 $x = r\cos\theta, y = r\sin\theta$，求 $\dfrac{\partial r}{\partial x}, \dfrac{\partial \theta}{\partial x}, \dfrac{\partial r}{\partial y}$ 和 $\dfrac{\partial \theta}{\partial y}$.

(4) 设 $\begin{cases} x = f(u,v), \\ y = g(u,v), \end{cases}$ 其中 x, y 都有连续的偏导数，且 $\dfrac{\partial(x,y)}{\partial(u,v)} \neq 0$，求 u, v 作为 x, y 的反函数时的偏导数 $\dfrac{\partial u}{\partial x}$, $\dfrac{\partial v}{\partial x}, \dfrac{\partial u}{\partial y}$ 和 $\dfrac{\partial v}{\partial y}$.

(5) 设 $\begin{cases} u = f(ux, v+y), \\ v = g(u-x, v^2y), \end{cases}$ 这里 f, g 均有连续偏导数. 试求 $\dfrac{\partial u}{\partial x}, \dfrac{\partial u}{\partial y}$.

(6) 设 $x = R\sin\varphi\cos\theta, y = R\sin\varphi\sin\theta, z = R\cos\varphi$，这里 R 为常数，试求 $\dfrac{\partial z}{\partial x}$ 和 $\dfrac{\partial z}{\partial y}$.

61. 利用全微分计算下列各式的近似值：

(1) $(1.04)^{2.02}$；   (2) $\sqrt{1.97^3 + 1.02^3}$；

(3) $(4.1)^{\frac{1}{2}} + (26.9)^{\frac{1}{3}} + (256.3)^{\frac{1}{4}}$；   (4) $\ln(\sqrt[3]{1.03} + \sqrt[4]{0.98} - 1)$.

62. 一直角三角形的斜边长为 2.1 米，一锐角为 $29°$，求这个锐角的邻边长的近似值.

63. 一圆锥体变形时，它的底半径 R 由 30 厘米增加到 30.1 厘米，高度由 60 厘米减少到 59.5 厘米，求体积的近似改变量.

64. 测得圆柱体的半径 $R = (2.5 \pm 0.1)$ 米，高 $H = (4 \pm 0.2)$ 米，问计算所得圆柱体体积的绝对误差限和相对误差限各为多少？

65. 单摆周期 T 按公式 $T = 2\pi\sqrt{\dfrac{l}{g}}$ 来计算，其中 l 是摆长，g 是重力加速度，若测量 l, g 时，有微小的误差 $|\Delta l| = \alpha, |\Delta g| = \beta$，问按上述公式计算 T 时相对误差是多少？

$$\S 6$$

66. 矢值函数 $\vec{f}(t) = f_1(t)\vec{i} + f_2(t)\vec{j} + f_3(t)\vec{k}$ 的导数（即导矢量）$\dfrac{d\vec{f}}{dt}$ 的几何意义和物理意义怎样？

67. 求下列矢值函数的导矢量：

(1) $\vec{f}(t) = \cos t\,\vec{i} + \dfrac{1}{\sqrt{2}}\sin t\,\vec{j} + \dfrac{1}{\sqrt{2}}\sin t\,\vec{k}$；   (2) $\vec{f}(t) = e^t\vec{i} + e^{-t}\vec{j}$；

(3) $\vec{f}(t) = t^2\vec{i} + e^{-t}\sin t\,\vec{j} + \cos t\,\vec{k}$.

68. 证明：

(1) $[\vec{A}(t) + \vec{B}(t)]' = \vec{A}'(t) + \vec{B}'(t)$；   (2) $[u(t)\vec{A}(t)]' = u'(t)\vec{A}(t) + u(t)\vec{A}'(t)$；

(3) $[\vec{A}(t) \cdot \vec{B}(t)]' = \vec{A}'(t) \cdot \vec{B}(t) + \vec{A}(t) \cdot \vec{B}'(t)$；

(4) $[\vec{A}(t) \times \vec{B}(t)]' = \vec{A}'(t) \times \vec{B}(t) + \vec{A}(t) \times \vec{B}'(t)$.

69. 设质点作螺旋线运动，运动方程为

$$x = 2\cos\frac{\pi}{4}t, \quad y = 2\sin\frac{\pi}{4}t, \quad z = 0.5t.$$

其中 $R = 2$ 为水平投影的旋转半径，$\omega = \dfrac{\pi}{4}$ 为旋转角速度，$k = 0.5$ 为沿 z 轴正方向的分速度，t 为时间，求当 $t = 1$ 时的速度、切线方程和法平面方程.

70. 求下列曲线在指定点处的切线方程和法平面方程.

(1) $x = R\cos^2 t, y = R\sin t\cos t, z = R\sin t$，在 $t = \dfrac{\pi}{4}$；

(2) $x = t - \sin t, y = 1 - \cos t, z = 4\sin\dfrac{t}{2}$，在 $t = \dfrac{\pi}{2}$；

(3) $2x^2 + 3y^2 + z^2 = 47, x^2 + 2y^2 = z$ 在点 $M(-2, 1, 6)$.

71. 已知曲线 $\varGamma: \begin{cases} x^2 + y^2 + z^2 = 3x, \\ 2x - 3y + 5z = 4. \end{cases}$ 求此曲线上点 $P(1,1,1)$ 处的切线方程，并证明该切线在平面 $\pi: x - 2y - 2z + 3 = 0$ 上.

72. 证明：螺旋线 $x = a\cos t, y = a\sin t, z = bt$ 上任一点处的切线与 z 轴交成定角.

73. 证明：曲线 $x = e^t \cos t, y = e^t \sin t, z = e^t$ 与圆锥面 $x^2 + y^2 = z^2$ 的所有母线相交成等角.

74. 填空：

(1) 光滑曲面 $F(x,y,z) = 0$ 上点 $P(x_0,y_0,z_0)$ 处的一个法线矢量为_____.

(2) 光滑曲面 $z = f(x,y)$ 上点 $P(x_0,y_0,z_0)$ 处的一个法线矢量为_____.

(3) 光滑曲线 $\begin{cases} F(x,y,z) = 0, \\ G(x,y,z) = 0 \end{cases}$ 上点 $P(x_0,y_0,z_0)$ 处的一个切线矢量为_____.

75. 求下列光滑曲面在指定点处的切平面和法线方程：

(1) $z = x^2 + y^2$ 在 $M(1,2,5)$；   (2) $z = y + \ln\dfrac{x}{z}$ 在 $M(1,1,1)$；

(3) $f\left(\dfrac{y}{x}, \dfrac{z}{y}\right) = 0$ 在 $P(x_0,y_0,z_0)$.

76. 求曲面 $2x^2 + 3y^2 + z^2 = 9$ 上与直线 $\dfrac{x-1}{2} = \dfrac{y+1}{-3} = \dfrac{z}{2}$ 垂直的切平面方程.

77. 已知曲面 S：$z = x^2 + \dfrac{1}{4}y^2 + 3$，平面 π：$2x - y + z + 5 = 0$.

(1) 试在曲面 S 上求平行于平面 π 的切平面方程；

(2) 试求曲面 S 上到平面 Π 最近的点及最近距离.

78. 证明曲面 $xyz = a^2 (a > 0)$ 的切平面与坐标平面围成的四面体体积为一常量.

79. 证明曲面 $\sqrt{x} + \sqrt{y} + \sqrt{z} = \sqrt{a}$ 的切平面在三坐标轴上的截距之和等于 a.

80. 曲面 $z = xf\left(\dfrac{y}{x}\right)$ 的各个切平面都通过原点.

81. 证明锥面 $\dfrac{x^2}{a^2} + \dfrac{y^2}{a^2} - \dfrac{z^2}{c^2} = 0$ 上任何一点的法线都与 z 轴相交.

§7

82. 求下列函数的极值：

(1) $f(x,y) = x^2 - xy + y^2 - 2x + y$；

(2) $f(x,y) = y^3 - x^2 + 6x - 12y + 5$；

(3) $f(x,y) = xy(a - x - y)$；

(4) 由方程 $2x^2 + 2y^2 + z^2 + 8xz - z + 8 = 0$ 确定的隐函数 $z = z(x,y)$.

83. 求下列函数在指定区域上的最大值与最小值：

(1) $z = x^2 + 2xy - 4x + 8y$，在 $x = 0, x = 1, y = 0, y = 2$ 所围成的区域上；

(2) $z = xy(4 - x - y)$，在 $x = 1, y = 0, x + y = 6$ 所围成的区域上；

(3) $z = x^2 + 4y^2 + 9$，在 $x^2 + y^2 \leqslant 4$ 上；

(4) $z = x^2y(4 - x - y)$，在 $x = 0, y = 0, x + y = 6$ 所围成的区域上.

84. 在以 $O(0,0), A(1,0), B(0,1)$ 为顶点的三角形所围成的闭区域上求一点，使得到三点的距离平方和最大.

85. 求作一个三角形，使它的三个顶角的正弦之积为最大.

86. 求函数 $z = f(x,y) = x^2 + y^2 + 1$ 在条件 $x + y - 3 = 0$ 下的极值，并说明其几何意义.

87. 经过点 $(1,3,2)$ 的平面，使与坐标平面围成的四面体体积最小，求这个平面方程及这最小体积.

88. 某工厂生产甲、乙两种产品，出售单价分别为 10 万元和 9 万元，生产 x 件甲种产品和 y 件乙种产品的总费用是 $C = 400 + 2x + 3y + 0.01(3x^2 + xy + 3y^2)$（万元），又知两种产品的总产量为 100 件，求取得最大利润时，两种产品的产量各多少件？这时的最大利润是多少？

89. 求原点到曲面 $z^2 = xy + x - y + 6$ 的最短距离.

90. 设 n 个正数 $x_1, x_2, x_3, \cdots, x_n$ 之和为定值 a，求这个 n 个数乘积的最大值.

91. 求椭圆 $x^2 + 3y^2 = 12$ 的一个内接等腰三角形，使其底边平行于长轴且面积最大.

92. 求椭球面 $\dfrac{x^2}{a^2} + \dfrac{y^2}{b^2} + \dfrac{z^2}{c^2} = 1$ 的最大内接长方体的体积.

93. 设有一组观测数据 $(0,1),(1,3),(2,2),(3,4),(4,5)$,试用最小二乘法求最佳直线.

94. 设一发射源的发射强度公式为 $I = I_0 e^{-\alpha t}$,试由下列数据按最小二乘法确定 I_0,α:

t	0.2	0.3	0.4	0.5	0.6	0.7	0.8
I	3.16	2.38	1.75	1.34	1.00	0.74	0.56

(提示：强度公式取对数 $\ln I = \ln I_0 - \alpha t$,令 $y = \ln I, b = \ln I_0$,则公式化为线性函数 $y = b - \alpha t$).

95. 求二元函数 $z = e^x \sin y$ 在点 $(0,0)$ 处的二阶泰勒公式.

96. 求二元函数 $z = \sin(2x + y)$ 在点 $(0, \frac{\pi}{4})$ 处的一阶泰勒公式.

§ 8

97. 什么是函数 $u(x,y,z)$ 在点 $P(x_0,y_0,z_0)$ 沿 l 方向的方向导数?它沿 x 轴的方向导数与 u 对 x 的偏导数 $\frac{\partial u}{\partial x}$ 是否完全一样?

98. 求下列函数在指定点沿指定方向的方向导数:

(1) $u = xy^2 + z^3 - xyz$ 在点 $P(1,1,1)$ 沿方向角分别是 $\frac{\pi}{3}, \frac{\pi}{4}, \frac{\pi}{3}$ 的方向;

(2) $u = xy + yz + zx$ 在点 $P(1,2,-2)$ 沿 $\overrightarrow{OP}$ 方向;

(3) $z = x^2 - y^2$ 在点 $M(1,1)$ 沿与 x 轴正向成 $60°$ 角的方向.

99. (1) 函数 $u(x,y,z)$ 在点 $P(x_0,y_0,z_0)$ 处沿 $\vec{l}$ 方向的方向导数 $\frac{\partial u}{\partial l}|_P$ 与 $u(x,y,z)$ 在该点的梯度 grad $u|_P$ 有何联系?

(2) 已知函数 $u(x,y,z)$ 在点 P 处的梯度为 grad $u|_P = 4\vec{i} - 3\vec{j} + 4\vec{k}$,则

(i) $u(x,y,z)$ 在点 P 处的最大方向导数是 _____ ;

(ii) $u(x,y,z)$ 在点 P 沿 $\vec{l} = 2\vec{i} - 2\vec{j} + \vec{k}$ 方向的方向导数是 _____ .

100. 求下列函数的梯度:

(1) $u = xy(z^2 + y)$,在 $P(x_0,y_0,z_0)$;

(2) $u = 7 + 4\cos x\cos y + \sin 2x + \cos 3y$,在 $P(\frac{\pi}{3}, \frac{\pi}{3})$;

(3) $u = \frac{x}{x^2 + y^2 + z^2}$,在 $P(-3,1,0)$.

101. 函数 $u = x^2 y - y^2$ 在点 $P(1,2)$ 处,

(1) 沿哪个方向的方向导数最大?最大值是多少?

(2) 沿哪个方向的方向导数最小?最小值是多少?

(3) 沿哪个方向的方向导数为零?

102. 证明梯度的运算法则:

(1) grad $(\alpha u + \beta v) = \alpha$grad $u + \beta$grad v;

(2) grad $(uv) = v$grad $u + u$grad v;

  grad $(Cu) = C$grad u (C 为常数);

(3) grad $f(u) = f'(u)$grad u.

103. 设 $r = \sqrt{x^2 + y^2 + z^2}$,求 grad r,grad $\frac{k}{r}$,grad $f(r)$.

104. 设 $\vec{a}$ 为常矢量,证明

(1) grad $(\vec{a} \cdot \vec{r}) = \vec{a}$; (2) grad $(\vec{a} \cdot \vec{r} f(r)) = f(r)\vec{a} + (\vec{a} \cdot \vec{r})f'(r)\frac{\vec{r}}{r}$.

105. 求函数 $u = \dfrac{x}{\sqrt{x^2 + y^2 + z^2}}$ 在点 $M(1,2,-2)$ 处沿曲线 $x = t, y = 2t^2, z = -2t^4$ 在该点的切线方向与 x 轴成钝角的方向的方向导数.

106. 求函数 $u(x,y,z)$ 在点 $P(x_0,y_0,z_0)$ 处沿 $v(x,y,z)$ 的梯度方向的方向导数.

107. 求函数 $u = x^2 + 2y^2 + 3z^2 + xy + 3x - 2y - 6z$ 在点 $(0,0,0)$ 处梯度的大小与方向余弦. 又问在哪些点上的梯度为零?

综合题

108. 讨论函数 $f(x,y) = \begin{cases} 1 - |x| - |y|, & \text{当 } |x| + |y| \leqslant 1; \\ |x| + |y|, & \text{当 } |x| + |y| > 1 \end{cases}$ 的连续性.

109. 过曲面 $z = 2x^2 + y^2$ 上点 $M(1,2,6)$ 分别作平行于 yOz 与 zOx 的平面, 试确定得到的两条曲线在 M 处所引的两条切线的夹角.

110. 求二元函数 $z = f(x,y)$ 在指定点 $P(x_0,y_0)$ 处的偏导数 $f'_x(x_0,y_0)$ 有哪些方法? 试对函数

$$f(x,y) = x^2(y-3) + (x-1)\text{arctg}\sqrt{\frac{x}{y}}, \text{求 } f'_x(1,3).$$

111. 设 $u = f(x,y,z), y = \varphi(x,t), t = \psi(x,z)$, 求 $\dfrac{\partial u}{\partial x}, \dfrac{\partial u}{\partial z}$.

112. 设 $x = e^u\cos v, y = e^u\sin v, z = uv$, 求 $\dfrac{\partial z}{\partial x}, \dfrac{\partial z}{\partial y}$.

113. 设函数 $u = u(x,y)$ 由方程组 $u = f(x,y,z,t), g(y,z,t) = 0, h(z,t) = 0$ 所确定, 求 $\dfrac{\partial u}{\partial x}, \dfrac{\partial u}{\partial y}$.

114. 设 $u = \sin(y + 3z)$, 其中 z 由方程 $yz^2 - xz^3 - 1 = 0$ 所确定, 试求在点 $(1,0)$ 处的 du 及 $\dfrac{\partial u}{\partial x}, \dfrac{\partial u}{\partial y}$.

115. 设 $z = z(x,y)$ 由方程 $x^2 + y^2 + z^2 = xyf(z^2)$ 所确定, 其中 f 为可微函数, 试计算 $x\dfrac{\partial z}{\partial x} + y\dfrac{\partial z}{\partial y}$, 并化成最简形式.

116. 设 $u = u(x,y)$ 可微, 并且当 $y = x^2$ 时 $u(x,x^2) = 1$, 又设 $\dfrac{\partial u}{\partial x} = x$, 求当 $y = x^2$ 时的 $\dfrac{\partial u}{\partial y}$.

117. 设 $x = x(u,v), y = y(u,v)$ 满足方程 $\dfrac{\partial x}{\partial u} = \dfrac{\partial y}{\partial v}, \quad \dfrac{\partial x}{\partial v} = -\dfrac{\partial y}{\partial u}$.

又设 $w = w(x,y)$ 满足方程 $\dfrac{\partial^2 w}{\partial x^2} + \dfrac{\partial^2 w}{\partial y^2} = 0$.

证明 函数 $w = w(x(u,v),y(u,v))$ 满足方程 $\dfrac{\partial^2 w}{\partial u^2} + \dfrac{\partial^2 w}{\partial v^2} = 0$.

118. 已知函数 $u = u(x,y)$ 满足方程

$$\frac{\partial^2 u}{\partial x^2} - \frac{\partial^2 u}{\partial y^2} + a\frac{\partial u}{\partial x} + a\frac{\partial u}{\partial y} = 0.$$

(1) 试选择 α, β, 通过变换 $u(x,y) = v(x,y)e^{\alpha x + \beta y}$ 把原方程变形, 使新方程不含一阶偏导数项;

(2) 再对新方程作变换 $\xi = x + y, \eta = x - y$, 使方程进一步化简.

119. 设 $x = \rho\sin\varphi\cos\theta, y = \rho\sin\varphi\sin\theta, z = \rho\cos\varphi$, 试用新变量 ρ, φ, θ 变换表达式

$$\Delta u = \frac{\partial^2 u}{\partial x^2} + \frac{\partial^2 u}{\partial y^2} + \frac{\partial^2 u}{\partial z^2}.$$

(提示: 先令 $x = R\cos\theta, y = R\sin\theta, z = z$ 把 Δu 用 R, θ, z 表达, 然后再令 $z = \rho\cos\varphi, R = \rho\sin\varphi, \theta = \theta$.)

120. 证明光滑曲面 $z = x + f(y - z)$ 的所有切平面恒与一定直线平行.

*121. 求曲面 $\begin{cases} x = u + v, \\ y = u^2 + v^2, \\ z = u^3 + v^3 \end{cases}$ 在 $u = 1, v = 1$ 的点的法线矢量的方向余弦及在该点的法线方程和切平面方程.

122. 求半径为 R 的圆外切三角形面积的最小者.

123. 用极值方法求直线 $\begin{cases} 2x - y - 1 = 0, \\ 2x + z - 1 = 0 \end{cases}$ 上到点 $P(2,0,3)$ 的最近点及最短距离.

124. 用极值方法求两直线 $l_1: \begin{cases} y = 2x, \\ z = x + 1 \end{cases}$ 与直线 $l_2: \begin{cases} y = x + 3, \\ z = x \end{cases}$ 之间的最短距离.

125. 求 $f(x,y,z) = \ln x + \ln y + 3\ln z$ 在球面 $x^2 + y^2 + z^2 = 5r^2 (x > 0, y > 0, z > 0)$ 上的最大值, 并以此

结果证明对任意实数 $a>0,b>0,c>0$,有 $abc^3 \leqslant 27(\frac{a+b+c}{5})^5$.

126. 用拉格朗日乘数法证明周长为一定,面积最大的三角形是等边三角形.

127. 有 400 个电池,每个电池的电动势 $E=2$ 伏特,内电阻 $R_i=0.1$ 欧姆,如图进行串联和并联(每串的电池个数相同),负载电阻 $R=10$ 欧姆,问如何进行串联和并联可使负载上的电流强度最大?

128. 已知函数 $z=f(x,y)$ 在点 $(1,2)$ 指向点 $(2,2)$ 的方向导数为 2,指向点 $(1,1)$ 的方向导数为 -2,求 z 在点 $(1,2)$ 的梯度.

129. 对函数 $f(x,y)=3x^2+y^2$ 在单位圆 $x^2+y^2=1$ 上找出这样的点及方向,使函数在此点沿该方向的方向导数达到最大值.

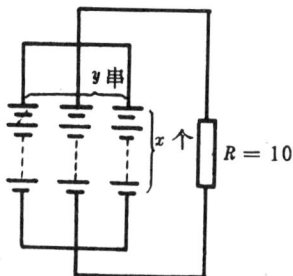

题 127 图

第十章　　重积分

§1　　点函数积分的概念

在 第六章中,我们知道定积分的基本思想是:分割、近似替代、作和、取极限,这种思想可推广到多元函数的情形,而多元函数可统一地用点函数来描述,本节用点函数对多元函数的积分作统一的描述,首先建立点函数积分的概念.

1.1　　点函数积分的定义

设 Ω 是一有界的形体,如一段直线或曲线、一张平面或曲面、一个立体等,而形体 Ω 的边界我们用 $\partial\Omega$ 来表示.若形体包含它的边界则称为**闭形体**.我们说形体 Ω 是**可度量的**,是指 Ω 或可求长、或可求面积、或可求体积等,并把它们的长度、面积、体积统称为**该形体的量度**,常用同一记号 Ω 来表示.

　　定义　　设 Ω 是 n 维空间的有界闭形体, $f(P)$ 是定义在 Ω 上的有界点函数:

$$u = f(P), \quad P \in \Omega.$$

用任一种分割 T : 将 Ω 分成 n 个子形体

$$\Delta\Omega_1, \Delta\Omega_2, \cdots\cdots, \Delta\Omega_n.$$

这些子形体的量度仍记为 $\Delta\Omega_i (i = 1, 2, \cdots, n)$,且 $\Delta\Omega_i$ 中任意两点间距离的最大值称为 $\Delta\Omega_i$ 的**直径**,记为 d_i ,并令 $d = \max\limits_{1 \leqslant i \leqslant n} \{d_i\}$.

任取点 $P_i \in \Delta\Omega_i$,作乘积 $f(P_i)\Delta\Omega_i$,求和

$$\sum_{i=1}^{n} f(P_i)\Delta\Omega_i.$$

若不论对 Ω 采取怎样的分法 T ,以及点 P_i 在 $\Delta\Omega_i$ 怎样的取法,只要当 $d \to 0$ 时,上述和式恒有同一极限 I ,则称 I **为点函数 $f(P)$ 在 Ω 上的积分**,记为 $\int_\Omega f(P)d\Omega$,即

$$I = \lim_{d \to 0} \sum_{i=1}^{n} f(P_i)\Delta\Omega_i \triangleq \int_\Omega f(P)d\Omega. \tag{1.1}$$

其中 Ω 称为积分区域, $f(P)$ 称为**被积函数**, P 称为**积分变量**, $f(P)d\Omega$ 称为**被积表达式**, $d\Omega$ 称为 Ω 的**量度元素**,简称 Ω 的**微元**.

特别,在 (1.1) 中,当被积函数 $f(P) \equiv 1, P \in \Omega$,那么,

$$\int_\Omega d\Omega = \lim_{d \to 0} \sum_{i=1}^{n} \Delta\Omega_i = \Omega(\text{量度}).$$

积分 (1.1) 有明显的物理意义:若形体 Ω 中有密度为 $\mu(P)$ 的质量连续分布着,那么 $\Delta\Omega_i$ 的质量近似于 $\Delta\Omega_i$ 中任一点 P_i 处的密度 $\mu(P_i)$ 乘以 $\Delta\Omega_i$,因此, Ω 的总质量 M 近似地等于 $\sum\limits_{i=1}^{n} \mu(P_i)\Delta\Omega_i$,令 $d = \max\limits_{1 \leqslant i \leqslant n} \{d_i\} \to 0$,由 (1.1) 知形体 Ω 的质量

$$M = \lim_{d \to 0} \sum_{i=1}^{n} \mu(P_i)\Delta\Omega_i = \int_\Omega \mu(P)d\Omega. \tag{1.2}$$

例 1　一物体，它在 n 维空间中占有区域 Ω，该物体的密度

$$\mu = \mu(P), P \in \Omega$$

在 Ω 上连续，若物体以等角速度 ω 绕某轴 L 旋转，试求该物体的动能和关于 L 轴的转动惯量的表达式.

解　采用微元法. 取 Ω 的微元 $d\Omega$，$\forall P \in d\Omega$，将 $d\Omega$ 的质量 $dm = \mu(P)d\Omega$ 看做集中在点 P 处，又设点 P 至 L 轴的距离为 $\overline{PP_L}$，点 P 处的线速度 $v = \omega \cdot \overline{PP_L}$，于是 dm 绕 L 轴旋转的动能为

$$dE = \frac{1}{2}v^2 dm = \frac{1}{2}\omega^2 \cdot \overline{PP_L^2} \cdot \mu(P)d\Omega.$$

将 dE 在区域 Ω 上积分，便得所求物体的转动动能为

$$E = \frac{1}{2}\int_{\Omega} v^2 dm = \frac{1}{2}\int_{\Omega} \omega^2 \overline{PP_L^2}\mu(P)d\Omega$$
$$= \frac{1}{2}\omega^2 \left(\int_{\Omega} \overline{PP_L^2}\mu(P)d\Omega \right) \triangleq \frac{1}{2}\omega^2 I.$$

其中

$$I = \int_{\Omega} \overline{PP_L^2} \cdot \mu(P)d\Omega, \tag{1.3}$$

即为物体 Ω 关于 L 轴的转动惯量.

1.2　点函数积分的分类名称

根据积分区域 Ω 的不同类型，积分（1.1）的具体表达式和名称分别介绍如下：

(1) 设 Ω 是 x 轴上的一个闭区间 $[a,b]$，这时 $f(P) = f(x), x \in [a,b]$，于是

$$\int_{\Omega} f(P)d\Omega \triangleq \int_a^b f(x)dx. \tag{1.4}$$

这就是一元函数 $f(x)$ 在区间 $[a,b]$ 上的**定积分**.

(2) 设 Ω 是平面直角坐标系 xOy 下的有界闭区域 σ，这时 $f(P) = f(x,y), (x,y) \in \sigma$，于是

$$\int_{\Omega} f(P)d\Omega \triangleq \iint_{\sigma} f(x,y)d\sigma. \tag{1.5}$$

(1.5) 式称为**二重积分**.

(3) 设 Ω 是空间直角坐标系 $Oxyz$ 下的有界闭区域 V，这时 $f(P) = f(x,y,z), (x,y,z) \in V$，于是

$$\int_{\Omega} f(P)d\Omega \triangleq \iiint_{V} f(x,y,z)dV. \tag{1.6}$$

(1.6) 式称为**三重积分**.

(4) 设 Ω 是空间直角坐标系 $Oxyz$ 下的一段可求长的空间曲线 l，这时 $f(P) = f(x,y,z), (x, y,z) \in l$，于是

$$\int_{\Omega} f(P)d\Omega \triangleq \int_{l} f(x,y,z)dl. \tag{1.7}$$

(1.7) 式称为**对弧长 l 的曲线积分**或**第一类曲线积分**.

(5) 设 Ω 是空间直角坐标系 $Oxyz$ 下的一张可求面积的空间曲面 S，这时 $f(P) = f(x,y,z)$，$(x,y,z) \in S$，于是

$$\int_{\Omega} f(P)d\Omega \triangleq \iint_{S} f(x,y,z)dS. \tag{1.8}$$

(1.8) 式称为**对面积 S 的曲面积分**或**第一类曲面积分**.

1.3 点函数可积的条件

和定积分一样,可积函数必为有界函数.因此,下面的讨论均假定 $f(P)$ 在积分域 Ω 上有界.为了讨论可积条件,与定积分类似,先引入"上和"与"下和"的概念.

因 $f(P)$ 在积分域 Ω 上有界,用任一分割 T 将 Ω 分成 n 个子形体 $\Delta\Omega_i$,在每个 $\Delta\Omega_i$ 上 $f(P)$ 仍有界,所以 $f(P)$ 在 $\Delta\Omega_i$ 上的上确界与下确界都存在,分别记为 $M_i = \sup\limits_{P \in \Delta\Omega_i}\{f(P)\}$ 与 $m_i = \inf\limits_{P \in \Delta\Omega_i}\{f(P)\}$,作和

$$U(\Omega) \triangleq \sum_{i=1}^{n} M_i \Delta\Omega_i \quad \text{与} \quad L(\Omega) \triangleq \sum_{i=1}^{n} m_i \Delta\Omega_i.$$

分别称为 $f(P)$ 在 Ω 上相应于分割 T 的**上和**与**下和**,并称

$$M_i - m_i \triangleq \omega_i$$

为 $f(P)$ **在** $\Delta\Omega_i$ **上的振幅**.于是得判别 $f(P)$ 可积的条件.

定理一 有界函数 $f(P)$ 在积分域 Ω 上可积的必要充分条件是

$$\lim_{d \to 0}[U(\Omega) - L(\Omega)] = \lim_{d \to 0}\sum_{i=1}^{n} \omega_i \Delta\Omega_i = 0.$$

根据这个定理可证下列定理:

定理二 若 $f(P)$ 在有界闭区域 Ω 上连续,则 $f(P)$ 在 Ω 上可积.

证 由于在有界闭区域 Ω 上连续的函数 $f(P)$ 是一致连续的,因此,$\forall \varepsilon > 0, \exists \delta > 0$,对 Ω 的任意分割 T,只要 $d = \max\limits_{1 \le i \le n}\{d_i\} < \delta$,便对所有 $i(1 \le i \le n)$ 有 $\omega_i < \varepsilon$.于是

$$\sum_{i=1}^{n} \omega_i \Delta\Omega_i < \varepsilon \sum_{i=1}^{n} \Delta\Omega_i = \varepsilon\Omega,$$

即有

$$\lim_{d \to 0}\sum_{i=1}^{n} \omega_i \Delta\Omega_i = 0. \qquad\qquad \text{证毕}$$

进一步可以证明:

定理三 在闭区域 Ω 上除去有限个量度为零的形体处皆连续的函数是可积的.

这里"量度为零的形体"对曲线来说是指"点",对曲面来说是指"线"等等.

1.4 点函数积分的性质

点函数积分的性质都可从定积分的性质推广得出,以下都假定所考虑的函数在其积分区域上可积.

性质 1 $\int_{\Omega}[f(P) + g(P)]d\Omega = \int_{\Omega} f(P)d\Omega + \int_{\Omega} g(P)d\Omega.$

性质 2 $\int_{\Omega} Cf(P)d\Omega = C\int_{\Omega} f(P)d\Omega \quad$ (C 为常数).

性质 3 $\int_{\Omega} f(P)d\Omega = \int_{\Omega_1} f(P)d\Omega + \int_{\Omega_2} f(P)d\Omega$,其中 $\Omega_1 \bigcup \Omega_2 = \Omega$ 且 Ω_1 与 Ω_2 无公共内点.

性质 4 若 $f(P) \le g(P), P \in \Omega$,则 $\int_{\Omega} f(P)d\Omega \le \int_{\Omega} g(P)d\Omega.$

性质 5 $|\int_{\Omega} f(P)d\Omega| \le \int_{\Omega} |f(P)|d\Omega.$

性质 6 若 $f(P)$ 在有界闭区域 Ω 上连续,且 $f(P) \ge 0$,但 $f(P) \not\equiv 0$,则

$$\int_{\Omega} f(P)d\Omega > 0.$$

证 由于 $f(P) \not\equiv 0$,设 $f(P)$ 在某点 P_0 不为零,因 $f(P)$ 是连续函数,不妨假定 P_0 落在区

域 Ω 的内部(若不然, $f(P)$ 在 Ω 内部处处为零,它在边界上各点的值也一定为零,否则它就不连续了),且 $f(P_0) = a > 0$,因 $f(P)$ 在点 P_0 连续,给定 $\varepsilon = \dfrac{a}{2} > 0$,必存在点 P_0 的一个邻域 $\Omega_0 = \{P \mid |P - P_0| < \delta\}$,使得

$$|f(P) - f(P_0)| < \frac{a}{2},$$

于是,当点 $P \in \Omega_0$ 时,有

$$f(P) > f(P_0) - \frac{a}{2} = a - \frac{a}{2} = \frac{a}{2} > 0.$$

故有

$$\int_\Omega f(P)d\Omega = \int_{\Omega - \Omega_0} f(P)d\Omega + \int_{\Omega_0} f(P)d\Omega \geqslant \int_{\Omega_0} f(P)d\Omega > \frac{a}{2} \int_{\Omega_0} d\Omega = \frac{a}{2} \Omega_0 > 0,$$

即

$$\int_\Omega f(P)d\Omega > 0. \qquad\qquad 证毕$$

性质 7　若 $f(P)$ 在积分区域 Ω 上的最大值为 M,最小值为 m,即 $m \leqslant f(P) \leqslant M, P \in \Omega$,则

$$m\Omega \leqslant \int_\Omega f(P)d\Omega \leqslant M\Omega.$$

性质 8(中值定理)　若 $f(P), g(P)$ 在有界闭区域 Ω 上都连续,且 $g(P) \geqslant 0$,则至少存在一点 $P^* \in \Omega$,使得

$$\int_\Omega f(P)g(P)d\Omega = f(P^*)\int_\Omega g(P)d\Omega.$$

证　不妨设 $g(P) \not\equiv 0$(若 $g(P) \equiv 0$,等式显然成立),因 $g(P) \geqslant 0$,由性质 6,有

$$\int_\Omega g(P)d\Omega > 0,$$

记 $M = \max\limits_{P \in \Omega}\{f(P)\}, m = \min\limits_{P \in \Omega}\{f(P)\}$,于是

$$mg(P) \leqslant f(P)g(P) \leqslant Mg(P).$$

由性质 4 和性质 2,有

$$m\int_\Omega g(P)d\Omega \leqslant \int_\Omega f(P)g(P)d\Omega \leqslant M\int_\Omega g(P)d\Omega$$

或

$$m \leqslant \frac{\displaystyle\int_\Omega f(P)g(P)d\Omega}{\displaystyle\int_\Omega g(P)d\Omega} \leqslant M.$$

令 $\mu = \dfrac{\displaystyle\int_\Omega f(P)g(P)d\Omega}{\displaystyle\int_\Omega g(P)d\Omega}$,由闭区域上连续函数的性质,$f(P)$ 可取到介于 m 与 M 之间的值至少一次,即至少存在一点 $P^* \in \Omega$,使得 $f(P^*) = \mu$,

$$f(P^*) = \frac{\displaystyle\int_\Omega f(P)g(P)d\Omega}{\displaystyle\int_\Omega g(P)d\Omega}$$

或　　$$\int_\Omega f(P)g(P)d\Omega = f(P^*)\int_\Omega g(P)d\Omega, \quad P^* \in \Omega. \qquad 证毕$$

特别,当 $g(P) \equiv 1$ 时,中值定理化为

$$\int_\Omega f(P)d\Omega = f(P^*)\Omega,$$

并称 $\dfrac{1}{\Omega}\displaystyle\int_{\Omega} f(P)d\Omega$ 为函数 $f(P)$ 在 Ω 上的积分平均值.

例 2 设 $\sigma = \{(x,y)\,|\,x^2 + y^2 \leqslant 1\}$,试证 $\pi \leqslant \displaystyle\iint_{\sigma}(4x^2 + 9y^2 + 1)d\sigma \leqslant 10\pi$.

解 由于被积函数 $f(x,y) = 4x^2 + 9y^2 + 1$ 在闭区域 σ 上连续,由积分中值定理,在 σ 上至少存在一点 (ξ,η),使得

$$\iint_{\sigma}(4x^2 + 9y^2 + 1)d\sigma = f(\xi,\eta) \cdot \sigma = (4\xi^2 + 9\eta^2 + 1) \cdot \sigma.$$

其中 $\sigma = \pi$ 为圆域 $x^2 + y^2 \leqslant 1$ 的面积,且 $\xi^2 + \eta^2 \leqslant 1$,由于

$$1 \leqslant 4\xi^2 + 9\eta^2 + 1 \leqslant 9(\xi^2 + \eta^2) + 1 \leqslant 10,$$

由性质 7,得

$$\sigma \leqslant \iint_{\sigma}(4x^2 + 9y^2 + 1)d\sigma \leqslant 10\sigma$$

或

$$\pi \leqslant \iint_{\sigma}(4x^2 + 9y^2 + 1)d\sigma \leqslant 10\pi. \qquad\text{证毕}$$

例 3 设 $\sigma = \{(x,y)\,|\,-1 \leqslant x \leqslant 1, -2 \leqslant y \leqslant 2\}$;$\sigma_1 = \{(x,y)\,|\,0 \leqslant x \leqslant 1, 0 \leqslant y \leqslant 2\}$,设 f 在 σ 上连续,试证

$$\iint_{\sigma} f(x^2 + y^2)d\sigma = 4\iint_{\sigma_1} f(x^2 + y^2)d\sigma.$$

证 由于积分区域 σ 关于 x 轴、y 轴都对称,σ_1 与 σ 在第 1 象限部分重合,且被积函数 $f(x,y) = f(x^2 + y^2)$ 关于 x 或 y 都是偶函数,即

$$f(-x,y) = f(x,y) \quad \text{与} \quad f(x,-y) = f(x,y).$$

由积分区域可加性(性质 3)得

$$\iint_{\sigma} f(x^2 + y^2)d\sigma = 4\iint_{\sigma_1} f(x^2 + y^2)d\sigma. \qquad\text{证毕}$$

例 4 设 $f(x)$ 是区间 $[a,b]$ 上的正值连续函数,试证在 $\sigma = \{(x,y)\,|\,a \leqslant x \leqslant b, a \leqslant y \leqslant b\}$ 上有

$$\iint_{\sigma} \frac{f(y)}{f(x)}d\sigma \geqslant (b-a)^2.$$

证 函数 $f(x)$ 与 $\dfrac{1}{f(x)}$ 在区间 $[a,b]$ 上可积,积分区域 σ 关于直线 $y = x$ 对称(如图 10-1),故有

$$\iint_{\sigma} \frac{f(y)}{f(x)}d\sigma = \iint_{\sigma} \frac{f(x)}{f(y)}d\sigma,$$

于是

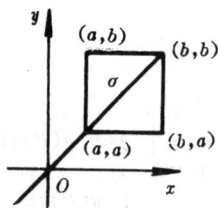

图 10-1

$$\begin{aligned}
\iint_{\sigma} \frac{f(y)}{f(x)}d\sigma &= \frac{1}{2}\iint_{\sigma}\Big[\frac{f(y)}{f(x)} + \frac{f(x)}{f(y)}\Big]d\sigma \\
&= \iint_{\sigma} \frac{f^2(x) + f^2(y)}{2f(x)f(y)}d\sigma \geqslant \iint_{\sigma}d\sigma = \sigma = (b-a)^2. \qquad\text{证毕}
\end{aligned}$$

§2 二重积分计算法

由积分的定义本身提供了它的计算方法 —— 求和式的极限,但这个方法往往导致复杂的计算.下面介绍计算二重积分的常用方法 —— 累次积分法,它的实质就是把二重积分化成先后两次一元函数的定积分,从而利用已知的定积分知识就便于计算了.

2.1 二重积分在直角坐标系中的计算法

设二重积分

$$\iint_\sigma f(x,y)d\sigma, \tag{2.1}$$

其中积分区域

$$\sigma = \{(x,y)\,|\,\varphi_1(x) \leqslant y \leqslant \varphi_2(x), a \leqslant x \leqslant b\},$$

被积函数 $z = f(x,y)$ 在 σ 上非负连续.我们从几何角度导出二重积分(2.1)的计算法.

在题设条件下,二重积分的值在几何上可以表示一曲顶柱体的体积.这曲顶柱体 V(如图 10-2)的顶面是

$$z = f(x,y), \quad (x,y) \in \sigma,$$

底面是 σ,侧面是柱面,这柱面的母线平行于 z 轴,准线是 σ 的边界线.

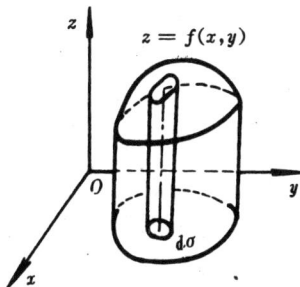

图 10-2

先采取微元法求 V.取 σ 的微元 $d\sigma$,$\forall\,(x,y) \in d\sigma$,于是体积 V 的微元

$$dV = 高 \times 底面积 = zd\sigma = f(x,y)d\sigma,$$

积分,得所求曲顶柱体体积

$$V = \iint_\sigma zd\sigma = \iint_\sigma f(x,y)d\sigma. \tag{2.2}$$

另一方面,采取"切片法"求 V.如图 10-3,取点 $x_0 \in [a,b]$,作平面 $x = x_0$,它与曲顶柱体 V 相截,截面为曲边梯形

$$A(x_0) = \{(x_0,y,z)\,|\,0 \leqslant z \leqslant f(x_0,y), \varphi_1(x_0)$$
$$\leqslant y \leqslant \varphi_2(x_0)\},$$

其面积可用定积分来计算,即

$$A(x_0) = \int_{\varphi_1(x_0)}^{\varphi_2(x_0)} f(x_0,y)dy, \quad a \leqslant x_0 \leqslant b.$$

于是对任一点 $x \in [a,b]$,有

$$A(x) = \int_{\varphi_1(x)}^{\varphi_2(x)} f(x,y)dy, \quad a \leqslant x \leqslant b.$$

由第六章定积分应用一节中已知平行截面的面积求立体体积的公式,得所求曲顶柱体的体积为

$$V = \int_a^b A(x)dx = \int_a^b \left[\int_{\varphi_1(x)}^{\varphi_2(x)} f(x,y)dy\right]dx. \tag{2.3}$$

由(2.2)与(2.3)得

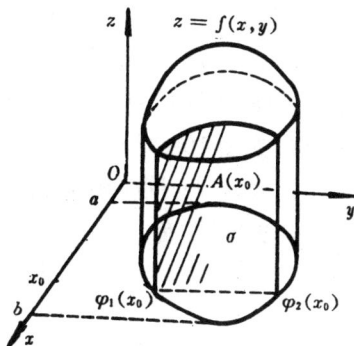

图 10-3

$$\iint\limits_{\sigma} f(x,y)d\sigma = \int_a^b \Big[\int_{\varphi_1(x)}^{\varphi_2(x)} f(x,y)dy \Big] dx \triangleq \int_a^b dx \int_{\varphi_1(x)}^{\varphi_2(x)} f(x,y)dy. \tag{2.4}$$

(2.4) 右边是一个先对 y(这时 x 看成常数) 后对 x 的两次定积分, 它叫做**累次积分**.

如果去掉上面讨论中 $f(x,y) \geqslant 0, (x,y) \in \sigma$ 的限制, 公式 (2.4) 亦成立.

同理, 如积分区域 σ 又可表示为

$$\sigma = \{(x,y) | \psi_1(y) \leqslant x \leqslant \psi_2(y), c \leqslant y \leqslant d \},$$

如图 10-4, 在区间 $[c,d]$ 内取点 y_0, 作平面 $y = y_0$ 与柱体
相截, 得一曲边梯形 $B(y_0)$, 表示为

$$B(y_0) = \{(x,y_0,z) | 0 \leqslant z \leqslant f(x,y_0), \psi_1(y_0) $$
$$\leqslant x \leqslant \psi_2(y_0) \}.$$

于是, 它的面积为

$$B(y_0) = \int_{\psi_1(y_0)}^{\psi_2(y_0)} f(x,y_0)dx, \qquad c \leqslant y_0 \leqslant d.$$

对任一点 $y \in [c,d]$, 有

$$B(y) = \int_{\psi_1(y)}^{\psi_2(y)} f(x,y)dx, \qquad c \leqslant y \leqslant d,$$

所求曲顶柱体体积为

$$V = \int_c^d B(y)dy = \int_c^d \Big[\int_{\psi_1(y)}^{\psi_2(y)} f(x,y)dx \Big] dy.$$

故又有

$$\iint\limits_{\sigma} f(x,y)d\sigma = \int_c^d \Big[\int_{\psi_1(y)}^{\psi_2(y)} f(x,y)dx \Big] dy$$

$$\triangleq \int_c^d dy \int_{\psi_1(y)}^{\psi_2(y)} f(x,y)dx. \tag{2.5}$$

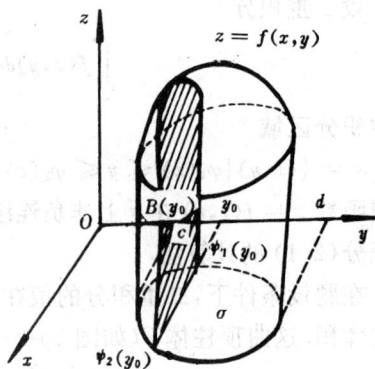

图 10-4

(2.4) 与 (2.5) 是用两种积分次序 (先对 y 后对 x 或先对 x 后对 y) 将二重积分 (2.1) 化为二次定积分 —— 累次积分的计算公式. 上面的积分是用平行于坐标轴的直线去分割区域 σ, 因此 $d\sigma = dxdy$ 称为直角坐标中的**面积元素**.

将二重积分化为累次积分时, 要注意积分限的确定规则, 应从小到大:

(1) 在 (2.4) 中, 先对 y 积分时, 应顺着平行于 y 轴正向的直线, 以穿入 σ 的点 $(x,\varphi_1(x))$ 的纵坐标 $\varphi_1(x)$ 为下限; 穿出 σ 的点 $(x,\varphi_2(x))$ 的纵坐标 $\varphi_2(x)$ 为上限, 后对 x 积分, a 为下限, b 为上限. 如图 10-5.

(2) 在 (2.5) 中, 先对 x 积分时, 应顺着平行于 x 轴正向的直线, 以穿入 σ 的点 $(\psi_1(y),y)$ 的横坐标 $\psi_1(y)$ 为下限; 穿出 σ 的点 $(\psi_2(y),y)$ 的横坐标 $\psi_2(y)$ 为积分上限. 后对 y 积分, c 为下限, d 为上限 (如图 10-6).

当积分区域 σ 同时满足上述两种情况的条件, 且 $f(x,y)$ 在 σ 上连续, 则以上两个累次积分可以交换次序, 即有

$$\int_a^b dx \int_{\varphi_1(x)}^{\varphi_2(x)} f(x,y)dy = \int_c^d dy \int_{\psi_1(y)}^{\psi_2(y)} f(x,y)dx. \tag{2.6}$$

(2.6) 成立的分析证明见本书第十四章 §1 定理四.

如果平行于坐标轴的直线与 σ 的边界线相交多于两点, 则可将 σ 适当地分成几个子区域, 使它们的边界线与坐标轴的平行线相交不多于两点. 这样, 在这些子区域上的二重积分可利用 (2.4) 或 (2.5) 来计算, 然后利用性质 3, 将计算结果相加, 即可求得积分值.

例如 图 10-7 所示的区域 σ, 若先对 y 积分时, 可将它分成 $\sigma_1, \sigma_2, \sigma_3$ 三个子区域即可.

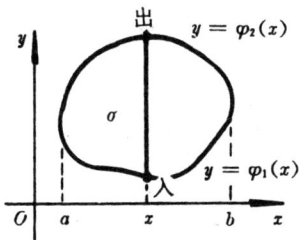
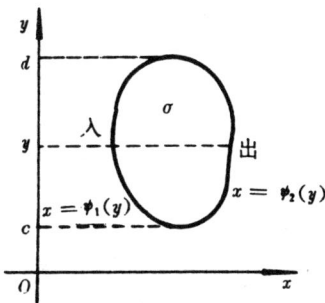
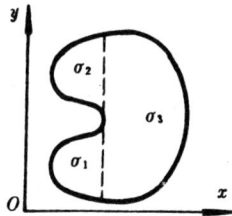

图 10-5　　　　　　　　　　　图 10-6　　　　　　　　　　图 10-7

例 1　计算 $\iint\limits_{\sigma} xy d\sigma$,其中 σ 是由抛物线 $y = 2 - x^2$ 与直线 $y = x$ 所围平面区域.

解　先画出积分区域 σ 的图形(图 10-8),现在取两种积分次序分别计算.

(1) 取先对 y 后对 x 的积分次序,积分区域表示为

$$\sigma = \{(x,y) \mid x \leqslant y \leqslant 2 - x^2, -2 \leqslant x \leqslant 1\}.$$

将二重积分化成累次积分,得

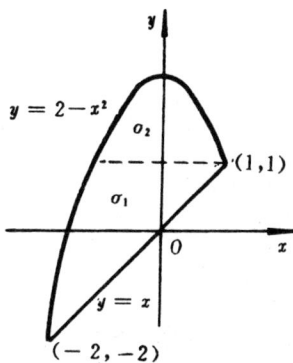

图 10-8

$$\iint\limits_{\sigma} xy d\sigma = \int_{-2}^{1} dx \int_{x}^{2-x^2} xy dy = \int_{-2}^{1} x \cdot \frac{y^2}{2} \Big|_{y=x}^{y=2-x^2} dx$$

$$= \frac{1}{2} \int_{-2}^{1} x \big[(2 - x^2)^2 - x^2\big] dx$$

$$= \frac{1}{2} \big[-\frac{1}{2} \frac{(2 - x^2)^3}{3} - \frac{x^4}{4} \big]_{-2}^{1} = \frac{9}{8}.$$

(2) 取先对 x 后对 y 的积分次序,因"出点"所在的边界线不同,须将 σ 分成图中 σ_1, σ_2 两个子区域

$$\sigma_1 = \{(x,y) \mid -\sqrt{2 - y} \leqslant x \leqslant y, -2 \leqslant y \leqslant 1\};$$
$$\sigma_2 = \{(x,y) \mid -\sqrt{2 - y} \leqslant x \leqslant \sqrt{2 - y}, 1 \leqslant y \leqslant 2\}.$$

于是,先由性质 3,得

$$\iint\limits_{\sigma} xy d\sigma = \iint\limits_{\sigma_1} xy d\sigma + \iint\limits_{\sigma_2} xy d\sigma = \int_{-2}^{1} dy \int_{-\sqrt{2-y}}^{y} xy dx + \int_{1}^{2} dy \int_{-\sqrt{2-y}}^{\sqrt{2-y}} xy dx$$

$$= \int_{-2}^{1} y \cdot \frac{x^2}{2} \Big|_{x=-\sqrt{2-y}}^{x=y} dy + 0 = \frac{1}{2} \int_{-2}^{1} y[y^2 - (2 - y)] dy = \frac{9}{8}.$$

上面第二个积分为零是由于被积函数关于 x 在区间 $[-\sqrt{2-y}, \sqrt{2-y}]$ 上是奇函数.

例 2　计算累次积分 $\int_{0}^{1} dx \int_{x}^{1} e^{-y^2} dy$.

解　因先对 y 的积分,被积函数 e^{-y^2} 不能用基本积分法求出;但若先对 x 积分,它视作常数,从而可求出. 所以我们将这个累次积分交换积分次序再计算.

交换积分次序的方法是:先将积分区域用联立不等式表示,根据联立不等式作出积分区域的示意图,然后将积分区域的图形用另一种次序的联立不等式表示.

由题设累次积分的表示式知积分区域为

$$\sigma = \{(x,y) \mid x \leqslant y \leqslant 1, 0 \leqslant x \leqslant 1\},$$

作出 σ 的图形如图10-9,再将 σ 表示成先对 x 后对 y 的联立不等式,即

$$\sigma = \{(x,y) \mid 0 \leqslant x \leqslant y, 0 \leqslant y \leqslant 1\}.$$

于是

$$\int_0^1 dx \int_x^1 e^{-y^2} dy = \int_0^1 dy \int_0^y e^{-y^2} dx = \int_0^1 e^{-y^2} \cdot x \Big|_{x=0}^{x=y} dy$$

$$= \int_0^1 e^{-y^2} \cdot y \, dy = -\frac{1}{2} e^{-y^2} \Big|_0^1 = \frac{1}{2}(1 - e^{-1}).$$

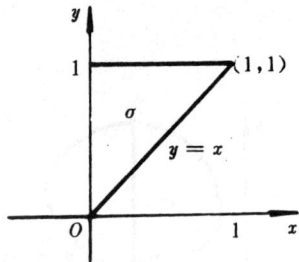

图 10-9

例 3 计算 $\iint\limits_{\sigma} |xy - \frac{1}{4}| d\sigma$,其中 σ 是由直线 $x = 0, y = 0,$ $x = 1, y = 1$ 所围正方形区域.

解 如图 10-10,由于

$$\left| xy - \frac{1}{4} \right| = \begin{cases} -(xy - \frac{1}{4}), & xy < \frac{1}{4}; \\ xy - \frac{1}{4}, & xy > \frac{1}{4}; \end{cases}$$

采用先对 y 后对 x 积分,须将 σ 分为三个子区域:

$$\sigma_1 = \{(x,y) \mid 0 \leqslant y \leqslant 1, 0 \leqslant x \leqslant \frac{1}{4}\};$$

$$\sigma_2 = \{(x,y) \mid 0 \leqslant y \leqslant \frac{1}{4x}, \frac{1}{4} \leqslant x \leqslant 1\};$$

$$\sigma_3 = \{(x,y) \mid \frac{1}{4x} \leqslant y \leqslant 1, \frac{1}{4} \leqslant x \leqslant 1\}.$$

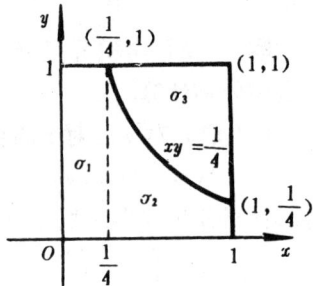

图 10-10

由性质 3,得

$$\iint\limits_{\sigma} |xy - \frac{1}{4}| d\sigma = \iint\limits_{\sigma_1} -(xy - \frac{1}{4}) d\sigma + \iint\limits_{\sigma_2} -(xy - \frac{1}{4}) d\sigma + \iint\limits_{\sigma_3} (xy - \frac{1}{4}) d\sigma$$

$$= \int_0^{\frac{1}{4}} dx \int_0^1 -(xy - \frac{1}{4}) dy + \int_{\frac{1}{4}}^1 dx \int_0^{\frac{1}{4x}} -(xy - \frac{1}{4}) dy + \int_{\frac{1}{4}}^1 dx \int_{\frac{1}{4x}}^1 (xy - \frac{1}{4}) dy$$

$$= \int_0^{\frac{1}{4}} (\frac{1}{4} - \frac{x}{2}) dx + \int_{\frac{1}{4}}^1 \frac{1}{32x} dx + \int_{\frac{1}{4}}^1 (\frac{x}{2} - \frac{1}{4} + \frac{1}{32x}) dx$$

$$= \frac{3}{64} + \frac{\ln 2}{16} + (\frac{3}{64} + \frac{\ln 2}{16}) = \frac{1}{8}(\frac{3}{4} + \ln 2).$$

例 4 求由曲面 $z = x^2 + y^2, x = \sqrt{y}, y = 1, z = 0, x = 0$ 所围立体的体积.

解 如图 10-11,所围立体可表示为

$$V = \{(x,y,z) \mid 0 \leqslant z \leqslant x^2 + y^2, 0 \leqslant x \leqslant \sqrt{y}, 0 \leqslant y \leqslant 1\}.$$

V 在 xOy 平面上的投影区域为

$$\sigma = \{(x,y) \mid 0 \leqslant x \leqslant \sqrt{y}, 0 \leqslant y \leqslant 1\}.$$

由(2.2)知所求立体体积为

$$V = \iint\limits_{\sigma} z \, d\sigma = \iint\limits_{\sigma} (x^2 + y^2) d\sigma = \int_0^1 dy \int_0^{\sqrt{y}} (x^2 + y^2) dx$$

$$= \int_0^1 (\frac{x^3}{3} + y^2 \cdot x) \Big|_{x=0}^{x=\sqrt{y}} dy = \int_0^1 (\frac{y^{\frac{3}{2}}}{3} + y^{\frac{5}{2}}) dy = \frac{44}{105}.$$

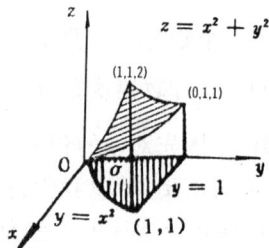

图 10-11

2.2 二重积分在极坐标系中的计算法

对二重积分 $\iint\limits_{\sigma} f(x,y)d\sigma$,当 f 或 σ 的边界曲线含有 x^2+y^2

的表示式时,用极坐标来计算比较方便,下面介绍二重积分在极坐标中的计算法.

极坐标与直角坐标之间的关系为

$$x = r\cos\theta, \quad y = r\sin\theta,$$

于是 $f(x,y) = f(r\cos\theta, r\sin\theta)$. 设区域 σ 的边界线可分成两部分,如图 10-12.

$$r = r_1(\theta), r = r_2(\theta), \alpha \leqslant \theta \leqslant \beta.$$

我们用一族以原点为中心的同心圆($r =$ 常数)和一族以原点为起点的射线($\theta =$ 常数,并注意到这两族曲线相互正交)将区域

$$\sigma = \{(r,\theta) \mid r_1(\theta) \leqslant r \leqslant r_2(\theta), \alpha \leqslant \theta \leqslant \beta\}$$

分成 n 个子区域,其中有规则的子区域的面积 $\Delta\sigma \approx r\Delta\theta \cdot \Delta r = r\Delta r\Delta\theta$(如图 10-13).

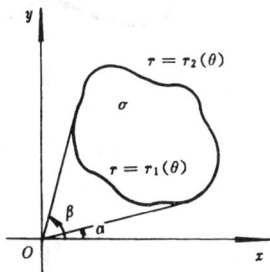

图 10-12

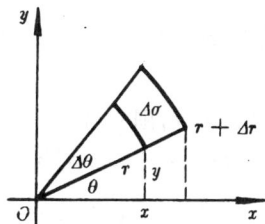

图 10-13

设 $f(x,y)$ 在有界闭区域 σ 上连续,则

$$\iint\limits_{\sigma} f(x,y)d\sigma = \lim\sum f(x,y)\Delta\sigma = \lim\sum f(r\cos\theta, r\sin\theta)r\Delta r\Delta\theta$$

$$\triangleq \iint\limits_{\sigma} f(r\cos\theta, r\sin\theta)rdrd\theta,$$

即得

$$\iint\limits_{\sigma} f(x,y)d\sigma = \iint\limits_{\sigma} f(r\cos\theta, r\sin\theta)rdrd\theta. \tag{2.7}$$

(2.7) 称为**二重积分的极坐标换元公式**. 等式右边的区域 σ 要用极坐标 r, θ 来表示. 其中 $d\sigma = rdrd\theta$ 称为**极坐标中的面积元素**.

对于图 10-12 所示积分区域,就可将(2.7)进一步化成关于 r, θ 的累次积分来计算,即

$$\iint\limits_{\sigma} f(x,y)d\sigma = \int_{\alpha}^{\beta} d\theta \int_{r_1(\theta)}^{r_2(\theta)} f(r\cos\theta, r\sin\theta)rdr. \tag{2.8}$$

(2.8) 便是二重积分在极坐标中的累次积分公式.

特别,当极点 O 在积分区域 σ 的内部时,如图 10-14,σ 的边界曲线方程为 $r = r(\theta)$,$0 \leqslant \theta \leqslant 2\pi$,积分区域 σ 表示为

$$\sigma = \{(r,\theta) \mid 0 \leqslant r \leqslant r(\theta), 0 \leqslant \theta \leqslant 2\pi\}.$$

于是,二重积分化为累次积分为

$$\iint_{\sigma} f(x,y)d\sigma = \int_0^{2\pi} d\theta \int_0^{r(\theta)} f(r\cos\theta, r\sin\theta)rdr. \qquad (2.9)$$

例 5 计算双纽线 $(x^2+y^2)^2 = 2a^2(x^2-y^2)$ 所围区域的面积 $(a > 0)$.

解 如图 10-15，令 $x = r\cos\theta, y = r\sin\theta$，得双纽线极坐标方程为
$$r^2 = 2a^2\cos2\theta.$$

由于曲线关于 x 轴和 y 轴都是对称的，所求面积为第一象限部分的 4 倍，即考虑

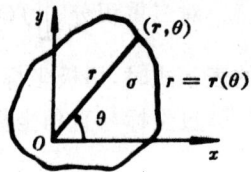

图 10-14

$$\sigma_1 = \{(r,\theta) \mid 0 \leqslant r \leqslant a\sqrt{2\cos2\theta}, 0 \leqslant \theta \leqslant \frac{\pi}{4}\},$$

所求面积

$$\sigma = 4\iint_{\sigma_1} d\sigma = 4\iint_{\sigma_1} rdrd\theta = 4\int_0^{\frac{\pi}{4}} d\theta \int_0^{a\sqrt{2\cos2\theta}} rdr$$

$$= 4\int_0^{\frac{\pi}{4}} \left[\frac{r^2}{2}\Big|_{r=0}^{r=a\sqrt{2\cos2\theta}}\right]d\theta = 4a^2\int_0^{\frac{\pi}{4}}\cos2\theta d\theta = 2a^2.$$

例 6 求由曲面 $z = x^2 + y^2$ 与 $z = 4 - x^2 - y^2$ 为边界所围立体的体积.

解 如图 10-16，所围立体
$$V = \{(x,y,z) \mid x^2+y^2 \leqslant z \leqslant 4 - x^2 - y^2\}.$$

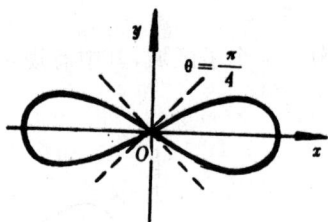

图 10-15

由方程组 $\begin{cases} z = x^2 + y^2, \\ z = 4 - x^2 - y^2 \end{cases}$ 消去 z，得 V 在 xOy 平面上投影柱面方程为 $x^2 + y^2 = 2$，在 xOy 平面的投影曲线方程为 $\begin{cases} x^2 + y^2 = 2; \\ z = 0, \end{cases}$ 投影区域为

$$\sigma = \{(x,y) \mid x^2 + y^2 \leqslant 2\}.$$

所求立体的体积 V 是以 $z_{\pm} = 4 - x^2 - y^2$ 为顶，以 σ 为底的曲顶柱体的体积减去以 $z_{\bar{F}} = x^2 + y^2$ 为顶以 σ 为底的曲顶柱体的体积，即

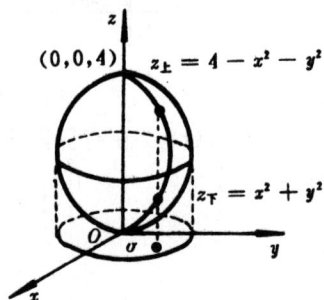

图 10-16

$$V = \iint_{\sigma}(z_{\pm} - z_{\bar{F}})d\sigma = \iint_{\sigma}\left[(4 - x^2 - y^2) - (x^2 + y^2)\right]d\sigma$$

$$= 2\iint_{\sigma}(2 - x^2 - y^2)d\sigma.$$

引入极坐标，σ 表示为

$$\sigma = \{(r,\theta) \mid 0 \leqslant r \leqslant \sqrt{2}, 0 \leqslant \theta \leqslant 2\pi\}.$$

于是将二重积分化为极坐标下的累次积分为

$$V = 2\iint_{\sigma}(2 - r^2)rdrd\theta = 2\int_0^{2\pi} d\theta \int_0^{\sqrt{2}}(2r - r^3)dr$$

$$= 2 \cdot 2\pi\left(r^2 - \frac{r^4}{4}\right)\Big|_0^{\sqrt{2}} = 4\pi.$$

例 7 求由圆 $x^2 + y^2 = ax$ 外部与圆 $x^2 + y^2 = bx(0 < a < b)$ 内部所围均质（面密度 $\mu = $ 常数）薄片分别关于 x 和 y 轴的转动惯量.

解 如图 10-17,薄片所占区域

$$\sigma = \{(x,y) \mid ax \leqslant x^2 + y^2 \leqslant bx\}.$$

采用极坐标,则化为

$$\sigma = \{(r,\theta) \mid a\cos\theta \leqslant r \leqslant b\cos\theta, \ -\frac{\pi}{2} \leqslant \theta \leqslant \frac{\pi}{2}\}.$$

由 §1,1.1,例 1 知薄片关于 x 轴的转动惯量为

$$I_x = \int_\Omega \overline{PP_x}^2 \cdot \mu(P) d\Omega = \iint_\sigma y^2 \cdot \mu d\sigma = \mu \iint_\sigma (r\sin\theta)^2 r dr d\theta$$

$$= \mu \int_{-\frac{\pi}{2}}^{\frac{\pi}{2}} d\theta \int_{a\cos\theta}^{b\cos\theta} \sin^2\theta \cdot r^3 dr = \mu \int_{-\frac{\pi}{2}}^{\frac{\pi}{2}} \left[\sin^2\theta \cdot \frac{r^4}{4}\Big|_{r=a\cos\theta}^{r=b\cos\theta}\right] d\theta$$

$$= \mu \int_{-\frac{\pi}{2}}^{\frac{\pi}{2}} \sin^2\theta \cdot \frac{1}{4}\left[(b\cos\theta)^4 - (a\cos\theta)^4\right] d\theta$$

$$= \frac{(b^4 - a^4)\mu}{4} \int_{-\frac{\pi}{2}}^{\frac{\pi}{2}} \sin^2\theta\cos^4\theta d\theta = \frac{(b^4 - a^4)\mu}{2} \int_0^{\frac{\pi}{2}} (1 - \cos^2\theta)\cos^4\theta d\theta$$

$$= \frac{b^4 - a^4}{2}\mu\left[\int_0^{\frac{\pi}{2}} \cos^4\theta d\theta - \int_0^{\frac{\pi}{2}} \cos^6\theta d\theta\right] = \frac{b^4 - a^4}{2}\mu\left[\frac{3}{4} \cdot \frac{1}{2} \cdot \frac{\pi}{2} - \frac{5}{6} \cdot \frac{3}{4} \cdot \frac{1}{2} \cdot \frac{\pi}{2}\right]$$

$$= \frac{\pi(b^2 - a^2)}{4}\mu \cdot \frac{b^2 + a^2}{16} = \frac{b^2 + a^2}{16} M.$$

其中 $M = \dfrac{\pi(b^2 - a^2)}{4}\mu$ 是薄片的质量.

类似地,薄片关于 y 轴的转动惯量

$$I_y = \int_\Omega \overline{PP_y}^2 \mu(P) d\Omega = \iint_\sigma x^2 \mu d\sigma = \mu \iint_\sigma (r\cos\theta)^2 r dr d\theta$$

$$= \frac{\pi(b^2 - a^2)}{4}\mu \cdot \frac{5(b^2 + a^2)}{16} = \frac{5(b^2 + a^2)}{16} M.$$

另外,还可求出薄片关于过 O 点且垂直于该薄片所在平面的轴的转动惯量为

$$I_0 = \int_\Omega \overline{PP_0}^2 \mu(P) d\Omega = \iint_\sigma (x^2 + y^2) \mu d\sigma$$

$$= I_x + I_y = \frac{1 + 5}{16}(b^2 + a^2) M = \frac{3}{8}(b^2 + a^2) M.$$

例 8 (1) 一有界形体 Ω,其中有密度为 $\mu(P)$ 的质量连续分布着,试导出该形体质量中心的计算公式.

(2) 求例 7 中均质薄片的质量中心.

解 (1) 对形体 Ω,取微元 $d\Omega$,$\forall\, P \in d\Omega$,将 $d\Omega$ 的质量 $dM = \mu(P) d\Omega$ 看做质量集中在点 P 处的一个质点,根据力学中静力矩的概念,这质点对某给定轴 L 上参考点 O 的静力矩

$$dT_L = (\text{质点的质量}) \times (\overrightarrow{OP} \text{ 在 } L \text{ 轴上的投影})$$

$$\triangleq dM \cdot \overline{OP_L} = \overline{OP_L} \cdot \mu(P) d\Omega.$$

又根据静力矩的可加性,将 dT_L 在 Ω 上积分,得

$$T_L = \int_\Omega dT_L = \int_\Omega \overline{OP_L} \cdot dM = \int_\Omega \overline{OP_L} \cdot \mu(P) d\Omega. \tag{2.10}$$

另一方面,设形体 Ω 的质量中心位于点 P^* 处,将整个形体 Ω 的质量 $M = \int_\Omega \mu(P) d\Omega$ 看作集中在 P^* 处的一个质点,该质点对 L 轴上同一参考点 O 的静力矩为

$$M \times \overline{OP_L^*}.$$

因此

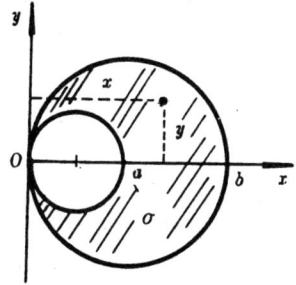

图 10-17

$$M \times \overline{OP_L^*} = \int_\Omega \overline{OP_L} dM,$$

得质量中心 P^* 的位置的计算公式为

$$\overline{OP_L^*} = \frac{\int_\Omega \overline{OP_L} dM}{M} = \frac{\int_\Omega \overline{OP_L} \mu(P) d\Omega}{\int_\Omega \mu(P) d\Omega}. \tag{2.11}$$

对均质物体来说，$\mu(P) = $ 常数，在 (2.11) 中，$\mu(P)$ 可从积分号内移出，从而分子、分母的因子 μ 相消得

$$\overline{OP_L^*} = \frac{\int_\Omega \overline{OP_L} dM}{M} = \frac{\int_\Omega \overline{OP_L} d\Omega}{\int_\Omega d\Omega} = \frac{\int_\Omega \overline{OP_L} d\Omega}{\Omega}. \tag{2.12}$$

因而均质物体质量中心 P^* 的位置，只与形体的几何形状有关，因此均质形体的质量中心也称**形心**.

(2) 如图 10-17，设薄片的质量中心 P^* 的坐标为 (x^*, y^*)，因薄片所在平面区域 σ 对称于 x 轴，面密度 $\mu(x,y) = $ 常数，故质量中心（即形心）P^* 在 x 轴上，于是 $y^* = 0$，只要求 x^*. 由形心公式 (2.12)，根据矢径的坐标概念有

$$x^* = \frac{\iint_\sigma x d\sigma}{\sigma}.$$

已知 $\sigma = \frac{\pi}{4}(b^2 - a^2)$，又

$$\iint_\sigma x d\sigma = \iint_\sigma r\cos\theta \cdot r dr d\theta = \int_{-\frac{\pi}{2}}^{\frac{\pi}{2}} \cos\theta d\theta \int_{a\cos\theta}^{b\cos\theta} r^2 dr = \frac{b^3 - a^3}{3} \cdot 2\int_0^{\frac{\pi}{2}} \cos^4\theta d\theta$$

$$= \frac{2(b^3 - a^3)}{3} \cdot \frac{3}{4} \cdot \frac{1}{2} \cdot \frac{\pi}{2} = \frac{\pi}{8}(b^3 - a^3),$$

故得

$$x^* = \frac{\frac{\pi}{8}(b^3 - a^3)}{\frac{\pi}{4}(b^2 - a^2)} = \frac{a^2 + ab + b^2}{2(a + b)}.$$

所求薄片的质心（形心）坐标为 $\left(\frac{a^2 + ab + b^2}{2(a + b)}, 0\right)$.

例 9 (1) 设 $\sigma = \{(x,y) \mid x^2 + y^2 \leqslant R^2\}$，试导出二重积分 $\iint_\sigma e^{-x^2 - y^2} d\sigma = \pi(1 - e^{-R^2})$.

(2) 试证 $\int_0^{+\infty} e^{-a^2 x^2} dx = \frac{\sqrt{\pi}}{2a}$ $(a > 0)$.

解 (1) 采用极坐标，$\sigma = \{(r,\theta) \mid 0 \leqslant r \leqslant R, 0 \leqslant \theta \leqslant 2\pi\}$，于是

$$\iint_\sigma e^{-x^2 - y^2} d\sigma = \iint_\sigma e^{-r^2} r dr d\theta = \int_0^{2\pi} d\theta \int_0^R e^{-r^2} r dr$$

$$= -\frac{1}{2}\int_0^{2\pi} \left[e^{-r^2} \Big|_{r=0}^{r=R}\right] d\theta = -\frac{1}{2}\int_0^{2\pi} (e^{-R^2} - 1)d\theta = \pi(1 - e^{-R^2}).$$

(2) 考虑区域 $D = \{(x,y) \mid -a \leqslant x \leqslant a, -a \leqslant y \leqslant a\}$，于是

$$\iint_D e^{-x^2 - y^2} d\sigma = \int_{-a}^a dx \int_{-a}^a e^{-x^2} \cdot e^{-y^2} dy = \int_{-a}^a e^{-x^2} dx \int_{-a}^a e^{-y^2} dy.$$

由于定积分的值与变量记号无关，即 $\int_{-a}^{a} e^{-x^2} dx = \int_{-a}^{a} e^{-y^2} dy$，于是

$$\iint\limits_{D} e^{-x^2-y^2} d\sigma = (\int_{-a}^{a} e^{-x^2} dx)^2.$$

考虑 $r < a < R$，将正方形域 D 夹在小圆域 D_r 与一个大圆域 D_R 之间，如图 10-18. 因被积函数 $e^{-x^2-y^2} > 0$，于是

$$\iint\limits_{D_r} e^{-x^2-y^2} d\sigma \leqslant \iint\limits_{D} e^{-x^2-y^2} d\sigma \leqslant \iint\limits_{D_R} e^{-x^2-y^2} d\sigma,$$

得 $\quad \pi(1 - e^{-r^2}) \leqslant (\int_{-a}^{a} e^{-x^2} dx)^2 \leqslant \pi(1 - e^{-R^2}).$

再令 $r \to +\infty, R \to +\infty$，于是 $a \to +\infty$，得

$$(\int_{-\infty}^{+\infty} e^{-x^2} dx)^2 = \pi \quad \text{或} \quad \int_{-\infty}^{+\infty} e^{-x^2} dx = \sqrt{\pi}.$$

因此广义积分收敛，且被积函数为偶函数，故

$$\int_{-\infty}^{+\infty} e^{-x^2} dx = 2\int_{0}^{+\infty} e^{-x^2} dx = \sqrt{\pi},$$

于是

图 10-18

$$\int_{0}^{+\infty} e^{-x^2} dx = \frac{\sqrt{\pi}}{2}.$$

在积分 $\int_{0}^{+\infty} e^{-a^2x^2} dx, (a > 0)$ 中，令 $t = ax$，于是 $dx = \frac{1}{a} dt$，得

$$\int_{0}^{+\infty} e^{-a^2x^2} dx = \frac{1}{a} \int_{0}^{+\infty} e^{-t^2} dt = \frac{\sqrt{\pi}}{2a}.$$

这个广义积分称为**泊松(Poisson)积分**，它在概率论和数学物理方法中有重要的应用.

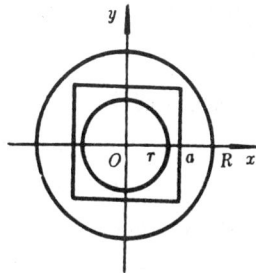

§3 三重积分计算法

3.1 三重积分在直角坐标系中的计算法

类似于二重积分，三重积分也可化为累次积分来计算.

考虑三重积分

$$\iiint\limits_{V} f(x,y,z) dV, \tag{3.1}$$

其中函数 $f(x,y,z)$ 在空间有界闭区域 V 上连续.

又空间区域 V(如图 10-19)，其特征为：V 的边界曲面可分为

$S_{\text{下}}$：$\quad z = z_1(x,y), \quad (x,y) \in \sigma_{xy}$；

$S_{\text{上}}$：$\quad z = z_2(x,y), \quad (x,y) \in \sigma_{xy}$；

$S_{\text{侧}}$：$\quad$ 柱面，其母线 $\parallel z$ 轴，准线为 σ_{xy} 的边界线.

其中 σ_{xy} 为 V 在 xOy 平面上的投影区域，$z_1(x,y), z_2(x,y)$ 在 σ_{xy} 上单值连续. (在图形上看，即 V 的边界曲面与穿过 V 内部且平行于 z 轴的直线相交不多于两点，可以有部分为母线平行 z 轴的柱面除外.) 于是积分区域 V 可表示为

$$V = \{(x,y,z) | z_1(x,y) \leqslant z \leqslant z_2(x,y), (x,y) \in \sigma_{xy}\}.$$

这时三重积分(3.1)可化为

$$\iiint_V f(x,y,z)dV = \iint_{\sigma_{xy}} \left[\int_{z_1(x,y)}^{z_2(x,y)} f(x,y,z)dz \right] d\sigma$$

$$\triangleq \iint_{\sigma_{xy}} d\sigma \int_{z_1(x,y)}^{z_2(x,y)} f(x,y,z)dz,$$

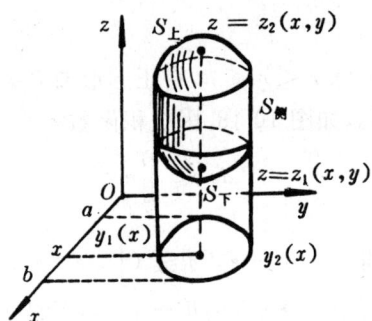

这就是说，为了计算三重积分，只要先把 x,y 看作常数，对 z 积分，然后再计算区域 σ_{xy} 上的二重积分. 又若区域 σ_{xy} 的边界曲线可分为

$$l_{左}: \quad y = y_1(x) \qquad x \in [a,b];$$
$$l_{右}: \quad y = y_2(x) \qquad x \in [a,b],$$

其中 $[a,b]$ 是区域 σ_{xy} 在 x 轴上的投影.

图 10-19

于是积分区域可进一步表示为

$$V = \{(x,y,z) \,|\, z_1(x,y) \leqslant z \leqslant z_2(x,y), y_1(x) \leqslant y \leqslant y_2(x), a \leqslant x \leqslant b \}.$$

三重积分可化为三次定积分 —— 累次积分来计算，即

$$\iiint_V f(x,y,z) = \iint_{\sigma_{xy}} d\sigma \int_{z_1(x,y)}^{z_2(x,y)} f(x,y,z)dz$$
$$= \int_a^b dx \int_{y_1(x)}^{y_2(x)} dy \int_{z_1(x,y)}^{z_2(x,y)} f(x,y,z)dz. \tag{3.2}$$

类似地，若空间区域 V 可表示为

$$V = \{(x,y,z) \,|\, x_1(y,z) \leqslant x \leqslant x_2(y,z), (y,z) \in \sigma_{yz} \},$$

则有

$$\iiint_V f(x,y,z)dV = \iint_{\sigma_{yz}} d\sigma \int_{x_1(y,z)}^{x_2(y,z)} f(x,y,z)dx. \tag{3.3}$$

以及空间区域 V 可表示为

$$V = \{(x,y,z) \,|\, y_1(z,x) \leqslant y \leqslant y_2(z,x), (z,x) \in \sigma_{zx} \},$$

则有

$$\iiint_V f(x,y,z)dV = \iint_{\sigma_{zx}} d\sigma \int_{y_1(z,x)}^{y_2(z,x)} f(x,y,z)dy. \tag{3.4}$$

它们可进一步化为累次积分来计算.

例1 计算三重积分 $\iiint_V \dfrac{dV}{(1+x+y+z)^3}$，其中 V 是由平面 $x=0, y=0, z=0$ 以及 $x+y+z=1$ 所围空间区域（图 10-20）.

解 采取先对 z 积分，后对 x,y 积分的积分次序，将积分区域 V 投影到 xOy 平面，于是

$$V = \{(x,y,z) \,|\, 0 \leqslant z \leqslant 1-x-y, (x,y) \in \sigma_{xy} \},$$

因此

$$\iiint_V \frac{dV}{(1+x+y+z)^3} = \iint_{\sigma_{xy}} d\sigma \int_0^{1-x-y} \frac{1}{(1+x+y+z)^3} dz.$$

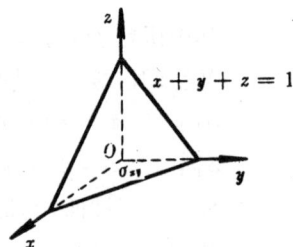

图 10-20

其中投影区域 σ_{xy} 可表示为

$$\sigma_{xy} = \{(x,y) \,|\, 0 \leqslant y \leqslant 1-x, 0 \leqslant x \leqslant 1 \},$$

故得

$$\iiint\limits_{V} \frac{dV}{(1+x+y+z)^3} = \int_0^1 dx \int_0^{1-x} \left[-\frac{1}{2(1+x+y+z)^2} \right] \Big|_{z=0}^{z=1-x-y} dy$$

$$= \int_0^1 dx \int_0^{1-x} \frac{1}{2} \left[\frac{1}{(1+x+y)^2} - \frac{1}{4} \right] dy$$

$$= \int_0^1 \frac{1}{2} \left[-\frac{1}{(1+x+y)} - \frac{y}{4} \right] \Big|_{y=0}^{y=1-x} dx$$

$$= \int_0^1 \frac{1}{2} \left(\frac{1}{1+x} - \frac{3-x}{4} \right) dx = \frac{1}{2} \left(\ln 2 - \frac{5}{8} \right).$$

也可采取先对 x 积分,后对 y,z 积分或先对 y 积分,后对 z,x 积分的积分次序,其结果都相同,请读者自己完成.

例 2 求由抛物面 $z = 6 - x^2 - y^2$ 与上半锥面 $z = \sqrt{x^2 + y^2}$ 所围的体密度为常数 μ 的均质物体的质量中心.

解 因体密度 $\mu =$ 常数,所求质量中心即形心. 由形心公式(2.12),设形心 P^* 的坐标为 (x^*, y^*, z^*),有

$$x^* = \frac{\iiint\limits_{V} x dV}{V}, \quad y^* = \frac{\iiint\limits_{V} y dV}{V}, \quad z^* = \frac{\iiint\limits_{V} z dV}{V}.$$

在上列三式中,由于立体的图形(图10-21)关于 z 轴对称,有 $x^* = y^* = 0$,为了计算 z^*,由两曲面交线方程

$$\begin{cases} z = 6 - x^2 - y^2; \\ z = \sqrt{x^2 + y^2}, \end{cases}$$

解得 $z = 2$,于是得交线在 xOy 平面上的投影曲线方程为

$$\begin{cases} x^2 + y^2 = 4; \\ z = 0. \end{cases}$$

由此可知,V 在 xOy 平面的投影区域为

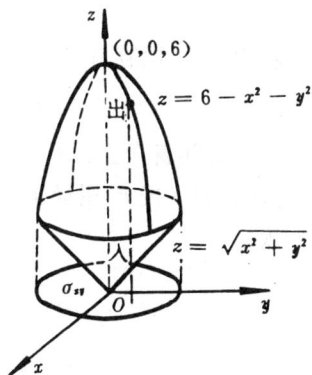

图 10-21

$$\sigma_{xy} = \{ (x,y) | x^2 + y^2 \leqslant 4 \},$$

而区域 V 可表示为

$$V = \{ (x,y,z) | \sqrt{x^2 + y^2} \leqslant z \leqslant 6 - x^2 - y^2, (x,y) \in \sigma_{xy} \}.$$

于是

$$\iiint\limits_{V} z dV = \iint\limits_{\sigma_{xy}} d\sigma \int_{\sqrt{x^2+y^2}}^{6-x^2-y^2} z dz = \iint\limits_{\sigma_{xy}} \left[\frac{z^2}{2} \Big|_{z=\sqrt{x^2+y^2}}^{z=6-x^2-y^2} \right] d\sigma$$

$$= \frac{1}{2} \iint\limits_{\sigma_{xy}} \left[(6-x^2-y^2)^2 - (x^2+y^2) \right] d\sigma \xrightarrow{\text{极坐标}} \frac{1}{2} \int_0^{2\pi} d\theta \int_0^2 (36r - 13r^3 + r^5) dr$$

$$= \frac{92\pi}{3}.$$

及

$$V = \iiint\limits_{V} dV = \iint\limits_{\sigma_{xy}} d\sigma \int_{\sqrt{x^2+y^2}}^{6-x^2-y^2} dz = \iint\limits_{\sigma_{xy}} (6 - x^2 - y^2 - \sqrt{x^2 + y^2}) d\sigma$$

$$\xrightarrow{\text{极坐标}} \int_0^{2\pi} d\theta \int_0^2 (6 - r^2 - r) r dr = \frac{32\pi}{3}.$$

得 $z^* = \frac{92\pi}{3} \Big/ \frac{32\pi}{3} = \frac{23}{8}$,所求形心坐标为 $\left(0, 0, \frac{23}{8}\right)$.

另解 因 V 夹在两平面 $z = 0$ 与 $z = 6$ 之间,$\forall z \in [0,6]$,过点 $(0,0,z)$ 作与 xOy 平面平

行的平面,与 V 相截的截面在 xOy 平面上的投影是圆面,记作 D_z,表示为
$$D_z = \{(x,y)\,|\,x^2 + y^2 \leqslant z^2, 0 \leqslant z \leqslant 2\};$$
$$D_z = \{(x,y)\,|\,x^2 + y^2 \leqslant 6 - z, 2 \leqslant z \leqslant 6\}.$$
易知 D_z 的面积分别为 πz^2 与 $\pi(\sqrt{6-z})^2 = \pi(6-z)$. 于是

$$\iiint\limits_{V} z\,dV = \int_0^2 z\,dz \iint\limits_{D_z} d\sigma + \int_2^6 z\,dz \iint\limits_{D_z} d\sigma$$

$$= \int_0^2 z \cdot \pi z^2\,dz + \int_2^6 z \cdot \pi(6-z)\,dz = \frac{92\pi}{3}.$$

同理, $$V = \iiint\limits_{V} dV = \int_0^2 \pi z^2\,dz + \int_2^6 \pi(6-z)\,dz = \frac{32\pi}{3}.$$

同样,得所求形心坐标为 $\left(0,0,\dfrac{23}{8}\right)$.

从上述计算看到,特别是当 $f(x,y,z) = \varphi(z)$ 时,
$$\iiint\limits_{V} f(x,y,z)\,dV = \int_{z_1}^{z_2} \varphi(z)\,dz \iint\limits_{D_z} d\sigma.$$

若 D_z 的面积容易求出,则用这种方法(**截面法**)常能简化运算.

3.2　三重积分在柱坐标系中的计算法

空间直角坐标系 $Oxyz$ 中,设点 P 的坐标为 (x,y,z),P 在 xOy 平面上的投影 P' 的坐标为 $(x, y, 0)$,如果把 P' 用极坐标表示为 $(r,\theta,0)$,则称**有序数组** (r,θ,z) **为点 P 的柱坐标**(图 10-22). 并规定
$$0 \leqslant r < +\infty, \quad 0 \leqslant \theta < 2\pi, \quad -\infty < z < +\infty.$$

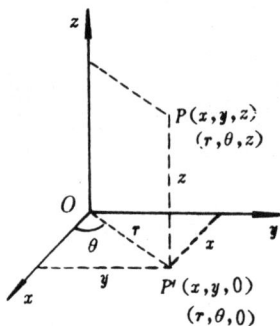 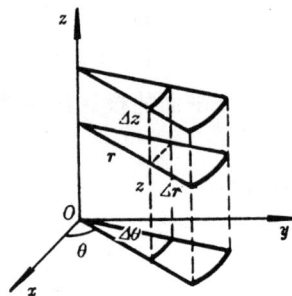

图 10-22　　　　　　　　　　图 10-23

根据平面直角坐标与极坐标关系,便得空间直角坐标与柱坐标的关系为
$$x = r\cos\theta, \quad y = r\sin\theta, \quad z = z.$$
分别将 r,θ,z 取常数值,得

$r =$ 常数,表示以 z 轴为对称轴的圆柱面;

$\theta =$ 常数,表示一边在 z 轴的半平面;

$z =$ 常数,表示垂直于 z 轴的平面.

上述三族曲面两两相交成直角,它们称为**柱坐标系中的坐标曲面**. 利用这三族坐标曲面分割积分区域 V(图 10-23),有规则的子区域 ΔV 的体积可近似地表示为 $\Delta V \approx r\Delta\theta\Delta r\Delta z$,于是柱坐标中体积元素 $dV = r\,dr\,d\theta\,dz$. 故有

$$\iiint\limits_V f(x,y,z)dV = \iiint\limits_{V'} f(r\cos\theta, r\sin\theta, z)rdrd\theta dz. \tag{3.5}$$

公式(3.5)称为**三重积分的柱坐标换元公式**,等式右边的区域 V' 要用变量 r,θ,z 来描述,在具体计算时,先将 V 用联立不等式表示,通常是先积 z,再积 r,后积 θ. 一般说来,当被积函数中含有 $x^2 + y^2$,积分区域 V 为圆柱体或关于 z 轴为对称时,往往采用柱坐标计算较简单.

例3 求底半径为 R,高为 H 的正圆柱体,其体密度为常数 μ,求其关于其底的直径的转动惯量.

解 如图 10-24,圆柱域可表示为
$$V = \{(r,\theta,z) \mid 0 \leqslant z \leqslant H, 0 \leqslant r \leqslant R, 0 \leqslant \theta \leqslant 2\pi\}.$$
取 x 轴过其底直径,今求 V 关于 x 轴转动惯量,由公式(1.3),有

$$I_x = \int_\Omega \overline{PP_x}^2 \mu d\Omega = \iiint\limits_V (y^2 + z^2)\mu dV$$

$$= \mu \int_0^{2\pi} d\theta \int_0^R rdr \int_0^H (r^2\sin^2\theta + z^2)dz$$

$$= \mu \int_0^{2\pi} d\theta \int_0^R (r^3\sin^2\theta \cdot H + \frac{H^3}{3}r)dr$$

$$= \mu \int_0^{2\pi} (\frac{R^4 H}{4}\sin^2\theta + \frac{R^2 H^3}{6})d\theta$$

$$= \mu\pi R^2 H(\frac{R^2}{4} + \frac{H^2}{3}) = M(\frac{R^2}{4} + \frac{H^2}{3}).$$

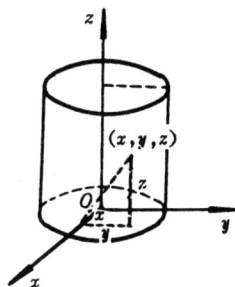

图 10-24

其中 $M = \mu\pi R^2 H$ 为圆柱体的质量.

例4 求体密度为常数 μ 的均质球体 $x^2 + y^2 + z^2 \leqslant R^2$ 对位于点 $A(0,0,a)(a > 0)$ 处质量为 m 的质点的引力.

解 如图 10-25,考虑积分域
$$V = \{(x,y,z) \mid x^2 + y^2 + z^2 \leqslant R^2\},$$
取 V 的微元 dV,设点 $P(x,y,z) \in dV$,将 dV 的质量 $dM = \mu(P)dV$ 看做集中在点 P 处,dM 对 m 引力大小为
$$dF = k\frac{m \cdot dM}{\overline{AP}^2} = k\frac{m \cdot \mu dV}{x^2 + y^2 + (z-a)^2}.$$

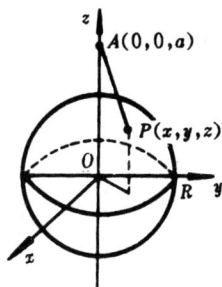

图 10-25

记矢量 $\overrightarrow{AP}$ 与正 x 轴、正 y 轴、正 z 轴的夹角依次为 α,β,γ,则
$$\cos\alpha = \frac{x}{\sqrt{x^2 + y^2 + (z-a)^2}}; \quad \cos\beta = \frac{y}{\sqrt{x^2 + y^2 + (z-a)^2}};$$
$$\cos\gamma = \frac{z-a}{\sqrt{x^2 + y^2 + (z-a)^2}}.$$

于是 dM 对 m 的引力 dF 在 x 轴、y 轴、z 轴的投影分别为
$$dF_x = k\frac{m \cdot \mu dV}{x^2 + y^2 + (z-a)^2}\cos\alpha = km\mu \frac{x}{[x^2 + y^2 + (z-a)^2]^{3/2}}dV;$$
$$dF_y = k\frac{m \cdot \mu dV}{x^2 + y^2 + (z-a)^2}\cos\beta = km\mu \frac{y}{[x^2 + y^2 + (z-a)^2]^{3/2}}dV;$$
$$dF_z = k\frac{m \cdot \mu dV}{x^2 + y^2 + (z-a)^2}\cos\gamma = km\mu \frac{z-a}{[x^2 + y^2 + (z-a)^2]^{3/2}}dV.$$

于是球体 V 对质点 m 的引力在三坐标轴上的投影分别为
$$F_x = km \iiint\limits_V \frac{\mu x}{[x^2 + y^2 + (z-a)^2]^{3/2}}dV;$$

$$F_y = km \iiint_V \frac{\mu y}{[x^2 + y^2 + (z-a)^2]^{3/2}} dV;$$

$$F_z = km \iiint_V \frac{\mu(z-a)}{[x^2 + y^2 + (z-a)^2]^{3/2}} dV.$$

由于 V 关于 yoz 与 zox 平面对称,被积函数分别关于 x,y 是奇函数,故

$$F_x = F_y = 0.$$

为了计算 F_z,因 V 夹在两平面 $z = -R$ 与 $z = R$ 之间,$\forall\, z \in [-R, R]$,过点 $(0,0,z)$,作平行于 xOy 平面的平面与 V 相截,得截面在坐标平面 xOy 上的投影是圆:

$$D_z = \{(r, \theta) \mid 0 \leqslant r \leqslant \sqrt{R^2 - z^2}, 0 \leqslant \theta \leqslant 2\pi\}.$$

于是区域 V 可用柱坐标表示为

$$V = \{(r, \theta, z) \mid 0 \leqslant r \leqslant \sqrt{R^2 - z^2}, 0 \leqslant \theta \leqslant 2\pi, -R \leqslant z \leqslant R\},$$

得

$$F_z = km\mu \iiint_V \frac{z-a}{[x^2+y^2+(z-a)^2]^{3/2}} dV = km\mu \int_{-R}^{R} dz \iint_{D_z} \frac{z-a}{[x^2+y^2+(z-a)^2]^{3/2}} d\sigma,$$

其中

$$\iint_{D_z} \frac{d\sigma}{[x^2+y^2+(z-a)^2]^{3/2}} = \int_0^{2\pi} d\theta \int_0^{\sqrt{R^2-z^2}} \frac{r\,dr}{[r^2+(z-a)^2]^{3/2}}$$

$$= 2\pi \left[-\frac{1}{\sqrt{r^2+(z-a)^2}} \right] \Big|_{r=0}^{r=\sqrt{R^2-z^2}}$$

$$= 2\pi \left[\frac{1}{|z-a|} - \frac{1}{\sqrt{R^2+a^2-2az}} \right],$$

于是

$$F_z = 2\pi km\mu \int_{-R}^{R} \left(\frac{z-a}{|z-a|} - \frac{z-a}{\sqrt{R^2+a^2-2az}} \right) dz.$$

其中

$$\int_{-R}^{R} \frac{z-a}{|z-a|} dz = \begin{cases} -\int_{-R}^{R} dz = -2R, & \text{当} \quad a \geqslant R; \\ -\int_{-R}^{a} dz + \int_a^{R} dz = -2a, & \text{当} \quad a < R. \end{cases}$$

以及

$$\int_{-R}^{R} \frac{z-a}{\sqrt{R^2+a^2-2az}} dz = \int_{-R}^{R} (z-a) d\left(-\frac{\sqrt{R^2+a^2-2az}}{a} \right) \xrightarrow{\text{分部积分}}$$

$$= -\frac{(z-a)\sqrt{R^2+a^2-2az}}{a} \Big|_{-R}^{R} + \frac{1}{a} \int_{-R}^{R} \sqrt{R^2+a^2-2az}\, dz$$

$$= \frac{1}{a} \left[(a-R)|a-R| - (a+R)^2 \right] - \frac{1}{3a^2} \left[|a-R|^3 - (a+R)^3 \right]$$

$$= \begin{cases} \dfrac{2R^3}{3a^2} - 2R, & \text{当} \quad a \geqslant R; \\ -\dfrac{4}{3}a, & \text{当} \quad a < R. \end{cases}$$

故得所求球体对质点的引力

$$\vec{F} = F_x \vec{i} + F_y \vec{j} + F_z \vec{k} = F_z \vec{k}$$

$$
= \begin{cases} -\dfrac{4}{3}\pi R^3 \cdot \mu \dfrac{k}{a^2}\vec{k}, & \text{当} \quad a \geqslant R; \\ -\dfrac{4}{3}\pi a^3 \cdot \mu \dfrac{k}{a^2}\vec{k}, & \text{当} \quad a < R. \end{cases}
$$

计算结果说明：当点 $A(0,0,a)$ 位于球外时,该质点所受引力的大小相当于球体的全部质量 $M = \dfrac{4}{3}\pi R^3 \mu$ 集中在球心处该点所受到的引力;当点 $A(0,0,a)$ 位于球内时,该质点受球体的引力的大小,则相当于 $a = R$ 的情形一样,这一结果最早是牛顿用实验方法得到的,1686 年他从理论上证明了上述结论,1687 年出版了他的划时代著作《自然哲学的数学原理》.

3.3 三重积分在球坐标系中的计算法

在空间直角坐标系 $Oxyz$ 中,设点 P 的坐标为 (x,y,z),令 $|\overrightarrow{OP}| = \rho$,从 z 轴正半轴转至 $\overrightarrow{OP}$ 的转角记为 φ,又 $\overrightarrow{OP}$ 在 xOy 平面投影矢量为 $\overrightarrow{OP'}$,从 x 轴正半轴转至 $\overrightarrow{OP'}$ 的转角记为 θ,这样确定的有序数组 (ρ,φ,θ) 称为**点 P 的球坐标**,它们的变化范围是

$$
0 \leqslant \rho < +\infty, \quad 0 \leqslant \varphi \leqslant \pi, \quad 0 \leqslant \theta < 2\pi(\text{或} -\pi < \theta \leqslant \pi).
$$

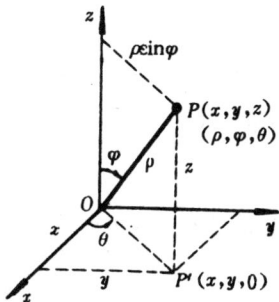

图 10-26

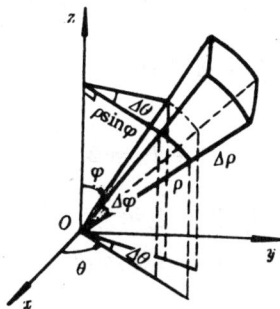

图 10-27

如图 10-26,得点 P 的直角坐标与球坐标的关系为

$$
\begin{cases} x = \rho\sin\varphi\cos\theta; \\ y = \rho\sin\varphi\sin\theta; \\ z = \rho\cos\varphi. \end{cases}
$$

令 ρ,φ,θ 分别取常数值时,得

$\rho = $ 常数,表示中心在原点的球面;

$\varphi = $ 常数,表示顶点在原点,对称轴为 z 轴,半顶角为 φ 的圆锥面;

$\theta = $ 常数,表示一边在 z 轴的半平面.

这三族曲面称为**球坐标系中的坐标曲面**,它们两两相交成直角.

下面说明三重积分在球坐标系中的计算法.利用上述三族坐标曲面,将区域 V 分割成 n 个子区域,有规则的子区域 ΔV 的体积(如图 10-27)可近似地表示为

$$
\Delta V \approx (\rho\sin\varphi \cdot \Delta\theta) \cdot (\rho\Delta\varphi) \cdot \Delta\rho = \rho^2\sin\varphi\Delta\rho\Delta\varphi\Delta\theta,
$$

于是得球坐标中的体积元素

$$
dV = \rho^2\sin\varphi d\rho d\varphi d\theta,
$$

故有

$$\iiint\limits_{V} f(x,y,z)dV = \iiint\limits_{V} f(\rho\sin\varphi\cos\theta, \rho\sin\varphi\sin\theta, \rho\cos\varphi) \cdot \rho^2\sin\varphi d\rho d\varphi d\theta. \qquad (3.6)$$

等式右边的区域 V 要用变量 ρ,φ,θ 来表达,公式(3.6)称为**三重积分的球坐标换元公式**. 在具体计算时,先将 V 用联立不等式表示,通常先积 ρ,再积 φ,后积 θ. 一般说来,当被积函数中含有 $x^2 + y^2 + z^2$,积分区域为球、圆锥或是中心对称的立体图形时,用球坐标换元公式来计算较方便.

例5 求半径为 R,体密度为常数 $\mu = 1$ 的均质球体,分别对其三个互相垂直的对称轴和对称中心的转动惯量.

解 设球体所占空间区域为
$$V = \{(x,y,z) \mid x^2 + y^2 + z^2 \leqslant R^2\},$$
对称中心为坐标原点,三个对称轴为坐标轴,所求对 x 轴、y 轴、z 轴以及坐标原点的转动惯量分别为
$$I_x = \iiint\limits_{V} (y^2 + z^2)dV; \quad I_y = \iiint\limits_{V} (x^2 + z^2)dV; \quad I_z = \iiint\limits_{V} (x^2 + y^2)dV;$$
$$I_0 = \iiint\limits_{V} (x^2 + y^2 + z^2)dV.$$

由于变量具有轮换对称性,故有
$$I_x = I_y = I_z \stackrel{\triangle}{=} I.$$
于是 $$3I = I_x + I_y + I_z = 2\iiint\limits_{V}(x^2 + y^2 + z^2)dV = 2I_0,$$
利用球坐标计算 I_0,将 V 表示为
$$V = \{(\rho,\varphi,\theta) \mid 0 \leqslant \rho \leqslant R, 0 \leqslant \varphi \leqslant \pi, 0 \leqslant \theta \leqslant 2\pi\},$$
于是
$$I_0 = \iiint\limits_{V} (x^2 + y^2 + z^2)dV = \iiint\limits_{V} \rho^2 \cdot \rho^2\sin\varphi d\rho d\varphi d\theta$$
$$= \int_0^{2\pi}d\theta\int_0^{\pi}\sin\varphi d\varphi\int_0^R \rho^4 d\rho = 2\pi \cdot 2 \cdot \frac{R^5}{5} = \frac{4\pi R^5}{5},$$
及
$$I = \frac{2}{3}I_0 = \frac{8}{15}\pi R^5.$$

例6 求由曲面 $x^2 + y^2 + z^2 = 1$, $x^2 + y^2 + z^2 = 4z$ 及 $z = \sqrt{x^2 + y^2}$ 所围均质物体(体密度 $\mu =$ 常数)对位于原点的质量为 m 的质点的引力.

解 考虑由三曲面所围积分区域(如图 10-28),取 V 的微元 dV,$\forall \, P(x,y,z) \in dV$,将 dV 的质量 dM 看做集中在点 P 处,dM 对在原点处的质点 m 的引力大小为
$$dF = k\frac{mdM}{|\overrightarrow{OP}|^2} = K\frac{m\mu dV}{x^2 + y^2 + z^2}.$$

设矢量 $\overrightarrow{OP}$ 与三坐标轴的正向夹角分别为 $\cos\alpha, \cos\beta, \cos\gamma$,于是 dF 在三坐标轴上的投影分别为
$$dF_x \stackrel{\triangle}{=} \cos\alpha dF; \quad dF_y \stackrel{\triangle}{=} \cos\beta dF; \quad dF_z \stackrel{\triangle}{=} \cos\gamma dF,$$

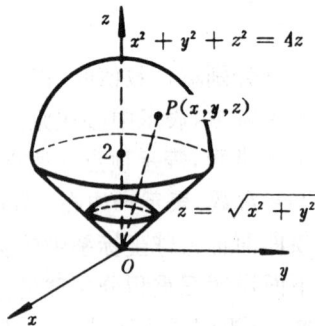

图 10-28

从而

$$F_x = km\mu \iiint_V \frac{x}{(x^2 + y^2 + z^2)^{3/2}}dV; \quad F_y = km\mu \iiint_V \frac{y}{(x^2 + y^2 + z^2)^{3/2}}dV;$$

$$F_z = km\mu \iiint_V \frac{z}{(x^2 + y^2 + z^2)^{3/2}}dV.$$

由于 V 关于 yoz 与 zox 平面对称,故 $F_x = F_y = 0$. 为了计算 F_z,利用球坐标,将 V 表示为

$$V = \{(\rho, \varphi, \theta) | 1 \leqslant \rho \leqslant 4\cos\varphi, \quad 0 \leqslant \varphi \leqslant \frac{\pi}{4}, \quad 0 \leqslant \theta \leqslant 2\pi\},$$

于是

$$F_z = km\mu \iiint_V \frac{z}{(x^2 + y^2 + z^2)^{3/2}}dV = km\mu \iiint_V \frac{\rho\cos\varphi}{\rho^3} \cdot \rho^2\sin\varphi d\rho d\varphi d\theta$$

$$= km\mu \int_0^{2\pi} d\theta \int_0^{\frac{\pi}{4}} \cos\varphi\sin\varphi d\varphi \int_1^{4\cos\varphi} d\rho$$

$$= km\mu \cdot 2\pi \int_0^{\frac{\pi}{4}} \cos\varphi\sin\varphi(4\cos\varphi - 1)d\varphi$$

$$= km\mu \cdot 2\pi \left[-\frac{4\cos^3\varphi}{3} + \frac{\cos^2\varphi}{2} \right]_0^{\frac{\pi}{4}} = \frac{13 - 4\sqrt{2}}{6}km\mu\pi,$$

所求引力 $\vec{F} = \dfrac{13 - 4\sqrt{2}}{6}km\mu\pi\vec{k}$.

§4   重积分在一般曲线坐标系中的计算法

在 §3 中所讨论的平面上的极坐标,空间中的柱坐标和球坐标都是曲线坐标系,并且是正交曲线坐标系. 本节介绍一般曲线坐标系及在这种坐标系中重积分的计算法.

4.1   二重积分在一般曲线坐标系中的计算法

(一)一般曲线坐标的概念

设函数组

$$x = x(u,v); \quad y = y(u,v), \tag{4.1}$$

当雅可比行列式 $\dfrac{\partial(x,y)}{\partial(u,v)} \neq 0$ 时,存在隐函数

$$u = u(x,y); \quad v = v(x,y). \tag{4.2}$$

由于双方是单值对应的,有序数组 (x,y) 与 (u,v) 构成一一对应. 于是平面上点 $M(x,y)$ 的位置可用另一有序数组 (u,v) 来确定,这一有序数组 (u,v) 称点 M 的曲线坐标.

分别给 u,v 以所有可能的常数值 C_1, C_2,在 xOy 平面上得到两族曲线

$$u(x,y) = C_1; \quad v(x,y) = C_2,$$

这两族曲线称为**坐标曲线**(如图 10-29).

例如,极坐标是最常见的一种曲线坐标,它与直角坐标的关系是 $x = r\cos\theta, y = r\sin\theta$,这里 r 表示 u,θ 表示 v,极坐标的两族坐标曲线是 $r = C_1$(一族以原点为中心的同心圆),$\theta = C_2$(一族以原点为起点的射线).

(二)二重积分在一般曲线坐标下的表达式

设积分区域 σ 的一个微元区域 $d\sigma$ 是由坐标曲线 $u, u + du$ 及 $v, v + dv$ 所围成(如图 10-30),其顶点 M_1, M_2, M_3, M_4 的直角坐标依次为

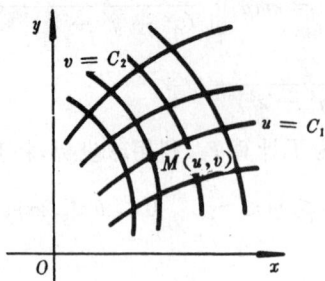 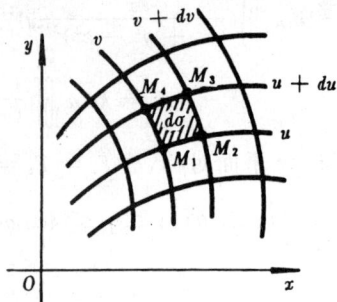

图 10-29　　　　　　　图 10-30

M_1:　　$x_1 = x(u,v); y_1 = y(u,v),$

M_2:　　$x_2 = x(u, v + dv) \approx x(u,v) + \dfrac{\partial x}{\partial v} dv;$

　　　　$y_2 = y(u, v + dv) \approx y(u,v) + \dfrac{\partial y}{\partial v} dv,$

M_3:　　$x_3 = x(u + du, v + dv) \approx x(u,v) + \dfrac{\partial x}{\partial u} du + \dfrac{\partial x}{\partial v} dv;$

　　　　$y_3 = y(u + du, v + dv) \approx y(u,v) + \dfrac{\partial y}{\partial u} du + \dfrac{\partial y}{\partial v} dv,$

M_4:　　$x_4 = x(u + du, v) \approx x(u,v) + \dfrac{\partial x}{\partial u} du;$

　　　　$y_4 = y(u + du, v) \approx y(u,v) + \dfrac{\partial y}{\partial u} du.$

因 $M_1M_2M_3M_4$ 为微元平行四边形,其面积为

$$d\sigma = |\ \overrightarrow{M_1M_2} \times \overrightarrow{M_1M_4}\ |,$$

由　　$\overrightarrow{M_1M_2} = \dfrac{\partial x}{\partial v} dv \vec{i} + \dfrac{\partial y}{\partial v} dv \vec{j};\quad \overrightarrow{M_1M_4} = \dfrac{\partial x}{\partial u} du \vec{i} + \dfrac{\partial y}{\partial u} du \vec{j},$

$$\overrightarrow{M_1M_2} \times \overrightarrow{M_1M_4} = \begin{vmatrix} \vec{i} & \vec{i} & \vec{k} \\ \dfrac{\partial x}{\partial v} dv & \dfrac{\partial y}{\partial v} dv & 0 \\ \dfrac{\partial x}{\partial u} du & \dfrac{\partial y}{\partial u} du & 0 \end{vmatrix} = \begin{vmatrix} \dfrac{\partial x}{\partial v} dv & \dfrac{\partial y}{\partial v} dv \\ \dfrac{\partial x}{\partial u} du & \dfrac{\partial y}{\partial u} du \end{vmatrix} \vec{k}$$

$$= - \begin{vmatrix} \dfrac{\partial x}{\partial u} & \dfrac{\partial y}{\partial u} \\ \dfrac{\partial x}{\partial v} & \dfrac{\partial y}{\partial v} \end{vmatrix} dudv \vec{k} = - \dfrac{\partial(x,y)}{\partial(u,v)} dudv \vec{k}.$$

于是得曲线坐标系中面积元素公式为

$$d\sigma = |\ \dfrac{\partial(x,y)}{\partial(u,v)}\ | dudv, \tag{4.3}$$

二重积分的变换公式为

$$\iint\limits_{\sigma} f(x,y) d\sigma = \iint\limits_{\sigma} f[x(u,v), y(u,v)] |\ \dfrac{\partial(x,y)}{\partial(u,v)}\ | dudv. \tag{4.4}$$

等式右边的 σ 要用变量 u,v 来表达.

例如,极坐标变换 $x = r\cos\theta, y = r\sin\theta$,取 $u = r, v = \theta$,得

$$\frac{\partial(x,y)}{\partial(u,v)} = \frac{\partial(x,y)}{\partial(r,\theta)} = \begin{vmatrix} \dfrac{\partial x}{\partial r} & \dfrac{\partial y}{\partial r} \\ \dfrac{\partial x}{\partial \theta} & \dfrac{\partial y}{\partial \theta} \end{vmatrix} = \begin{vmatrix} \cos\theta & \sin\theta \\ -r\sin\theta & r\cos\theta \end{vmatrix} = r.$$

由(4.3)得极坐标系中面积元素公式

$$d\sigma = \left| \frac{\partial(x,y)}{\partial(u,v)} \right| dudv = \left| \frac{\partial(x,y)}{\partial(r,\theta)} \right| drd\theta = rdrd\theta,$$

从而得换元公式(2.7).

以上是在同一平面上考虑两种坐标系,一个是直角坐标 (x,y),另一个是曲线坐标 (u,v),它们在同一平面上表示同一个点.另一解释是考虑两个直角坐标系平面,一个是 xOy 直角坐标系平面,另一个是 uOv 直角坐标平面.而雅可比行列式的绝对值,就是变换前后面积 $dxdy$ 与 $dudv$ 的伸缩率.

公式(4.4)与定积分的换元公式

$$\int_a^b f(x)dx = \int_\alpha^\beta f[\varphi(t)]\varphi'(t)dt$$

相似,仅有一点差别是后者没有对导数 $\varphi'(t)$ 取绝对值.假若规定定积分的下限不能超过上限,那么,为了保证 $\alpha < \beta$,就必须取 $|\varphi'(t)|$.这样,定积分的换元公式就与二重积分的换元公式一致起来了.

例 1　计算 $\iint\limits_\sigma (\ln\frac{y}{x})^2 d\sigma$,其中 σ 是由曲线 $|\ln x| + |\ln y| = 1$ 所围平面区域.

解　σ 的边界线可化为

$$xy = e; \quad xy = e^{-1}; \quad y = ex; \quad y = e^{-1}x.$$

根据区域 σ 的特点,可作变换

$$xy = u; \quad \frac{y}{x} = v, \tag{4.5}$$

将 σ 变换到 uOv 平面上的正方形区域

$$\sigma_{uv} = \{(u,v) | e^{-1} \leqslant u \leqslant e, e^{-1} \leqslant v \leqslant e\}.$$

由(4.5)可解得　$x = \sqrt{\dfrac{u}{v}}, y = \sqrt{uv}$,并得

$$J = \frac{\partial(x,y)}{\partial(u,v)} = \begin{vmatrix} \dfrac{\partial x}{\partial u} & \dfrac{\partial y}{\partial u} \\ \dfrac{\partial x}{\partial v} & \dfrac{\partial y}{\partial v} \end{vmatrix} = \frac{1}{2v}.$$

利用换元公式(4.4)得

$$\iint\limits_\sigma (\ln\frac{y}{x})^2 d\sigma = \iint\limits_{\sigma_{uv}} (\ln v)^2 \cdot \frac{1}{2v} dudv$$

$$= \frac{1}{2} \int_{e^{-1}}^e du \int_{e^{-1}}^e \frac{(\ln v)^2}{v} dv = \frac{1}{2} (e - e^{-1}) \cdot \frac{(\ln v)^3}{3} \Big|_{e^{-1}}^e$$

$$= \frac{1}{3}(e - e^{-1}).$$

4.2　三重积分在一般曲线坐标系中计算法

设函数组

$$x = x(u,v,w); \quad y = y(u,v,w); \quad z = z(u,v,w), \tag{4.6}$$

当雅可比行列式 $\dfrac{\partial(x,y,z)}{\partial(u,v,w)} \neq 0$ 时,存在隐函数

$$u = u(x,y,z); \quad v = v(x,y,z); \quad w = w(x,y,z).$$

同平面情形一样,空间点 $M(x,y,z)$ 的位置可用另一有序数组 (u,v,w) 来确定,那么有序数组 (u,v,w) 称为**点 M 的曲线坐标**.

分别给 u,v,w 以所有可能的常数值 C_1,C_2,C_3,在 $Oxyz$ 空间中得三族曲面

$$u(x,y,z) = C_1; \quad v(x,y,z) = C_2; \quad w(x,y,z) = C_3,$$

这三族曲面称为**坐标曲面**.

例如,球坐标系中,u,v,w 依次为 ρ,φ,θ,分别给 ρ,φ,θ 以所有可能的常数值,得三族曲面,即球面、锥面、半平面.

和二重积分类似,可得三重积分的积分区域的体积元素为

$$dV = |\frac{\partial(x,y,z)}{\partial(u,v,w)}|dudvdw, \tag{4.7}$$

其中雅可比行列式为

$$\frac{\partial(x,y,z)}{\partial(u,v,w)} = \begin{vmatrix} \dfrac{\partial x}{\partial u} & \dfrac{\partial y}{\partial u} & \dfrac{\partial z}{\partial u} \\[2mm] \dfrac{\partial x}{\partial v} & \dfrac{\partial y}{\partial v} & \dfrac{\partial z}{\partial v} \\[2mm] \dfrac{\partial x}{\partial w} & \dfrac{\partial y}{\partial w} & \dfrac{\partial z}{\partial w} \end{vmatrix},$$

三重积分的换元公式为

$$\iiint\limits_{V} f(x,y,z)dV = \iiint\limits_{V} f[x(u,v,w),y(u,v,w),z(u,v,w)] \cdot |\frac{\partial(x,y,z)}{\partial(u,v,w)}|dudrdw. \tag{4.8}$$

例如,球坐标系中,由 $x = \rho\sin\varphi\cos\theta, y = \rho\sin\varphi\sin\theta, z = \rho\cos\varphi$,可得

$$\frac{\partial(x,y,z)}{\partial(\rho,\varphi,\theta)} = \begin{vmatrix} \dfrac{\partial x}{\partial \rho} & \dfrac{\partial y}{\partial \rho} & \dfrac{\partial z}{\partial \rho} \\[2mm] \dfrac{\partial x}{\partial \varphi} & \dfrac{\partial y}{\partial \varphi} & \dfrac{\partial z}{\partial \varphi} \\[2mm] \dfrac{\partial x}{\partial \theta} & \dfrac{\partial y}{\partial \theta} & \dfrac{\partial z}{\partial \theta} \end{vmatrix} = \begin{vmatrix} \sin\varphi\cos\theta & \sin\varphi\sin\theta & \cos\varphi \\ \rho\cos\varphi\cos\theta & \rho\cos\varphi\sin\theta & -\rho\sin\varphi \\ -\rho\sin\varphi\sin\theta & \rho\sin\varphi\cos\theta & 0 \end{vmatrix} = \rho^2\sin\varphi,$$

由 (4.7) 得球坐标系中体积元素公式

$$dV = |\frac{\partial(x,y,z)}{\partial(\rho,\varphi,\theta)}|d\rho d\varphi d\theta = \rho^2\sin\varphi d\rho d\varphi d\theta,$$

从而得到换元公式 (3.6).

例 2 计算三重积分 $\iiint\limits_{V}(x+y+z)^2 dV$,其中 V 是椭球体 $\dfrac{x^2}{a^2} + \dfrac{y^2}{b^2} + \dfrac{z^2}{c^2} \leqslant 1$.

解 先考虑到 V 关于 yOz 平面对称,在被积函数的展开式中,$2xy,2xz$ 关于 x 是奇函数,故

$$\iiint\limits_{V} 2xy dV = \iiint\limits_{V} 2xz dV = 0,$$

又 V 关于 xOz 平面对称,$2yz$ 关于 y 是奇函数,从而

$$\iiint\limits_{V} 2yz dV = 0,$$

于是积分

$$I = \iiint\limits_V (x+y+z)^2 dV = \iiint\limits_V (x^2+y^2+z^2) dV$$

$$= \iiint\limits_V x^2 dV + \iiint\limits_V y^2 dV + \iiint\limits_V z^2 dV \triangleq I_1 + I_2 + I_3.$$

由于对称性,先计算 I_3,作变换

$$x = a\rho\sin\varphi\cos\theta; \quad y = b\rho\sin\varphi\sin\theta; \quad z = c\rho\cos\varphi,$$

于是将积分区域 V 化为

$$V = \{(\rho,\varphi,\theta) \mid 0 \leqslant \rho \leqslant 1, 0 \leqslant \varphi \leqslant \pi, 0 \leqslant \theta \leqslant 2\pi\}.$$

雅可比行列式为

$$J = \frac{\partial(x,y,z)}{\partial(\rho,\varphi,\theta)} = abc\rho^2\sin\varphi,$$

于是

$$I_3 = \iiint\limits_V z^2 dV = \iiint\limits_V c^2\rho^2\cos^2\varphi \cdot abc\rho^2\sin\varphi d\rho d\varphi d\theta$$

$$= abc^3 \int_0^{2\pi} d\theta \int_0^\pi \cos^2\varphi\sin\varphi d\varphi \int_0^1 \rho^4 d\rho = abc^3 \cdot 2\pi \cdot \frac{2}{3} \cdot \frac{1}{5} = \frac{4}{15}\pi abc^3.$$

同理 $I_1 = \frac{4}{15}\pi a^3bc, I_2 = \frac{4}{15}\pi ab^3c.$ 于是

$$\iiint\limits_V (x+y+z)^2 dV = I_1 + I_2 + I_3 = \frac{4}{15}\pi abc(a^2+b^2+c^2).$$

另解:计算 I_3. 由 V 夹在两平面 $z=-c$ 与 $z=c$ 之间,$\forall z \in [-c,c]$,过点 $(0,0,z)$ 作平行于 xOy 平面的平面,与 V 相截的截面在 xOy 平面上的投影是椭圆面

$$D_z = \left\{(x,y) \mid \frac{x^2}{a^2\left(1-\frac{z^2}{c^2}\right)} + \frac{y^2}{b^2\left(1-\frac{z^2}{c^2}\right)} \leqslant 1\right\},$$

其面积 $D_z = \pi\left(a\sqrt{1-\frac{z^2}{c^2}}\right)\left(b\sqrt{1-\frac{z^2}{c^2}}\right) = \pi ab\left(1-\frac{z^2}{c^2}\right).$

于是

$$I_3 = \iiint\limits_V z^2 dV = \int_{-c}^c z^2 dz \iint\limits_{D_z} d\sigma = 2\int_0^c z^2 \cdot \pi ab\left(1-\frac{z^2}{c^2}\right)dz$$

$$= 2\pi ab\left[\frac{z^3}{3} - \frac{z^5}{5c^2}\right]\Big|_0^c = 2\pi abc^3\left(\frac{1}{3}-\frac{1}{5}\right) = \frac{4}{15}\pi abc^3.$$

可得如上同样结果.

习题十

§1

1. (1) 一平面金属薄片占有 xOy 平面上的区域 σ,该薄片上分布有面密度为 $\mu(x,y)$ 的电荷,写出 σ 上电荷 Q 的总量表达式.

(2) 一物体占有空间 $Oxyz$ 区域 V,该物体上每一点 (x,y,z) 处的体密度 ρ 与到 x 轴距离成正比,比例系数为 k,试写出该物体关于 y 轴的转动惯量的表达式.

2. 利用二重积分的几何意义判断积分

$$\iint\limits_{0 < x^2+y^2 \leqslant \frac{2}{3}} \ln(x^2+y^2)d\sigma$$

的值是正还是负?

3. 估计下列各积分的值 I.

(1) $\iint\limits_{\sigma}(4x^2+y^2+9)d\sigma$, $\sigma=\{(x,y)\,|\,x^2+y^2\leqslant4\}$;

(2) $\iint\limits_{\sigma}[x(1+y)-(x^2+y^2)]d\sigma$, $\sigma=\{(x,y)\,|\,0\leqslant x\leqslant1,0\leqslant y\leqslant2\}$;

(3) $\iiint\limits_{V}[\cos\sqrt{xyz}+\sin\sqrt{xyz}]dV$,$V=\{(x,y,z)\,|\,0\leqslant x\leqslant1,0\leqslant y\leqslant1,0\leqslant z\leqslant1\}$.

4. 设 $f(x,y)$ 在区域 $\sigma=\{(x,y)\,|\,x^2+y^2\leqslant r^2\}$ 上连续,试证

$$\lim_{r\to0}\frac{1}{\pi r^2}\iint\limits_{\sigma}f(x,y)d\sigma=f(0,0).$$

特别,当 $f(x,y)=e^{x^2+y^2}\cos(x+y)$ 时,求该极限值.

5. 设平面区域 $D=\{(x,y)\,|\,y\leqslant x,x^2+y^2\leqslant1\}$,$D_1=\{(x,y)\,|\,0\leqslant y\leqslant x,x^2+y^2\leqslant1\}$,则积分 $\iint\limits_{D}(xy+x$

$\sqrt{1-y^2})d\sigma$ 等于(   ).

(A) $4\iint\limits_{D_1}(xy+x\sqrt{1-y^2})d\sigma$;   (B) $2\iint\limits_{D_1}x\sqrt{1-y^2}d\sigma$;

(C) $2\iint\limits_{D_1}xyd\sigma$;   (D) 0.

6. 设积分区域 $\sigma=\{(x,y)\,|\,x^2+y^2\leqslant R^2\}$,求下列积分值:

(1) $\iint\limits_{\sigma}(x^2y^3+x^3y^2+1)d\sigma$;   (2) $\iint\limits_{\sigma}(x+y)\sqrt{R^2-x^2-y^2}d\sigma$.

7. (1) 设积分区域 $\sigma=\{(x,y)\,|\,\frac{x^2}{a^2}+\frac{y^2}{b^2}\leqslant1\}$,试证 (i) $\iint\limits_{\sigma}(x+y)^2d\sigma=\iint\limits_{\sigma}(x^2+y^2)d\sigma$;

(ii) $\iint\limits_{\sigma}\frac{\sin\sqrt{x^2+y^2}}{y}d\sigma=0$.

(2) 设积分区域 $V=\{(x,y,z)\,|\,\frac{x^2}{a^2}+\frac{y^2}{b^2}+\frac{z^2}{c^2}\leqslant1\}$,试证 (i) $\iiint\limits_{V}(x+y+z)^2dV=\iiint\limits_{V}(x^2+y^2+z^2)dV$;   (ii)

$\iiint\limits_{V}\frac{z\ln(x^2+y^2+z^2+1)}{1+x^2+y^2+z^2}dV=0$.

8. 设 $f(x)$ 在区间 $[0,1]$ 上连续,积分区域 $\sigma=\{(x,y)\,|\,0\leqslant x\leqslant1,0\leqslant y\leqslant1\}$,试证

$$\iint\limits_{\sigma}e^{f(x)-f(y)}d\sigma\geqslant1.$$

9. 设 $f(P)$ 在区域 Ω 上连续,且在 Ω 的任何一个子区域 Ω_1 上恒有 $\int_{\Omega_1}f(P)d\Omega=0$,试证在 Ω 上 $f(P)\equiv0$.

§ 2

10. 计算下列二重积分:

(1) $\iint\limits_{\sigma}xe^{xy}d\sigma$, $\sigma=\{(x,y)\,|\,0\leqslant x\leqslant1,-1\leqslant y\leqslant0\}$;

(2) $\iint\limits_{\sigma}x\sin\frac{y}{x}d\sigma$, $\sigma=\{(x,y)\,|\,0\leqslant y\leqslant x,0\leqslant x\leqslant1\}$;

(3) $\iint\limits_{\sigma}(x+y)e^{x+y}d\sigma$, $\sigma=\{(x,y)\,|\,0\leqslant x\leqslant1,0\leqslant y\leqslant2\}$;

(4) $\iint\limits_{\sigma}\cos(x+y)d\sigma$, $\sigma=\{(x,y)\,|\,0\leqslant x\leqslant y,0\leqslant y\leqslant\pi\}$;

(5) $\iint\limits_{\sigma}\frac{y}{(1+x^2+y^2)^{3/2}}d\sigma$, $\sigma=\{(x,y)\,|\,0\leqslant x\leqslant1,0\leqslant y\leqslant1\}$;

(6) $\displaystyle\iint_\sigma \frac{x^2}{y^2}d\sigma$, $\quad \sigma = \{(x,y)\mid \frac{1}{x} \leqslant y \leqslant x, 1 \leqslant x \leqslant 2\}$;

(7) $\displaystyle\iint_\sigma e^{\frac{x}{y}}d\sigma$, $\quad \sigma$ 由 $y = 1, x = 0, y^2 = x$ 所围成；

(8) $\displaystyle\iint_\sigma (x + 2y)d\sigma$, $\quad \sigma$ 由 $x = y^2 - 4$ 和 $x = 5$ 所围成；

(9) $\displaystyle\iint_\sigma d\sigma$, $\quad \sigma$ 由 $y^2 - x^2 = 1$ 和 $x = -2, x = 2$ 所围成；

(10) $\displaystyle\iint_\sigma \sqrt{x^2 - y^2}d\sigma$, σ 是以 $O(0,0), A(1,-1), B(1,1)$ 为顶点的三角形区域；

(11) $\displaystyle\iint_\sigma \sqrt{xy - y^2}d\sigma$, $\quad \sigma$ 是以 $O(0,0), A(10,1), B(1,1)$ 为顶点的三角形区域.

11. 将二重积分 $\displaystyle\iint_\sigma f(x,y)d\sigma$ 分别用先 x 后 y 与先 y 后 x 的两种积分次序化成累次积分. 其积分区域 σ 为

(1) $\sigma = \{(x,y)\mid x^2 + y^2 \leqslant 2y\}$；

(2) σ 由抛物线 $y = \frac{x^2}{4} - 1$ 与直线 $y = 2 - x$ 围成.

12. 画出下列积分区域的图形，并改变它的积分次序：

(1) $\displaystyle\int_1^e dx \int_0^{\ln x} f(x,y)dy$; $\qquad$ (2) $\displaystyle\int_0^1 dy \int_{\arcsin y}^{\pi - \arcsin y} f(x,y)dx$;

(3) $\displaystyle\int_{-2}^1 dy \int_{-\sqrt{2-y}}^y f(x,y)dx + \int_1^2 dy \int_{-\sqrt{2-y}}^{\sqrt{2-y}} f(x,y)dx$;

(4) $\displaystyle\int_{-4}^{-2} dx \int_{-1}^{x+3} f(x,y)dy + \int_{-2}^0 dx \int_{-1}^1 f(x,y)dy + \int_0^2 dx \int_{\frac{x^2}{2}-1}^1 f(x,y)dy$.

13. 计算下列积分：

(1) $\displaystyle\int_0^1 dx \int_x^1 x\sin y^3 dy$; $\qquad$ (2) $\displaystyle\int_\pi^{2\pi} dy \int_{y-\pi}^\pi \frac{\sin x}{x}dx$;

(3) $\displaystyle\int_0^1 dx \int_{x^2}^1 \frac{xy}{\sqrt{1+y^3}}dy$; $\qquad$ (4) $\displaystyle\int_0^a dx \int_0^x \sqrt{\frac{a-x}{a-y}}\sin y dy$;

(5) $\displaystyle\int_1^2 dx \int_{\sqrt{x}}^x \sin\frac{\pi x}{2y}dy + \int_2^4 dx \int_{\sqrt{x}}^2 \sin\frac{\pi x}{2y}dy$;

(6) $\displaystyle\int_0^2 dx \int_{\frac{1}{x}}^2 ye^{xy}dy$; $\qquad$ (7) $\displaystyle\int_{-1}^1 dx \int_{-1}^x x\sqrt{1-x^2+y^2}dy$.

14. 设 $f(u)$ 在积分区域 σ 上连续，试证：

(1) $\displaystyle\int_a^b dy \int_y^b f(x)dx = \int_a^b f(x)(x-a)dx$; $\qquad$ (2) $\displaystyle\int_a^b dy \int_a^y (y-x)^n f(x)dx = \frac{1}{n+1}\int_a^b f(x)(b-x)^{n+1}dx$;

(3) $\displaystyle\int_a^b f(x)dx \int_a^b \frac{dx}{f(x)} \geqslant (b-a)^2$, 其中 $f(x) > 0$; $\qquad$ (4) $\displaystyle\int_a^b f^2(x)dx \geqslant \frac{1}{b-a}\left[\int_a^b f(x)dx\right]^2$;

(5) $\displaystyle\iint_{x^2+y^2\leqslant R^2} \frac{af(x) + bf(y)}{f(y) + f(x)}d\sigma = \frac{a+b}{2}\pi R^2$.

15. 计算下列积分：

(1) $\displaystyle\iint_\sigma (|x| + |y|)d\sigma$, $\quad \sigma = \{(x,y)\mid |x| + |y| \leqslant 1\}$；

(2) $\displaystyle\iint_\sigma |x + y|d\sigma$, $\quad \sigma = \{(x,y)\mid |x| \leqslant 1, |y| \leqslant 1\}$；

(3) $\displaystyle\iint_\sigma \sqrt{|y - x^2|}d\sigma$, $\quad \sigma = \{(x,y)\mid |x| \leqslant 1, 0 \leqslant y \leqslant 2\}$；

(4) $\displaystyle\iint_\sigma [x + y]d\sigma$, $\quad \sigma = \{(x,y)\mid 0 \leqslant x \leqslant 2, 0 \leqslant y \leqslant 2\}$, 其中 $[x+y]$ 为取整函数；

(5) $\displaystyle\iint_\sigma (x + y)\text{sgn}(x - y)d\sigma$, $\quad \sigma = \{(x,y)\mid 0 \leqslant x \leqslant 1, 0 \leqslant y \leqslant 1\}$.

16. 画出区域 σ 的图形,并将 $\iint\limits_{\sigma} f(x,y)d\sigma$ 化为极坐标系下的累次积分,其中 $a,b>0$.

(1) $\sigma = \{(x,y) \,|\, a^2 \leqslant x^2 + y^2 \leqslant b^2\}$;　　　(2) $\sigma = \{(x,y) \,|\, a^2 \leqslant x^2 + y^2 \leqslant 2ax\}$;

(3) $\sigma = \{(x,y) \,|\, x^2 + y^2 \leqslant 2ax, x^2 + y^2 \leqslant 2ay\}$.

17. 利用极坐标计算下列二重积分:

(1) $\iint\limits_{\sigma} \ln(1 + x^2 + y^2)d\sigma$, 　$\sigma = \{(x,y) \,|\, x^2 + y^2 \leqslant 1, x \geqslant 0\}$;

(2) $\iint\limits_{\sigma} \operatorname{arctg} \dfrac{y}{x} d\sigma$, 　$\sigma = \{(x,y) \,|\, 1 \leqslant x^2 + y^2 \leqslant 4, 0 \leqslant y \leqslant x\}$;

(3) $\iint\limits_{\sigma} \sin \sqrt{x^2 + y^2} d\sigma$, 　$\sigma = \{(x,y) \,|\, \pi^2 \leqslant x^2 + y^2 \leqslant 4\pi^2\}$;

(4) $\iint\limits_{\sigma} \sqrt{x^2 + y^2} d\sigma$, $\sigma = \{(x,y) \,|\, ax \leqslant x^2 + y^2 \leqslant a^2\}$;

(5) $\iint\limits_{\sigma} \sqrt{\dfrac{1 - x^2 - y^2}{1 + x^2 + y^2}} d\sigma$, 　$\sigma = \{(x,y) \,|\, x^2 + y^2 \leqslant 1\}$;

(6) $\iint\limits_{\sigma} \dfrac{d\sigma}{(a^2 + x^2 + y^2)^{3/2}}$, 　$\sigma = \{(x,y) \,|\, 0 \leqslant x \leqslant a, 0 \leqslant y \leqslant a\}$;

(7) $\iint\limits_{\sigma} |x^2 + y^2 - 4| d\sigma$, 　$\sigma = \{(x,y) \,|\, x^2 + y^2 \leqslant 9\}$;

(8) $\displaystyle\int_0^{\frac{3\sqrt{2}}{2}} dx \int_x^{\sqrt{9-x^2}} e^{-(x^2+y^2)} dy$;

(9) $\displaystyle\int_0^a dx \int_{-x}^{-a+\sqrt{a^2-x^2}} \dfrac{dy}{\sqrt{x^2 + y^2} \sqrt{4a^2 - x^2 - y^2}}$.

18. 求 (1) $\displaystyle\lim_{r \to \infty} \iint\limits_{x^2+y^2 \leqslant r^2} \dfrac{d\sigma}{(x^2 + y^2 + 1)^a}$, 　$a \neq 1$;

(2) $\displaystyle\lim_{\varepsilon \to 0} \iint\limits_{\varepsilon^2 \leqslant x^2+y^2 \leqslant 1} \ln(x^2 + y^2) d\sigma$.

19. 用二重积分计算下列各题由曲线所围平面图形的面积:

(1) $2y^2 = x + 4, x = y^2$;　　　　　(2) $x = \sqrt{y^2 + 1}, x = 0, y = 0, y = 2$;

(3) $y = (x+1)^3(x-1), y = 0$;　(4) $(x^2 + y^2)^2 = 2a^2(x^2 - y^2), x^2 + y^2 = a^2, x \geqslant 0, (a > 0)$;

(5) $x^2 + y^2 = a(\sqrt{x^2 + y^2} + x), x^2 + y^2 = 2ax$, 　$(a > 0)$.

20. 用二重积分计算下列各题由曲面所围空间区域的体积:

(1) $z = 4 - x^2, 2x + y - 4 = 0, x \geqslant 0, y \geqslant 0, z \geqslant 0$;

(2) $x^2 + y^2 + z^2 = a^2$, 　$x^2 + y^2 = ax$;

(3) $x^2 + y^2 = ax$, 　$x^2 + y^2 = (\dfrac{a}{b}z)^2, z \geqslant 0$;

(4) $z = x^2 + y^2 + 1$, 　$2x + y = 2, x \geqslant 0, y \geqslant 0, z = 0$.

21. 求下列各题由曲线所围平面薄片的质量,已知面密度 $\mu = \mu(x,y)$.

(1) $x = y^3, x + y = 2, y = 0$,其上任一点的密度为该点纵坐标的二倍.

(2) $x^2 + y^2 = 2ay$ 的内部, $x^2 + y^2 = a^2$ 的外部,其上任一点的密度与该点到原点的距离成反比,且知在 $x^2 + y^2 = a^2$ 上的密度为 1.

(3) 边长为 a 的正方形,其上任一点的密度与该点到正方形顶点之一的距离成正比,已知在正方形中心点密度为 1.

22. 求下列各题由曲线所围平面薄片的质量中心.

(1) $y^2 = 4x + 4, y^2 = -2x + 4$,面密度 $\mu(x,y) = \mu_0$(常数);

(2) $y = \sin x, y = \dfrac{2x}{\pi}$,面密度 $\mu(x,y) = \mu_0$(常数), $x > 0$;

(3) $r = a(1 + \cos\theta)$,面密度 $\mu(x,y) = \mu_0$(常数);

(4) $1 \leqslant r \leqslant 2, -\alpha \leqslant \theta \leqslant \alpha$,面密度 $\mu(x,y) = \mu_0$(常数);

(5) 边长为 a 的等边三角形,其上任一点的密度与该点到其一顶点的距离成正比.

23. 求均质平面薄片关于指定轴的转动惯量.

(1) 半径为 a 均质薄片关于(i) 切线;(ii) 过圆周上一点且垂直于圆所在平面的轴.

(2) 由 $y^2 = ax$ 与 $x = a$ 所围均质薄片关于以直线 $y = -a$ 为轴.

(3) 由 $y = x^2$ 与 $y = 3x - 2$ 所围均质薄片关于 y 轴.

(4) 边长为 a 的正方形薄片,其上任一点的面密度正比于该点到其中一个顶点的距离,以过这顶点的边为轴.

(5) 由双纽线 $r^2 = 2a^2\cos2\theta$ 所围均质薄片关于过极点且垂直该薄片所在平面的轴.

(6) 由摆线 $x = a(t - \sin t), y = a(1 - \cos t)$ 的一拱和 x 轴所围均质薄片关于 x 轴.

§3

24. 画出区域 V 的图形,计算下列三重积分:

(1) $\iiint\limits_V \dfrac{1}{\sqrt{1 + x + y + z}} dV$, $V = \{(x,y,z) \mid 0 \leqslant x \leqslant 1, 0 \leqslant y \leqslant 1, 0 \leqslant z \leqslant 1\}$;

(2) $\iiint\limits_V xyz dV$, $V = \{(x,y,z) \mid 0 \leqslant z \leqslant 1 - x - y, x \geqslant 0, y \geqslant 0\}$;

(3) $\iiint\limits_V xy dV$, $V = \{(x,y,z) \mid x^2 + y^2 \leqslant 1, 0 \leqslant z \leqslant 1, x \geqslant 0, y \geqslant 0\}$;

(4) $\iiint\limits_V z dV$, $V = \{(x,y,z) \mid \dfrac{h}{R}\sqrt{x^2 + y^2} \leqslant z \leqslant h\}$;

(5) $\iiint\limits_V zy^2x^3 dV$, $V = \{(x,y,z) \mid 0 \leqslant x \leqslant 1, 0 \leqslant y \leqslant x, 0 \leqslant z \leqslant xy\}$.

25. 将积分 $\int_0^1 dx \int_0^x dy \int_0^{xy} f(x,y,z) dz$ 化成先对 x,再对 z,后对 y 的累次积分.

26. 设 $f(t)$ 连续,试证

(1) $\int_0^x dv \int_0^v du \int_0^u f(t) dt = \dfrac{1}{2} \int_0^x f(t)(x - t)^2 dt$;

(2) $\iiint\limits_V f(z) dV = \pi \int_{-1}^1 f(z)(1 - z^2) dz, V = \{(x,y,z) \mid x^2 + y^2 + z^2 \leqslant 1\}$.

27. 设直角坐标下的三重积分

$$I = \iiint\limits_V \sqrt{x^2 + y^2 + z^2} dx dy dz, \quad V = \{(x,y,z) \mid x^2 + y^2 + z^2 \leqslant z, x^2 + y^2 \leqslant z^2\}.$$

(1) 将 I 表示成先对 z,再对 y,后对 x 的累次积分;

(2) 在柱坐标 (r,θ,z) 下,将 I 表示成先对 z,再对 r,后对 θ 的累次积分;

(3) 在球坐标 (ρ,φ,θ) 下,将 I 表示成先对 ρ,再对 φ,后对 θ 的累次积分.

并就其中一种表示法计算出结果来.

28. 在(i) 柱坐标,(ii) 球坐标下,分别将三重积分 $I = \iiint\limits_V f(x,y,z) dV$ 化成累次积分,其中 V 为

(1) 由 $z = x^2 + y^2$ 与 $z^2 = x^2 + y^2$ 所围成;

(2) 由 $z^2 = x^2 + y^2, 2z^2 = x^2 + y^2, z = 1$ 所围成.

29. 选择合适的坐标系计算下列三重积分:

(1) $\iiint\limits_V z\sqrt{x^2 + y^2} dV$, $V = \{(x,y,z) \mid x^2 + y^2 \leqslant 2x, y \geqslant 0, 0 \leqslant z \leqslant a\}$;

(2) $\iiint\limits_V (x^2 + y^2) dV$, $V = \{(x,y,z) \mid \dfrac{x^2 + y^2}{2} \leqslant z \leqslant 2\}$;

(3) $\iiint \dfrac{1}{\sqrt{x^2+y^2+z^2}}dV$ $V=\{(x,y,z)\,|\,x^2+y^2+z^2\leqslant 2z\}$；

(4) $\iiint \dfrac{z}{1+x^2+y^2+z^2}dV$， $V=\{(x,y,z)\,|\,0\leqslant z\leqslant \sqrt{1-x^2-y^2}\}$；

(5) $\iiint xe^{\frac{x^2+y^2+z^2}{a^2}}dV$， $V=\{(x,y,z)\,|\,0\leqslant z\leqslant \sqrt{a^2-x^2-y^2},x\geqslant 0,y\geqslant 0\}$；

(6) $\iiint xyzdV$， $V=\{(x,y,z)\,|\,x^2+y^2+z^2\leqslant 4,x^2+y^2+z^2\leqslant 4z,x\geqslant 0,y\geqslant 0\}$；

(7) $\iiint (x+y+z)^2dV$， $V=\{(x,y,z)\,|\,x^2+y^2+z^2\leqslant 3a^2,x^2+y^2\leqslant 2az\}$；

(8) $\iiint z^2dV$， $V=\{(x,y,z)\,|\,x^2+y^2+z^2\leqslant R^2,x^2+y^2+z^2\leqslant 2Rz\}$.

30. 画出积分区域的图形，选择合适的坐标系计算下列积分：

(1) $\displaystyle\int_{-1}^{1}dx\int_{-\sqrt{1-x^2}}^{\sqrt{1-x^2}}dz\int_{-\sqrt{1-x^2-z^2}}^{1}y\sqrt{1-x^2}dy$；   (2) $\displaystyle\int_{0}^{2}dx\int_{0}^{\sqrt{2x-x^2}}dy\int_{0}^{a}z\sqrt{x^2+y^2}dz$；

(3) $\displaystyle\int_{-a}^{a}dx\int_{-\sqrt{a^2-x^2}}^{\sqrt{a^2-x^2}}dy\int_{-\sqrt{a^2-x^2-y^2}}^{\sqrt{a^2-x^2-y^2}}(a-x)^2\sqrt{x^2+y^2+z^2}dz$.

31. 利用三重积分求下列曲面所围立体的体积：

(1) $x^2+y^2=2x,\sqrt{x^2+y^2}=z,z=0$；   (2) $z=x^2+y^2,y=x^2,y=1,z=0$；

(3) $x^2+y^2+z^2=1,x^2+y^2+z^2=16,x^2+y^2-z^2=0,x\geqslant 0,y\geqslant 0,z\geqslant 0$；

(4) $z=(x^2+y^2+z^2)^2$.

32. 利用三重积分求物体的质量，物体 V 分别为：

(1) 正圆锥体，高为 $h(h>1)$，轴与母线的夹角为 α，其体密度与到平面 Π 的距离的 n 次方成正比，而平面 Π 过圆锥顶点且垂直于轴，且当到 Π 的距离为 1 个单位时，其体密度为 ρ_0.

(2) 由半径分别为 4 与 8 的两个同心球所围成，其中任一点的体密度与该点到球心的距离成反比，已知离球心距离为 5 处的体密度为 1.

(3) 一底半径为 R，高为 H 的圆柱体，其中任一点的体密度等于该点到圆柱体底面中心距离的平方.

33. 利用三重积分求物体的质量中心. 物体 V 分别为：

(1) 一均质的球顶锥体，球心在原点，半径为 R，半顶角为 α.

(2) 由曲面 $y^2+2z^2=4x$ 和 $x=2$ 所围均质立体.

(3) 由曲面 $x^2+z=1,y^2+z=1,z=0$ 所围均质立体.

34. 利用三重积分求物体的转动惯量.

(1) 求半径为 R 的均质（密度为 1）球体对它的一条切线的转动惯量.

(2) 底半径为 R，高为 H 的均质正圆柱体对其一条母线的转动惯量.

(3) 在锥面 $z\mathrm{tg}\alpha=\sqrt{x^2+y^2}\,(0<\alpha<\dfrac{\pi}{2})$ 之外，球面 $x^2+y^2+z^2=2Rz(R>0)$ 之内的立体，其中任一点体密度与该点到 z 轴距离平方成反比（比例系数为 1），求该立体关于 z 轴的转动惯量.

35. 利用积分计算引力.

(1) 一正圆锥，高为 H，半顶角为 α，密度为常数 μ_0，有质量为 1 的质点位于其顶点处，求圆锥施于该质点的引力.

(2) 一半径为 R，高为 H 的均质（密度 μ_0）正圆柱体，在其对称轴上距上底为 a 处有一质量为 m 的质点，求该圆柱体与质点间的引力.

(3) 在 xOy 平面上有一半径为 R，质量为 M 的均质半圆形薄板，过圆心 O 垂直于半圆板的直线上有一质量为 m 的质点，该质点与圆心的距离为 b，求此半圆板与质点间的引力.

(4) 有一均匀带电的半圆环，电荷密度 $\mu>0$，半圆环的内半径为 a，外半径为 b，求公共圆心 O 点处的电场强度 $\vec{E}$，设介电系数 $\varepsilon=1$.

36. 引入曲线坐标,求下列二重积分的值:

(1) $\iint\limits_{\sigma}(x+y)d\sigma$, $\sigma = \{(x,y)\,|\,x^2+y^2\leqslant x+y\}$;

(2) $\iint\limits_{\sigma}\sqrt{\dfrac{x^2}{a^2}+\dfrac{y^2}{b^2}}\,d\sigma$, $\sigma = \{(x,y)\,|\,\dfrac{x^2}{a^2}+\dfrac{y^2}{b^2}\leqslant 4,0\leqslant y\leqslant x\}$;

(3) $\iint\limits_{\sigma}(\sqrt{\dfrac{x}{a}}+\sqrt{\dfrac{y}{b}})d\sigma$, $\sigma = \{(x,y)\,|\,\sqrt{\dfrac{x}{a}}+\sqrt{\dfrac{y}{b}}\leqslant 1,x\geqslant 0,y\geqslant 0\}$;

(4) $\iint\limits_{\sigma}e^{\frac{y-x}{y+x}}d\sigma$, σ 是以 $A(0,0),B(0,1),C(1,0)$ 为顶点的三角形区域;

(5) $\iint\limits_{\sigma}(x-y)^2\sin^2(x+y)d\sigma$, σ 是由 $A(\pi,0),B(2\pi,\pi),C(\pi,2\pi),D(0,\pi)$ 四点所围正方形区域.

37. 求下列曲线所围区域的面积:

(1) 抛物线 $x^2=ay,x^2=by(0<a<b)$ 与直线 $y=mx,y=nx(0<m<n)$.

(2) 椭圆 $(x-2y+3)^2+(3x+4y-1)^2=100$.

(3) 曲线 $(\dfrac{x^2}{4}+\dfrac{y^2}{9})^2=\dfrac{x^2}{4}-\dfrac{y^2}{9}$.

38. 求下列曲面所围区域的体积:

(1) 由 $z=\dfrac{x^2}{a^2}+\dfrac{y^2}{b^2},\dfrac{x^2}{a^2}+\dfrac{y^2}{b^2}=\dfrac{2x}{a},z=0$ 所围;

(2) $(\dfrac{x^2}{a^2}+\dfrac{y^2}{b^2}+\dfrac{z^2}{c^2})^2=\dfrac{x}{d}$;　(3) $(x^2+y^2+z^2)^2=a^2(x^2+y^2-z^2)$.

39. 计算下列三重积分:

(1) $\iiint\limits_{V}(y^2+z^2)dV$, $V = \{(x,y,z)\,|\,\dfrac{x^2}{a^2}+\dfrac{y^2}{b^2}+\dfrac{z^2}{c^2}\leqslant 1\}$;

(2) $\iiint\limits_{V}(x+y+z)dV$, $V = \{(x,y,z)\,|\,(x-a)^2+(y-b)^2+(z-c)^2\leqslant R^2\}$.

综合题

40. 设 $F(t) = \iint\limits_{x+y\leqslant t}f(x,y)d\sigma$,其中 $f(x,y) = \begin{cases} 1, & 0\leqslant x\leqslant 1,0\leqslant y\leqslant 1; \\ 0, & 其他, \end{cases}$ 求 $F(t)$ 的表达式.

41. 设 $f(u)$ 具有连续导数,$f(0)=0$,求证

$$\lim_{t\to 0}\frac{1}{\pi t^4}\iiint\limits_{x^2+y^2+z^2\leqslant t^2}f(\sqrt{x^2+y^2+z^2})dV = f'(0).$$

42. 求积分

$$I = \iiint\limits_{x^2+y^2+z^2\leqslant 1}f(x,y,z)dV,\text{其中}f(x,y,z) = \begin{cases} 0, & z>\sqrt{x^2+y^2}; \\ \sqrt{x^2+y^2}, & 0\leqslant z\leqslant\sqrt{x^2+y^2}; \\ \sqrt{x^2+y^2+z^2}, & z<0. \end{cases}$$

43. 求积分 $\iint\limits_{x^2+y^2\leqslant 4}\mathrm{sgn}(x^2-y^2+2)d\sigma$.

44. 求积分 $\int_0^1\dfrac{f(x)}{\sqrt{x}}dx$,其中 $f(x) = \int_1^{\sqrt{x}}e^{-t^2}dx$.

45. (1) 求积分 $\iint\limits_{\sigma}e^{-(\frac{x^2}{a^2}+\frac{y^2}{b^2})}d\sigma$,其中区域 σ 分别为(i)　$\{(x,y)\,|\,\dfrac{x^2}{a^2}+\dfrac{y^2}{b^2}\leqslant 1\}$;(ii) $\{(x,y)\,|\,\dfrac{x^2}{a^2}+\dfrac{y^2}{b^2}\geqslant 1\}$.

(2) 求积分 $\iint\limits_{\sigma}xe^{-y^2}d\sigma$,其中 σ 为 $y=4x^2$ 和 $y=9x^2$ 在第一象限所围区域.

*46. 设 $f(x,y) = \begin{cases} \dfrac{1}{4}e^{-\frac{x+y}{2}}, & x > 0, y > 0; \\ 0, & \text{其他}. \end{cases}$

(1) 令 $\sigma = \{(x,y) | x > 0, y > 0\}$，试证

$$\iint\limits_{\sigma} f(x,y)d\sigma = 1;$$

(2) 令 $\sigma_1 = \{(x,y) | x > 0, y > 0 \text{ 且 } x + y > 4\}$，试利用(1)求 $\iint\limits_{\sigma_1} f(x,y)d\sigma$.

47. 设空间有某种物质，其密度分布为 $\rho = \rho_0 e^{-\sqrt{x^2+y^2+z^2}}$（$\rho_0$ 为正常数），试求区域 $x^2 + y^2 + z^2 \geqslant 1$ 的物质的质量.

48. 求抛物面 $z = 1 + x^2 + y^2$ 的一个切平面，使得它与该抛物面及圆柱面 $x^2 + y^2 = 2x$ 围成的立体的体积最小，并求最小体积.

49. (1) 求平面 $\dfrac{x}{a} + \dfrac{y}{b} + \dfrac{z}{c} = 1$ （$a,b,c > 0$）与三坐标平面所围四面体的质量，已知其中任一点的密度与该点到 xOy 平面的距离成正比，（比例系数为 1）；

(2) 设 $a + b + c = k$（常数），问 a,b,c 取何值时，质量取到最大值？

50. 求由抛物线 $y^2 = x$ 与直线 $x = 1$ 所围均质薄片（密度 $\mu = 1$），求此薄片绕过原点的任一直线的转动惯量，并问该薄片的转动惯量在何种情况下取最大值与最小值？

51. 过点 $A(1,0,0)$ 与点 $B(0,1,1)$ 的线段 AB 绕 z 轴旋转一周所成旋转曲面与 $z = 0, z = 1$ 所围立体 V，其中任一点的密度与该点到 xOy 平面的距离成正比（比例系数为 1），求 V 的质量.

52. 在体密度 $\mu = 1$ 半径为 a 的球体内挖去一个半径为 $\dfrac{a}{2}$ 且与原球体内切的球体，试求剩余部分对两球公共直径的转动惯量.

53. 在一半径为 a 的半球旁，拼上一个同半径的圆柱体（圆柱的高为 b），使整个立体的形心位于球心处，求 b 与 a 的关系.

54. 一底半径 R 高 H 的无盖圆柱形容器，倾斜地支放在水平面上，其轴线与该平面成角 $45°$，试就 $H \geqslant 2R$ 的情形，求容器的贮水量.

第十一章　　曲面积分

§1　第一类曲面积分计算法

1.1　曲面的面积

设曲面 S 的方程 $F(x,y,z)=0$ 可改写为
$$z=f(x,y),\qquad (x,y)\in\sigma_{xy},$$
其中 σ_{xy} 为有界闭区域. 又设 $f(x,y)$ 在 σ_{xy} 上有连续的偏导数，还设 S 与平行于 z 轴的直线相交不多于一点（如图 11-1），现在来求该曲面的面积 S.

在曲面 S 上取微元 dS，设点 $P(x,y,f(x,y))\in dS$，则在该点处曲面 S 的法线矢量为
$$\vec{n}=\pm\,(f'_x(x,y)\vec{i}+f'_y(x,y)\vec{j}-\vec{k}).$$
于是 $\vec{n}$ 与 z 轴的夹角 γ 余弦为
$$\cos\gamma=\pm\,\frac{1}{\sqrt{f'^{2}_x+f'^{2}_y+1}}$$
或　$|\sec\gamma|=\sqrt{f'^{2}_x+f'^{2}_y+1}.$

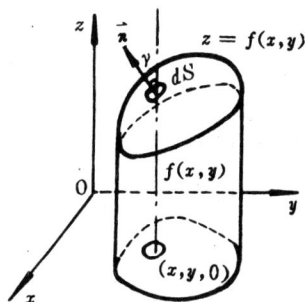

图 11-1

由图 11-1，知
$$dS\cdot|\cos\gamma|=d\sigma\quad\text{或}\quad dS=|\sec\gamma|d\sigma,$$
其中 $d\sigma$ 是 dS 在 xOy 平面上的投影区域的面积，于是所求曲面 S 的面积
$$S=\iint\limits_{S}dS=\iint\limits_{\sigma_{xy}}|\sec\gamma|d\sigma=\iint\limits_{\sigma_{xy}}\sqrt{1+f'^{2}_x+f'^{2}_y}\,d\sigma$$
$$=\iint\limits_{\sigma_{xy}}\sqrt{1+(\frac{\partial z}{\partial x})^2+(\frac{\partial z}{\partial y})^2}\,d\sigma. \tag{1.1}$$

同样，若曲面 S 的方程 $F(x,y,z)=0$ 可改写为
$$x=x(y,z),\quad (y,z)\in\sigma_{yz}$$
或
$$y=y(x,z),\quad (x,z)\in\sigma_{xz},$$
则曲面面积的计算公式相应地为
$$S=\iint\limits_{\sigma_{yz}}\sqrt{1+(\frac{\partial x}{\partial y})^2+(\frac{\partial x}{\partial z})^2}\,d\sigma \tag{1.2}$$
或
$$S=\iint\limits_{\sigma_{xz}}\sqrt{1+(\frac{\partial y}{\partial x})^2+(\frac{\partial y}{\partial z})^2}\,d\sigma. \tag{1.3}$$

若曲面方程由隐式
$$F(x,y,z)=0$$

给出,其中 F 的各偏导数连续,且 $F'_z \neq 0$,则

$$S = \iint\limits_{\sigma_{xy}} \frac{\sqrt{F'^2_x + F'^2_y + F'^2_z}}{|F'_z|} d\sigma. \tag{1.4}$$

事实上,因 $F'_z \neq 0$,存在隐函数 $z = f(x,y), (x,y) \in \sigma_{xy}$,则有 $\dfrac{\partial z}{\partial x} = -\dfrac{F'_x}{F'_z}$, $\dfrac{\partial z}{\partial y} = -\dfrac{F'_y}{F'_z}$,代入(1.1)即得(1.4),将(1.4)的 x,y,z 依次轮换,还可得相应另外两个公式.

对分片光滑曲面(由有限块光滑曲面衔接起来的连续曲面),可将它分割成若干块,使得每块曲面的面积都可用上述公式算出,然后相加即得整块面积.

例 1 求球面 $x^2 + y^2 + z^2 = a^2$ 被柱面 $x^2 + y^2 = ax$ 所截下的含于柱体内的那部分面积.

解 由对称性,只需计算上半球面

$$z = \sqrt{a^2 - x^2 - y^2}$$

被柱面 $x^2 + y^2 = ax$ 所截下的上半部分面积(如图 11-2).

由于

$$\frac{\partial z}{\partial x} = \frac{-x}{\sqrt{a^2 - x^2 - y^2}}; \quad \frac{\partial z}{\partial y} = \frac{-y}{\sqrt{a^2 - x^2 - y^2}},$$

由公式(1.1)得

$$\frac{S}{2} = \iint\limits_{\sigma_{xy}} \sqrt{1 + \left(\frac{\partial z}{\partial x}\right)^2 + \left(\frac{\partial z}{\partial y}\right)^2} d\sigma$$

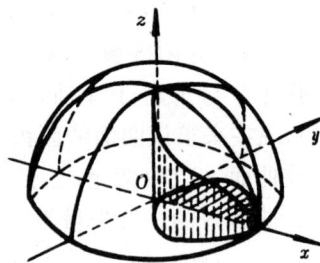

$$= \iint\limits_{\sigma_{xy}} \frac{a}{\sqrt{a^2 - x^2 - y^2}} d\sigma,$$

图 11-2

其中

$$\sigma_{xy} = \{(x,y) \mid x^2 + y^2 \leqslant ax\}.$$

采用极坐标,于是

$$\sigma_{r\theta} = \left\{(r,\theta) \mid 0 \leqslant r \leqslant a\cos\theta, \ -\frac{\pi}{2} \leqslant \theta \leqslant \frac{\pi}{2}\right\},$$

故得

$$\frac{S}{2} = \iint\limits_{\sigma_{xy}} \frac{a}{\sqrt{a^2 - x^2 - y^2}} d\sigma = \iint\limits_{\sigma_{r\theta}} \frac{a}{\sqrt{a^2 - r^2}} r dr d\theta = \int_{-\frac{\pi}{2}}^{\frac{\pi}{2}} d\theta \int_0^{a\cos\theta} \frac{a}{\sqrt{a^2 - r^2}} r dr$$

$$= \int_{-\frac{\pi}{2}}^{\frac{\pi}{2}} \left[-a\sqrt{a^2 - x^2} \right] \Big|_0^{a\cos\theta} d\theta = \int_{-\frac{\pi}{2}}^{\frac{\pi}{2}} a^2 (1 - |\sin\theta|) d\theta$$

$$= 2\int_0^{\frac{\pi}{2}} a^2 (1 - \sin\theta) d\theta = a^2 (\pi - 2).$$

所求上、下两部分面积为 $S = 2a^2(\pi - 2)$.

1.2 第一类曲面积分的计算法

设函数 $f(x,y,z)$ 在曲面 S 上连续,曲面 S 的方程 $F(x,y,z) = 0$ 可改写为

$$z = z(x,y), \quad (x,y) \in \sigma_{xy},$$

σ_{xy} 为 xOy 平面上的有界闭区域,$z(x,y)$ 在 σ_{xy} 上的偏导数连续.

曲面 S 的面积元素为

$$dS = \sqrt{1 + \left(\frac{\partial z}{\partial x}\right)^2 + \left(\frac{\partial z}{\partial y}\right)^2} d\sigma,$$

于是得函数 $f(x,y,z)$ 在曲面 S 上的第一类曲面积分可化为二重积分,其计算公式为

$$\iint\limits_{S} f(x,y,z)dS = \iint\limits_{\sigma_{xy}} f[x,y,z(x,y)]\sqrt{1+(\frac{\partial z}{\partial x})^2+(\frac{\partial z}{\partial y})^2}d\sigma. \tag{1.5}$$

同理,若曲面 S 的方程可表示为 $x = x(y,z)$,则

$$\iint\limits_{S} f(x,y,z)dS = \iint\limits_{\sigma_{yz}} f[x(y,z),y,z]\sqrt{1+(\frac{\partial x}{\partial y})^2+(\frac{\partial x}{\partial z})^2}d\sigma. \tag{1.6}$$

其中 σ_{yz} 是曲面 S 在 yOz 平面的投影区域.

又若曲面 S 的方程可表示为 $y = y(x,z)$,则

$$\iint\limits_{S} f(x,y,z)dS = \iint\limits_{\sigma_{xz}} f[x,y(x,z),z]\sqrt{1+(\frac{\partial y}{\partial x})^2+(\frac{\partial y}{\partial z})^2}d\sigma. \tag{1.7}$$

其中 σ_{xz} 是曲面 S 在 xOz 平面的投影区域.

例2 一质量分布不均匀的半径为 a 的球壳,其上任一点的面密度与该点到球的一对称轴距离平方成正比(比例常数为 k),求此球壳的总质量.

解 取原点在球心,对称轴为 z 轴得球面方程 $x^2+y^2+z^2$ $= a^2$,设球面上任一点 $P(x,y,z)$ 的面密度为

$$\mu = k(x^2+y^2)(k \text{ 为比例常数}),$$

于是,球壳总质量为

$$M = 2\iint\limits_{S} \mu dS = 2\iint\limits_{S} k(x^2+y^2)dS,$$

其中积分区域 S 为上半球面(如图 11-3):

$$S = \{(x,y,z)|z=\sqrt{a^2-x^2-y^2}\},$$

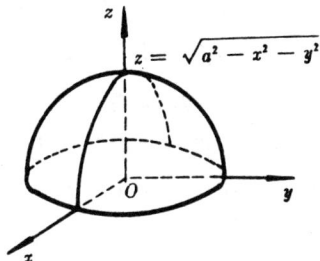

图 11-3

由于面积元素为

$$dS = \sqrt{1+(\frac{\partial z}{\partial x})^2+(\frac{\partial z}{\partial y})^2}d\sigma = \frac{a}{\sqrt{a^2-x^2-y^2}}d\sigma,$$

于是

$$M = 2k\iint\limits_{S}(x^2+y^2)dS = 2k\iint\limits_{\sigma_{xy}}(x^2+y^2)\cdot\frac{a}{\sqrt{a^2-x^2-y^2}}d\sigma,$$

其中 $\qquad\qquad\qquad \sigma_{xy} = \{(x,y)|x^2+y^2\leqslant a^2\}.$

采用极坐标

$$\sigma_{r\theta} = \{(r,\theta)|0\leqslant r\leqslant a, 0\leqslant\theta\leqslant 2\pi\},$$

于是

$$M = 2k\iint\limits_{\sigma_{xy}}(x^2+y^2)\cdot\frac{a}{\sqrt{a^2-x^2-y^2}}d\sigma = 2ak\iint\limits_{\sigma_{r\theta}} r^2\cdot\frac{1}{\sqrt{a^2-r^2}}rdrd\theta$$

$$= 2ak\int_0^{2\pi}d\theta\int_0^a\frac{r^3}{\sqrt{a^2-r^2}}dr = 2ak\cdot 2\pi\int_0^a\frac{r^3}{\sqrt{a^2-r^2}}dr$$

$$\xlongequal{r=a\sin t} 4ak\pi\int_0^{\frac{\pi}{2}}a^3\sin^3 tdt = 4a^4k\pi\cdot\frac{2}{3} = \frac{8}{3}a^4k\pi.$$

另解 用球面参数方程

$$x = a\sin\varphi\cos\theta; \quad y = a\sin\varphi\sin\theta; \quad z = a\cos\varphi,$$

则球面的面积元素为

$$dS = a^2\sin\varphi d\varphi d\theta,$$

于是

$$M = 2k\iint\limits_{S}(x^2 + y^2)dS = 2k\iint\limits_{S}a^2\sin^2\varphi \cdot a^2\sin\varphi d\varphi d\theta$$

$$= 2ka^4\int_0^{2\pi}d\theta\int_0^{\frac{\pi}{2}}\sin^3\varphi d\varphi = 2ka^4 \cdot 2\pi \cdot \frac{2}{3} = \frac{8}{3}a^4k\pi.$$

§2   第二类曲面积分

2.1   双侧曲面

考虑一光滑曲面 S,并在其上任取一点 M,过 M 作曲面 S 的法线矢量 $\vec{n}$,当动点 M 从点 M_0 出发,沿曲面 S 上不越过其边界的任一封闭曲线连续地移动并回到点 M_0 时,相应的法线矢量 $\vec{n}$ 也随之连续移动且回到原位置,其指向也不变,这种曲面称为**双侧曲面**. 若曲面上存在不越过边界的闭曲线,当 $\vec{n}$ 沿它环行至原位置时,$\vec{n}$ 的指向与出发时的指向相反,这种曲面称为**单侧曲面**①. 可见,双侧曲面任一点的法线方向可以完全决定其他各点的法线方向,这样指定了法线方向就叫做指定了曲面的一侧,我们今后只讨论双侧曲面,这种指定了法线方向(即指定了侧)的曲面称为**有向曲面**.

2.2   第二类曲面积分的概念

例   设空间有某种不可压缩(即流体的密度是不变的,不妨假定其密度为 1)的流体在流动,其流速仅依赖于空间点的位置,设为

$$\vec{r} = \vec{v}(x,y,z) = v_1(x,y,z)\vec{i} + v_2(x,y,z)\vec{j} + r_3(x,y,z)\vec{k}.$$

求单位时间从曲面 S 指定侧流过该曲面的流量.

解   由于假定流体不可压缩,故该流体的流量可以用体积来代表进行计算,记 $\vec{n^0}$ 为 S 上指向流动方向那一侧的单位法线矢量,如图 11-5.

在曲面 S 上取微元 dS,设点 $(x,y,z) \in dS$,该点单位法线矢量为

$$\vec{n^0} = \vec{n^0}(x,y,z) = \cos\alpha\vec{i} + \cos\beta\vec{j} + \cos\gamma\vec{k},$$

其中 α,β,γ 是 $\vec{n^0}$ 的方向角.

在单位时间内流过曲面微元 dS 的流量为

$dI =$ 以 dS 为底,以 $|\vec{v}(x,y,z)|$ 为斜高的斜柱体体积

$\quad =$ 以 dS 为底,以 $\vec{v} \cdot \vec{n^0}$ 为高的正柱体体积

$\quad = \vec{v} \cdot \vec{n^0}dS,$

于是总流量可用第一类曲面积分表示为

$$I = \iint\limits_{S}\vec{v} \cdot \vec{n^0}dS = \iint\limits_{S}[v_1(x,y,z)\cos\alpha$$
$$+ v_2(x,y,z)\cos\beta + v_3(x,y,z)\cos\gamma]dS.$$

图 11-4

----

①   麦比乌斯((Möbius) 带是单侧曲面的一例,设将一长方形纸条 $ABCD$ 扭转 180°,并将相对顶点 A、C 与 B、D 分别粘合,便得它的一个模型. 如图 11-4.

这里要注意到,当 $\vec{n^0}$ 改为相反方向时,流量 I 要改变一个符号.

以上我们遇到一类与矢量有关的量的积分计算问题,其值可借助第一类曲面积分来表达,一般有如下定义:

定义 设 S 是一有界的光滑的双侧曲面,并表示指定的一侧,矢量函数
$$\vec{A}(x,y,z) = P(x,y,z)\vec{i} + Q(x,y,z)\vec{j} + R(x,y,z)\vec{k},$$
其中 $P(x,y,z), Q(x,y,z), R(x,y,z)$ 是定义在曲面 S 上的有界函数.

又设 S 上点 (x,y,z) 处的单位法线矢量
$$\vec{n^0}(x,y,z) = \cos\alpha\,\vec{i} + \cos\beta\,\vec{j} + \cos\gamma\,\vec{k},$$
其指向与所指定的曲面的侧相一致,α, β, γ 是法线矢量 $\vec{n^0}$ 的方向角.

作点积
$$\vec{A} \cdot \vec{n^0} = P(x,y,z)\cos\alpha + Q(x,y,z)\cos\beta + R(x,y,z)\cos\gamma,$$

图 11-5

考虑定义在曲面 S 上的第一类曲面积分
$$\iint_S \vec{A} \cdot \vec{n^0} dS = \iint_S [P(x,y,z)\cos\alpha + Q(x,y,z)\cos\beta + R(x,y,z)\cos\gamma]dS$$
$$= \iint_S P(x,y,z)dydz + Q(x,y,z)dzdx + R(x,y,z)dxdy.$$

其中 $dydz = \cos\alpha dS$, $dzdx = \cos\beta dS$; $dxdy = \cos\gamma dS$ 是面积元素 dS 分别在 yOz, zOx, xOy 平面上的**投影面积**,

我们称
$$\iint_S P(x,y,z)dydz + Q(x,y,z)dzdx + R(x,y,z)dxdy \qquad (2.1)$$

为函数 $P(x,y,z), Q(x,y,z), R(x,y,z)$ 沿曲面 S 指定侧的**第二类曲面积分**或**对坐标的曲面积分**.

(2.1) 事实上是三个曲面积分
$$\iint_S P(x,y,z)dydz, \qquad \iint_S Q(x,y,z)dzdx, \qquad \iint_S R(x,y,z)dxdy$$
的组合.

必须指出:在第二类曲面积分(2.1)中,$dydz, dzdx, dxdy$ 分别表示面积元素 dS 在各个坐标平面上的投影面积,它们都是可正可负的量,这些记号与二重积分相应记号其形式相同但意义不同.

当 $\alpha, \beta, \gamma \in (0, \frac{\pi}{2})$ 时,$dydz, dzdx, dxdy$ 取 $+d\sigma$;

当 $\alpha, \beta, \gamma \in (\frac{\pi}{2}, \pi)$ 时,$dydz, dzdx, dxdy$ 取 $-d\sigma$.

又记号
$$\vec{n^0}dS = (dS)\cos\alpha\,\vec{i} + (dS)\cos\beta\,\vec{j} + (dS)\cos\gamma\,\vec{k}$$
$$= dydz\,\vec{i} + dzdx\,\vec{j} + dxdy\,\vec{k} \triangleq \vec{dS},$$

因此 $\vec{dS}$ 是模等于 dS,方向与 $\vec{n^0}$ 相同的矢量,我们称 $\vec{dS}$ 是**有向面积元素**,于是

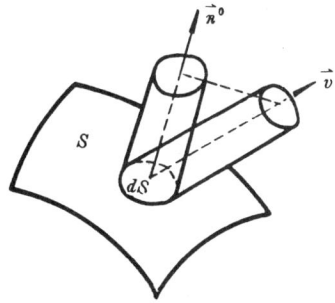

$$\iint_S \vec{A} \cdot \vec{n}^0 dS \triangleq \iint_S \vec{A} \cdot \vec{dS}. \tag{2.2}$$

2.3 第二类曲面积分的性质

(1) 由于第二类曲面积分是在双侧曲面指定的一侧进行的,如果考虑不同的侧面,此时 $\vec{n}^0$ 的方向相反,因而面积的投影相差一负号,若记曲面 S 的某一侧为 S^+ ,相反一侧为 S^- ,则

$$\iint_{S^+} \vec{A} \cdot \vec{dS} = - \iint_{S^-} \vec{A} \cdot \vec{dS},$$

因此,当改变曲面的侧,积分改变符号,这与第一类曲面积分是一个显著差别.

对于曲面的侧,若曲面非封闭,可分为上侧与下侧,前侧与后侧,左侧与右侧;若曲面封闭,则可分为外侧与内侧.

(2) 若曲面 S 分为两块曲面 S_1 与 S_2 ,即 $S = S_1 \bigcup S_2$, S_1 与 S_2 没有公共内点,但不改变曲面的侧,则

$$\iint_S \vec{A} \cdot \vec{dS} = \iint_{S_1} \vec{A} \cdot \vec{dS} + \iint_{S_2} \vec{A} \cdot \vec{dS}.$$

2.4 第二类曲面积分的计算法

第二类曲面积分可化为二重积分来计算,但须注意到被积函数 $f(x,y,z)$ 中的变量 x,y,z 应满足曲面方程, $dydz, dzdx, dxdy$ 是面积元素 dS 分别在各坐标面上的投影,计算公式为

$$\iint_S P(x,y,z)dydz + Q(x,y,z)dzdx + R(x,y,z)dxdy$$

$$= \iint_S P(x,y,z)\cos\alpha dS + Q(x,y,z)\cos\beta dS + R(x,y,z)\cos\gamma dS$$

$$= \iint_{\sigma_{yz}} P[x(y,z),y,z](\pm 1 \text{ 或 } 0)d\sigma + \iint_{\sigma_{zx}} Q[x,y(x,z),z](\pm 1 \text{ 或 } 0)d\sigma$$

$$+ \iint_{\sigma_{xy}} P[x,y,z(x,y)](\pm 1 \text{ 或 } 0)d\sigma, \tag{2.3}$$

其中,当法线矢量 $\vec{n}^0$ 的方向角 α,β,γ 为锐角时,相应积分号下取"+"号;为钝角时取"—"号,特别,若为 $\frac{\pi}{2}$ 时,则相应积分值为零. 而 $x = x(y,z), y = y(x,z), z = z(x,y)$ 是曲面 S 的方程 $F(x, y,z) = 0$ 的三种表示,它们分别在 $\sigma_{yz}, \sigma_{zx}, \sigma_{xy}$ 上都是单值连续函数.

例1 计算曲面积分 $\iint_S \vec{A} \cdot \vec{dS}$,其中 $\vec{A} = yz\vec{i} + xy\vec{j} + zx\vec{k}$, S 是平面 $x + y + z = 1$ 在第一卦限部分的上侧.

解 单位法线矢量 $\vec{n}^0 = \cos\alpha\vec{i} + \cos\beta\vec{j} + \cos\gamma\vec{k}$ 方向与 S 的上侧一致, α,β,γ 皆为锐角,如图 11-6. 由公式(2.3),原积分化为二重积分

$$\iint_S \vec{A} \cdot \vec{dS} = \iint_S (yz\cos\alpha dS + xy\cos\beta dS + zx\cos\gamma dS)$$

$$= \iint_{\sigma_{yz}} yz(+1)d\sigma + \iint_{\sigma_{zx}} x(1-x-z)(+1)d\sigma + \iint_{\sigma_{xy}} x(1-x-y)(+1)d\sigma,$$

其中 $\sigma_{yz} = \{(y,z)|0 \leqslant z \leqslant 1-y, 0 \leqslant y \leqslant 1\};$

$\sigma_{zx} = \{(z,x)|0 \leqslant z \leqslant 1-x, 0 \leqslant x \leqslant 1\};$

$$\sigma_{xy} = \{(x,y) \mid 0 \leqslant y \leqslant 1-x, 0 \leqslant x \leqslant 1\},$$

于是
$$\iint\limits_{\sigma_{yz}} yz d\sigma = \int_0^1 y dy \int_0^{1-y} z dz = \frac{1}{24};$$

$$\iint\limits_{\sigma_{zx}} x(1-x-z) d\sigma = \int_0^1 x dx \int_0^{1-x} (1-x-z) dz = \frac{1}{24};$$

$$\iint\limits_{\sigma_{xy}} x(1-x-y) d\sigma = \int_0^1 x dx \int_0^{1-x} (1-x-y) dy = \frac{1}{24},$$

因此
$$\iint\limits_{S} \vec{A} \cdot \vec{dS} = \frac{3}{24} = \frac{1}{8}.$$

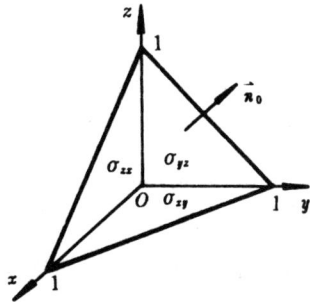

图 11-6

例 2 计算曲面积分 $I = \oiint\limits_{S} (x+y) dz dx$，其中 S 是球面

$x^2 + y^2 + z^2 = a^2$ 的外侧，符号"$\oiint\limits_{S}$"表示在封闭曲面上的积分.

解 如图 11-7，将球面 S 分为左、右两半：

$S_1: y = -\sqrt{a^2 - x^2 - z^2}, \quad (x,z) \in \sigma_{zx};$

$S_2: y = \sqrt{a^2 - x^2 - z^2}, \quad (x,z) \in \sigma_{zx},$

其中 $\sigma_{zx} = \{(x,z) \mid x^2 + z^2 \leqslant a^2\}$，于是

$$I = \oiint\limits_{S} (x+y) dz dx = \oiint\limits_{S} (x+y) \cos\beta dS$$

$$= \iint\limits_{S_1} (x+y) \cos\beta dS + \iint\limits_{S_2} (x+y) \cos\beta dS,$$

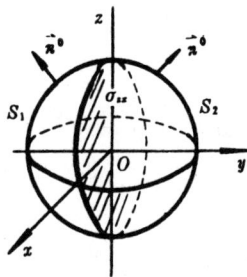

在左半球面 S_1 上，$\vec{n}^0$ 与 y 轴夹角 β 为钝角，$\cos\beta < 0$；在右半球面 S_2 上，$\vec{n}^0$ 与 y 轴夹角 β 为锐角，$\cos\beta > 0$，于是上述曲面积分可化为 σ_{zx} 上的二重积分来计算，即

图 11-7

$$I = \iint\limits_{\sigma_{zx}} (x - \sqrt{a^2 - x^2 - z^2})(-1) d\sigma + \iint\limits_{\sigma_{zx}} (x + \sqrt{a^2 - x^2 - z^2})(+1) d\sigma$$

$$= 2 \iint\limits_{\sigma_{zx}} \sqrt{a^2 - x^2 - z^2} d\sigma \xrightarrow[x = r\sin\theta]{z = r\cos\theta} 2 \int_0^{2\pi} d\theta \int_0^a \sqrt{a^2 - r^2} \cdot r dr$$

$$= 4\pi \left[-\frac{1}{3} (a^2 - r^2)^{\frac{3}{2}} \right] \Big|_0^a = \frac{4}{3} \pi a^3.$$

例 3 计算曲面积分 $\oiint\limits_{S} \frac{x dy dz + z^2 dx dy}{x^2 + y^2 + z^2}$，其中 S 是由圆柱面 $x^2 + y^2 = a^2 (a > 0)$ 及两平面

$z = a, z = -a$ 所围成立体表面的外侧.

解 如图 11-8，将 S 分为三部分：

上底 S_1：$z = a$；

下底 S_2：$z = -a$；

侧面 S_3：$x^2 + y^2 = a^2$，

于是

$$\oiint\limits_{S} \frac{xdydz + z^2dxdy}{x^2 + y^2 + z^2} = \oiint\limits_{s_1+s_2+s_3} \frac{x}{x^2+y^2+z^2}\cos\alpha dS$$
$$+ \oiint\limits_{s_1+s_2+s_3} \frac{z^2}{x^2+y^2+z^2}\cos\gamma dS.$$

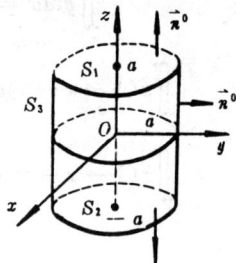

图 11-8

(1) 计算第一个积分

$$\oiint\limits_{s_1+s_2+s_3} \frac{x}{x^2+y^2+z^2}\cos\alpha dS = \iint\limits_{S_1} + \iint\limits_{S_2} + \iint\limits_{S_3},$$

在 S_1,S_2 上,由于 $\vec{n^0}$ 与 x 轴夹角 $\alpha = \dfrac{\pi}{2}$,$\cos\alpha = 0$,因此

$$\iint\limits_{S_1} = \iint\limits_{S_2} = 0.$$

将 S_3 分为两部分:

S_3 前半部分 S_{31}:$x = \sqrt{a^2 - y^2}$, $(y,z) \in \sigma_{yz}$;

S_3 后半部分 S_{32}:$x = -\sqrt{a^2 - y^2}$, $(y,z) \in \sigma_{yz}$,

其中 $\sigma_{yz} = \{(y,z) \mid -a \leqslant y \leqslant a, -a \leqslant z \leqslant a\}$,

于是

$$\iint\limits_{S_3} \frac{x}{x^2+y^2+z^2}\cos\alpha dS = \iint\limits_{S_{31}} \frac{x}{x^2+y^2+z^2}\cos\alpha dS + \iint\limits_{S_{32}} \frac{x}{x^2+y^2+z^2}\cos\alpha dS$$

$$= \iint\limits_{\sigma_{yz}} \frac{\sqrt{a^2-y^2}}{a^2+z^2}(+1)d\sigma + \iint\limits_{\sigma_{yz}} \frac{-\sqrt{a^2-y^2}}{a^2+z^2}(-1)d\sigma$$

$$= 2\iint\limits_{\sigma_{yz}} \frac{\sqrt{a^2-y^2}}{a^2+z^2}d\sigma = 2\int_{-a}^{a}\sqrt{a^2-y^2}dy\int_{-a}^{a}\frac{dz}{a^2+z^2}$$

$$= 2 \cdot \frac{\pi a^2}{2} \cdot 2\frac{1}{a}\text{arctg}\frac{z}{a}\Big|_0^a = \frac{\pi^2 a}{2}.$$

(2) 计算第二个积分

$$\oiint\limits_{s_1+s_2+s_3} \frac{z^2}{x^2+y^2+z^2}\cos\gamma dS = \iint\limits_{S_1} + \iint\limits_{S_2} + \iint\limits_{S_3},$$

在 S_1 上,$\vec{n^0}$ 与 z 轴夹角 $\gamma = 0$,$\cos\gamma = \cos 0 = 1$;

在 S_2 上,$\vec{n^0}$ 与 z 轴夹角 $\gamma = \pi$,$\cos\gamma = \cos\pi = -1$.

于是

$$\iint\limits_{S_1} \frac{z^2}{x^2+y^2+z^2}\cos\gamma dS + \iint\limits_{S_2} \frac{z^2}{x^2+y^2+z^2}\cos\gamma dS$$

$$= \iint\limits_{\sigma_{xy}} \frac{a^2}{x^2+y^2+a^2}(+1)d\sigma + \iint\limits_{\sigma_{xy}} \frac{(-a)^2}{x^2+y^2+(-a)^2}(-1)d\sigma = 0,$$

其中 $\sigma_{xy} = \{(x,y) \mid x^2 + y^2 \leqslant a^2\}$.

在 S_3 上,$\vec{n^0}$ 与 z 轴夹角 $\gamma = \dfrac{\pi}{2}$,$\cos\gamma = \cos\dfrac{\pi}{2} = 0$,

因此

$$\iint\limits_{S_3} \frac{z^2}{x^2+y^2+z^2}\cos\gamma dS = 0.$$

综合(1),(2)得

$$\oiint\limits_{S} \frac{xdydz + z^2dxdy}{x^2 + y^2 + z^2} = \frac{\pi^2 a}{2}.$$

§3   高斯公式

若空间有界闭区域 V 是由光滑曲面或分片光滑曲面 S 所围成,下面的高斯公式揭示以 V 为积分域的三重积分与以其边界曲面 S 为积分域的第二类曲面积分的内在联系.

高斯定理   设 V 是空间有界闭区域,它的边界 S 由有限多个分片光滑曲面所围成,函数 $P(x,y,z),Q(x,y,z),R(x,y,z)$ 在 V 上具有连续的一阶偏导数,则有

$$\oiint\limits_{S} Pdydz + Qdzdx + Rdxdy = \iiint\limits_{V} (\frac{\partial P}{\partial x} + \frac{\partial Q}{\partial y} + \frac{\partial R}{\partial z})dV \tag{3.1}$$

或

$$\oiint\limits_{S} (P\cos\alpha + Q\cos\beta + R\cos\gamma)dS = \iiint\limits_{V} (\frac{\partial P}{\partial x} + \frac{\partial Q}{\partial y} + \frac{\partial R}{\partial z})dV, \tag{3.2}$$

(3.1)与(3.2)的左端的曲面取在闭曲面 S 的外侧,即 $\vec{n^0} = \cos\alpha\vec{i} + \cos\beta\vec{j} + \cos\gamma\vec{k}$ 是曲面 S 上点 (x,y,z) 的单位法线矢量,方向朝外.

公式(3.1)或(3.2)称为**高斯**(Gauss)**公式**.

证   先就 V 为简单闭区域(即通过 V 内任一点作平行于坐标轴的直线,这直线与边界面 S 的交点不多于两个而侧面是母线平行于坐标轴的柱面除外)时证明公式成立.

设 V 表示为(如图 11-9)

$$V = \{(x,y,z) \mid z_1(x,y) \leqslant z \leqslant z_2(x,y), (x,y) \in \sigma_{xy}\},$$

σ_{xy} 为 V 在 xOy 平面上的投影区域,以 σ_{xy} 的边界曲线为准线作母线平行于 z 轴柱面,这柱面将 V 的边界面分为三部分:

S_1: $z = z_1(x,y)$, $(x,y) \in \sigma_{xy}$;

S_2: $z = z_2(x,y)$, $(x,y) \in \sigma_{xy}$;

S_3: 母线平行于 z 轴的柱面,准线为 σ_{xy} 的边界线.

于是

图 11-9

$$\iiint\limits_{V} \frac{\partial R}{\partial z}dV = \iint\limits_{\sigma_{xy}} d\sigma \int_{z_1(x,y)}^{z_2(x,y)} \frac{\partial R}{\partial z}dz = \iint\limits_{\sigma_{xy}} [R(x,y,z_2(x,y)) - R(x,y,z_1(x,y))]d\sigma.$$

另一方面

$$\oiint\limits_{S} Rdxdy = \oiint\limits_{S} R\cos\gamma dS = \iint\limits_{S_1} + \iint\limits_{S_2} + \iint\limits_{S_3},$$

而

$$\iint\limits_{S_1} R(x,y,z)\cos\gamma dS = \iint\limits_{\sigma_{xy}} R(x,y,z_1(x,y))(-1)d\sigma;$$

$$\iint\limits_{S_2} R(x,y,z)\cos\gamma dS = \iint\limits_{\sigma_{xy}} R(x,y,z_2(x,y))(+1)d\sigma;$$

在 S_3 上, $\vec{n^0}$ 与 z 轴垂直, $\cos\gamma = 0$,所以

$$\iint\limits_{S_3} R(x,y,z)\cos\gamma dS = 0,$$

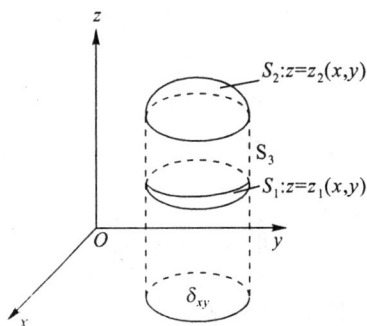

因此,三者相加得

$$\oiint\limits_{S} Rdxdy = \iint\limits_{\sigma_{xy}} [R(x,y,z_2(x,y)) - R(x,y,z_1(x,y))]d\sigma = \iiint\limits_{V} \frac{\partial R}{\partial z}dV.$$

同理可证

$$\oiint\limits_{S} Pdydz = \iiint\limits_{V} \frac{\partial P}{\partial x}dV; \qquad \oiint\limits_{S} Qdzdx = \iiint\limits_{V} \frac{\partial Q}{\partial y}dV.$$

合并上述三式,即得高斯公式

$$\oiint\limits_{S} Pdydz + Qdzdx + Rdxdy = \iiint\limits_{V} (\frac{\partial P}{\partial x} + \frac{\partial Q}{\partial y} + \frac{\partial R}{\partial z})dV.$$

其次,若 V 是一般依空间单连通有界闭区域(即对 V 内任意一张闭曲面所围区域都完全属于 V 或者说,对 V 内任意一张闭曲面可逐渐收缩成一点,而不经过区域的边界). 如果通过 V 内任一点作平行于坐标轴的直线,这直线与边界面 S 的交点多于两个,则可用光滑曲面将 V 分为若干个子区域,使得每个子区域的边界曲面都满足"交点不多于两个"的要求. 如图 11-10 所示区域 V,可用面 A 将它分成子区域 V_1 与 V_2,使 V_1 与 V_2 都是简单闭区域,V_1 的边界曲面 $S_1 + A$ 取外侧,V_2 的边界曲面 $S_2 + A$ 取外侧. 并注意在 A 面二者的法线方向相反. 于是对每个子区域用公式(3.1),得

$$\iiint\limits_{V_1} = \oiint\limits_{S_1+A_{\pm}} = \iint\limits_{S_1} + \iint\limits_{A_{\pm}}; \qquad \iiint\limits_{V_2} = \oiint\limits_{S_2+A_{\mp}} = \iint\limits_{S_2} + \iint\limits_{A_{\mp}},$$

因 $\iint\limits_{A_{\pm}} + \iint\limits_{A_{\mp}} = 0$,故

$$\iiint\limits_{V} = \iiint\limits_{V_1} + \iiint\limits_{V_2} = \iint\limits_{S_1} + \iint\limits_{S_2} = \oiint\limits_{S},$$

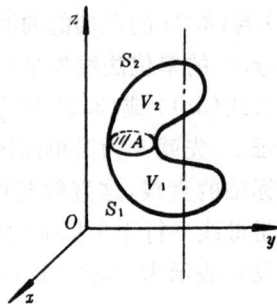

图 11-10

即(3.1)仍成立.

最后,若 V 是依空间的复连通区域. 设 V 如图 11-11 是有洞的区域,于是可适当添加几个光滑曲面,把 V 分成若干个子区域,使得对每个子区域均为单连通域,从而可使用公式(3.1),然后相加,并注意到每个添加面的外侧,其法线矢量均是由该区域内部指向外部,因而添加面两侧曲面积分正好抵消,因此,对 V 是依空间的复连通域,公式(3.1)还是成立.

又由于 $dydz = \cos\alpha dS$, $dzdx = \cos\beta dS$, $dxdy = \cos\gamma dS$,因此,(3.2)也成立.

图 11-11

例 1 计算曲面积分

$$I = \oiint\limits_{S} x^2 dydz + y^2 dzdx + z^2 dxdy,$$

其中曲面 S 是区域 $V = \{(x,y,z)\,|\,0 \leqslant z \leqslant \sqrt{a^2 - x^2 - y^2}, x^2 + y^2 \leqslant b^2, 0 < b < a\}$ 的表面外侧(如图 11-12).

解 由高斯公式,得

$$I = 2\iiint\limits_{V} (x + y + z)dV.$$

由于区域 V 关于 z 轴对称, 故

$$\iiint\limits_V x dV = \iiint\limits_V y dV = 0,$$

因此　$I = 2\iiint\limits_V z dV = 2\iint\limits_{\sigma_{xy}} d\sigma \int_0^{\sqrt{a^2-x^2-y^2}} z dz$

$$= \iint\limits_{\sigma_{xy}} (a^2 - x^2 - y^2) d\sigma.$$

其中　$\sigma_{xy} = \{(x,y) \,|\, x^2 + y^2 \leqslant b^2\}$, 化为极坐标得

$$\sigma_{r\theta} = \{(r,\theta) \,|\, 0 \leqslant r \leqslant b, 0 \leqslant \theta \leqslant 2\pi\},$$

于是

$$I = \int_0^{2\pi} d\theta \int_0^b (a^2 - r^2) r dr = \frac{\pi b^2}{2}(2a^2 - b^2).$$

例 2　计算曲面积分

$$I = \iint\limits_S x^3 dydz + y^3 dzdx + z^3 dxdy,$$

其中 S 是圆锥面 $x^2 + y^2 = z^2$ 在 $0 \leqslant z \leqslant h$ 部分外侧.

　　解　如图 11-13, 添加平面 S_1: $z = h$, 上侧. 则 $S + S_1$ 是空间区域

$$V = \{(x,y,z) \,|\, x^2 + y^2 \leqslant z^2, 0 \leqslant z \leqslant h\}$$

的表面, 取外侧. 因此

$$I = \oiint\limits_{S+S_1} - \iint\limits_{S_1}.$$

对 $\oiint\limits_{S+S_1}$ 用高斯公式, 并将 V 用球坐标表示为

$$V = \left\{(\rho,\varphi,\theta) \,\middle|\, 0 \leqslant \rho \leqslant h\sec\varphi, 0 \leqslant \varphi \leqslant \frac{\pi}{4}, 0 \leqslant \theta \leqslant 2\pi\right\},$$

于是　$\oiint\limits_{S+S_1} x^3 dydz + y^3 dzdx + z^3 dxdy = 3\iiint\limits_V (x^2 + y^2 + z^2) dV$

$$\xlongequal{\text{球坐标}} 3\iiint\limits_V \rho^2 \cdot \rho^2 \sin\varphi d\rho d\varphi d\theta$$

$$= 3\int_0^{2\pi} d\theta \int_0^{\frac{\pi}{4}} \sin\varphi d\varphi \int_0^{h\sec\varphi} \rho^4 d\rho$$

$$= 3 \cdot 2\pi \int_0^{\frac{\pi}{4}} \frac{h^5}{5} \frac{\sin\varphi}{\cos^5\varphi} d\varphi = \frac{6\pi h^5}{5}\left[-\frac{\cos^{-4}\varphi}{-4}\right]\Big|_0^{\frac{\pi}{4}} = \frac{9\pi h^5}{10}.$$

又　$\iint\limits_{S_1} x^3 dydz + y^3 dzdx + z^3 dxdy = 0 + 0 + h^3 \iint\limits_{x^2+y^2 \leqslant h^2} d\sigma = \pi h^5,$

因此　$I = \oiint\limits_{S+S_1} - \iint\limits_{S_1} = \frac{9\pi h^5}{10} - \pi h^5 = -\frac{\pi h^5}{10}.$

　　例 3　设在真空中的一个电量为 $+q$ 的点电荷置于坐标原点(如图 11-14), 它对空间任一点 $M(x,y,z)$ 处的单位试验正电荷的作用力 —— 电场强度为

$$\vec{E} = \frac{q}{4\pi\varepsilon_0 r^2} \cdot \frac{\vec{r}}{r}, \quad r \neq 0,$$

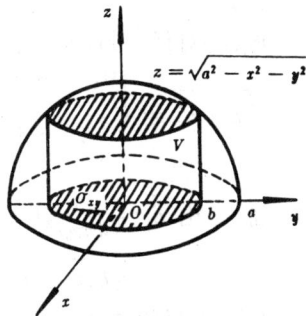

图 11-12

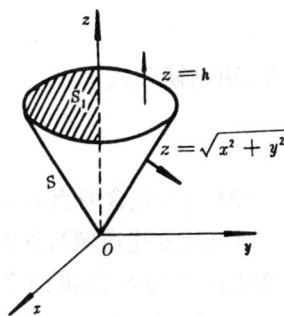

图 11-13

其中 $\vec{r} = x\vec{i} + y\vec{j} + z\vec{k}$，$r = |\vec{r}| = \sqrt{x^2 + y^2 + z^2}$，$\varepsilon_0$ 是真空的介电常数.

试证：对任一封闭曲面 S 的外侧，成立

$$\oiint\limits_{S} \vec{E} \cdot \vec{dS} = \begin{cases} 0, & S \text{ 不包含原点;} \\ \dfrac{q}{\varepsilon_0}, & S \text{ 包含原点.} \end{cases}$$

证　由 $\vec{E} = \dfrac{q}{4\pi\varepsilon_0 r^3}\vec{r} = \dfrac{q}{4\pi\varepsilon_0} \dfrac{x\vec{i} + y\vec{j} + z\vec{k}}{(x^2 + y^2 + z^2)^{3/2}}$

$$\triangleq E_1\vec{i} + E_2\vec{j} + E_3\vec{k}.$$

(1) 当封闭曲面 S 不包含原点时，则在 S 所围空间区域 V 内，E_1, E_2, E_3 连续并有连续的一阶偏导数. 并由

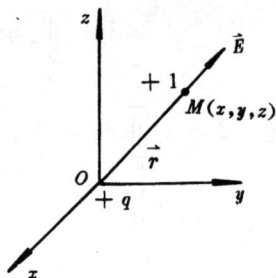

图 11-14

$$\frac{\partial E_1}{\partial x} = kq \frac{\partial}{\partial x}\left(\frac{x}{r^3}\right) = kq \frac{r^2 - 3x^2}{r^5}; \quad \left(\text{其中 } k = \frac{1}{4\pi\varepsilon_0}\right)$$

$$\frac{\partial E_2}{\partial y} = kq \frac{\partial}{\partial y}\left(\frac{y}{r^3}\right) = kq \frac{r^2 - 3y^2}{r^5};$$

$$\frac{\partial E_3}{\partial z} = kq \frac{\partial}{\partial z}\left(\frac{z}{r^3}\right) = kq \frac{r^2 - 3z^2}{r^5},$$

有　　　$\dfrac{\partial E_1}{\partial x} + \dfrac{\partial E_2}{\partial y} + \dfrac{\partial E_3}{\partial z} = kq \dfrac{3r^2 - 3(x^2 + y^2 + z^2)}{r^5} \equiv 0,$

于是，由高斯公式

$$\oiint\limits_{S} \vec{E} \cdot \vec{dS} = \iiint\limits_{V}\left(\frac{\partial E_1}{\partial x} + \frac{\partial E_2}{\partial y} + \frac{\partial E_3}{\partial z}\right)dV = 0.$$

(2) 当 S 包含原点时，由于 E_1, E_2, E_3 在 S 所包围空间区域 V 内不连续（即 V 内有点洞 $(0, 0, 0)$，因而是复连通域)，这时，可取足够小的正数 a，使得以原点为中心，a 为半径的小球面 $S_a \subset S$，考虑由 S 与 S_a 所围的空间单连通域 V_0（如图 11-15），E_1, E_2, E_3 在 V_0 内都连续，且具有连续的一阶偏导数，高斯公式条件满足，仍有

$$\oiint\limits_{S + S_a} \vec{E} \cdot \vec{dS} = \iiint\limits_{V_0}\left(\frac{\partial E_1}{\partial x} + \frac{\partial E_2}{\partial y} + \frac{\partial E_3}{\partial z}\right)dV = 0, \qquad (3.3)$$

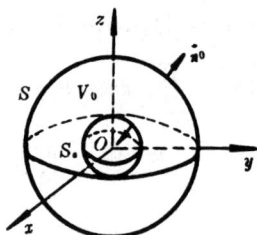

图 11-15

其中 $S + S_a$ 取外侧，其法矢量方向是从 V_0 内部指向外部，对球面 S_a 来说，其法矢量 $\vec{n_1^0}$ 指向球心一侧，另一侧的法线矢量为 $-\vec{n_1^0} = \vec{n^0}$，于是，得

$$\oiint\limits_{S + S_a} \vec{E} \cdot \vec{dS} = \oiint\limits_{S} \vec{E} \cdot \vec{n^0}dS + \oiint\limits_{S} \vec{E} \cdot \vec{n_1^0}dS$$

$$= \oiint\limits_{S} \vec{E} \cdot \vec{n^0}dS - \oiint\limits_{S_a} \vec{E} \cdot \vec{n^0}dS = 0,$$

故　$\oiint\limits_{S} \vec{E} \cdot \vec{n^0}dS = \oiint\limits_{S_a} \vec{E} \cdot \vec{n^0}dS$，注意到对球面 S_a 来说，$\vec{n^0} = \dfrac{\vec{r}}{r}$，按第一类曲面积分计算法，有

$$\oiint\limits_{S_a} \vec{E} \cdot \vec{n^0}dS = \oiint\limits_{S_a} \frac{q}{4\pi\varepsilon_0 r^2} \frac{\vec{r}}{r} \cdot \frac{\vec{r}}{r} dS = \oiint\limits_{x^2 + y^2 + z^2 = a^2} \frac{q}{4\pi\varepsilon_0} \cdot \frac{1}{r^2} dS$$

$$= \frac{q}{4\pi\varepsilon_0} \underset{x^2+y^2+z^2=a^2}{\oiint} \frac{1}{a^2} dS = \frac{q}{4\pi\varepsilon_0} \cdot \frac{1}{a^2} \cdot 4\pi a^2 = \frac{q}{\varepsilon_0}. \qquad \text{证毕}$$

这是电学中高斯静电定律的简单情况.

例 4 设空间有界闭区域 Ω,其边界曲面为 S,函数 $U(x,y,z)$ 与 $V(x,y,z)$ 在 Ω 上的一阶、二阶偏导数连续,试证

$$\iiint\limits_{\Omega} U\left(\frac{\partial^2 V}{\partial x^2} + \frac{\partial^2 V}{\partial y^2} + \frac{\partial^2 V}{\partial z^2}\right) d\Omega = \oiint\limits_{S} U \frac{\partial V}{\partial n} dS - \iiint\limits_{\Omega}\left(\frac{\partial U}{\partial x}\frac{\partial V}{\partial x} + \frac{\partial U}{\partial y}\frac{\partial V}{\partial y} + \frac{\partial U}{\partial z}\frac{\partial V}{\partial z}\right) d\Omega, \tag{3.4}$$

其中 $\dfrac{\partial V}{\partial n}$ 为函数 $V(x,y,z)$ 沿 S 的外法线方向的方向导数,公式(3.4)称为**格林第一公式**.

证 在高斯公式

$$\iiint\limits_{\Omega}\left(\frac{\partial P}{\partial x} + \frac{\partial Q}{\partial y} + \frac{\partial R}{\partial z}\right) d\Omega = \oiint\limits_{S}(P\cos\alpha + Q\cos\beta + R\cos\gamma) dS$$

中,令 $P = U\dfrac{\partial V}{\partial x}, Q = U\dfrac{\partial V}{\partial y}, R = U\dfrac{\partial V}{\partial z}$,于是

$$\frac{\partial P}{\partial x} = U\frac{\partial^2 V}{\partial x^2} + \frac{\partial U}{\partial x}\frac{\partial V}{\partial x}, \quad \frac{\partial Q}{\partial y} = U\frac{\partial^2 V}{\partial y^2} + \frac{\partial U}{\partial y}\frac{\partial V}{\partial y}, \quad \frac{\partial R}{\partial z} = U\frac{\partial^2 V}{\partial z^2} + \frac{\partial U}{\partial z}\frac{\partial V}{\partial z}.$$

故有

$$\iiint\limits_{\Omega}\left[U\left(\frac{\partial^2 V}{\partial x^2} + \frac{\partial^2 V}{\partial y^2} + \frac{\partial^2 V}{\partial z^2}\right) + \frac{\partial U}{\partial x}\frac{\partial V}{\partial x} + \frac{\partial U}{\partial y}\frac{\partial V}{\partial y} + \frac{\partial U}{\partial z}\frac{\partial V}{\partial z}\right] d\Omega$$

$$= \oiint\limits_{S} U\left(\frac{\partial V}{\partial x}\cos\alpha + \frac{\partial V}{\partial y}\cos\beta + \frac{\partial V}{\partial z}\cos\gamma\right) dS$$

$$= \oiint\limits_{S} U \frac{\partial V}{\partial n} dS. \tag{3.5}$$

其中 $\dfrac{\partial V}{\partial n} = \dfrac{\partial V}{\partial x}\cos\alpha + \dfrac{\partial V}{\partial y}\cos\beta + \dfrac{\partial V}{\partial z}\cos\gamma$ 是 $V(x,y,z)$ 沿 S 的外法线方向的方向导数.

将(3.5)最左端分成两个积分,并将其中一积分移至等号右端,便得证. 证毕

§4 矢量场的散度

4.1 矢量场的通量

设 $\vec{A}(M) = \vec{A}(x,y,z)$ 是任意一个矢量场,S 是场内一个光滑(或分片光滑)的定侧曲面,并以 $\vec{n}^0$ 表示 S 上指向定侧的单位法线矢量,则第二类曲面积分

$$\iint\limits_{S} \vec{A} \cdot \vec{n}^0 dS \triangleq \iint\limits_{S} \vec{A} \cdot \vec{dS} \tag{4.1}$$

称为矢量场 $\vec{A}(M)$ 通过曲面 S 指定侧的**流量**(或**通量**).

例如,当 $\vec{A} = \vec{v}$ 表示流体的流速,$\vec{A} = \vec{E}$ 表示电场强度,则(4.1)分别叫流量和电通量. 流体可以是液体、气体、等离子体中的带电粒子流或原子核反应时放出或被吸收的中子流等等.

在(4.1)中,如果 S 是一个封闭曲面,取 S 的法线矢量 $\vec{n}^0$ 从 S 所围区域内部指向外部,这时

$$Q = \oiint\limits_{S} \vec{A} \cdot \vec{n}^0 dS = \oiint\limits_{S} \vec{A} \cdot \vec{dS} \tag{4.2}$$

表示单位时间内通过闭曲面 S 的流量,它是从 S 流出流量与流入 S 内流量之差. 若 $Q > 0$,流出

多于流入,表示 S 内有"**源**";若 $Q < 0$,流入多于流出,表示 S 内有"**负源**".例如,上节例3中,当 S 包围原点(正电荷 $q(q$ 为正)所在处)时,电通量 $\oiint_S \vec{E} \cdot \vec{dS} = \dfrac{q}{\varepsilon_0}$ 表示从 S 内源 q 处发出的电力线数为 $\dfrac{q}{\varepsilon_0}$,若原点置负电荷(即 q 为负)时,表示从 S 内负源 q 处吸收的电力线数为 $\dfrac{q}{\varepsilon_0}$.

在(4.2)式中,设 S 所围区域为 V,其体积也记为 V,则

$$\frac{Q}{V} = \frac{\oiint\limits_S \vec{A} \cdot \vec{dS}}{V}$$

是区域 V 内单位体积的平均流量(通量),它表示区域 V 内源(负源)的平均发散(吸收)量,称为**平均散度**.由于 V 内各点处源的分布的强弱一般情况下是不均匀的,因此下面引入 V 中任一点 M 处散度的概念.

4.2 矢量场的散度

(一)散度的定义

定义 设 $\vec{A} = \vec{A}(M)$ 是一个矢量场,M_0 是场中一点,S 是场中包围 M_0 的任意一个光滑的封闭曲面,它所围内部区域记为 V,其体积亦记为 V,S 的外侧的单位法线矢量记为 $\vec{n}^0$,当 S 按任意方式无限收缩于点 M_0 时,从而 $V \to 0$,若极限

$$\lim_{S \to M_0} \frac{\oiint\limits_S \vec{A} \cdot \vec{dS}}{V}$$

存在、有限,则称此极限为矢量场 $\vec{A} = \vec{A}(M)$ 在点 M_0 处的**散度**,记为 $\mathrm{div}\vec{A}(M_0)$(div 是 divergence 的缩写),即

$$\mathrm{div}\vec{A}(M_0) = \lim_{S \to M_0} \frac{\oiint\limits_S \vec{A} \cdot \vec{dS}}{V}. \tag{4.3}$$

由上述定义可知,由矢量场 $\vec{A}$ 导出的散度是一个数量,若矢量场 $\vec{A}(M)$ 中在每一点 M 处都存在散度 $\mathrm{div}\vec{A}(M)$,这时,$\mathrm{div}\vec{A}(M)$ 形成一个散度场,散度场是一个数量场.散度场描述了场中每一点 M 处源或负源的强弱程度.

(二)散度在直角坐标系下的计算公式

设矢量场

$$\vec{A}(M) = \vec{A}(x,y,z) = P(x,y,z)\vec{i} + Q(x,y,z)\vec{j} + R(x,y,z)\vec{k},$$

其中 P, Q, R 在点 $M_0(x_0, y_0, z_0)$ 的某个邻域内有连续的一阶偏导数,由高斯公式及积分中值定理得

$$\mathrm{div}\vec{A}(M_0) = \lim_{S \to M_0} \frac{\oiint\limits_S \vec{A} \cdot \vec{dS}}{V} = \lim_{S \to M_0} \frac{\iiint\limits_V (\frac{\partial P}{\partial x} + \frac{\partial Q}{\partial y} + \frac{\partial R}{\partial z})dV}{V}$$

$$= \lim_{S \to M_0} \frac{(\frac{\partial P}{\partial x} + \frac{\partial Q}{\partial y} + \frac{\partial R}{\partial z})_{M^*} \cdot V}{V} \qquad (M^* \in V)$$

$$= \lim_{S \to M_0} (\frac{\partial P}{\partial x} + \frac{\partial Q}{\partial y} + \frac{\partial R}{\partial z})_{M^*} = (\frac{\partial P}{\partial x} + \frac{\partial Q}{\partial y} + \frac{\partial R}{\partial z})_{M_0}.$$

若对任意点 $M(x,y,z) \in V$,散度都存在、有限,则有

$$\text{div}\vec{A} = \frac{\partial P}{\partial x} + \frac{\partial Q}{\partial y} + \frac{\partial R}{\partial z}. \tag{4.4}$$

这就是散度在直角坐标下的表达式.因由(4.3)知散度与坐标系选择无关,故(4.4)仅说明散度在直角坐标中一种计算方法.

(三) 高斯公式的散度表示形式

由(4.4)式,高斯公式的散度表示形式为

$$\oiint\limits_{S} \vec{A} \cdot \vec{dS} = \iiint\limits_{V} \text{div}\vec{A}\,dV. \tag{4.5}$$

若 $\vec{A}$ 是流速场,则(4.5)左端是流出 V 与流入 V 的流量的差,而右端就是分布在 V 中的源(负源)所发出(吸收)的总流量.

由(4.5)可得高斯定理的两个重要推论:

推论一 若在封闭曲面 S 所包围的区域 V 中处处有 $\text{div}\vec{A} = 0$,则 $\oiint\limits_{S} \vec{A} \cdot \vec{dS} = 0$.

证 由(4.5),得

$$\oiint\limits_{S} \vec{A} \cdot \vec{dS} = \iiint\limits_{V} \text{div}\vec{A}\,dV = \iiint\limits_{V} 0\,dV = 0. \qquad\qquad 证毕$$

推论二 若在封闭曲面 S 所包围的区域 V 中某些点(或子区域内)$\text{div}\vec{A} \neq 0$ 或 $\text{div}\vec{A}$ 不存在,其他所有的点上都有 $\text{div}\vec{A} = 0$,则通过包围这些点(或子区域)的场内任一封闭曲面的流量都是相等的,即

$$\oiint\limits_{S_1} \vec{A} \cdot \vec{n}^0 dS = \oiint\limits_{S_2} \vec{A} \cdot \vec{n}^0 dS = 常数, \tag{4.6}$$

其中 S_1,S_2 是包围 $\text{div}\vec{A} \neq 0$ 或 $\text{div}\vec{A}$ 不存在的点(或子区域)的任意两个封闭曲面,其单位法线矢量 $\vec{n}^0$ 向外(如图 11-16).

证 由假设在 $S = S_1 + S_2$ 所围区域 V 中处处有 $\text{div}\vec{A} = 0$,S 的外法线单位矢量记为 $\vec{n}_1^0$,由高斯公式(4.5),有

$$\oiint\limits_{S} \vec{A} \cdot \vec{n}_1^0 dS = \iiint\limits_{V} \text{div}\vec{A}\,dV = \iiint\limits_{V} 0\,dV = 0,$$

即

$$\oiint\limits_{S_1+S_2} \vec{A} \cdot \vec{n}_1^0 dS = \oiint\limits_{S_1} \vec{A} \cdot \vec{n}_1^0 dS + \oiint\limits_{S_2} \vec{A} \cdot \vec{n}_1^0 dS = 0,$$

注意到在 S_1 上的各点有 $\vec{n}_1^0 = \vec{n}^0$,在 S_2 上的各点有 $\vec{n}_1^0 = -\vec{n}^0$,即有

$$\oiint\limits_{S_1} \vec{A} \cdot \vec{n}^0 dS - \oiint\limits_{S_2} \vec{A} \cdot \vec{n}^0 dS = 0,$$

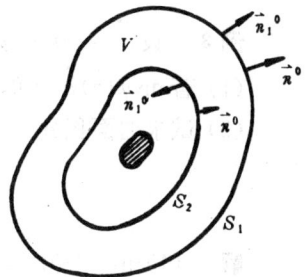

图 11-16

于是

$$\oiint\limits_{S_1} \vec{A} \cdot \vec{n}^0 dS = \oiint\limits_{S_2} \vec{A} \cdot \vec{n}^0 dS. \qquad\qquad 证毕$$

注 1. 推论一中，$\mathrm{div}\vec{A}(M) \equiv 0, M \in \Omega$，不但是在空间单连区域 Ω 内，沿任意封闭曲面的曲面积分为零的必要条件，同时也是充分条件.

2. 在推论二中，将 $\mathrm{div}\vec{A} \neq 0$ 或不存在的点或子区域看成区域 Ω 的"洞"，也就是在空间复连区域 Ω 内，围绕"洞"的任何封闭曲面的曲面积分的值是一常数.

（四）散度的运算法则

设 $\vec{A} = \vec{A}(M), \vec{B} = \vec{B}(M)$ 的各个分量以及数量函数 $u(M)$ 在 $M \in \Omega$ 中具有连续的一阶偏导数，α, β 是常数，则有

1° $\mathrm{div}(\alpha\vec{A} + \beta\vec{B}) = \alpha\mathrm{div}\vec{A} + \beta\mathrm{div}\vec{B}$，

2° $\mathrm{div}(u\vec{A}) = u\mathrm{div}\vec{A} + \mathrm{grad}\, u \cdot \vec{A}$.

按（4.4）式即可得到证明.

例 1 求矢量场

$$\vec{A} = xy^2\vec{i} + x^2y\vec{j} - (x + y + z^2)\vec{k}$$

在点 $M(2,1,1)$ 处的散度.

解 由公式（4.4），得

$$\mathrm{div}\vec{A} = \frac{\partial}{\partial x}(xy^2) + \frac{\partial}{\partial y}(x^2y) + \frac{\partial}{\partial z}[-(x + y + z^2)] = y^2 + x^2 - 2z,$$

于是

$$\mathrm{div}\vec{A}|_M = (y^2 + x^2 - 2z)|_{(2,1,1)} = 1 + 4 - 2 = 3.$$

例 2 求流速场

$$\vec{r} = (x - y + z)\vec{i} + (y - z + x)\vec{j} + (z - x + y)\vec{k}$$

通过椭球面 $\dfrac{x^2}{a^2} + \dfrac{y^2}{b^2} + \dfrac{z^2}{c^2} = 1$ 的流量.

解 由高斯公式，所求流量为

$$\oiint\limits_{S} \vec{v} \cdot \vec{dS} = \iiint\limits_{V} \mathrm{div}\vec{v}\,dV = \iiint\limits_{V}[\frac{\partial}{\partial x}(x - y + z) + \frac{\partial}{\partial y}(y - z + x) + \frac{\partial}{\partial z}(z - x + y)]dV$$

$$= \iiint\limits_{V} 3dV = 3\iiint\limits_{V} dV = 3 \times \frac{4}{3}\pi abc = 4\pi abc.$$

例 3 设 $\vec{r} = x\vec{i} + y\vec{j} + z\vec{k}, |\vec{r}| = r$，函数 $\varphi(r)$ 当 $r > 0$ 时具有连续的导数，

(1) 若 $\mathrm{div}\varphi(r)\vec{r} = 0$，试求 $\varphi(r)$；

(2) 试求曲面积分

$$\oiint\limits_{S} \varphi(r)\vec{r} \cdot \vec{dS}.$$

解 (1) 由 $\varphi(r)\vec{r} = \varphi(r)x\vec{i} + \varphi(r)y\vec{j} + \varphi(r)z\vec{k}$，于是

$$\mathrm{div}\varphi(r)\vec{r} = \frac{\partial}{\partial x}[\varphi(r)x] + \frac{\partial}{\partial y}[\varphi(r)y] + \frac{\partial}{\partial y}[\varphi(r)z]$$

$$= [\varphi'(r)\frac{x^2}{r} + \varphi(r)] + [\varphi'(r)\frac{y^2}{r} + \varphi(r)] + [\varphi'(r)\frac{z^2}{r} + \varphi(r)]$$

$$= \varphi'(r)\frac{x^2 + y^2 + z^2}{r} + 3\varphi(r) = \varphi'(r) \cdot \frac{r^2}{r} + 3\varphi(r) \xlongequal{设} 0.$$

得 $\quad r\varphi'(r) + 3\varphi(r) = 0$，

这是可分离变量的微分方程，分离变量，得

$$\frac{d\varphi}{\varphi} = -3\frac{dr}{r}.$$

积分,得所求函数

$$\varphi(r) = \frac{C}{r^3} \quad (r > 0).$$

其中 C 为任意常数.

(2) 当 S 是不包围原点的任意封闭曲面时,由推论一,得

$$\oiint_S \varphi(r)\vec{r} \cdot \vec{dS} = 0.$$

当 S 是包围原点的任意封闭曲面时,取半径为 a 的球面: $x^2 + y^2 + z^2 = a^2$,由推论二,有

$$\oiint_S \varphi(r)\vec{r} \cdot \vec{dS} = \oiint_{x^2+y^2+z^2=a^2} \varphi(r)\vec{r} \cdot \vec{dS} = \oiint_{x^2+y^2+z^2=a^2} \frac{C}{r^2}\frac{\vec{r}}{r} \cdot \vec{n}^0 dS.$$

由于 S 是球心在原点的球面,因此外法线单位矢量 $\vec{n}^0 = \frac{\vec{r}}{r}$.由第一类曲面积分,有

$$\oiint_{x^2+y^2+z^2=a^2} \frac{C}{r^2}\frac{\vec{r}}{r} \cdot \frac{\vec{r}}{r}dS = \oiint_{x^2+y^2+z^2=a^2} \frac{C}{r^2}dS$$

$$= C\oiint_{x^2+y^2+z^2=a^2} \frac{1}{a^2}dS = \frac{C}{a^2}4\pi a^2 = 4\pi C.$$

前面讲过的求电场 $\vec{E} = \frac{q}{4\pi\varepsilon_0 r^3}\vec{r}(r > 0)$ 的通量就是属于这种情形.

习题十一

§1

1. 计算下列曲面在指定部分的面积:

(1) 球面 $x^2 + y^2 + z^2 = a^2$ 介于平面 $z = 0$ 和 $z = h(0 < h < a)$ 之间的部分.

(2) 锥面 $\frac{1}{2}z = \sqrt{x^2 + y^2}$ 与平面 $y + z = 3$ 所围立体的表面.

(3) 球面 $x^2 + y^2 + z^2 = 2cz(c > 0)$ 含于锥面 $x^2 + y^2 = z^2$ 内的部分.

(4) 三个半径为 a 的圆柱体相互垂直相交,它们的对称轴相交于一点,所得相贯立体的全表面.

2. 计算下列第一类(对面积)曲面积分:

(1) $\iint_S xyzdS$,S 为平面 $x + y + z = 1, x = 0, y = 0, z = 0$ 所围成的四面体的表面.

(2) $\iint_S (x^2 + y^2 + z^2)dS$,(i) S 为球面 $x^2 + y^2 + z^2 = 2az$;(ii) S 为 yOz 平面上的圆域 $y^2 + z^2 \leqslant 1$.

(3) $\iint_S (xy + yz + zx)dS$,S 为圆锥面 $z = \sqrt{x^2 + y^2}$ 被圆柱面 $x^2 + y^2 = 2ax$ 截下的部分.

(4) $\iint_S \frac{dS}{x^2 + y^2 + z^2}$,$S$ 为介于平面 $z = 0$ 与 $z = H$ 之间的圆柱面 $x^2 + y^2 = R^2$.

(5) $\iint_S x^3 dS$,S 为球面 $x^2 + y^2 + z^2 = a^2$ 的 $x \geqslant 0, y \geqslant 0$ 部分.

3. 求曲面薄壳的质量.

(1) 一抛物面 $z = x^2 + y^2$ 介于 $0 \leqslant z \leqslant 1$ 部分,其上任一点的面密度与到 z 轴距离的平方成正比(比例系数为 1),求此抛物面介于 $0 \leqslant z \leqslant 1$ 部分的质量.

(2) 在球面 $x^2 + y^2 + z^2 = 1$ 上取以 $A(1,0,0), B(0,1,0), C(\frac{1}{\sqrt{2}}, 0, \frac{1}{\sqrt{2}})$ 三点为顶点的球面三角形,设

球面密度 $\mu = x^2 + z^2$,求此球面三角形的质量.

4. 求曲面薄壳的质量中心,曲面为:

(1) 底半径为 a,高为 h 的均质圆锥面.

(2) 半径为 a 的半球面 $z = \sqrt{a^2 - x^2 - y^2}$,其上任一点的面密度与该点到 z 轴距离平方成正比.

5. 求曲面薄壳的转动惯量.

(1) 抛物面 $z = 2 - (x^2 + y^2)$ 在 xOy 平面上方部分绕 z 轴的转动惯量,其面密度 $\mu =$ 常数.

(2) 底半径为 a,高为 h 的均质圆锥面绕对称轴的转动惯量 I_1;与该圆锥面的底面绕此轴的转动惯量 I_2,则 $\dfrac{I_1}{I_2} =$ 常数.

6. 利用第一类曲面积分求引力.

(1) 半径为 R,高为 H 的直圆柱面薄壳,其上面密度 $\mu = 1$,求它对底面中心一单位质点的引力.

(2) 一半径为 R 的均质球面,面密度 $\mu = 1$,求其对与球心距离为 $a (a \neq R)$ 的一个单位质点的引力.

7. 一半径为 R 的空心球,完全置于水中,球与水面相切,求球面所受水的总压力.

8. 设 S 为空间任一有界封闭的平面图形,证明 S 的形心在空间直角坐标系中各坐标平面上的投影即是 S 在各坐标面上投影图形 S_1 的形心.

9. 设面密度为 μ_1(常数)的半球面 $z = \sqrt{a^2 - x^2 - y^2}$,在其下方拼上一个面密度为 μ_2(常数)、半径为 a、下底封闭的圆柱面,要使这封闭曲面的质量中心恰在球心处,求圆柱面的高.

§2

10. 计算下列第二类(对坐标) 曲面积分:

(1) $\iint\limits_S xdydz + ydzdx + zdxdy$,其中 S 分别是(i) 平面 $x + y + z = a$ 在第一卦限部分的外侧;(ii) 正立方体 $0 \leqslant x \leqslant 1, 0 \leqslant y \leqslant 1, 0 \leqslant z \leqslant 1$ 的全表面的外侧.

(2) $\iint\limits_S \dfrac{1}{x}dydz + \dfrac{1}{y}dzdx + \dfrac{1}{z}dxdy$,其中 S 为椭球面 $\dfrac{x^2}{a^2} + \dfrac{y^2}{b^2} + \dfrac{z^2}{c^2} = 1$ 的外侧.

(3) $\iint\limits_S x^2 dydz + y^2 dzdx + z^2 dxdy$,其中 S 为 $V = \{(x, y, z) | 0 \leqslant z \leqslant \sqrt{a^2 - x^2 - y^2}, x^2 + y^2 \leqslant b^2 (a > b > 0)\}$ 的全表面外侧.

(4) $\iint\limits_S x^2 dydz$,其中 S 是抛物面 $z = \dfrac{H}{R^2}(x^2 + y^2)$,$x \geqslant 0, y \geqslant 0, z \leqslant H$ 部分的外侧.

(5) $\iint\limits_S xyzdxdy$,其中 S 是柱面 $x^2 + z^2 = R^2$ 在 $x \geqslant 0, y \geqslant 0$ 两卦限内被平面 $y = 0$ 与 $y = h$ 所截下部分的外侧.

(6) $\iint\limits_S y^3 dzdx$,其中 S 是上半椭球面 $\dfrac{x^2}{a^2} + \dfrac{y^2}{b^2} + \dfrac{z^2}{c^2} = 1 (z \geqslant 0)$ 的上侧.

(7) $\iint\limits_S ydzdx + zdxdy$,其中 S 是柱面 $z = x^2, z = 1, y = 0, y = 2$ 所围区域的界面的外侧.

§3

11. 利用高斯公式计算第二类曲面积分.

(1) $\oiint\limits_S ydydz + xdzdx + z^2 dxdy$,其中 S 是 $x^2 + y^2 + (z - a)^2 = a^2 (z \geqslant a > 0)$ 及 $z^2 = x^2 + y^2$ 所围成区域的界面的外侧.

(2) $\oiint\limits_S yzdzdx + (x^2 + y^2)zdxdy$,其中 S 是 $z = x^2 + y^2$,$z = 1$ 与 $x \geqslant 0, y \geqslant 0$ 所围区域的界面的外侧.

(3) $\oiint\limits_S 4zxdydz - 2yzdzdx + (z - z^2)dxdy$,其中 S 为 $z = e^y (0 \leqslant y \leqslant 2)$ 绕 z 轴旋转一周所成曲面与平面 $z =$

e^2 所围区域的界面的外侧.

(4) $\oiint\limits_{S} y^2 z dx dy$,其中 S 为球面 $x^2 + y^2 + z^2 = R^2$ 的外侧.

12. 用适当的方法计算下列第二类曲面积分.

(1) $\iint\limits_{S} xz dy dz + yz dz dx + (x^2 - z^2 + z) dx dy$,$S$ 是上半球面 $z = \sqrt{a^2 - x^2 - y^2}$ 的上侧.

(2) $\iint\limits_{S} yz dy dz + (x^2 + z^2) y dz dx + xy dx dy$,$S$ 是曲面 $4 - y = x^2 + z^2$ 在 xOz 平面右侧部分的外侧.

(3) $\iint\limits_{S} y^2 z^2 dy dz + z^2 x^2 dz dx + x^2 y^2 dx dy$,$S$ 是以 xOy 平面上的椭圆 $\dfrac{x^2}{a^2} + \dfrac{y^2}{b^2} = 1$ 为边界曲线的任意光滑凸曲面

的上侧.

(4) $\iint\limits_{S} |x - \dfrac{a}{3}| dy dz + |y - \dfrac{2b}{3}| dz dx + |z - \dfrac{c}{4}| dx dy$,$S$ 是长方体 $0 \leqslant x \leqslant a, 0 \leqslant y \leqslant b, 0 \leqslant z \leqslant c$ 全表面

的外侧.

13. 设 S 是光滑闭曲面,$\vec{n}^0$ 为 S 上点 (x,y,z) 的单位外法向矢量,$\vec{r}$ 是点 (x,y,z) 的矢径,$|\vec{r}| = r$,试就下列情况分别证明:

(1) 若 θ 是 $\vec{n}^0$ 与 $\vec{r}$ 的夹角,则由 S 所围立体的体积 $V = \dfrac{1}{3} \oiint\limits_{S} r \cos\theta dS$.

(2) 若 $\vec{l} = a\vec{i} + b\vec{j} + c\vec{k}$ 为一固定的单位矢量,ψ 为 $\vec{n}^0$ 与 $\vec{l}$ 的夹角,则 $\oiint\limits_{S} \cos\psi dS = 0$.

(3) 若 θ 是 $\vec{n}^0$ 与 $\vec{r}$ 的夹角,则

$$\oiint\limits_{S} \dfrac{\cos\theta}{r^2} dS = \begin{cases} 0, & \text{当 } S \text{ 不包含原点时;} \\ 4\pi, & \text{当 } S \text{ 包含原点时.} \end{cases}$$

§ 4

14. 利用曲面积分求矢量场通过给定曲面的通量(流量).

(1) 流体的流速 $\vec{v} = xz^2\vec{i} + yx^2\vec{j} + zy^2\vec{k}$,试求流体在单位时间内流过曲面 $x^2 + y^2 + z^2 = 2z$ 的流量.

(2) 在坐标原点置一点电荷 q 所产生的静电场中,在空间除原点以外任何一点 $M(x,y,z)$ 处的电位移矢量 $\vec{D} = \dfrac{q}{4\pi} \cdot \dfrac{\vec{r}}{r^3}$,$\vec{r} = x\vec{i} + y\vec{j} + z\vec{k}$,$|\vec{r}| = r$,试求此电场通过球面 $x^2 + y^2 + z^2 = R^2$ 的电通量.

(3) 矢量 $\vec{A} = 2x^2\vec{i} + 3y^2\vec{j} + z^2\vec{k}$ 通过立体 $\sqrt{x^2 + y^2} \leqslant z \leqslant \sqrt{2a^2 - x^2 - y^2}$ 的整个表面外侧的通量.

(4) 矢量 $\vec{A} = zx\vec{i} + yz\vec{j} + z^2\vec{k}$ 通过椭球面 $\dfrac{x^2}{a^2} + \dfrac{y^2}{b^2} + \dfrac{z^2}{c^2} = 1$ 的上半部分外侧的通量.

(5) 计算通量 $\iint\limits_{S} (x^2 \cos\alpha + y^2 \cos\beta + z^2 \cos\gamma) dS$,$S$ 为由曲线弧段 $\begin{cases} z = y^2; \\ x = 0, \end{cases} 1 \leqslant z \leqslant 4$ 绕 z 轴旋转所成的旋转

面,$\cos\alpha,\cos\beta,\cos\gamma$ 为 S 的内法线方向余弦.

15. 求 $\text{div}\vec{A}$ 在给定点的值.

(1) $\vec{A} = xyz\vec{r}$,在点 $(1,1,2)$ 处,其中 $\vec{r} = x\vec{i} + y\vec{j} + z\vec{k}$;

(2) $\vec{A} = \text{grad}(x^2 + y^2 + z^2)$ 在任一点 $M(x,y,z)$ 处.

16. 证明:

(1) $\text{div}(\alpha\vec{A} + \beta\vec{B}) = \alpha\text{div}\vec{A} + \beta\text{div}\vec{B}$,其中 α,β 为常数.

(2) $\text{div}(u\vec{A}) = u\text{div}\vec{A} + \vec{A} \cdot \text{grad} u$,其中 u 为可微数量函数.

(3) $\text{div}(u\text{grad} v) = u \text{ div grad } v + \text{grad} u \cdot \text{grad} v$,其中 u,v 为可微数量函数(v 二次可微).

17. 设 $\vec{a},\vec{b}$ 为常矢量,$\vec{r} = x\vec{i} + y\vec{j} + z\vec{k}$,$r = |\vec{r}|$,$n$ 为正整数,$f'(r)$ 存在,试证明:

(1) $\text{div } \vec{r}\vec{a} = \dfrac{\vec{a} \cdot \vec{r}}{r}$;   (2) $\text{div } r^n\vec{a} = nr^{n-2}\vec{a} \cdot \vec{r}$;

(3) $\operatorname{div} \dfrac{\vec{r}}{r^3} = 0$;   (4) $\operatorname{div}[\vec{r}(\vec{a}\cdot\vec{r})] = 4(\vec{a}\cdot\vec{r})$;

(5) $\operatorname{div}[\vec{a}(\vec{b}\cdot\vec{r})] = \operatorname{div}[\vec{b}(\vec{a}\cdot\vec{r})] = \vec{a}\cdot\vec{b}$;

(6) $\operatorname{div}[\vec{r}(\vec{a}\times\vec{r})] = 0$;   (7) $\operatorname{div}[f(r)\vec{r}] = 3f(r) + f'(r)r$.

18. 一物体以角速度 $\vec{\omega} = C\vec{k}(C$ 为常数) 依反时针方向绕 z 轴旋转,求该物体的任一点处线速度 $\vec{v}$ 的散度.

19. 一力场,在任一点处力的大小与作用点到 xOy 平面的距离成反比,力的方向指向原点,求该力场的散度.

20. 设一无穷长直导线与 z 轴重合,通有电流 $I\vec{k}$ 后,在导线周围产生磁场,其在点 $M(x,y,z)$ 处的磁场强度为

$$\vec{E} = \dfrac{I}{2\pi r^2}(-y\vec{i} + x\vec{j}),$$

其中 $r = \sqrt{x^2 + y^2}$,求 $\operatorname{div}\vec{E}$.

21. 在平面直角坐标系中,设 $\vec{A} = P(x,y)\vec{i} + Q(x,y)\vec{j}$,其中 $P(x,y), Q(x,y)$ 在平面有界闭区域 σ 的一阶偏导数连续,试导出

(1) $\operatorname{div}\vec{A} = \dfrac{\partial P}{\partial x} + \dfrac{\partial Q}{\partial y}$;

(2) $\oint_l -Q dx + P dy = \iint_\sigma \operatorname{div}\vec{A} d\sigma$(平面高斯公式),其中 l 为 σ 的边界线,沿正向.(见 $P175, \S 3$)

综合题

22. 计算

(1) $\iint_S (x + 2y + 4z + 1)^2 dS$ 其中 S 为正八面体:$|x| + |y| + |z| \leqslant 1$ 的表面.

(2) $\iint_S |\dfrac{xy}{z}| dS$,其中 S 为 $2z = x^2 + y^2$ 介于 $\dfrac{1}{2} \leqslant z \leqslant 2$ 之间的部分.

(3) $\iint_S \dfrac{dS}{\rho}$,其中 S 为 $\dfrac{x^2}{a^2} + \dfrac{y^2}{b^2} + \dfrac{z^2}{c^2} = 1$,$\rho$ 是原点到 S 上任一点 (x,y,z) 切平面的距离.

(4) $\iint_{x^2+y^2+z^2=4} f(x,y,z) dS$,其中 $f(x,y,z) = \begin{cases} x^2 + y^2, & z \geqslant \sqrt{x^2+y^2}; \\ 0, & z < \sqrt{x^2+y^2}. \end{cases}$

(5) $\iint_S \dfrac{|x|}{\rho^2} dS$,$S$ 是 $x^2 + y^2 = a^2$ 介于 $0 \leqslant z \leqslant H$ 间部分,ρ 是 S 上的点到原点的距离.

23. 设 a,b,c 为常数,试证

(1) $\iint_{x^2+y^2+z^2=R^2} (ax^2 + by^2 + cz^2) dS = (a + b + c) \iint_{x^2+y^2+z^2=R^2} z^2 dS$

$= (a + b + c) \cdot \dfrac{1}{3} \iint_{x^2+y^2+z^2=R^2} (x^2 + y^2 + z^2) dS = \dfrac{4}{3}\pi R^4(a + b + c)$;

(2) $\iint_{\substack{x^2+y^2+z^2=R^2 \\ x\geqslant 0, y\geqslant 0, z\geqslant 0}} (ax + by + cz) dS = (a + b + c) \iint_{\substack{x^2+y^2+z^2=R^2 \\ x\geqslant 0, y\geqslant 0, z\geqslant 0}} z dS = \dfrac{\pi R^3}{4}(a + b + c)$.

24. 试证由闭光滑曲面 S 所围立体的体积 V 为

$$V = \oiint_S z dx dy = \dfrac{1}{3} \oiint_S x dy dz + y dz dx + z dx dy.$$

其中 S 取外侧.

25. 设 u 具有二阶连续偏导数且满足拉普拉斯方程,即 $\dfrac{\partial^2 u}{\partial x^2} + \dfrac{\partial^2 u}{\partial y^2} + \dfrac{\partial^2 u}{\partial z^2} = 0$,$\vec{n}$ 是 S 的外法线矢量,S 所围区域是 V,试证

(1) $\oiint_S \dfrac{\partial u}{\partial n} dS = 0$;   (2) $\oiint_S u \dfrac{\partial u}{\partial n} dS = \iiint_V (\operatorname{grad} u)^2 dV$;

· 168 ·

（3）除了 u 恒为常数外，$\oiint\limits_{S} u\dfrac{\partial u}{\partial n}dS > 0$.

26. 设 $\varphi(u)$ 为连续可微函数，试证

$$\oiint\limits_{x^2+y^2+z^2=a^2} \varphi(y^2+z^2)dydz + \varphi(xz)dzdx + \varphi(x)dxdy = 0.$$

27. 设 $\vec{A} = (1+x^2)f(x)\vec{i} + 2xyf(x)\vec{j} - 3z\vec{k}$，$f(x)$ 为可微函数，且 $f(0) = 0$，试确定 $f(x)$，使通量 $Q = \iint\limits_{S} \vec{A} \cdot d\vec{S}$ 只与 S 的边界线 l 有关，而与张在 l 上的光滑曲面的形状无关.

28. 试求矢量场 $\vec{A} = (x-y+z)\vec{i} + (y-z+x)\vec{j} + (z-x+y)\vec{k}$ 通过曲面 S：$|x-y+z| + |y-z+x| + |z-x+y| = 1$ 的流量，S 取外侧.

29. 设 S 为任一光滑闭曲面（不过原点），$\vec{n}$ 为 S 上点 (x,y,z) 处的外法线矢量，$\vec{r} = x\vec{i} + y\vec{j} + z\vec{k}$，$r = |\vec{r}|$，试求 $\oiint\limits_{S} \dfrac{\cos(\vec{r},\vec{n})}{r^2}dS$.

30. 试求矢量场 $\vec{A} = \mathrm{grad}\,[z(x^2+3)]$ 通过球面 $x^2+y^2+z^2 = 1$ 上半部分的流量 $Q = \iint\limits_{S} \vec{A} \cdot \vec{n}^0 dS$，其中 $\vec{n}^0$ 是球面的单位外法线矢量.

31. 设半径为 a 的球的球心位于以原点为中心半径为 $R(2R > a > 0，R$ 常数$)$ 的定球面上，试证当前者夹在定球面内部的表面积为最大时，$a = \dfrac{4}{3}R$.

32. 已知两单位正电荷分别位于点 $A(-1,0,0)$ 与点 $B(1,0,0)$，求它们所产生的电场强度通过封闭曲面 S 的通量，其中 S 为

（1）不包围点 A 及点 B 的任一封闭曲面；

（2）包围点 A 而不包围点 B 的任一封闭曲面；

（3）同时包围点 A 及点 B 的任一封闭曲面.

第十二章 　曲线积分

§1 　第一类曲线积分的计算法

1.1 　平面曲线积分的计算公式

设在 xOy 平面上, 曲线 l 的参数方程为

$$x = x(t), \quad y = y(t), \quad \alpha \leqslant t \leqslant \beta,$$

其中 $x(t), y(t)$ 在 $[\alpha, \beta]$ 上有连续导数 $x'(t), y'(t)$, 又函数 $f(x, y)$ 在 l 上连续, 则由弧长的微分公式

$$dl = \sqrt{(\frac{dx}{dt})^2 + (\frac{dy}{dt})^2} dt,$$

可将平面上第一类曲线积分(对弧长的曲线积分) 化为定积分来计算, 计算公式为

$$\int_l f(x, y) dl = \int_\alpha^\beta f[x(t), y(t)] \sqrt{(\frac{dx}{dt})^2 + (\frac{dy}{dt})^2} dt. \tag{1.1}$$

其中, 因 $dl > 0$, 所以要求 $dt > 0$, 因此积分下限必须小于上限, 即 $\alpha < \beta$. 同时要注意: 被积函数 $f(x, y)$ 中的变量 x, y 应满足曲线 l 的方程.

特别, (1) 若 l 是由直角坐标方程

$$y = y(x), \quad a \leqslant x \leqslant b$$

给出, 则把 x 看成参数, 有

$$\int_l f(x, y) dl = \int_a^b f[x, y(x)] \sqrt{1 + (\frac{dy}{dx})^2} dx. \tag{1.2}$$

又若 l 由

$$x = x(y), \quad c \leqslant y \leqslant d$$

给出, 则

$$\int_l f(x, y) dl = \int_c^d f[x(y), y] \sqrt{1 + (\frac{dx}{dy})^2} dy. \tag{1.3}$$

(2) 若 L 是由极坐标方程

$$r = r(\theta), \quad \theta_1 \leqslant \theta \leqslant \theta_2$$

给出, 则把 θ 看作参数, 由 $x = r(\theta)\cos\theta, y = r(\theta)\sin\theta$,

有

$$dl = \sqrt{(\frac{dx}{d\theta})^2 + (\frac{dy}{d\theta})^2} d\theta = \sqrt{r^2(\theta) + (\frac{dr}{d\theta})^2} d\theta,$$

于是

$$\int_l f(x, y) dl = \int_{\theta_1}^{\theta_2} f[r(\theta)\cos\theta, r(\theta)\sin\theta] \sqrt{r^2(\theta) + (\frac{dr}{d\theta})^2} d\theta. \tag{1.4}$$

1.2 　空间曲线积分的计算公式

平面上曲线积分公式 (1.1) 可直接推广到空间的情形.

设在空间直角坐标系 $Oxyz$ 中,曲线 l 的参数方程为

$$x = x(t), \quad y = y(t), \quad z = z(t), \quad \alpha \leqslant t \leqslant \beta,$$

其中 $x(t), y(t), z(t)$ 在 $[\alpha, \beta]$ 上有连续导数 $x'(t), y'(t), z'(t)$,又函数 $f(x,y,z)$ 在 l 上连续,则由弧长微分公式

$$dl = \sqrt{\left(\frac{dx}{dt}\right)^2 + \left(\frac{dy}{dt}\right)^2 + \left(\frac{dz}{dt}\right)^2}dt,$$

可将空间上第一类曲线积分(对弧长的曲线积分)化为定积分来计算,计算公式为

$$\int_l f(x,y,z)dl = \int_\alpha^\beta f[x(t),y(t),z(t)]\sqrt{\left(\frac{dx}{dt}\right)^2 + \left(\frac{dy}{dt}\right)^2 + \left(\frac{dz}{dt}\right)^2}dt. \tag{1.5}$$

例 1　计算 $\int_l (x+y)dl$,其中 l 为连接点 $O(0,0), A(1,0), B(1,1)$ 的三角形围线(见图 12-1).

解　围线 $l = OA + AB + BO$ 其方程分别为

OA:$y = 0, \quad 0 \leqslant x \leqslant 1$;

AB:$x = 1, \quad 0 \leqslant y \leqslant 1$;

BO:$y = x, \quad 0 \leqslant x \leqslant 1$.

于是在 OA 与 BO 上由公式(1.2),在 AB 上由公式(1.3)得

$$
\begin{aligned}
\int_l (x+y)dl &= \int_{OA}(x+y)dl + \int_{AB}(x+y)dl + \int_{BO}(x+y)dl \\
&= \int_0^1 (x+0)dx + \int_0^1 (1+y)dy + \int_0^1 (x+x)\sqrt{2}\,dx \\
&= 2 + \sqrt{2}.
\end{aligned}
$$

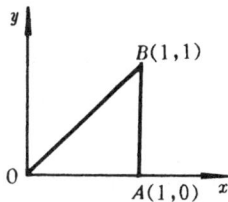

图 12-1

例 2　计算 $\int_l \dfrac{zdl}{x^2+y^2+z^2}$,其中 l 为圆柱螺线 $x = a\cos t, y = a\sin t, z = bt \quad (0 \leqslant t \leqslant t_0)$.

解　由于 $dl = \sqrt{\left(\frac{dx}{dt}\right)^2 + \left(\frac{dy}{dt}\right)^2 + \left(\frac{dz}{dt}\right)^2}dt = \sqrt{a^2+b^2}dt$,于是

$$\int_l \frac{zdl}{x^2+y^2+z^2} = \int_0^{t_0} \frac{b\sqrt{a^2+b^2}t}{a^2+b^2t^2}dt = \frac{\sqrt{a^2+b^2}}{2b}\ln\left(1+\frac{b^2t_0^2}{a^2}\right).$$

例 3　设一均质质线(线密度 $\mu =$ 常数),其极坐标方程为 $r = a(1+\cos\theta)$,试求 (1) 该质线 l 的质量中心;(2) 对 x 轴的转动惯量.

解　(1) 由于质线的线密度 $\mu =$ 常数,所求质量中心即形心,其坐标公式为

$$x^* = \frac{\int_l xdl}{\int_l dl}; \quad y^* = \frac{\int_l ydl}{\int_l dl},$$

由于心形线 $r = a(1+\cos\theta)$ 的图形关于 x 轴对称,故有 $y^* = 0$,为了求 x^*,由极坐标弧长的微分公式

$$
\begin{aligned}
dl &= \sqrt{r^2 + \left(\frac{dr}{d\theta}\right)^2}d\theta = \sqrt{a^2(1+\cos\theta)^2 + a^2(-\sin\theta)^2}d\theta \\
&= 2a\left|\cos\frac{\theta}{2}\right|d\theta,
\end{aligned}
$$

于是

$$\int_l dl = 2a\int_{-\pi}^{\pi}\left|\cos\frac{\theta}{2}\right|d\theta = 4a\int_0^{\pi}\cos\frac{\theta}{2}d\theta = 8a,$$

又由 $x = r\cos\theta = a(1+\cos\theta)\cos\theta$,于是

$$\int_l x dl = \int_{-\pi}^{\pi} a(1+\cos\theta)\cos\theta \cdot 2a\cos\frac{\theta}{2}d\theta$$

$$= 2a^2\int_{-\pi}^{\pi} 2\cos^2\frac{\theta}{2}(2\cos^2\frac{\theta}{2}-1)\cos\frac{\theta}{2}d\theta = 8a^2\int_0^{\pi}(2\cos^5\frac{\theta}{2}-\cos^3\frac{\theta}{2})d\theta$$

$$\xlongequal{\theta=2t} 16a^2\int_0^{\frac{\pi}{2}}(2\cos^5t-\cos^3t)dt = 16a^2(2\cdot\frac{4}{5}\cdot\frac{2}{3}\cdot1-\frac{2}{3}\cdot1)=\frac{32}{5}a^2,$$

故得 $\quad x^* = \frac{32}{5}a^2/8a = \frac{4}{5}a.$ 于是形心坐标为$(\frac{4a}{5},0)$.

（2）l 对 x 轴的转动惯量为

$$I_x = \int_l y^2 \cdot \mu dl = \int_{-\pi}^{\pi}[a(1+\cos\theta)\sin\theta]^2 \cdot \mu \cdot 2a\cos\frac{\theta}{2}d\theta$$

$$= 4a^3\mu\int_0^{\pi}(2\cos^2\frac{\theta}{2}\cdot2\sin\frac{\theta}{2}\cos\frac{\theta}{2})^2\cos\frac{\theta}{2}d\theta$$

$$= 64a^3\mu\int_0^{\pi}(\cos^7\frac{\theta}{2}-\cos^9\frac{\theta}{2})d\theta \xlongequal{\theta=2t} 128a^3\mu\int_0^{\frac{\pi}{2}}(\cos^7t-\cos^9t)dt$$

$$= 128a^3\mu(\frac{6}{7}\cdot\frac{4}{5}\cdot\frac{2}{3}\cdot1-\frac{8}{9}\cdot\frac{6}{7}\cdot\frac{4}{5}\cdot\frac{2}{3}\cdot1) = \frac{256}{315}a^2M.$$

其中 $M=8a\mu$ 是质线 l 的总质量.

例 4 求圆柱面 $x^2+y^2=ax(a>0)$ 被球面 $x^2+y^2+z^2=a^2$ 所截下并含在球面内的部分的面积.

解 由于图形对称于 xOy 与 zOx 平面,故所截取面积是第一卦限部分面积的 4 倍(如图 12-2).

圆柱面在第一卦限部分,其准线为 xOy 平面上的半圆

$$l: y=\sqrt{ax-x^2}, \quad 0\leqslant x\leqslant a,$$

$\forall x\in[0,a]$,取微区间$[x,x+dx]\subset[0,a]$,相应准线弧长 l 的微元区间$[l,l+dl]$,于是柱面面积 A 的微元

$$dA = 高\times底 = zdl = \sqrt{a^2-x^2-y^2}dl,$$

在第一卦限部分柱面面积为

$$A = \int_l zdl = \int_l \sqrt{a^2-x^2-y^2}dl.$$

准线 l 的参数方程由 $(x-\frac{a}{2})^2+y^2=\frac{a^2}{4}$,得

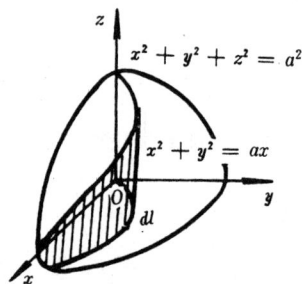

图 12-2

$$x = \frac{a}{2}(1+\cos t), \quad y=\frac{a}{2}\sin t, \quad 0\leqslant t\leqslant\pi,$$

于是,$dl = \sqrt{(\frac{dx}{dt})^2+(\frac{dy}{dt})^2}dt = \frac{a}{2}dt$,得

$$A = \int_l\sqrt{a^2-x^2-y^2}dl = \frac{a^2}{2}\int_0^{\pi}\sqrt{\frac{1-\cos t}{2}}dt = \frac{a^2}{2}\int_0^{\pi}\sin\frac{t}{2}dt = a^2.$$

所求柱面面积为 $4a^2$.

§2 第二类曲线积分

2.1 第二类曲线积分的概念

例 设空间一质点在变力

$$\vec{F} = \vec{F}(x,y,z) = F_1(x,y,z)\vec{i} + F_2(x,y,z)\vec{j} + F_3(x,y,z)\vec{k}$$

的作用下,沿光滑曲线 l 从点 A 移动到点 B,求此变力所作功 W.

解 如图 12-3 所示,在曲线 l 上任取点 $M(x,y,z)$,当质点从 $M(x,y,z)$ 沿曲线 l 移动到点 $M_1(x+dx,y+dy,z+dz)$ 时,经过曲线微元长 dl,又在点 $M(x,y,z)$ 处作曲线 l 的单位切线矢量

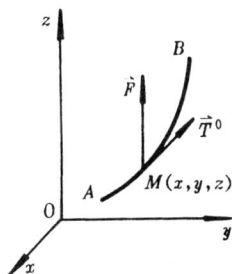

$$\vec{T}^0 = \cos\alpha\vec{i} + \cos\beta\vec{j} + \cos\gamma\vec{k},$$

其方向指向质点移动的方向,其中 α,β,γ 是 $\vec{T}^0$ 的方向角.

于是质点在力 $\vec{F}$ 作用下,从点 M 沿曲线 l 移动到点 M_1 此力所作功为

$$dW = (\vec{F} \cdot \vec{T}^0)dl,$$

图 12-3

于是,质点从点 A 沿曲线 l 移动到点 B,此力 $\vec{F}$ 所作功可用第一类曲线积分表示为

$$W = \int_l dW = \int_l \vec{F} \cdot \vec{T}^0 dl.$$

注意到当质点从 B 沿 l 移动到 A 从而 $\vec{T}^0$ 改为相反方向时,变力所作功 W 要改变一个符号.

以上我们遇到一类与矢量有关的量的积分计算问题,其值可借助第一类曲线积分来表达,一般有如下定义:

定义 设 l 是以 A,B 为端点的光滑曲线,并指定了从 A 到 B 的曲线方向,在 l 上任取一点 $M(x,y,z)$,作曲线 l 的单位切线矢量

$$\vec{T}^0 = \vec{T}^0(x,y,z) = \cos\alpha\vec{i} + \cos\beta\vec{j} + \cos\gamma\vec{k}.$$

其方向与指定的曲线方向一致. 又设矢量

$$\vec{A} = \vec{A}(x,y,z) = P(x,y,z)\vec{i} + Q(x,y,z)\vec{j} + R(x,y,z)\vec{k}.$$

其中 $P(x,y,z),Q(x,y,z),R(x,y,z)$ 是定义在曲线 l 上的有界函数. 作点积

$$\vec{A} \cdot \vec{T}^0 = P(x,y,z)\cos\alpha + Q(x,y,z)\cos\beta + R(x,y,z)\cos\gamma,$$

考虑定义在曲线 l 上的第一类曲线积分

$$\int_l \vec{A} \cdot \vec{T}^0 dl = \int_l [P(x,y,z)\cos\alpha + Q(x,y,z)\cos\beta + R(x,y,z)\cos\gamma]dl$$

$$= \int_l P(x,y,z)dx + Q(x,y,z)dy + R(x,y,z)dz,$$

其中 $dx = \cos\alpha dl, dy = \cos\beta dl, dz = \cos\gamma dl$ 是弧长元素 dl 沿单位切线矢量 $\vec{T}^0$ 的方向分别在 x,y, z 轴的投影. 我们称

$$\int_l P(x,y,z)dx + Q(x,y,z)dy + R(x,y,z)dz \qquad (2.1)$$

为函数 $P(x,y,z),Q(x,y,z),R(x,y,z)$ 沿曲线 l 从点 A 到点 B 的**第二类曲线积分**或**对坐标的曲线积分**.

(2.1) 事实上是三个曲线积分

$$\int_l P(x,y,z)dx, \quad \int_l Q(x,y,z)dy, \quad \int_l R(x,y,z)dz$$

的组合.

又记号

$$\overrightarrow{T^0}dl = \cos\alpha dl\,\vec{i} + \cos\beta dl\,\vec{j} + \cos\gamma dl\,\vec{k} = dx\,\vec{i} + dy\,\vec{j} + dz\,\vec{k} \triangleq \overrightarrow{dl},$$

因此,$\overrightarrow{dl}$ 是模等于 dl,方向与 $\overrightarrow{T^0}$ 方向相同的矢量,我们称 $\overrightarrow{dl}$ 是曲线 l 的**有向弧长元素**,于是

$$\int_l \vec{A} \cdot \overrightarrow{T^0}dl \triangleq \int_l \vec{A} \cdot \overrightarrow{dl}. \tag{2.2}$$

2.2 第二类曲线积分的性质

(1) 由于第二类曲线积分是在有向曲线指定一方向进行的,如果考虑曲线不同方向,此时 $\overrightarrow{T^0}$ 的方向相反,因而弧长的投影相差一负号,若记曲线的某一方向为 l^+,相反方向为 l^-,

则

$$\int_{l^+} \vec{A} \cdot \overrightarrow{dl} = -\int_{l^-} \vec{A} \cdot \overrightarrow{dl}, \tag{2.3}$$

因此,当改变曲线方向时,积分改变符号.这与第一类曲线积分是一个显著差别.

(2) 若曲线 l 分为两段 l_1 与 l_2,即 $l = l_1 + l_2$,l_1 与 l_2 没有公共内点,但不改变曲线的方向,

则

$$\int_l \vec{A} \cdot \overrightarrow{dl} = \int_{l_1} \vec{A} \cdot \overrightarrow{dl} + \int_{l_2} \vec{A} \cdot \overrightarrow{dl}. \tag{2.4}$$

2.3 第二类曲线积分的计算法

第二类曲线积分可化为定积分来计算,但须注意到被积函数 $f(x,y,z)$ 中的变量 x,y,z 应满足曲线方程;dx,dy,dz 是有向弧长元素分别在各坐标轴上的投影,因而积分下限是曲线起点坐标,上限是终点坐标.

设光滑曲线 l_{AB} 的参数方程为

$$x = x(t), \quad y = y(t), \quad z = z(t).$$

起点 A 与终点 B 所对应的参数值记作 t_A, t_B. 又设 $P(x,y,z), Q(x,y,z), R(x,y,z)$ 在曲线 l_{AB} 上连续,则第二类曲线积分(2.1)化为定积分的计算公式为

$$\begin{aligned}
\int_{l_{AB}} \vec{A} \cdot \overrightarrow{dl} &= \int_{l_{AB}} P(x,y,z)dx + Q(x,y,z)dy + R(x,y,z)dz \\
&= \int_{t_A}^{t_B} \big[P(x(t),y(t),z(t))x'(t) + Q(x(t),y(t),z(t))y'(t) \\
&\quad + R(x(t),y(t),z(t))z'(t) \big]dt.
\end{aligned} \tag{2.5}$$

其中 t_A 是下限,t_B 是上限,不得错乱.

例1 计算 $I = \int_l (x^2 + y^2)dx + 2xydy$. 其中 l 是

(1) 从 $O(0,0)$ 沿抛物线 $y = x^2$ 到 $B(1,1)$;

(2) 从 $O(0,0)$ 沿圆弧 $y = \sqrt{2x - x^2}$ 到 $B(1,1)$;

(3) 从 $O(0,0)$ 经 $A(1,0)$ 到 $B(1,1)$ 的折线(见图 12-4).

解 (1) $I = \int_l (x^2 + y^2)dx + 2xydy$

$$= \int_0^1 (x^2 + x^4)dx + 2x \cdot x^2 \cdot 2xdx = \frac{4}{3}.$$

(2) 将 l 的方程化成参数式:$x = 1 + \cos t, y = \sin t$. 起点 $t_0 = \pi$,终点 $t_B = \dfrac{\pi}{2}$,于是

$$I = \int_l (x^2 + y^2)dx + 2xydy$$

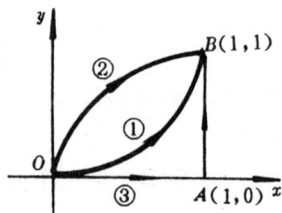

图 12-4

$$= \int_{\pi}^{\frac{\pi}{2}} \{ [(1 + \cos t)^2 + \sin^2 t](-\sin t) + 2(1 + \cos t)\sin t \cos t \} dt$$

$$= 2 \int_{\pi}^{\frac{\pi}{2}} (\cos^2 t - 1)\sin t dt = \frac{4}{3}.$$

(3) $l_{OA}: y = 0, dy = 0; l_{AB}: x = 1, dx = 0.$

于是 $\quad I = \int_l (x^2 + y^2)dx + 2xydy = \int_{l_{OA}} + \int_{l_{AB}}$

$$= \int_0^1 (x^2 + 0)dx + 2x \cdot 0 \cdot 0 + \int_0^1 (1^2 + y^2)0 + 2 \cdot 1 \cdot ydy$$

$$= \int_0^1 x^2 dx + \int_0^1 2ydy = \frac{4}{3}.$$

一般情形,曲线积分 $\int_l \vec{A} \cdot \vec{dl}$ 当起点与终点固定后,其数值与路径有关.而本例中三个数值恰好相同,以后会看到这是由于被积函数 $P = x^2 + y^2$ 与 $Q = 2xy$ 之间还存在某种联系之故.

例2 一质点在变力 $\vec{F} = y\vec{i} - x\vec{j} + (x + y + z)\vec{k}$ 作用下,沿曲线 l 从点 $A(a, 0, 0)$ 移动到点 $B(a, 0, c)$,求变力所作的功 W,其中曲线 l 分别为

(1) 圆柱螺线: $x = a\cos t, y = a\sin t, z = \frac{c}{2\pi}t$; (2) 直线 AB.

解 变力 $\vec{F}$ 所作功为 $W = \int_l \vec{F} \cdot \vec{dl} = \int_l ydx - xdy + (x + y + z)dz.$

(1) 当积分路径 l 为圆柱螺线时,有

$$dx = -a\sin t dt, \quad dy = a\cos t dt, \quad dz = \frac{c}{2\pi}dt.$$

且起点 $t_A = 0$,终点 $t_B = 2\pi$,故有

$$W = \int_0^{2\pi} [(a\sin t)(-a\sin t) - a\cos t \cdot a\cos t + (a\cos t + a\sin t + \frac{c}{2\pi}t)\frac{c}{2\pi}]dt$$

$$= \int_0^{2\pi} (-a^2 + \frac{c^2}{4\pi^2}t)dt = \frac{c^2}{2} - 2\pi a^2.$$

(2) 当积分路径 l 为直线段 AB 时,由

$$\frac{x - a}{0} = \frac{y - 0}{0} = \frac{z - 0}{c} \xrightarrow{\diamond} t$$

得直线参数方程为 $x = a, y = 0, z = ct$,且起点 $t_A = 0$,终点 $t_B = 1$,故有

$$W = \int_0^1 [0 - 0 + (a + 0 + ct)c]dt = ac + \frac{c^2}{2}.$$

§3 格林公式

若平面有界闭区域 σ 是由光滑曲线或分段光滑曲线 l 所围成,下述格林公式揭示以 σ 为积分域的二重积分与以 σ 的边界曲线 l 为积分域的第二类曲线积分的内在联系.

格林定理 设 σ 是平面有界闭区域,它的边界由有限多条分段光滑曲线所围成,函数 $P(x, y), Q(x, y)$ 在 σ 上具有连续的一阶偏导数,则有

$$\oint_l Pdx + Qdy = \iint_\sigma (\frac{\partial Q}{\partial x} - \frac{\partial P}{\partial y})d\sigma. \tag{3.1}$$

其中曲线积分沿封闭曲线 l 的正向进行,所谓封闭曲线的正向是指当人沿封闭曲线 l 的一个方向前进时,由曲线 l 所围区域 σ 总在人的左侧.记号 "$\oint_l$" 表示闭路积分.

公式(3.1)称为**格林(Green)公式**.

证 先就 σ 为简单的闭区域(即通过 σ 内任一点作平行于坐标轴的直线,这直线与其边界线 l 的交点不多于两点,而侧边有一段是平行于坐标轴的直线除外)的情形加以证明.

设 σ 表示为(如图 12-5)

$$\sigma = \{(x,y)\,|\,y_1(x) \leqslant y \leqslant y_2(x), \quad a \leqslant x \leqslant b\}.$$

先证 $-\iint\limits_{\sigma} \dfrac{\partial P}{\partial y}d\sigma = \oint_{l}Pdx.$

由于

$$-\iint\limits_{\sigma} \frac{\partial P}{\partial y}d\sigma = -\int_a^b dx \int_{y_1(x)}^{y_2(x)} \frac{\partial P}{\partial y}dy = -\int_a^b P(x,y)\Big|_{y=y_1(x)}^{y=y_2(x)}dx$$

$$= -\int_a^b [P(x,y_2(x)) - P(x,y_1(x))]dx$$

$$= \int_a^b P(x,y_1(x))dx - \int_a^b P(x,y_2(x))dx$$

$$= \int_a^b P(x,y_1(x))dx + \int_b^a P(x,y_2(x))dx$$

$$= \int_{l_1} P(x,y)dx + \int_{l_2} P(x,y)dx.$$

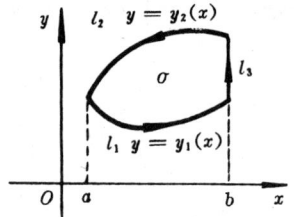

图 12-5

另一方面,

$$\oint_l P(x,y)dx = \int_{l_1} + \int_{l_2} + \int_{l_3},$$

l_3 的方程为 $x=b, dx=0$,故 $\displaystyle\int_{l_3} P(x,y)dx = 0$,因此三者相加,即得

$$-\iint\limits_{\sigma} \frac{\partial P}{\partial y}d\sigma = \oint_l P(x,y)dx.$$

同理可证

$$\iint\limits_{\sigma} \frac{\partial Q}{\partial x}d\sigma = \oint_l Q(x,y)dy,$$

两式相加,即得格林公式.

其次,对 σ 是一般单连通区域(即对 σ 内任一条正向闭曲线,它所包围的区域完全属于 σ),如果通过 σ 内任一点作平行于坐标轴的直线,这直线与边界线 l 的交点多于两个,则可用辅助曲线将 σ 分为若干个子区域,使得每个子区域的边界线都满足"交点不多于两个"的要求. 如图 12-6,区域 σ 的边界曲线 l,作一条辅助曲线(图中虚线)将 σ 分成三个简单区域 $\sigma_1, \sigma_2, \sigma_3$,它们的边界线依次记成 l_1, l_2, l_3,由以上所证,有

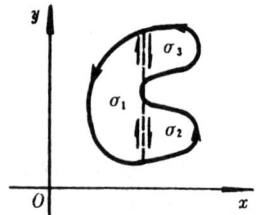

图 12-6

$$\oint_{l_1} Pdx + Qdy = \iint\limits_{\sigma_1}\left(\frac{\partial Q}{\partial x} - \frac{\partial P}{\partial y}\right)d\sigma;$$

$$\oint_{l_2} Pdx + Qdy = \iint\limits_{\sigma_2}\left(\frac{\partial Q}{\partial x} - \frac{\partial P}{\partial y}\right)d\sigma;$$

$$\oint_{l_3} Pdx + Qdy = \iint\limits_{\sigma_3}\left(\frac{\partial Q}{\partial x} - \frac{\partial P}{\partial y}\right)d\sigma.$$

将三式相加,左端三个曲线积分在辅助线上部分方向相反,相互抵消,即得

$$\oint_l Pdx + Qdy = \iint\limits_{\sigma}\left(\frac{\partial Q}{\partial x} - \frac{\partial P}{\partial y}\right)d\sigma.$$

最后,若区域 σ 是复连通区域,即 σ 的内部有洞的情形(常见的复连通区域是将单连通域去掉一个或几个内点),它的边界线是由若干条封闭曲线组成,包括外边界线和全部洞的边界线. 边界线仍须遵守正向规定. 如图 12-7,区域 σ 内含有两个洞的复连通区域,这时它的边界线 $l = l_0 + l_1 + l_2$,其中 l_1,l_2 相离且全部含在 l_0 内部,则可用辅助曲线将 σ 分成单连通区域情形,因此格林公式仍成立,即

$$\oint_l Pdx + Qdy = \iint_\sigma \left(\frac{\partial Q}{\partial x} - \frac{\partial P}{\partial y}\right)d\sigma,$$

其中 $\quad l = l_0 + l_1 + l_2$. 证毕

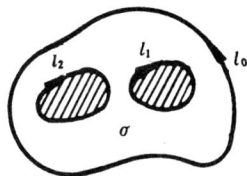

图 12-7

例 1 计算 $\oint_l (2x\sin y - y^2)dx + x^2(x^3 + \cos y)dy$,其中 l 是曲线 $|x| + |y| = 1$,沿正向.

解 如图 12-8,设 l 所围正方形区域为 σ,

由于 $\quad P = 2x\sin y - y^2; \quad Q = x^2(x^3 + \cos y)$,

$$\frac{\partial Q}{\partial x} - \frac{\partial P}{\partial y} = 5x^4 + 2y,$$

由格林公式,得

$$\oint_l (2x\sin y - y^2)dx + x^2(x^3 + \cos y)dy = \iint_\sigma (5x^4 + 2y)d\sigma$$

$$= 5\iint_\sigma x^4 d\sigma + 2\iint_\sigma yd\sigma.$$

根据奇、偶函数在对称域上重积分的性质,得

$\iint_\sigma yd\sigma = 0$,又若记 σ 在第一象限部分为 σ_1,于是

$$\iint_\sigma x^4 d\sigma = 4\iint_{\sigma_1} x^4 d\sigma = 4\int_0^1 dx \int_0^{1-x} x^4 dy = \frac{2}{15},$$

故得

$$\oint_l (2x\sin y - y^2)dx + x^2(x^3 + \cos y)dy = 5 \cdot \frac{2}{15} = \frac{2}{3}.$$

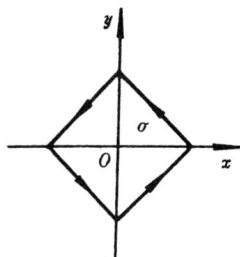

图 12-8

对有的曲线积分,若其积分路径 l 为非封闭曲线,有时可适当添加辅助线使成封闭情形,然后利用格林公式再减去辅助线上的积分值.

例 2 计算 $\int_l (e^x\sin y - b(x+y))dx + (e^x\cos y - ax)dy$,其中 a,b 为常数,l 为从点 $A(2a,0)$ 沿上半圆 $y = \sqrt{2ax - x^2}$ 到点 $O(0,0)$.

解 如图 12-9,作辅助线 OA 并与 $\overset{\frown}{AO}$ 组成正向封闭曲线,设所围区域为 σ. 于是

$$\int_l = \oint_{l+OA} - \int_{OA},$$

由格林公式,有

$$\oint_{l+OA} [e^x\sin y - b(x+y)]dx + (e^x\cos y - ax)dy$$

$$= \iint_\sigma \left\{\frac{\partial}{\partial x}(e^x\cos y - ax) - \frac{\partial}{\partial y}[e^x\sin y - b(x+y)]\right\}d\sigma$$

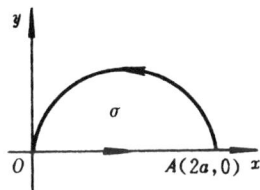

图 12-9

$$= \iint_{\sigma}(b-a)d\sigma = (b-a)\cdot\frac{\pi a^2}{2};$$

又在线段 OA 上，OA 的方程 $y = 0, dy = 0$，于是

$$\int_{OA}\left[e^x\sin y - b(x+y)\right]dx + (e^x\cos y - ax)dy$$

$$= \int_0^{2a}(-bx)dx = -2a^2b.$$

故得

$$\int_l\left[e^x\sin y - b(x+y)\right]dx + (e^x\cos y - ax)dy = (b-a)\frac{\pi a^2}{2} + 2a^2b.$$

例 3 计算 $I = \oint_l\dfrac{xdy - ydx}{x^2 + y^2}$，其中 l 是不通过坐标原点的任何光滑封闭曲线，沿正向.

解 由 $P = \dfrac{-y}{x^2+y^2}, Q = \dfrac{x}{x^2+y^2}, \dfrac{\partial P}{\partial y} = \dfrac{\partial Q}{\partial x} = \dfrac{y^2-x^2}{(x^2+y^2)^2}, x^2+y^2 \neq 0$，且 $P, Q, \dfrac{\partial P}{\partial y}, \dfrac{\partial Q}{\partial x}$ 除去原点 $(0,0)$ 外处处连续.

(1) 当 l 所围闭区域 σ 内不含原点时，由于 $P, Q, \dfrac{\partial P}{\partial y}, \dfrac{\partial Q}{\partial x}$ 符合格林公式的条件，有

$$I = \oint_l\frac{xdy - ydx}{x^2+y^2} = \iint_{\sigma}\left(\frac{y^2-x^2}{(x^2+y^2)^2} - \frac{y^2-x^2}{(x^2+y^2)^2}\right)d\sigma = 0.$$

(2) 当 l 所围成的区域 σ 包含原点时，这时区域 σ 是含有点洞（原点）的复连通域，我们作辅助曲线为以原点为中心，以充分小的正数 a 为半径的圆 c，使圆域包含在 σ 内，从而 $P, Q, \dfrac{\partial P}{\partial y}, \dfrac{\partial Q}{\partial x}$ 在挖去这个圆域后的区域 σ_1 上并连同其边界上连续，如图 12-10，由格林公式

$$\oint_{l+c}\frac{xdy - ydx}{x^2+y^2} = \iint_{\sigma_1}\left[\frac{y^2-x^2}{(x^2+y^2)^2} - \frac{y^2-x^2}{(x^2+y^2)^2}\right]d\sigma = 0,$$

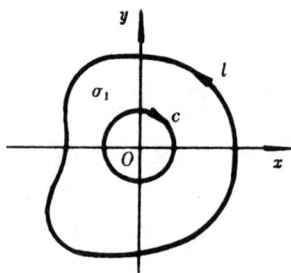

图 12-10

于是 $I = \oint_l\dfrac{xdy - ydx}{x^2+y^2} = -\oint_c\dfrac{xdy - ydx}{x^2+y^2} = \oint_{c^-}\dfrac{xdy - ydx}{x^2+y^2}.$
其中 c 是顺时针方向，c^- 是反时针方向，c 的参数方程：$x = a\cos t, y = a\sin t, 0 \leqslant t \leqslant 2\pi$，故有

$$I = \oint_{c^-}\frac{xdy - ydx}{x^2+y^2} = \int_0^{2\pi}\frac{a\cos t(a\cos t) - a\sin t(-a\sin t)}{a^2}dt$$

$$= \int_0^{2\pi}dt = 2\pi.$$

从这个例子看到，在复连通域 σ 上，对任一包围同一个洞的正向光滑闭曲线 l，都有

$$\oint_l P(x,y)dx + Q(x,y)dy = \omega(常数).$$

ω 称为环绕这个洞的**循环常数**，本例 (2) 中 $\omega = 2\pi$.

例 4 设平面上有界闭区域 σ 的边界曲线为 l，试证：面积公式

$$\sigma = \frac{1}{2}\oint_l xdy - ydx,$$

并以此公式计算半轴分别为 a, b 的椭圆面积.

证 在格林公式 $\iint_{\sigma}\left(\dfrac{\partial Q}{\partial x} - \dfrac{\partial P}{\partial y}\right)d\sigma = \oint_l Pdx + Qdy$ 中，特别取 $P = -y, Q = x$，得

$$2\iint_\sigma d\sigma = \oint_l -ydx + xdy,$$

即

$$\sigma = \frac{1}{2}\oint_l xdy - ydx. \tag{3.2}$$

设椭圆的参数方程为 $x = a\cos t, y = b\sin t, 0 \leqslant t \leqslant 2\pi$，由(3.2)，得椭圆面积为

$$\sigma = \frac{1}{2}\oint_l xdy - ydx = \frac{1}{2}\int_0^{2\pi}[a\cos t b\cos t - b\sin t(-a\sin t)]dt$$

$$= \frac{1}{2}ab\int_0^{2\pi}dt = \pi ab.$$

§4 平面上单连通区域内曲线积分与路径无关的条件

我们知道,第二类曲线积分当曲线的起点与终点固定后,积分的值一般依赖于积分路径 l,但在物理力学中,会出现一些用第二类曲线积分表达的量,其积分值仅与积分路径 l 的起点与终点位置有关,而与路径 l 的形状无关.

例 考虑位于平面上坐标原点 $(0,0)$ 处的点电荷 $+q$ 所产生的静电场,计算一单位正电荷沿光滑曲线 $l: x = x(t), y = y(t), a \leqslant t \leqslant b$, 从点 $A(x(a), y(a))$ 移动到点 $B(x(b), y(b))$, 该电场力所作功(如图 12-11).

解 根据库仑定律,位于点 $M(x,y)$ 处的单位正电荷在该电场内所受到的力为

$$\vec{F} = |\vec{F}|\vec{F}^0 = \frac{q}{4\pi\varepsilon_0 r^2} \cdot \frac{\vec{r}}{r} = \frac{q}{4\pi\varepsilon_0}\frac{1}{(x^2+y^2)^{3/2}}(x\vec{i}+y\vec{j})$$

$$\triangleq P(x,y)\vec{i} + Q(x,y)\vec{j}.$$

力 $\vec{F}$ 沿 l 从 A 到 B 所作功为

$$W = \int_l \vec{F} \cdot \vec{dl} = \int_l Pdx + Qdy$$

$$= \frac{q}{4\pi\varepsilon_0}\int_a^b \frac{x(t)x'(t) + y(t)y'(t)}{[x^2(t)+y^2(t)]^{3/2}}dt$$

$$= \frac{q}{4\pi\varepsilon_0} \cdot \frac{1}{2}\int_{r(a)}^{r(b)}\frac{1}{r^3}dr^2 = \frac{q}{4\pi\varepsilon_0}\int_{r(a)}^{r(b)}\frac{1}{r^2}dr$$

$$= \frac{q}{4\pi\varepsilon_0}\left[\frac{1}{r(a)} - \frac{1}{r(b)}\right].$$

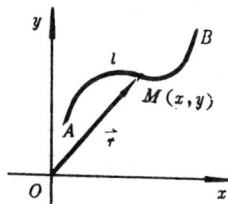

图 12-11

其中 $r = |\vec{r}| = \sqrt{x^2(t)+y^2(t)}. r(a), r(b)$ 分别是点 A 与点 B 到原点的距离.

上例说明,静电场所作功,只与单位正电荷运动的起点和终点的位置有关,与所走的具体路径无关.凡具有这种特性的力场,称为**保守力场**,如重力场也是一种保守力场.

4.1 曲线积分与路径无关的四个等价条件

定理 设 $P(x,y), Q(x,y), \dfrac{\partial P}{\partial y}, \dfrac{\partial Q}{\partial x}$ 在平面单连通区域 σ 上连续,则有下列四个等价条件:

1° $\dfrac{\partial Q}{\partial x} \equiv \dfrac{\partial P}{\partial y}$ $(x,y) \in \sigma$;

2° $\oint_l Pdx + Qdy = 0$, l 是 σ 内任意一条分段光滑的封闭曲线;

3° 积分 $\displaystyle\int_{\Gamma_{AB}} Pdx + Qdy$ 在 σ 内与路径 Γ 无关，只与 Γ 的起点和终点的位置有关；

4° 存在单值函数 $u = u(x,y), (x,y) \in \sigma$，使得它的全微分 $du = Pdx + Qdy$.

证 1°⇒2°. 由假设 σ 是平面上的单连通区域，故在 σ 内任取一条正向光滑封闭曲线 l，它所包围的区域 $\sigma_1 \subset \sigma$. 于是在 σ_1 上格林公式成立，即

$$\oint_l Pdx + Qdy = \iint_{\sigma_1} \left(\frac{\partial Q}{\partial x} - \frac{\partial P}{\partial y}\right) d\sigma \xlongequal{\text{条件 1°}} 0.$$

2°⇒3°. 若 2° 满足，则对 σ 内的任意两点 A, B 及连结这两点的任意两条光滑曲线 $\widehat{AMB}, \widehat{ANB}$（图 12-12），有

$$\oint_{\widehat{AMBNA}} Pdx + Qdy = 0.$$

由于

$$\oint_{\widehat{AMBNA}} Pdx + Qdy = \int_{\widehat{AMB}} Pdx + Qdy + \int_{\widehat{BNA}} Pdx + Qdy$$

$$= \int_{\widehat{AMB}} Pdx + Qdy - \int_{\widehat{ANB}} Pdx + Qdy = 0,$$

即

$$\int_{\widehat{AMB}} Pdx + Qdy = \int_{\widehat{ANB}} Pdx + Qdy,$$

即 3° 成立.

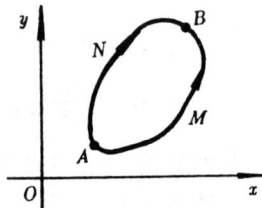

图 12-12

3°⇒4°. 由于 3° 成立，即曲线积分 $\displaystyle\int_{\Gamma_{AB}} Pdx + Qdy$ 与积分路径 Γ 无关，只与 Γ 的起、终点 A，B 有关（如图 12-13），所以当起点 $A(x_0, y_0)$ 为 σ 内某定点时，曲线积分 $\displaystyle\int_{\Gamma_{AB}} Pdx + Qdy$ 就是 σ 内动点 $B(x,y)$ 的二元函数，记为 $u(x,y)$，即

$$u(x,y) = \int_{A(x_0,y_0)}^{B(x,y)} Pdx + Qdy.$$

下面我们证明 $\dfrac{\partial u}{\partial x} = P, \dfrac{\partial u}{\partial y} = Q$. 由偏导数定义，有

$$\frac{\partial u}{\partial x} = \lim_{\Delta x \to 0} \frac{u(x+\Delta x, y) - u(x,y)}{\Delta x}$$

$$= \lim_{\Delta x \to 0} \frac{\displaystyle\int_{(x_0,y_0)}^{(x+\Delta x, y)} Pdx + Qdy - \int_{(x_0,y_0)}^{(x,y)} Pdx + Qdy}{\Delta x}$$

$$= \lim_{\Delta x \to 0} \frac{\displaystyle\int_{(x,y)}^{(x+\Delta x, y)} Pdx + Qdy}{\Delta x} = \lim_{\Delta x \to 0} \frac{\displaystyle\int_x^{x+\Delta x} P(x,y)dx}{\Delta x}$$

$$\xlongequal[0 < \theta < 1]{\text{积分中值定理}} \lim_{\Delta x \to 0} \frac{P(x + \theta \Delta x, y)\Delta x}{\Delta x}$$

$$= \lim_{\Delta x \to 0} P(x + \theta \Delta x, y)$$

$$\xlongequal{P(x,y)\text{连续}} P(x,y).$$

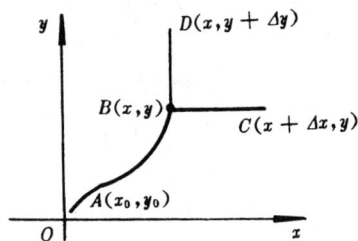

图 12-13

同理可证 $\dfrac{\partial u}{\partial y} = Q(x,y)$. 故 $du = Pdx + Qdy$，并称 $u(x,y)$ 是 $Pdx + Qdy$ 的一个原函数.

4°⇒1°. 设 4° 满足，即存在单值函数 $u(x,y)$，使得

$$du = \frac{\partial u}{\partial x}dx + \frac{\partial u}{\partial y}dy = Pdx + Qdy,$$

故

$$P = \frac{\partial u}{\partial x}, \quad Q = \frac{\partial u}{\partial y},$$

因而
$$\frac{\partial P}{\partial y} = \frac{\partial^2 u}{\partial x \partial y}, \quad \frac{\partial Q}{\partial x} = \frac{\partial^2 u}{\partial y \partial x}.$$

已知 $\dfrac{\partial P}{\partial y}, \dfrac{\partial Q}{\partial x}$ 在 σ 内连续,所以 $\dfrac{\partial^2 u}{\partial x \partial y}$ 与 $\dfrac{\partial^2 u}{\partial y \partial x}$ 连续且相等,从而在 σ 内处处都有

$$\frac{\partial P}{\partial y} = \frac{\partial Q}{\partial x}. \hspace{4cm} \text{证毕}$$

4.2 原函数的求法

由以上讨论,若 $\dfrac{\partial P}{\partial y} \equiv \dfrac{\partial Q}{\partial x}, (x,y) \in \sigma$,则曲线积分 $\displaystyle\int_{\Gamma_{AB}} Pdx + Qdy$ 在 σ 内与路径 Γ 无关,只与 Γ 的起点 A 和终点 B 的位置有关.因此可不必写出积分路径 Γ,只须指出起点 A 作积分下限,终点 B 作积分上限,即记为

$$\int_A^B P(x,y)dx + Q(x,y)dy,$$

而积分路径 Γ 可以自由选择从 A 到 B 的一条简单路线来计算.
例如取平行于坐标轴的折线 ACB 或 ADB 时(图 12-14):

AC 方程:$y = y_0, dy = 0$;CB 方程:$x = x, dx = 0$,于是

$$u(x,y) = \int_{x_0}^x P(x,y_0)dx + \int_{y_0}^y Q(x,y)dy. \hspace{2cm} (4.1)$$

或 AD 方程 $x = x_0, dx = 0$;DB 方程:$y = y, dy = 0$.于是

$$u(x,y) = \int_{y_0}^y Q(x_0,y)dy + \int_{x_0}^x P(x,y)dx. \hspace{2cm} (4.2)$$

(4.1) 与 (4.2) 使得对与积分路径无关的曲线积分的计算得以简化,从而易于求出原函数.

又由 $du(x,y) = \dfrac{\partial u}{\partial x}dx + \dfrac{\partial u}{\partial y}dy = Pdx + Qdy$,则

$$\int_A^B Pdx + Qdy = \int_A^B du(x,y) = u(x,y)\Big|_A^B = u(B) - u(A). \hspace{1.5cm} (4.3)$$

这个公式称为**曲线积分的牛顿 - 莱布尼兹公式**.

事实上,设曲线 l 的方程为

$$x = x(t), \quad y = y(t), \quad t_1 \leqslant t \leqslant t_2.$$

t_1 对应点 $A(x_1, y_1), t_2$ 对应点 $B(x_2, y_2)$,于是

$$\begin{aligned}
\int_{(x_1,y_1)}^{(x_2,y_2)} Pdx + Qdy &= \int_{(x_1,y_1)}^{(x_2,y_2)} \frac{\partial u}{\partial x}dx + \frac{\partial u}{\partial y}dy = \int_{t_1}^{t_2}\left(\frac{\partial u}{\partial x}\frac{dx}{dt}dt + \frac{\partial u}{\partial y}\frac{dy}{dt}dt\right) \\
&= \int_{t_1}^{t_2}\left(\frac{\partial u}{\partial x}\frac{dx}{dt} + \frac{\partial u}{\partial y}\frac{dy}{dt}\right)dt = \int_{t_1}^{t_2}\frac{d}{dt}u(x(t),y(t))dt \\
&= u(x(t),y(t))\Big|_{t_1}^{t_2} = u(x,y)\Big|_{(x_1,y_1)}^{(x_2,y_2)} = u(B) - u(A).
\end{aligned}$$

例 1 计算 $\displaystyle\int_{(0,1)}^{(2,3)} ydx + xdy$.

解 由于 $ydx + xdy = d(xy)$,按 (4.3),有

$$\int_{(0,1)}^{(2,3)} ydx + xdy = xy\Big|_{(0,1)}^{(2,3)} = 6 - 0 = 6.$$

另解 由于 $P = y, Q = x, \dfrac{\partial Q}{\partial x} \equiv \dfrac{\partial P}{\partial y} = 1$,故积分与路径无关,按 (4.1) 取 $A(0,1), C(2,1)$,$B(2,3)$ 三点,在 AC 上:$y = 1, dy = 0$;在 CB 上:$x = 2, dx = 0$,有

$$\int_{(0,1)}^{(2,3)} ydx + xdy = \int_0^2 1dx + \int_1^3 2dy = 6.$$

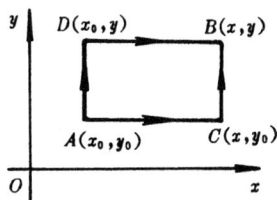

例 2 证明 $(3x^2\sin y + x)dx + (x^3\cos y - 2y)dy$ 是某个单值函数的全微分,并求其原函数.

解 由于 $P = 3x^2\sin y + x$, $\quad Q = x^3\cos y - 2y$,有

$$\frac{\partial P}{\partial y} \equiv \frac{\partial Q}{\partial x} = 3x^2\cos y.$$

因此,$Pdx + Qdy$ 是某个单值函数的全微分,由(4.1)得原函数

$$u(x,y) = \int_{(x_0,y_0)}^{(x,y)} (3x^2\sin y + x)dx + (x^3\cos y - 2y)dy$$

$$= \int_{x_0}^{x} (3x^2\sin y_0 + x)dx + \int_{y_0}^{y} (x^3\cos y - 2y)dy$$

$$= \left(x^3\sin y_0 + \frac{x^2}{2}\right)\Big|_{x_0}^{x} + \left(x^3\sin y - y^2\right)\Big|_{y_0}^{y}$$

$$= x^3\sin y + \frac{x^2}{2} - y^2 - x_0^3\sin y_0 - \frac{x_0^2}{2} + y_0^2,$$

故原函数的一般表达式为

$$u(x,y) = x^3\sin y + \frac{x^2}{2} - y^2 + C,$$

其中 C 为任意常数.

例 3 若 $f'(x)$ 连续,$f(\pi) = 1$,试确定 $f(x)$,使积分

$$\int_A^B \left[\sin x - f(x)\right]\frac{y}{x}dx + f(x)dy, \qquad x \neq 0$$

与路径无关,并求

$$\int_{(1,0)}^{(\pi,\pi)} \left[\sin x - f(x)\right]\frac{y}{x}dx + f(x)dy, \qquad x \neq 0.$$

解 由于 $P = \left[\sin x - f(x)\right]\frac{y}{x}$, $\quad Q = f(x)$,

$$\frac{\partial P}{\partial y} = \frac{\sin x - f(x)}{x}, \quad \frac{\partial Q}{\partial x} = f'(x).$$

要使积分与路径无关,则有 $\dfrac{\partial P}{\partial y} = \dfrac{\partial Q}{\partial x}$, $\quad x \neq 0$,即

$$\frac{\sin x - f(x)}{x} = f'(x) \quad \text{或} \quad f'(x) + \frac{1}{x}f(x) = \frac{\sin x}{x}, \quad x \neq 0,$$

这是一阶线性微分方程,其通解为

$$f(x) = e^{-\int\frac{1}{x}dx}\left[\int \frac{\sin x}{x}e^{\int\frac{1}{x}dx}dx + C\right] = \frac{1}{x}(-\cos x + C).$$

代入 $f(\pi) = 1$,得 $C = \pi - 1$,故得

$$f(x) = \frac{1}{x}(-\cos x + \pi - 1), \qquad x \neq 0.$$

代入原积分,并取以 $A(1,0), C(\pi,0), B(\pi,\pi)$ 三点的折线 ACB,由(4.1),即有

$$\int_{(1,0)}^{(\pi,\pi)} \left[\sin x - \frac{-\cos x + \pi - 1}{x}\right]\frac{y}{x}dx + \frac{-\cos x + \pi - 1}{x}dy$$

$$= \int_1^{\pi} 0dx + \int_0^{\pi} \frac{-\cos \pi + \pi - 1}{\pi}dy = \int_0^{\pi} dy = \pi.$$

4.3 全微分方程

(一)全微分方程概念

若微分方程

$$P(x,y)dx + Q(x,y)dy = 0 \tag{4.4}$$

的左端是某个二元函数 $u(x,y)$ 的全微分,即

$$du(x,y) = P(x,y)dx + Q(x,y)dy,$$

则称(4.4)为**全微分方程**.此时,方程(4.4)可写成

$$du(x,y) = 0,$$

积分,得全微分方程(4.4)的通解(隐式解)为

$$u(x,y) = C,$$

其中 C 是任意常数.

由前述定理,判定(4.4)是全微分方程的充要条件是

$$\frac{\partial P}{\partial y} \equiv \frac{\partial Q}{\partial x}, \tag{4.5}$$

当满足条件(4.5)时,$P(x,y)dx + Q(x,y)dy$ 的一个原函数是

$$\int_{(x_0,y_0)}^{(x,y)} P(x,y)dx + Q(x,y)dy,$$

因而(4.4)的通解是

$$\int_{(x_0,y_0)}^{(x,y)} P(x,y)dx + Q(x,y)dy = C, \tag{4.6}$$

其中 C 是任意常数.

例 4 解微分方程 $\dfrac{2xy+1}{y}dx + \dfrac{y-x}{y^2}dy = 0$.

解 由 $P = 2x + \dfrac{1}{y}$, $Q = \dfrac{1}{y} - \dfrac{x}{y^2}$,有

$$\frac{\partial P}{\partial y} \equiv \frac{\partial Q}{\partial x} = -\frac{1}{y^2},$$

故是全微分方程.设 $u(x,y) = C$ 为其解,由题设有

$$\frac{\partial u}{\partial x} = 2x + \frac{1}{y},$$

两边对 x 积分,注意到 y 看作常数,于是,得

$$u = \int (2x + \frac{1}{y})dx + k(y) = x^2 + \frac{x}{y} + k(y),$$

其中 $k(y)$ 是待定函数.又由

$$\frac{\partial u}{\partial y} = -\frac{x}{y^2} + k'(y) = \frac{1}{y} - \frac{x}{y^2},$$

得

$$k'(y) = \frac{1}{y},$$

于是 $\quad k(y) = \int \dfrac{1}{y}dy + C_1 = \ln y + C_1$($C_1$ 为任意常数),代入前式,得

$$u = x^2 + \frac{x}{y} + \ln y + C_1,$$

因此,所求方程通解为

$$x^2 + \frac{x}{y} + \ln y = C,$$

其中 C 为任意常数.

另解 1 由于 $\dfrac{\partial P}{\partial y} \equiv \dfrac{\partial Q}{\partial x}$,故积分与路径无关,若取 $A(0,1)$, $C(0,y)$, $B(x,y)(y \neq 0)$ 并以 ACB

为折线的积分路径,由(4.2),得

$$\int_{(0,1)}^{(x,y)} \frac{2xy+1}{y}dx + \frac{y-x}{y^2}dy = \int_1^y \frac{y-0}{y^2}dy + \int_0^x \frac{2xy+1}{y}dx = x^2 + \frac{x}{y} + \ln y,$$

故所求方程的通解为

$$x^2 + \frac{x}{y} + \ln y = C,$$

其中 C 为任意常数.

另解 2　利用"分项组合,凑微分"的方法,由

$$\frac{2xy+1}{y}dx + \frac{y-x}{y^2}dy = (2x + \frac{1}{y})dx + (\frac{1}{y} - \frac{x}{y^2})dy$$

$$= 2xdx + \frac{1}{y}dy + (\frac{1}{y}dx - \frac{x}{y^2}dy)$$

$$= dx^2 + d\ln y + \frac{ydx - xdy}{y^2} = dx^2 + d\ln y + d(\frac{x}{y})$$

$$= d(x^2 + \ln y + \frac{x}{y}),$$

故原方程化为 $d(x^2 + \ln y + \frac{x}{y}) = 0$,得通解为

$$x^2 + \ln y + \frac{x}{y} = C,$$

其中 C 为任意常数.

(二) 积分因子

由(4.5),当 $\frac{\partial P}{\partial y} \neq \frac{\partial Q}{\partial x}$ 时,方程

$$P(x,y)dx + Q(x,y)dy = 0 \tag{4.7}$$

不是全微分方程,但只要方程(4.7)存在解,则可证明必存在函数 $\mu(x,y) \neq 0$,使得

$$\mu(x,y)P(x,y)dx + \mu(x,y)Q(x,y)dy = 0 \tag{4.8}$$

成为全微分方程,即存在函数 $\mu(x,y)$,使得

$$\mu(x,y)P(x,y)dx + \mu(x,y)Q(x,y)dy = du(x,y), \tag{4.9}$$

这时,称 $\mu(x,y)$ **为方程**(4.7)**的一个积分因子.**

由(4.9)得 $u(x,y) = C$ 是(4.8)的通解,由于 $\mu(x,y) \neq 0$,因而 $u(x,y) = C$ 也是(4.7)的通解.

下面讨论如何求积分因子的问题.

设 $\mu(x,y)$ 是(4.7)的一个积分因子,因而(4.8)是全微分方程,从而

$$\frac{\partial \mu P}{\partial y} = \frac{\partial \mu Q}{\partial x}, \tag{4.10}$$

即

$$Q\frac{\partial \mu}{\partial x} - P\frac{\partial \mu}{\partial y} = (\frac{\partial P}{\partial y} - \frac{\partial Q}{\partial x})\mu, \tag{4.11}$$

这是一个以 $\mu(x,y)$ 为未知函数的一阶线性偏微分方程,在某种特殊条件下,容易求出它的一个解.

(1) 若(4.7)存在一个只与 x 有关的积分因子 $\mu = \mu(x)$,则 $\frac{\partial \mu}{\partial y} = 0$,于是(4.11)化为

$$\frac{1}{\mu}\frac{d\mu}{dx} = \frac{1}{Q}(\frac{\partial P}{\partial y} - \frac{\partial Q}{\partial x}), \tag{4.12}$$

由于左端与 y 无关,故必有

$$\frac{1}{Q}\left(\frac{\partial P}{\partial y} - \frac{\partial Q}{\partial x}\right) \equiv \varphi(x),$$

于是(4.12)化为

$$\frac{1}{\mu}\frac{d\mu}{dx} = \varphi(x) \quad \text{或} \quad \frac{d\mu}{\mu} = \varphi(x)dx.$$

积分,得

$$\mu(x) = e^{\int \varphi(x)dx}. \tag{4.13}$$

(2) 若(4.7)存在一个只与 y 有关的积分因子,同理有

$$-\frac{1}{P}\left(\frac{\partial P}{\partial y} - \frac{\partial Q}{\partial x}\right) \equiv \psi(y),$$

于是

$$\mu(y) = e^{\int \psi(y)dy}. \tag{4.14}$$

例 5 求解方程 $ydx - xdy = 0$.

解 由于 $P = y, Q = -x, \frac{\partial P}{\partial y} = 1, \frac{\partial Q}{\partial x} = -1, \frac{\partial P}{\partial y} \not\equiv \frac{\partial Q}{\partial x}$. 所以不是全微分方程,但

$$\frac{1}{Q}\left(\frac{\partial P}{\partial y} - \frac{\partial Q}{\partial x}\right) = \frac{1 - (-1)}{-x} = -\frac{2}{x},$$

所以有积分因子

$$\mu(x) = e^{-\int \frac{2}{x}dx} = \frac{1}{x^2},$$

以 $\frac{1}{x^2}$ 乘方程两边,得全微分方程

$$\frac{ydx - xdy}{x^2} = 0 \quad \text{或} \quad -\frac{xdy - ydx}{x^2} = 0,$$

即 $d\left(-\frac{y}{x}\right) = 0$,得方程通解 $y = Cx, C$ 为任意常数.

又由于

$$-\frac{1}{P}\left(\frac{\partial P}{\partial y} - \frac{\partial Q}{\partial x}\right) = -\frac{2}{y},$$

所以还有积分因子

$$\mu(y) = e^{-\int \frac{2}{y}dx} = \frac{1}{y^2},$$

以 $\frac{1}{y^2}$ 乘方程两边,得全微分方程

$$\frac{ydx - xdy}{y^2} = 0,$$

即 $d\left(\frac{x}{y}\right) = 0$,得方程通解 $x = Cy, C$ 为任意常数.

除 $\frac{1}{x^2}, \frac{1}{y^2}$ 是积分因子外,不难验证 $\frac{1}{xy}, \frac{1}{x^2 + y^2}$ 也是积分因子. 可见积分因子不是唯一的,因此在具体求解时,积分因子不同,会使通解形式有所不同.

例 6 试用积分因子法解一阶线性方程

$$\frac{dy}{dx} + a(x)y = b(x).$$

解 将方程改写成

$$[a(x)y - b(x)]dx + dy = 0. \tag{4.15}$$

这里，$P = a(x)y - b(x)$，$Q = 1$，$\dfrac{\partial P}{\partial y} \not\equiv \dfrac{\partial Q}{\partial x}$，但 $\dfrac{1}{Q}\left(\dfrac{\partial P}{\partial y} - \dfrac{\partial Q}{\partial x}\right) = a(x)$，因而，方程具有只与 x 有关的积分因子

$$\mu = e^{\int a(x)dx},$$

以此 μ 乘 (4.15) 式两边，得

$$a(x)ye^{\int a(x)dx}dx - b(x)e^{\int a(x)dx}dx + e^{\int a(x)dx}dy = 0,$$

即

$$d(ye^{\int a(x)dx}) - b(x)e^{\int a(x)dx}dx = 0.$$

因此，其通解为

$$ye^{\int a(x)dx} - \int b(x)e^{\int a(x)dx}dx = C,$$

即

$$y = e^{-\int a(x)dx}\left[\int b(x)e^{\int a(x)dx}dx + C\right].$$

这与过去用变动任意常数法得到的结果一致.

例 7 求微分方程 $(x^2y^3 + y)dx + (x^3y^2 - x)dy = 0$ 过点 $(1,1)$ 的积分曲线的方程.

解 采取先分项组合，得

$$(x^2y^3dx + x^3y^2dy) + (ydx - xdy) = 0.$$

可以看出，$\dfrac{1}{xy}$ 是一个积分因子，将上式两边乘此积分因子，得

$$(xy^2dx + x^2ydy) + \left(\frac{1}{x}dx - \frac{1}{y}dy\right) = 0.$$

凑全微分，得

$$d\left(\frac{x^2y^2}{2}\right) + d\left(\ln\frac{x}{y}\right) = 0.$$

积分，得

$$\frac{x^2y^2}{2} + \ln\frac{x}{y} = C.$$

代入 $y|_{x=1} = 1$，得 $\dfrac{1}{2} + \ln 1 = C$，于是 $C = \dfrac{1}{2}$，所求积分曲线是

$$\frac{x^2y^2}{2} + \ln\frac{x}{y} = \frac{1}{2}.$$

在解题求积分因子时，熟悉一些常用的全微分公式是很必要的，例如：

$$d(xy) = ydx + xdy, \qquad d\left(\frac{x}{y}\right) = \frac{ydx - xdy}{y^2},$$

$$d(x^2y^2) = 2(xy^2dx + x^2ydy), \quad d\left(\operatorname{arctg}\frac{x}{y}\right) = \frac{ydx - xdy}{x^2 + y^2}, \text{等等.}$$

4.4 对称型微分方程组

对于系数与三个变量 x, y, z 有关的两个一阶微分方程的联立方程组

$$\begin{cases} P_1dx + Q_1dy + R_1dz = 0; \\ P_2dx + Q_2dy + R_2dz = 0, \end{cases} \tag{4.16}$$

可得

$$\frac{dx}{\begin{vmatrix} Q_1 & R_1 \\ Q_2 & R_2 \end{vmatrix}} = \frac{dy}{\begin{vmatrix} R_1 & P_1 \\ R_2 & P_2 \end{vmatrix}} = \frac{dz}{\begin{vmatrix} P_1 & Q_1 \\ P_2 & Q_2 \end{vmatrix}}. \tag{4.17}$$

(4.17) 式称为(4.16) 式的**对称型**,常可用积分法求解.

例 8　求解对称型微分方程组

$$\frac{dx}{yz} = \frac{dy}{zx} = \frac{dz}{-xy}.$$

解　这相当于微分方程组

$$\begin{cases} \dfrac{dx}{yz} = \dfrac{dy}{zx}; \\ \dfrac{dy}{zx} = \dfrac{dz}{-xy} \end{cases} \quad \text{或} \quad \begin{cases} xdx - ydy = 0; \\ ydy + zdz = 0, \end{cases}$$

即

$$\begin{cases} \dfrac{1}{2}d(x^2 - y^2) = 0; \\ \dfrac{1}{2}d(y^2 + z^2) = 0, \end{cases} \quad \text{得通解} \begin{cases} x^2 - y^2 = C_1; \\ y^2 + z^2 = C_2. \end{cases}$$

例 9　求解对称型微分方程组

$$\frac{dx}{3y + 3z} = \frac{dy}{2z - 3x} = \frac{dz}{-(3x + 2y)}.$$

解　注意到比例关系

$$\frac{dx}{P} = \frac{dy}{Q} = \frac{dz}{R} = \frac{ldx + mdy + ndz}{lP + mQ + nR},$$

对于任意函数 $l(x,y,z), m(x,y,z), n(x,y,z)$ 成立,所以可选择适当的 l, m, n 将方程化成可积的. 特别,如果使得 $lP + mQ + nR = 0$,则有 $ldx + mdy + ndz = 0$.

本题中,有

$$\frac{dx}{3y + 3z} = \frac{dy}{2z - 3x} = \frac{dz}{-(3x + 2y)} = \frac{dy - dz}{2(y + z)} = \frac{xdx + ydy + zdz}{0},$$

由　$\dfrac{dx}{3y + 3z} = \dfrac{dy - dz}{2(y + z)}$,得　$2dx = 3d(y - z)$,于是,有

$$2x - 3y + 3z = C_1.$$

又由　$xdx + ydy + zdz = 0$,得

$$x^2 + y^2 + z^2 = C_2.$$

方程组的通解为

$$\begin{cases} 2x - 3y + 3z = C_1; \\ x^2 + y^2 + z^2 = C_2. \end{cases}$$

§5　斯托克斯公式

5.1　斯托克斯公式

斯托克斯公式揭示以空间曲线 l 为积分域的第二类曲线积分与以曲线 l 为边界的曲面为积分域的第二类曲面积分之间的内在联系.

斯托克斯定理　设函数 $P(x,y,z), Q(x,y,z), R(x,y,z)$ 及其一阶偏导数在空间区域 Ω 上连续,S 是 Ω 内的光滑曲面,它的边界线 l 是分段光滑闭曲线,S 的法线方向与 l 的方向符合右手法则(即人在 S 的正侧沿 l 行走时,S 总位于他的左边),则有

$$\oint_l Pdx + Qdy + Rdz$$

$$= \iint\limits_{S} (\frac{\partial R}{\partial y} - \frac{\partial Q}{\partial z}) dydz + (\frac{\partial P}{\partial z} - \frac{\partial R}{\partial x}) dzdx + (\frac{\partial Q}{\partial x} - \frac{\partial P}{\partial y}) dxdy. \tag{5.1}$$

(5.1) 式称为**斯托克斯**(Stokes)**公式**.

为了便于记忆,(5.1) 的右端借助行列式记号,有

$$\oint_{l} Pdx + Qdy + Rdz = \iint\limits_{S} \begin{vmatrix} dydz & dzdx & dxdy \\ \frac{\partial}{\partial x} & \frac{\partial}{\partial y} & \frac{\partial}{\partial z} \\ P & Q & R \end{vmatrix} \tag{5.2}$$

或有

$$\oint_{l} Pdx + Qdy + Rdz = \iint\limits_{S} \begin{vmatrix} \cos\alpha & \cos\beta & \cos\gamma \\ \frac{\partial}{\partial x} & \frac{\partial}{\partial y} & \frac{\partial}{\partial z} \\ P & Q & R \end{vmatrix} dS. \tag{5.3}$$

证 先证

$$\oint_{l} Pdx = \iint\limits_{S} \frac{\partial P}{\partial z} dzdx - \frac{\partial P}{\partial y} dxdy. \tag{5.4}$$

不妨考虑 S 取上侧,S 的方程:

$$z = z(x,y), \quad (x,y) \in \sigma_{xy}.$$

S 的边界曲线 l 在 xOy 平面上的投影是 σ_{xy} 的边界曲线 C,由于 l 的正向与 S 的正侧法矢量 $\vec{n}$ 符合右手法则,因此,C 的方向是逆时针方向(如图 12-15). 设 C 的参数方程为:$x = x(t), y = y(t)$,$a \leqslant t \leqslant b$. 则 l 的参数方程为

$$x = x(t), y = y(t), z = z[x(t),y(t)] \overset{\triangle}{=} z(t), a \leqslant t \leqslant b.$$

由曲线积分的计算公式,有

$$\oint_{l} P(x,y,z) dx = \int_{a}^{b} P[x(t),y(t),z(t)] x'(t) dt$$

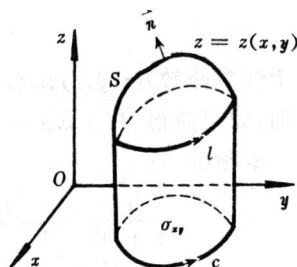

图 12-15

$$= \int_{a}^{b} P[x(t),y(t),z(x(t),y(t))] x'(t) dt = \oint_{C} P(x,y,z(x,y)) dx$$

$$\underline{\text{格林公式}} - \iint\limits_{\sigma_{xy}} \frac{\partial}{\partial y} P(x,y,z(x,y)) d\sigma = - \iint\limits_{\sigma_{xy}} (\frac{\partial P}{\partial y} + \frac{\partial P}{\partial z} \frac{\partial z}{\partial y}) d\sigma$$

$$= - \iint\limits_{\sigma_{xy}} \frac{\partial P}{\partial y} dxdy - \iint\limits_{\sigma_{xy}} \frac{\partial P}{\partial z} \frac{\partial z}{\partial y} dxdy. \tag{5.5}$$

由于曲面 S 上点 $(x,y,z(x,y))$ 的法线矢量 $\vec{n} = -\frac{\partial z}{\partial x}\vec{i} - \frac{\partial z}{\partial y}\vec{i} + \vec{k}$,其坐标与其方向余弦成

比例,即 $\dfrac{-\frac{\partial z}{\partial x}}{\cos\alpha} = \dfrac{-\frac{\partial z}{\partial y}}{\cos\beta} = \dfrac{1}{\cos\gamma}$,又因 S 取上侧,$\cos\gamma > 0, \cos\gamma dS = d\sigma = dxdy$,因此

$$dzdx = \cos\beta dS = \frac{\cos\beta}{\cos\gamma} \cdot \cos\gamma dS = -\frac{\partial z}{\partial y} dxdy. \tag{5.6}$$

将(5.6)代入(5.5)式,将二重积分化为第二类曲面积分,得

$$\oint_{l} P(x,y,z) dx = \iint\limits_{S} \frac{\partial P}{\partial z} dzdx - \iint\limits_{S} \frac{\partial P}{\partial y} dxdy.$$

同理可证 $\oint_{l} Qdy = \iint\limits_{S} \frac{\partial Q}{\partial x} dxdy - \frac{\partial Q}{\partial z} dydz$ 及 $\oint_{l} Rdz = \iint\limits_{S} \frac{\partial R}{\partial y} dydz - \frac{\partial R}{\partial x} dzdx$. 三式相加,便得斯托

克斯公式. 证毕

从斯托克斯公式的证明可以看出,斯托克斯公式和以空间闭曲线 l 为边界的光滑曲面的形状无关,也就是同一空间闭曲线 l 为边界的两个不同光滑曲面 S_1 与 S_2 在其上的斯托克斯公式是相同的.

例1 计算 $\oint_l (x-z)dx + (x^3 - yz)dy - 3xy^2 dz$,其中 l 是曲面 $x^2 + y^2 + z^2 = 5$ 和 $z = x^2 + y^2 + 1$ 的交线,从 z 轴的正向看,l 为逆时针方向.

解 由斯托克斯公式,有

$$I = \oint_l (x-z)dx + (x^3 - yz)dy - 3xy^2 dz = \iint_S \begin{vmatrix} \cos\alpha & \cos\beta & \cos\gamma \\ \dfrac{\partial}{\partial x} & \dfrac{\partial}{\partial y} & \dfrac{\partial}{\partial z} \\ x-z & x^3 - yz & -3xy^2 \end{vmatrix} dS$$

$$= \iint_S \big[(-6xy + y)\cos\alpha - (-3y^2 + 1)\cos\beta + 3x^2 \cos\gamma \big] dS.$$

其中 S 是以 l 为边界线的任意上侧光滑曲面,为了便于计算,取 S 为平面:$z = 2, x^2 + y^2 \leqslant 1$,取上侧. 于是 $\alpha = \beta = \dfrac{\pi}{2}, \gamma = 0; \cos\alpha = \cos\beta = 0, \cos\gamma = 1$,上式化为

$$I = \iint_{x^2 + y^2 \leqslant 1} 3x^2 d\sigma = 3\int_0^{2\pi} d\theta \int_0^1 r^2 \cos^2\theta \cdot r dr = \frac{3}{4}\pi.$$

另解 直接计算,曲线 l 的参数方程为

$$x = \cos t, \quad y = \sin t, \quad z = 2, \quad 0 \leqslant t \leqslant 2\pi.$$

$$I = \oint_l (x-z)dx + (x^3 - yz)dy - 3xy^2 dz$$

$$= \int_0^{2\pi} \big[(\cos t - 2)(-\sin t) + (\cos^3 t - 2\sin t)\cos t - 0 \big] dt$$

$$= \int_0^{2\pi} (2\sin t - 3\sin t \cos t + \cos^4 t) dt$$

$$= \int_0^{2\pi} \cos^4 t dt = 4\int_0^{\frac{\pi}{2}} \cos^4 t dt = 4 \cdot \frac{3}{4} \cdot \frac{1}{2} \cdot \frac{\pi}{2} = \frac{3}{4}\pi.$$

5.2 空间曲线积分与路径无关的条件

和平面的情形类似,关于空间曲线积分与路径无关问题,有以下定理:

定理 设函数 $P(x,y,z), Q(x,y,z), R(x,y,z)$ 及其一阶偏导数在区域 V 上连续,又区域 V 满足:对 V 内的任一分段无重点的光滑闭曲线 l,都可找到一张以 l 为边界的曲面 $S \subset V$①,使斯托克斯公式成立,则有下列四个等价条件:

$1°$ $\dfrac{\partial P}{\partial y} \equiv \dfrac{\partial Q}{\partial x}, \quad \dfrac{\partial Q}{\partial z} \equiv \dfrac{\partial R}{\partial y}, \quad \dfrac{\partial R}{\partial x} \equiv \dfrac{\partial P}{\partial z}, \quad (x,y,z) \in V.$

$2°$ $\oint_l Pdx + Qdy + Rdz = 0, l$ 是 V 内任意一条分段光滑闭曲线.

$3°$ 积分 $\int_{\Gamma_{AB}} Pdx + Qdy + Rdz$ 在 V 内与路径 Γ 无关,只与起点 A,终点 B 的位置有关.

$4°$ 在 V 内存在单值函数 $u(x,y,z)$,使得它的全微分

---

① 对于三维空间的区域 V,如果对 V 内任何无重点的按段光滑的闭曲线 l,总有 V 内的曲面 S,使 S 的边界恰好就是 l,则 称如此的 V 为按曲面是单连通的区域,例如一个球域或两同心球面间的区域等等.而汽车胎所包围的区域则不是按曲面是单连通的区域.

$$du = Pdx + Qdy + Rdz.$$

本定理可利用斯托克斯定理来证明,其证法与平面情形相似,留给读者自己完成.

在上述命题 4° 中,当

$$du = Pdx + Qdy + Rdz$$

成立时,则称 $u(x,y,z)$ 是 $Pdx + Qdy + Rdz$ 的原函数,由于曲线积分与路径无关,原函数表达式为

$$u(x,y,z) = \int_{(x_0,y_0,z_0)}^{(x,y,z)} Pdx + Qdy + Rdz,$$

其中 (x_0,y_0,z_0) 为区域 V 中一定点.

若选取先平行于 x 轴,其次平行于 y 轴,最后平行于 z 轴,以 (x_0,y_0,z_0) 为起点,以 (x,y,z) 为终点的折线作为积分路线,则有

$$u(x,y,z) = \int_{x_0}^{x} P(x,y_0,z_0)dx + \int_{y_0}^{y} Q(x,y,z_0)dy + \int_{z_0}^{z} R(x,y,z)dz. \tag{5.7}$$

同样,也有牛顿 - 莱布尼兹公式:

$$\int_{(x_1,y_1,z_1)}^{(x_2,y_2,z_2)} Pdx + Qdy + Rdz = \int_{(x_1,y_1,z_1)}^{(x_2,y_2,z_2)} du = u(x,y,z)\Big|_{(x_1,y_1,z_1)}^{(x_2,y_2,z_2)}$$

$$= u(x_2,y_2,z_2) - u(x_1,y_1,z_1). \tag{5.8}$$

例2 设一质点在变力

$$\vec{F} = \left(\frac{y}{z} - \frac{1}{y}\right)\vec{i} + \left(\frac{x}{z} + \frac{x}{y^2}\right)\vec{j} + \left(1 - \frac{xy}{z^2}\right)\vec{k}$$

作用下,沿某光滑曲线 l 从点 $A(0,1,1)$ 移动到点 $D(5,5,5)$. 试证此变力作功与路径 l 无关,并求所作功 W.

解 由于所作功为

$$W = \int_{l_{AB}} \vec{F} \cdot \vec{dl} = \int_{l_{AB}} \left(\frac{y}{z} - \frac{1}{y}\right)dx + \left(\frac{x}{z} + \frac{x}{y^2}\right)dy + \left(1 - \frac{xy}{z^2}\right)dz.$$

其中 $P = \dfrac{y}{z} - \dfrac{1}{y}, Q = \dfrac{x}{z} + \dfrac{x}{y^2}, R = 1 - \dfrac{xy}{z^2}$,且有

$$\frac{\partial R}{\partial y} \equiv \frac{\partial Q}{\partial z} = -\frac{x}{z^2}, \quad \frac{\partial P}{\partial z} \equiv \frac{\partial R}{\partial x} = -\frac{y}{z^2}, \quad \frac{\partial Q}{\partial x} \equiv \frac{\partial P}{\partial y} = \frac{1}{z} + \frac{1}{y^2}.$$

所以,力场在 $y \neq 0, z \neq 0$ 时的第一卦限区域内作功与路径 l 无关. 所作功

$$W = \int_{(0,1,1)}^{(5,5,5)} \left(\frac{y}{z} - \frac{1}{y}\right)dx + \left(\frac{x}{z} + \frac{x}{y^2}\right)dy + \left(1 - \frac{xy}{z^2}\right)dz,$$

取从点 $A(0,1,1)$,经 $B(5,1,1),C(5,5,1)$ 到点 $D(5,5,5)$ 的平行于坐标轴折线路径,由(5.7)可得

$$W = \int_0^5 \left(\frac{y}{z} - \frac{1}{y}\right)\Big|_{\substack{y=1\\z=1}} dx + \int_1^5 \left(\frac{x}{z} + \frac{x}{y^2}\right)\Big|_{\substack{x=5\\z=1}} dy + \int_1^5 \left(1 - \frac{xy}{z^2}\right)\Big|_{\substack{x=5\\y=5}} dz$$

$$= \int_0^5 0 dx + \int_1^5 \left(5 + \frac{5}{y^2}\right)dy + \int_1^5 \left(1 - \frac{25}{z^2}\right)dz = 8.$$

§6 矢量场的旋度

6.1 矢量场的循环量

在矢量场 $\vec{A}(M)$ 中,矢量 $\vec{A}(M)$ 沿有向封闭曲线 l 的曲线积分

$$\oint_l \vec{A} \cdot \vec{dl} \qquad\qquad\qquad (6.1)$$

称为矢量场 $\vec{A}(M)$ 沿有向封闭曲线 l 的**循环量**（或**环流**），其中 $\vec{dl} = \vec{T^0}dl = dx\vec{i} + dy\vec{j} + dz\vec{k}$，$\vec{T^0}$ 是曲线 l 上点 M 处沿 l 方向的单位切线矢量.

例 1 在真空中一无限长载电流 I 的直导线的磁场中，如图 12-16 取一平面与导线垂直，以这平面与导线的交点 O 为圆心，在平面上作一半径为 R 的圆，由物理学知，这圆周上任一点处的磁感应强度 $\vec{B}$ 的大小

$$|\vec{B}| = B = \frac{\mu_0 I}{2\pi R}, \quad （\mu_0 \text{ 是常数}）.$$

规定圆周 l 取正向，则 $\vec{B}$ 的方向与圆周有向弧元素 $\vec{dl}$ 方向相同，$\vec{B}$ 与 $\vec{dl}$ 的夹角 $\theta = 0°$，于是磁感应强度 $\vec{B}$ 沿 l 正向的循环量为

$$\oint_l \vec{B} \cdot \vec{dl} = \oint_l B\cos\theta dl = \oint_l \frac{\mu_0 I}{2\pi R}dl = \frac{\mu_0 I}{2\pi R} \oint_l dl = \mu_0 I. \qquad\text{图 12-16}$$

这是真空中的安培环路定律的最简情况.

在 (6.1) 中，设 l 所围曲面为 S，其面积也记为 S，且 l 的方向与曲面 S 的法线矢量 $\vec{n}$ 的方向符合右手法则，则

$$\frac{\oint_l \vec{A} \cdot \vec{dl}}{S}$$

称为矢量场 $\vec{A}$ 沿曲线 l 绕法线矢量 $\vec{n}$ 的**平均循环量**（或**平均环流（面）密度**），一般情况下，由于 S 内各点 M 处的环流密度分布是不均匀的，因此，引入 S 内任一点 M 处的环量密度概念.

定义 设 $\vec{A} = \vec{A}(M)$ 是矢量场，以场中封闭光滑曲线 l 为边界的任意光滑曲面 S，l 的方向与 S 的指定侧法线 $\vec{n}$ 方向符合右手法则，如果平均循环量

$$\frac{\oint_l \vec{A} \cdot \vec{dl}}{S} \qquad （S \text{ 表示曲面 } S \text{ 的面积}）$$

当曲面 S 按任意方式无限收缩于点 M 时，极限

$$\lim_{S \to M} \frac{\oint_l \vec{A} \cdot \vec{dl}}{S} \qquad\qquad\qquad (6.2)$$

存在、有限，则称此极限为 $\vec{A}(M)$ 在点 M 绕 $\vec{n}$ 的**环量（面）密度**（或**循环量关于面积的变化率**）.

6.2 旋度

为了考察环量密度在什么情况下取最大值，最大值是多少，我们先利用斯托克斯公式将循环量表示为曲面积分，即有

$$\oint_l \vec{A} \cdot \vec{dl} = \oint_l Pdx + Qdy + Rdz$$

$$= \iint_S \left(\frac{\partial R}{\partial y} - \frac{\partial Q}{\partial z}\right)dydz + \left(\frac{\partial P}{\partial z} - \frac{\partial R}{\partial x}\right)dzdx + \left(\frac{\partial Q}{\partial x} - \frac{\partial P}{\partial y}\right)dxdy$$

$$= \iint\limits_{S} \left[\left(\frac{\partial R}{\partial y} - \frac{\partial Q}{\partial z} \right) \vec{i} + \left(\frac{\partial P}{\partial z} - \frac{\partial R}{\partial x} \right) \vec{j} + \left(\frac{\partial Q}{\partial x} - \frac{\partial P}{\partial y} \right) \vec{k} \right] \cdot \left[dydz\,\vec{i} + dzdx\,\vec{j} + dxdy\,\vec{k} \right]$$

$$\triangleq \iint\limits_{S} \mathrm{rot}\,\vec{A} \cdot d\vec{S} = \iint\limits_{S} \mathrm{rot}\vec{A} \cdot \vec{n}^{0} dS,$$

其中单位法线矢量 $\vec{n}^{0}$ 的方向与曲线 l 的方向符合右手法则,记号

$$\mathrm{rot}\vec{A} = \left(\frac{\partial R}{\partial y} - \frac{\partial Q}{\partial z} \right) \vec{i} + \left(\frac{\partial P}{\partial z} - \frac{\partial R}{\partial x} \right) \vec{j} + \left(\frac{\partial Q}{\partial x} - \frac{\partial P}{\partial y} \right) \vec{k}$$

$$\triangleq \begin{vmatrix} \vec{i} & \vec{j} & \vec{k} \\ \frac{\partial}{\partial x} & \frac{\partial}{\partial y} & \frac{\partial}{\partial z} \\ P & Q & R \end{vmatrix}, \tag{6.3}$$

因此,在斯托克斯公式中,若左端曲线积分表示矢量场 $\vec{A} = \vec{A}(M) = P\vec{i} + Q\vec{j} + R\vec{k}$ 沿场内封闭曲线 l 在给定方向的循环量,那么,右端的曲面积分表示另一矢量 $\mathrm{rot}\vec{A}$ 通过曲面 S 给定侧的通量. 我们称矢量 $\mathrm{rot}\vec{A}$ 为矢量场 $\vec{A} = \vec{A}(M)$ 在点 M 的**旋度**.

其中,记号 rot 是 rotation(旋转) 的缩写.

下面导出环量密度取最大值时的直角坐标表达式. 由于环量密度

$$\lim_{S \to M} \frac{\oint_{l} \vec{A} \cdot d\vec{l}}{S} = \lim_{S \to M} \frac{\iint\limits_{S} \mathrm{rot}\vec{A} \cdot d\vec{S}}{S} \xlongequal[\exists M^{*} \in S]{\text{积分中值定理}} \lim_{S \to M} \frac{(\mathrm{rot}\vec{A} \cdot \vec{n}^{0})_{M^{*}} \cdot S}{S}$$

$$= \lim_{S \to M} (\mathrm{rot}\vec{A} \cdot \vec{n}^{0})_{M^{*}} = (\mathrm{rot}\vec{A} \cdot \vec{n}^{0})_{M} = (|\mathrm{rot}\vec{A}| \cos\theta)_{M}, \tag{6.4}$$

可见,当 $\mathrm{rot}\vec{A}$ 与 $\vec{n}^{0}$ 方向一致时,$\cos\theta = 1$,这时,环量密度取最大值,最大值为

$$|\mathrm{rot}\vec{A}| = \sqrt{\left(\frac{\partial R}{\partial y} - \frac{\partial Q}{\partial z} \right)^{2} + \left(\frac{\partial P}{\partial z} - \frac{\partial R}{\partial x} \right)^{2} + \left(\frac{\partial Q}{\partial x} - \frac{\partial P}{\partial y} \right)^{2}}. \tag{6.5}$$

若 $\forall M \in S$ 都有(6.4)成立,那么(6.4)从而(6.5)中的下标 M 可省去.

在(6.4)中,知环量密度 $\mathrm{rot}\vec{A} \cdot \vec{n}^{0} = |\mathrm{rot}\vec{A}| \cos\theta \triangleq \mathrm{rot}_{n}\vec{A}$ 表示矢量场 $\mathrm{rot}\vec{A}$ 在方向 $\vec{n}$ 上的投影. 由于环量密度是不依赖于坐标系的,下面我们利用(6.4)给旋度再下一个不依赖于坐标系的定义.

定义　设有矢量场 $\vec{A} = \vec{A}(M)$,如果在点 M 存在另一个矢量 $\vec{R}(M)$,使得矢量 $\vec{R}(M)$ 在每一个方向 $\vec{n}$ 上的投影都等于循环量关于面积的变化率

$$R_{n}(M) = \lim_{S \to M} \frac{\oint_{l} \vec{A} \cdot d\vec{l}}{S}.$$

则将矢量 $\vec{R}(M)$ 称为矢量场 $\vec{A} = \vec{A}(M)$ 在点 M 的**旋度**,记成 $\mathrm{rot}\vec{A}$,于是有

$$\mathrm{rot}_{n}\vec{A}(M) = \lim_{S \to M} \frac{\oint_{l} \vec{A} \cdot d\vec{l}}{S}. \tag{6.6}$$

由定义可知,设 $\vec{A} = \vec{A}(x,y,z) = P(x,y,z)\vec{i} + Q(x,y,z)\vec{j} + R(x,y,z)\vec{k}$,其中 P, Q, R 在点 $M(x,y,z)$ 的某邻域有连续一阶偏导数,则由(6.3)指出的公式就成为旋度在直角坐标中的计算公式.

在直角坐标系中,矢量场 $\vec{A}$ 在点 M 处沿 $\vec{n}$ 方向的环量密度 μ 有下列计算公式

$$\mu = \mathrm{rot}\vec{A} \cdot \vec{n}^0 = (\frac{\partial R}{\partial y} - \frac{\partial Q}{\partial z})\cos\alpha + (\frac{\partial P}{\partial z} - \frac{\partial R}{\partial x})\cos\beta + (\frac{\partial Q}{\partial x} - \frac{\partial P}{\partial y})\cos\gamma,$$

其中 $\vec{n}^0 = \dfrac{\vec{n}}{|\vec{n}|} = \cos\alpha\vec{i} + \cos\beta\vec{j} + \cos\gamma\vec{k}.$ \hfill (6.7)

例 2 如图 12-17,设一半径为 r 的圆形薄片,以等角速度 ω 绕过圆心且垂直圆片的 z 轴旋转,考虑循环量

$$\int_l \vec{v} \cdot \vec{dl} = \int_l \vec{v} \cdot \vec{T}^0 dl,$$

其中 $\vec{v}$ 是线速度,$\vec{T}^0$ 是圆周 l 上单位切线矢量,其方向与 l 的方向相同,即 $\vec{v}$ 与 $\vec{T}^0$ 之夹角为零,于是

$$\vec{v} \cdot \vec{T}^0 = |\vec{v}|\cos(\vec{v}, \vec{T}^0) = |\vec{v}| = v,$$

又由假设 $v = r\omega, \quad dl = rd\theta$,因此

$$\int_l \vec{v} \cdot \vec{T}^0 dl = \int_0^{2\pi} (r\omega) \cdot rd\theta = 2\pi r^2\omega,$$

记圆面积 πr^2 为 S,则

图 12-17

$$\lim_{s \to 0} \frac{\int_l \vec{v} \cdot \vec{dl}}{S} = 2\omega. \tag{6.8}$$

右端只与转动速度有关.

比较 (6.6) 与 (6.8) 两式,可以看到 $\mathrm{rot}\vec{A}$ 的一种物理解释,它描述着矢量 $\vec{A}$ 的转动程度. 这正说明了"旋度"这个名称的由来.

例 3 设矢量场 $\vec{A} = (y^2 - z^2)\vec{i} + (z^2 - x^2)\vec{j} + (x^2 - y^2)\vec{k}$,及场中点 $M(1, -2, 3)$,试求 (1) $\vec{A}$ 在点 M 处沿矢量 $\vec{r} = x\vec{i} + y\vec{j} + z\vec{k}$ 方向的环量密度;(2) 在点 M 处的最大环量密度的大小与所沿方向.

解 (1) 由于

$$\mathrm{rot}\,\vec{A} = \begin{vmatrix} \vec{i} & \vec{j} & \vec{k} \\ \dfrac{\partial}{\partial x} & \dfrac{\partial}{\partial y} & \dfrac{\partial}{\partial z} \\ y^2 - z^2 & z^2 - x^2 & x^2 - y^2 \end{vmatrix} = -2[(y+z)\vec{i} + (z+x)\vec{j} + (x+y)\vec{k}],$$

所求环量密度由公式 (6.7),得

$$\mu = \mathrm{rot}\,\vec{A} \cdot \vec{r}^0 = \mathrm{rot}\,\vec{A} \cdot \frac{\vec{r}}{|\vec{r}|} = -2\frac{x(y+z) + y(z+x) + z(x+y)}{\sqrt{x^2 + y^2 + z^2}},$$

于是

$$\mu|_M = -2\frac{x(y+z) + y(z+x) + z(x+y)}{\sqrt{x^2 + y^2 + z^2}}\bigg|_{(1,-2,3)} = \frac{10\sqrt{14}}{7}.$$

(2) 在点 $M(1, 2, -3)$ 处的旋度为

$$\mathrm{rot}\,\vec{A}|_M = -2[(y+z)\vec{i} + (z+x)\vec{j} + (x+y)\vec{k}]|_{(1,-2,3)}$$
$$= -2(\vec{i} + 4\vec{j} - \vec{k}),$$

最大环量密度

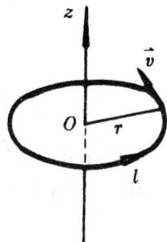

$$\mu_{\max} = |\operatorname{rot}\vec{A}|_M = 2\sqrt{18}.$$

所沿方向的方向余弦为

$$\cos\alpha = \frac{-1}{\sqrt{18}}, \quad \cos\beta = \frac{-4}{\sqrt{18}}, \quad \cos\gamma = \frac{1}{\sqrt{18}}.$$

例 4　设矢量场 $\vec{A} = (y - z)\vec{i} + (z - x)\vec{j} + (x - y)\vec{k}$，及封闭曲线 l:

$$\begin{cases} x^2 + y^2 = 1; \\ x + z = 1, \end{cases}$$

试求　(1) $\vec{A}$ 沿曲线 l 的正向（从 x 轴正向看去，l 的方向是逆时针的）的循环量；

(2) $\vec{A}$ 在任一点处的最大环量密度和取得最大环量密度所沿方向.

解　(1) 所求循环量为

$$\oint_l \vec{A} \cdot \vec{dl} = \iint_S \operatorname{rot}\vec{A} \cdot \vec{dS} = \iint_S \operatorname{rot}\vec{A} \cdot \vec{n}^0 dS,$$

其中 S 为平面 $x + z = 1$ 上侧的被曲线 l 所围部分，于是 S 的单位法线矢量为

$$\vec{n}^0 = \frac{\vec{i} + \vec{k}}{\sqrt{2}}.$$

又

$$\operatorname{rot}\vec{A} = \begin{vmatrix} \vec{i} & \vec{j} & \vec{k} \\ \dfrac{\partial}{\partial x} & \dfrac{\partial}{\partial y} & \dfrac{\partial}{\partial z} \\ y-z & z-x & x-y \end{vmatrix} = -2(\vec{i} + \vec{j} + \vec{k}),$$

因此，

$$\iint_S \operatorname{rot}\vec{A} \cdot \vec{n}^0 dS = -2\iint_S \left(\frac{1}{\sqrt{2}} + 0 + \frac{1}{\sqrt{2}}\right) dS$$

$$= -2\sqrt{2}\iint_S dS = -2\sqrt{2}\iint_{\sigma_{xy}} \sqrt{1 + \left(\frac{\partial z}{\partial x}\right)^2 + \left(\frac{\partial z}{\partial y}\right)^2} d\sigma$$

$$= -2\sqrt{2}\iint_{x^2+y^2\leqslant 1} \sqrt{1 + (-1)^2 + 0^2} d\sigma = -4\pi.$$

(2) $\vec{A}$ 在任一点的最大环量密度为

$$|\operatorname{rot}\vec{A}| = |-2(\vec{i} + \vec{j} + \vec{k})| = 2\sqrt{3},$$

取得最大环量密度所沿方向的方向余弦为

$$\cos\alpha = \cos\beta = \cos\gamma = -\frac{1}{\sqrt{3}}.$$

§7　有势场、无源场与调和场

在力学、电学和有关科学技术中，常遇到有势场、无源场、调和场等三种特殊的矢量场，本节分别介绍它们.

7.1　有势场

我们知道，若 $f(x)$ 在 $[a,b]$ 上连续，则 $F(x) = \displaystyle\int_a^x f(t)dt$ 是 $f(x)$ 的一个原函数，即 $dF(x) =$

$f(x)dx.$

又对平面矢量场 $\vec{A} = P(x,y)\vec{i} + Q(x,y)\vec{j}$, $P(x,y), Q(x,y)$ 在平面单连区域 σ 上连续, 对 σ 中以定点 $A(x_0, y_0)$ 为起点, 以动点 $B(x,y)$ 为终点的逐段光滑曲线 Γ_{AB} 上用第二类曲线积分定义的函数

$$u(x,y) = \int_{\Gamma_{AB}} Pdx + Qdy \qquad (7.1)$$

希望也能得到类似于一元函数情形的表达式

$$du = Pdx + Qdy, \qquad (7.2)$$

可是, 对一般的矢量场, 这种作法未必能办到, 因为即使固定曲线 Γ 的起点 $A(x_0, y_0)$, (7.1) 中右边的积分值也未必能由终点 $B(x,y)$ 所能唯一确定! 而是要取决于具体的积分路线 Γ. 我们知道, 对于第二类曲线积分与路径无关的矢量场 $\vec{A}$, (7.1) 右端积分值当起点 A 固定时恰能由终点 B 所唯一确定, 即存在单值函数 $u(x,y)$, 使得全微分

$$du = \frac{\partial u}{\partial x}dx + \frac{\partial u}{\partial y}dy = Pdx + Qdy,$$

即 $\qquad (\frac{\partial u}{\partial x}\vec{i} + \frac{\partial u}{\partial y}\vec{j}) \cdot (dx\vec{i} + dy\vec{j}) = (P\vec{i} + Q\vec{j}) \cdot (dx\vec{i} + dy\vec{j})$

或 $\qquad \frac{\partial u}{\partial x}\vec{i} + \frac{\partial u}{\partial y}\vec{j} = P\vec{i} + Q\vec{j},$

也就是 $\qquad \vec{A} = \text{grad } u,$

即矢量场 $\vec{A}(x,y)$ 是数量场 $u(x,y)$ 的梯度场.

以上结果可直接推广到三维矢量场中去, 有如下定义:

定义 设有矢量场 $\vec{A} = \vec{A}(x,y,z) = P(x,y,z)\vec{i} + Q(x,y,z)\vec{j} + R(x,y,z)\vec{k}$, 如果存在单值的数量函数 $u = u(x,y,z)$, 使得该数量场的梯度 $\text{grad } u$ 满足

$$\text{grad } u = \vec{A}, \qquad (7.3)$$

则称矢量场 $\vec{A}$ 为**有势场**, 而数量函数 $u(x,y,z)$ 称为这个有势场 $\vec{A}$ 的**势函数**.①

例如 由置于坐标原点的正电荷 q 产生的静电场中, 其电场强度

$\vec{E} = \frac{q}{4\pi\varepsilon_0 r^2} \cdot \frac{\vec{r}}{r}$ 与电位 $v = \frac{q}{4\pi\varepsilon_0} \cdot \frac{1}{r}$ 有以下关系

$$\vec{E} = \text{grad } (-v),$$

因而 $\vec{E}$ 是一个有势场, $-v$ 是它的一个势函数.

显然, 若 u 是 $\vec{A}$ 的势函数, 则 $u + C$ (C 为任意常数) 也是 $\vec{A}$ 的势函数, 因此, 一个有势场的势函数有无穷多个, 且该场 $\vec{A}$ 的任何两个势函数仅差一常数, 故有势场 $\vec{A}$ 的势函数的全体可表示为 $u + C$.

由 (7.3), 有

$$\frac{\partial u}{\partial x}\vec{i} + \frac{\partial u}{\partial y}\vec{j} + \frac{\partial u}{\partial z}\vec{k} = P\vec{i} + Q\vec{j} + R\vec{k},$$

即有

---

① 关于势函数有两种定义法: 或者用 $\text{grad} u = \vec{A}$, 或者用 $\text{grad } u = -\vec{A}$ 来定义, 本书如无特别声明均采用前者, 但物理、力学中采用后者, 两者仅差一负号.

$$\frac{\partial u}{\partial x} = P, \quad \frac{\partial u}{\partial y} = Q, \quad \frac{\partial u}{\partial z} = R. \tag{7.4}$$

由(7.4)可得：场 $\vec{A}(x,y,z)$ 是有势场的充要条件是表达式 $Pdx + Qdy + Rdz$ 为某一单值函数 $u(x,y,z)$ 的全微分，即

$$Pdx + Qdy + Rdz = du.$$

这就是说"场 $\vec{A}(x,y,z)$ 为有势场"与"表达式 $Pdx + Qdy + Rdz$ 为全微分"等价,由上节曲线积分与路径无关条件又可叙述为：

定理 设矢量场 $\vec{A}(x,y,z) = P(x,y,z)\vec{i} + Q(x,y,z)\vec{j} + R(x,y,z)\vec{k}$,其中 P,Q,R 在空间线单连区域 V 内具有连续的一阶偏导数,则在区域 V 内,下述四个条件是等价的,即

1° $\mathrm{rot}\vec{A} \equiv \vec{0}, (x,y,z) \in V$;

2° $\oint_{l} \vec{A} \cdot \vec{dl} = 0, l$ 是 V 内任意一条分段光滑的封闭曲线;

3° 积分 $\int_{\Gamma_{AB}} Pdx + Qdy + Rdz$ 在 V 内与路径 Γ 无关;

4° $\vec{A}$ 是一个有势场.

当矢量场 $\vec{A} = P\vec{i} + Q\vec{j} + R\vec{k}$ 是有势场时,$\vec{A}$ 的势函数 u 可用一与积分路径无关的曲线积分表示为

$$u(x,y,z) = \int_{(x_0,y_0,z_0)}^{(x,y,z)} Pdx + Qdy + Rdz,$$

其中定点 (x_0,y_0,z_0) 可以在 V 内任意取定. 因积分与路径无关,故常取平行于坐标轴的以 (x_0, y_0,z_0) 为起点,以 (x,y,z) 为终点的折线为积分路线.

一般地,称旋度 $\mathrm{rot}\vec{A} \equiv \vec{0}$ 的场 $\vec{A}$ 为**无旋场**,在空间线单连区域内,称具有积分 $\int_{\Gamma_{AB}} \vec{A} \cdot \vec{dl}$ 与路径无关的场 $\vec{A}$ 为**保守场**,它们与 $\vec{A}$ 为有势场,且都是等价的.

例1 矢量场 $\vec{A} = 2xy\vec{i} + (x^2 + z^2)\vec{j} + 2yz\vec{k}$ 是否为有势场?如是,试求其一个势函数.

解 由于

$$\mathrm{rot}\vec{A} = \begin{vmatrix} \vec{i} & \vec{j} & \vec{k} \\ \dfrac{\partial}{\partial x} & \dfrac{\partial}{\partial y} & \dfrac{\partial}{\partial z} \\ 2xy & x^2 + z^2 & 2yz \end{vmatrix} = (2z - 2z)\vec{i} + (0 - 0)\vec{j} + (2x - 2x)\vec{k} \equiv \vec{0},$$

故 $\vec{A}$ 是有势场,其一个势函数是

$$\begin{aligned} u(x,y,z) &= \int_{(0,0,0)}^{(x,y,z)} 2xydx + (x^2 + z^2)dy + 2yzdz \\ &= \int_0^x 2xy \Big|_{\substack{y=0 \\ z=0}} dx + \int_0^y (x^2 + z^2) \Big|_{z=0} dy + \int_0^z 2yzdz \\ &= x^2y + yz^2. \end{aligned}$$

本题也可用"分项组合,凑全微分"的方法求出其势函数. 即

$$\begin{aligned} 2xydx &+ (x^2 + z^2)dy + 2yzdz \\ &= (2xydx + x^2dy) + (z^2dy + 2yzdz) = d(x^2y + yz^2), \end{aligned}$$

所以其一个势函数是 $u(x,y,z) = x^2y + yz^2$.

例 2 设 $\vec{r} = x\vec{i} + y\vec{j} + z\vec{k}$，$|\vec{r}| = r$，$(r > 0)$，$\varphi(r)$ 具有连续导数，试证矢量场 $\vec{A} = \varphi(r)\vec{r}$ 是有势场.

证 由 $\vec{A} = \varphi(r)x\vec{i} + \varphi(r)y\vec{j} + \varphi(r)z\vec{k}$，有

$$
\text{rot}\vec{A} = \begin{vmatrix} \vec{i} & \vec{j} & \vec{k} \\ \dfrac{\partial}{\partial x} & \dfrac{\partial}{\partial y} & \dfrac{\partial}{\partial z} \\ \varphi(r)x & \varphi(r)y & \varphi(r)z \end{vmatrix},
$$

由于 $\dfrac{\partial}{\partial x}\varphi(r)y = y\varphi'(r)\dfrac{\partial r}{\partial x} = y\varphi'(r) \cdot \dfrac{x}{r} = \dfrac{xy}{r}\varphi'(r)$，

同样，$\dfrac{\partial}{\partial y}\varphi(r)x = \dfrac{xy}{r}\varphi'(r)$，可知 $\vec{k}$ 的系数 $\dfrac{\partial}{\partial x}[\varphi(r)y] - \dfrac{\partial}{\partial y}[\varphi(r)x] = 0$. 通过变量 x, y, z 依次轮换，可得 $\vec{i}, \vec{j}$ 的系数也为零，因此 $\text{rot}\vec{A} = \vec{0}$（当 $r > 0$）.

由于所讨论的区域是原点除外的整个空间，这是一个线单连区域，即知 $\vec{A} = \varphi(r)\vec{r}$ 是有势场，其势函数为

$$
u = \int_{(x_0, y_0, z_0)}^{(x, y, z)} \varphi(r)xdx + \varphi(r)ydy + \varphi(r)zdz
$$

$$
= \int_{(x_0, y_0, z_0)}^{(x, y, z)} \varphi(r)[xdx + ydy + zdz] = \int_{r_0}^{r} \varphi(r)rdr,
$$

其中
$$
r_0 = \sqrt{x_0^2 + y_0^2 + z_0^2}, \quad (r_0 > 0).
$$

形如 $\vec{A} = \varphi(r)\vec{r}$ 的场，由于它的方向处处指向原点（或反向），故称**中心场**. 例如，引力场、静电场 $\vec{E}$ 都是中心场，由本题结论知是有势场.

7.2 无源场

定义 设一矢量场 $\vec{A}(M)$，$M \in V$，如果在区域 V 内，$\text{div}\vec{A}(M) \equiv 0$，则称 $\vec{A}(M)$ 为无源场. 我们知道，中心场 $\vec{A} = \dfrac{C}{r^3}\vec{r}(r > 0)$ 是无源场也是有势场.

下面介绍无源场的一个性质，为此先介绍矢量场 $\vec{A}(M)$ 中的矢线（或流线）与矢量管的概念.

在矢量场 $\vec{A}(M)$ 中，若曲线 l 上每一点 M 处的切线方向与 $\vec{A}(M)$ 一致，则曲线 l 称为此矢量场 $\vec{A}(M)$ 的**矢线**（或**流线**）.

若在矢量场 $\vec{A}(M)$ 中，任取一条与矢线相截的封闭曲线 C，C 上各点都有矢线穿过，如果穿过 C 的各点的矢线形成一管形曲面（如图 12-18），则此管形曲面称为矢量场 $\vec{A}(M)$ 的**矢量管**.

定理 设无源场 $\vec{A}(M) = P\vec{i} + Q\vec{j} + R\vec{k}$，其中 P，Q，R 在场中面单连区域 Ω 内具有一阶连续偏导数. 记 S_1，S_2 为 Ω 中矢量管的任意两个截面，则

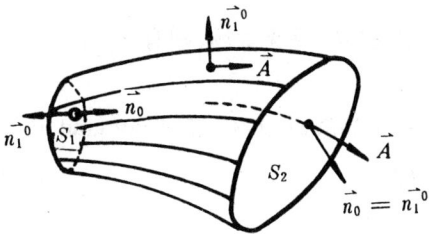

图 12-18

$$
\iint_{S_1^-} \vec{A} \cdot d\vec{S} = \iint_{S_2} \vec{A} \cdot d\vec{S} (= 常数). \tag{7.5}
$$

其中，取截面 S_1,S_2 以及在 S_1 与 S_2 之间的一段矢量管 S_3 作封闭曲面 S，S_1^{-1} 表示封闭曲面中 S_1 的内侧，S_2 表示封闭曲面中 S_2 的外侧.

(7.5) 式说明：无源场经过矢量管任意截面的通量相等，即流进管内多少流出管外也多少.

证　设 $\vec{n_1^0}$ 是 S 的外法线单位矢量，对 S 所围闭区域 V 应用高斯公式，这里 $V \subset \Omega$.

$$\oiint\limits_{S} \vec{A} \cdot d\vec{S} = \iiint \mathrm{div}\, \vec{A}\, dV = \iiint 0\, dV = 0,$$

于是
$$\oiint\limits_{S_1+S_2+S_3} \vec{A} \cdot d\vec{S} = \oiint\limits_{S_1+S_2+S_3} \vec{A} \cdot \vec{n_1}\, dS = \iint\limits_{S_1} \vec{A} \cdot \vec{n_1^0}\, dS + \iint\limits_{S_2} \vec{A} \cdot \vec{n_1^0}\, dS + \iint\limits_{S_3} \vec{A} \cdot \vec{n_1^0}\, dS = 0.$$

在侧表面 S_3 上，由于 $\vec{n_1^0} \perp \vec{A}$（即 $\vec{n_1^0}$ 垂直于矢线），故

$$\iint\limits_{S_3} \vec{A} \cdot \vec{n_1^0}\, dS = 0.$$

在截面 S_1 上各点有 $\vec{n_1^0} = -\vec{n^0}$，在 S_2 上的各点有 $\vec{n_1^0} = \vec{n^0}$（如图 12-18），于是

$$-\iint\limits_{S_1} \vec{A} \cdot \vec{n^0}\, dS + \iint\limits_{S_2} \vec{A} \cdot \vec{n^0}\, dS = 0,$$

即得
$$\iint\limits_{S_1} \vec{A} \cdot \vec{n^0}\, dS = \iint\limits_{S_2} \vec{A} \cdot \vec{n^0}\, dS$$

或
$$\iint\limits_{S_1^{-}} \vec{A} \cdot d\vec{S} = \iint\limits_{S_2} \vec{A} \cdot d\vec{S}(= 常数).$$

即在定理条件下，场 $\vec{A}(M)$ 通过矢量管的任意一个截面的流量是一定的，这个常数称为该**矢量管的强度**.

7.3　调和场

定义　设矢量场 $\vec{A}(M)$ 既是有势场又是无源场，则称 $\vec{A}(M)$ 为**调和场**.

因为 $\vec{A}(M)$ 是有势场，按定义必存在势函数 $u(M)$，使得

$$\vec{A}(M) = \mathrm{grad}\, u(M),$$

又 $\vec{A}(M)$ 是无源场，则有

$$\mathrm{div}\, \vec{A}(M) = 0.$$

于是势函数 $u(M)$ 满足 $\mathrm{div}\,\mathrm{grad}\, u(M) = 0$，

即
$$\mathrm{div}(\frac{\partial u}{\partial x}\vec{i} + \frac{\partial u}{\partial y}\vec{j} + \frac{\partial u}{\partial z}\vec{k}) = 0$$

或
$$\frac{\partial^2 u}{\partial x^2} + \frac{\partial^2 u}{\partial y^2} + \frac{\partial^2 u}{\partial z^2} = 0. \tag{7.6}$$

(7.6) 称为**拉普拉斯**(laplace)**方程**. 也就是说，调和场的势函数满足拉普拉斯方程.

例如　电场 $\vec{E} = \dfrac{q}{4\pi\varepsilon_0 r^2}\dfrac{\vec{r}}{r}(r > 0)$ 是一个调和场，电位 $V = -\dfrac{q}{4\pi\varepsilon_0 r}$ 是它的势函数，它满足拉普拉斯方程. 即

$$\frac{\partial^2 V}{\partial x^2} + \frac{\partial^2 V}{\partial y^2} + \frac{\partial^2 V}{\partial z^2} = 0,$$

故电位场是调和场.

§8 算子 ▽ 与 △ 的运算

8.1 ▽ 算子

运算符号

$$\nabla \triangleq \frac{\partial}{\partial x}\vec{i} + \frac{\partial}{\partial y}\vec{j} + \frac{\partial}{\partial z}\vec{k}$$

称为**哈密顿(Hamilton)算子**,"▽"读作那布拉(Nabna). 它是一个符号矢量,又是一个微分算子,运算中既要当作一个矢量来进行矢量运算,又要进行对数量的微分运算,其作用方式有三种:

$$\nabla u = (\frac{\partial}{\partial x}\vec{i} + \frac{\partial}{\partial y}\vec{j} + \frac{\partial}{\partial z}\vec{k})u = \frac{\partial u}{\partial x}\vec{i} + \frac{\partial u}{\partial y}\vec{j} + \frac{\partial u}{\partial z}\vec{k},$$

$$\nabla \cdot \vec{A} = (\frac{\partial}{\partial x}\vec{i} + \frac{\partial}{\partial y}\vec{j} + \frac{\partial}{\partial z}\vec{k}) \cdot (P\vec{i} + Q\vec{j} + R\vec{k}) = \frac{\partial P}{\partial x} + \frac{\partial Q}{\partial y} + \frac{\partial R}{\partial z},$$

$$\nabla \times \vec{A} = \begin{vmatrix} \vec{i} & \vec{j} & \vec{k} \\ \frac{\partial}{\partial x} & \frac{\partial}{\partial y} & \frac{\partial}{\partial z} \\ P & Q & R \end{vmatrix} = (\frac{\partial R}{\partial y} - \frac{\partial Q}{\partial z})\vec{i} + (\frac{\partial P}{\partial z} - \frac{\partial R}{\partial x})\vec{j} + (\frac{\partial Q}{\partial x} - \frac{\partial P}{\partial y})\vec{k}.$$

其中 $\nabla u, \nabla \cdot u, \nabla \times \vec{A}$ 分别读作"▽ 乘 u","▽ 点乘 $\vec{A}$","▽ 叉乘 $\vec{A}$".

可见,梯度、散度、旋度可分别记为

$$\text{grad } u = \nabla u, \quad \text{div } \vec{A} = \nabla \cdot \vec{A}, \quad \text{rot } \vec{A} = \nabla \times \vec{A}.$$

高斯公式、斯托克斯公式与格林公式可分别表示为

$$\oiint_S \vec{A} \cdot d\vec{S} = \iiint_V \nabla \cdot \vec{A}dV, \quad \oint_L \vec{A} \cdot d\vec{l} = \iint_S (\nabla \times \vec{A}) \cdot d\vec{S}, \quad \oint_l \vec{A} \cdot d\vec{l} = \iint_\sigma (\nabla \times \vec{A}) \cdot \vec{k}d\sigma.$$

8.2 △ 算子

二阶微分算子

$$\nabla \cdot \nabla = (\frac{\partial}{\partial x}\vec{i} + \frac{\partial}{\partial y}\vec{j} + \frac{\partial}{\partial z}\vec{k}) \cdot (\frac{\partial}{\partial x}\vec{i} + \frac{\partial}{\partial y}\vec{j} + \frac{\partial}{\partial z}\vec{k}) = \frac{\partial^2}{\partial x^2} + \frac{\partial^2}{\partial y^2} + \frac{\partial^2}{\partial z^2} \xlongequal{\text{记为}} \triangle,$$

△ 称为**拉普拉斯算子**,其运算方式为

$$\triangle u = (\frac{\partial^2}{\partial x^2} + \frac{\partial^2}{\partial y^2} + \frac{\partial^2}{\partial z^2})u = \frac{\partial^2 u}{\partial x^2} + \frac{\partial^2 u}{\partial y^2} + \frac{\partial^2 u}{\partial z^2},$$

$$\triangle\vec{A} = \triangle(P\vec{i} + Q\vec{j} + R\vec{k}) = \triangle P\vec{i} + \triangle Q\vec{j} + \triangle R\vec{k}.$$

又规定 $\nabla \cdot \nabla = \nabla^2$,于是 $\triangle u = \nabla^2 u$. 拉普拉斯方程可记为 $\triangle u = 0$ 或 $\nabla \cdot \nabla u = 0$ 或 $\nabla^2 u = 0$.

我们称 div grad $u = \triangle u$ 为函数 u 的**调和量**.

8.3 ▽ 的运算规则

设 $u = u(x,y,z), v = v(x,y,z)$ 是数量场,$\vec{A} = A_1(x,y,z)\vec{i} + A_2(x,y,z)\vec{j} + A_3(x,y,z)\vec{k}, \vec{B} = B_1(x,y,z)\vec{i} + B_2(x,y,z)\vec{j} + B_3(x,y,z)\vec{k}$ 为矢量场,其中出现的函数有连续的一阶或二阶偏导数. 又 α, β 为常数.

(一)线性运算

(1) $\nabla(\alpha u + \beta v) = \alpha\nabla u + \beta\nabla v$ $\quad$ (grad $(\alpha u + \beta B) = \alpha$grad $u + \beta$grad v),

(2) $\nabla \cdot (\alpha\vec{A} + \beta\vec{B}) = \alpha\nabla \cdot \vec{A} + \beta\nabla \cdot \vec{B}$ $\quad$ (div $(\alpha\vec{A} + \beta\vec{B}) = \alpha$div $\vec{A} + \beta$div $\vec{B}$),

(3) $\nabla \times (\alpha\vec{A} + \beta\vec{B}) = \alpha\nabla \times \vec{A} + \beta\nabla \times \vec{B}$ $\quad$ (rot $(\alpha\vec{A} + \beta\vec{B}) = \alpha$rot $\vec{A} + \beta$rot$\vec{B}$).

（二）乘法运算

(1) $\nabla(uv) = u\nabla v + v\nabla u$ $\quad$ (grad $(uv) = u$grad $v + v$grad u),

(2) $\nabla \cdot (u\vec{A}) = u\nabla \cdot \vec{A} + \vec{A} \cdot \nabla u$ $\quad$ (div$(u\vec{A}) = u$div $\vec{A} + \vec{A} \cdot$ grad u),

(3) $\nabla \times (u\vec{A}) = u\nabla \times \vec{A} - \vec{A} \times \nabla u$ $\quad$ (rot$(u\vec{A}) = u$rot $\vec{A} - \vec{A} \times$ grad u),

(4) $\nabla(\vec{A} \cdot \vec{B}) = \vec{B} \times (\nabla \times \vec{A}) + \vec{A} \times (\nabla \times \vec{B}) + (\vec{B} \cdot \nabla)\vec{A} + (\vec{A} \cdot \nabla)\vec{B}$,

(5) $\nabla \cdot (\vec{A} \times \vec{B}) = \vec{B} \cdot (\nabla \times \vec{A}) - \vec{A} \cdot (\nabla \times \vec{B})$,

(6) $\nabla \times (\vec{A} \times \vec{B}) = \vec{A}(\nabla \cdot \vec{B}) - \vec{B}(\nabla \cdot \vec{A}) + (\vec{B} \cdot \nabla)\vec{A} - (\vec{A} \cdot \nabla)\vec{B}$.

公式(4)、(6)中的符号 $\vec{A} \cdot \nabla$ 表示如下算子：

$$\vec{A} \cdot \nabla = A_1 \frac{\partial}{\partial x} + A_2 \frac{\partial}{\partial y} + A_3 \frac{\partial}{\partial z},$$

因此，$(\vec{A} \cdot \nabla)u$ 表示一个数量，即

$$(\vec{A} \cdot \nabla)u = A_1 \frac{\partial u}{\partial x} + A_2 \frac{\partial u}{\partial y} + A_3 \frac{\partial u}{\partial z}.$$

$(\vec{A} \cdot \nabla)\vec{B}$ 表示一个矢量，即

$$(\vec{A} \cdot \nabla)\vec{B} = (A_1 \frac{\partial B_1}{\partial x} + A_2 \frac{\partial B_1}{\partial y} + A_3 \frac{\partial B_1}{\partial z})\vec{i} + (A_1 \frac{\partial B_2}{\partial x} + A_2 \frac{\partial B_2}{\partial y} + A_3 \frac{\partial B_2}{\partial z})\vec{j}$$
$$+ (A_1 \frac{\partial B_3}{\partial x} + A_2 \frac{\partial B_3}{\partial y} + A_3 \frac{\partial B_3}{\partial z})\vec{k}.$$

以上公式，可采取验证的方法来证明.

（三）二级运算

(1) $\nabla \cdot (\nabla u) = \nabla^2 u = \triangle u$ $\quad$ (div grad $u = \frac{\partial^2 u}{\partial x^2} + \frac{\partial^2 u}{\partial y^2} + \frac{\partial^2 u}{\partial z^2}$),

(2) $\nabla \times (\nabla \times \vec{A}) = \nabla(\nabla \cdot \vec{A}) - \triangle\vec{A}$ $\quad$ (rot rot $\vec{A} =$ grad div $\vec{A} - \triangle\vec{A}$),

(3) $\nabla \times (\nabla u) = \vec{0}$ $\quad$ (rot grad $u = \vec{0}$),

(4) $\nabla \cdot (\nabla \times \vec{A}) = 0$ $\quad$ (div rot $\vec{A} = 0$).

例 1 试证 $\nabla \cdot (\nabla \times \vec{A}) = 0$.

证 由

$$\nabla \times \vec{A} = \begin{vmatrix} \vec{i} & \vec{j} & \vec{k} \\ \frac{\partial}{\partial x} & \frac{\partial}{\partial y} & \frac{\partial}{\partial z} \\ A_1 & A_2 & A_3 \end{vmatrix} = (\frac{\partial A_3}{\partial y} - \frac{\partial A_2}{\partial z})\vec{i} + (\frac{\partial A_1}{\partial z} - \frac{\partial A_3}{\partial x})\vec{j} + (\frac{\partial A_2}{\partial x} - \frac{\partial A_1}{\partial y})\vec{k},$$

所以 $\quad \nabla \cdot (\nabla \times \vec{A}) = \frac{\partial}{\partial x}(\frac{\partial A_3}{\partial y} - \frac{\partial A_2}{\partial z}) + \frac{\partial}{\partial y}(\frac{\partial A_1}{\partial z} - \frac{\partial A_3}{\partial x}) + \frac{\partial}{\partial z}(\frac{\partial A_2}{\partial x} - \frac{\partial A_1}{\partial y})$

$$= \frac{\partial^2 A_3}{\partial y \partial x} - \frac{\partial^2 A_3}{\partial z \partial x} + \frac{\partial^2 A_2}{\partial z \partial y} - \frac{\partial^2 A_2}{\partial x \partial y} + \frac{\partial^2 A_1}{\partial x \partial z} - \frac{\partial^2 A_1}{\partial y \partial z}.$$

由假设二阶混合偏导数都连续，于是混合偏导数的值与求导的次序无关，上式中相邻两项均抵消，故得

$$\nabla \cdot (\nabla \times \vec{A}) = 0.$$

例2 试证第一与第二格林公式：

(1) $\oiint\limits_{S} u\dfrac{\partial v}{\partial n}dS = \iiint\limits_{V}(u\triangle v + \bigtriangledown u \cdot \bigtriangledown v)dV,$

(2) $\oiint\limits_{S}(u\dfrac{\partial v}{\partial n} - v\dfrac{\partial u}{\partial n})dS = \iiint\limits_{V}(u\triangle v - v\triangle u)dV.$

其中 $\dfrac{\partial u}{\partial n}, \dfrac{\partial v}{\partial n}$ 是沿曲面 S 外侧法向 $\vec{n}$ 的方向导数.

证 （1）根据方向导数与梯度的关系：

$$\frac{\partial v}{\partial n} = \operatorname{grad} v \cdot \vec{n^0} = \bigtriangledown v \cdot \vec{n^0},$$

于是

$$\oiint\limits_{S} u\frac{\partial v}{\partial n}dS = \oiint\limits_{S} u\bigtriangledown v \cdot \vec{n^0}dS \xlongequal{\text{高斯公式}} \iiint\limits_{V}\bigtriangledown \cdot (u\bigtriangledown v)dV$$

$$\xlongequal{\text{乘法运算}} \iiint\limits_{V}[u\bigtriangledown \cdot (\bigtriangledown v) + \bigtriangledown u \cdot \bigtriangledown v]dV \xlongequal{\text{二级运算}} \iiint\limits_{V}(u\triangle v + \bigtriangledown u \cdot \bigtriangledown v)dV.$$

（2）在（1）中，将 u,v 互换，得

$$\oiint\limits_{S} v\frac{\partial u}{\partial n}dS = \iiint\limits_{V}(v\triangle u + \bigtriangledown v \cdot \bigtriangledown u)dV,$$

并与（1）式相减，得

$$\oiint\limits_{S}(u\frac{\partial v}{\partial n} - v\frac{\partial u}{\partial n})dS = \iiint\limits_{V}(u\triangle v - v\triangle u)dV. \qquad\qquad \text{证毕}$$

例3 试证 $\oiint\limits_{S} u\,d\vec{S} = \iiint\limits_{V}\bigtriangledown u\,dV.$

证 由于

$$\oiint\limits_{S} u\,d\vec{S} = \oiint\limits_{S} u(dydz\,\vec{i} + dzdx\,\vec{j} + dxdy\,\vec{k})$$

$$= \oiint\limits_{S} udydz\,\vec{i} + \oiint\limits_{S} udzdx\,\vec{j} + \oiint\limits_{S} udxdy\,\vec{k}$$

$$\xlongequal{\text{高斯公式}} \iiint\limits_{V}\frac{\partial u}{\partial x}dV\,\vec{i} + \iiint\limits_{V}\frac{\partial u}{\partial y}dV\,\vec{j} + \iiint\limits_{V}\frac{\partial u}{\partial z}dV\,\vec{k}$$

$$= \iiint\limits_{V}(\frac{\partial u}{\partial x}\vec{i} + \frac{\partial u}{\partial y}\vec{j} + \frac{\partial u}{\partial z}\vec{k})dV = \iiint\limits_{V}\bigtriangledown u\,dV.$$

以上我们利用了对矢量函数的积分可化为对该矢量分量的积分这一运算.

*§9 梯度、散度、旋度在正交曲线坐标系下的表达式

梯度、散度、旋度都是场的物理属性，与坐标系的选择无关. 前面已经讨论了在直角坐标系中它们的表达式,本节讨论它们在曲线坐标系中的表达式. 例如,轴对称的问题,用柱坐标系讨论比较简便,球对称场的问题,用球坐标系讨论比较简便,而柱坐标系与球坐标系都是正交曲线坐标系.

在第十章 §4,我们讨论过曲线坐标系,设三族坐标曲面

$$u(x,y,z) = 常数, \quad v(x,y,z) = 常数, \quad w(x,y,z) = 常数$$

相互正交,此时,三族两两相交的坐标曲线也相互正交,则称 (u,v,w) 是点 M 的**正交曲线坐标**.

9.1 曲线坐标下三度与调和量的一般表达式

在区域 Ω 中取如图 12-19 所示的用三对坐标曲面围成的微元正交六面体.

设矢径 $\vec{r} = x\vec{i} + y\vec{j} + z\vec{k}$，则在点 A 处坐标曲线 l_1, l_2, l_3 的切线矢量分别为

$$\frac{\partial x}{\partial u}\vec{i} + \frac{\partial y}{\partial u}\vec{j} + \frac{\partial z}{\partial u}\vec{k} = \frac{\partial \vec{r}}{\partial u};$$

$$\frac{\partial x}{\partial v}\vec{i} + \frac{\partial y}{\partial v}\vec{j} + \frac{\partial z}{\partial v}\vec{k} = \frac{\partial \vec{r}}{\partial v};$$

$$\frac{\partial x}{\partial w}\vec{i} + \frac{\partial y}{\partial w}\vec{j} + \frac{\partial z}{\partial w}\vec{k} = \frac{\partial \vec{r}}{\partial w}.$$

因过点 A 的三个切线矢量相互正交，即有

$$\frac{\partial \vec{r}}{\partial u} \cdot \frac{\partial \vec{r}}{\partial v} = \frac{\partial \vec{r}}{\partial v} \cdot \frac{\partial \vec{r}}{\partial w} = \frac{\partial \vec{r}}{\partial w} \cdot \frac{\partial \vec{r}}{\partial u} = 0.$$

记 $\quad h_1 = \sqrt{\frac{\partial \vec{r}}{\partial u} \cdot \frac{\partial \vec{r}}{\partial u}} = |\frac{\partial \vec{r}}{\partial u}|; \quad h_2 = \sqrt{\frac{\partial \vec{r}}{\partial v} \cdot \frac{\partial \vec{r}}{\partial v}} = |\frac{\partial \vec{r}}{\partial v}|;$

$$h_3 = \sqrt{\frac{\partial \vec{r}}{\partial w} \cdot \frac{\partial \vec{r}}{\partial w}} = |\frac{\partial \vec{r}}{\partial w}|.$$

图 12-19

三族坐标曲线切向单位矢量为

$$\vec{e}_1 = \frac{1}{h_1}\frac{\partial \vec{r}}{\partial u}; \quad \vec{e}_2 = \frac{1}{h_2}\frac{\partial \vec{r}}{\partial v}; \quad \vec{e}_3 = \frac{1}{h_3}\frac{\partial \vec{r}}{\partial w}.$$

坐标曲线 l_1, l_2, l_3 的弧微分分别为

$$dl_1 = |d_u\vec{r}| = |\frac{\partial \vec{r}}{\partial u}|du = h_1 du; \quad dl_2 = |d_v\vec{r}| = |\frac{\partial \vec{r}}{\partial v}|dv = h_2 dv;$$

$$dl_3 = |d_w\vec{r}| = |\frac{\partial \vec{r}}{\partial w}|dw = h_3 dw.$$

任一曲线的弧微分 dl 满足

$$dl^2 = d\vec{r} \cdot d\vec{r} = dl_1^2 + dl_2^2 + dl_3^2 = h_1^2 du^2 + h_2^2 dv^2 + h_3^2 dw^2.$$

坐标曲面的面积元为

$$d\sigma_1 = dl_2 dl_3 = h_2 h_3 dv dw; \quad d\sigma_2 = dl_3 dl_1 = h_3 h_1 dw du;$$

$$d\sigma_3 = dl_1 dl_2 = h_1 h_2 du dv.$$

微元六面体的体积为

$$dV = dl_1 dl_2 dl_3 = h_1 h_2 h_3 du dv dw.$$

则在正交曲线坐标系下，梯度、散度、旋度与调和量的表达式分别为：

（一）梯度

$$\nabla U = \frac{1}{h_1}\frac{\partial U}{\partial u}\vec{e}_1 + \frac{1}{h_2}\frac{\partial U}{\partial v}\vec{e}_2 + \frac{1}{h_3}\frac{\partial U}{\partial w}\vec{e}_3. \tag{1.1}$$

证 因

$$(\nabla U)_u = \nabla U \cdot \vec{e}_1 = \nabla U \cdot (\frac{1}{h_1}\frac{\partial \vec{r}}{\partial u}) = \frac{1}{h_1}(\frac{\partial U}{\partial x}\frac{\partial x}{\partial u} + \frac{\partial U}{\partial y}\frac{\partial y}{\partial u} + \frac{\partial U}{\partial z}\frac{\partial z}{\partial u}) = \frac{1}{h_1}\frac{\partial U}{\partial u}.$$

同理 $\quad (\nabla U)_v = \frac{1}{h_2}\frac{\partial U}{\partial v}; \quad (\nabla U)_w = \frac{1}{h_3}\frac{\partial U}{\partial w},$ 于是

$$\nabla U = (\nabla U)_u \vec{e}_1 + (\nabla U)_v \vec{e}_2 + (\nabla U)_w \vec{e}_3 = \frac{1}{h_1}\frac{\partial U}{\partial u}\vec{e}_1 + \frac{1}{h_2}\frac{\partial U}{\partial v}\vec{e}_2 + \frac{1}{h_3}\frac{\partial U}{\partial w}\vec{e}_3. \qquad \text{证毕}$$

（二）散度

$$\nabla \cdot \vec{A} = \frac{1}{h_1 h_2 h_3}[\frac{\partial}{\partial u}(h_2 h_3 A_1) + \frac{\partial}{\partial v}(h_3 h_1 A_2) + \frac{\partial}{\partial w}(h_1 h_2 A_3)]. \tag{1.2}$$

其中 $\vec{A} = A_1 \vec{e}_1 + A_2 \vec{e}_2 + A_3 \vec{e}_3.$

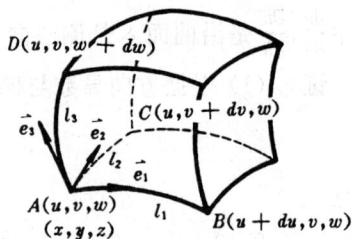

证 因

$$\nabla \cdot \vec{A} = \lim_{S \to M} \frac{1}{V} \oiint\limits_S \vec{A} \cdot \vec{dS}$$

$$= \frac{1}{h_1 h_2 h_3 dudvdw}\left[\frac{\partial(A_1 h_2 h_3)}{\partial u}dudvdw + \frac{\partial(A_2 h_3 h_1)}{\partial v}dudvdw + \frac{\partial(A_3 h_1 h_2)}{\partial w}dudvdw\right]$$

$$= \frac{1}{h_1 h_2 h_3}\left[\frac{\partial(A_1 h_2 h_3)}{\partial u} + \frac{\partial(A_2 h_3 h_1)}{\partial v} + \frac{\partial(A_3 h_1 h_2)}{\partial w}\right]. \qquad \text{证毕}$$

（三）旋度

$$\nabla \times \vec{A} = \frac{1}{h_2 h_3}\left[\frac{\partial(A_3 h_3)}{\partial v} - \frac{\partial(A_2 h_2)}{\partial w}\right]\vec{e_1} + \frac{1}{h_3 h_1}\left[\frac{\partial(A_1 h_1)}{\partial w} - \frac{\partial(A_3 h_3)}{\partial u}\right]\vec{e_2} + \frac{1}{h_1 h_2}\left[\frac{\partial(A_2 h_2)}{\partial u} - \frac{\partial(A_1 h_1)}{\partial v}\right]\vec{e_3}. \quad (1.3)$$

证 由斯托克斯公式 $\oint_L \vec{A} \cdot \vec{dl} = \iint\limits_S \mathrm{rot}\,\vec{A} \cdot \vec{dS}$，对微元六面体每一个面 $d\sigma_i$ 的外侧，其正向周界线 dl_i，于是，$\oint_{dl_i} \vec{A} \cdot \vec{dl} = \oiint\limits_{d\sigma_i}\mathrm{rot}\vec{A} \cdot \vec{d\sigma_i}$，例如，对 $\vec{e_3}$ 分量有

$$\oiint\limits_{d\sigma_3}\mathrm{rot}\,\vec{A} \cdot \vec{d\sigma_3} = \oint_{dl_3} \vec{A} \cdot \vec{dl} = A_1 dl_1 + \left[A_2 dl_2 + \frac{\partial(A_2 dl_2)}{\partial u}du\right] - \left[A_1 dl_1 + \frac{\partial(A_1 dl_1)}{\partial v}dv\right] - A_2 dl_2$$

$$= \frac{\partial(A_2 h_2)}{\partial u}dudv - \frac{\partial(A_1 h_1)}{\partial v}dudv.$$

因此，$(\mathrm{rot}\vec{A})_w = \mathrm{rot}_w\vec{A} = \frac{1}{h_1 h_2 dudv}\left[\frac{\partial(A_2 h_2)}{\partial u} - \frac{\partial(A_1 h_1)}{\partial v}\right]dudv$

$$= \frac{1}{h_1 h_2}\left[\frac{\partial(A_2 h_2)}{\partial u} - \frac{\partial(A_1 h_1)}{\partial v}\right].$$

对 $\vec{e_1}, \vec{e_2}$ 分量，同理可得. $\qquad\qquad$ 证毕

（四）调和量

$$\triangle U = \nabla \cdot \nabla U = \frac{1}{h_1 h_2 h_3}\left[\frac{\partial}{\partial u}\left(\frac{h_2 h_3}{h_1}\frac{\partial U}{\partial u}\right) + \frac{\partial}{\partial r}\left(\frac{h_3 h_1}{h_2}\frac{\partial U}{\partial v}\right) + \frac{\partial}{\partial w}\left(\frac{h_1 h_2}{h_3}\frac{\partial U}{\partial w}\right)\right]. \quad (1.4)$$

9.2 柱坐标下三度与调和量的表达式

对柱坐标 $(r, 0, z)$，如图 12-20. 由关系式：$x = r\cos 0, y = r\sin 0, z = z.$

$h_1 = \sqrt{\cos^2 0 + \sin^2 0} = 1$, $\quad h_2 = \sqrt{(-r\sin 0)^2 + (r\cos 0)^2} = r$,

$h_3 = 1.$

$\vec{A} = A_r \vec{e_r} + A_0 \vec{e_0} + A_z \vec{e_z}.$

分别由 (1.1) 至 (1.4) 得

$$\nabla U = \frac{\partial U}{\partial r}\vec{e_r} + \frac{1}{r}\frac{\partial U}{\partial 0}\vec{e_0} + \frac{\partial U}{\partial z}\vec{e_z}.$$

$$\nabla \cdot \vec{A} = \frac{1}{r}\frac{\partial}{\partial r}(rA_r) + \frac{1}{r}\frac{\partial}{\partial 0}A_0 + \frac{1}{r}\frac{\partial}{\partial z}(rA_z)$$

$$= \frac{1}{r}\frac{\partial}{\partial r}(rA_r) + \frac{1}{r}\frac{\partial A_0}{\partial 0} + \frac{\partial A_z}{\partial z}.$$

$$\nabla \times \vec{A} = \frac{1}{r}\left(\frac{\partial A_z}{\partial 0} - \frac{\partial(rA_0)}{\partial z}\right)\vec{e_r} + \left(\frac{\partial A_r}{\partial z} - \frac{\partial A_z}{\partial r}\right)\vec{e_0}$$

$$+ \frac{1}{r}\left(\frac{\partial(rA_0)}{\partial r} - \frac{\partial A_r}{\partial 0}\right)\vec{e_z}.$$

$$\triangle U = \frac{1}{r}\frac{\partial}{\partial r}\left(r\frac{\partial U}{\partial r}\right) + \frac{1}{r}\frac{\partial}{\partial 0}\left(\frac{1}{r}\frac{\partial U}{\partial 0}\right) + \frac{1}{r}\frac{\partial}{\partial z}\left(r\frac{\partial U}{\partial z}\right)$$

$$= \frac{1}{r}\frac{\partial}{\partial r}\left(r\frac{\partial U}{\partial r}\right) + \frac{1}{r^2}\frac{\partial^2 U}{\partial 0^2} + \frac{\partial^2 U}{\partial z^2}.$$

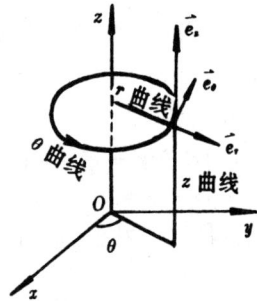

图 12-20

9.3 球坐标下三度与调和量的表达式

对球坐标 $(\rho, \varphi, 0)$，如图 12-21. 由关系式

$x = \rho\sin\varphi\cos 0, \quad y = \rho\sin\varphi\sin 0, \quad z = \rho\cos\varphi;$

$$h_1 = \sqrt{\sin^2\varphi\cos^2\theta + \sin^2\varphi\sin^2\theta + \cos^2\varphi} = 1;$$

$$h_2 = \sqrt{(\rho\cos\varphi\cos\theta)^2 + (\rho\cos\varphi\sin\theta)^2 + (-\rho\sin\varphi)^2} = \rho;$$

$$h_3 = \sqrt{(-\rho\sin\varphi\sin\theta)^2 + (\rho\sin\varphi\cos\theta)^2} = \rho\sin\varphi;$$

$$\vec{A} = A_\rho\vec{e}_\rho + A_\varphi\vec{e}_\varphi + A_\theta\vec{e}_\theta.$$

分别由(1.1)至(1.4),得

$$\nabla U = \frac{\partial U}{\partial \rho}\vec{e}_\rho + \frac{1}{\rho}\frac{\partial U}{\partial \varphi}\vec{e}_\varphi + \frac{1}{\rho\sin\varphi}\frac{\partial U}{\partial \theta}\vec{e}_\theta.$$

$$\nabla \cdot \vec{A} = \frac{1}{\rho^2\sin\varphi}\left[\frac{\partial}{\partial \rho}(\rho^2\sin\varphi A_\rho) + \frac{\partial}{\partial \varphi}(\rho\sin\varphi A_\varphi) + \frac{\partial}{\partial \theta}(\rho A_\theta)\right]$$

$$= \frac{1}{\rho^2}\frac{\partial}{\partial \rho}(\rho^2 A_\rho) + \frac{1}{\rho\sin\varphi}\frac{\partial}{\partial \varphi}(\sin\varphi A_\varphi) + \frac{1}{\rho\sin\varphi}\frac{\partial A_\theta}{\partial \theta}.$$

$$\nabla \times \vec{A} = \frac{1}{\rho^2\sin\varphi}\left[\frac{\partial(\rho\sin\varphi A_\theta)}{\partial \varphi} - \frac{\partial(\rho A_\varphi)}{\partial \theta}\right]\vec{e}_\rho$$

$$+ \frac{1}{\rho\sin\varphi}\left[\frac{\partial A_\rho}{\partial \theta} - \frac{\partial(\rho\sin\varphi A_\theta)}{\partial \rho}\right]\vec{e}_\varphi + \frac{1}{\rho}\left[\frac{\partial(\rho A_\varphi)}{\partial \rho} - \frac{\partial A_\rho}{\partial \varphi}\right]\vec{e}_\theta$$

$$= \frac{1}{\rho\sin\varphi}\left[\frac{\partial(\sin\varphi A_\theta)}{\partial \varphi} - \frac{\partial A_\varphi}{\partial \theta}\right]\vec{e}_\rho + \frac{1}{\rho}\left[\frac{1}{\sin\varphi}\frac{\partial A_\rho}{\partial \theta} - \frac{\partial(\rho A_\theta)}{\partial \rho}\right]\vec{e}_\varphi + \frac{1}{\rho}\left[\frac{\partial(\rho A_\varphi)}{\partial \rho} - \frac{\partial A_\rho}{\partial \varphi}\right]\vec{e}_\theta.$$

$$\triangle U = \frac{1}{\rho^2\sin\varphi}\left[\frac{\partial}{\partial \rho}(\rho^2\sin\varphi\frac{\partial U}{\partial \rho}) + \frac{\partial}{\partial \varphi}(\sin\varphi\frac{\partial U}{\partial \varphi}) + \frac{\partial}{\partial \theta}(\frac{1}{\sin\varphi}\frac{\partial U}{\partial \theta})\right]$$

$$= \frac{1}{\rho^2}\frac{\partial}{\partial \rho}(\rho^2\frac{\partial U}{\partial \rho}) + \frac{1}{\rho^2\sin\varphi}\frac{\partial}{\partial \varphi}(\sin\varphi\frac{\partial U}{\partial \varphi}) + \frac{1}{\rho^2\sin^2\varphi}\frac{\partial^2 U}{\partial \theta^2}.$$

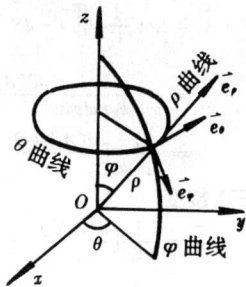

图 12-21

习题十二

§ 1

1. 计算下列第一类(对弧长)曲线积分:

(1) $\int_l (x+y)^2 dl$, l 为连接点 $A(1,1)$, $B(2,2)$, $C(1,3)$ 的三角形围线.

(2) $\int_l [(x^2+y^2)^3 + y^3]dl$, l 为 $x^2+y^2 = a^2$, $x \geqslant 0$.

(3) $\int_l \sqrt{x^2+y^2}dl$, l 为(i) $x^2+y^2 = -2y$;(ii) 极坐标方程 $r=a$, $\theta=0$, $\theta=\frac{\pi}{4}$ 所围图形的边界线.

(4) $\int_l |y|dl$, l 为(i) 抛物线 $y^2 = 2x$ 介于点 $O(0,0)$ 与 $A(2,-2)$ 间的弧;(ii) 双纽线 $(x^2+y^2)^2 = a^2(x^2-y^2)$ 的弧.

(5) $\int_l x^2 dl$, l 为

(i) $\begin{cases} x^2+y^2+z^2 = a^2; \\ x-y = 0, \end{cases}$ (ii) $\begin{cases} x^2+y^2+z^2 = a^2; \\ x+z = a, \end{cases}$ (iii) $\begin{cases} x^2+y^2+z^2 = a^2; \\ x+y+z = 0. \end{cases}$

(6) $\int_l \frac{|y|}{x^2+y^2+z^2}dl$, l 为 $\begin{cases} x^2+y^2+z^2 = 4a^2; \\ x^2+y^2 = 2ax, \end{cases}$ $z \geqslant 0, a > 0$.

(7) $\int_l |xy|dl$, l 为椭圆柱面螺旋线

$$x = a\cos t, \quad y = b\sin t, \quad z = ct, (0 \leqslant t \leqslant 2\pi, a > b > 0).$$

2. 利用第一类曲线积分求下列质线的质量中心的坐标:

(1) $x^2+y^2+ax = a\sqrt{x^2+y^2}$ ($a > 0$),其上任一点 (x,y) 处的线密度与到原点的距离成正比,已知点 $(-2a,0)$ 处的线密度为 2.

(2) $x = a\cos t$, $y = a\sin t$, $z = bt$, $0 \leqslant t \leqslant 2\pi$,其上任一点 (x,y,z) 处的线密度与该点到 xOy 平面的距离成正比,已知点 $(a,0,2\pi b)$ 处的线密度为 2.

3. 利用第一类曲线积分计算下列均质(设 $\mu = 1$)质线对指定轴的转动惯量:

(1) $x = a(t - \sin t)$, $y = a(1 - \cos t)$, $0 \leqslant t \leqslant 2\pi$,对 y 轴;

(2) $x^2+y^2+z^2 = a^2$, $x+y+z = 0$,对 z 轴.

4. 利用第一类曲线积分计算柱面(所指定部分)的面积,已知柱面的方程分别为:

(1) $x^2 + y^2 = y$ 的含于球面 $x^2 + y^2 + z^2 = 1$ 内的部分;

(2) $(x^2 + y^2)^2 = a^2(x^2 - y^2)$ 被圆锥面 $z^2 = x^2 + y^2$ 所截取的部分;

(3) $x = a(t - \sin t), y = a(1 - \cos t), 0 \leqslant t \leqslant 2\pi$ 被双抛物面 $z = xy$ 及平面 $z = 0$ 所截取的部分.

5. 利用第一类曲线积分计算质线对质点 m 的引力,已知质线的方程为:

(1) $y = \sqrt{a^2 - x^2}, |x| \leqslant a$,质点 m 在点 $(0,0)$,线密度 $\mu =$ 常数.

(2) $\sqrt{x} + \sqrt{y} = 1$,质点 m 在点 $(0,0)$,线密度 $\mu = \sqrt{\dfrac{xy}{x+y}}$,$(x,y)$ 为质线上任一点的坐标.

(3) $\begin{cases} x^2 + y^2 = a^2; \\ z = 0, \end{cases}$ 质点在点 $(0,0,b), (b \neq 0)$.线密度 $\mu =$ 常数.

§ 2

6. 计算第二类(对坐标)曲线积分 $\displaystyle\int_l \vec{A} \cdot \vec{dl}$,其中 $\vec{A}$ 与 l 分别为:

(1) $\vec{A} = 2xy\vec{i} - x^2\vec{j}$, l 为从 $O(0,0)$ 到 $A(2,1)$ 分别沿下述路径:

(i) 直线 OA; (ii) 抛物线 $x = 2y^2$;

(iii) 抛物线 $y = \dfrac{x^2}{4}$;(iv) 折线 OBA,B 点坐标为 $(2,0)$;(v) 折线 OCA,C 点坐标为 $(0,1)$.

(2) $\vec{A} = (x^2 + y^2)\vec{i} + (x^2 - y^2)\vec{j}$, l 沿折线 $y = 1 - |1 - x| (0 \leqslant x \leqslant 2)$,方向从原点经过 $A(1,1)$ 到 $B(2,0)$.

(3) $\vec{A} = -\vec{i} + \text{arctg}\dfrac{y}{x}\vec{j}$,$l$ 沿 $y = x^2$ 与 $y = x$ 所围区域边界线,正向.

(4) $\vec{A} = y^2\vec{i} + xy\vec{j} + zx\vec{k}$,$l$ 为从 $O(0,0,0)$ 到 $M(1,1,1)$ 分别沿下述路径:

(i) 直线 OM; (ii) 经 $A(1,0,0)$ 至 $B(1,1,0)$ 的折线.

(5) $\vec{A} = (y - z)\vec{i} + (z - x)\vec{j} + (x - y)\vec{k}$,$l$ 为椭圆 $x^2 + y^2 = 1, x + z = 1$,从 x 轴正向看去,l 的方向为逆时针的.

7. 利用第二类曲线积分计算力场的力对质点运动所作的功.

(1) $\vec{F} = (x + y)\vec{i} + (y - x)\vec{j}$,沿圆周 $(x - 2)^2 + y^2 = 1$,正向.

(2) 一空间力场,力的方向垂直于 z 轴且朝向 z 轴,其大小与作用点到 z 轴的距离成反比,质点沿圆周 $x = \cos t, y = 1, z = \sin t$,从点 $A(1,1,0)$ 运动到点 $B(0,1,1)$.

(3) 在椭圆 $\dfrac{x^2}{a^2} + \dfrac{y^2}{b^2} = 1$ 的焦点 $(c,0)$ 处有一质量为 M 的固定质点,另一质点 m 沿该椭圆正向从点 $A(a,0)$ 运动到点 $B(0,b)$,试求引力对质点 m 所作的功.

§ 3

8. 利用格林公式计算下列曲线积分:

(1) $\displaystyle\oint_l (xy + 1)dx + (x + y)^2 dy$,$l$ 为以点 $(1,1),(2,2),(1,3)$ 为顶点的三角形,沿正向.

(2) $\displaystyle\oint_l \left(\text{arctg}\dfrac{y}{x}\right) \dfrac{xdy - ydx}{x^2 + y^2}$,$l$ 为 $\dfrac{(x-3)^2}{4} + y^2 = 1$,沿正向.

(3) $\displaystyle\oint_l (y - e^x)dx + (3x + e^y)dy$,$l$ 为 $x^2 + y^2 = \sqrt{x^2 + y^2} - x$,沿正向.

(4) $\displaystyle\oint_l \sqrt{1 + x^2 + y^2}dx + y[xy + \ln(x + \sqrt{1 + x^2 + y^2})]dy$,$l$ 由 $y = 0, x = y^3, x = 1$ 所围区域的边界线,沿正向.

(5) $\displaystyle\oint_l (1 + xe^{2y})dx + (x^2 e^{2y} - y)dy$,$l$ 为 $x^4 + y^4 = x^2 + y^2$,沿正向.

9. 用适当的方法计算下列曲线积分:

(1) $\displaystyle\int_l (e^x \sin y - 1)dx + (e^x \cos y - y^2)dy$,$l$ 沿 $y = \sqrt{2ax - x^2}$ 从点 $A(2a,0)$ 到原点.

(2) $\int_l y dx + (\sqrt[3]{\sin y} - x)dy$, l 为从 $A(-1,0)$, 经 $B(2,1)$ 到 $E(1,0)$ 的折线段.

(3) $\int_l \dfrac{dx + dy}{|x| + |y|}$, l 为 $|x| + |y| = 1$ 所围区域的边界线, 沿正向.

(4) $\int_l \dfrac{x dy + 2y dx}{x^2 + y^2}$, l 为区域 $|x| \leqslant a, |y| \leqslant b$ 的边界线, 沿正向.

10. 利用曲线积分求平面图形面积公式, 求下列闭曲线所围面积:

(1) 星形线 $x^{\frac{2}{3}} + y^{\frac{2}{3}} = a^{\frac{2}{3}}$;

(2) 闭曲线 $x = 2a\cos t - a\cos 2t, y = 2a\sin t - a\sin 2t$.

11. 计算曲线积分 $\oint_l \dfrac{x dx + y dy}{\sqrt{x^2 + y^2}}$ 环绕坐标原点的循环常数.

§4

12. 验证下列曲线积分与路径无关, 并求其值.

(1) $\int_{(0,0)}^{(1,1)} (ye^x + 2x)dx + e^x dy$;　(2) $\int_{(1,-1)}^{(1,1)} x^y(\dfrac{y}{x}dx + \ln x dy)$;

(3) $\int_{(0,0)}^{(\frac{\pi}{2},1)} (2xy^3 - y^2\cos x)dx + (1 - 2y\sin x + 3x^2 y^2)dy$.

13. 试确定具有连续导数的函数, 使曲线积分与路径无关.

(1) 确定 $\varphi(x)$, $\int_l (x + xy\sin x)dx + \dfrac{\varphi(x)}{x}dy$, 已知 $\varphi(\dfrac{\pi}{2}) = 0$; 并求 $\int_{(\pi,1)}^{(2\pi,0)} (x + xy\sin x)dx + \dfrac{\varphi(x)}{x}dy$ 的值.

(2) 确定 $\varphi(x)$, $\int_l (\varphi'(x) + 6\varphi(x) + e^{-2x})y dx + \varphi'(x)dy$.

(3) 确定 $\varphi(y), \psi(y)$, $\int_l 2[x\varphi(y) + \psi(y)]dx + [x^2\psi(y) + 2xy^2 - 2x\varphi(y)]dy$, 已知 $\varphi(0) = -2, \psi(0) = 1$.

14. 验证下列表达式为全微分式, 并求其原函数.

(1) $\dfrac{2xy + 1}{y}dx + \dfrac{y - x}{y^2}dy$;　(2) $\dfrac{2x(1 - e^y)}{(1 + x^2)^2}dx + \dfrac{e^y}{1 + x^2}dy$.

15. 验证下列方程是全微分方程, 并求其通解.

(1) $\sin y dx + (x\cos y + y\cos y + \sin y)dy = 0$;

(2) $(3x^2 + 2xe^{-y})dx + (3y^2 - x^2 e^{-y})dy = 0$;

(3) $(x + \dfrac{1}{\sqrt{y^2 - x^2}})dx + (1 - \dfrac{x}{y\sqrt{y^2 - x^2}})dy = 0$;

(4) $(3x^2 - \dfrac{1}{x - y^2} - \dfrac{1}{y}\sin\dfrac{x}{y})dx + (\dfrac{2y}{x - y^2} + \dfrac{x}{y^2}\sin\dfrac{x}{y})dy = 0$.

16. 求下列方程的积分因子, 将方程化为全微分方程, 并求其通解.

(1) $(x + y)dy - y dx = 0$;　　　(2) $(3x^2 + y^2)dx - 2xy dy = 0$;

(3) $x\dfrac{dy}{dx} + 2y = x^3$;　　　(4) $\cos y\dfrac{dy}{dx} + x\sin y = 2x$;

(5) $2\sin y dx + \cos y dy = 0$;　　(6) $(x^2 + y^2 + y)dx - x dy = 0$;

(7) $(\sqrt{x^2 + y^2} + \dfrac{x}{\sqrt{x^2 + y^2}})dx + \dfrac{y dy}{\sqrt{x^2 + y^2}} = 0$.

17. 求解下列对称型微分方程组:

(1) $\dfrac{dx}{x} = \dfrac{dy}{y} = \dfrac{dz}{x + y}$;　　(2) $\dfrac{dx}{(z - y)^2} = \dfrac{dy}{z} = \dfrac{dz}{y}$;

(3) $\dfrac{dx}{y + z} = \dfrac{dy}{z + x} = \dfrac{dz}{x + y}$;　(4) $\dfrac{dx}{x^2 + y^2 + yz} = \dfrac{dy}{x^2 + y^2 - zx} = \dfrac{dz}{(x + y)z}$.

§5

18. 利用斯托克斯公式计算下列曲线积分:

(1) $\oint_l (y - z)dx + (z - x)dy + (x - y)dz$, l 是圆柱面 $x^2 + y^2 = 1$ 与平面 $x + z = 1$ 的交线, 从 x 轴正向看去, l 的方向是逆时针的.

(2) $\oint_l (y+1)dx + (z+2)dy + (x+3)dz, l$ 是球面 $x^2 + y^2 + z^2 = a^2$ 与平面 $x+y+z = 0$ 的交线,从 x 轴正向看去,l 的方向是逆时针的.

(3) $\oint_l y^2 dx + z^2 dy + x^2 dz, l$ 为 $x^2 + y^2 + z^2 = a^2$ 与 $x^2 + y^2 = ax(a > 0, z \geqslant 0)$ 的交线,方向同(2).

19. 验证下列曲线积分与路径无关,并求其值.

(1) $\int_{(1,0,-3)}^{(6,4,8)} x dx + y dy - z dz$;　(2) $\int_{(1,1,3)}^{(0,1,1)} yz dx + zx dy + xy dz$;

(3) $\int_{(x_0,y_0,z_0)}^{(x_1,y_1,z_1)} \dfrac{x dx + y dy + z dz}{(x^2 + y^2 + z^2)^{3/2}}$,积分路径不经过原点.

20. 验证下列各式为全微分式,并求原函数 u.

(1) $(2x + y)dx + (x + 2z)dy + (2y - 6z)dz$;　(2) $(1 - \dfrac{1}{y} + \dfrac{y}{z})dx + (\dfrac{x}{z} + \dfrac{x}{y^2})dy - \dfrac{xy}{z^2}dz$.

21. 用适当的方法计算下列曲线积分:

(1) $\int_l (x^2 - yz)dx + (y^2 - zx)dy + (z^2 - xy)dz$,其中 l 是圆柱螺旋线 $x = a\cos t, y = a\sin t, z = \dfrac{h}{2\pi}t$ 的从点 $A(a, 0, 0)$ 到点 $B(a, 0, h)$ 的一段.

(2) $\int_l (x - z)dx + (x^3 + yz)dy - 3xy^2 dz, l$ 为锥面 $z = 2 - \sqrt{x^2 + y^2}$ 与 xOy 平面的交线,从 z 轴正向看去,l 的方向是逆时针的.

§ 6

22. 求下列矢量场沿曲线 l 正向的循环量:

(1) $\vec{A} = -y\vec{i} + x\vec{j}, l$ 为 $x = R\cos^3\theta, y = R\sin^3\theta$.

(2) $\vec{A} = \operatorname{grad}(\operatorname{arctg} \dfrac{y}{x})$,(i) l 不包围 z 轴;(ii) l 围绕 z 轴.

23. 求下列矢量场 $\vec{A}$ 的旋度:

(1) $\vec{A} = (x + y)^2 \vec{i} + yz\vec{j} + zx\vec{k}$;　(2) $\vec{A} = (x^2 - y^2)\vec{i} + 2xy\vec{j} + 2z\vec{k}$;

(3) $\vec{A} = \dfrac{k}{r^3}(x\vec{i} + y\vec{j} + z\vec{k}), r = \sqrt{x^2 + y^2 + z^2}, k$ 为常数.

24. 证明旋度具有下列性质,其中 α, β 为常数,u 是具有一阶偏导数的数量函数.

(1) $\operatorname{rot}(\alpha\vec{A} + \beta\vec{B}) = \alpha\operatorname{rot}\vec{A} + \beta\operatorname{rot}\vec{B}$;　(2) $\operatorname{rot}(u\vec{A}) = u\operatorname{rot}\vec{A} + \operatorname{grad} u \times \vec{A}$.

25. 设 $\vec{r} = x\vec{i} + y\vec{j} + z\vec{k}, |\vec{r}| = r = \sqrt{x^2 + y^2 + z^2}, f(r)$ 具有一阶偏导数,$\vec{c}$ 为常矢量,试证

(1) $\operatorname{rot} \vec{r} = \vec{0}$;　(2) $\operatorname{rot}[f(r)\vec{r}] = \vec{0}$;

(3) $\operatorname{rot}[f(r)\vec{c}] = \dfrac{f'(r)}{r}\vec{r} \times \vec{c}$;　(4) $\operatorname{rot}(\vec{c} \times \vec{r}) = 2\vec{c}$;

(5) $\operatorname{rot}[\vec{c} \times f(r)\vec{r}] = [2f(r) + rf'(r)]\vec{c} - \dfrac{f'(r)}{r}(\vec{r} \cdot \vec{c})\vec{r}$.

26. 求矢量场 $\vec{A}$ 在指定点沿指定方向的环量密度,以及在指定点处的最大环量密度的大小和方向.

(1) $\vec{A} = (y^2 + z^2)\vec{i} + (z^2 + x^2)\vec{j} + (x^2 + y^2)\vec{k}$,点 $P(2,3,1)$,方向 $\vec{r} = x\vec{i} + y\vec{j} + z\vec{k}$;$P(2,3,1)$.

(2) $\vec{A} = xyz(\vec{i} + \vec{j} + \vec{k})$,点 $P(1,3,2)$,方向 $\vec{l} = \vec{i} + 2\vec{j} + 2\vec{k}$;$P(1,3,2)$.

§ 7

27. 下列矢量场是否是有势场?若是,求其势函数.

(1) $\vec{A} = (2x\cos y - y^2\sin x)\vec{i} + (2y\cos x - x^2\sin y)\vec{j}$;　(2) $\vec{A} = (2xyz^3 + z)\vec{i} + x^2z^3\vec{j} + (3x^2yz^2 + x)\vec{k}$;

(3) $\vec{A} = (xz - y)\vec{i} + (x^2y + z^3)\vec{j} + (3xz^2 - xy)\vec{k}$;　(4) $\vec{A} = (y\cos xy)\vec{i} + (x\cos xy)\vec{j} + \sin z\vec{k}$.

28. (1) 设有力场 $\vec{A} = (xz + ay^2 + bz^2)\vec{i} + (xy + az^2 + bx^2)\vec{j} + (yz + ax^2 + by^2)\vec{k}$,试决定常数 a, b,使 $\vec{A}$ 为保守场,求在此力场中一质点沿任一光滑曲线 l 从点 $(0,0,z_0)$ 移动到点 $(x_1,y_1,0)$ 此力场所作的功.

(2) 试确定常数 a,b,c,使 $\vec{F} = (axz + x^2)\vec{i} + (by + xy^2)\vec{j} + (z - z^2 + cxz - 2xyz)\vec{k}$ 为无源场.

29. 求由位于坐标原点的质量为 m 的质点所产生的引力场 $\vec{F} = -k\dfrac{m}{r^2}\dfrac{\vec{r}}{r}$ 的势函数,其中 $\vec{r} = x\vec{i} + y\vec{j} + z\vec{k}, r = |\vec{r}|, r > 0$.并证明 $\vec{F}$ 是一个调和场.

30. 设平面场 $\vec{A} = P(x,y)\vec{i} + Q(x,y)\vec{j}$,其中 P,Q 在场中具有一阶连续的偏导数.

(1) 由于 rot $\vec{A} = (\dfrac{\partial Q}{\partial x} - \dfrac{\partial P}{\partial y})\vec{k} = \vec{0}$,即 $\dfrac{\partial Q}{\partial x} - \dfrac{\partial P}{\partial y} = 0$,故存在势函数 u 满足 $\vec{A} = -\text{grad } u$①,即有

$$P = -\dfrac{\partial u}{\partial x}, \quad Q = -\dfrac{\partial u}{\partial y}, \tag{1}$$

其中势函数

$$u(x,y) = -\left[\int_{x_0}^{x} P(x,y_0)dx + \int_{y_0}^{y} Q(x,y)dy\right].$$

(2) 由于 div$\vec{A} = 0$,即 $\dfrac{\partial P}{\partial x} + \dfrac{\partial Q}{\partial y} = 0$,即有 $\vec{B} = -Q\vec{i} + P\vec{j}$ 的旋度 rot $\vec{B} = (\dfrac{\partial P}{\partial x} - \dfrac{\partial(-Q)}{\partial y})\vec{k} = \vec{0}$,因此,

存在函数 v 满足 rot $\vec{B} = \text{grad } v$,即有

$$-Q = \dfrac{\partial v}{\partial x}, \qquad P = \dfrac{\partial v}{\partial y}. \tag{2}$$

函数 v 称为**平面调和场 $\vec{A}$ 的力函数**,故

$$v(x,y) = \int_{x_0}^{x} -Q(x,y_0)dx + \int_{y_0}^{y} P(x,y)dy.$$

比较 (1),(2) 式,得

$$\dfrac{\partial u}{\partial x} = \dfrac{\partial v}{\partial y}, \quad \dfrac{\partial u}{\partial y} = -\dfrac{\partial v}{\partial x}. \tag{3}$$

这就是力函数 v 与势函数 u 之间的关系式,试证 $\dfrac{\partial^2 u}{\partial x^2} + \dfrac{\partial^2 u}{\partial y^2} = 0, \dfrac{\partial^2 v}{\partial x^2} + \dfrac{\partial^2 v}{\partial y^2} = 0$.

称 u 与 v 为**共轭调和函数**,(3) 称为**共轭调和条件**.

31. 试证平面静电场 $\vec{E} = \dfrac{q}{2\pi\varepsilon}(\dfrac{x\vec{i} + y\vec{j}}{x^2 + y^2})$ 是一平面调和场,并求其势函数和力函数.

32. 已知 $u = y^3 - 3x^2 y$,(1) 试证 u 为调和函数,(2) 求 u 的共轭调和函数.

§8

33. 求证下列各式成立,其中 $\vec{a}$ 为常矢量,$\vec{r} = x\vec{i} + y\vec{j} + z\vec{k}$.

(1) $\nabla \times [(\vec{a} \cdot \vec{r})\vec{r}] = \vec{a} \times \vec{r}$;　　　　(2) $\nabla \times [(\vec{a} \times \vec{r}) \times \vec{r}] = 3\vec{a} \times \vec{r}$;

(3) $\nabla \times [f(r)\vec{r}] = \vec{0}$;　　　　(4) $\vec{A} \times (\nabla \times \vec{A}) = \dfrac{1}{2}\nabla \vec{A}^2 - (\vec{A} \cdot \nabla)\vec{A}$;

(5) $\triangle(uv) = u\triangle v + v\triangle u + 2\nabla u \cdot \nabla v$;　　(6) $u\nabla v \cdot (\nabla \times u\nabla v) = 0$.

34. 设 $\vec{A} = \nabla\varphi, \triangle\varphi = 0$,求证 $\oiint\limits_{S} \varphi\vec{A} \cdot d\vec{S} = \iiint \vec{A}^2 dV$.

35. 设 l 是平面区域 σ 的边界,$\vec{n}$ 是 σ 的外法线矢量,用格林公式证明

(1) $\iint\limits_{\sigma} \triangle u d\sigma = \oint_{l} \dfrac{\partial u}{\partial n}dl$;　　(2) $\iint\limits_{\sigma}(v\triangle u + \nabla u \cdot \nabla v)d\sigma = \oint_{l} v\dfrac{\partial u}{\partial n}dl$;

(3) $\iint\limits_{\sigma}(v\triangle u - u\triangle v)d\sigma = \oint_{l}(v\dfrac{\partial u}{\partial n} - u\dfrac{\partial v}{\partial n})dl$.

§9

---

① 此处势函数的定义与物理、力学中一致.

36. 已知电位 $V = V(r,\theta,z) = (\frac{a^2}{r^2} - 1)r\cos\theta(a$ 是常数$)$,试求电场强度 $\vec{E}$ 及 div $\vec{E}$.

37. 已知电场强度 $\vec{E} = r\cos^2\theta \vec{e_r} + r\sin\theta \vec{e_\theta}$,求 rot$\vec{E}$.

38. 已知电位 $V = V(\rho,\varphi,\theta) = (a\rho^2 + \frac{1}{\rho^3})\sin2\varphi\cos\theta$,求电场强度 $\vec{E}$.

39. 设 $u = u(\rho,\varphi,\theta) = 2\rho\sin\varphi + \rho^2\cos\theta$,求 $\triangle u$.

40. 设空间一点 M,其柱面坐标为(r,θ,z),球面坐标为(ρ,φ,θ),试在这两种坐标中分别写出矢量 $\vec{r} = \overrightarrow{OM}$ 的表示式,并由此证明在这两种坐标系中都有 div $\vec{r} = 3$.

综合题

41. (1) 设 $u = \text{arctg} \frac{x}{y}$,求 rot grad$u$;

(2) 设 $\vec{A} = xy^2\vec{i} + xy\vec{j} + xz\vec{k}$,求 grad div $\vec{A}$;

(3) 设 $\vec{A} = (x-z)\vec{i} + (x^3 + yz)\vec{j} - 3xy^2\vec{k}$,求 div rot $\vec{A}$;

(4) 设 $u = xyze^{x+y+z}$,求 div grad u.

42. 试计算下列曲线积分 $\int_l \vec{A} \cdot \overrightarrow{dl}$,已知

(1) $\vec{A} = \frac{\partial}{\partial y}(\ln r)\vec{i} - \frac{\partial}{\partial x}(\ln r)\vec{j}, r = \sqrt{x^2 + y^2} > 0, l$ 是 $1 \leqslant x^2 + y^2 \leqslant 25$ 中任意一逐段光滑的闭曲线,沿正向.

(2) $\vec{A} = [\frac{1}{y} + yf(xy)]\vec{i} + [xf(xy) - \frac{x}{y^2}]\vec{j}, f(u)$ 在区间$(0, +\infty)$ 上连续,l 为从点 $A(3,\frac{2}{3})$ 到点 $B(1,2)$ 的路径.

43. 求具有连续的一阶导数的函数 $f(u)$,已知 $\int_l \vec{A} \cdot \overrightarrow{dl}$ 满足下列各条件:

(1) 积分与路径无关,$\vec{A} = \frac{-f(x)}{1+x^2}xy\vec{i} + f(x)\vec{j}, f(0) = 1, l$ 为从 $A(x_0,y_0)$ 到 $B(x_1,y_1)$ 任意光滑曲线.

(2) 积分为 0,$\vec{A} = [2y - yf(x^2 - y^2)]\vec{i} + xf(x^2 - y^2)\vec{j}, f(1) = 0, l$ 是与直线 $y = \pm x$ 不相交的任意闭曲线.

44. 求所有具有二阶连续偏导数的函数 $P(x,y), Q(x,y)$,使曲线积分

$$\int_l P(x+a, y+b)dx + Q(x+a, y+b)dy$$

与常数 a,b 无关,l 为任何光滑闭曲线.

45. (1) 设 l 为任一无重点的逐段光滑正向闭曲线,它所围区域面积为 σ,试证

$$\int_l (a_1x + a_2y + a_3)dx + (b_1x + b_2y + b_3)dy = (b_1 - a_2)\sigma.$$

(2) 设 σ 为 $y = x, y = 4x, xy = 1, xy = 4$ 所围区域,其边界曲线为 l,试证

$$\oint_l \frac{1}{y}f(xy)dy = [f(4) - f(1)]\ln2,$$

其中 $f(u)$ 有连续的一阶导数.

46. 在椭球面 $\frac{x^2}{a^2} + \frac{y^2}{b^2} + \frac{z^2}{c^2} = 1(a,b,c > 0)$ 在第一卦限部分上求一点,使一质点 m 在力 $\vec{F} = yz\vec{i} + zx\vec{j} + xy\vec{k}$ 作用下,由原点沿直线移动到该点时,所作功最大,并求此最大功的值.

第十三章　无穷级数

无穷级数是表达函数和进行数值计算的重要工具,它在微积分学中占有重要的地位.无穷级数的概念和运算方法与数列极限有着密切联系.本章先介绍常数项级数及函数项级数主要是幂级数的概念、性质和运算,然后介绍傅里叶级数.

§1　基本概念

1.1　级数收敛与发散的定义

设一无穷数列

$$\{u_n\}: u_1, u_2, \cdots, u_n, \cdots,$$

按顺序用加号将所有项联接起来的表示式

$$u_1 + u_2 + \cdots + u_n + \cdots,$$

称为**无穷级数**,简称**级数**,并缩写为 $\sum\limits_{n=1}^{\infty} u_n$,即

$$\sum_{n=1}^{\infty} u_n = u_1 + u_2 + \cdots + u_n + \cdots, \tag{1.1}$$

其中 $u_1, u_2, \cdots, u_n, \cdots$ 称为级数的**项**,u_n 称为**通项**或**一般项**.

级数(1.1)前面 n 项的和

$$\sum_{k=1}^{n} u_k = u_1 + u_2 + \cdots + u_n \triangleq S_n, \tag{1.2}$$

称为级数(1.1)的**部分和**,令 $n = 1, 2, \cdots$,构成部分和数列

$$\{S_n\}: S_1, S_2, \cdots, S_n, \cdots. \tag{1.3}$$

部分和数列可能存在极限,也可能不存在极限,有以下定义:

定义　设级数 $\sum\limits_{n=1}^{\infty} u_n$ 的部分和数列为 $\{S_n\}$,若 $n \to \infty$ 时,$\{S_n\}$ 存在有穷极限 S,即

$$\lim_{n \to \infty} S_n = S,$$

则称级数(1.1)**收敛**,S 是级数(1.1)的**和**,记为

$$\sum_{n=1}^{\infty} u_n = u_1 + u_2 + \cdots + u_n + \cdots = S.$$

此时又称级数(1.1)**收敛于** S.

若 $n \to \infty$ 时,$\{S_n\}$ 没有有穷极限,则称级数(1.1)**发散**.

上述定义说明,级数(1.1)的收敛性等价于它的部分和数列 $\{S_n\}$ 的收敛性.

若级数(1.1)收敛,即 $\lim\limits_{n \to \infty} S_n = S$ 或

$$S - S_n \triangleq R_n \to 0 \quad (n \to \infty),$$

R_n 称为级数(1.1)的**余项**,因此,当 $n \to \infty$ 时,收敛级数的余项 R_n 是一无穷小,从而可以用部分和 S_n 作为其和 S 的近似值.

例1 试讨论下列级数是否收敛,若收敛并求其和.

(1) $\dfrac{1}{3} + \dfrac{2}{3 \cdot 5} + \dfrac{3}{3 \cdot 5 \cdot 7} + \dfrac{4}{3 \cdot 5 \cdot 7 \cdot 9} + \cdots + \dfrac{n}{(2n+1)!!} + \cdots,$

(2) $\ln(1 + \dfrac{1}{1}) + \ln(1 + \dfrac{1}{2}) + \ln(1 + \dfrac{1}{3}) + \cdots + \ln(1 + \dfrac{1}{n}) + \cdots.$

解 (1) 由于部分和

$$
\begin{aligned}
S_n &= \frac{1}{3} + \frac{2}{3 \cdot 5} + \frac{3}{3 \cdot 5 \cdot 7} + \frac{4}{3 \cdot 5 \cdot 7 \cdot 9} + \cdots + \frac{n}{(2n+1)!!} \\
&= \frac{1}{2}\Big[(1 - \frac{1}{3}) + (\frac{1}{1 \cdot 3} - \frac{1}{1 \cdot 3 \cdot 5}) + (\frac{1}{1 \cdot 3 \cdot 5} - \frac{1}{1 \cdot 3 \cdot 5 \cdot 7}) + \cdots \\
&\quad + (\frac{1}{(2n-1)!!} - \frac{1}{(2n+1)!!}) \Big] \\
&= \frac{1}{2}\Big[1 - \frac{1}{(2n+1)!!} \Big],
\end{aligned}
$$

因此 $\lim\limits_{n \to \infty} S_n = \dfrac{1}{2}$,按定义,级数(1)收敛,其和为 $\dfrac{1}{2}$.

(2) 由于部分和

$$
\begin{aligned}
S_n &= \ln(1 + \frac{1}{1}) + \ln(1 + \frac{1}{2}) + \ln(1 + \frac{1}{3}) + \cdots + \ln(1 + \frac{1}{n}) \\
&= (\ln 2 - \ln 1) + (\ln 3 - \ln 2) + (\ln 4 - \ln 3) + \cdots + [\ln(n+1) - \ln n] \\
&= \ln(n+1),
\end{aligned}
$$

因此 $\lim\limits_{n \to \infty} S_n = +\infty$,按定义,级数(2)发散.

例2 讨论几何级数(等比级数)

$$
\sum_{n=1}^{\infty} a q^{n-1} = a + aq + aq^2 + \cdots + aq^{n-1} + \cdots \tag{1.4}
$$

的收敛性,其中 $a \neq 0$. q 称为**公比**.

解 (1.4) 的部分和

$$
S_n = a + aq + aq^2 + \cdots + aq^{n-1} = \begin{cases} \dfrac{a(1 - q^n)}{1 - q}, & q \neq 1; \\ na, & q = 1, \end{cases}
$$

当 $|q| < 1$ 时,有 $\lim\limits_{n \to \infty} q^n = 0$,故

$$
\lim_{n \to \infty} S_n = \frac{a}{1 - q},
$$

即级数 (1.4) 收敛,其和 $S = \dfrac{a}{1-q}$.

当 $|q| > 1$ 时,由 $\lim\limits_{n \to \infty} q^n = \infty$;及 $q = 1$ 时,由 $\lim\limits_{n \to \infty} na = \infty$,故都有 $\lim\limits_{n \to \infty} S_n = \infty$,又 $q = -1$ 时,由 $\lim\limits_{n \to \infty} q^n = \lim\limits_{n \to \infty}(-1)^n$ 不存在,故 $\lim\limits_{n \to \infty} S_n$ 不存在,级数发散.

综上所述,几何级数

$$
\sum_{n=1}^{\infty} aq^{n-1} \begin{cases} 收敛于 \dfrac{a}{1-q}, & 当 |q| < 1 时; \\ 发散, & 当 |q| \geqslant 1 时. \end{cases}
$$

例3 讨论 p 级数

$$
\sum_{n=1}^{\infty} \frac{1}{n^p} = 1 + \frac{1}{2^p} + \frac{1}{3^p} + \cdots + \frac{1}{n^p} + \cdots \tag{1.5}
$$

的收敛性,其中 p 为实数.

解 当 $p=1$ 时,在已知不等式

$$x > \ln(1+x), x > 0$$

中,令 $x = 1, \frac{1}{2}, \frac{1}{3}, \cdots, \frac{1}{n}$,然后相加,得

$$S_n = 1 + \frac{1}{2} + \frac{1}{3} + \cdots + \frac{1}{n}$$

$$> \ln\left(1+\frac{1}{1}\right) + \ln\left(1+\frac{1}{2}\right) + \ln\left(1+\frac{1}{3}\right) + \cdots + \ln\left(1+\frac{1}{n}\right)$$

$$= \ln(1+n) \to +\infty, (n \to \infty).$$

于是 $S_n \to +\infty$,即

$$\sum_{n=1}^{\infty} \frac{1}{n} = 1 + \frac{1}{2} + \frac{1}{3} + \cdots + \frac{1}{n} + \cdots \qquad (1.6)$$

发散,级数(1.6)称为**调和级数**.因此,调和级数是发散的.

当 $p < 1$ 时,由于

$$S_n = 1 + \frac{1}{2^p} + \frac{1}{3^p} + \cdots + \frac{1}{n^p} > 1 + \frac{1}{2} + \frac{1}{3} + \cdots + \frac{1}{n} \overset{\triangle}{=} \sigma_n \to +\infty,$$

于是 $S_n \to +\infty$,故当 $p < 1$ 时,级数(1.5)发散.

当 $p > 1$ 时,设 $y = \frac{1}{x^p}$,由图 13-1,知 $n \geqslant 2$ 时,

$$S_n = 1 + \frac{1}{2^p} + \frac{1}{3^p} + \cdots + \frac{1}{n^p}$$

$$< 1 + \int_1^2 \frac{1}{x^p}dx + \int_2^3 \frac{1}{x^p}dx + \cdots + \int_{n-1}^n \frac{1}{x^p}dx$$

$$= 1 + \int_1^n \frac{1}{x^p}dx = 1 + \frac{1-n^{1-p}}{p-1} < 1 + \frac{1}{p-1}.$$

由于数列 $\{S_n\}$ 是单调增加且有上界,故 $\lim\limits_{n\to\infty} S_n$ 存在,从而级数(1.5)收敛.

综合上述,得 p 级数

$$\sum_{n=1}^{\infty} \frac{1}{n^p} \begin{cases} \text{收敛,当 } p > 1 \text{ 时;} \\ \text{发散,当 } p \leqslant 1 \text{ 时.} \end{cases}$$

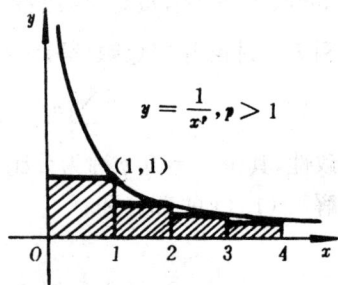

图 13-1

1.2 级数的基本性质

性质 1 级数各项乘以非零常数 k,其敛散性不变.即

1° 若 $\sum\limits_{n=1}^{\infty} u_n$ 收敛于 S,则 $\sum\limits_{n=1}^{\infty} ku_n$ 收敛于 kS;

2° 若 $\sum\limits_{n=1}^{\infty} u_n$ 发散,则 $\sum\limits_{n=1}^{\infty} ku_n$ 发散.

证 记 $S_n = u_1 + u_2 + \cdots + u_n$,于是

$$\sigma_n = ku_1 + ku_2 + \cdots + ku_n = k(u_1 + u_2 + \cdots + u_n) = kS_n,$$

因此,当 $S_n \to S$ 时,$\sigma_n = kS_n \to kS$;当 S_n 的极限不存在且 $k \neq 0$ 时,$\sigma_n = kS_n$ 也不存在极限.

证毕

性质 2 两收敛级数可逐项相加或相减.即

若 $\sum\limits_{n=1}^{\infty} u_n = S$,$\sum\limits_{n=1}^{\infty} v_n = \sigma$,则 $\sum\limits_{n=1}^{\infty} (u_n \pm v_n) = S \pm \sigma.$

证 记 $S_n = u_1 + u_2 + \cdots + u_n$,$\sigma_n = v_1 + v_2 + \cdots + v_n$,及

$$\tau_n = (u_1 \pm v_1) + (u_2 \pm v_2) + \cdots + (u_n \pm v_n)$$
$$= (u_1 + u_2 + \cdots + u_n) \pm (v_1 + v_2 + \cdots + v_n) = S_n \pm \sigma_n,$$

故当 $S_n \to S, \sigma_n \to \sigma$ 时,$\tau_n = S_n \pm \sigma_n \to S \pm \sigma$. 　　　　证毕

推论　若 $\sum\limits_{n=1}^{\infty} u_n$ 收敛,$\sum\limits_{n=1}^{\infty} v_n$ 发散,则 $\sum\limits_{n=1}^{\infty}(u_n + v_n)$ 发散.

证　反证法　设 $\sum\limits_{n=1}^{\infty}(u_n + v_n)$ 收敛,又 $\sum\limits_{n=1}^{\infty} u_n$ 收敛,则由(2) $\sum\limits_{n=1}^{\infty}[(u_n + v_n) - u_n] = \sum\limits_{n=1}^{\infty} v_n$

收敛,这与假设 $\sum\limits_{n=1}^{\infty} v_n$ 发散矛盾. 　　　　证毕

注意:若 $\sum\limits_{n=1}^{\infty} u_n, \sum\limits_{n=1}^{\infty} v_n$ 都发散,但 $\sum\limits_{n=1}^{\infty}(u_n + v_n)$ 未必发散.

例如　　$\sum\limits_{n=1}^{\infty} \dfrac{1}{n}$ 与 $\sum\limits_{n=1}^{\infty} \dfrac{-1}{n}$ 都发散,但 $\sum\limits_{n=1}^{\infty}\left(\dfrac{1}{n} - \dfrac{1}{n}\right) = \sum\limits_{n=1}^{\infty} 0 = 0$,收敛.

性质 3　在级数前面添加或删去有限多项,或改变有限多项的数值,这样所成新级数与原级数同时收敛或同时发散.

证　设 $k < n$,级数
$$u_1 + u_2 + \cdots + u_k + u_{k+1} + \cdots + u_n + \cdots,$$
$$v_1 + v_2 + \cdots + v_k + v_{k+1} + \cdots + v_n + \cdots,$$

是仅前面 k(有限数,$k < n$) 项不同的两个级数,其部分和
$$S_n = u_1 + u_2 + \cdots + u_k + u_{k+1} + \cdots + u_n,$$
$$\sigma_n = v_1 + v_2 + \cdots + v_k + v_{k+1} + \cdots + v_n,$$

则　　　$\sigma_n - (v_1 + v_2 + \cdots + v_k) = S_n - (u_1 + u_2 + \cdots + u_k),$

或　　　$\sigma_n = S_n + [(v_1 + v_2 + \cdots + v_k) - (u_1 + u_2 + \cdots + u_k)] \triangleq S_n + c_k,$

其中 $c_k = v_1 + v_2 + \cdots + v_k - (u_1 + u_2 + \cdots + u_k)$ 为常数,因此 $\lim\limits_{n\to\infty}\sigma_n$ 与 $\lim\limits_{n\to\infty}S_n$ 同时存在、有限或同时不存在有限极限.

这就是说,改变级数的有限多项,决不会改变其收敛性,但可能改变其和.

对于前面添加或删去有限多项的情形,同理可证.

性质 4　收敛级数具有可结合性,即收敛级数可随意并项,并项以后所得的新级数仍收敛,且与原级数有相同的和.

证　设级数 $\sum\limits_{n=1}^{\infty} u_n$ 收敛于 S,现在对级数
$$u_1 + u_2 + u_3 + u_4 + \cdots + u_n + \cdots$$

任加一些括号,得
$$(u_1 + \cdots + u_{n_1}) + (u_{n_1+1} + \cdots + u_{n_2}) + \cdots + (u_{n_{k-1}+1} + \cdots + u_{n_k}) + \cdots \qquad (1.7)$$

设级数(1.7)的部分和数列为
$$\sigma_1 = (u_1 + \cdots + u_{n_1}),$$
$$\sigma_2 = (u_1 + \cdots + u_{n_1}) + (u_{n_1+1} + \cdots + u_{n_2}),$$
$$\cdots \quad \cdots \quad \cdots$$
$$\sigma_k = (u_1 + \cdots + u_{n_1}) + \cdots + (u_{n_{k-1}+1} + \cdots + u_{n_k}),$$
$$\cdots \quad \cdots \quad \cdots$$

此数列是原级数 $\sum\limits_{n=1}^{\infty} u_n$ 的部分和数列 $\{S_n\}$ 的一个子数列：$S_{n_1}, S_{n_2}, \cdots, S_{n_k}, \cdots$. 根据收敛数列的性质,若数列 $\{S_n\}$ 收敛,则其任一子数列也必收敛,且其极限相同. 证毕

注意：对发散级数却不能任意并项,例如

$$1 - 1 + 1 - 1 + \cdots + (-1)^{n-1} + \cdots$$

发散,将相邻两项合并,得

$$(1 - 1) + (1 - 1) + \cdots + (1 - 1) + \cdots,$$

这个级数每项都是 0,显然收敛于 0.

1.3 级数收敛的条件

定理一（必要条件） 级数收敛的必要条件是它的通项趋于零.

证 设 $\sum\limits_{n=1}^{\infty} u_n$ 收敛,现证明 $\lim\limits_{n \to \infty} u_n = 0$,由于部分和 $S_n = u_1 + u_2 + \cdots + u_n$,则通项

$$u_n = S_n - S_{n-1},$$

于是 $\quad \lim\limits_{n \to \infty} u_n = \lim\limits_{n \to \infty}(S_n - S_{n-1}) = \lim\limits_{n \to \infty} S_n - \lim\limits_{n \to \infty} S_{n-1} = S - S = 0.$ 证毕

由此可知,如果级数的通项 $u_n \not\to 0$,那么这个级数必定发散.

例如 级数 $\sum\limits_{n=1}^{\infty} \dfrac{n}{2n+3}, \sum\limits_{n=2}^{\infty} \dfrac{1}{\sqrt[n]{2}}$ 都是发散的,因为 $u_n = \dfrac{n}{2n+3} \to \dfrac{1}{2} \neq 0, u_n = \dfrac{1}{\sqrt[n]{2}} \to 1 \neq 0.$

另一方面,$\lim\limits_{n \to \infty} u_n = 0$ 不是级数 $\sum\limits_{n=1}^{\infty} u_n$ 收敛的充分条件.

例如 p 级数 $\sum\limits_{n=1}^{\infty} \dfrac{1}{n}$ 与 $\sum\limits_{n=1}^{\infty} \dfrac{1}{n^2}$ 的通项都是 $\dfrac{1}{n} \to 0, \dfrac{1}{n^2} \to 0$,但前者发散,后者收敛.

定理二（必要充分条件 级数的柯西收敛准则） 级数 $\sum\limits_{n=1}^{\infty} u_n$ 收敛的必要充分条件是其部分和数列 $\{S_n\}$ 是稳定性数列（柯西数列）,即

$\forall \varepsilon > 0, \exists$ 自然数 $N = N(\varepsilon)$,使得当 $n > N$ 时,对任何自然数 p,都有

$$|S_{n+p} - S_n| < \varepsilon \quad \text{或} \quad |u_{n+1} + u_{n+2} + \cdots + u_{n+p}| < \varepsilon.$$

证 由于级数 $\sum\limits_{n=1}^{\infty} u_n$ 的收敛等价于它的部分和数列 $\{S_n\}$ 收敛,对 $\{S_n\}$ 由数列极限的柯西收敛准则即得证.

例 4 判别级数 $\sum\limits_{n=1}^{\infty} \dfrac{\sin nx - \sin(n+1)x}{n}$ 的收敛性.

解 由于

$$
\begin{aligned}
|S_{n+p} - S_n| &= |u_{n+1} + u_{n+2} + \cdots + u_{n+p}| \\
&= \left| \frac{\sin(n+1)x - \sin(n+2)x}{n+1} + \frac{\sin(n+2)x - \sin(n+3)x}{n+2} + \cdots \right. \\
&\quad \left. + \frac{\sin(n+p)x - \sin(n+p+1)x}{n+p} \right| \\
&= \left| \frac{\sin(n+1)x}{n+1} + \left(\frac{1}{n+2} - \frac{1}{n+1}\right)\sin(n+2)x + \cdots \right. \\
&\quad \left. + \left(\frac{1}{n+p} - \frac{1}{n+p-1}\right)\sin(n+p)x - \frac{\sin(n+p+1)x}{n+p} \right| \\
&\leqslant \left| \frac{\sin(n+1)x}{n+1} \right| + \left| \left(\frac{1}{n+2} - \frac{1}{n+1}\right)\sin(n+2)x \right| + \cdots
\end{aligned}
$$

$$+ \left| \left(\frac{1}{n+p} - \frac{1}{n+p-1}\right)\sin(n+p)x \right| + \left| \frac{\sin(n+p+1)x}{n+p} \right|$$

$$\leqslant \frac{1}{n+1} + \left(\frac{1}{n+1} - \frac{1}{n+2}\right) + \cdots + \left(\frac{1}{n+p-1} - \frac{1}{n+p}\right) + \frac{1}{n+p}$$

$$= \frac{2}{n+1}.$$

因此，$\forall\, \varepsilon > 0$，要 $\dfrac{2}{n+1} < \varepsilon$ 或 $n > \dfrac{2}{\varepsilon} - 1$．取 $N = \left[\dfrac{2}{\varepsilon} - 1\right]$，当 $n > N$ 时，对任意自然 p，都有

$$|S_{n+p} - S_n| = |u_{n+1} + u_{n+2} + \cdots + u_{n+p}| < \varepsilon.$$

根据柯西收敛准则，该级数收敛.

§2 正项级数

若级数 $\displaystyle\sum_{n=1}^{\infty} u_n$ 的项 $u_n \geqslant 0 (n = 1, 2, \cdots)$，则称 $\displaystyle\sum_{n=1}^{\infty} u_n$ 为**正项级数**（对 $u_n \leqslant 0 (n = 1, 2, \cdots)$ 的情形，只要提出因数 (-1)，就化成正项级数，它们有相同的敛散性）. 显然，正项级数的部分和数列 $\{S_n\}$：

$$S_1 \leqslant S_2 \leqslant \cdots \leqslant S_n \leqslant S_{n+1} \leqslant \cdots$$

即是一个单调增加数列，因此，只有两种可能性：

1° 若有上界，即存在常数 k，使得

$$S_n \leqslant k (n = 1, 2, \cdots),$$

则 $\lim\limits_{n \to \infty} S_n$ 存在，因而级数 $\displaystyle\sum_{n=1}^{\infty} u_n$ 收敛；

2° 若无上界，则 $\lim\limits_{n \to \infty} S_n = +\infty$，故级数 $\displaystyle\sum_{n=1}^{\infty} u_n$ 发散.

因此，判别正项级数 $\displaystyle\sum_{n=1}^{\infty} u_n$ 是否收敛问题，化为判别其部分和数列 $\{S_n\}$ 是否有上界的问题，有下列判别法.

2.1 比较判别法

定理一 设 $\displaystyle\sum_{n=1}^{\infty} u_n, \sum_{n=1}^{\infty} v_n$ 是两个正项级数，且

$$u_n \leqslant v_n \quad (n = 1, 2, \cdots).$$

1° 若 $\displaystyle\sum_{n=1}^{\infty} v_n$ 收敛，则 $\displaystyle\sum_{n=1}^{\infty} u_n$ 收敛；

2° 若 $\displaystyle\sum_{n=1}^{\infty} u_n$ 发散，则 $\displaystyle\sum_{n=1}^{\infty} v_n$ 发散.

证 记 $S_n = u_1 + u_2 + \cdots + u_n$，$\sigma_n = v_1 + v_2 + \cdots + v_n$，由于

$$u_n \leqslant v_n \quad (n = 1, 2, \cdots),$$

故 $$S_n \leqslant \sigma_n \quad (n = 1, 2, \cdots).$$

1° 若 $\displaystyle\sum_{n=1}^{\infty} v_n$ 收敛，其和为 σ，于是

$$S_n \leqslant \sigma_n \leqslant \sigma (常数) \quad (n = 1, 2, \cdots)$$

这表明 $\{S_n\}$ 有上界，故正项级数 $\displaystyle\sum_{n=1}^{\infty} u_n$ 收敛.

$2°$ **反证法** 若 $\sum\limits_{n=1}^{\infty} v_n$ 收敛,则由 $1°$ 知 $\sum\limits_{n=1}^{\infty} u_n$ 收敛,与假设 $\sum\limits_{n=1}^{\infty} u_n$ 发散矛盾.

我们指出:比较判别法的条件 $u_n \leqslant v_n$ 不必从 $n = 1$ 开始,只要从充分大的某项 N 开始就可以了,这是因为改变级数前面有限多项,不会改变级数的收敛性.

例 1 判别下列级数的收敛性:

(1) $\sum\limits_{n=1}^{\infty} (\dfrac{n}{3n+2})^n$; (2) $\sum\limits_{n=1}^{\infty} \dfrac{1}{\sqrt{n}} \sin\dfrac{1}{n}$; (3) $\sum\limits_{n=1}^{\infty} [\dfrac{(2n-1)!!}{(2n)!!}]^\alpha$ ($\alpha > 0$);

(4) $\sum\limits_{n=1}^{\infty} \dfrac{a^{2n}}{1 + a^{4n}}$ (a 为实数).

解 本例各题皆为正项级数,由比较判别法

(1) 由于 $(\dfrac{n}{3n+2})^n < (\dfrac{n}{3n})^n = (\dfrac{1}{3})^n$,而 $\sum\limits_{n=1}^{\infty} (\dfrac{1}{3})^n$ 是公比 $q = \dfrac{1}{3} < 1$ 的几何级数,它是收敛的,故 $\sum\limits_{n=1}^{\infty} (\dfrac{n}{3n+2})^n$ 收敛.

(2) 由于 $0 < \sin\dfrac{1}{n} < \dfrac{1}{n}$,因此 $\dfrac{1}{\sqrt{n}} \sin\dfrac{1}{n} < \dfrac{1}{\sqrt{n}} \cdot \dfrac{1}{n} = \dfrac{1}{n^{3/2}}$. 而 $\sum\limits_{n=1}^{\infty} \dfrac{1}{n^{3/2}}$ 是 $p = \dfrac{3}{2} > 1$ 的 p 级数,它是收敛的,故 $\sum\limits_{n=1}^{\infty} \dfrac{1}{\sqrt{n}} \sin\dfrac{1}{n}$ 收敛.

(3) 由不等式

$$\dfrac{1}{2\sqrt{n}} < \dfrac{(2n-1)!!}{(2n)!!} < \dfrac{1}{\sqrt{2n+1}},$$

又 $\dfrac{1}{\sqrt{2n+1}} < \dfrac{1}{\sqrt{n}}$,于是,有

$$\dfrac{1}{2^\alpha n^{\frac{\alpha}{2}}} < [\dfrac{(2n-1)!!}{(2n)!!}]^\alpha < \dfrac{1}{n^{\frac{\alpha}{2}}}.$$

当 $\alpha > 2$ 时,即 $\dfrac{\alpha}{2} > 1$,级数 $\sum\limits_{n=1}^{\infty} \dfrac{1}{n^{\frac{\alpha}{2}}}$ 收敛,故原级数收敛;当 $\alpha \leqslant 2$ 时,即 $\dfrac{\alpha}{2} \leqslant 1$,级数 $\sum\limits_{n=1}^{\infty} \dfrac{1}{2^\alpha n^{\frac{\alpha}{2}}}$ 发散,故原级数发散.

(4) 当 $a = 0$ 时,级数显然收敛;

当 $a = \pm 1$ 时,$u_n = \dfrac{1}{2} \nrightarrow 0$,级数发散;

当 $0 < |a| < 1$ 时,$\dfrac{a^{2n}}{1 + a^{4n}} < a^{2n}$,而 $\sum\limits_{n=1}^{\infty} (a^2)^n$ 是 $q = a^2 < 1$ 的几何级数,它是收敛的,故原级数收敛;

当 $|a| > 1$ 时,$\dfrac{a^{2n}}{1 + a^{4n}} = \dfrac{(\dfrac{1}{a})^{2n}}{(\dfrac{1}{a})^{4n} + 1} < (\dfrac{1}{a})^{2n}$,

而 $\sum\limits_{n=1}^{\infty} (\dfrac{1}{a^2})^n$ 收敛,故原级数收敛.

推论(比较判别法的极限形式) 设 $\sum\limits_{n=1}^{\infty} u_n, \sum\limits_{n=1}^{\infty} v_n$ 都是正项级数,且 $v_n > 0 (n = 1, 2, \cdots)$. 若

$$\lim_{n \to \infty} \dfrac{u_n}{v_n} = l \quad (0 < l < +\infty), \tag{2.1}$$

即有 $u_n \sim l v_n (n \to \infty)$，则级数 $\sum_{n=1}^{\infty} u_n$ 与 $\sum_{n=1}^{\infty} v_n$ 同时收敛或同时发散.

证 由 $\lim_{n \to \infty} \dfrac{u_n}{v_n} = l (0 < l < +\infty)$，故对 $\varepsilon_0 = \dfrac{l}{2} > 0$，存在 N，当 $n > N$ 时，都有

$$|\frac{u_n}{v_n} - l| < \frac{l}{2} \quad 或 \quad \frac{l}{2} v_n < u_n < \frac{3l}{2} v_n,$$

按比较判别法，若 $\sum_{n=1}^{\infty} v_n$ 收敛，由 $0 < u_n < \dfrac{3l}{2} v_n$，知 $\sum_{n=1}^{\infty} u_n$ 收敛；若 $\sum_{n=1}^{\infty} v_n$ 发散，由 $\dfrac{l}{2} v_n < u_n$，知 $\sum_{n=1}^{\infty} u_n$ 发散.

推论说明，若两个正项级数的通项当 $n \to \infty$ 时是同阶的无穷小，则两个正项级数同时收敛或同时发散.

在上述推论中，取 $v_n = \dfrac{1}{n^p}$，即由

$$\lim_{n \to \infty} \frac{u_n}{\frac{1}{n^p}} = l, (0 < l < +\infty), \tag{2.2}$$

则当 $p > 1$ 时，$\sum_{n=1}^{\infty} u_n$ 收敛；当 $p \leqslant 1$ 时，$\sum_{n=1}^{\infty} u_n$ 发散.

又在上述推论中，如果 $l = 0$ 时，取 $\varepsilon_0 = 1$，存在 N，当 $n > N$ 时，有

$$\frac{u_n}{v_n} < \varepsilon = 1 \quad 或 \quad u_n < v_n,$$

于是，从 $\sum_{n=1}^{\infty} v_n$ 收敛可推得 $\sum_{n=1}^{\infty} u_n$ 收敛；

如果 $l = +\infty$ 时，取 $G > 0$，存在 N，当 $n > N$ 时，有

$$\frac{u_n}{v_n} > G \quad 或 \quad u_n > G v_n,$$

于是，从 $\sum_{n=1}^{\infty} v_n$ 发散可推得 $\sum_{n=1}^{\infty} u_n$ 发散.

例 2 判别下列级数的收敛性：

(1) $\sum_{n=1}^{\infty} \dfrac{n+1}{\sqrt{n^3 - 5n + 3}}$;　(2) $\sum_{n=2}^{\infty} (\sqrt[n]{n} - 1)$;

(3) $\sum_{n=1}^{\infty} (\dfrac{1}{n} - \ln \dfrac{n+1}{n})$.

解 (1) 由 (2.2)，取 $p = \dfrac{1}{2}$，有

$$\lim_{n \to \infty} n^{\frac{1}{2}} \cdot \frac{n+1}{\sqrt{n^3 - 5n + 3}} = 1,$$

因 $\sum \dfrac{1}{n^{\frac{1}{2}}}$ 发散，故 $\sum_{n=1}^{\infty} \dfrac{n+1}{\sqrt{n^3 - 5n + 3}}$ 发散.

(2) 由于 $\sqrt[n]{n} > 1 (n = 2, 3, \cdots)$，故所给级数为正项级数；又因 $\lim_{n \to \infty} \dfrac{\ln x}{x} = 0$，故 $\lim_{n \to \infty} \dfrac{\ln n}{n} = 0$，于是

$$\sqrt[n]{n} - 1 = e^{\ln \sqrt[n]{n}} - 1 = e^{\frac{\ln n}{n}} - 1 \sim \frac{\ln n}{n},$$

当 $n \geqslant 3$ 时,$\dfrac{\ln n}{n} > \dfrac{1}{n}$,而 $\displaystyle\sum_{n=1}^{\infty} \dfrac{1}{n}$ 发散,由比较判别法,级数 $\displaystyle\sum_{n=1}^{\infty} \dfrac{\ln n}{n}$ 发散,再由其推论知级数 $\displaystyle\sum_{n=2}^{\infty}(\sqrt[n]{n} - 1)$ 发散.

(3) 令 $u(x) = x - \ln(1 + x) > 0 \quad (x > 0), v(x) = x^2.$ 由

$$\lim_{x \to 0^+} \frac{u(x)}{v(x)} = \lim_{x \to 0^+} \frac{x - \ln(1 + x)}{x^2} = \lim_{x \to 0^+} \frac{1 - \dfrac{1}{1 + x}}{2x} = \lim_{x \to 0^+} \frac{1}{2(1 + x)} = \frac{1}{2},$$

从而 $\displaystyle\lim_{n \to \infty} \frac{u_n}{v_n} = \lim_{n \to \infty} \frac{\dfrac{1}{n} - \ln(\dfrac{n+1}{n})}{\dfrac{1}{n^2}} = \lim_{n \to \infty} \frac{\dfrac{1}{n} - \ln(1 + \dfrac{1}{n})}{\dfrac{1}{n^2}} = \frac{1}{2},$

故级数 $\displaystyle\sum_{n=1}^{\infty}(\frac{1}{n} - \ln \frac{n+1}{n})$ 与级数 $\displaystyle\sum_{n=1}^{\infty} \frac{1}{n^2}$ 同时收敛.

顺便指出：设级数 $\displaystyle\sum_{n=1}^{\infty}(\frac{1}{n} - \ln \frac{n+1}{n})$ 的和为 c,即

$$c = \lim_{n \to \infty} S_n = \lim_{n \to \infty}\left[(1 + \frac{1}{2} + \frac{1}{3} + \cdots + \frac{1}{n}) - \ln(1 + n)\right],$$

可算得 $c = 0.57721566490\cdots$,称为**欧拉常数**.

2.2 达朗贝尔比值判别法

定理二 设正项级数 $\displaystyle\sum_{n=1}^{\infty} u_n$,$\quad u_n > 0, n = 1, 2, \cdots$,且

$$\lim_{n \to \infty} \frac{u_{n+1}}{u_n} = \rho \quad (0 \leqslant \rho \leqslant +\infty), \tag{2.3}$$

则当 $\rho < 1$ 时,级数收敛;当 $\rho > 1$ 时,级数发散;当 $\rho = 1$ 时,不能确定.

上述方法称为**达朗贝尔**(D'Alembert)**比值判别法**.

证 由(2.3),当 $\rho \neq +\infty$ 时,$\forall \varepsilon > 0, \exists N$,当 $n \geqslant N$ 时,有

$$\left|\frac{u_{n+1}}{u_n} - \rho\right| < \varepsilon \quad 或 \quad \rho - \varepsilon < \frac{u_{n+1}}{u_n} < \rho + \varepsilon. \tag{2.4}$$

1° 当 $0 \leqslant \rho < 1$ 时,取 $\varepsilon = \dfrac{1 - \rho}{2}$,由(2.4)右边不等式,当 $n \geqslant N$ 时,有

$$\frac{u_{n+1}}{u_n} < \rho + \varepsilon = \rho + \frac{1 - \rho}{2} = \frac{1 + \rho}{2} \triangleq q < 1,$$

得

$$u_{N+1} < q u_N; \quad u_{N+2} < q u_{N+1} < q^2 u_N; \cdots$$
$$u_{N+m} < q u_{N+m-1} < q^2 u_{N+m-2} < \cdots < q^m u_N.$$

因 $\displaystyle\sum_{m=1}^{\infty} q^m$ 是公比 $0 < q < 1$ 的几何级数,它是收敛的,u_N 是正常数,故 $\displaystyle\sum_{m=1}^{\infty} q^m u_N$ 收敛,由比较判别法知 $\displaystyle\sum_{m=1}^{\infty} u_{N+m}$ 收敛,又添加项 $u_1 + u_2 + \cdots + u_N$ 后,得到 $\displaystyle\sum_{n=1}^{\infty} u_n$ 也收敛.

2° 当 $\rho > 1$ 时,取 $\varepsilon = \dfrac{\rho - 1}{2}$,由(2.4)左边不等式,当 $n \geqslant N$ 时,有

$$\frac{u_{n+1}}{u_n} > \rho - \varepsilon = \rho - \frac{\rho - 1}{2} = \frac{\rho + 1}{2} \triangleq q > 1,$$

得

$$u_{N+1} > q u_N; \quad u_{N+2} > q u_{N+1} > q^2 u_N; \quad \cdots$$
$$u_{N+m} > q u_{N+m-1} > q^2 u_{N+m-2} > \cdots > q^m u_N.$$

因 $\sum_{n=1}^{\infty} q^n$ 是公比 $q>1$ 的几何级数,它是发散的,u_N 是正常数,由比较判别法知 $\sum_{m=1}^{\infty} u_{N+m}$ 发散,又

添加项 $u_1 + u_2 + \cdots + u_N$ 后,得到 $\sum_{n=1}^{\infty} u_n$ 也发散,且通项 $u_n \to +\infty (n \to \infty)$.

当 $\rho = +\infty$ 时,由 $\lim\limits_{n \to \infty} \dfrac{u_{n+1}}{u_n} = +\infty$,则由极限定义,$\forall G > 0, \exists N > 0$,当 $n \geqslant N$ 时,有

$$\frac{u_{n+1}}{u_n} > G.$$

取 $G = q > 1$,与 2° 同样可证 $\sum_{n=1}^{\infty} u_n$ 发散,且通项 $u_n \to +\infty$ $(n \to \infty)$.

当 $\rho = 1$ 时,级数 $\sum_{n=1}^{\infty} u_n$ 可能收敛,也可能发散,此法不能确定. 例如 p 级数 $\sum_{n=1}^{\infty} \dfrac{1}{n^p}$,当 $p > 1$ 时,级数收敛;当 $p \leqslant 1$ 时,级数发散,但二者都有

$$\rho = \lim_{n \to \infty} \frac{u_{n+1}}{u_n} = \lim_{n \to \infty} \frac{1}{(n+1)^p} / \frac{1}{n^p} = \lim_{n \to \infty} \left(\frac{n}{n+1}\right)^p = 1.$$

例 3 判别下列级数的收敛性:

(1) $\displaystyle\sum_{n=1}^{\infty} \frac{n}{3^n}$; (2) $\displaystyle\sum_{n=1}^{\infty} \frac{a^n n!}{n^n} (a > 0)$; (3) $\displaystyle\sum_{n=1}^{\infty} \frac{n}{[4 + (-1)^n]^n}$.

解 以上级数皆为正项级数,先考虑用达朗贝尔判别法.

(1) 由于

$$\rho = \lim_{n \to \infty} \frac{u_{n+1}}{u_n} = \lim_{n \to \infty} \frac{n+1}{3^{n+1}} / \frac{n}{3^n} = \frac{1}{3} \lim_{n \to \infty} \left(1 + \frac{1}{n}\right) = \frac{1}{3} < 1,$$

故级数 $\displaystyle\sum_{n=1}^{\infty} \frac{n}{3^n}$ 收敛.

(2) 由于

$$\rho = \lim_{n \to \infty} \frac{u_{n+1}}{u_n} = \lim_{n \to \infty} \frac{a^{n+1}(n+1)!}{(n+1)^{n+1}} / \frac{a^n n!}{n^n} = \lim_{n \to \infty} \frac{a \cdot a^n (n+1)n!}{(n+1)(n+1)^n} \cdot \frac{n^n}{a^n n!} = a \lim_{n \to \infty} \left(\frac{n}{n+1}\right)^n$$

$$= a \lim_{n \to \infty} \frac{1}{\left(1 + \frac{1}{n}\right)^n} = \frac{a}{e} \begin{cases} < 1 \text{ 时,即 } 0 < a < e \text{ 时,级数收敛;} \\ > 1 \text{ 时,即 } a > e \text{ 时,级数发散;} \\ = 1 \text{ 时,即 } a = e \text{ 时不能确定.} \end{cases}$$

例如,我们知道,$2 < e < 3$,因此 $\displaystyle\sum_{n=1}^{\infty} \frac{2^n n!}{n^n}$ 收敛;$\displaystyle\sum_{n=1}^{\infty} \frac{3^n n!}{n^n}$ 发散. 而 $\displaystyle\sum_{n=1}^{\infty} \frac{e^n n!}{n^n}$ 是否收敛,本法

不能确定,但注意到,$a_n = \left(1 + \dfrac{1}{n}\right)^n$ 为严格单调增有上界的数列,即 $a_n < a_{n+1} < e$ $(n = 1, 2, \cdots)$,故有

$$\frac{u_{n+1}}{u_n} = \frac{e}{\left(1 + \frac{1}{n}\right)^n} > 1,$$

由此知 $u_n \searrow 0$,故 $\displaystyle\sum_{n=1}^{\infty} \frac{e^n n!}{n^n}$ 发散.

(3) 由于

$$\frac{u_{n+1}}{u_n} = \frac{n+1}{[4 + (-1)^{n+1}]^{n+1}} \cdot \frac{[4 + (-1)^n]^n}{n}$$

$$= \begin{cases} \dfrac{n+1}{n} \cdot \dfrac{3^n}{5^{n+1}} = \dfrac{n+1}{5n}(\dfrac{3}{5})^n, & n=1,3,5,\cdots; \\[3mm] \dfrac{n+1}{n} \cdot \dfrac{5^n}{3^{n+1}} = \dfrac{n+1}{3n}(\dfrac{5}{3})^n, & n=2,4,6,\cdots, \end{cases}$$

因而 $\lim\limits_{n\to\infty} \dfrac{u_{n+1}}{u_n}$ 不存在(振荡型),达朗贝尔判别法的条件不具备,但

$$\frac{n}{[4+(-1)^n]^n} \leqslant \frac{n}{3^n}.$$

由(1)知 $\sum\limits_{n=1}^{\infty} \dfrac{n}{3^n}$ 收敛,按比较判别法得 $\sum\limits_{n=1}^{\infty} \dfrac{n}{[4+(-1)^n]^n}$ 收敛.

2.3 柯西根值判别法

定理三 设正项级数 $\sum\limits_{n=1}^{\infty} u_n$,且

$$\lim_{n\to\infty} \sqrt[n]{u_n} = \rho, (0 \leqslant \rho \leqslant +\infty), \tag{2.5}$$

则当 $\rho < 1$ 时,级数收敛;当 $\rho > 1$ 时,级数发散;当 $\rho = 1$ 时,不能确定.

上述方法称为**柯西根值判别法**.

证 由(2.5),当 $\rho \neq +\infty$ 时,$\forall \varepsilon > 0$,$\exists N$,当 $n \geqslant N$ 时,有

$$| \sqrt[n]{u_n} - \rho| < \varepsilon \quad \text{或} \quad \rho - \varepsilon < \sqrt[n]{u_n} < \rho + \varepsilon. \tag{2.6}$$

1° 当 $0 \leqslant \rho < 1$ 时,取 $\varepsilon = \dfrac{1-\rho}{2} > 0$,由(2.6)右边不等式,当 $n \geqslant N$ 时,$\sqrt[n]{u_n} < \rho + \varepsilon$

$= \rho + \dfrac{1-\rho}{2} = \dfrac{1+\rho}{2} \triangleq q < 1.$

即

$$\sqrt[n]{u_n} < q \quad \text{或} \quad u_n < q^n, \quad (n \geqslant N).$$

因 $\sum\limits_{n=N}^{\infty} q^n (q<1)$ 收敛,所以 $\sum\limits_{n=N}^{\infty} u_n$ 收敛,从而 $\sum\limits_{n=1}^{\infty} u_n$ 收敛.

2° 当 $\rho > 1$ 时,取 $\varepsilon = \dfrac{\rho-1}{2}$,由(2.6)左边不等式,当 $n \geqslant N$ 时,有

$$\sqrt[n]{u_n} > \rho - \varepsilon = \rho - \frac{\rho-1}{2} = \frac{\rho+1}{2} \triangleq q > 1,$$

即

$$\sqrt[n]{u_n} > q \quad \text{或} \quad u_n > q^n.$$

因 $\sum\limits_{n=N}^{\infty} q^n (q>1)$ 发散,所以 $\sum\limits_{n=N}^{\infty} u_n$ 发散,从而 $\sum\limits_{n=1}^{\infty} u_n$ 发散,且通项 $u_n \to +\infty$ ($n \to \infty$).

当 $\rho = +\infty$ 时,级数 $\sum\limits_{n=1}^{\infty} u_n$ 发散,请读者自证.当 $\rho = 1$ 时,级数 $\sum\limits_{n=1}^{\infty} u_n$ 可能收敛也可能发散,本法不能确定.例如,对 p 级数 $\sum\limits_{n=1}^{\infty} \dfrac{1}{n^p}$,不论 p 为何值都有

$$\lim_{n\to\infty} \sqrt[n]{u_n} = \lim_{n\to\infty} \sqrt[n]{\frac{1}{n^p}} = 1.$$

然而有 $p > 1$ 时,级数收敛;$p \leqslant 1$ 时,级数发散.

例4 判别下列级数的收敛性:

(1) $\sum\limits_{n=1}^{\infty} n(\dfrac{2}{3})^n$;   (2) $\sum\limits_{n=1}^{\infty} \dfrac{(n+1)^{n^2}}{2^n n^{n^2}}$;   (3) $\sum\limits_{n=2}^{\infty} \dfrac{n^{\ln n}}{(\ln n)^n}$;

(4) $\sum\limits_{n=1}^{\infty} \dfrac{2+(-1)^n}{3^n}$;   (5) $\sum\limits_{n=1}^{\infty} (\dfrac{2}{5+(-1)^n})^n$.

解 由柯西根值法,有

(1) $\sqrt[n]{u_n} = \sqrt[n]{n(\frac{2}{3})^n} = \sqrt[n]{n} \cdot \frac{2}{3}$,由于 $\lim\limits_{n\to\infty} \sqrt[n]{n} = 1$,因此,

$$\rho = \lim\limits_{n\to\infty} \sqrt[n]{u_n} = \lim\limits_{n\to\infty} \sqrt[n]{n} \cdot \frac{2}{3} = \frac{2}{3} < 1,\text{故} \sum\limits_{n=1}^{\infty} n(\frac{2}{3})^n \text{收敛}.$$

(2) $\sqrt[n]{u_n} = \sqrt[n]{\frac{(n+1)^{n^2}}{2^n n^{n^2}}} = \frac{(n+1)^n}{2n^n} = \frac{1}{2}(1+\frac{1}{n})^n$,因此,

$$\rho = \lim\limits_{n\to\infty} \sqrt[n]{u_n} = \frac{1}{2}\lim\limits_{n\to\infty}(1+\frac{1}{n})^n = \frac{e}{2} > 1,$$

故 $\sum\limits_{n=1}^{\infty} \frac{(n+1)^{n^2}}{2^n n^{n^2}}$ 发散.

(3) $\sqrt[n]{u_n} = \sqrt[n]{\frac{n^{\ln n}}{(\ln n)^n}} = \frac{n^{\frac{\ln n}{n}}}{\ln n} = \frac{e^{\frac{(\ln n)^2}{n}}}{\ln n}$,由于

$$\lim\limits_{n\to\infty} \frac{1}{\ln n} = 0 \quad \text{及} \quad \lim\limits_{x\to+\infty} \frac{(\ln x)^2}{x} = \lim\limits_{x\to+\infty} \frac{2\ln x}{x} = \lim\limits_{x\to+\infty} \frac{2}{x} = 0,$$

故 $\lim\limits_{n\to\infty} \frac{(\ln n)^2}{n} = 0$,$\lim e^{\frac{(\ln n)^2}{n}} = e^0 = 1$,因此

$$\lim\limits_{n\to\infty} \sqrt[n]{u_n} = \lim\limits_{n\to\infty} \frac{1}{\ln n} e^{\frac{(\ln n)^2}{n}} = 0,$$

故级数 $\sum\limits_{n=2}^{\infty} \frac{n^{\ln n}}{(\ln n)^n}$ 收敛.

(4) 由于

$$\frac{1}{3} = \frac{\sqrt[n]{2-1}}{3} \leqslant \sqrt[n]{\frac{2+(-1)^n}{3^n}} \leqslant \frac{\sqrt[n]{2+1}}{3} = \frac{\sqrt[n]{3}}{3},$$

根据数列极限的夹逼性,得

$$\lim\limits_{n\to\infty} \sqrt[n]{u_n} = \lim\limits_{n\to\infty} \sqrt[n]{\frac{2+(-1)^n}{3^n}} = \frac{1}{3} < 1,$$

此级数收敛.注意,若用达朗贝尔比值法时,有

$$\frac{u_{n+1}}{u_n} = \frac{2+(-1)^{n+1}}{3[2+(-1)^n]} = \begin{cases} 1, & n=1,3,5,\cdots \\ \frac{1}{9}, & n=2,4,6,\cdots \end{cases}$$

因而 $\lim\limits_{n\to\infty} \frac{u_{n+1}}{u_n}$ 不存在(振荡型),达朗贝尔判别法失效.

(5) 由于 $\lim\limits_{n\to\infty} \sqrt[n]{u_n} = \lim\limits_{n\to\infty} \frac{2}{5+(-1)^n}$ 不存在(振荡型),本法不能判定,但由

$$0 \leqslant u_n = (\frac{2}{5+(-1)^n})^n \leqslant \frac{1}{2^n},$$

而 $\sum\limits_{n=1}^{\infty} \frac{1}{2^n}$ 为公比 $q = \frac{1}{2} < 1$ 的几何级数,它是收敛的,因此,按比较判别法 $\sum\limits_{n=1}^{\infty} (\frac{2}{5+(-1)^n})^n$ 收敛.

2.4 柯西积分判别法

定理四 设 $f(x)$ 在区间 $[1, +\infty)$ 上连续、恒正、单调减少,$u_n = f(n)$,则

(1) 当 $\int_1^{+\infty} f(x)dx$ 收敛时,级数 $\sum\limits_{n=1}^{\infty} u_n$ 收敛;

(2) 当 $\int_1^{+\infty} f(x)dx$ 发散时,级数 $\sum_{n=1}^{\infty} u_n$ 发散.

上述方法称为**柯西积分判别法**.

证 令 $F(x) = \int_1^x f(t)dt$,则

$$F(n+1) = \int_1^{n+1} f(x)dx = \sum_{k=1}^n \int_k^{k+1} f(x)dx \qquad (2.7)$$

是级数 $\sum_{k=1}^{\infty} \int_k^{k+1} f(x)dx$ 的部分和. 由假设当 $k \leqslant x \leqslant k+1$ 时,有

$$u_{k+1} = f(k+1) \leqslant f(x) \leqslant f(k) = u_k,$$

从 k 到 $k+1$ 积分,得

$$u_{k+1} \leqslant \int_k^{k+1} f(x)dx \leqslant u_k,$$

部分和为 $\sum_{k=1}^n u_{k+1} \leqslant \sum_{k=1}^n \int_k^{k+1} f(x)dx \leqslant \sum_{k=1}^n u_k$ 或 $S_{n+1} - u_1 \leqslant F(n+1) \leqslant S_n.$ $\qquad (2.8)$

(1) 当 $\int_1^{+\infty} f(x)dx$ 收敛时,由(2.7)知 $\lim_{n\to\infty} F(n+1) = S$,级数 $\sum_1^{\infty} \int_k^{k+1} f(x)dx$ 收敛,根据(2.8) 左边不等式,由比较判别法, $\sum_{k=1}^{\infty} u_{k+1}$ 收敛,因此, $\sum_{n=1}^{\infty} u_n$ 收敛.

(2) 当 $\int_1^{+\infty} f(x)dx = +\infty$ 时,由(2.7)知 $\lim_{n\to\infty} F(n+1) = +\infty$,级数 $\sum_1^{\infty} \int_k^{k+1} f(x)dx$ 发散,根据(2.8) 右边不等式,由比较判别法 $\sum_{k=1}^{\infty} u_k$ 发散,即 $\sum_{n=1}^{\infty} u_n$ 发散.

例如 p 级数及其同类型级数

$$\sum_{n=1}^{\infty} \frac{1}{n^p}, \quad \sum_{n=2}^{\infty} \frac{1}{n(\ln n)^p}, \quad \sum_{n=3}^{\infty} \frac{1}{n\ln n(\ln \ln n)^p},$$

与广义积分

$$\int_1^{+\infty} \frac{1}{x^p}dx, \quad \int_2^{+\infty} \frac{1}{x(\ln x)^p}dx, \quad \int_3^{+\infty} \frac{1}{x\ln x(\ln \ln x)^p}dx$$

敛散性质相同,当 $p > 1$ 时收敛,当 $p \leqslant 1$ 时发散.

由于上述广义积分是易于计算的,因此柯西积分判别法解决了达朗贝尔判别法与柯西根值判别法对 p 级数的判别失效($\rho = 1$)问题.

§3 变号项级数

本节讨论变号项级数,也就是说级数 $\sum_{n=1}^{\infty} u_n$ 的各项符号不完全相同的数项级数,它既有无穷个正项,又有无穷多个负项. 先讨论各项依次正负相间的级数.

3.1 交错级数收敛性判别法

设各项符号依次正负相间的级数

$$\sum_{n=1}^{\infty} (-1)^{n-1} u_n = u_1 - u_2 + u_3 - u_4 + \cdots + (-1)^{n-1} u_n + \cdots, \qquad (3.1)$$

其中 $u_n > 0$,级数(3.1)称为**交错级数**,其收敛性有如下判别法.

定理一(莱布尼兹定理) 若交错级数 $\sum\limits_{n=1}^{\infty}(-1)^{n-1}u_n$ $(u_n>0, n=1,2,\cdots)$ 满足条件

1° $u_n \geqslant u_{n+1}, n=1,2,\cdots$; 2° $\lim\limits_{n\to\infty}u_n=0$,

则交错级数(3.1)收敛. 且以部分和 S_n 作为其和 S 的近似值时,误差估计式为

$$|S-S_n| \leqslant u_{n+1}.$$

证 考虑部分和数列 $\{S_n\}$ 的两个子数列 $\{S_{2n}\}$ 与 $\{S_{2n+1}\}$ 的极限,由于

$$S_{2n} = (u_1-u_2)+(u_3-u_4)+\cdots+(u_{2n-1}-u_{2n})$$

及 $\quad S_{2n-2} = (u_1-u_2)+(u_3-u_4)+\cdots+(u_{2n-3}-u_{2n-2})$,

有 $\quad S_{2n}-S_{2n-2}=u_{2n-1}-u_{2n}$. 由条件 1°, $u_n \geqslant u_{n+1}$, 有 $S_{2n} \geqslant S_{2n-2}$, 知 $\{S_{2n}\}$ 单调增加, 又由于

$$S_{2n} = u_1-(u_2-u_3)-(u_4-u_5)-\cdots-(u_{2n-2}-u_{2n-1})-u_{2n}.$$

因右端括号的每一项都非负,所以

$$S_{2n} \leqslant u_1, \qquad\qquad (3.2)$$

因此,子数列 $\{S_{2n}\}$ 有界,根据单调有界数列必有极限定理,子数列 $\{S_{2n}\}$ 收敛,设

$$\lim_{n\to\infty}S_{2n}=S.$$

其次,由 $S_{2n+1}=S_{2n}+u_{2n+1}$ 及条件 2°, $\lim\limits_{n\to\infty}u_{2n+1}=0$, 得

$$\lim_{n\to\infty}S_{2n+1}=\lim_{n\to\infty}(S_{2n}+u_{2n+1})=S+0=S.$$

因此,数列 $\{S_n\}$ 的偶次项与奇次项构成的数列不仅都收敛,而且极限相同,所以数列 $\{S_n\}$ 也收敛,其极限是 S, 即

$$\lim_{n\to\infty}S_n=S.$$

故级数 $\sum\limits_{n=1}^{\infty}(-1)^{n-1}u_n$ 收敛.

用收敛级数的部分和 S_n 作为级数和 S 的近似值时,表达式

$$|S-S_n|=u_{n+1}-u_{n+2}+u_{n+3}-u_{n+4}+\cdots$$

也是交错级数,同样满足莱布尼兹定理条件,仿(3.2)有

$$|S-S_n| \leqslant u_{n+1}. \qquad\qquad (3.3)$$

在数值计算中,利用(3.3)式来估计交错级数的部分和作为其和的近似值的误差是很方便的.

例1 判别级数的收敛性:

(1) $\sum\limits_{n=1}^{\infty}(-1)^{n-1}\dfrac{1}{n}$; (2) $\sum\limits_{n=2}^{\infty}(-1)^{n-2}\dfrac{\ln n}{n}$; (3) $\sum\limits_{n=2}^{\infty}\dfrac{(-1)^n}{\sqrt{n}+(-1)^n}$.

解 (1) 交错级数满足莱布尼兹定理条件

1° $\dfrac{1}{n}\to 0(n\to\infty)$; 2° $\dfrac{1}{n}>\dfrac{1}{n+1}(n=1,2,\cdots)$,

因此,级数 $\sum\limits_{n=1}^{\infty}(-1)^{n-1}\dfrac{1}{n}$ 收敛,例如取

$$S_{99}=1-\frac{1}{2}+\frac{1}{3}-\frac{1}{4}+\cdots+\frac{1}{99}$$

作为和 S 的近似值,误差

$$|S-S_{99}| \leqslant \frac{1}{100}=0.01.$$

(2) 考察 $u_n=\dfrac{\ln n}{n}$ 是否单调减少,记

$f(x) = \dfrac{\ln x}{x}$,有 $f'(x) = (\dfrac{\ln x}{x})' = \dfrac{1 - \ln x}{x^2} < 0, x > e$. 于是 $f(x) = \dfrac{\ln x}{x}$ 当 $x > e$ 时单调

减少,从而有 $n \geqslant 3$ 时 $u_n = \dfrac{\ln n}{n}$ 单调减少,因此 $\dfrac{\ln n}{n} > \dfrac{\ln(n+1)}{n+1}$.

又由洛毕达法则,有

$$\lim_{x \to +\infty} f(x) = \lim_{x \to +\infty} \frac{\ln x}{x} = \lim_{x \to +\infty} \frac{1}{x} = 0, \text{于是} \lim_{n \to \infty} u_n = \lim_{n \to \infty} \frac{\ln n}{n} = 0.$$

由莱布尼兹定理,级数 $\displaystyle\sum_{n=2}^{\infty} (-1)^{n-1} \frac{\ln n}{n}$ 收敛.

(3) 由于 $u_n = \dfrac{(-1)^n}{\sqrt{n} + (-1)^n}$ 不是单调减少,此交错级数不具备莱布尼兹定理的条件,对

该级数的敛散性不能判别,但从

$$\frac{(-1)^n}{\sqrt{n} + (-1)^n} = \frac{(-1)^n[\sqrt{n} - (-1)^n]}{[\sqrt{n} + (-1)^n][\sqrt{n} - (-1)^n]} = \frac{(-1)^n \sqrt{n}}{n-1} - \frac{1}{n-1}$$

知级数 $\displaystyle\sum_{n=2}^{\infty} \frac{(-1)^n \sqrt{n}}{n-1}$ 为交错级数且满足莱布尼兹定理的条件,它是收敛的,又 $\displaystyle\sum_{n=2}^{\infty} \frac{1}{n-1}$

是发散的,由级数的基本性质,知

$$\sum_{n=2}^{\infty} \frac{(-1)^n}{\sqrt{n} + (-1)^n} = \sum_{n=2}^{\infty} \left(\frac{(-1)^n \sqrt{n}}{n-1} - \frac{1}{n-1}\right)$$

发散.

3.2 变号项级数的绝对收敛与条件收敛

定理二(绝对收敛准则) 设 $\displaystyle\sum_{n=1}^{\infty} u_n$ 为变号项级数,若 $\displaystyle\sum_{n=1}^{\infty} |u_n|$ 收敛,则 $\displaystyle\sum_{n=1}^{\infty} u_n$ 也收敛.

证 对任何自然数 p,由不等式

$$|u_{n+1} + u_{n+2} + \cdots + u_{n+p}| \leqslant |u_{n+1}| + |u_{n+2}| + \cdots + |u_{n+p}|, \qquad (3.4)$$

已知 $\displaystyle\sum_{n=1}^{\infty} |u_n|$ 收敛,根据级数的柯西收敛准则的必要性,$\forall \varepsilon > 0, \exists N$,当 $n > N$ 时,对任何正

整数 p,有 $\displaystyle\sum_{k=1}^{p} |u_{n+k}| < \varepsilon$,由 (3.4) 得

$$\left| \sum_{k=1}^{p} u_{n+k} \right| < \varepsilon,$$

再由级数的柯西收敛准则的充分性,知级数 $\displaystyle\sum_{n=1}^{\infty} u_n$ 收敛.   证毕

另证 令 $a_n = \dfrac{|u_n| + u_n}{2}, b_n = \dfrac{|u_n| - u_n}{2}$,于是,当 $u_n \geqslant 0$ 时,有 $a_n = u_n, b_n = 0$;当 $u_n <$

0 即 $u_n = -|u_n|$ 时,有 $a_n = 0, b_n = |u_n|$,且

$$a_n - b_n = u_n, \quad 0 \leqslant a_n \leqslant |u_n|, \quad 0 \leqslant b_n \leqslant |u_n|,$$

由级数 $\displaystyle\sum_{n=1}^{\infty} |u_n|$ 收敛,根据比较判别法,知 $\displaystyle\sum_{n=1}^{\infty} a_n, \sum_{n=1}^{\infty} b_n$ 都收敛. 又因

$$\sum_{n=1}^{\infty} u_n = \sum_{n=1}^{\infty} (a_n - b_n) = \sum_{n=1}^{\infty} a_n - \sum_{n=1}^{\infty} b_n,$$

根据收敛级数的性质知 $\displaystyle\sum_{n=1}^{\infty} u_n$ 收敛.

另证表明,如果 $\sum\limits_{n=1}^{\infty}|u_n|$ 收敛,那么 $\sum\limits_{n=1}^{\infty}u_n$ 收敛,它的所有正项构成的级数与所有负项构成的级数都收敛,且 $\sum\limits_{n=1}^{\infty}u_n$ 的和就等于它的所有正项构成的级数的和,减去所有负项的绝对值所构成的级数的和.

注意　定理二的逆命题不真,即 $\sum\limits_{n=1}^{\infty}u_n$ 收敛,但级数 $\sum\limits_{n=1}^{\infty}|u_n|$ 未必收敛.

例如　$\sum\limits_{n=1}^{\infty}(-1)^{n-1}\dfrac{1}{n}$ 收敛,但 $\sum\limits_{n=1}^{\infty}\left|(-1)^{n-1}\dfrac{1}{n}\right|=\sum\limits_{n=1}^{\infty}\dfrac{1}{n}$ 发散;

$\sum\limits_{n=1}^{\infty}(-1)^{n-1}\dfrac{1}{n^2}$ 收敛,又 $\sum\limits_{n=1}^{\infty}\left|(-1)^{n-1}\dfrac{1}{n^2}\right|=\sum\limits_{n=1}^{\infty}\dfrac{1}{n^2}$ 收敛.

也就是说,如果 $\sum\limits_{n=1}^{\infty}u_n$ 收敛,但 $\sum\limits_{n=1}^{\infty}|u_n|$ 可能发散也可能收敛,因此有如下定义:

定义　若 $\sum\limits_{n=1}^{\infty}u_n$ 收敛,且 $\sum\limits_{n=1}^{\infty}|u_n|$ 收敛,则称 $\sum\limits_{n=1}^{\infty}u_n$ 的收敛为**绝对收敛**;

若 $\sum\limits_{n=1}^{\infty}u_n$ 收敛,但 $\sum\limits_{n=1}^{\infty}|u_n|$ 发散,则称 $\sum\limits_{n=1}^{\infty}u_n$ 的收敛为**条件收敛**.

例如　级数 $\sum\limits_{n=1}^{\infty}(-1)^{n-1}\dfrac{1}{n^p}$ 当 $p>1$ 时绝对收敛,当 $0<p\leqslant 1$ 时为条件收敛,当 $p\leqslant 0$ 时,通项 $(-1)^{n-1}\dfrac{1}{n^p}\nrightarrow 0(n\to\infty)$,级数发散.

有了绝对收敛准则,那么,上节关于正项级数的收敛性的判别法,都可应用到变号项级数中来.

例 2　判别下列级数是绝对收敛还是条件收敛?

(1) $\sum\limits_{n=1}^{\infty}(-1)^{n-1}\sin\dfrac{\pi}{n}$,　　(2) $\sum\limits_{n=1}^{\infty}(-1)^{n-1}\dfrac{n+1}{(n+1)\sqrt{n+1}-1}$,

(3) $\sum\limits_{n=1}^{\infty}(-1)^{n-1}\displaystyle\int_0^{\frac{1}{n}}\dfrac{\sin\pi x}{1+x^4}dx$.

解　(1) 由 $|u_n|=\left|(-1)^{n-1}\sin\dfrac{\pi}{n}\right|=\sin\dfrac{\pi}{n}\sim\dfrac{\pi}{n}\quad(n\to\infty)$,

而级数 $\sum\limits_{n=1}^{\infty}\dfrac{\pi}{n}$ 发散,故 $\sum\limits_{n=1}^{\infty}(-1)^{n-1}\sin\dfrac{\pi}{n}$ 不绝对收敛. 但 $\sin\dfrac{\pi}{n}$ 当 $n\geqslant 2$ 是单调减少且当 $n\to\infty$ 时 $\sin\dfrac{\pi}{n}\to 0$,故原级数满足莱布尼兹定理的条件,即 $\sum\limits_{n=1}^{\infty}(-1)^{n-1}\sin\dfrac{\pi}{n}$ 为条件收敛.

(2) 由 $|u_n|=\dfrac{n+1}{(n+1)\sqrt{n+1}-1}>\dfrac{1}{\sqrt{n+1}}>\dfrac{1}{\sqrt{n+n}}=\dfrac{1}{\sqrt{2}\sqrt{n}}$,

而 $\sum\limits_{n=1}^{\infty}\dfrac{1}{\sqrt{n}}$ 是 p 级数当 $p=\dfrac{1}{2}<1$ 时的情形,它是发散的,由比较判别法原级数不绝对收敛.

注意到 $\dfrac{n+1}{(n+1)\sqrt{n+1}-1}$ 是函数 $f(x)=\dfrac{x}{x\sqrt{x}-1}$ 在点 $x=n+1$ 处的值,由于

$$f'(x)=\dfrac{-\dfrac{1}{2}x\sqrt{x}-1}{(x\sqrt{x}-1)^2}<0,$$

故 $f(x)$ 为单调减少,因此

$$f(n+1) = \frac{n+1}{(n+1)\sqrt{n+1}-1} > \frac{n+2}{(n+2)\sqrt{n+2}-1} = f(n+2).$$

又 $\lim_{n\to\infty} f(n) = 0$，由莱布尼兹定理，原级数收敛，故是条件收敛.

(3) 由 $0 \leqslant |u_n| = |(-1)^{n-1} \int_0^{\frac{1}{n}} \frac{\sin\pi x}{1+x^4} dx| = \int_0^{\frac{1}{n}} \frac{\sin\pi x}{1+x^4} dx \leqslant \int_0^{\frac{1}{n}} \sin\pi x dx$

$$= \frac{1}{\pi}(1 - \cos\frac{\pi}{n}) = \frac{2}{\pi}\sin^2\frac{\pi}{2n} \sim \frac{2}{\pi} \cdot \frac{\pi^2}{4n^2} = \frac{\pi}{2n^2},$$

因 p 级数 $\sum_{n=1}^{\infty} \frac{1}{n^2}$，$p = 2 > 1$ 收敛，故原级数绝对收敛.

3.3 绝对收敛级数的运算性质

我们知道，有限多个数相加的和，具有交换律与分配律，当无穷级数收敛时，是否可交换无穷多项的次序？当两个无穷级数都收敛时，是否可依据有限多项情形的分配律按任意次序将两个无限多项的级数各项相乘？事实上，对于绝对收敛级数，可以这样做，即具有交换律、分配律，但对于条件收敛级数，一般不可以这样做，就不具有这种性质了.

性质 1（交换律） 若级数 $\sum_{n=1}^{\infty} u_n$ 绝对收敛，其和为 S，则任意改变它的各项次序所得到的新级数仍绝对收敛，且其和仍为 S.

证 先证对正项级数性质 1 成立. 设正项级数收敛于 S，即

$$\sum_{n=1}^{\infty} u_n = u_1 + u_2 + \cdots + u_n + \cdots = S, \tag{3.5}$$

且任意交换项后所得新级数是

$$\sum_{k=1}^{\infty} u_{n_k} = u_{n_1} + u_{n_2} + \cdots + u_{n_k} + \cdots, \tag{3.6}$$

(3.5) 的部分和数列 $\{S_n\}$ 单调增，对任何 n，有

$$S_n < S.$$

(3.6) 的部分和数列是 $\{S'_k\}$，$S'_k = u_{n_1} + u_{n_2} + \cdots + u_{n_k}$，

对 (3.6) 中任意给定的 k，总存在 n，使 n 大于所有的下标 $n_1, n_2, \cdots, n_k$，从而有

$$S'_k \leqslant S_n < S,$$

即 $\{S'_k\}$ 单调增有上界，所以 (3.6) 必收敛. 设其极限为 S'，且有

$$S' \leqslant S.$$

反过来，级数 (3.5) 也可由 (3.6) 交换项的次序得到，同理有

$$S \leqslant S',$$

故必有

$$S = S'.$$

其次，证明当级数 (3.5) 是绝对收敛级数时，级数 (3.6) 也绝对收敛. 这是因正项级数 $\sum_{n=1}^{\infty} |u_n|$ 收敛，交换项的次序所得正项级数 $\sum_{k=1}^{\infty} |u_{n_k}|$，由前面的证明知它也绝对收敛，因而必收敛.

同时，在级数 (3.5) 是绝对收敛时，它的和由定理二的另证知可表示为

$$S = \sum_{n=1}^{\infty} u_n = \sum_{n=1}^{\infty} a_n - \sum_{n=1}^{\infty} b_n,$$

其中 $\sum_{n=1}^{\infty} a_n, \sum_{n=1}^{\infty} b_n$ 都是正项级数.

同理,在级数(3.6)是绝对收敛时,它的和也可表示为

$$S' = \sum_{k=1}^{\infty} u_{n_k} = \sum_{k=1}^{\infty} a_{n_k} - \sum_{k=1}^{\infty} b_{n_k},$$

其中 $\sum\limits_{k=1}^{\infty} a_{n_k}$, $\sum\limits_{k=1}^{\infty} b_{n_k}$ 也是两个正项级数,而 $\sum\limits_{k=1}^{\infty} a_{n_k}$, $\sum\limits_{k=1}^{\infty} b_{n_k}$ 正是分别由 $\sum\limits_{n=1}^{\infty} a_n$ 与 $\sum\limits_{n=1}^{\infty} b_n$ 交换项的次序得到的,由前面的证明,必有

$$\sum_{n=1}^{\infty} a_n = \sum_{k=1}^{\infty} a_{n_k}, \quad \sum_{n=1}^{\infty} b_n = \sum_{k=1}^{\infty} b_{n_k}.$$

即得证 $S = S'$. 也就是说,对绝对收敛级数,任意交换其项的次序所得到新级数仍绝对收敛,且其和相同. 证毕

注意 将条件收敛级数交换无穷多项的次序所得新级数的情况可能完全不同,即若适当改变它的项的次序既可作成新的发散级数,也可作成收敛于以事先给定数为和数的新级数. 例如,可以证明对条件收敛级数 $\sum\limits_{n=1}^{\infty} (-1)^{n-1} \dfrac{1}{n} = \ln 2$,将其项改变次序,头 k 个正项之和,接着头 m 个负项之和,然后在接着次 k 个正项之和,接着次 m 个负项之和,如此等等,则这样作成的新级数随着 k 与 m 的不同收敛于不同的和数 $S = \ln(2\sqrt{\dfrac{k}{m}})$.

例如 取 $k = 1, m = 2$ 时,对级数 $\sum\limits_{n=1}^{\infty} (-1)^{n-1} \dfrac{1}{n}$ 的项改变次序有新级数

$$1 - \frac{1}{2} - \frac{1}{4} + \frac{1}{3} - \frac{1}{6} - \frac{1}{8} + \cdots + \frac{1}{2k-1} - \frac{1}{4k-2} - \frac{1}{4k} + \cdots,$$

先考虑 $3k$ 项的和

$$\begin{aligned} \sigma_{3k} &= (1 - \frac{1}{2} - \frac{1}{4}) + (\frac{1}{3} - \frac{1}{6} - \frac{1}{8}) + \cdots + (\frac{1}{2k-1} - \frac{1}{4k-2} - \frac{1}{4k}) \\ &= (\frac{1}{2} - \frac{1}{4}) + (\frac{1}{6} - \frac{1}{8}) + \cdots + (\frac{1}{4k-2} - \frac{1}{4k}) \\ &= \frac{1}{2}\left[(1 - \frac{1}{2}) + (\frac{1}{3} - \frac{1}{4}) + \cdots + (\frac{1}{2k-1} - \frac{1}{2k})\right] \\ &= \frac{1}{2}(1 - \frac{1}{2} + \frac{1}{3} - \frac{1}{4} + \cdots + \frac{1}{2k-1} - \frac{1}{2k}) \rightarrow \frac{1}{2}\ln 2, \quad (k \rightarrow \infty). \end{aligned}$$

另外,再考虑 $3k+1$ 项与 $3k+2$ 项的和,由于

$$\sigma_{3k+1} = \sigma_{3k} + \frac{1}{2k+1} \rightarrow \frac{1}{2}\ln 2 \quad (k \rightarrow \infty),$$

$$\sigma_{3k+2} = \sigma_{3k} + \frac{1}{2k+1} - \frac{1}{4k+2} \rightarrow \frac{1}{2}\ln 2 \quad (k \rightarrow \infty).$$

因此,知新级数($k=1, m=2$)的和为原级数和 S 的二分之一,即

$$1 - \frac{1}{2} - \frac{1}{4} + \frac{1}{3} - \frac{1}{6} - \frac{1}{8} + \cdots + \frac{1}{2k-1} - \frac{1}{4k-2} - \frac{1}{4k} + \cdots = \frac{1}{2}\ln 2.$$

性质 2 设两个绝对收敛级数 $\sum\limits_{n=0}^{\infty} u_n = S$, $\sum\limits_{n=0}^{\infty} v_n = \sigma$,则由一切乘积 $u_i v_j (i, j = 0, 1, 2, \cdots)$ 按照任意次序构成的新级数都绝对收敛,且其和为 $S\sigma$. 表示为

$$\left(\sum_{n=0}^{\infty} u_n\right) \cdot \left(\sum_{n=0}^{\infty} v_n\right) = \sum_{n=0}^{\infty} \left(\sum_{k=0}^{n} u_k v_{n-k}\right) = u_0 v_0 + (u_0 v_1 + u_1 v_0) + (u_0 v_2 + u_1 v_1 + u_2 v_0) + \cdots$$
$$+ (u_0 v_n + u_1 v_{n-1} + u_2 v_{n-2} + \cdots + u_k v_{n-k} + \cdots + u_n v_0) + \cdots. \quad (3.7)$$

证略.

注意：对两个条件收敛级数，上述乘法运算一般不成立.

例如 级数 $\sum\limits_{n=1}^{\infty}(-1)^{n-1}\dfrac{1}{\sqrt{n}}$ 条件收敛，设 $u_n=v_n=(-1)^{n-1}\dfrac{1}{\sqrt{n}}$，$n=1,2,\cdots$，由 (3.7) 式注意到乘积中每项因子下标不为 0，改写后得

$$\sum_{n=1}^{\infty}C_n \triangleq \sum_{n=1}^{\infty}\frac{(-1)^{n-1}}{\sqrt{n}}\cdot\sum_{n=1}^{\infty}\frac{(-1)^{n-1}}{\sqrt{n}}=\sum_{n=1}^{\infty}\Big(\sum_{k=1}^{n}u_k v_{n+1-k}\Big)$$

$$=\sum_{n=1}^{\infty}\Big[(-1)^{n+1}\sum_{k=1}^{n}\frac{1}{\sqrt{k}}\,\frac{1}{\sqrt{n+1-k}}\Big],$$

其中 $|C_n|=\sum\limits_{k=1}^{n}\dfrac{1}{\sqrt{k}}\cdot\dfrac{1}{\sqrt{n+1-k}}\geqslant\sum\limits_{k=1}^{n}\dfrac{1}{n+1}=\dfrac{n}{n+1}\to 1\neq 0,$

故级数 $\sum\limits_{n=1}^{\infty}C_n$ 发散.

§4 函数项级数

4.1 函数项级数的概念

设定义在数集 I 上的函数序列

$$\{u_n(x)\}:u_1(x),u_2(x),\cdots,u_n(x),\cdots \qquad x\in I,$$

按顺序用加号将所有项联接起来的表达式

$$\sum_{n=1}^{\infty}u_n(x)=u_1(x)+u_2(x)+\cdots+u_n(x)+\cdots \tag{4.1}$$

称为**定义在数集 I 上的函数项级数**.

取 $x_0\in I$，若数项级数

$$\sum_{n=1}^{\infty}u_n(x_0)=u_1(x_0)+u_2(x_0)+\cdots+u_n(x_0)+\cdots \tag{4.2}$$

收敛，则称**函数项级数**(4.1)**在点 x_0 收敛**，x_0 称为函数项级数 (4.1) 的**收敛点**；若 (4.2) 发散，则称**函数项级数**(4.1)**在点 x_0 发散**，x_0 称为函数项级数 (4.1) 的**发散点**.

若函数项级数 (4.1) 在数集 $E\subset I$ 的每一点都收敛，则称函数项级数 (4.1) 在数集 E 上收敛，数集 E 称为函数项级数 (4.1) 的**收敛域**；而全体发散点所成的集称为它的**发散域**.

级数 (4.1) 前面 n 项的和

$$\sum_{k=1}^{n}u_k(x)=u_1(x)+u_2(x)+\cdots+u_n(x)\triangleq S_n(x)$$

称为函数项级数 (4.1) 的**部分和**. 如果级数 (4.1) 的收敛域为 E，$\forall\,x\in E$，级数 (4.1) 都收敛，按定义有

$$\lim_{n\to\infty}S_n(x)=S(x). \tag{4.3}$$

这里 $S(x)$ 是定义在数集 E 上的一个函数，称为函数项级数 (4.1) 的**和函数**，记为

$$\sum_{n=1}^{\infty}u_n(x)=S(x),\quad x\in E.$$

并称

$$S(x)-S_n(x)\triangleq R_n(x),\quad x\in E$$

为函数项级数 (4.1) 的**余项**，且知 $\forall\,x\in E$，都有

$$\lim_{n \to \infty} R_n(x) = 0. \tag{4.4}$$

例 1　求下列级数的收敛域与和函数

(1) $\displaystyle\sum_{n=1}^{\infty} x^n$;　(2) $\displaystyle\sum_{n=1}^{\infty} (x^n - x^{n-1})$;　(3) $\displaystyle\sum_{n=0}^{\infty} x^2 e^{-nx}$.

解　(1) $\displaystyle\sum_{n=1}^{\infty} x^n$ 是公比为变量 x 的几何级数, 当 $|x| < 1$ 时收敛, $|x| \geqslant 1$ 时发散, 即收敛域为区间 $(-1,1)$, 发散域为区间集 $(-\infty, -1] \bigcup [1, +\infty)$. $\forall\, x \in (-1,1)$ 其和函数

$$S(x) = \frac{x}{1-x}.$$

(2) 级数 $\displaystyle\sum_{n=1}^{\infty} (x^n - x^{n-1})$ 的部分和

$$S_n(x) = (x-1) + (x^2 - x) + (x^3 - x^2) + \cdots + (x^n - x^{n-1}) = x^n - 1.$$

其极限

$$\lim_{n \to \infty} S_n(x) = \begin{cases} \infty, & \text{当 } |x| > 1; \\ \text{不存在}, & \text{当 } x = -1; \\ 0, & \text{当 } x = 1; \\ -1, & \text{当 } |x| < 1. \end{cases}$$

因此, 原级数的收敛域为区间 $(-1, 1]$, 和函数为

$$S(x) = \begin{cases} -1, & |x| < 1; \\ 0, & x = 1. \end{cases}$$

(3) 级数 $\displaystyle\sum_{n=0}^{\infty} x^2 e^{-nx}$ 是以 e^{-x} 为公比的几何级数. 当 $x > 0, 0 < e^{-x} < 1$ 时, 它是收敛的, 且其和函数

$$S(x) = \frac{x^2}{1 - e^{-x}} \quad x > 0;$$

当 $x = 0$ 时, $x^2 e^{-x} = 0$, 原级数收敛, 且其和为 $S = 0$;

当 $x < 0$ 时, $e^{-x} > 1$, 原级数发散.

综合上述, 该级数的收敛域为 $[0, +\infty)$, 其和函数为

$$S(x) = \begin{cases} \dfrac{x^2}{1 - e^{-x}}, & x > 0; \\ 0, & x = 0. \end{cases}$$

从上例 (2) 中看到, 级数 $\displaystyle\sum_{n=1}^{\infty} (x^n - x^{n-1})$ 的每一项 $u_n(x) = x^n - x^{n-1}$ $(n = 1, 2, \cdots)$ 在区间 $[0,1]$ 上都是连续函数, 但它的和函数 $S(x) = \begin{cases} -1, & |x| < 1; \\ 0, & x = 1 \end{cases}$ 在区间 $[0,1]$ 上不是连续函数 (在 $x = 1$ 间断). 而在 (3) 中, 级数的每一项都连续, 且其和函数也连续, 这说明无限多个连续函数的和不一定仍是连续函数, 无限和并不具备有限和的相同性质, 因此, 在什么条件下, 才能保证一个收敛的函数项级数的和函数 $S(x)$ 是连续的、可积的、可导的? 这就需要讨论比上述 (4.2) 式按点收敛更强的收敛概念.

4.2　函数项级数的一致收敛性

我们知道, 定义在数集 I 上的函数项级数 $\displaystyle\sum_{n=1}^{\infty} u_n(x)$ 在点 $x_i \in I$ 收敛于 $S(x_i)$, 是指其部分和

$S_n(x_i) \to S(x_i)$ $(n \to \infty)$. 亦即

$\forall \varepsilon > 0, \exists N_i$, 当 $n > N_i$ 时, 都有

$$|S_n(x_i) - S(x_i)| < \varepsilon. \tag{4.5}$$

在(4.5)中, 对不同点 $x_i \in I$, $S_n(x_i)$ 趋向于 $S(x_i)$ 的快慢一般是不同的, 因而使得(4.5)成立的起始项 N_i 也不同. 若 I 为有限集 $\{x_i\}$, 那么 $\{N_i\}$ 也为有限集, 其中存在最大的, 记 $N = \max\{N_i\}$, 那么, 当 $n > N$ 时, (4.5)式对 I 中一切 x 都成立. 若 I 是无限集, 常见的情形是区间, I 中含有无限多个点, 相应的 $\{N_i\}$ 一般是无限集, 但它未必有上界, 因而该集中不一定有上确界, 也就未必能找到最大的 N, 使 $n > N$ 时, 对 I 上一切点 x_i (4.5)都成立. 幸好对某类函数项级数, 这样的 N 的确是存在的, 这对我们研究级数在区间 I 上的整体性质有重要理论意义, 有如下定义:

定义 设函数项级数 $\sum\limits_{n=0}^{\infty} u_n(x)$ 在数集 I 上收敛于 $S(x)$, 记 $S_n(x)$ 为其部分和, 若对任意给定的 $\varepsilon > 0$, 存在与 x 无关的正整数 $N = N(\varepsilon)$, 当 $n > N$ 时, 对数集 I 上一切 x 都有

$$|S_n(x) - S(x)| < \varepsilon,$$

则称**级数** $\sum\limits_{n=1}^{\infty} u_n(x)$ **在 I 上一致收敛**(或**均匀收敛**), 且**一致收敛**于 $S(x)$, 也称其**部分和序列** $\{S_n(x)\}$ **一致收敛**于 $S(x)$.

作为上述命题的否定命题: 函数项级数 $\sum\limits_{n=1}^{\infty} u_n(x)$ 在区间 I 上收敛于 $S(x)$, 但不一致收敛于 $S(x)$, 可表述为:

对某个 $\varepsilon_0 > 0$, 不论正数 N 取得多么大, 总存在某个 $n_0 > N$ 和 $x_0 \in I$, 但有

$$|S_{n_0}(x_0) - S(x_0)| \geqslant \varepsilon_0.$$

例 2 试证级数 $\sum\limits_{n=1}^{\infty} x^n$ 在闭区间 $[0, r]$ $(0 < r < 1)$ 上一致收敛, 但在区间 $(0, 1)$ 上不一致收敛.

证 已知 $\sum\limits_{n=1}^{\infty} x^n$ 在区间 $(0, 1)$ 上收敛于 $\dfrac{x}{1-x}$, 先证其在 $[0, r]$ $(0 < r < 1)$ 上一致收敛.

$\forall \varepsilon > 0$, 由

$$|S_n(x) - S(x)| = \left| \sum_{k=1}^{n} x^k - \frac{x}{1-x} \right| = \frac{x^{n+1}}{1-x} < \frac{r^{n+1}}{1-r} < \varepsilon$$

解得 $n > \dfrac{\lg(1-r)\varepsilon}{\lg r} - 1$, 取 $N = \left[\dfrac{\lg(1-r)\varepsilon}{\lg r} - 1 \right]$, 则当 $n > N$ 时, 对区间 $[0, r]$ 上一切 x 都有

$$\left| \sum_{k=1}^{n} x^k - \frac{x}{1-x} \right| < \varepsilon.$$

按定义, 函数项级数 $\sum\limits_{n=1}^{\infty} x^n$ 在区间 $[0, r]$ 上一致收敛于 $\dfrac{x}{1-x}$.

再证 $\sum\limits_{n=1}^{\infty} x^n$ 在区间 $(0, 1)$ 上不一致收敛.

对 $\varepsilon_0 = \dfrac{2}{e}$, 不论正数 N 取得多么大, 若取 $n_0 = N + 1$ 和 $x_0 = \dfrac{N+1}{N+2} \in (0, 1)$, 但有

$$|S_{n_0}(x_0) - S(x_0)| = \left| \sum_{k=1}^{n_0} x_0^k - \frac{x_0}{1-x_0} \right| = \frac{x_0^{n_0+1}}{1-x_0} = \frac{N+1}{\left(1 + \dfrac{1}{N+1}\right)^{N+1}} > \frac{2}{e}.$$

按照一致收敛的否定命题，$\sum\limits_{n=1}^{\infty} x^n$ 在区间 $(0,1)$ 上不一致收敛.　　　　　　　　　证毕

例 3　试证

(1) 级数 $\sum\limits_{n=1}^{\infty}(-1)^{n-1}\dfrac{1}{n+x}$ 在 $(0,+\infty)$ 上一致收敛，

(2) 级数 $\sum\limits_{n=1}^{\infty}(x^n-x^{n-1})$ 在 $[0,1]$ 内不一致收敛.

证　(1) 对任意的 $x\in(0,+\infty)$，级数 $\sum\limits_{n=1}^{\infty}(-1)^{n-1}\dfrac{1}{n+x}$ 是交错级数且满足莱布尼兹定理的条件，所以它是收敛的，设其和为 $S(x)$，部分和为 $S_n(x)$，于是

$$|S_n(x)-S(x)|=|\sum_{k=n+1}^{\infty}(-1)^{k-1}\frac{1}{k+x}|\leqslant \frac{1}{n+1+x}<\frac{1}{n}.$$

$\forall\,\varepsilon>0,\exists\,N=[\dfrac{1}{\varepsilon}]$，当 $n>N$ 时，恒有

$$|S_n(x)-S(x)|<\varepsilon$$

对一切 $x\in(0,+\infty)$ 成立. 按定义，级数在区间 $(0,+\infty)$ 上一致收敛.

(2) 由例 1 知级数 $\sum\limits_{n=1}^{\infty}(x^n-x^{n-1})$ 在区间 $[0,1]$ 上收敛于 $S(x)=\begin{cases}-1, & x\in[0,1);\\ 0, & x=1,\end{cases}$ 其部分和 $S_n(x)=x^n-1$. 今证该级数在 $[0,1]$ 上不一致收敛于 $S(x)$.

对 $\varepsilon_0=\dfrac{1}{4}$，不论正整数 N 取得多么大，若取 $n_0=N$ 和 $x_0=\dfrac{1}{\sqrt[N]{2}}\in[0,1]$，但有

$$|S_{n_0}(x_0)-S(x_0)|=|(x_0)^{n_0}-1-(-1)|$$
$$=|(\frac{1}{\sqrt[N]{2}})^N-1+1|=\frac{1}{2}>\varepsilon_0,$$

按照一致收敛的否定命题，级数 $\sum\limits_{n=1}^{\infty}(x^n-x^{n-1})$ 在区间 $[0,1]$ 上不一致收敛.　　　　证毕

4.3　一致收敛判别法

定理一（一致收敛的柯西准则）　函数项级数 $\sum\limits_{n=1}^{\infty}u_n(x)$ 在数集 I 上一致收敛的必要充分条件是：$\forall\,\varepsilon>0$，存在与 x 无关的正数 $N=N(\varepsilon)$，当 $n>N$ 时，恒有

$$|u_{n+1}(x)+u_{n+2}(x)+\cdots+u_{n+p}(x)|<\varepsilon$$

对一切 $x\in I$ 及任何自然数 p 都成立.

证　**必要性**　设 $\sum\limits_{n=1}^{\infty}u_n(x)$ 在区间 I 上一致收敛于 $S(x)$，根据一致收敛的定义，$\forall\,\varepsilon>0$，$\exists\,N=N(\varepsilon)$，当 $m,n>N$ 时，对一切 $x\in I$，分别有

$$|S_n(x)-S(x)|<\frac{\varepsilon}{2};\quad |S_m(x)-S(x)|<\frac{\varepsilon}{2},$$

于是当 $m,n>N$ 时，对一切 $x\in I$，都有

$$|S_m(x)-S_n(x)|=|S_m(x)-S(x)+S(x)-S_n(x)|$$
$$\leqslant |S_m(x)-S(x)|+|S_n(x)-S(x)|<\frac{\varepsilon}{2}+\frac{\varepsilon}{2}=\varepsilon.$$

不妨设 $m>n$，且 $n+p=m$，于是

$$|S_m(x)-S_n(x)|=|S_{n+p}(x)-S_n(x)|=|u_{n+1}(x)+u_{n+2}(x)+\cdots+u_{n+p}(x)|<\varepsilon.$$

故必要性得证.

充分性   由条件，$\forall\,\varepsilon>0$，$\exists\,N=N(\varepsilon)$，当 $n>N$ 时，对一切 $x\in I$ 及任何自然数 p 都有

$$|u_{n+1}(x)+u_{n+2}(x)+\cdots+u_{n+p}(x)|<\varepsilon.\qquad(4.6)$$

因此，由 §1 定理二知，对数集 I 上任何点 x 级数 $\sum\limits_{n=1}^{\infty}u_n(x)$ 收敛，当 $p\to+\infty$ 时，(4.6) 变为

$$|u_{n+1}(x)+u_{n+2}(x)+\cdots|\leqslant\varepsilon\quad\text{或}\quad|S(x)-S_n(x)|\leqslant\varepsilon$$

对区间 I 上任一点 x 皆成立，故级数在区间 I 上一致收敛.   证毕

定理二   （**维尔斯特拉斯判别法或 M 判别法**）   对于函数项级数 $\sum\limits_{n=1}^{\infty}u_n(x)$，$x\in I$，如果存

在一个收敛的正数项级数 $\sum\limits_{n=1}^{\infty}M_n$，使得

$$|u_n(x)|\leqslant M_n\quad(n=1,2,\cdots,x\in I),\qquad(4.7)$$

则级数 $\sum\limits_{n=1}^{\infty}u_n(x)$ 在数集 I 上一致收敛.

证   已知 $\sum\limits_{n=1}^{\infty}M_n$ 收敛，根据级数的柯西收敛准则的必要性，$\forall\,\varepsilon>0$，$\exists\,N$，使当 $n>N$ 时，

恒有

$$|M_{n+1}+M_{n+2}+\cdots+M_{n+p}|<\varepsilon$$

对一切自然数 p 成立. 又由 (4.7) 得

$$|u_{n+1}(x)+u_{n+2}(x)+\cdots+u_{n+p}(x)|\leqslant|u_{n+1}(x)|+|u_{n+2}(x)|+\cdots+|u_{n+p}(x)|$$
$$\leqslant M_{n+1}+M_{n+2}+\cdots+M_{n+p}<\varepsilon$$

对所有 $x\in I$ 及一切自然数 p 成立. 由一致收敛的柯西准则的充分性，函数项级数 $\sum\limits_{n=1}^{\infty}u_n(x)$ 在

数集 I 上一致收敛.   证毕

说明：从上面定理的证明中还得到级数 $\sum\limits_{n=1}^{\infty}|u_n(x)|$ 在数集 I 上也是一致收敛的，这时也称

级数 $\sum\limits_{n=1}^{\infty}u_n(x)$ 在数集 I 上一致收敛且绝对收敛.

例 4   判别下列级数的一致收敛性.

(1) $\sum\limits_{n=1}^{\infty}\dfrac{x}{1+n^4x^2}$，$x\in(-\infty,+\infty)$;   (2) $\sum\limits_{n=1}^{\infty}x^n\ln^n x$，$x\in(0,1]$;

(3) $\sum\limits_{n=1}^{\infty}ne^{-nx}$，$\delta\leqslant x<+\infty$，其中 $\delta>0$.

解   (1) 由于 $(1-n^2|x|)^2\geqslant0$，即 $1+n^4x^2\geqslant2n^2|x|$，故当 $x\neq0$ 时，

$$|u_n|=\left|\frac{x}{1+n^4x^2}\right|\leqslant\frac{|x|}{2n^2|x|}=\frac{1}{2n^2},\quad n=1,2,\cdots,\quad x\in(-\infty,+\infty).$$

当 $x=0$ 时，上述不等式自然成立.

由于正项级数 $\sum\limits_{n=1}^{\infty}\dfrac{1}{2n^2}$ 收敛，由 M 判别法级数 (1) 在 $x\in(-\infty,+\infty)$ 上一致收敛.

(2) 由于 $f(x)=x\ln x$ 在区间 $(0,1]$ 上有最小值 $-e^{-1}$，容易得到不等式

$$-\frac{1}{e}\leqslant x\ln x\leqslant0,\quad x\in(0,1].$$

于是

$$|u_n|=|x^n\ln^n x|=|x\ln x|^n\leqslant\left(\frac{1}{e}\right)^n.$$

而几何级数 $\sum\limits_{n=1}^{\infty}(\frac{1}{e})^n$ 的公比 $q=\frac{1}{e}<1$，知它是收敛的，由 M 判别法级数(2)在区间(0,1]上一致收敛.

(3) 由于
$$|u_n|=|ne^{-nx}|\leqslant ne^{-n\delta}\xlongequal{\triangle}M_n(0<\delta\leqslant x<+\infty,n=1,2,\cdots),$$

而 $\sum\limits_{n=1}^{\infty}M_n=\sum\limits_{n=1}^{\infty}ne^{-n\delta}$ 为正项级数，由达朗贝尔判别法，有

$$\lim_{n\to\infty}\frac{M_{n+1}}{M_n}=\lim_{n\to\infty}\frac{(n+1)e^{-(n+1)\delta}}{ne^{-n\delta}}=\lim_{n\to\infty}\frac{n+1}{n}e^{-\delta}=e^{-\delta}<1,$$

故 $\sum\limits_{n=1}^{\infty}M_n=\sum\limits_{n=1}^{\infty}ne^{-n\delta}$ 收敛，再由 M 判别法，级数(3)在区间$[\delta,+\infty)$ $(\delta>0)$ 上一致收敛.

4.4 一致收敛级数的分析性质

本节，将证明一致收敛的函数项级数的和函数的分析性质.

定理一（和函数的连续性） 设函数项级数 $\sum\limits_{n=1}^{\infty}u_n(x)$ 在某区间 I 上一致收敛于和函数 $S(x)$，且每一项 $u_n(x)$ 在 I 上都连续，则和函数 $S(x)$ 在 I 上连续.

证 任取一点 $x_0\in I$，只需证明 $\lim\limits_{x\to x_0}S(x)=S(x_0)$.

由于 $|S(x)-S(x_0)|=|S(x)-S_n(x)+S_n(x)-S_n(x_0)+S_n(x_0)-S(x_0)|$
$$\leqslant|S(x)-S_n(x)|+|S_n(x_0)-S(x_0)|+|S_n(x)-S_n(x_0)|,$$

因 $\sum\limits_{n=1}^{\infty}u_n(x)$ 在 I 上一致收敛于 $S(x)$，故

$\forall\varepsilon>0,\exists N=N(\varepsilon)$，使当 $n>N$ 时，都有

$$|S(x)-S_n(x)|<\frac{\varepsilon}{3}$$

对一切 $x\in I$ 上成立，特别，对 $x_0\in I$ 有

$$|S(x_0)-S_n(x_0)|<\frac{\varepsilon}{3}.$$

又由 $u_n(x)$ 在 I 上连续，从而对任何有限项和（部分和）
$$S_n(x)=u_1(x)+u_2(x)+\cdots+u_n(x)\quad(n>N)$$

在点 x_0 处连续，因此，对上述给定的 $\varepsilon>0,\exists\delta>0$，使当 $|x-x_0|<\delta$ 且 $x\in I$ 时，都有

$$|S_n(x)-S_n(x_0)|<\frac{\varepsilon}{3}.$$

综合上述，$\forall\varepsilon>0,\exists\delta>0$，使当 $|x-x_0|<\delta$ 且 $x\in I$ 时，都有
$$|S(x)-S(x_0)|\leqslant|S(x)-S_n(x)|+|S(x_0)-S_n(x_0)|+|S_n(x)-S_n(x_0)|$$
$$<\frac{\varepsilon}{3}+\frac{\varepsilon}{3}+\frac{\varepsilon}{3}=\varepsilon.$$

按定义有 $\lim\limits_{x\to x_0}S(x)=S(x_0)$，即 $S(x)$ 在点 x_0 处连续，由于 x_0 是区间 I 中任一点，所以 $S(x)$ 在区间 I 上连续.   证毕

注意 由于 $\lim\limits_{x\to x_0}S(x)=\lim\limits_{x\to x_0}\sum\limits_{n=1}^{\infty}u_n(x)$，而 $S(x_0)=\sum\limits_{n=1}^{\infty}u_n(x_0)=\sum\limits_{n=1}^{\infty}\lim\limits_{x\to x_0}u_n(x)$. 因此等式 $\lim\limits_{x\to x_0}S(x)=S(x_0)$，也就是

$$\lim_{x \to x_0} \sum_{n=1}^{\infty} u_n(x) = \sum_{n=1}^{\infty} \lim_{x \to x_0} u_n(x),$$

这说明"lim"与"$\sum\limits_{n=1}^{\infty}$"的运算次序可交换,称为**逐项取极限**.

定理二(和函数可积性) 设函数项级数 $\sum\limits_{n=1}^{\infty} u_n(x)$ 在闭区间$[a,b]$上一致收敛于$S(x)$,且每个 $u_n(x)$ 都在$[a,b]$上连续,则和函数 $S(x)$ 在$[a,b]$上可积,且

$$\int_a^b S(x)dx = \int_a^b \sum_{n=1}^{\infty} u_n(x)dx = \sum_{n=1}^{\infty} \int_a^b u_n(x)dx. \tag{4.8}$$

证 首先证明和函数 $S(x)$ 在$[a,b]$上可积. 因为 $u_n(x)$ 在$[a,b]$上连续,$\sum\limits_{n=1}^{\infty} u_n(x)$ 一致收敛于 $S(x)$,由定理一,$S(x)$ 在$[a,b]$上连续,故 $S(x)$ 在$[a,b]$上可积.

再证(4.8)式成立. 由于

$$\left| \int_a^b S(x)dx - \int_a^b S_n(x)dx \right| = \left| \int_a^b [S(x) - S_n(x)]dx \right| \leqslant \int_a^b |S(x) - S_n(x)|dx,$$

因 $\sum\limits_{n=1}^{\infty} u_n(x)$ 在$[a,b]$上一致收敛于$S(x)$,故

$\forall \varepsilon > 0, \exists N = N(\varepsilon)$,使当 $n > N$ 时,恒有

$$|S(x) - S_n(x)| < \frac{\varepsilon}{b - a}$$

对$[a,b]$上一切 x 都成立,所以当 $n > N$ 时,有

$$\left| \int_a^b S(x)dx - \int_a^b S_n(x)dx \right| \leqslant \int_a^b |S(x) - S_n(x)|dx < \frac{\varepsilon}{b - a} \cdot (b - a) = \varepsilon.$$

按定义,有

$$\lim_{n \to \infty} \int_a^b S_n(x)dx = \int_a^b S(x)dx. \tag{4.9}$$

根据有限项的和逐项可积的性质

$$\int_a^b S_n(x)dx = \int_a^b \sum_{k=1}^{n} u_k(x)dx = \sum_{k=1}^{n} \int_a^b u_k(x)dx,$$

于是,由(4.9)左边,有

$$\lim_{n \to \infty} \int_a^b S_n(x)dx = \lim_{n \to \infty} \sum_{k=1}^{n} \int_a^b u_k(x)dx = \sum_{k=1}^{\infty} \int_a^b u_k(x)dx$$

而右边为

$$\int_a^b S(x)dx = \int_a^b \sum_{n=1}^{\infty} u_n(x)dx,$$

于是,得

$$\int_a^b \sum_{n=1}^{\infty} u_n(x)dx = \sum_{n=1}^{\infty} \int_a^b u_n(x)dx. \tag{4.10}$$

(4.10)说明"$\int_a^b$"与"$\sum\limits_{n=1}^{\infty}$"两种运算次序可以交换,称为**逐项积分**.

定理三(和函数可导性) 设函数项级数 $\sum\limits_{n=1}^{\infty} u_n(x)$ 定义于某区间 I 上,若

(1) $\sum\limits_{n=1}^{\infty} u_n(x)$ 在 I 上收敛于和函数 $S(x)$;

(2) $\sum\limits_{n=1}^{\infty} u'_n(x)$ 在 I 上一致收敛于和函数 $\sigma(x)$，且 $u'_n(x)$ 在 I 上连续，

则 $S(x)$ 在区间 I 上具有连续的导数，且

$$S'(x) = (\sum_{n=1}^{\infty} u_n(x))' = \sum_{n=1}^{\infty} u'_n(x).$$

证 由各项在 I 上连续的级数 $\sum\limits_{n=1}^{\infty} u'(x)$ 一致收敛于和函数 $\sigma(x)$，知有 $\sum\limits_{n=1}^{\infty} u'(x)$ 在 I 的任一子区间 $[x_0, x] \subset I$ 上也必一致收敛于 $\sigma(x)$，于是，由上述定理二，有

$$\int_{x_0}^{x} \sigma(x)dx = \int_{x_0}^{x} \sum_{n=1}^{\infty} u'_n(x)dx = \sum_{n=1}^{\infty} \int_{x_0}^{x} u'_n(x)dx$$

$$= \sum_{n=1}^{\infty} [u_n(x) - u_n(x_0)) = \sum_{n=1}^{\infty} u_n(x) - \sum_{n=1}^{\infty} u_n(x_0) = S(x) - S(x_0).$$

又由定理一知 $\sigma(x)$ 在 I 上连续，于是

$$\sigma(x) = \frac{d}{dx} \int_{x_0}^{x} \sigma(t)dt = \frac{d}{dx}[S(x) - S(x_0)] = S'(x),$$

即得

$$S'(x) = (\sum_{n=1}^{\infty} u_n(x))' = \sigma(x) = \sum_{n=1}^{\infty} u'(x), \quad x \in I$$

或 $$(\sum_{n=1}^{\infty} u_n(x))' = \sum_{n=1}^{\infty} u'_n(x), \quad x \in I. \tag{4.11}$$

(4.11) 式表明："$\dfrac{d}{dx}$"与"$\sum\limits_{n=1}^{\infty}$"两种运算次序可以交换，称为**逐项求导**.

注意：定理三中要求 $\sum\limits_{n=1}^{\infty} u'_n(x)$ 一致收敛，而不能降为 $\sum\limits_{n=1}^{\infty} u_n(x)$ 一致收敛. 否则，结论不正确.

例如 级数 $\sum\limits_{n=1}^{\infty} \dfrac{\sin n^2 x}{n^2}$ 在 $(-\infty, +\infty)$ 上一致收敛（因 $|\dfrac{\sin n^2 x}{n^2}| \leqslant \dfrac{1}{n^2}$，由 M 判别法），且 $u'_n = (\dfrac{\sin n^2 x}{n^2})' = \cos n^2 x$ 在 $(-\infty, +\infty)$ 上连续，但

$$\sum_{n=1}^{\infty} u'_n(x) = \sum_{n=1}^{\infty} (\frac{\sin n^2 x}{n^2})' = \sum_{n=1}^{\infty} \cos n^2 x$$

发散（因 $u'_n(x) = \cos n^2 x \not\to 0, n \to \infty$），不存在和函数，因此在 $(-\infty, +\infty)$ 上自然不能逐项求导了！原因是 $\sum\limits_{n=1}^{\infty} u'_n(x)$ 在 $(-\infty, +\infty)$ 一致收敛的条件不可少.

§5 幂级数

5.1 幂级数的收敛半径与收敛区间

在函数项级数中，它的项

$$u_n(x) = a_n(x - x_0)^n, \quad n = 0, 1, 2, \cdots$$

为 $x - x_0$ 的幂函数所成的函数项级数

$$\sum_{n=0}^{\infty} a_n(x - x_0)^n = a_0 + a_1(x - x_0) + a_2(x - x_0)^2 + \cdots + a_n(x - x_0)^n + \cdots \tag{5.1}$$

称为 $x - x_0$ 的幂级数或在点 x_0 处的幂级数. 其中 a_n 是实常数, 称为**幂级数的系数**. 下面着重讨论 $x_0 = 0$ 的情形, 即

$$\sum_{n=0}^{\infty} a_n x^n = a_0 + a_1 x + a_2 x^2 + \cdots + a_n x^n + \cdots \tag{5.2}$$

的性质, 因令 $x - x_0 = t$, 级数 (5.1) 就可化为 (5.2), 反之亦然.

下面先讨论幂级数 (5.2) 的收敛域, 显然它在 $x = 0$ 处收敛, 那么, 除 $x = 0$ 以外, 还可能有哪些收敛点、哪些发散点呢? 下面的定理告诉我们, 幂级数的收敛域有三种类型: (1) 只有唯一点 0; (2) 全体实数; (3) 以原点为中心的有限区间.

定理一 (阿贝尔 Abel 定理) 若幂级数 $\sum_{n=0}^{\infty} a_n x^n$ 在点 $x_0 \neq 0$ 处收敛, 则它在区间 $(-|x_0|, |x_0|)$ 内绝对收敛. 反之, 若在点 $x_0 \neq 0$ 处发散, 则它在区间 $[-|x_0|, |x_0|]$ 外也发散.

证 (1) 若级数 $\sum_{n=0}^{\infty} a_n x^n$ 在点 $x_0 \neq 0$ 处收敛, 则数项级数 $\sum_{n=0}^{\infty} a_n x_0^n$ 收敛, 根据级数收敛的必要条件, 有

$$\lim_{n \to \infty} a_n x_0^n = 0,$$

因而数列 $\{a_n x_0^n\}$ 有界, 故存在常数 $k > 0$, 使得

$$|a_n x_0^n| \leqslant k, \quad n = 1, 2, \cdots,$$

于是, 级数 $\sum_{n=0}^{\infty} a_n x^n$ 的一般项的绝对值 $|a_n x^n|$ 可写成

$$|a_n x^n| = |a_n x_0^n \cdot \frac{x^n}{x_0^n}| = |a_n x_0^n| \cdot |\frac{x}{x_0}|^n \leqslant k \cdot |\frac{x}{x_0}|^n, x_0 \neq 0,$$

因为当 $|x| < |x_0|$ 时, $|\frac{x}{x_0}| < 1$, 几何级数 $\sum_{n=0}^{\infty} k |\frac{x}{x_0}|^n$ 收敛, 由比较判别法, 幂级数 $\sum_{n=0}^{\infty} a_n x^n$ 在区间 $(-|x_0|, |x_0|)$ 内绝对收敛.

(2) 若级数 $\sum_{n=0}^{\infty} a_n x^n$ 在点 $x_0 \neq 0$ 处发散, 用反证法, 如果存在点 x_1, 有 $|x_1| > |x_0|$, 且使 $\sum_{n=0}^{\infty} a_n x^n$ 在点 x_1 处收敛, 由 (1) 结论知级数在点 x_0 处必收敛, 这与假设矛盾, 故级数在区间 $[-|x_0|, |x_0|]$ 外发散.

推论 若幂级数 $\sum_{n=0}^{\infty} a_n x^n$ 在点 $x_0 \neq 0$ 收敛, 又在点 $x_1 \neq 0$ 发散, 则存在唯一的正数 R, 使幂级数在区间 $(-R, R)$ 内绝对收敛, 在区间 $[-R, R]$ 外发散.

证 设 $x_0 \neq 0$ 为收敛点, 则幂级数 $\sum_{n=0}^{\infty} a_n x^n$ 在区间 $(-|x_0|, |x_0|)$ 内绝对收敛, 又 $x_1 \neq 0$ 为发散点, 则幂级数在 $[-|x_1|, |x_1|]$ 外发散. 记 $|x_0| \triangleq a_1, |x_1| \triangleq b_1$, 那么它们的中点 $\frac{a_1 + b_1}{2}$ 可能是收敛点或是发散点, 若是发散点, 则记 $\frac{a_1 + b_1}{2} \triangleq b_2$, 同时将 a_1 改记为 a_2, 于是当 $|x| < a_2$ 时幂级数绝对收敛, 当 $|x| > b_2$ 时幂级数发散, 接着再考虑 a_2, b_2 的中点, 重复上述步骤, 可得 a_n, b_n, 若中点 $\frac{a_n + b_n}{2}$ 是发散点, 则记 $\frac{a_n + b_n}{2} \triangleq b_{n+1}$, 同时将 a_n 记成 $a_{n+1} \cdots$, 于是, 得到两个单调数列:

$$\{a_n\}: \quad a_1 \leqslant a_2 \leqslant \cdots \leqslant a_n \leqslant \cdots < b_1;$$
$$\{b_n\}: \quad b_1 \geqslant b_2 \geqslant \cdots \geqslant b_n \geqslant \cdots > a_1,$$

由数列单调有界必有极限的定理, 数列 $\{a_n\}, \{b_n\}$ 都存在极限, 再由

$$b_n - a_n = \frac{1}{2^{n-1}}(b_1 - a_1) \xrightarrow{n \to \infty} 0,$$

所以 $\{a_n\}, \{b_n\}$ 的极限相等,记其公共值为 R,即

$$\lim_{n \to \infty} a_n = \lim_{n \to \infty} b_n = R. \tag{5.3}$$

于是当 $|x| < R$ 时,幂级数绝对收敛;当 $|x| > R$ 时幂级数发散,亦即在区间 $(-R, R)$ 内幂级数绝对收敛,在区间 $[-R, R]$ 外幂级数发散. 证毕

在推论中,由 (5.3) 式确定的 R 称为幂级数 $\sum\limits_{n=0}^{\infty} a_n x^n$ 的**收敛半径**.

为了叙述上的统一,我们约定,若幂级数 $\sum\limits_{n=0}^{\infty} a_n x^n$ 除了点 $x = 0$ 外,其他点都发散,这时记 $R = 0$,若幂级数 $\sum\limits_{n=0}^{\infty} a_n x^n$ 在区间 $(-\infty, +\infty)$ 上都收敛,这时记 $R = +\infty$.

从而,对任意一个幂级数 $\sum\limits_{n=0}^{\infty} a_n x^n$,都存在唯一的 $R (0 \leqslant R \leqslant +\infty)$,当 $|x| < R$ 时,幂级数绝对收敛;当 $|x| > R$ 时,幂级数发散,称 $(-R, R)$ 为幂级数的**收敛区间**.

注意:幂级数 $\sum\limits_{n=0}^{\infty} a_n x^n$ 在其收敛区间 $(-R, R)$ 的端点 $-R, R$ 处可能绝对收敛,可能条件收敛,也可能发散,这要根据数项级数 $\sum\limits_{n=0}^{\infty} a_n (-R)^n, \sum\limits_{n=0}^{\infty} a_n R^n$ 来确定,收敛区间与其收敛的端点所成集即幂级数的收敛域.

对于幂级数 $\sum\limits_{n=0}^{\infty} a_n x^n$,确定它的收敛半径 R 是首要问题,下面介绍一种根据幂级数的系数来确定收敛半径的常用方法.

定理二 设幂级数 $\sum\limits_{n=0}^{\infty} a_n x^n$ 的系数 $a_n \neq 0, n = 0, 1, 2, \cdots,$ 且

$$\lim_{n \to \infty} \left| \frac{a_{n+1}}{a_n} \right| = \rho, \tag{5.4}$$

则   1°   当 $0 < \rho < +\infty$ 时,收敛半径 $R = \dfrac{1}{\rho}$;

     2°   当 $\rho = 0$ 时,收敛半径 $R = +\infty$;

     3°   当 $\rho = +\infty$ 时,收敛半径 $R = 0$.

也就是幂级数 $\sum\limits_{n=0}^{\infty} a_n x^n$ 的收敛半径为

$$R = \lim_{n \to \infty} \left| \frac{a_n}{a_{n+1}} \right|. \tag{5.5}$$

证 考虑由幂级数 $\sum\limits_{n=0}^{\infty} a_n x^n$ 各项绝对值所构成的级数 $\sum\limits_{n=0}^{\infty} |a_n x^n|$,由于

$$\lim_{n \to \infty} \frac{|u_{n+1}|}{|u_n|} = \lim_{n \to \infty} \frac{|a_{n+1} x^{n+1}|}{|a_n x^n|} = \lim_{n \to \infty} \left| \frac{a_{n+1}}{a_n} \right| |x| = \rho |x|,$$

于是,根据达朗贝尔比值判别法,有

1°   当 $0 < \rho < +\infty$ 时,且 $\rho |x| < 1$,即 $|x| < \dfrac{1}{\rho}$ 时,级数 $\sum\limits_{n=0}^{\infty} |a_n x^n|$ 收敛,因而级数 $\sum\limits_{n=0}^{\infty} a_n x^n$ 绝对收敛;当 $\rho |x| > 1$,即 $|x| > \dfrac{1}{\rho}$ 时,级数 $\sum\limits_{n=0}^{\infty} a_n x^n$ 发散,所以级数 $\sum\limits_{n=0}^{\infty} a_n x^n$ 的收敛半径是 $R =$

$\dfrac{1}{\rho}$.

2° 当 $\rho = 0$ 时,对一切 $x \in (-\infty, +\infty)$,都有 $\rho|x| = 0 < 1$,因此级数 $\sum\limits_{n=0}^{\infty} a_n x^n$ 处处收敛,即收敛半径为 $R = +\infty$.

3° 当 $\rho = +\infty$ 时,除 $x = 0$ 外,都有 $\rho|x| > 1$,因此,除 $x = 0$ 外,级数处处发散,它的收敛半径是 $R = 0$.　　　　　　　　　　　　　　　　　　　　　　证毕

注 (5.4)与(5.5)可分别用 $\lim\limits_{n \to \infty} \sqrt[n]{|a_n|} = \rho$ 与 $R = 1/\lim\limits_{n \to \infty} \sqrt[n]{|a_n|}$ 来代替,即幂级数 $\sum\limits_{n=0}^{\infty} a_n x^n$ 的收敛半径也可用柯西根值判别法来求,结论相同.

例1 求下列幂级数的收敛半径与收敛域.

(1) $\sum\limits_{n=1}^{\infty} (-1)^{n-1} \dfrac{x^n}{3^n n}$;　　　　　(2) $\sum\limits_{n=1}^{\infty} \dfrac{n^n}{b^{n^2}} x^n$ $(b \neq 0)$;

(3) $\sum\limits_{n=1}^{\infty} (-1)^{n-1} (1 + \dfrac{1}{2} + \dfrac{1}{3} + \cdots + \dfrac{1}{n}) x^n$.

解 (1) 先求收敛半径,由公式(5.5)

$$R = \lim_{n \to \infty} \left| \frac{a_n}{a_{n+1}} \right| = \lim_{n \to \infty} \frac{1}{3^n n} \cdot \frac{3^{n+1}(n+1)}{1} = 3,$$

再讨论在区间端点 $x = \pm 3$ 处级数的收敛性:

当 $x = -3$ 时,级数 $\sum\limits_{n=1}^{\infty} (-1)^{n-1} \dfrac{(-3)^n}{3^n n} = \sum\limits_{n=1}^{\infty} (-1)^{2n-1} \dfrac{1}{n} = -\sum\limits_{n=1}^{\infty} \dfrac{1}{n}$,发散;

当 $x = 3$ 时,级数 $\sum\limits_{n=1}^{\infty} (-1)^{n-1} \dfrac{3^n}{3^n n} = \sum\limits_{n=1}^{\infty} (-1)^{n-1} \dfrac{1}{n}$,收敛.

故幂级数 $\sum\limits_{n=1}^{\infty} (-1)^{n-1} \dfrac{x^n}{3^n n}$ 的收敛域为 $(-3, 3]$.

(2) 按柯西根值法,其收敛半径为

$$R = \lim_{n \to \infty} \frac{1}{\sqrt[n]{|a_n|}} = \lim_{n \to \infty} \frac{1}{\sqrt[n]{\dfrac{n^n}{b^{n^2}}}} = \lim_{n \to \infty} \frac{1}{\dfrac{n}{b^n}}$$

$$= \lim_{n \to \infty} \frac{b^n}{n} = \begin{cases} 0, & 0 < |b| \leqslant 1; \\ +\infty, & |b| > 1. \end{cases}$$

故当 $0 < |b| \leqslant 1$ 时,幂级数 $\sum\limits_{n=1}^{\infty} \dfrac{n^n}{b^{n^2}} x^n$ 的收敛半径为 $R = 0$,级数的收敛域为一点 $x = 0$,即级数仅在一点 $x = 0$ 处收敛;当 $|b| > 1$ 时,幂级数 $\sum\limits_{n=1}^{\infty} \dfrac{n^n}{b^{n^2}} x^n$ 的收敛半径为 $R = +\infty$,级数的收敛域为 $(-\infty, +\infty)$,即级数对一切实数 x 都收敛.

注 本题也可用达朗贝尔比值法按(5.5)式求得其收敛半径,但计算不如柯西根值法简单.

(3) 本题求收敛半径用柯西根值法,由于

$$\rho = \sqrt[n]{|a_n|} = \sqrt[n]{1 + \frac{1}{2} + \frac{1}{3} + \cdots + \frac{1}{n}},$$

由数列极限的夹逼性,根据不等式

$$1 = \sqrt[n]{n \cdot \frac{1}{n}} \leqslant \sqrt[n]{1 + \frac{1}{2} + \frac{1}{3} + \cdots + \frac{1}{n}} \leqslant \sqrt[n]{n},$$

由 $\lim\limits_{n \to \infty} \sqrt[n]{n} = 1$,于是,得

$$\lim\limits_{n \to \infty} \sqrt[n]{1 + \frac{1}{2} + \frac{1}{3} + \cdots + \frac{1}{n}} = 1,$$

即 $\rho = \lim\limits_{n \to \infty} \sqrt[n]{|a_n|} = 1$,收径半径 $R = \frac{1}{\rho} = 1$.

再考虑区间端点 $x = \pm 1$ 处级数的收敛性,当 $x = -1$ 时,级数

$$\sum_{n=1}^{\infty} (-1)^{n-1} (1 + \frac{1}{2} + \frac{1}{3} + \cdots + \frac{1}{n})(-1)^n = -\sum_{n=1}^{\infty} (1 + \frac{1}{2} + \frac{1}{3} + \cdots + \frac{1}{n}),$$

它的一般项 $u_n = 1 + \frac{1}{2} + \frac{1}{3} + \cdots + \frac{1}{n} \not\to 0$,级数发散;

当 $x = 1$ 时,同理这级数也发散.

所求幂级数的收敛域是 $(-1, 1)$.

注 本题收敛半径也可用 (5.5) 式求得,由于

$$1 > \left| \frac{a_n}{a_{n+1}} \right| = \frac{1 + \frac{1}{2} + \frac{1}{3} + \cdots + \frac{1}{n}}{1 + \frac{1}{2} + \frac{1}{3} + \cdots + \frac{1}{n} + \frac{1}{n+1}}$$

$$= \frac{1 + \frac{1}{2} + \frac{1}{3} + \cdots + \frac{1}{n} + \frac{1}{n+1} - \frac{1}{n+1}}{1 + \frac{1}{2} + \frac{1}{3} + \cdots + \frac{1}{n} + \frac{1}{n+1}}$$

$$= 1 - \frac{\frac{1}{n+1}}{1 + \frac{1}{2} + \frac{1}{3} + \cdots + \frac{1}{n} + \frac{1}{n+1}} > 1 - \frac{1}{n+1},$$

因此,$R = \lim\limits_{n \to \infty} \left| \frac{a_n}{a_{n+1}} \right| = 1$.

例 2 求下列幂级数的收敛半径与收敛域.

(1) $\sum\limits_{n=1}^{\infty} (-1)^{n-1} \frac{\ln n}{n} (x-1)^n$; (2) $\sum\limits_{n=1}^{\infty} \frac{(x-1)^{2n-1}}{4^n (3n-2)}$; (3) $\sum\limits_{n=1}^{\infty} \frac{2^n n!}{n^n} (x+1)^{3n}$.

解 (1) 这级数是幂级数的一般形式 $\sum\limits_{n=0}^{\infty} a_n (x-x_0)^n$,只要作代换 $t = x-1$,就可化为

$\sum\limits_{n=0}^{\infty} a_n x^n$ 的形式再求收敛半径,原级数化为 $\sum\limits_{n=1}^{\infty} (-1)^{n-1} \frac{\ln n}{n} t^n$,其收敛半径为

$$R = \lim\limits_{n \to \infty} \left| \frac{a_n}{a_{n+1}} \right| = \lim\limits_{n \to \infty} \frac{\ln n}{n} \cdot \frac{n+1}{\ln(n+1)} = 1,$$

其中 $\lim\limits_{n \to \infty} \frac{\ln n}{\ln(n+1)} = 1$ 是由于 $\lim\limits_{x \to +\infty} \frac{\ln x}{\ln(x+1)} \xrightarrow{\text{洛比达}} \lim\limits_{x \to +\infty} \frac{\frac{1}{x}}{\frac{1}{x+1}} = 1$.

再讨论区间端点 $t = \pm 1$ 处级数 $\sum\limits_{n=1}^{\infty} (-1)^{n-1} \frac{\ln n}{n} t^n$ 的收敛性,当 $t = -1$ 时,得

$$\sum_{n=1}^{\infty} (-1)^{n-1} \frac{\ln n}{n} (-1)^n = -\sum_{n=1}^{\infty} \frac{\ln n}{n},$$

由比较判别法，按不等式 $\dfrac{\ln n}{n} > \dfrac{1}{n}$，知 $\displaystyle\sum_{n=1}^{\infty} \dfrac{\ln n}{n}$ 发散.

当 $t = 1$ 时，得 $\displaystyle\sum_{n=1}^{\infty} (-1)^{n-1} \dfrac{\ln n}{n}$.

这是交错级数，易知满足莱布尼兹定理的条件，它是收敛的，且是条件收敛.

故级数 $\displaystyle\sum_{n=1}^{\infty} (-1)^{n-1} \dfrac{\ln n}{n} t^n$ 的收敛域是 $t \in (-1, 1]$，于是，$-1 < x - 1 \leqslant 1$，即 $0 < x \leqslant 2$. 因此原级数的收敛域是 $(0, 2]$.

(2) 本题当 $n = 2, 4, \cdots$ 时，$a_n = 0$，不能套用公式 $R = \lim\limits_{n \to \infty} \left| \dfrac{a_n}{a_{n+1}} \right|$，但可直接用达朗贝尔比值法求收敛半径 R. 由于

$$\lim_{n \to \infty} \frac{|u_{n+1}(x)|}{|u_n(x)|} = \lim_{n \to \infty} \left| \frac{(x-1)^{2(n+1)-1}}{4^{n+1}[3(n+1)-2]} \cdot \frac{4^n(3n-2)}{(x-1)^{2n-1}} \right|$$
$$= \lim_{n \to \infty} \frac{1}{4} \cdot \frac{3n-2}{3n+1} |x-1|^2 = \frac{|x-1|^2}{4}.$$

由达朗贝尔比值判别法，有

当 $\dfrac{|x-1|^2}{4} < 1$ 或 $|x-1| < 2$ 时，级数绝对收敛；

当 $\dfrac{|x-1|^2}{4} > 1$ 或 $|x-1| > 2$ 时，级数发散，级数的收敛半径 $R = 2$. 又

当 $x - 1 = -2$ 时，级数 $\displaystyle\sum_{n=1}^{\infty} \frac{1}{4^n(3n-2)}(-2)^{2n-1} = -\frac{1}{2} \sum_{n=1}^{\infty} \frac{1}{3n-2}$ 发散；

当 $x - 1 = 2$ 时，级数 $\displaystyle\sum_{n=1}^{\infty} \frac{1}{4^n(3n-2)} 2^{2n-1} = \frac{1}{2} \sum_{n=1}^{\infty} \frac{1}{3n-2}$ 发散.

故幂级数的收敛域是 $|x-1| < 2$ 或 $(-1, 3)$.

(3) 由于

$$\lim_{n \to \infty} \frac{|u_{n+1}(x)|}{|u_n(x)|} = \lim_{n \to \infty} \left| \frac{2^{n+1}(n+1)!}{(n+1)^{n+1}} \cdot \frac{n^n}{2^n n!} \cdot \frac{(x+1)^{3(n+1)}}{(x+1)^{3n}} \right|$$
$$= \lim_{n \to \infty} \frac{2}{(1+\frac{1}{n})^n} |x+1|^3 = \frac{2}{e} |x+1|^3 < 1$$

或 $|x+1| < \sqrt[3]{\dfrac{e}{2}}$ 时，级数绝对收敛，级数的收敛半径 $R = \sqrt[3]{\dfrac{e}{2}}$. 又

当 $x + 1 = \sqrt[3]{\dfrac{e}{2}}$ 时，级数 $\displaystyle\sum_{n=1}^{\infty} \frac{2^n n!}{n^n}\left(\frac{e}{2}\right)^n = \sum_{n=1}^{\infty} \frac{e^n n!}{n^n}$ 发散，

当 $x + 1 = -\sqrt[3]{\dfrac{e}{2}}$ 时，同理级数 $\displaystyle\sum_{n=1}^{\infty} \frac{2^n n!}{n^n}\left(-\frac{e}{2}\right)^n$ 发散，故幂级数 $\displaystyle\sum_{n=1}^{\infty} \frac{2^n n!}{n^n}(x+1)^{3n}$ 的收

敛域为 $|x+1| < \sqrt[3]{\dfrac{e}{2}}$ 或 $-(1 + \sqrt[3]{\dfrac{e}{2}}) < x < -1 + \sqrt[3]{\dfrac{e}{2}}$.

5.2 幂级数的分析性质

我们知道，一般函数项级数的一致收敛性，是研究它的和函数的连续性、可积性与可导性的重要条件，对于幂级数的一致收敛性有下列定理：

定理一（内闭一致收敛） 若幂级数 $\displaystyle\sum_{n=0}^{\infty} a_n x^n$ 的收敛半径是 $R > 0$，则它在任一闭区间 $[a, b] \subset (-R, R)$ 上一致收敛.

证 任取 $[a,b]\subset(-R,R)$，设 $x_0=\max\{|a|,|b|\}$，则 $x_0\in(-R,R)$，于是对一切 $x\in[a,b]$，有 $|x|\leqslant x_0$，因此

$$|a_n x^n|\leqslant|a_n x_0^n|.$$

由于数项级数 $\sum\limits_{n=0}^{\infty}|a_n x_0^n|$ 收敛，根据一致收敛的 M 判别法，幂级数 $\sum\limits_{n=0}^{\infty}a_n x^n$ 在区间 $[a,b]$ 上一致收敛.

注 幂级数 $\sum\limits_{n=0}^{\infty}a_n x^n$ 的收敛半径为 $R>0$，则在 $[a,b]\subset(-R,R)$ 上一致收敛，简称**内闭一致收敛**. 但须注意，内闭一致收敛未必在 $(-R,R)$ 内一致收敛. 例如，幂级数 $\sum\limits_{n=0}^{\infty}x^n$ 在区间 $(-1,1)$ 内收敛，且内闭一致收敛，但在 $(-1,1)$ 内并非一致收敛.

推论一 若幂级数 $\sum\limits_{n=0}^{\infty}a_n x^n$ 在收敛区间的端点 $x=R$ 收敛(可以是条件收敛)，则 $\sum\limits_{n=0}^{\infty}a_n x^n$ 在 $[0,R]$ 上一致收敛(证略).

定理二(和函数的连续性) 设幂级数 $\sum\limits_{n=0}^{\infty}a_n x^n$ 的收敛半径 $R>0$，和函数为 $S(x)$，则 $S(x)$ 在收敛区间 $(-R,R)$ 内连续.

证 任取 $x\in(-R,R)$，即 $|x|<R$，总存在 R_1，使得

$$|x|<R_1<R,$$

从而有 $x\in[-R_1,R_1]\subset(-R,R)$，根据本节定理一，幂级数在 $[-R_1,R_1]$ 上一致收敛，再根据 §4.4，定理一，幂级数的和函数 $S(x)$ 在点 x 连续. 又因 x 是在 $(-R,R)$ 中任意取的，所以和函数 $S(x)$ 在 $(-R,R)$ 内每一点都连续.   证毕

推论二 若幂级数 $\sum\limits_{n=0}^{\infty}a_n x^n$ 在收敛区间的端点 $x=R$ 处收敛，则 $S(x)=\sum\limits_{n=0}^{\infty}a_n x^n$ 在点 $x=R$ 处左方连续.

即有

$$\lim_{x\to R^-}\sum_{n=0}^{\infty}a_n x^n=\sum_{n=0}^{\infty}a_n R^n \quad\text{或}\quad \lim_{x\to R^-}S(x)=S(R).$$

证 由推论一知 $\sum\limits_{n=0}^{\infty}a_n x^n$ 在 $[0,R]$ 上一致收敛，由定理二即得结论.   证毕

定理三(和函数的可积性) 设幂级数 $\sum\limits_{n=0}^{\infty}a_n x^n$ 的收敛半径 $R>0$，则对任一闭区间 $[a,b]\subset(-R,R)$，和函数 $S(x)$ 在 $[a,b]$ 上可积，且可逐项积分，即

$$\int_a^b S(x)dx=\sum_{n=0}^{\infty}\int_a^b a_n x^n dx,$$

特别，对任意 $x\in(-R,R)$，有

$$\int_0^x S(t)dt=\sum_{n=0}^{\infty}\int_0^x a_n t^n dt=\sum_{n=0}^{\infty}\frac{a_n}{n+1}x^{n+1}.$$

证 由于 $[a,b]\subset(-R,R)$，所以幂级数在 $[a,b]$ 上一致收敛，再根据 §4.4，定理二，幂级数的和函数 $S(x)$ 在 $[a,b]$ 上可积，且

$$\int_a^b S(x)dx=\sum_{n=0}^{\infty}\int_a^b a_n x^n dx.$$

特别情况是显然的.   证毕

定理四（和函数的可导性） 设幂级数 $\sum\limits_{n=0}^{\infty} a_n x^n$ 的收敛半径 $R > 0$，则和函数 $S(x)$ 在收敛区间 $(-R, R)$ 内可导，且可逐项求导，即

$$S'(x) = (\sum_{n=0}^{\infty} a_n x^n)' = \sum_{n=0}^{\infty} (a_n x^n)' = \sum_{n=1}^{\infty} n a_n x^{n-1}, \quad x \in (-R, R).$$

证 先证明幂级数 $\sum\limits_{n=0}^{\infty} a_n x^n$ 与 $\sum\limits_{n=1}^{\infty} n a_n x^{n-1}$ 有相同的收敛半径. 因 $\sqrt[n]{n} = 1$，于是

$$\lim_{n \to \infty} \sqrt[n]{|n a_n|} = \lim_{n \to \infty} \sqrt[n]{|a_n|} = \rho,$$

按柯西根值判别法，知级数 $\sum\limits_{n=0}^{\infty} a_n x^n$ 与 $\sum\limits_{n=1}^{\infty} n a_n x^{n-1}$ 有相同的收敛半径 $R = \dfrac{1}{\rho}$.

再证明 $S'(x) = (\sum\limits_{n=0}^{\infty} a_n x^n)' = \sum\limits_{n=1}^{\infty} n a_n x^{n-1}, x \in (-R, R)$. 因幂级数 $\sum\limits_{n=0}^{\infty} n a_n x^{n-1}$ 在区间 $(-R, R)$ 内收敛，所以对任意的 $x \in (-R, R)$，总存在 R_1，使得

$$|x| < R_1 < R \quad \text{或} \quad x \in [-R_1, R_1] \subset (-R, R),$$

根据定理一，幂级数 $\sum\limits_{n=1}^{\infty} n a_n x^{n-1}$ 在闭区间 $[-R_1, R_1]$ 上一致收敛. 根据 §4.4，定理三，幂级数 $\sum\limits_{n=0}^{\infty} a_n x^n$ 在 $[-R_1, R_1]$ 上逐项可导，当然在点 x 处逐项可导，再根据点 x 在区间 $(-R, R)$ 内的任意性，得

$$S'(x) = (\sum_{n=0}^{\infty} a_n x^n)' = \sum_{n=0}^{\infty} (a_n x^n)' = \sum_{n=1}^{\infty} n a_n x^{n-1}, x \in (-R, R). \qquad \text{证毕}$$

推论三 设幂级数 $\sum\limits_{n=0}^{\infty} a_n x^n$ 的收敛半径 $R > 0$，则其和函数 $S(x)$ 在收敛区间 $(-R, R)$ 内存在任意阶导数，即

$$S^{(k)}(x) = \sum_{n=k}^{\infty} n(n-1)(n-2)\cdots(n-k+1) a_n x^{n-k}, \quad x \in (-R, R). \qquad (5.6)$$

其中 k 为大于 1 的任何自然数.

例 3 求幂级数 $\sum\limits_{n=1}^{\infty} (-1)^{n-1} \dfrac{x^n}{n}$ 在其收敛区间内的和函数. 并证 $\ln 2 = \sum\limits_{n=1}^{\infty} (-1)^{n-1} \dfrac{1}{n}$.

解 先求得幂级数的收敛半径 $R = 1$，收敛区间为 $(-1, 1)$. 设幂级数的和函数为 $f(x)$，即

$$f(x) = \sum_{n=1}^{\infty} (-1)^{n-1} \frac{x^n}{n}, \quad x \in (-1, 1).$$

根据定理四，幂级数在其收敛区间 $(-1, 1)$ 内可逐项求导，即

$$f'(x) = (\sum_{n=1}^{\infty} (-1)^{n-1} \frac{x^n}{n})' = \sum_{n=1}^{\infty} (-1)^{n-1} x^{n-1} = \sum_{n=1}^{\infty} (-x)^{n-1} = \frac{1}{1+x}, x \in (-1, 1).$$

对上式两边积分，得

$$\int_0^x f'(t) dt = \int_0^x \frac{1}{1+t} dt, \quad x \in (-1, 1).$$

于是

$$f(x) - f(0) = \ln(1+t) \Big|_0^x = \ln(1+x).$$

又因 $f(0) = 0$，故所求和函数 $f(x)$ 为

$$\ln(1+x) = \sum_{n=1}^{\infty} (-1)^{n-1} \frac{x^n}{n}, \quad x \in (-1, 1). \qquad (5.7)$$

由 (5.7) 右边,当 $x = 1$ 时,级数 $\sum\limits_{n=1}^{\infty} (-1)^{n-1} \dfrac{1}{n}$ 收敛,由推论二,和函数 $\ln(1+x)$ 在这点左方连续,在 (5.7) 中,令 $x \to 1^-$,得

$$\ln 2 = \sum_{n=1}^{\infty} (-1)^{n-1} \frac{1}{n}.$$

例 4 求级数 $\sum\limits_{n=0}^{\infty} \dfrac{(-1)^n (n^2 - n)}{2^n}$ 的和.

解 由于 $\sum\limits_{n=0}^{\infty} \dfrac{(-1)^n (n^2 - n)}{2^n} = \sum\limits_{n=0}^{\infty} n(n-1)(-\dfrac{1}{2})^n,$

设幂级数 $\sum\limits_{n=2}^{\infty} n(n-1)x^{n-2}$,求出其收敛区间为 $x \in (-1, 1)$.并设其和函数为

$$S(x) = \sum_{n=2}^{\infty} n(n-1)x^{n-2}, \quad x \in (-1, 1).$$

根据定理三,幂级数在其收敛区间 $(-1, 1)$ 内可逐项积分,于是

$$\int_0^x \Big[\int_0^u S(t)dt \Big] du = \sum_{n=2}^{\infty} x^n = \frac{x^2}{1-x}, \quad x \in (-1, 1).$$

故 $S(x) = (\dfrac{x^2}{1-x})'' = \dfrac{2}{(1-x)^3}$ 或 $\sum\limits_{n=0}^{\infty} n(n-1)x^n = \dfrac{2x^2}{(1-x)^3}, \quad x \in (-1, 1),$

令 $x = -\dfrac{1}{2}$,得

$$\sum_{n=0}^{\infty} \frac{(-1)^n (n^2 - n)}{2^n} = \sum_{n=0}^{\infty} n(n-1)(-\frac{1}{2})^n = \frac{2(-\frac{1}{2})^2}{[1 - (-\frac{1}{2})]^3} = \frac{4}{27}.$$

例 5 求幂级数 $1 + \sum\limits_{n=1}^{\infty} \dfrac{\alpha(\alpha-1)(\alpha-2)\cdots(\alpha-n+1)}{n!} x^n$ 的和函数,其中 α 为实常数.

解 幂级数的收敛半径为

$$R = \lim_{n \to \infty} \Big| \frac{a_n}{a_{n+1}} \Big|$$

$$= \lim_{n \to \infty} \Big| \frac{\alpha(\alpha-1)(\alpha-2)\cdots(\alpha-n+1)}{n!} \cdot \frac{(n+1)!}{\alpha(\alpha-1)(\alpha-2)\cdots(\alpha-n+1)(\alpha-n)} \Big|$$

$$= \lim_{n \to \infty} \Big| \frac{n+1}{\alpha-n} \Big| = 1.$$

设此幂级数在收敛区间 $(-1, 1)$ 内的和函数为 $f(x)$,即

$$f(x) = 1 + \alpha x + \frac{\alpha(\alpha-1)}{2!}x^2 + \cdots + \frac{\alpha(\alpha-1)\cdots(\alpha-n+1)}{n!}x^n + \cdots, \quad x \in (-1, 1).$$

$$\text{(5.8)}$$

将上式逐项求导,得

$$f'(x) = \alpha + \alpha(\alpha-1)x + \frac{\alpha(\alpha-1)(\alpha-2)}{2!}x^2 + \cdots + \frac{\alpha(\alpha-1)\cdots(\alpha-n+1)}{(n-1)!}x^{n-1} + \cdots$$

$$= \alpha\Big[1 + (\alpha-1)x + \frac{(\alpha-1)(\alpha-2)}{2!}x^2 + \cdots$$

$$+ \frac{(\alpha-1)(\alpha-2)\cdots(\alpha-n+1)}{(n-1)!}x^{n-1} + \cdots \Big], \quad x \in (-1, 1). \quad \text{(5.9)}$$

将 (5.9) 式两边同乘 x,得

$$xf'(x) = \alpha\Big[x + (\alpha-1)x^2 + \frac{(\alpha-1)(\alpha-2)}{2!}x^3 + \cdots$$

$$+ \frac{(a-1)(a-2)\cdots(a-n+1)}{(n-1)!} x^n + \cdots], x \in (-1,1). \tag{5.10}$$

将(5.9)与(5.10)两式逐项相加,并注意到 x^n 的同次幂的系数相加,有

$$\frac{(a-1)(a-2)\cdots(a-n+1)(a-n)}{n!} + \frac{(a-1)(a-2)\cdots(a-n+1)}{(n-1)!}$$

$$= \frac{a(a-1)\cdots(a-n+1)}{n!},$$

于是

$$(1+x)f'(x) = a[1 + ax + \frac{a(a-1)}{2!}x^2 + \cdots + \frac{a(a-1)\cdots(a-n+1)}{n!}x^n + \cdots]$$

$$= af(x),$$

即
$$(1+x)f'(x) = af(x), \quad x \in (-1,1).$$

这是关于未知函数 $f(x)$ 的一阶微分方程,分离变量得

$$\frac{df(x)}{f(x)} = \frac{a}{1+x}dx.$$

积分,得 $\quad \ln f(x) = a\ln(1+x) + \ln C$,代入 $f(0) = 1$,得 $C = 1$,于是 $\quad f(x) = (1+x)^a$ 或

$$(1+x)^a = 1 + \sum_{n=1}^{\infty} \frac{a(a-1)(a-2)\cdots(a-n+1)}{n!}x^n, \quad x \in (-1,1). \tag{5.11}$$

5.3 幂级数的四则运算

设幂级数 $\sum_{n=0}^{\infty} a_n x^n, \sum_{n=0}^{\infty} b_n x^n$,它们的收敛半径分别为 R_1, R_2,和函数分别是 $f(x), g(x)$.它们可进行如下四则运算:

(一) 和与差

令 $R = \min\{R_1, R_2\}, \forall x \in (-R, R)$,根据收敛级数的基本性质,有

$$\sum_{n=0}^{\infty} a_n x^n + \sum_{n=0}^{\infty} b_n x^n = \sum_{n=0}^{\infty} (a_n + b_n)x^n = f(x) + g(x),$$

$$\sum_{n=0}^{\infty} a_n x^n - \sum_{n=0}^{\infty} b_n x^n = \sum_{n=0}^{\infty} (a_n - b_n)x^n = f(x) - g(x).$$

(二) 积

令 $R = \min\{R_1, R_2\} \quad \forall x \in (-R, R)$,根据绝对收敛级数的基本性质,有

$$(\sum_{n=0}^{\infty} a_n x^n)(\sum_{n=0}^{\infty} b_n x^n) = \sum_{n=0}^{\infty} c_n x^n = f(x)g(x),$$

其中

$$c_n = \sum_{k=0}^{n} a_k b_{n-k} = a_0 b_n + a_1 b_{n-1} + \cdots + a_{n-1} b_1 + a_n b_0. \quad n = 0, 1, 2, \cdots.$$

(三) 商

若 $b_0 \neq 0$,则存在充分小的正数 δ,使当 $|x| < \delta$ 时,$g(x) \neq 0$,因此,$\frac{f(x)}{g(x)}$ 连续,设

$$\frac{f(x)}{g(x)} = \frac{a_0 + a_1 x + a_2 x^2 + \cdots + a_n x^n + \cdots}{b_0 + b_1 x + b_2 x^2 + \cdots + b_n x^n + \cdots} = c_0 + c_1 x + c_2 x^2 + \cdots + c_n x^n + \cdots$$

于是
$$(\sum_{n=0}^{\infty} c_n x^n)(\sum_{n=0}^{\infty} b_n x^n) = \sum_{n=0}^{\infty} a_n x^n.$$

比较上面恒等式两边同次幂的系数,得

$$\begin{cases} c_0 b_0 = a_0, \\ c_0 b_1 + c_1 b_0 = a_1, \\ c_0 b_2 + c_1 b_1 + c_2 b_0 = a_2, \\ \cdots \quad \cdots \quad \cdots, \\ c_0 b_n + c_1 b_{n-1} + c_2 b_{n-2} + \cdots + c_{n-1} b_1 + c_n b_0 = a_n, \\ \cdots \quad \cdots \quad \cdots \quad \cdots \quad \cdots, \end{cases}$$

由消元法解方程组,依次确定 $c_n (n = 0, 1, 2, \cdots)$ 的值,即

$$c_0 = \frac{a_0}{b_0}, c_1 = \frac{1}{b_0}\left(a_1 - \frac{a_0}{b_0}b_1\right), c_2 = \frac{1}{b_0}\left[a_2 - \frac{a_0}{b_0}b_2 - \frac{1}{b_0}\left(a_1 - \frac{a_0}{b_0}\right)b_1\right], \cdots.$$

于是,得到 $\sum_{n=0}^{\infty} c_n x^n$,它的收敛半径需另外确定,一般情况下比 $R = \min\{R_1, R_2\}$ 要小得多.

§6   函数展开成幂级数

在 §5 中,讨论了幂级数的收敛区间及其和函数的连续性、可积性与可导性,且对两个幂级数在其收敛区间的交集内可以像多项式一样进行和、差、积等运算. 本节,我们讨论相反的问题,即从给定的函数出发,研究它具备什么条件方可用一个收敛于给定函数的幂级数来表示,即所谓函数展开成幂级数的问题,一旦不同的函数有了一种共同的幂级数的表示形式,这样,便于通过幂级数这种共同形式来进行运算,这在理论上、数值计算上都具有重要意义.

6.1   泰勒级数

我们先假设 $f(x)$ 能展开成 $x - x_0$ 的幂级数,即成立等式

$$f(x) = \sum_{n=0}^{\infty} a_n (x - x_0)^n$$
$$= a_0 + a_1(x - x_0) + a_2(x - x_0)^2 + \cdots + a_n(x - x_0)^n + \cdots, \quad |x - x_0| < R.$$

我们问:幂级数的系数 $a_n (n = 0, 1, 2, \cdots)$ 与 $f(x)$ 有什么关系?有如下定理:

定理一   若函数 $f(x)$ 在区间 $(x_0 - R, x_0 + R)$ 内能展开成幂级数,即

$$f(x) = \sum_{n=0}^{\infty} a_n (x - x_0)^n, \quad |x - x_0| < R, \tag{6.1}$$

则 $f(x)$ 在区间 $(x_0 - R, x_0 + R)$ 内存在任意阶导数,且

$$a_n = \frac{f^{(n)}(x_0)}{n!}, \quad n = 0, 1, 2, \cdots$$

其中 $f^{(0)}(x_0) = f(x_0)$.

证   在 (6.1) 中,令 $x = x_0$,得

$$a_0 = f(x_0).$$

根据幂级数在它的收敛区间内可以任意多次地进行逐项求导,且其收敛半径 R 不变,即有

$$f'(x) = a_1 + 2a_2(x - x_0) + 3a_3(x - x_0)^2 + \cdots,$$
$$f''(x) = 2a_2 + 3 \cdot 2a_3(x - x_0) + 4 \cdot 3a_4(x - x_0)^2 + \cdots,$$
$$\cdots \quad \cdots \quad \cdots \quad \cdots \quad \cdots \quad \cdots,$$
$$f^{(n)}(x) = n(n-1)(n-2)\cdots 3 \cdot 2 \cdot 1 a_n + (n+1)n(n-1)\cdots 3 \cdot 2 a_{n+1}(x - x_0) + \cdots,$$
$$\cdots \quad \cdots \quad \cdots \quad \cdots \quad \cdots \quad \cdots,$$

再令 $x = x_0$,依次代入以上各式两边,得

$$f'(x_0) = a_1, \quad f''(x_0) = 2a_2, \quad \cdots, \quad f^{(n)}(x_0) = n!a_n, \cdots$$

即
$$a_n = \frac{f^{(n)}(x_0)}{n!}, \quad n = 0,1,2,\cdots.$$

于是
$$f(x) = f(x_0) + \frac{f'(x_0)}{1!}(x - x_0) + \frac{f''(x_0)}{2!}(x - x_0)^2 + \cdots + \frac{f^{(n)}(x_0)}{n!}(x - x_0)^n + \cdots,$$
$$|x - x_0| < R. \qquad \text{证毕} (6.2)$$

由上述定理可见,若函数 $f(x)$ 在区间 $(x_0 - R, x_0 + R)$ 内能展开成 $x - x_0$ 的幂级数,必要条件是函数 $f(x)$ 在点 x_0 具有任意阶导数,从而幂级数的系数 a_n 可由 $f(x)$ 在点 x_0 处的各阶导数唯一确定,可见 $f(x)$ 的幂级数的展开式的形式也是唯一的,即(6.2)式.

(6.2) 式的右端的级数称为函数 $f(x)$ 在点 x_0 的**泰勒级数**. 特别,$x_0 = 0$ 时,(6.2)式 成为
$$f(x) = f(0) + \frac{f'(0)}{1!}x + \frac{f''(0)}{2!}x^2 + \cdots + \frac{f^{(n)}(0)}{n!}x^n + \cdots, \quad |x| < R. \qquad (6.3)$$

(6.3) 式右端的级数称为函数 $f(x)$ 的**马克劳林级数**.

从(6.1)式可知,只要函数 $f(x)$ 在点 x_0 的各阶导数都存在,以 $a_n = \frac{f^{(n)}(x_0)}{n!}(n = 0,1,2,\cdots)$ 为系数,总可作出函数 $f(x)$ 在点 x_0 的泰勒级数
$$\sum_{n=0}^{\infty} \frac{f^{(n)}(x_0)}{n!}(x - x_0)^n, \quad |x - x_0| < R. \qquad (6.4)$$

然而,幂级数(6.4)是否收敛?即使收敛是否一定就收敛于 $f(x)$?即其和函数 $S(x)$ 是否就等于 $f(x)$?

回答是:不一定!例如,函数
$$f(x) = \begin{cases} e^{-\frac{1}{x^2}}, & x \neq 0; \\ 0, & x = 0, \end{cases} \qquad (6.5)$$

可以算出 $f(0) = f'(0) = f''(0) = \cdots = f^{(n)}(0) = \cdots = 0$,于是,它的马克劳林级数是
$$\sum_{n=0}^{\infty} \frac{f^{(n)}(0)}{n!}x^n = 0 + 0x + \frac{0}{2!}x^2 + \cdots + \frac{0}{n!}x^n + \cdots$$

显然,它的收敛区间是 $(-\infty, +\infty)$,和函数 $S(x) = 0, x \in (-\infty, +\infty)$,但从(6.5),当 $x \neq 0, f(x) > 0$,因而 $f(x) \neq S(x)$. 可见,尽管(6.5)中函数 $f(x)$ 的马克劳林级数收敛,但并不收敛于 $f(x)$ 自身.

因此,我们进一步讨论,函数 $f(x)$ 除了在点 x_0 处具有任意阶导数外,还要满足什么条件,方能使它的泰勒级数(6.4)不仅收敛,而且收敛于自身,即其和函数 $S(x) = f(x)$.

我们利用第四章讲过的泰勒中值定理,由带余项 $R_n(x)$ 的泰勒公式,即
$$f(x) = \sum_{k=0}^{n} \frac{f^{(k)}(x_0)}{n!}(x - x_0)^k + R_n(x), \quad x \in (x_0 - R, x_0 + R)$$

来解决这个问题.

定理二 若 $f(x)$ 在区间 $(x_0 - R, x_0 + R)$ 内的各阶导数都存在,则 $f(x)$ 在区间 $(x_0 - R, x_0 + R)$ 内能展开成泰勒级数的必要充分条件是 $f(x)$ 的泰勒公式中的余项 $R_n(x)$ 的极限是零,即
$$\lim_{n \to \infty} R_n(x) = 0, \quad x \in (x_0 - R, x_0 + R).$$

证 必要性 设 $f(x)$ 在区间 $(x_0 - R, x_0 + R)$ 内能展开成泰勒级数,即
$$f(x) = \sum_{n=0}^{\infty} \frac{f^{(n)}(x_0)}{n!}(x - x_0)^n, \quad x \in (x_0 - R, x_0 + R), \qquad (6.6)$$

(6.6) 右边级数中的前 n 项的和 —— 部分和为

$$S_n(x) = \sum_{k=0}^{n-1} \frac{f^{(k)}(x_0)}{k!}(x - x_0)^k.$$

由带余项 $R_n(x)$ 的泰勒公式,有

$$f(x) - S_n(x) = R_n(x), \quad x \in (x_0 - R, x_0 + R), \tag{6.7}$$

因 $\lim\limits_{n \to \infty} S_n(x) = f(x)$,由(6.7)式,得

$$\lim_{n \to \infty} R_n(x) = 0, \quad x \in (x_0 - R, x_0 + R). \tag{6.8}$$

充分性 若(6.8)式成立,由(6.7)式,得

$$f(x) = \lim_{n \to \infty} S_n(x) + \lim_{n \to \infty} R_n(x) = \sum_{n=0}^{\infty} \frac{f^{(n)}(x_0)}{n!}(x - x_0)^n, \quad x \in (x_0 - R, x_0 + R). \qquad \text{证毕}$$

(6.6)式称为 $f(x)$ 在点 $x = x_0$ 处的泰勒展开式.

综上所述,把函数 $f(x)$ 展开为马克劳林级数的步骤如下:

(1) 求出 $f(x)$ 在点 $x = 0$ 处的各阶导数 $f^{(n)}(0)$;

(2) 作出幂级数 $\sum\limits_{n=0}^{\infty} \frac{f^{(n)}(0)}{n!} x^n$,并求出它的收敛半径 R;

(3) 考察当 $|x| < R$ 时,余项 $R_n(x)$ 的极限 $\lim\limits_{n \to \infty} R_n(x)$ 是否为零,如为零,则(2)中作出的幂级数收敛于 $f(x)$,即等式

$$f(x) = \sum_{n=0}^{\infty} \frac{f^{(n)}(0)}{n!} x^n, \quad |x| < R$$

成立.这样,函数 $f(x)$ 就展开成马克劳林级数,或者说,展开成 x 的幂级数了.

例 1 将 $f(x) = e^x$ 展开成 x 的幂级数.

解 先求出各阶导数,有

$$f^{(n)}(x) = (e^x)^{(n)} = e^x, \quad f^{(n)}(0) = e^0 = 1, \quad n = 0,1,2,\cdots,$$

作出幂级数

$$\sum_{n=0}^{\infty} \frac{f^{(n)}(0)}{n!} x^n = \sum_{n=0}^{\infty} \frac{1}{n!} x^n,$$

求得其收敛半径 $R = +\infty$.又不妨取拉格朗日余项,对 $x \in (-\infty, +\infty)$ 时其绝对值

$$|R_n(x)| = \left| \frac{f^{(n+1)}(\xi)}{(n+1)!} x^{n+1} \right| = \left| \frac{e^\xi}{(n+1)!} x^{n+1} \right| < e^{|x|} \cdot \frac{|x|^{n+1}}{(n+1)!} \to 0, (n \to \infty). \tag{6.9}$$

其中 ξ 在 0 与 x 之间.由(6.9)式知

$$R_n(x) \to 0 \quad (n \to \infty), x \in (-\infty, +\infty).$$

故得 e^x 的 x 的幂级数展开式为

$$e^x = \sum_{n=0}^{\infty} \frac{x^n}{n!} = 1 + x + \frac{x^2}{2!} + \cdots + \frac{x^n}{n!} + \cdots, \quad |x| < +\infty. \tag{6.10}$$

例 2 将 $f(x) = \sin x$ 展开成 x 的幂级数.

解 由高阶导数公式 $f^{(n)}(x) = (\sin x)^{(n)} = \sin(x + n \cdot \frac{\pi}{2})$,于是

$$f^{(2k)}(x) = \sin(x + k\pi) = (-1)^k \sin x, \quad f^{(2k+1)}(x) = \cos(x + k\pi) = (-1)^k \cos x,$$

故得,$f^{(2k)}(0) = 0, f^{(2k+1)}(0) = (-1)^k$,从而作出幂级数

$$\sum_{n=0}^{\infty} \frac{f^{(n)}(0)}{n!} x^n = \sum_{k=0}^{\infty} (-1)^k \frac{x^{2k+1}}{(2k+1)!},$$

求出其收敛半径 $R = +\infty$.当 $x \in (-\infty, +\infty)$ 时,余项的绝对值

$$|R_n(x)| = \left| \frac{\sin(\xi + \frac{n+1}{2}\pi)}{(n+1)!} x^{n+1} \right| \leqslant \frac{|x|^{n+1}}{(n+1)!} \to 0 \quad (n \to \infty).$$

故 $\lim\limits_{n \to \infty} R_n(x) = 0, x \in (-\infty, +\infty)$. 从而得 $\sin x$ 的 x 的幂级数展开式为

$$\sin x = \sum_{n=0}^{\infty} (-1)^n \frac{x^{2n+1}}{(2n+1)!} = x - \frac{x^3}{3!} + \frac{x^5}{5!} - \cdots + (-1)^n \frac{x^{2n+1}}{(2n+1)!} + \cdots,$$
$$|x| < +\infty. \tag{6.11}$$

将(6.11)逐项求导,得

$$\cos x = \sum_{n=0}^{\infty} (-1)^n \frac{x^{2n}}{(2n)!} = 1 - \frac{x^2}{2!} + \frac{x^4}{4!} - \cdots + (-1)^n \frac{x^{2n}}{(2n)!} + \cdots, |x| < +\infty.$$
$$\tag{6.12}$$

由定理一知,如果函数 $f(x)$ 能展开成幂级数,则它的展开式是唯一的,也就是与展开的方法无关.那么,前面(5.7),(5.11),(6.12)式得到的 $\ln(1+x)$,$(1+x)^a$(a 实数),$\cos x$ 的 x 幂级数展开式就与直接用泰勒公式展开的结果完全一样,将它们和(6.10),(6.11)一起组成的五个基本展开式列在下面:

(1) $e^x = 1 + x + \frac{x^2}{2!} + \cdots + \frac{x^n}{n!} + \cdots, \quad |x| < +\infty.$

(2) $\sin x = x - \frac{x^3}{3!} + \frac{x^5}{5!} - \cdots + (-1)^n \frac{x^{2n+1}}{(2n+1)!} + \cdots, \quad |x| < +\infty.$

(3) $\cos x = 1 - \frac{x^2}{2!} + \frac{x^4}{4!} - \cdots + (-1)^n \frac{x^{2n}}{(2n)!} + \cdots, \quad |x| < +\infty.$

(4) $\ln(1+x) = x - \frac{x^2}{2} + \frac{x^3}{3} - \cdots + (-1)^{n-1} \frac{x^n}{n} + \cdots, \quad |x| < 1.$

(5) $(1+x)^a = 1 + ax + \frac{a(a-1)}{2!}x^2 + \cdots + \frac{a(a-1)(a-2)\cdots(a-n+1)}{n!}x^n + \cdots,$
$$|x| < 1.$$

如例 1 与例 2 将 e^x,$\sin x$ 的展开法,亦即利用泰勒公式的展开法又称**直接展开法**. 利用上述 (1)~(5) 个展开式,通过逐项积分、逐项求导、四则运算、变量置换等以求得其他一些展开式的方法,称为**间接展开法**. 下面举例说明这种方法.

例 3　将 $\text{arctg}x$ 展开为 x 的幂级数.

解　因 $(\text{arctg}x)' = \frac{1}{1+x^2}$,在基本展开式(5)中,以 x^2 代 x,令 $a = -1$,可得展开式(也可用公比为 $-x^2$ 的等比级数求和公式得出):

$$\frac{1}{1+x^2} = 1 - x^2 + x^4 - \cdots + (-1)^{n-1}x^{2n-2} + \cdots, \quad |x| < 1.$$

再逐项积分,即得

$$\text{arctg}x = \int_0^x \frac{1}{1+x^2}dx = x - \frac{x^3}{3} + \frac{x^5}{5} - \cdots + (-1)^{n-1} \frac{x^{2n-1}}{2n-1} + \cdots, \quad |x| < 1.$$

例 4　将 $\ln\sqrt{\frac{1+x}{1-x}}$ 展开为 x 的幂级数,并导出计算公式

$$\ln 2 = 2\left(\frac{1}{3} + \frac{1}{3 \cdot 3^3} + \frac{1}{5 \cdot 3^5} + \cdots + \frac{1}{(2n-1) \cdot 3^{2n-1}} + \cdots\right).$$

解　由基本展开式(4),即

$$\ln(1+x) = x - \frac{x^2}{2} + \frac{x^3}{3} - \cdots + (-1)^{n-1} \frac{x^n}{n} + \cdots, \quad |x| < 1.$$

在上式中,以 $-x$ 代 x 得

$$\ln(1-x) = -x - \frac{x^2}{2} - \frac{x^3}{3} - \cdots - \frac{x^n}{n} - \cdots, \quad |x| < 1.$$

两式相减,得

$$\ln\frac{1+x}{1-x} = 2(x + \frac{x^3}{3} + \frac{x^5}{5} + \cdots + \frac{x^{2n-1}}{2n-1} + \cdots), \quad |x| < 1. \qquad (6.13)$$

于是

$$\ln\sqrt{\frac{1+x}{1-x}} = x + \frac{x^3}{3} + \frac{x^5}{5} + \cdots + \frac{x^{2n-1}}{2n-1} + \cdots, \quad |x| < 1.$$

设 N 为自然数,令 $x = \dfrac{1}{2N+1} \in (0,1)$,代入(6.13),得

$$\ln\frac{N+1}{N} = 2(\frac{1}{2N+1} + \frac{1}{3}\frac{1}{(2N+1)^3} + \frac{1}{5}\frac{1}{(2N+1)^5} + \cdots$$
$$+ \frac{1}{(2n-1)(2N+1)^{2n-1}} + \cdots). \qquad (6.14)$$

取 $N=1$,得

$$\ln 2 = 2(\frac{1}{3} + \frac{1}{3} \cdot \frac{1}{3^3} + \frac{1}{5} \cdot \frac{1}{3^5} + \cdots + \frac{1}{(2n-1)} \cdot \frac{1}{3^{2n-1}} + \cdots).$$

这式与从(5.7)式得到的 $\ln 2 = 1 - \dfrac{1}{2} + \dfrac{1}{3} - \cdots + (-1)^{n-1}\dfrac{1}{n} + \cdots$ 相比较,这级数的收敛速度要快得多,(6.14)是作出对数表的数学模型.

例 5 将 $\dfrac{1}{\sqrt{3+x}}$ 展开为 $x-2$ 的幂级数.

解 由于 $\dfrac{1}{\sqrt{3+x}} = \dfrac{1}{\sqrt{5+x-2}} = \dfrac{1}{\sqrt{5}}(1 + \dfrac{x-2}{5})^{-\frac{1}{2}}$,在基本公式(5)中,$\alpha = -\dfrac{1}{2}$,

并以 $\dfrac{x-2}{5}$ 代 x,得

$$\frac{1}{\sqrt{3+x}} = \frac{1}{\sqrt{5}}(1 + \frac{x-2}{5})^{-\frac{1}{2}}$$

$$= \frac{1}{\sqrt{5}}[1 + (-\frac{1}{2}) \cdot \frac{x-2}{5} + \frac{(-\frac{1}{2})(-\frac{1}{2}-1)}{2!} \cdot (\frac{x-2}{5})^2 + \cdots$$

$$+ \frac{-\frac{1}{2}(-\frac{1}{2}-1)\cdots(-\frac{1}{2}-n+1)}{n!} \cdot (\frac{x-2}{5})^n + \cdots, |\frac{x-2}{5}| < 1.$$

$$= \frac{1}{\sqrt{5}}[1 - \frac{1}{2 \cdot 5}(x-2) + \frac{1 \cdot 3}{2! 2^2 \cdot 5^2}(x-2)^2 + \cdots$$

$$+ (-1)^n \frac{(2n-1)!!}{n! 2^n \cdot 5^n}(x-2)^n + \cdots], \quad |x-2| < 5.$$

例 6 求函数 $f(x) = \displaystyle\int_0^x (\frac{\sin t}{t})^2 dt$ 的马克劳林展开式.

解 由于 $f'(x) = (\dfrac{\sin x}{x})^2 = \dfrac{\sin^2 x}{x^2} = \dfrac{1-\cos 2x}{2x^2}$,

又由基本公式(3),以 $2x$ 代 x 得

$$\cos 2x = 1 + \sum_{n=1}^{\infty} \frac{(-1)^n 2^{2n}}{(2n)!} x^{2n}, \quad |x| < +\infty.$$

于是

$$f'(x) = \frac{1}{2x^2} \sum_{n=1}^{\infty} \frac{(-1)^{n+1} 2^{2n}}{(2n)!} x^{2n} = \sum_{n=1}^{\infty} \frac{(-1)^{n+1} 2^{2n-1}}{(2n)!} x^{2n-2}, \quad x \neq 0,$$

故有

$$f(x) = \int_0^x f'(t) dt = \sum_{n=1}^{\infty} \frac{(-1)^{n+1} 2^{2n-1}}{(2n)!} \int_0^x t^{2n-2} dt$$

$$= \sum_{n=1}^{\infty} \frac{(-1)^{n-1} 2^{2n-1}}{(2n-1)(2n)!} x^{2n-1}, \quad 0 < |x| < +\infty.$$

例 7   将 $\frac{\ln x}{x}$ 展开成 $x - 1$ 的幂级数.

解   令 $x - 1 = t$,即 $x = 1 + t$,于是 $\frac{\ln x}{x} = \frac{\ln(1+t)}{1+t}$. 设 $\frac{\ln(1+t)}{1+t}$ 在 $t = 0$ 的某邻域内能展开为如下的幂级数

$$\frac{\ln(1+t)}{1+t} = c_0 + c_1 t + c_2 t^2 + \cdots + c_n t^n + \cdots,$$

由基本展开式(4) 与上式得恒等式

$$(1+t)(c_0 + c_1 t + c_2 t^2 + \cdots + c_n t^n + \cdots) = t - \frac{t^2}{2} + \frac{t^3}{3} - \frac{t^4}{4} + \cdots + (-1)^{n-1} \frac{t^n}{n} + \cdots$$

或

$$c_0 + (c_0 + c_1)t + (c_1 + c_2)t^2 + \cdots + (c_{n-1} + c_n)t^n + \cdots$$

$$= t - \frac{t^2}{2} + \frac{t^3}{3} - \frac{t^4}{4} + \cdots + (-1)^{n-1} \frac{t^n}{n} + \cdots,$$

比较上面恒等式两边 t 的同次幂的系数,得

$$\begin{cases} c_0 = 0, \\ c_0 + c_1 = 1, \\ c_1 + c_2 = -\frac{1}{2}, \\ c_2 + c_3 = \frac{1}{3}, \\ \cdots\cdots \\ c_{n-1} + c_n = (-1)^{n-1} \frac{1}{n}, \\ \cdots\cdots. \end{cases} \quad \text{或} \quad \begin{cases} c_0 = 0, \\ c_1 = 1, \\ c_2 = -(1 + \frac{1}{2}), \\ c_3 = 1 + \frac{1}{2} + \frac{1}{3}, \\ \cdots\cdots \\ c_n = (-1)^{n-1}(1 + \frac{1}{2} + \frac{1}{3} + \cdots + \frac{1}{n}), \\ \cdots\cdots. \end{cases}$$

故有

$$\frac{\ln(1+t)}{1+t} = t - (1 + \frac{1}{2})t^2 + (1 + \frac{1}{2} + \frac{1}{3})t^3 - \cdots$$

$$+ (-1)^{n-1}(1 + \frac{1}{2} + \frac{1}{3} + \cdots + \frac{1}{n})t^n + \cdots.$$

已知上式右边幂级数的收敛半径 $R = 1$,收敛区间为 $t \in (-1, 1)$. 于是,得

$$\frac{\ln x}{x} = \sum_{n=1}^{\infty} (-1)^{n-1}(1 + \frac{1}{2} + \cdots + \frac{1}{n})(x-1)^n, \quad x \in (0, 2).$$

例 8   利用幂级数求数项级数 $\sum_{n=0}^{\infty} \frac{(n+1)2^n}{n!}$ 的和.

解   考虑幂级数

$$f(x) = \sum_{n=0}^{\infty} \frac{(n+1)2^n}{n!} x^n, \quad |x| < +\infty.$$

由于 $f(1)$ 即是所求数项级数的和,对上式积分,得

$$\int_0^x f(t)dt = \sum_{n=0}^{\infty} \int_0^x \frac{(n+1)2^n}{n!} t^n dt = \sum_{n=0}^{\infty} \frac{2^n}{n!} x^{n+1}$$

$$= x \sum_{n=0}^{\infty} \frac{(2x)^n}{n!} \xlongequal{\text{基本展开式(1)}} xe^{2x}, \quad |x| < +\infty.$$

即
$$\int_0^x f(t)dt = xe^{2x}.$$

等式两边求导,得

$$f(x) = (xe^{2x})' = (1 + 2x)e^{2x},$$

所求数项级数的和

$$\sum_{n=0}^{\infty} \frac{(n+1)2^n}{n!} = f(1) = 3e^2.$$

6.2 幂级数的若干应用

(一) 求函数的近似值

例 9 利用级数求 $\sin 10°$ 的近似值,使误差不超过 10^{-5}.

解 由展开式

$$\sin x = x - \frac{x^3}{3!} + \frac{x^5}{5!} - \cdots, \quad |x| < +\infty,$$

以 $10° = 10 \times \frac{\pi}{180} = \frac{\pi}{18}$(弧度) 代入,得

$$\sin 10° = \sin \frac{\pi}{18} = \frac{\pi}{18} - \frac{1}{3!}(\frac{\pi}{18})^3 + \frac{1}{5!}(\frac{\pi}{18})^5 - \cdots.$$

这个交错级数满足莱布尼兹定理的条件,如取前面若干项之和作为近似值,误差不超过余项第一项的绝对值,现在要求误差不超过 10^{-5},由于 $\frac{\pi}{18} < 0.2$,若逐项作粗估,可知第三项为

$$\frac{1}{5!}(\frac{\pi}{18})^5 < \frac{1}{5!}(\frac{2}{10})^5 = \frac{4}{15} \times 10^{-5},$$

取前两项和作近似,有

$$\sin 10° \approx \frac{\pi}{18} - \frac{1}{3!}(\frac{\pi}{18})^3, \tag{6.15}$$

其截断误差为

$$|R_2| < \frac{4}{15} \times 10^{-5}.$$

按(6.15)式计算时,所取两项有舍入误差,若每项都算到小数点后第 6 位,第 7 位四舍五入,每项产生误差不大于 $\frac{1}{2} \times 10^{-6}$,两项共计误差不大于 $2 \times \frac{1}{2} \times 10^{-6} = 10^{-6}$. 因此,按(6.15)计算方案计算时,截断误差与舍入误差之和为

$$(\frac{4}{15} + \frac{1}{10}) \times 10^{-5} = \frac{11}{30} \times 10^{-5} < 10^{-5},$$

于是

$$\sin 10° \approx 0.174533 - 0.000886 = 0.173647.$$

保留 5 位小数,取

$$\sin 10° \approx 0.17365,$$

产生四舍五入误差为 $\frac{1}{2} \times 10^{-5}$,最后结果误差为

$$\left(\frac{11}{30} + \frac{1}{2}\right) \times 10^{-5} = \frac{13}{15} \times 10^{-5} < 10^{-5},$$

得所求结果为 $\sin 10° \approx 0.17365$.

例 10 利用级数求 e 的近似值,使误差不超过 10^{-4}.

解 由展开式 $e^x = 1 + x + \frac{x^2}{2!} + \cdots + \frac{x^n}{n!} + \cdots$, $|x| < +\infty$,

令 $x = 1$,得

$$e = 1 + 1 + \frac{1}{2!} + \cdots + \frac{1}{n!} + \cdots,$$

取

$$e \approx 1 + 1 + \frac{1}{2!} + \cdots + \frac{1}{n!},$$

这时余项 R_n 为正项级数,下面将余项放大成几何级数,通过几何级数求和,从而估计出截断误差.即

$$R_n = \frac{1}{(n+1)!} + \frac{1}{(n+2)!} + \frac{1}{(n+3)!} + \cdots$$

$$= \frac{1}{(n+1)!}\left[1 + \frac{1}{n+2} + \frac{1}{(n+2)(n+3)} + \cdots\right]$$

$$< \frac{1}{(n+1)!}\left[1 + \frac{1}{n+1} + \frac{1}{(n+1)^2} + \cdots\right] = \frac{1}{(n+1)!}\frac{1}{1 - \frac{1}{n+1}} = \frac{1}{n!n}.$$

根据要求误差不超过 10^{-4}.应使截断误差 $|R_n|$ 略小一些,取 $n = 6, 7, 8, \cdots$ 进行估算,即

$$|R_6| < \frac{1}{6!6} = \frac{1}{4320} = 0.0002314, \quad |R_7| < \frac{1}{7!7} = \frac{1}{35280} = 0.000283,$$

$$|R_8| < \frac{1}{8!8} = \frac{1}{322560} = 0.0000031,$$

取级数前面 9 项作计算方案,即

$$e \approx 1 + 1 + \frac{1}{2!} + \frac{1}{3!} + \frac{1}{4!} + \frac{1}{5!} + \frac{1}{6!} + \frac{1}{7!} + \frac{1}{8!}. \tag{6.16}$$

这时需计算级数前 9 项,因头三项的值不须舍入,其他 6 项都算至小数第 5 位,则舍入误差之和为 6×0.000005,按计算方案(6.16)计算其截断误差与舍入误差之和为

$$0.0000031 + 6 \times 0.000005 = 0.0000331 < 0.00005,$$

得近似值 $e \approx 2.71828$.对末位进行四舍五入,其误差 $\frac{1}{2} \times 10^{-5} < 10^{-4}$,故所求近似值为

$$e \approx 2.7183.$$

(二) 积分的计算

有些用基本积分法(如变量替代法、分部积分)不能算出的积分,如果被积函数可以展开为幂级数,则可用逐项积分来计算.

例 11 计算积分 $\int_0^1 e^{-x^2} dx$.

解 这个积分用基本积分法不能算出,可将被积函数 e^{-x^2} 展开为 x 的幂级数,然后逐项积分,即

$$\int_0^1 e^{-x^2} dx = \int_0^1 \left(1 - x^2 + \frac{x^4}{2!} - \frac{x^6}{3!} + \cdots + \frac{(-1)^n x^{2n}}{n!} + \cdots\right) dx$$

$$= \left(x - \frac{x^3}{3} + \frac{x^5}{2!5} - \frac{x^7}{3!7} + \cdots + (-1)^n \frac{x^{2n+1}}{n!(2n+1)} + \cdots\right)\Big|_0^1$$

$$= 1 - \frac{1}{3} + \frac{1}{2!5} - \frac{1}{3!7} + \cdots + (-1)^n \frac{1}{n!(2n+1)} + \cdots.$$

这里我们看到 e^{-x^2} 的一个原函数,可用无穷级数表示为

$$F(x) = \int_0^x e^{-x^2} dx = x - \frac{x^3}{3} + \frac{x^5}{2!5} - \cdots + (-1)^n \frac{x^{2n+1}}{n!(2n+1)} + \cdots, \quad |x| < +\infty.$$

例 12 求半长轴为 a,半短轴为 b 的椭圆的弧长.

解 椭圆 $\dfrac{x^2}{a^2} + \dfrac{y^2}{b^2} = 1$ 的参数方程为

$$x = a\cos t, \quad y = b\sin t, \quad 0 \leqslant t \leqslant 2\pi.$$

由对称性,所求弧长为第 1 象限弧长的 4 倍,即

$$L = 4\int_0^{\frac{\pi}{2}} \sqrt{\left(\frac{dx}{dt}\right)^2 + \left(\frac{dy}{dt}\right)^2} dt = 4\int_0^{\frac{\pi}{2}} \sqrt{(-a\sin t)^2 + (b\cos t)^2} dt$$

$$= 4\int_0^{\frac{\pi}{2}} \sqrt{a^2(1-\cos^2 t) + b^2\cos^2 t}\, dt = 4a\int_0^{\frac{\pi}{2}} \sqrt{1 - \varepsilon^2\cos^2 t}\, dt.$$

其中 $\varepsilon^2 = \dfrac{a^2 - b^2}{a^2}$($\varepsilon$ 是离心率),$0 < b < a$,$0 < \varepsilon^2\cos^2 t < 1$,这个积分不能由基本积分法求得,但被积函数 $\sqrt{1 - \varepsilon^2\cos^2 t}$ 可按基本公式(5)展开,得

$$\sqrt{1 - \varepsilon^2\cos^2 t} = 1 + \frac{1}{2}(-\varepsilon^2\cos^2 t) + \frac{\frac{1}{2}\left(\frac{1}{2}-1\right)}{2!}(-\varepsilon^2\cos^2 t)^2$$

$$+ \frac{\frac{1}{2}\left(\frac{1}{2}-1\right)\left(\frac{1}{2}-2\right)}{3!}(-\varepsilon^2\cos^2 t)^3 + \cdots$$

$$+ \frac{\frac{1}{2}\left(\frac{1}{2}-1\right)\left(\frac{1}{2}-2\right)\cdots\left(\frac{1}{2}-n+1\right)}{n!}(-\varepsilon^2\cos^2 t)^n + \cdots$$

$$= 1 - \frac{1}{2}\varepsilon^2\cos^2 t - \frac{1\cdot 1}{2^2\cdot 2!}\varepsilon^4\cos^4 t - \frac{1\cdot 1\cdot 3}{2^3\cdot 3!}\varepsilon^6\cos^6 t - \cdots$$

$$- \frac{1\cdot 1\cdot 3\cdot 5\cdots(2n-3)}{2^n\cdot n!}\varepsilon^{2n}\cos^{2n} t + \cdots,$$

其中级数展开式的项已不是 x 的幂函数,但可按函数项级数一致收敛的 M 判别法,$\forall t \in \left[0, \frac{\pi}{2}\right]$,有

$$|u_n| = \left|\frac{1\cdot 1\cdot 3\cdot 5\cdots(2n-3)}{2^n n!}\varepsilon^{2n}\cos^{2n} t\right| \leqslant \frac{1\cdot 1\cdot 3\cdot 5\cdots(2n-3)}{2^n n!}\varepsilon^{2n} \triangleq M_n.$$

而 $\dfrac{M_{n+1}}{M_n} = \dfrac{2n-1}{2(n+1)}\varepsilon^2 \to \varepsilon^2 < 1$,由正项级数的达朗贝尔判别法数项级数 $\sum\limits_{n=1}^{\infty} M_n$ 收敛,故级数 $\sum\limits_{n=0}^{\infty} u_n$ 在 $\left[0, \frac{\pi}{2}\right]$ 上一致收敛,逐项积分,得

$$L = \int_0^{\frac{\pi}{2}} \sqrt{1 - \varepsilon^2\cos^2 t}\, dt = \int_0^{\frac{\pi}{2}} dt - \frac{1}{2}\varepsilon^2\int_0^{\frac{\pi}{2}}\cos^2 t\, dt - \frac{1\cdot 1}{2^2\cdot 2}\varepsilon^4\int_0^{\frac{\pi}{2}}\cos^4 t\, dt - \frac{1\cdot 1\cdot 3}{2^3\cdot 3!}\varepsilon^6\int_0^{\frac{\pi}{2}}\cos^6 t\, dt$$

$$- \frac{1\cdot 1\cdot 3\cdot 5\cdots(2n-3)}{2^n\cdot n!}\varepsilon^{2n}\int_0^{\frac{\pi}{2}}\cos^{2n} t\, dt - \cdots,$$

利用公式 $\displaystyle\int_0^{\frac{\pi}{2}}\cos^{2n} t\, dt = \frac{2n-1}{2n}\cdot\frac{2n-3}{2n-2}\cdots\frac{5}{6}\cdot\frac{3}{4}\cdot\frac{1}{2}\cdot\frac{\pi}{2}$. 于是,得以离心率 ε 的幂级数来表达椭圆弧长的公式为

$$L = 4a\cdot\frac{\pi}{2}\left[1 - \left(\frac{1}{2}\right)^2\varepsilon^2 - \left(\frac{1\cdot 3}{2\cdot 4}\right)^2\cdot\frac{\varepsilon^4}{3} - \left(\frac{1\cdot 3\cdot 5}{2\cdot 4\cdot 6}\right)^2\frac{\varepsilon^6}{5} - \cdots\right.$$

$$- (\frac{(2n-1)!!}{(2n)!!})^2 \frac{\varepsilon^{2n}}{2n-1} - \cdots]$$
$$= 2\pi a[1 - \frac{1}{4}\varepsilon^2 - \frac{3}{64}\varepsilon^4 - \frac{5}{256}\varepsilon^6 - \frac{175}{16384}\varepsilon^8 - \cdots - \frac{(2n-1)!!}{(2n)!!} \frac{\varepsilon^{2n}}{2n-1} - \cdots].$$

$$\tag{6.17}$$

若 $b \to a$,有 $\varepsilon \to 0$,得圆周长为 $2\pi a$.

注 在大地测量学里,计算椭圆周长的近似公式是

$$L \approx \pi(3 \cdot \frac{a+b}{2} - \sqrt{ab}).$$

由于
$$\frac{a+b}{2} = a \frac{1 + \sqrt{1-\varepsilon^2}}{2} = a(1 - \frac{1}{4}\varepsilon^2 - \frac{4}{64}\varepsilon^4 - \frac{8}{256}\varepsilon^6 - \frac{320}{16384}\varepsilon^8 - \cdots),$$

$$\sqrt{ab} = a\sqrt[4]{1-\varepsilon^2} = a(1 - \frac{1}{4}\varepsilon^2 - \frac{6}{64}\varepsilon^4 - \frac{14}{256}\varepsilon^6 - \frac{616}{16384}\varepsilon^8 - \cdots),$$

因此

$$\pi(3 \cdot \frac{a+b}{2} - \sqrt{ab}) = 2a\pi(1 - \frac{1}{4}\varepsilon^2 - \frac{3}{64}\varepsilon^4 - \frac{5}{256}\varepsilon^6 - \frac{172}{16384}\varepsilon^8 - \cdots)$$

与(6.17)比较 ε^6 前相同,ε^8 的系数的误差是 $\frac{3}{16384}$.

(三) 微分方程的幂级数解

在第七章介绍过微分方程一些常见的解法,其解都是用初等函数的有限形式来表达的. 下面介绍幂级数解.

例 13 设定解问题

$$\begin{cases} xy'' + y' - y = 1, \\ y|_{x=0} = 0, y'|_{x=0} = 1. \end{cases}$$

求幂级数解.

解 设微分方程的解函数可展开为幂级数 $y = \sum_{n=0}^{\infty} a_n x^n$,于是

$$y' = \sum_{n=1}^{\infty} na_n x^{n-1}, \qquad y'' = \sum_{n=2}^{\infty} n(n-1)a_n x^{n-2}.$$

由 $y|_{x=0} = 0, y'|_{x=0} = 0$,得 $a_0 = 0, a_1 = 1$. 所求幂级数形式解 y 及其导数 y', y'' 为

$$y = x + \sum_{n=2}^{\infty} a_n x^n, \qquad y' = 1 + \sum_{n=2}^{\infty} na_n x^{n-1}, \qquad y'' = \sum_{n=2}^{\infty} n(n-1)a_n x^{n-2},$$

将 y, y', y'' 代入原方程并按升幂排列,整理得

$$(2^2 a_2 - 1)x + (3^2 a_3 - a_2)x^2 + \cdots + (n^2 a_n - a_{n-1})x^{n-1} + \cdots = 0. \tag{6.18}$$

如果幂级数 $y = x + \sum_{n=2}^{\infty} a_n x^n$ 确是方程的解,上式必是恒等式,因此,方程(6.18)左端各项的系数必全为零,故有

$$a_2 = \frac{1}{2^2}, \quad a_3 = \frac{a_2}{3^2} = \frac{1}{2^2 \cdot 3^2}, \quad a_4 = \frac{a_3}{4^2} = \frac{1}{2^2 \cdot 3^2 \cdot 4^2}, \cdots$$

$$a_n = \frac{a_{n-1}}{n^2} = \frac{1}{2^2 \cdot 3^2 \cdots n^2} = \frac{1}{(n!)^2}.$$

于是得确定系数的公式

$$a_n = \frac{1}{(n!)^2}, \quad n = 2, 3, \cdots.$$

得幂级数形式解为

$$y = x + \sum_{n=2}^{\infty} \frac{x^n}{(n!)^2} \quad \text{即} \quad y = \sum_{n=1}^{\infty} \frac{x^n}{(n!)^2}. \tag{6.19}$$

由达朗贝尔判别法,幂级数(6.19)当 $|x| < +\infty$ 时绝对收敛,因此,幂级数(6.19)在区间($-\infty, +\infty$)上是定解问题的幂级数解.

一般对二阶线性微分方程的幂级数解有如下定理:

定理 若线性微分方程

$$y'' + p_1(x)y' + p_2(x)y = Q(x) \tag{6.20}$$

的系数 $p_1(x), p_2(x)$ 和自由项 $Q(x)$ 都可在区间($x_0 - R, x_0 + R$)内展开为收敛的 $x - x_0$ 的幂级数,则对任何给定的初始条件 $y|_{x=x_0} = y_0, y'|_{x=x_0} = y'_0$,方程(6.20)有唯一解,且此解在区间($x_0 - R, x_0 + R$)内也可展开为幂级数 $y(x) = \sum_{n=0}^{\infty} a_n(x - x_0)^n$.

有时只要求出幂级数形式解的前几项,如下例解法:

例 14 设定解问题

$$\begin{cases} y' - y^2 = x, \\ y|_{x=1} = 1. \end{cases} \tag{6.21}$$

求幂级数形式解的前六项.

解 将(6.21)的解记为 $y = y(x)$,由初始条件 $y|_{x=1} = 1$,将解写成 $x_0 - 1$ 的幂级数

$$y(x) = y(1) + \frac{y'(1)}{1!}(x-1) + \frac{y''(1)}{2!}(x-1)^2 + \frac{y'''(1)}{3!}(x-1)^3$$
$$+ \frac{y^{(4)}(1)}{4!}(x-1)^4 + \frac{y^{(5)}(1)}{5!}(x-1)^5 + \cdots, \tag{6.22}$$

只要求出 $y(1), y'(1), y''(1), y'''(1), y^{(4)}(1), y^{(5)}(1), \cdots$ 代入即得所求解.

将微分方程(6.21)改写为

$$y' = x + y^2, \text{代入 } y(1) = 1, \text{得 } y'(1) = 1 + 1^2 = 2;$$

将方程两边关于 x 求导,得

$$y'' = 1 + 2yy', \text{代入 } y(1) = 1, y'(1) = 2, \text{得 } y''(1) = 1 + 2 \times 1 \times 2 = 5;$$

再求导,得

$$y''' = 2y'^2 + 2yy'', \text{代入 } y'(1) = 1, y'(1) = 2, y''(1) = 5, \text{得}$$
$$y'''(1) = 2 \times 2^2 + 2 \times 1 \times 5 = 18;$$

再求导,得

$$y^{(4)} = 4y'y'' + 2y'y'' + 2yy''', \text{代入 } y(1) = 1, y'(1) = 2, y''(1) = 5, y'''(1) = 18, \text{得}$$
$$y^{(4)}(1) = 4 \times 2 \times 5 + 2 \times 2 \times 5 + 2 \times 1 \times 18 = 96;$$

再求导,得

$$y^{(5)} = 4y''^2 + 4y'y''' + 2y''^2 + 2y'y''' + 2y'y''' + 2yy^{(4)}, \text{代入 } y(1) = 1, y'(1) = 2,$$
$$y''(1) = 5, y'''(1) = 18, y^{(4)}(1) = 96, \text{得}$$
$$y^{(5)}(1) = 4 \times 5^2 + 4 \times 2 \times 18 + 2 \times 5^2$$
$$+ 2 \times 2 \times 18 + 2 \times 2 \times 18 + 2 \times 1 \times 96 = 630,$$
$$\cdots \quad \cdots \quad \cdots$$

将系数代入(6.22)得形式解为

$$y(x) = 1 + 2(x-1) + \frac{5}{2}(x-1)^2 + \frac{18}{3!}(x-1)^3 + \frac{96}{4!}(x-1)^4 + \frac{630}{5!}(x-1)^5 + \cdots$$

$$= 1 + 2(x-1) + \frac{5}{2}(x-1)^2 + 3(x-1)^3 + 4(x-1)^4 + \frac{21}{4}(x-1)^5 + \cdots.$$

（四）欧拉公式

由基本展开式(1)，已知对任何实数 x，有 $e^x = \sum_{n=0}^{\infty} \frac{x^n}{n!}$，$|x| < +\infty$，对于纯虚数 $ix(i = \sqrt{-1}$ 是虚数单位），我们定义

$$e^{ix} = \sum_{n=0}^{\infty} \frac{(ix)^n}{n!} = 1 + ix + \frac{(ix)^2}{2!} + \frac{(ix)^3}{3!} + \frac{(ix)^4}{4!} + \frac{(ix)^5}{5!} + \cdots,$$

由于 $i^2 = -1, i^3 = -i, i^4 = 1, i^5 = i$，于是有

$$e^{ix} = (1 - \frac{x^2}{2!} + \frac{x^4}{4!} - \cdots + (-1)^n \frac{x^{2n}}{(2n)!} + \cdots)$$
$$+ i(x - \frac{x^3}{3!} + \frac{x^5}{5!} - \cdots + (-1)^n \frac{x^{2n+1}}{(2n+1)!} + \cdots)$$
$$= \cos x + i \sin x.$$

公式

$$e^{ix} = \cos x + i \sin x, \quad e^{-ix} = \cos x - i \sin x \tag{6.23}$$

与 $\cos x = \dfrac{e^{ix} + e^{-ix}}{2}$，$\sin x = \dfrac{e^{ix} - e^{-ix}}{2i}$ 统称为**欧拉(Euler)公式**. 在复函数范围内，它把指数函数与三角函数联系起来，便于运算.

§7　傅里叶级数

本节，我们介绍函数项级数 $\sum_{n=0}^{\infty} u_n(x)$ 中，一般项 $u_n(x) = A_n \sin(n\omega x + \varphi_n)$ 的情形. 由于周期运动在数学上是用周期函数来描述的，简谐振动是最简单的周期运动，它可用函数

$$A\sin(\omega x + \varphi) \triangleq a\cos\omega x + b\sin\omega x$$

来描述，其中 A 是振幅，ω 是圆频率，φ 是初相，它的周期 $T = \dfrac{2\pi}{\omega}$，又 $a = A\sin\varphi, b = A\cos\varphi$.

我们知道，复杂的振动可由谐振动来合成，复杂的波形可由谐波叠加而得到. 由于 k 个圆频率为基频 ω 的整数倍的周期函数（k 自然数，$k \geqslant 2$）之和

$$\sum_{n=0}^{k} (a_n\cos n\omega x + b_n\sin n\omega x) \triangleq T_k(x)$$

仍是周期函数，其周期 $T = \dfrac{2\pi}{\omega}$，且这个函数是连续的. 反之，任何一个连续的周期函数 $f(x)$ 能否用有限多项的三角函数之和来表达？回答是否定的，这就需要讨论用无穷级数

$$\frac{a_0}{2} + \sum_{n=1}^{\infty} (a_n\cos n\omega x + b_n\sin n\omega x) \tag{7.1}$$

来表达周期函数 $f(x)$ 的问题.

级数(7.1)称为**三角级数**. 其中 $a_0, a_n, b_n (n = 1, 2, \cdots)$ 称为**三角级数的系数**.

7.1　三角函数系的正交性

级数(7.1)的项是由三角函数系

$$1, \cos\omega x, \sin\omega x, \cos 2\omega x, \sin 2\omega x, \cdots, \cos n\omega x, \sin n\omega x, \cdots \tag{7.2}$$

来表示的. 上述三角函数系具有这样的特性：其中任意两个不同函数之乘积在区间 $\left[-\dfrac{T}{2}, \dfrac{T}{2}\right]$

上的积分都等于零;除 1 以外,其中任意两个相同函数之乘积在区间 $[-\frac{T}{2},\frac{T}{2}]$ 上的积分都等于 $\frac{T}{2}$.设 m,n 为自然数,有

$$1° \quad \int_{-\frac{T}{2}}^{\frac{T}{2}} 1 \cdot \cos n\omega x \, dx = 0, \tag{7.3}$$

$$2° \quad \int_{-\frac{T}{2}}^{\frac{T}{2}} 1 \cdot \sin n\omega x \, dx = 0, \tag{7.4}$$

$$3° \quad \int_{-\frac{T}{2}}^{\frac{T}{2}} \cos n\omega x \cdot \sin m\omega x \, dx = 0, \tag{7.5}$$

$$4° \quad \int_{-\frac{T}{2}}^{\frac{T}{2}} \cos n\omega x \cdot \cos m\omega x \, dx = \begin{cases} 0, & m \neq n; \\ \frac{T}{2}, & m = n. \end{cases} \tag{7.6}$$

$$5° \quad \int_{-\frac{T}{2}}^{\frac{T}{2}} \sin n\omega x \cdot \sin m\omega x \, dx = \begin{cases} 0, & m \neq n; \\ \frac{T}{2}, & m = n. \end{cases} \tag{7.7}$$

证 $1° \quad \int_{-\frac{T}{2}}^{\frac{T}{2}} \cos n\omega x \, dx = 2\int_{0}^{\frac{T}{2}} \cos n\omega x \, dx = 2 \left. \frac{\sin n\omega x}{n\omega} \right|_{0}^{\frac{T}{2}}$

$$= \frac{2}{n\omega}\left[\sin n \cdot \frac{2\pi}{T} \cdot \frac{T}{2} - 0\right] = \frac{2}{n\omega}\sin n\pi = 0.$$

$2°,3°$,显然.$4°$ 与 $5°$ 可由恒等式

$$\cos nx \cos mx = \frac{\cos(n+m)x + \cos(n-m)x}{2}; \sin nx \sin mx = \frac{\cos(n-m)x - \cos(n+m)x}{2}$$

与 $1°$ 得到.如对 $4°$:

当 $n \neq m$ 时,有

$$\int_{-\frac{T}{2}}^{\frac{T}{2}} \cos n\omega x \cdot \cos m\omega x \, dx = 2\int_{0}^{\frac{T}{2}} \cos n\omega x \cdot \cos m\omega x \, dx$$

$$= \int_{0}^{\frac{T}{2}} \left[\cos(n+m)\omega x + \cos(n-m)\omega x\right] dx = \left[\frac{\sin(n+m)\omega x}{(n+m)\omega} + \frac{\sin(n-m)\omega x}{(n-m)\omega}\right]\Bigg|_{0}^{\frac{T}{2}} = 0,$$

当 $n = m$ 时,有

$$\int_{-\frac{T}{2}}^{\frac{T}{2}} \cos^2 n\omega x \, dx = 2\int_{0}^{\frac{T}{2}} \cos^2 n\omega x \, dx = \int_{0}^{\frac{T}{2}} (1 + \cos 2n\omega x) dx$$

$$= \left[x + \frac{\sin 2n\omega x}{2n\omega}\right]\Bigg|_{0}^{\frac{T}{2}} = \frac{T}{2} + 0 = \frac{T}{2}.$$

同理可证 $5°$.   证毕

三角函数系(7.2)中,任何两个不同函数的乘积在区间 $[-\frac{T}{2},\frac{T}{2}]$ 上的积分等于零,这个性质称为三角函数系(7.2)在区间 $[-\frac{T}{2},\frac{T}{2}]$ 上的**正交性**.

7.2 傅里叶级数

本节,我们讨论从给定的函数出发,它具备什么条件方可用一个收敛于给定函数的三角级数来表示,即所谓函数展开成三角级数问题.这在物理、电信等科学技术中有重要的理论与实际意义.

我们先假设以 T 为周期的函数 $f(x)$ 在区间 $\left[-\dfrac{T}{2}, \dfrac{T}{2}\right]$ 上能展开三角级数 (7.1)，即成立等式

$$f(x) = \frac{a_0}{2} + \sum_{n=1}^{\infty}(a_n\cos n\omega x + b_n\sin n\omega x). \tag{7.8}$$

我们问级数 (7.8) 的系数 $a_0, a_n, b_n (n = 1, 2, \cdots)$ 与 $f(x)$ 有什么关系？为了回答这个问题，我们假定级数 (7.8) 在 $\left[-\dfrac{T}{2}, \dfrac{T}{2}\right]$ 上逐项可积，且乘以 $\sin n\omega x$ 或 $\cos n\omega x$ 之后也逐项可积，并利用三角函数的正交性，求得这些系数如下：

1° 求系数 a_0

将 (7.8) 式两边在区间 $\left[-\dfrac{T}{2}, \dfrac{T}{2}\right]$ 上积分，并利用 (7.3)，(7.4) 式，有

$$\int_{-\frac{T}{2}}^{\frac{T}{2}}f(x)dx = \int_{-\frac{T}{2}}^{\frac{T}{2}}\frac{a_0}{2}dx + \sum_{n=1}^{\infty}\left[\int_{-\frac{T}{2}}^{\frac{T}{2}}a_n\cos n\omega x dx + \int_{-\frac{T}{2}}^{\frac{T}{2}}b_n\sin n\omega x dx\right]$$

$$= \int_{-\frac{T}{2}}^{\frac{T}{2}}\frac{a_0}{2}dx = \frac{a_0}{2}T.$$

得

$$a_0 = \frac{2}{T}\int_{-\frac{T}{2}}^{\frac{T}{2}}f(x)dx. \tag{7.9}$$

2° 求系数 a_n

对 (7.8) 式以 $\cos n\omega x$ 乘两边，在区间 $\left[-\dfrac{T}{2}, \dfrac{T}{2}\right]$ 上积分，并利用 (7.3)，(7.5)，(7.6) 式，有

$$\int_{-\frac{T}{2}}^{\frac{T}{2}}f(x)\cos n\omega x dx = \frac{a_0}{2}\int_{-\frac{T}{2}}^{\frac{T}{2}}\cos n\omega x dx + \sum_{k=1}^{\infty}\left[a_n\int_{-\frac{T}{2}}^{\frac{T}{2}}\cos n\omega x \cdot \cos k\omega x dx\right.$$

$$\left. + a_n\int_{-\frac{T}{2}}^{\frac{T}{2}}\cos n\omega x \cdot \sin k\omega x dx\right] = a_n\int_{-\frac{T}{2}}^{\frac{T}{2}}\cos^2 n\omega x dx = a_n \cdot \frac{T}{2}.$$

得

$$a_n = \frac{2}{T}\int_{-\frac{T}{2}}^{\frac{T}{2}}f(x)\cos n\omega x dx, \quad n = 1, 2, \cdots. \tag{7.10}$$

3° 求系数 b_n

对 (7.8) 式以 $\sin n\omega x$ 乘两边，在区间 $\left[-\dfrac{T}{2}, \dfrac{T}{2}\right]$ 上积分，并利用 (7.4)，(7.5)，(7.7)，有

$$\int_{-\frac{T}{2}}^{\frac{T}{2}}f(x)\sin n\omega x dx = \frac{a_0}{2}\int_{-\frac{T}{2}}^{\frac{T}{2}}\sin n\omega x dx + \sum_{k=1}^{\infty}\left[a_k\int_{-\frac{T}{2}}^{\frac{T}{2}}\sin n\omega x \cdot \cos k\omega x dx\right.$$

$$\left. + b_k\int_{-\frac{T}{2}}^{\frac{T}{2}}\sin n\omega x \cdot \sin k\omega x dx\right] = b_n\int_{-\frac{T}{2}}^{\frac{T}{2}}\sin^2 n\omega x dx = b_n \cdot \frac{T}{2}.$$

得

$$b_n = \frac{2}{T}\int_{-\frac{T}{2}}^{\frac{T}{2}}f(x)\sin n\omega x dx, \quad n = 1, 2, \cdots. \tag{7.11}$$

在 (7.10) 中，如果令 $n = 0$，就得到 (7.9) 式，这样 (7.9)，(7.10) 两式可以合并为

$$a_n = \frac{2}{T}\int_{-\frac{T}{2}}^{\frac{T}{2}}f(x)\cos n\omega x dx, \quad n = 0, 1, 2, \cdots.$$

正是由于这个原因，才把级数 (7.8) 中的常数项写成 $\dfrac{a_0}{2}$ 而不写成 a_0。

我们看到，只要函数 $f(x)$ 在 $\left[-\dfrac{T}{2}, \dfrac{T}{2}\right]$ 上可积，那么，公式 (7.9)，(7.10)，(7.11) 就可唯一确定。从而暂时撇开 $f(x)$ 在 $\left[-\dfrac{T}{2}, \dfrac{T}{2}\right]$ 上是否能展开成三角级数 (7.8)，只要 $f(x)$ 在 $\left[-\dfrac{T}{2},\right.$

$\frac{T}{2}$]上可积,我们总可以利用上述公式确定的 a_n,b_n 为系数作出一个三角级数,于是有如下定义:

定义 设函数 $f(x)$ 在$[-\frac{T}{2},\frac{T}{2}]$上可积,则称

$$a_n = \frac{2}{T}\int_{-\frac{T}{2}}^{\frac{T}{2}} f(x)\cos n\omega x\,dx, \quad n = 0,1,2,\cdots,$$

$$b_n = \frac{2}{T}\int_{-\frac{T}{2}}^{\frac{T}{2}} f(x)\sin n\omega x\,dx, \quad n = 1,2,\cdots$$

为函数 $f(x)$ 的**傅里叶系数**,以 $f(x)$ 的傅里叶系数组成的三角级数

$$\frac{a_0}{2} + \sum_{n=1}^{\infty}(a_n\cos n\omega x + b_n\sin n\omega x)$$

称为函数 $f(x)$ 的**傅里叶(Fourier)级数**,记为

$$f(x) \sim \frac{a_0}{2} + \sum_{n=1}^{\infty}(a_n\cos n\omega x + b_n\sin n\omega x). \tag{7.12}$$

其中记号"$\sim$"表示"对应"的意思.因为还不知道这个三角级数是否收敛,即算收敛,也还不知道能否收敛于 $f(x)$.

到底函数 $f(x)$ 具有什么条件,它的傅里叶级数不仅收敛,而且收敛于它自身?有下列充分条件.

狄利克雷(Dirichlet)定理 设函数 $f(x)$ 在区间$[-\frac{T}{2},\frac{T}{2}]$上满足下列狄利克雷条件:

1° 或者连续,或者至多有限个第一类间断点;

2° 至多有限个极值点,

则 $f(x)$ 的傅里叶级数 $\frac{a_0}{2} + \sum_{n=1}^{\infty}(a_n\cos n\omega x + b_n\sin n\omega x)$ 在区间$[-\frac{T}{2},\frac{T}{2}]$上收敛,且其和函数

$$S(x) = \begin{cases} f(x), & \text{当 } x \text{ 为 } f(x) \text{ 的连续点;} \\ \frac{1}{2}[f(x-0) + f(x+0)], & \text{当 } x \text{ 为 } f(x) \text{ 的第一类间断点;} \\ \frac{1}{2}[f(\frac{T}{2}-0) + f(-\frac{T}{2}+0)], & \text{当 } x \text{ 为区间}[-\frac{T}{2},\frac{T}{2}] \text{ 的端点.} \end{cases}$$

其中采用了记号 $f(x_0-0) \triangleq \lim\limits_{x\to x_0^-}f(x)$,$f(x_0+0) \triangleq \lim\limits_{x\to x_0^+}f(x)$,即 $f(x)$ 在点 x_0 的左极限,右极限.在 $f(x)$ 的第一类间断点 x 处,和函数 $S(x)$ 的值是 $f(x)$ 在点 x 处的左极限 $f(x-0)$ 与右极限 $f(x+0)$ 的平均值;在区间$[-\frac{T}{2},\frac{T}{2}]$的端点 $-\frac{T}{2},\frac{T}{2}$ 处是左极限 $f(\frac{T}{2}-0)$ 与右极限 $f(-\frac{T}{2}+0)$ 的平均值.

定理的证明从略.

在上面定理中,如果 $f(x)$ 的图形如图 13-2(a) 所示,则 $f(x)$ 的傅里叶级数的和函数 $S(x)$ 的图形如图 13-2(b) 所示.

在上述定理中,并没有要求 $f(x)$ 是周期函数,只要 $f(x)$ 在区间$[-\frac{T}{2},\frac{T}{2}]$上满足狄利克雷条件,那么 $f(x)$ 就在区间$[-\frac{T}{2},\frac{T}{2}]$上展开为傅里叶级数.另一方面,在傅里叶级数中,因 $\cos n\omega x,\sin n\omega x(\omega = \frac{2\pi}{T})$ 的周期性,必能延拓到区间$[-\frac{T}{2},\frac{T}{2}]$之外,使对任何实数 x 都收敛,因

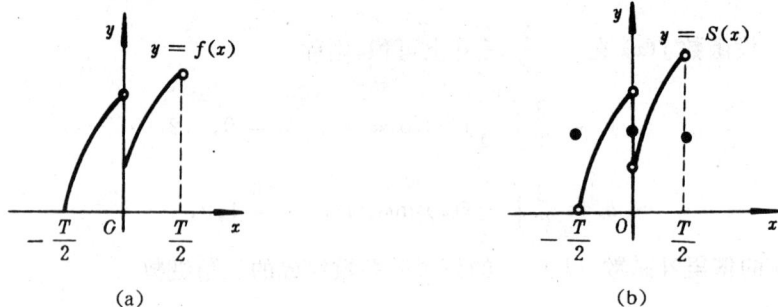

图 13-2

此和函数 $S(x)$ 是定义在全实轴上周期为 T 的函数,即 $S(x+T)=S(x),x\in(-\infty,+\infty)$. 须注意的是,由于 $f(x)$ 只是定义在 $[-\frac{T}{2},\frac{T}{2}]$ 上,因此,在 $[-\frac{T}{2},\frac{T}{2}]$ 之外的傅里叶级数的和函数 $S(x)$ 与函数 $f(x)$ 就无关了.因此,不能把和函数 $S(x)$ 与 $f(x)$ 相混同.但若 $f(x)$ 是定义在全实轴上的周期为 T 的函数,那么 $f(x)$ 就在区间 $(-\infty,+\infty)$ 上展开为傅里叶级数.

由于周期 T 的表示不同,现将其傅里叶系数一并写在下面:

$$\begin{cases} a_n=\dfrac{2}{T}\displaystyle\int_{-\frac{T}{2}}^{\frac{T}{2}}f(x)\cos n\omega x dx, & (n=0,1,2,\cdots). \\[3mm] b_n=\dfrac{2}{T}\displaystyle\int_{-\frac{T}{2}}^{\frac{T}{2}}f(x)\sin n\omega x dx, & (n=1,2\cdots). \end{cases} \qquad (7.13)$$

(1) 当 $T=2\pi$ 时,$\omega=\dfrac{2\pi}{T}=1$,于是由 (7.13),得

$$\begin{cases} a_n=\dfrac{1}{\pi}\displaystyle\int_{-\pi}^{\pi}f(x)\cos nx dx, & (n=0,1,2,\cdots). \\[3mm] b_n=\dfrac{1}{\pi}\displaystyle\int_{-\pi}^{\pi}f(x)\sin nx dx, & (n=1,2,\cdots). \end{cases} \qquad (7.14)$$

(2) 当 $T=2l(l>0)$ 时,$\omega=\dfrac{2\pi}{T}=\dfrac{\pi}{l}$,由 (7.13),得

$$\begin{cases} a_n=\dfrac{1}{l}\displaystyle\int_{-l}^{l}f(x)\cos\dfrac{n\pi}{l}x dx, & (n=0,1,2,\cdots). \\[3mm] b_n=\dfrac{1}{l}\displaystyle\int_{-l}^{l}f(x)\sin\dfrac{n\pi}{l}x dx, & (n=1,2,\cdots). \end{cases} \qquad (7.15)$$

特别,1° 若 $f(x)$ 在 $[-\frac{T}{2},\frac{T}{2}]$ 上为偶函数时,即

$$f(-x)=f(x), \quad x\in\left[-\frac{T}{2},\frac{T}{2}\right],$$

那么,在 (7.13) 中,得

$$\begin{cases} a_n=\dfrac{4}{T}\displaystyle\int_{0}^{\frac{T}{2}}f(x)\cos n\omega x dx, & (n=0,1,2,\cdots). \\[3mm] b_n=0, & (n=1,2,\cdots). \end{cases} \qquad (7.16)$$

于是 $$f(x)\sim\dfrac{a_0}{2}+\sum_{n=1}^{\infty}a_n\cos n\omega x. \qquad (7.17)$$

因此,偶函数的傅里叶级数是仅含余弦项的级数,称为**余弦傅里叶级数**.

2° 若 $f(x)$ 在区间$[-\frac{T}{2}, \frac{T}{2}]$ 上为奇函数时,即

$$f(-x) = -f(x), \quad x \in [-\frac{T}{2}, \frac{T}{2}].$$

那么,在(7.13)中,得

$$\begin{cases} a_n = 0, n = 0, 1, 2, \cdots. \\ b_n = \frac{4}{T} \int_0^{\frac{T}{2}} f(x)\sin n\omega x\, dx. \end{cases} \tag{7.18}$$

于是

$$f(x) \sim \sum_{n=1}^{\infty} b_n \sin n\omega x. \tag{7.19}$$

因此,奇函数的傅里叶级数是仅含正弦项的级数,称为**正弦傅里叶级数**.

对于公式(7.14),(7.15)的情形,可相应地写出其 $f(x)$ 为奇、偶函数的系数公式和正弦或余弦傅里叶级数.

例1 设 $f(x)$ 是以 2π 为周期的周期函数,它在$(-\pi, \pi]$ 上的表达式为

$$f(x) = \begin{cases} 0, & -\pi < x \leqslant 0; \\ x, & 0 < x \leqslant \pi, \end{cases}$$

试将 $f(x)$ 在$(-\infty, +\infty)$ 上展开为傅里叶级数,并作 $f(x)$ 与其傅里叶级数和函数 $S(x)$ 的图形.

解 先求傅里叶系数,由公式(7.14),得

$$a_0 = \frac{1}{\pi} \int_{-\pi}^{\pi} f(x)dx = \frac{1}{\pi} \left[\int_{-\pi}^{0} f(x)dx + \int_{0}^{\pi} f(x)dx \right] = \frac{1}{\pi} \left[\int_{-\pi}^{0} 0dx + \int_{0}^{\pi} xdx \right] = \frac{\pi}{2}.$$

$$a_n = \frac{1}{\pi} \int_{-\pi}^{\pi} f(x)\cos nx\, dx = \frac{1}{\pi} \left[\int_{-\pi}^{0} 0 \cdot \cos nx\, dx + \int_{0}^{\pi} x\cos nx\, dx \right]$$

$$= \frac{1}{\pi} \int_{0}^{\pi} x\cos nx\, dx = \frac{1}{\pi} \int_{0}^{\pi} xd(\frac{\sin nx}{n}) = \frac{1}{\pi} \left[x \cdot \frac{\sin nx}{n} \Big|_0^{\pi} - \int_0^{\pi} \frac{\sin nx}{n}dx \right]$$

$$= \frac{1}{\pi} \left[0 + \frac{1}{n^2}\cos nx \Big|_0^{\pi} \right] = \frac{1}{n^2\pi}[\cos n\pi - \cos 0] = \frac{1}{n^2\pi}[(-1)^n - 1], n = 1, 2, \cdots.$$

$$b_n = \frac{1}{\pi} \int_{-\pi}^{\pi} f(x)\sin nx\, dx = \frac{1}{\pi} \left[\int_{-\pi}^{0} 0 \cdot \sin nx\, dx + \int_{0}^{\pi} x\sin nx\, dx \right]$$

$$= \frac{1}{\pi} \int_{0}^{\pi} x\sin nx\, dx = \frac{1}{\pi} \int_{0}^{\pi} xd(-\frac{\cos nx}{n}) = \frac{1}{\pi} \left[x(-\frac{\cos nx}{n}) \Big|_0^{\pi} - \int_0^{\pi} (-\frac{\cos nx}{n})dx \right]$$

$$= \frac{1}{\pi} \left[-\frac{\pi}{n}\cos n\pi + \frac{1}{n^2}\sin nx \Big|_0^{\pi} \right] = \frac{1}{\pi} \left[-\frac{\pi}{n}(-1)^n + 0 \right] = \frac{(-1)^{n+1}}{n}.$$

将上述系数的计算结果代入(7.12),并由狄利克雷定理,得

$$f(x) = \frac{\pi}{4} + \sum_{n=1}^{\infty} \left[\frac{(-1)^n - 1}{n^2\pi}\cos nx + \frac{(-1)^{n+1}}{n}\sin nx \right], \quad -\pi < x < \pi;$$

当 $x = \pm\pi$ 时,傅里叶级数收敛于

$$\frac{f(-\pi + 0) + f(\pi - 0)}{2} = \frac{0 + \pi}{2} = \frac{\pi}{2}, \quad f(x + 2\pi) = f(x).$$

函数 $f(x)$ 与其傅里叶级数和函数 $S(x)$ 的图形分别如图 13-3、图 13-4 所示.

例2 设 $f(x)$ 在$(-2, 2]$ 上的表达式为

$$f(x) = \begin{cases} x + 4, & -2 < x < 0; \\ 2, & x = 0; \\ x, & 0 < x \leqslant 2, \end{cases}$$

将 $f(x)$ 在区间$(-2, 2]$ 上展开为傅里叶级数.

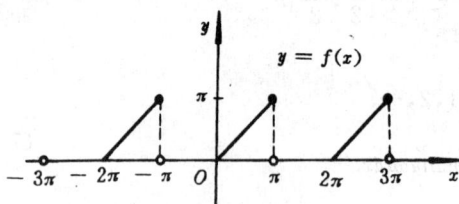

图 13-3

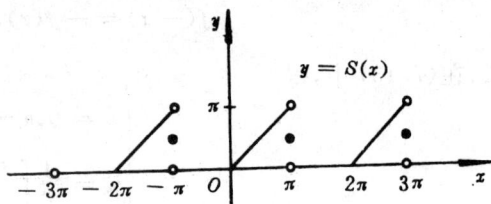

图 13-4

解 $f(x)$ 在$(-2,2)$ 上无奇偶性,但若将 $y=f(x)$ 的图形向 y 轴负方向平移 2 个单位距离(如图 13-5),即得到奇函数的图形,即令

$$\varphi(x)=f(x)-2=\begin{cases} x+2, & -2<x<0; \\ 0, & x=0; \\ x-2, & 0<x\leqslant 2, \end{cases}$$

则 $\varphi(x)$ 在$(-2,2)$ 上是奇函数,将 $\varphi(x)$ 展开为傅里叶级数,然后由 $f(x)=\varphi(x)+2$,便得到 $f(x)$ 的傅里叶级数.

由于 $\varphi(x)$ 在区间$(-2,2)$ 上是奇函数,由系数公式(7.18),令 $T=4$,于是 $\omega=\dfrac{2\pi}{T}=\dfrac{\pi}{2}$. 得

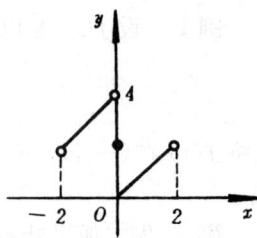

图 13-5

$$a_0=0, \quad a_n=0, \quad n=1,2,\cdots$$

$$b_n=\frac{4}{T}\int_0^{\frac{T}{2}}\varphi(x)\sin n\omega x dx=\int_0^2 (x-2)\sin\frac{n\pi}{2}x dx$$

$$=\int_0^2 (x-2)d(\frac{-2}{n\pi}\cos\frac{n\pi}{2}x)$$

$$=-(x-2)\cdot\frac{2}{n\pi}\cos\frac{n\pi}{2}x\Big|_0^2+\int_0^2\frac{2}{n\pi}\cos\frac{n\pi}{2}x dx=\frac{-4}{n\pi}, n=1,2,\cdots.$$

由(7.19),得
$$\varphi(x)=-\frac{4}{\pi}\sum_{n=1}^{\infty}\frac{1}{n}\sin\frac{n\pi}{2}x,$$

于是
$$f(x)=2+\varphi(x)=2-\frac{4}{\pi}\sum_{n=1}^{\infty}\frac{1}{n}\sin\frac{n\pi}{2}x, \quad -2<x\leqslant 2.$$

注 本题如不引进 $\varphi(x)$ 化为奇函数,而直接对 $f(x)$ 来计算系数 a_0,a_n,b_n,结论相同,但计算量大大增加.

例 3 将周期函数

$$(1)\ f(x)=|\sin x|, \quad (2)\ g(x)=|\cos x|$$

展开成傅里叶级数.

解 (1) 因 $f(x)=|\sin x|$ 是以 $T=\pi$ 为周期的偶函数,$\omega=\dfrac{2\pi}{T}=2$,由公式(7.16),有

$$b_n=0, \quad n=1,2,\cdots.$$

$$a_0=\frac{4}{T}\int_0^{\frac{T}{2}}f(x)dx=\frac{4}{\pi}\int_0^{\frac{\pi}{2}}|\sin x|dx=\frac{4}{\pi}\int_0^{\frac{\pi}{2}}\sin x dx=\frac{4}{\pi}.$$

$$a_n=\frac{4}{T}\int_0^{\frac{T}{2}}f(x)\cos n\omega x dx=\frac{4}{\pi}\int_0^{\frac{\pi}{2}}|\sin x|\cos 2x dx$$

$$=\frac{4}{\pi}\int_0^{\frac{\pi}{2}}\sin x\cos 2nx dx=\frac{2}{\pi}\int_0^{\frac{\pi}{2}}[\sin(2n+1)x-\sin(2n-1)x]dx$$

$$= -\frac{4}{\pi(4n^2 - 1)}, \quad n = 1, 2, \cdots.$$

将上面系数代入(7.17),并由狄利克雷定理,有

$$|\sin x| = \frac{2}{\pi} - \frac{4}{\pi} \sum_{n=1}^{\infty} \frac{1}{4n^2 - 1} \cos 2nx, \quad x \in (-\infty, +\infty).$$

(2) 由 $g(x) = |\cos x| = |\sin(x + \frac{\pi}{2})|$,在 $|\sin x|$ 的展开式中以 $x + \frac{\pi}{2}$ 代 x,则

$$|\cos x| = |\sin(x + \frac{\pi}{2})| = \frac{2}{\pi} - \frac{4}{\pi} \sum_{n=1}^{\infty} \frac{1}{4n^2 - 1} \cos 2n(x + \frac{\pi}{2})$$

$$= \frac{2}{\pi} - \frac{4}{\pi} \sum_{n=1}^{\infty} \frac{(-1)^n}{4n^2 - 1} \cos 2nx, \quad x \in (-\infty, +\infty).$$

例 4 设函数的周期为 2π,在 $[0, 2\pi)$ 上的表示式为

$$f(x) = x^2, \quad 0 \leqslant x < 2\pi,$$

试将 $f(x)$ 展开为周期为 2π 的傅里叶级数. 并分别求 $\sum_{n=1}^{\infty} \frac{1}{n^2}$, $\sum_{n=1}^{\infty} \frac{(-1)^{n-1}}{n^2}$ 的和.

解 事实上,函数 $f(x)$(如图 13-6). 在区间 $[-\pi, \pi]$ 上满足狄利克雷收敛定理的条件,可以 展开成傅里叶级数. 计算傅里叶系数时,利用以 T 为周期的周期函数,在任何一个以 T 为长度的区间上积分都相等,即对任何实数 α,都有 $\int_{\alpha}^{\alpha+T} f(x)dx = \int_0^T f(x)dx, f(x + T) = f(x)$. 于是

$$a_0 = \frac{1}{\pi} \int_{-\pi}^{\pi} f(x)dx = \frac{1}{\pi} \int_0^{2\pi} x^2 dx = \frac{8}{3}\pi^2,$$

$$a_n = \frac{1}{\pi} \int_{-\pi}^{\pi} f(x)\cos nx dx = \frac{1}{\pi} \int_0^{2\pi} x^2 \cos nx dx = \frac{1}{\pi} \int_0^{2\pi} x^2 d(\frac{\sin nx}{n})$$

$$= \frac{1}{n\pi} x^2 \sin nx \Big|_0^{2\pi} - \frac{1}{n\pi} \int_0^{2\pi} 2x \sin nx dx = \frac{-2}{n\pi} \int_0^{2\pi} x d(\frac{-\cos nx}{n})$$

$$= \frac{2}{n\pi} [(x \cdot \frac{\cos nx}{n}) \Big|_0^{2\pi} + \frac{1}{n} \int_0^{2\pi} \cos nx dx] = \frac{4}{n^2}, \quad n = 1, 2, \cdots,$$

同法可得

$$b_n = \frac{1}{\pi} \int_{-\pi}^{\pi} f(x)\sin nx dx = \frac{1}{\pi} \int_0^{2\pi} x^2 \sin nx dx = -\frac{4\pi}{n}, \quad n = 1, 2, \cdots.$$

将上述系数计算的结果代入(7.12),并由狄利克雷定理,有

$$x^2 = \frac{4}{3}\pi^2 + 4 \sum_{n=1}^{\infty} (\frac{1}{n^2} \cos nx - \frac{\pi}{n} \sin nx), \quad 0 < x < 2\pi. \qquad (7.20)$$

当 $x = 0, 2\pi$ 时,傅立叶级数收敛于(如图 13-7)

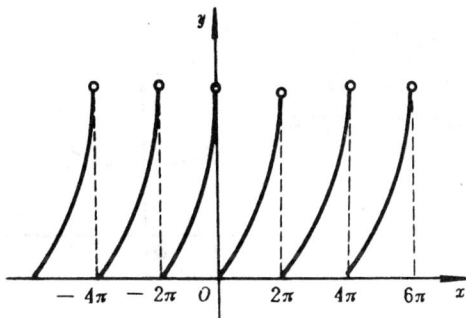

图 13-6

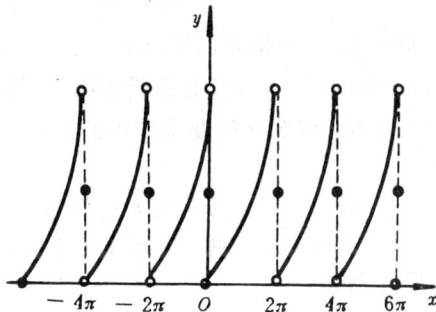

图 13-7

$$\frac{f(0+0)+f(0-0)}{2}=\frac{0+4\pi^2}{2}=2\pi^2, f(x+2\pi)=f(x).$$

当 $x=0$ 时,有 $2\pi^2=\frac{4}{3}\pi^2+4\sum_{n=1}^{\infty}\frac{1}{n^2}$,于是,得

$$\sum_{n=1}^{\infty}\frac{1}{n^2}=\frac{\pi^2}{6}.$$

又在(7.20)中令 $x=\pi$,得 $\pi^2=\frac{4}{3}\pi^2+4\sum_{n=1}^{\infty}\frac{(-1)^n}{n^2}$,于是,得

$$\sum_{n=1}^{\infty}\frac{(-1)^{n-1}}{n^2}=\frac{\pi^2}{12}.$$

7.3 在区间 $[0,l]$ 上定义的函数的傅里叶级数展开

设函数 $f(x)$ 定义在区间 $[0,l]$ 上,为了把它展开为傅里叶级数,则需在 $[-l,0)$ 上补充定义,从而得到一个定义在 $[-l,l]$ 上的函数,且满足狄利克雷条件,再按上节所述方法,求得延拓后的周期为 $2l$ 的傅里叶级数,然后限制 x 在 $[0,l]$ 上取值,这样得到的展开式,称为 $f(x)$ **在区间 $[0,l]$ 上的傅里叶级数展开式**. 但由于在 $[-l,0)$ 上补充定义的函数是多种多样的,为了简单起见,常采用以下两种补充定义的方法:

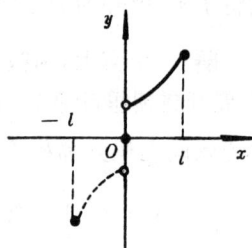

(1) **奇延拓** 根据在 $[0,l]$ 上已给函数 $f(x)$,作一新函数 $F(x)$,使 $F(x)$ 在 $[-l,l]$ 上是奇函数,并且,当 $x\in(0,l]$ 时,$F(x)\equiv f(x)$(如图 13-8),按照这种要求作出的函数,称为 $f(x)$ 的**奇延拓函数**,即

图 13-8

$$F(x)=\begin{cases} f(x), & \text{当 } 0<x\leqslant l; \\ 0, & \text{当 } x=0; \\ -f(-x), & \text{当 } -l\leqslant x<0. \end{cases}$$

这时,傅里叶系数为

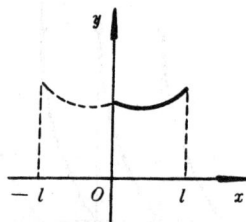

$$\begin{cases} a_n=\frac{1}{l}\int_{-l}^{l}F(x)\cos\frac{n\pi}{l}x\,dx=0; & n=0,1,2,\cdots \\ b_n=\frac{1}{l}\int_{-l}^{l}F(x)\sin\frac{n\pi}{l}x\,dx=\frac{2}{l}\int_{0}^{l}f(x)\sin\frac{n\pi}{l}x\,dx, & n=1,2,\cdots. \end{cases} \tag{7.21}$$

可见,奇延拓的傅里叶级数是**正弦级数**,于是,限制 $x\in[0,l]$,收敛性为

$$S(x)=\sum_{n=1}^{\infty}b_n\sin\frac{n\pi}{l}x=\begin{cases} f(x), & \text{当 } x \text{ 为 } f(x) \text{ 的连续点时;} \\ \frac{1}{2}[f(x-0)+f(x+0)], & \text{当 } x \text{ 为 } f(x) \text{ 的第一类间断点时;} \\ 0, & \text{当 } x=0,l \text{ 时.} \end{cases}$$

(2) **偶延拓** 根据在区间 $[0,l]$ 上已给的函数 $f(x)$,作一新的函数 $F(x)$,使 $F(x)$ 在 $[-l,l]$ 上是偶函数,并且当 $0\leqslant x\leqslant l$ 时,$F(x)\equiv f(x)$(如图 13-9),按照这种要求作出的函数 $F(x)$,称为 $f(x)$ **的偶延拓函数**. 即

$$F(x)=\begin{cases} f(x), & \text{当 } 0\leqslant x\leqslant l \text{ 时;} \\ f(-x), & \text{当 } -l\leqslant x<0 \text{ 时.} \end{cases}$$

这时,傅里叶系数为

图 13-9

$$\begin{cases} a_n = \dfrac{1}{l}\displaystyle\int_{-l}^{l} F(x)\cos\dfrac{n\pi}{l}x\,dx = \dfrac{2}{l}\displaystyle\int_{0}^{l} f(x)\cos\dfrac{n\pi}{l}x\,dx, & n = 0,1,2,\cdots \\[3mm] b_n = \dfrac{1}{l}\displaystyle\int_{-l}^{l} F(x)\sin\dfrac{n\pi}{l}x\,dx = 0, & n = 1,2,\cdots. \end{cases} \tag{7.22}$$

可见,偶延拓的傅立叶级数是**余弦级数**.于是,限制 $x \in [0,l]$,收敛性为

$$S(x) = \frac{a_0}{2} + \sum_{n=1}^{\infty} a_n\cos\frac{n\pi}{l}x$$

$$= \begin{cases} f(x), & \text{当 } x \text{ 为 } f(x) \text{ 的连续点;} \\[2mm] \dfrac{1}{2}[f(x-0) + f(x+0)], & \text{当 } x \text{ 为 } f(x) \text{ 的第一类间断点时.} \end{cases}$$

例 5 将 $f(x) = \cos x$ 在区间 $[0,\pi]$ 上展开成正弦级数.

解 作奇延拓函数,如图 13-10,

由系数公式(7.21),令 $l = \pi$,得

$$a_n = 0, n = 0,1,2,\cdots$$

$$b_n = \frac{2}{\pi}\int_0^\pi f(x)\sin nx\,dx = \frac{2}{\pi}\int_0^\pi \cos x\sin nx\,dx$$

$$= \frac{1}{\pi}\int_0^\pi [\sin(n+1)x + \sin(n-1)x]dx.$$

当 $n = 1$ 时, $b_1 = \dfrac{1}{\pi}\displaystyle\int_0^\pi \sin 2x\,dx = 0$,

当 $n \neq 1$ 时, $b_n = \dfrac{1}{\pi}\displaystyle\int_0^\pi [\sin(n+1)x + \sin(n-1)x]dx$

图 13-10

$$= \frac{1}{\pi}\Big[\frac{-\cos(n+1)x}{n+1} + \frac{-\cos(n-1)x}{n-1}\Big]\Big|_0^\pi$$

$$= \frac{1}{\pi}\Big[\frac{-(-1)^{n+1}}{n+1} + \frac{-(-1)^{n-1}}{n-1} + \frac{1}{n+1} + \frac{1}{n-1}\Big]$$

$$= \frac{2n}{\pi}\Big[\frac{(-1)^n + 1}{n^2-1}\Big] = \begin{cases} 0, & n = 2k+1; \\[2mm] \dfrac{8k}{\pi(2k-1)(2k+1)}, & n = 2k, \end{cases} (k = 1,2,\cdots).$$

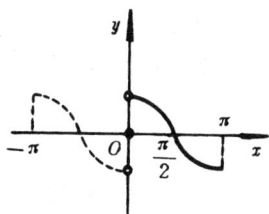

于是,得 $f(x) = \cos x$ 在 $[0,\pi]$ 上展开的正弦级数是

$$\frac{2}{\pi}\sum_{n=2}^{\infty}\frac{(-1)^n + 1}{n^2-1}n\sin nx = \frac{8}{\pi}\Big(\frac{\sin 2x}{1\cdot 3} + \frac{2\sin 4x}{3\cdot 5} + \cdots + \frac{k\sin 2kx}{(2k-1)(2k+1)} + \cdots\Big)$$

$$= \begin{cases} \cos x, & 0 < x < \pi; \\[2mm] 0, & x = 0, \pi. \end{cases}$$

例 6 设函数 $f(x) = x, \quad x \in [0,l]$.

(1) 将 $f(x)$ 在 $[0,l]$ 上展开为正弦级数;

(2) 将 $f(x)$ 在 $[0,l]$ 上展开为余弦级数.

解 (1) 由正弦级数系数公式(7.21),得

$$a_n = 0(n = 0,1,2,\cdots).$$

$$b_n = \frac{2}{l}\int_0^l x\sin\frac{n\pi}{l}x\,dx = \frac{2}{l}\Big[-\frac{l}{n\pi}x\cos\frac{n\pi x}{l} + \frac{l^2}{n^2\pi^2}\sin\frac{n\pi x}{l}\Big]\Big|_0^l = \frac{2l}{n\pi}(-1)^{n+1}.$$

得 $f(x) = x$ 在区间 $[0,l]$ 上傅里叶展开式为正弦级数

$$\frac{2l}{\pi}\sum_{n=1}^{\infty}\frac{(-1)^{n+1}}{n}\sin\frac{n\pi}{l}x = x, \quad 0 \leqslant x < l.$$

在 $x = l$ 处对应级数收敛于 0.

(2) 由余弦级数的系数公式(7.22),得

$$b_n = 0, (n = 1, 2, \cdots).$$

$$a_0 = \frac{2}{l} \int_0^l x\, dx = l.$$

$$a_n = \frac{2}{l} \int_0^l x\cos\frac{n\pi}{l}x\, dx = \frac{2}{l}\Big[\frac{l}{n\pi}x\sin\frac{n\pi x}{l} + \frac{l^2}{n^2\pi^2}\cos\frac{n\pi x}{l}\Big]\Big|_0^l$$

$$= \frac{2l}{n^2\pi^2}\big[(-1)^n - 1\big] = \begin{cases} 0, & \text{当 } n = 2k \text{ 时}; \\ -\dfrac{4l}{n^2\pi^2}, & \text{当 } n = 2k - 1 \text{ 时}, \end{cases} \quad (k = 1, 2, \cdots).$$

得 $f(x) = x$ 在区间 $[0, l]$ 上的傅里叶展开式为余弦级数

$$\frac{l}{2} + \frac{2l}{\pi^2}\sum_{n=1}^{\infty}\frac{(-1)^n - 1}{n^2}\cos\frac{n\pi}{l}x = \frac{l}{2} - \frac{4l}{\pi^2}\sum_{k=1}^{\infty}\frac{1}{(2k-1)^2}\cos\frac{(2k-1)\pi x}{l} = x, 0 \leqslant x \leqslant l.$$

例 7　将函数 $f(x) = x$ 分别在区间

$$(1)\ [a, a + 2l), \quad (2)\ [a, b]$$

内展开为傅里叶级数.

解　(1) 函数 $f(x) = x$ 以 $2l$ 为周期的延拓函数是

$$F(x) = \begin{cases} x, & a \leqslant x < a + 2l; \\ x - 2kl, & a + 2kl \leqslant x < a + 2(k+1)l, k = \pm 1, \pm 2, \cdots. \end{cases}$$

于是 $F(x)$ 的傅里叶系数为:

$$a_0 = \frac{1}{l}\int_{-l}^{l} F(x)\, dx = \frac{1}{l}\int_a^{a+2l} F(x)\, dx = \frac{1}{l}\int_a^{a+2l} f(x)\, dx = \frac{1}{l}\int_a^{a+2l} x\, dx = 2(a + l).$$

$$a_n = \frac{1}{l}\int_{-l}^{l} F(x)\cos\frac{n\pi x}{l}\, dx = \frac{1}{l}\int_a^{a+2l} F(x)\cos\frac{n\pi x}{l}\, dx = \frac{1}{l}\int_a^{a+2l} f(x)\cos\frac{n\pi x}{l}\, dx$$

$$= \frac{1}{l}\int_a^{a+2l} x\cos\frac{n\pi x}{l}\, dx = \frac{1}{l}\Big[\frac{l}{n\pi}x\sin\frac{n\pi x}{l} + \big(\frac{l}{n\pi}\big)^2\cos\frac{n\pi x}{l}\Big]\Big|_a^{a+2l}$$

$$= \frac{2l}{n\pi}\sin\frac{n\pi a}{l}, \quad n = 1, 2, \cdots.$$

$$b_n = \frac{1}{l}\int_{-l}^{l} F(x)\sin\frac{n\pi x}{l}\, dx = \frac{1}{l}\int_a^{a+2l} F(x)\sin\frac{n\pi x}{l}\, dx = \frac{1}{l}\int_a^{a+2l} f(x)\sin\frac{n\pi x}{l}\, dx$$

$$= \frac{1}{l}\int_a^{a+2l} x\sin\frac{n\pi x}{l}\, dx = \frac{1}{l}\Big[-\frac{l}{n\pi}x\cos\frac{n\pi x}{l} + \big(\frac{l}{n\pi}\big)^2\sin\frac{n\pi x}{l}\Big]\Big|_a^{a+2l}$$

$$= -\frac{2l}{n\pi}\cos\frac{n\pi a}{l}, \quad n = 1, 2, \cdots.$$

得 $F(x)$ 的傅里叶级数展开式为

$$(a + l) + \frac{2l}{\pi}\sum_{n=1}^{\infty}\frac{1}{n}\Big(\sin\frac{n\pi a}{l}\cos\frac{n\pi x}{l} - \cos\frac{n\pi a}{l}\sin\frac{n\pi x}{l}\Big)$$

$$= \begin{cases} F(x), & \text{当 } x \text{ 为 } F(x) \text{ 的连续点时}; \qquad x \in (-\infty, +\infty). \\ \dfrac{F(x-0) + F(x+0)}{2}, & \text{当 } x \text{ 为 } F(x) \text{ 的第一类间断点时}, \end{cases}$$

当 $x \in [a, a + 2l)$ 时

$$(a + l) + \frac{2l}{\pi}\sum_{n=1}^{\infty}\frac{1}{n}\Big(\sin\frac{n\pi a}{l}\cos\frac{n\pi x}{l} - \cos\frac{n\pi a}{l}\sin\frac{n\pi x}{l}\Big)$$

$$= \begin{cases} x, & \text{当 } x \in (a, a + 2l) \text{ 时}; \\ \dfrac{a + (a + 2l)}{2} = a + l, & \text{当 } x = a, a + l \text{ 时}. \end{cases}$$

(2) 令 $2l = b - a$, 即 $l = \dfrac{b - a}{2}$. 于是将 $f(x) = x, x \in [a, b]$ 展开成傅里叶级数的问题化

成 $f(x) = x, x \in [a, a + 2l)$ 内展开成傅里叶级数的问题. 由(1)的结果得

$$\frac{a+b}{2} + \frac{b-a}{\pi} \sum_{n=1}^{\infty} \frac{1}{n} \left(\sin\frac{2n\pi a}{b-a}\cos\frac{2n\pi x}{b-a} - \cos\frac{2n\pi a}{b-a}\sin\frac{2n\pi x}{b-a} \right)$$

$$= \begin{cases} x, & \text{当 } x \in (a,b) \text{ 时;} \\ \dfrac{a+b}{2}, & \text{当 } x = a, b \text{ 时.} \end{cases}$$

7.4 贝塞尔不等式

设函数 $f(x)$ 在区间 $\left[-\dfrac{T}{2}, \dfrac{T}{2}\right]$ 上可积且平方可积,我们问三角多项式

$$T_k(x) = \frac{A_0}{2} + \sum_{n=1}^{k} (A_n\cos n\omega x + B_n\sin n\omega x)$$

的系数 A_n, B_n 取何值时,积分值

$$J = \int_{-\frac{T}{2}}^{\frac{T}{2}} [f(x) - T_k(x)]^2 dx \tag{7.23}$$

为最小?有如下定理:

定理 设 $f(x)$ 在区间 $\left[-\dfrac{T}{2}, \dfrac{T}{2}\right]$ 上可积且平方可积,则当 $T_k(x)$ 是由 $f(x)$ 的傅里叶系数 $a_0, a_n, b_n (n = 1, 2, \cdots, k)$ 的构成的三角多项式时,(7.23)式中的积分值 J 取最小值.

证 设 $f(x)$ 在区间 $\left[-\dfrac{T}{2}, \dfrac{T}{2}\right]$ 上的傅里叶系数记为 $a_0, a_n, b_n (n = 1, 2, \cdots, k)$,即

$$a_0 \cdot \frac{T}{2} = \int_{-\frac{T}{2}}^{\frac{T}{2}} f(x)dx, \quad a_n \cdot \frac{T}{2} = \int_{-\frac{T}{2}}^{\frac{T}{2}} f(x)\cos n\omega x dx, \quad b_n \cdot \frac{T}{2} = \int_{-\frac{T}{2}}^{\frac{T}{2}} f(x)\sin n\omega x dx, (n = 1, 2,$$

$\cdots, k)$.

$$J = \int_{-\frac{T}{2}}^{\frac{T}{2}} [f(x) - T_k(x)]^2 dx = \int_{-\frac{T}{2}}^{\frac{T}{2}} f^2(x)dx - 2\int_{-\frac{T}{2}}^{\frac{T}{2}} f(x)T_k(x)dx + \int_{-\frac{T}{2}}^{\frac{T}{2}} T_k^2(x)dx$$

$$= \int_{-\frac{T}{2}}^{\frac{T}{2}} f^2(x)dx - 2\int_{-\frac{T}{2}}^{\frac{T}{2}} \frac{A_0}{2} f(x)dx - 2\int_{-\frac{T}{2}}^{\frac{T}{2}} f(x) \sum_{n=1}^{k} (A_n\cos n\omega x + B_n\sin n\omega x)dx$$

$$+ \int_{-\frac{T}{2}}^{\frac{T}{2}} \left[\frac{A_0}{2} + \sum_{n=1}^{k} (A_n\cos n\omega x + B_n\sin n\omega x) \right]^2 dx$$

$$= \int_{-\frac{T}{2}}^{\frac{T}{2}} f^2(x)dx - a_0 A_0 \cdot \frac{T}{2} - 2 \cdot \frac{T}{2} \sum_{n=1}^{k} (a_n A_n + b_n B_n) + \frac{T}{4} A_0^2 + \frac{T}{2} \sum_{n=1}^{k} (A_n^2 + B_n^2)$$

$$= \int_{-\frac{T}{2}}^{\frac{T}{2}} f^2(x)dx + \frac{T}{4} (A_0 - a_0)^2 - \frac{T}{4} a_0^2 + \frac{T}{2} \sum_{n=1}^{k} [(A_n - a_n)^2 + (B_n - b_n)^2]$$

$$- \frac{T}{2} \sum_{n=1}^{k} (a_n^2 + b_n^2).$$

因此,当 $A_0 = a_0, A_n = a_n, B_n = b_n (n = 1, 2, \cdots, k)$ 时,J 取最小值. 证毕

由上述定理,$J_{\min} = \int_{-\frac{T}{2}}^{\frac{T}{2}} f^2(x)dx - \frac{T}{4} a_0^2 - \frac{T}{2} \sum_{n=1}^{k} (a_n^2 + b_n^2)$.

由于 J 的值非负,故 $J_{\min} \geqslant 0$,即有

$$\frac{a_0^2}{2} + \sum_{n=1}^{k} (a_n^2 + b_n^2) \leqslant \frac{2}{T} \int_{-\frac{T}{2}}^{\frac{T}{2}} f^2(x)dx.$$

上面不等式右端为定值,而左端 k 为任意的正整数,从而正项级数

$$\frac{a_0^2}{2} + \sum_{n=1}^{\infty} (a_n^2 + b_n^2)$$

的部分和有界,所以它收敛,且成立不等式

$$\frac{a_0^2}{2} + \sum_{n=1}^{\infty} (a_n^2 + b_n^2) \leqslant \frac{2}{T} \int_{-\frac{T}{2}}^{\frac{T}{2}} f^2(x) dx. \tag{7.24}$$

不等式(7.24) 称为**贝塞尔**(Bessel) **不等式**.

由上述定理还可得出,若等式

$$\lim_{k \to \infty} \int_{-\frac{T}{2}}^{\frac{T}{2}} [f(x) - T_k(x)]^2 dx = 0$$

成立,相当于

$$\lim_{k \to \infty} \{\frac{2}{T} \int_{-\frac{T}{2}}^{\frac{T}{2}} f^2(x) dx - [\frac{a_0^2}{2} + \sum_{n=1}^{k} (a_n^2 + b_n^2)]\} = 0,$$

即有

$$\frac{2}{T} \int_{-\frac{T}{2}}^{\frac{T}{2}} f^2(x) dx = \frac{a_0^2}{2} + \sum_{n=1}^{\infty} (a_n^2 + b_n^2). \tag{7.25}$$

(7.25) 式称为**巴塞瓦**(Parseval) **等式**.

等式(7.25) 在计算电流有效值时得到应用.

设在交流电路中,电流 $i(t)$ 通过电阻 R 的功率 $P(t) = i^2 R$,在一个周期内的平均功率

$$\overline{P}(t) = \frac{1}{T} \int_0^T P(t) dt = \frac{1}{T} \int_0^T i^2 R dt \triangleq I^2 R,$$

其中 $I^2 R$ 为直流电 I 通过同一电阻 R 所消耗的功率,那么,I 称为 $i(t)$ 的**有效值**,其计算公式为

$$I = \sqrt{\frac{1}{T} \int_0^T i^2(t) dt} = \sqrt{\frac{1}{2} \cdot \frac{2}{T} \int_{-\frac{T}{2}}^{\frac{T}{2}} i^2(t) dt} = \frac{1}{\sqrt{2}} \sqrt{\frac{a_0^2}{2} + \sum_{n=1}^{\infty} (a_n^2 + b_n^2)}.$$

7.5　复数形式的傅里叶级数

(一) 复数形式的傅里叶级数

我们知道,以 T 为周期的函数的傅里叶级数有如下形式

$$f(x) \sim \frac{a_0}{2} + \sum_{n=1}^{\infty} (a_n \cos n\omega x + b_n \sin n\omega x), \tag{7.26}$$

其中

$$\begin{cases} a_n = \frac{2}{T} \int_{-\frac{T}{2}}^{\frac{T}{2}} f(x) \cos n\omega x dx, & n = 0, 1, 2, \cdots; \\ b_n = \frac{2}{T} \int_{-\frac{T}{2}}^{\frac{T}{2}} f(x) \sin n\omega x dx, & n = 1, 2, \cdots. \end{cases} \tag{7.27}$$

由欧拉公式 $e^{i\theta} = \cos\theta + i\sin\theta$ 与 $e^{-i\theta} = \cos\theta - i\sin\theta$,以及

$$\cos\theta = \frac{1}{2}(e^{i\theta} + e^{-i\theta}), \quad \sin\theta = \frac{-i}{2}(e^{i\theta} - e^{-i\theta}).$$

于是

$$a_n \cos n\omega x + b_n \sin n\omega x = \frac{a_n}{2}(e^{in\omega x} + e^{-in\omega x}) - \frac{ib_n}{2}(e^{in\omega x} - e^{-in\omega x})$$

$$= \frac{a_n - ib_n}{2} e^{in\omega x} + \frac{a_n + ib_n}{2} e^{-in\omega x}.$$

引入记号

$$\frac{a_0}{2} \triangleq c_0, \qquad \frac{a_n - ib_n}{2} \triangleq c_n, \qquad \frac{a_n + ib_n}{2} \triangleq c_{-n}, \quad n = 1, 2, \cdots.$$

于是(7.26)可化为如下形式

$$f(x) \sim c_0 + \sum_{n=1}^{+\infty} (c_n e^{in\omega x} + c_{-n} e^{-in\omega x}).$$

注意到

$$\sum_{n=1}^{+\infty} c_{-n} e^{-in\omega x} = \sum_{n=-\infty}^{-1} c_n e^{in\omega x},$$

于是

$$f(x) \sim \sum_{n=-\infty}^{-1} c_n e^{in\omega x} + c_0 + \sum_{n=1}^{+\infty} c_n e^{in\omega x},$$

亦即

$$f(x) \sim \sum_{n=-\infty}^{+\infty} c_n e^{in\omega x}. \tag{7.28}$$

(7.28)就是 $f(x)$ 的**复数形式的傅里叶级数**.

级数(7.28)中的系数 c_n 可由欧拉公式作如下推算得出.

$$c_n = \frac{a_n - ib_n}{2} = \frac{1}{2} \Big[\frac{2}{T} \int_{-\frac{T}{2}}^{\frac{T}{2}} f(x) \cos n\omega x dx - i \frac{2}{T} \int_{-\frac{T}{2}}^{\frac{T}{2}} f(x) \sin n\omega x dx \Big]$$

$$= \frac{1}{T} \int_{-\frac{T}{2}}^{\frac{T}{2}} f(x) [\cos n\omega x - i \sin n\omega x] dx = \frac{1}{T} \int_{-\frac{T}{2}}^{\frac{T}{2}} f(x) e^{-in\omega x} dx.$$

同理,得

$$c_{-n} = \frac{a_n + ib_n}{2} = \frac{1}{T} \int_{-\frac{T}{2}}^{\frac{T}{2}} f(x) e^{in\omega x} dx,$$

$$c_0 = \frac{a_0}{2} = \frac{1}{T} \int_{-\frac{T}{2}}^{\frac{T}{2}} f(x) dx,$$

把以上三式归并成一式,得

$$c_n = \frac{1}{T} \int_{-\frac{T}{2}}^{\frac{T}{2}} f(x) e^{-in\omega x} dx, \quad n = 0, \pm 1, \pm 2, \cdots. \tag{7.29}$$

(7.29)中 c_n 就是 $f(x)$ 的**复数形式的傅里叶系数**.

注意到,乘积 $f(x) e^{-in\omega x}$ 也是一个以 T 为周期的函数,故(7.29)也可表示成

$$c_n = \frac{1}{T} \int_0^T f(x) e^{-in\omega x} dx, \quad n = 0, \pm 1, \pm 2, \cdots. \tag{7.30}$$

若 $f(x)$ 在区间 $[-\frac{T}{2}, \frac{T}{2}]$ 上满足狄利克雷定理的条件,则级数 $\sum_{n=-\infty}^{+\infty} c_n e^{in\omega x}$ 收敛,其和函数

$$S(x) = \begin{cases} f(x), & \text{当 } x \text{ 为 } f(x) \text{ 的连续点;} \\ \frac{1}{2} [f(x-0) + f(x+0)], & \text{当 } x \text{ 为 } f(x) \text{ 的第一类间断点;} \\ \frac{1}{2} [f(-\frac{T}{2}+0) + f(\frac{T}{2}-0)], & \text{当 } x \text{ 为区间 } [-\frac{T}{2}, \frac{T}{2}] \text{ 的端点.} \end{cases}$$

对于定义在 $[0, l]$ 上的函数,我们同样可以得到复数形式的傅里叶级数.

傅里叶级数的复数形式在应用时比较方便,系数 c_n 有统一的计算公式,而且 c_n 与 c_{-n} 的模直接反映了 n 次谐波振幅的大小.事实上, n 次谐波

$$a_n\cos n\omega x + b_n\sin n\omega x = A_n\sin(n\omega x + \varphi_n)$$

的振幅是 $A_n = \sqrt{a_n^2 + b_n^2}$，而 n 次谐波在复数形式中是 $c_n e^{in\omega x} + c_{-n}e^{-in\omega x}$，于是

$$|c_n| = |c_{-n}| = \frac{1}{2}\sqrt{a_n^2 + b_n^2} = \frac{A_n}{2}, \quad (n = 1, 2, \cdots).$$

这正好就是 n 次谐波振幅的一半.

若记 $\omega_n = n\omega = \dfrac{2n\pi}{T}$ $(n = 1, 2, \cdots)$，并取横坐标表示频率 ω，纵坐标表示振幅 A，然后把 $\omega_n, A_n(n = 0, 1, 2, \cdots)$ 用图形表示出来，这样的图形称为**频谱图**，在工程技术系统的振动测试中，利用频谱图中的频率与振幅的关系，对系统进行动态分析，叫做**频谱分析**. 由于 n 是整数，所以这种频谱图是离散型的.

例 8 如图 13-11，一高为 H，周期为 T 的锯齿波，在区间 $[0,T)$ 内的表达式为

$$f(t) = \frac{H}{T}t, \quad (0 \leqslant t < T).$$

试将 $f(t)$ 展开为复数形式的傅里叶级数.

解 由 (7.30)，系数

$$
\begin{aligned}
c_n &= \frac{1}{T}\int_0^T f(t)e^{-in\omega t}dt \\
&= \frac{1}{T}\int_0^T \frac{H}{T}t e^{-in\omega t}dt \\
&= \frac{H}{T^2}\frac{1}{-in\omega}\left[te^{-in\omega t}\Big|_0^T - \int_0^T e^{-in\omega t}dt\right] \\
&= \frac{H}{T^2}\cdot\frac{i}{n\omega}\left[Te^{-in\omega\cdot\frac{2\pi}{\omega}} - \frac{1}{-in\omega}e^{-in\omega t}\Big|_0^T\right] \\
&= \frac{H}{T^2}\cdot\frac{i}{n\omega}\left[T\cdot e^{-i2n\pi} - \frac{i}{n\omega}(e^{-in\omega\cdot\frac{2\pi}{\omega}} - 1)\right].
\end{aligned}
$$

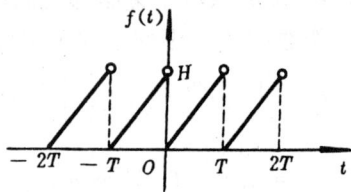

图 13-11

注意到 $e^{-i2n\pi} = \cos 2n\pi - i\sin 2n\pi = 1$，于是，得

$$c_n = \frac{H}{T^2}\cdot\frac{i}{n}\cdot\frac{T}{2\pi}[T - 0] = \frac{H}{2n\pi}i, \quad n = 1, 2, \cdots.$$

当 $n = 0$ 时，由于

$$c_0 = \frac{1}{T}\int_0^T f(t)dt = \frac{1}{T}\int_0^T \frac{H}{T}tdt = \frac{H}{2},$$

得 $f(t)$ 的复数形式傅里叶级数为

$$
\begin{aligned}
&\frac{H}{2} + \sum_{\substack{n=-\infty\\n\neq 0}}^{+\infty}\frac{Hi}{2n\pi}e^{in\omega t} \\
&= \begin{cases} \dfrac{H}{T}t, & \text{当 } 0 < t < T \text{ 时；} \\ \dfrac{H}{2}, & \text{当 } t = 0, T \text{ 时，} \end{cases} \quad f(t+T) = f(t).
\end{aligned}
$$

由于 $\omega_n = \dfrac{2n\pi}{T}$，$A_0 = H$，$A_n = 2|c_n| = \dfrac{H}{n\pi}$，于是 $f(t)$ 的频谱图如图 13-12.

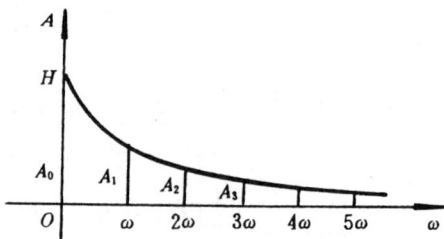

图 13-12

（二）二重傅里叶级数的复数形式

设二元函数 $f(x,y)$，定义在矩形域

$$D = \{(x,y) \mid -l \leqslant x \leqslant l, -h \leqslant y \leqslant h\}$$

上，且满足展开所需的条件，今将 $f(x,y)$ 在矩形域 D 上作二重傅里叶级数的复数形式展开. 考

虑 $T = 2l$ 与 $T = 2h$ 的两种周期的情形.

为此,先任意固定 $y \in [-h, h]$,将 $f(x, y)$ 在 $[-l, l]$ 上对 x 作傅里叶展开,得

$$f(x, y) = \sum_{n=-\infty}^{+\infty} c_n(y) e^{i\frac{n\pi}{l}x}, \quad x \in [-l, l].$$

其中

$$c_n(y) = \frac{1}{2l} \int_{-l}^{l} f(x, y) e^{-i\frac{n\pi}{l}x} dx, \quad n = 0, \pm 1, \pm 2, \cdots.$$

再将 $c_n(y)$ 在 $[-h, h]$ 上对 y 作傅里叶展开,得

$$c_n(y) = \sum_{m=-\infty}^{+\infty} c_{nm} e^{i\frac{m\pi}{h}y}, \quad y \in [-h, h].$$

其中

$$c_{nm} = \frac{1}{2h} \int_{-h}^{h} c_n(y) e^{-i\frac{m\pi}{h}y} dy, \quad m = 0, \pm 1, \pm 2 \cdots,$$

于是,得到 $f(x, y)$ 在矩形域 D 上的二重傅里叶级数的复数形式展开为

$$
\begin{aligned}
f(x, y) &= \sum_{n=-\infty}^{+\infty} \left(\sum_{m=-\infty}^{+\infty} c_{nm} e^{i\frac{m\pi y}{h}} \right) e^{i\frac{n\pi x}{l}} \\
&= \sum_{m,n=-\infty}^{+\infty} c_{nm} e^{i(\frac{n\pi x}{l} + \frac{m\pi y}{h})}, \quad (x, y) \in D.
\end{aligned}
\tag{7.31}
$$

其中

$$
\begin{aligned}
c_{nm} &= \frac{1}{2h} \int_{-h}^{h} \left(\frac{1}{2l} \int_{-l}^{l} f(x, y) e^{-i\frac{n\pi x}{l}} dx \right) e^{-i\frac{m\pi y}{h}} dy \\
&= \frac{1}{4lh} \iint_{D} f(x, y) e^{-i(\frac{n\pi x}{l} + \frac{m\pi y}{h})} dx dy \quad (m, n = 0, \pm 1, \pm 2, \cdots).
\end{aligned}
\tag{7.32}
$$

例 9 将 $f(x, y) = xy$ 在正方形域 $D = \{(x, y) \mid -\pi \leqslant x \leqslant \pi, -\pi \leqslant y \leqslant \pi\}$ 上展开成二重傅里叶级数.

解 先计算系数,由公式 (7.32),有

$$c_{nm} = \frac{1}{4\pi^2} \iint_{D} xy e^{-i(nx+my)} dx dy = \frac{1}{4\pi^2} \int_{-\pi}^{\pi} y e^{-imy} dy \int_{-\pi}^{\pi} x e^{-inx} dx$$

$$= \frac{1}{4\pi^2} \cdot \frac{(-1)^m 2\pi i}{m} \cdot \frac{(-1)^n 2\pi i}{n} = \frac{(-1)^{m+n+1}}{mn} \quad (m, n = \pm 1, \pm 2, \cdots).$$

当 $m = 0$ 或 $n = 0$ 时,由于 $f(x, y) = xy$ 关于 x 或 y 是奇函数,易知在正方形域 D 上的二重积分都为 0,于是 $c_{nm} = 0$. 因此,有

$$\sum_{\substack{m,n=-\infty \\ m,n \neq 0}}^{+\infty} \frac{(-1)^{m+n+1}}{mn} e^{i(nx+my)} = xy, \quad (-\pi < x < \pi, -\pi < y < \pi).$$

习题十三

§1

1. 写出下列级数的通项,并将级数以缩写记号 $\sum$ 表示.

(1) $\dfrac{2^2}{3} + \dfrac{2^3}{5} + \dfrac{2^4}{7} + \dfrac{2^5}{9} + \cdots$, 　　　　　　(2) $\dfrac{1}{5} - \dfrac{1}{8} + \dfrac{1}{11} - \dfrac{1}{14} + \cdots$,

(3) $1 + \dfrac{2}{\sqrt{5}} + \dfrac{4}{\sqrt{9}} + \dfrac{8}{\sqrt{13}} + \dfrac{16}{\sqrt{17}} + \cdots$, 　　(4) $1 + \dfrac{1 \cdot 3}{1 \cdot 4} + \dfrac{1 \cdot 3 \cdot 5}{1 \cdot 4 \cdot 7} + \dfrac{1 \cdot 3 \cdot 5 \cdot 7}{1 \cdot 4 \cdot 7 \cdot 10} + \cdots$.

2. 将下列级数按项的形式写出.

(1) $\displaystyle\sum_{n=1}^{\infty} \dfrac{2n-1}{n^2+1}$, 　(2) $\displaystyle\sum_{n=1}^{\infty} \dfrac{2^n n!}{n^n}$, 　(3) $\displaystyle\sum_{n=1}^{\infty} \dfrac{n}{[2 + (-1)^n]^n}$, 　(4) $1 + \displaystyle\sum_{n=1}^{\infty} \dfrac{(2n-1)!!}{(2n)!!} \cdot \dfrac{1}{2n+1}$.

3. 写出下列级数的部分和数列 $\{S_n\}$,并按级数收敛与发散的定义,考察它们是否收敛,若收敛,试求其和.

(1) $\displaystyle\sum_{n=1}^{\infty}\frac{(-1)^{n-1}}{2^n}$, (2) $\displaystyle\sum_{n=1}^{\infty}\frac{1}{(5n-4)(5n+1)}$, (3) $\displaystyle\sum_{n=1}^{\infty}\frac{(\ln3)^n}{2^n}$,

(4) $\displaystyle\sum_{n=2}^{\infty}\ln(1-\frac{1}{n^2})$, (5) $\displaystyle\sum_{n=1}^{\infty}\frac{\sqrt{n}-\sqrt{n+1}}{\sqrt{n^2+n}}$, (6) $\displaystyle\sum_{n=1}^{\infty}\text{arctg}\,\frac{1}{n^2+n+1}$.

4. 已知下列级数的部分和,试写出该级数,并求其和.

(1) $S_n=\dfrac{n+1}{n}$, (2) $S_n=\dfrac{3^n-1}{3^n}$.

5. 考察下列级数是否收敛,若收敛,并求其和.

(1) $\displaystyle\sum_{n=1}^{\infty}\frac{n}{2n+3}$, (2) $\displaystyle\sum_{n=1}^{\infty}(\ln\frac{1}{3})^n$, (3) $\displaystyle\sum_{n=1}^{\infty}\ln(\frac{n}{n+1})$,

(4) $\displaystyle\sum_{n=1}^{\infty}\frac{1}{\sqrt[n]{n}}$, (5) $\displaystyle\sum_{n=1}^{\infty}(\frac{1}{2^n}+\frac{1}{n})$, (6) $\displaystyle\sum_{n=1}^{\infty}[(\frac{1}{n})^{\frac{2}{3}}+(\frac{1}{n})^{\frac{3}{2}}]$,

(7) $\displaystyle\sum_{n=1}^{\infty}\frac{2^n+3^n}{6^n}$, (8) $\displaystyle\sum_{n=1}^{\infty}(\sqrt{n+2}-2\sqrt{n+1}+\sqrt{n})$.

6. (1) 试证 (i) 若 $\displaystyle\sum_{n=1}^{\infty}u_n$ 收敛,则 $\displaystyle\sum_{k=1}^{\infty}(u_{2k-1}+u_{2k})$ 也收敛;(ii) 当 $u_n\geqslant0(n=1,2,\cdots)$,若 $\displaystyle\sum_{k=1}^{\infty}(u_{2k-1}+u_{2k})$ 收敛,则 $\displaystyle\sum_{n=1}^{\infty}u_n$ 也收敛.

(2) 举例说明:一般情况下,当 $\displaystyle\sum_{k=1}^{\infty}(u_{2k-1}+u_{2k})$ 收敛时,$\displaystyle\sum_{n=1}^{\infty}u_n$ 未必收敛.

(3) 若 $\displaystyle\sum_{k=1}^{\infty}(u_{2k-1}+u_{2k})$ 收敛,且 $\lim_{n\to\infty}u_n=0$,则 $\displaystyle\sum_{n=1}^{\infty}u_n$ 收敛.

7. 求曲线 $y=e^{-x}\sin x$ 的 $x\geqslant0$ 部分与 x 轴围成图形的面积.

$$\S 2$$

8. 用比较法,判别下列级数的收敛性:

(1) $\displaystyle\sum_{n=1}^{\infty}\frac{\sqrt[3]{n}}{(n+1)\sqrt{n}}$, (2) $\displaystyle\sum_{n=1}^{\infty}(\frac{2n}{3n+1})^n$, (3) $\displaystyle\sum_{n=1}^{\infty}\frac{1}{\sqrt{n}}\sin\frac{1}{n}$,

(4) $\displaystyle\sum_{n=1}^{\infty}\frac{\sqrt{n+1}-\sqrt{n-1}}{n}$, (5) $\displaystyle\sum_{n=1}^{\infty}\frac{1}{n}(\frac{2}{5})^n$, (6) $\displaystyle\sum_{n=1}^{\infty}(\sqrt[3]{n+1}-\sqrt[3]{n})$,

(7) $\displaystyle\sum_{n=1}^{\infty}[\ln(n+\pi)-\ln n]$, (8) $\displaystyle\sum_{n=2}^{\infty}\frac{1}{\sqrt[n]{\ln n}}$, (9) $\displaystyle\sum_{n=2}^{\infty}\frac{1}{\sqrt{n}}\ln\frac{n+1}{n-1}$,

(10) $\displaystyle\sum_{n=1}^{\infty}2^n\sin\frac{\pi}{3^n}$, (11) $\displaystyle\sum_{n=1}^{\infty}(1-\cos\frac{\pi}{n})$, (12) $\displaystyle\sum_{n=1}^{\infty}\sin^2[\pi(n+\frac{1}{n})]$.

9. (1) 证明 $\displaystyle\sum_{n=1}^{\infty}\frac{\sqrt{n}}{1+2+3+\cdots+n}$ 收敛.

(2) 设 $0<a_1<a_2<\cdots<a_n<\cdots$,证明级数 $\displaystyle\sum_{n=1}^{\infty}\frac{1}{a_n}$ 收敛当且仅当级数 $\displaystyle\sum_{n=1}^{\infty}\frac{n}{a_1+a_2+\cdots+a_n}$ 收敛.

(3) 试证由等差级数各项的倒数组成的级数 $\displaystyle\sum_{n=1}^{\infty}\frac{1}{a+(n-1)d}$ 是发散的.

10. 用达朗贝尔比值法,判别下列级数的收敛性:

(1) $\displaystyle\sum_{n=1}^{\infty}\frac{n^2}{3^n}$, (2) $\displaystyle\sum_{n=1}^{\infty}n^2\sin\frac{\pi}{2^n}$, (3) $\displaystyle\sum_{n=1}^{\infty}\frac{2\cdot5\cdots(3n-1)}{1\cdot5\cdots(4n-3)}$,

(4) $\displaystyle\sum_{n=1}^{\infty}\frac{6^n}{7^n-5^n}$, (5) $\displaystyle\sum_{n=1}^{\infty}n\,\text{tg}\,\frac{\pi}{2^{n-1}}$, (6) $\displaystyle\sum_{n=1}^{\infty}n(\frac{3}{4})^n$,

(7) $\displaystyle\sum_{n=1}^{\infty}\frac{3^n}{n2^n}$, (8) $\displaystyle\sum_{n=1}^{\infty}\frac{2^n}{n^{10}}$, (9) $\displaystyle\sum_{n=1}^{\infty}\frac{5^n n!}{n^n}$.

11. 用柯西根值法或柯西积分法,判别下列级数的收敛性:

(1) $\displaystyle\sum_{n=1}^{\infty}\left(\frac{3n}{5n+1}\right)^n,$ (2) $\displaystyle\sum_{n=1}^{\infty}\frac{1}{[\ln(1+n)]^n},$ (3) $\displaystyle\sum_{n=1}^{\infty}\frac{2^n}{\sqrt{n^n}},$

(4) $\displaystyle\sum_{n=1}^{\infty}\frac{n}{(1+\frac{1}{n})^{n^2}},$ (5) $\displaystyle\sum_{n=2}^{\infty}\frac{1}{n(\ln n)^{3/2}},$ (6) $\displaystyle\sum_{n=1}^{\infty}\frac{1}{n(1+\frac{1}{2}+\cdots+\frac{1}{n})^2},$

(7) $\displaystyle\sum_{n=2}^{\infty}\frac{1}{n}\ln(1+\frac{1}{\ln n}),$ (8) $\displaystyle\sum_{n=2}^{\infty}\frac{\sqrt{\ln n}}{n},$ (9) $\displaystyle\sum_{n=1}^{\infty}\frac{1}{n(1+\frac{1}{2}+\cdots+\frac{1}{n})}.$

(10) $\displaystyle\sum_{n=4}^{\infty}\frac{1}{n\ln n(\ln\ln n)^p}\quad(p>0).$

12. 用适当的方法判别下列级数的收敛性.

(1) $\displaystyle\sum_{n=1}^{\infty}\frac{n}{2^n}\sin^2(\frac{n\pi}{3}),$ (2) $\displaystyle\sum_{n=1}^{\infty}\frac{n}{[5+(-1)^{n-1}]^n},$ (3) $\displaystyle\sum_{n=1}^{\infty}\frac{\ln n}{n^{5/4}},$

(4) $\displaystyle\sum_{n=1}^{\infty}\int_0^{\frac{1}{n}}\frac{\sqrt{x}}{1+x^2}dx,$ (5) $\displaystyle\sum_{n=1}^{\infty}\int_n^{n+1}e^{-\sqrt{x}}dx,$ (6) $\displaystyle\sum_{n=1}^{\infty}\frac{1}{\int_0^n\sqrt[4]{1+x^4}dx},$

(7) $\displaystyle\sum_{n=1}^{\infty}\int_0^1 x^2(1-x)^n dx.$

13. 对下列通项含参数的级数讨论其收敛性.

(1) $\displaystyle\sum_{n=1}^{\infty}\frac{1}{n^p}\sin\frac{\pi}{n},$ (2) $\displaystyle\sum_{n=1}^{\infty}\frac{1}{1+a^n}\quad(a>0),$ (3) $\displaystyle\sum_{n=1}^{\infty}\frac{1}{(a+bn)^p}\quad(b>0),$

(4) $\displaystyle\sum_{n=1}^{\infty}\frac{\sqrt{n+1}-\sqrt{n-1}}{n^a},$ (5) $\displaystyle\sum_{n=1}^{\infty}\left[\frac{(2n-1)!!}{(2n)!!}\right]^p,$ (6) $\displaystyle\sum_{n=1}^{\infty}\left(\frac{an}{n+1}\right)^n\quad(a>0),$

(7) $\displaystyle\sum_{n=1}^{\infty}\frac{1}{n^p(\ln n)^q},\quad(p,q\text{ 正数})$ (8) $\displaystyle\sum_{n=1}^{\infty}\ln(1+\frac{1}{n^a}),$ (9) $\displaystyle\sum_{n=1}^{\infty}(\sqrt{n+1}-\sqrt{n})^p\ln\frac{n+1}{n-1}.$

14. 设 $u_n>0,\displaystyle\sum_{n=1}^{\infty}u_n$ 收敛,试证

(1) $\displaystyle\sum_{n=1}^{\infty}\frac{1}{u_n}$ 发散, (2) $\displaystyle\sum_{n=1}^{\infty}u_n^2$ 收敛, (3) $\displaystyle\sum_{n=1}^{\infty}\frac{\sqrt{u_n}}{n^p}$ 当 $p>\frac{1}{2}$ 时收敛.

15. 设 $u_n\geqslant0,v_n\geqslant0,\displaystyle\sum_{n=1}^{\infty}u_n^2$ 与 $\displaystyle\sum_{n=1}^{\infty}v_n^2$ 都收敛,试证

(1) $\displaystyle\sum_{n=1}^{\infty}u_nv_n,$ (2) $\displaystyle\sum_{n=1}^{\infty}(u_n+v_n)^2,$ (3) $\displaystyle\sum_{n=1}^{\infty}\frac{u_n}{n},$ (4) $\displaystyle\sum_{n=1}^{\infty}\frac{u_n}{\sqrt{n^2+a}}\quad(a>0)$

都收敛,举例说明 $\displaystyle\sum_{n=1}^{\infty}u_n$ 不一定收敛.

§ 3

16. 判别下列级数是否收敛?若收敛,并指出是绝对收敛还是条件收敛.

(1) $\displaystyle\sum_{n=1}^{\infty}\frac{\sin n\alpha}{(\ln 10)^n},$ (2) $\displaystyle\sum_{n=1}^{\infty}(-1)^{n-1}\frac{2^{3n+1}}{n^n},$ (3) $\displaystyle\sum_{n=1}^{\infty}(-1)^{n-1}(1-\cos\frac{1}{n}),$

(4) $\displaystyle\sum_{n=1}^{\infty}\left(\frac{n}{3n+5}\right)^n\sin\frac{n\pi}{4},$ (5) $\displaystyle\sum_{n=1}^{\infty}\frac{n\cos\frac{n\pi}{3}}{3^n},$ (6) $\displaystyle\sum_{n=1}^{\infty}(-1)^{n-1}\frac{2+(-1)^n}{2^n},$

(7) $\displaystyle\sum_{n=1}^{\infty}(-1)^{n-1}\frac{n^{n-1}}{(2n^2+n+1)^{\frac{n+1}{2}}},$ (8) $\displaystyle\sum_{n=1}^{\infty}\frac{\cos\frac{n\pi}{4}}{n(\ln n)^2+2},$ (9) $\displaystyle\sum_{n=1}^{\infty}(-1)^{n-1}\frac{2n}{4n^2-3},$

(10) $\displaystyle\sum_{n=1}^{\infty}(-1)^{n-1}\frac{\sqrt{n}}{n+1},$ (11) $\displaystyle\sum_{n=1}^{\infty}\frac{(-1)^{n-1}}{n-\ln n},$ (12) $\displaystyle\sum_{n=1}^{\infty}(-1)^{n-1}\frac{1}{\ln(1+n)},$

(13) $\displaystyle\sum_{n=1}^{\infty}(-1)^{n-1}\text{arctg}\frac{1}{2n+1},$ (14) $\displaystyle\sum_{n=1}^{\infty}(-1)^n(\sqrt[n]{n}-1),$ (15) $\displaystyle\sum_{n=1}^{\infty}(-1)^{n-1}\frac{e^n n!}{n^n}.$

(16) $\displaystyle\sum_{n=1}^{\infty} \frac{(1-x)(2-x)\cdots(n-x)}{2^n n!}$ （x 为参数）.

17. 试讨论下列各题，若肯定，要证明；若否定，要举反例.

(1) 设 $\displaystyle\sum_{n=1}^{\infty} u_n$ 与 $\displaystyle\sum_{n=1}^{\infty} v_n$ 都绝对收敛，问 $\displaystyle\sum_{n=1}^{\infty} (u_n \pm v_n)$ 是否绝对收敛？

(2) 设 $\displaystyle\sum_{n=1}^{\infty} u_n$ 条件收敛，$\displaystyle\sum_{n=1}^{\infty} v_n$ 绝对收敛，问 $\displaystyle\sum_{n=1}^{\infty} u_n v_n$ 是否绝对收敛？

(3) 设 $\displaystyle\sum_{n=1}^{\infty} v_n$ 收敛，$\displaystyle\lim_{n\to\infty} \left| \frac{u_n}{v_n} \right| = 1$，问 $\displaystyle\sum_{n=1}^{\infty} u_n$ 是否收敛？

(4) 设 $\displaystyle\sum_{n=1}^{\infty} (-1)^{n-1} u_n$ $(u_n > 0)$ 条件收敛，问 $\displaystyle\sum_{k=1}^{\infty} u_{2k-1}$ 是发散还是收敛？又 $\displaystyle\sum_{k=1}^{\infty} u_{2k}$ 怎样？

(5) 设 $\displaystyle\sum_{n=1}^{\infty} u_n$ 与 $\displaystyle\sum_{n=1}^{\infty} v_n$ 都收敛，且 $u_n < c_n < v_n$，问 $\displaystyle\sum_{n=1}^{\infty} c_n$ 是否收敛？

§ 4

18. 求下列函数项级数的收敛域：

(1) $\displaystyle\sum_{n=1}^{\infty} (\ln x)^n$,   (2) $\displaystyle\sum_{n=1}^{\infty} \frac{x^{2(n-1)}}{1+x^{2n-1}}$,   (3) $\displaystyle\sum_{n=1}^{\infty} \frac{n}{x^n}$,

(4) $\displaystyle\sum_{n=1}^{\infty} \frac{1}{(2n-1)} \left(\frac{x+2}{x-1} \right)^n$, (5) $\displaystyle\sum_{n=1}^{\infty} ne^{-nx}$,   (6) $\displaystyle\sum_{n=0}^{\infty} (1-\sin x)^n$,

(7) $\displaystyle\sum_{n=1}^{\infty} \left(\frac{n}{x} \right)^n$.

19. 判别下列级数在给定区间上的一致收敛性：

(1) $\displaystyle\sum_{n=1}^{\infty} \frac{(-1)^{n-1}}{x^2+n^2}$ $x \in (-\infty, +\infty)$,   (2) $\displaystyle\sum_{n=1}^{\infty} \frac{\sin nx}{n\sqrt{n}}$, $x \in (-\infty, +\infty)$,

(3) $\displaystyle\sum_{n=2}^{\infty} \ln(1+\frac{x}{n\ln^2 n})$ $x \in [0,1]$,   (4) $\displaystyle\sum_{n=1}^{\infty} x^2 e^{-nx}$, $x \in [0, +\infty)$,

(5) $\displaystyle\sum_{n=1}^{\infty} ne^{-nx}$ (i) $\delta \leqslant x < +\infty, \delta > 0$; (ii) $0 < x < +\infty$.

20. 设函数序列 $\{f_n(x)\} = \left\{ \frac{nx}{1+n^2 x^4} \right\}, x \in [0,1]$，验证 (1) $\displaystyle\lim_{n\to\infty}\int_0^1 f_n(x)dx \neq \int_0^1 \lim_{n\to\infty} f_n(x)dx$, (2) 证明 $\{f_n(x)\}$ 在 $[0,1]$ 上不一致收敛.

21. 设函数序列 $\{f_n(x)\} = \left\{ \frac{ne^x + xe^{-x}}{n+x} \right\}$,

(1) 当 $x \geqslant 0$ 时，讨论 $\{f_n(x)\}$ 的收敛性；

(2) 证明当 $0 \leqslant x \leqslant 1$ 时该序列的收敛是一致的；

(3) 计算 $\displaystyle\lim_{n\to\infty} \int_0^1 (x^2+1) f_n(x) dx$.

22. 证明下列级数在区间 $(-\infty, +\infty)$ 上可以逐项求导：

(1) $\displaystyle\sum_{n=1}^{\infty} \frac{\sin nx}{n^3}$,   (2) $\displaystyle\sum_{n=1}^{\infty} \mathrm{arctg} \frac{x}{n^2}$.

§ 5

23. 确定下列幂级数的收敛半径与收敛域.

(1) $\displaystyle\sum_{n=1}^{\infty} \frac{x^n}{(n+1)3^n}$,   (2) $\displaystyle\sum_{n=1}^{\infty} \frac{(2x)^{n-1}}{\sqrt{(4n-3)5^{n-1}}}$,   (3) $\displaystyle\sum_{n=1}^{\infty} \left(\frac{3^n}{n} + \frac{2^n}{n^2} \right) x^n$,

(4) $\displaystyle\sum_{n=1}^{\infty} \frac{\ln n}{\sqrt{n}} x^n$,   (5) $\displaystyle\sum_{n=1}^{\infty} \frac{3^n + (-2)^n}{n} (x+1)^n$,   (6) $\displaystyle\sum_{n=1}^{\infty} \frac{\ln n}{n-3^n} (x-3)^n$,

(7) $\sum_{n=2}^{\infty} \frac{(-1)^n (x+1)^n}{n(\ln n)^a}, a < 1.$ (8) $\sum_{n=1}^{\infty} \frac{2n-1}{2^n} x^{2n-1},$ (9) $\sum_{n=0}^{\infty} \frac{(2n)!}{(n!)^2} x^{2n},$

(10) $\sum_{n=1}^{\infty} \frac{(-1)^n (x-1)^{2n}}{n \cdot 4^n},$ (11) $\sum_{n=0}^{\infty} \frac{(n!)^3 (2x-1)^{3n}}{(3n)!}.$

24. 利用幂级数的逐项微分或逐项积分的性质,求下列幂级数的和函数:

(1) $\sum_{n=1}^{\infty} n x^{n-1},$ (2) $\sum_{n=1}^{\infty} n^2 x^n,$ (3) $\sum_{n=0}^{\infty} \frac{x^{2n+1}}{2n+1},$

(4) $\sum_{n=1}^{\infty} \frac{x^n}{n(n+1)},$ (5) $\sum_{n=1}^{\infty} \frac{x^{4n-3}}{4n-3},$ (6) $\sum_{n=0}^{\infty} (2n+1) x^n.$

25. 验证下列级数收敛,并求其和.

(1) $\sum_{n=1}^{\infty} \frac{2n-1}{2^n},$ (2) $\sum_{n=1}^{\infty} \frac{(-1)^n}{n(2n-1)},$ (3) $\sum_{n=1}^{\infty} \frac{1}{n \cdot 2^n}.$

§ 6

26. 设 $x_0 \in (-\infty, +\infty)$,验证下列展开式:

(1) $a^x = a^{x_0} \sum_{n=0}^{\infty} \frac{(\ln a)^n}{n!} (x-x_0)^n, \quad |x-x_0| < +\infty;$

(2) $\ln(a+x) = \ln(a+x_0) + \sum_{n=1}^{\infty} \frac{(-1)^{n-1}}{n} \left(\frac{x-x_0}{a+x_0}\right)^n, |x-x_0| < a+x_0, a+x_0 > 0.$

27. 利用间接展开法,将下列函数展开为 x 的幂级数,并指出展开区间.

(1) $\mathrm{ch}x,$ (2) $\sin^2 x,$ (3) $\sin(x+a),$

(4) $\frac{1}{\sqrt{2+x}},$ (5) $\frac{1}{1+x-2x^2},$ (6) $\ln(10-x),$

(7) $\ln(1-3x+2x^2),$ (8) $\arcsin x,$ (9) $\ln(x+\sqrt{1+x^2}),$

(10) $\mathrm{arctg} \frac{4+x^2}{4-x^2},$ (11) $\frac{x^2}{\sqrt{1-x^2}},$ (12) $(x-\mathrm{tg}x) \cdot \cos x,$

(13) $x \mathrm{arctg} x - \ln\sqrt{1+x^2},$ (14) $\frac{e^x}{1-x},$ (15) $(1+x)^x$ 写出前四项.

28. 将 $f(x) = \frac{d}{dx}\left(\frac{e^x-1}{x}\right)$ 展开为马克劳林级数,并求级数 $\sum_{n=1}^{\infty} \frac{n}{(n+1)!}$ 的和.

29. 将下列函数在指定点展开为泰勒级数:

(1) $\ln(-x^2-2x), \quad x_0 = -1.$ (2) $\frac{2x+3}{x^2+3x}, \quad x_0 = -2.$

30. 设 $f(x) = \cos x^8$,求 $f^{(16)}(0)$ 的值.

31. 利用函数的幂级数展开,计算下列极限.

(1) $\lim_{x \to 0} \frac{2(\mathrm{tg}x - \sin x) - x^3}{x^5}.$

(2) 设 $\lim_{x \to 0} \frac{1}{bx - \sin x} \int_0^x \frac{t^2 dt}{\sqrt{a+t}} = 1$,求常数 a, b.

32. 利用函数的幂级数展开,求下列积分:

(1) $\int \frac{\sin x}{x} dx,$ (2) $\int \frac{\ln(1+x)}{x} dx,$ (3) $\int_0^x \cos x^2 dx,$ (4) $\int_0^x \frac{1-e^{-x^2}}{x^2} dx.$

33. 利用函数的幂级数展开,求下列各题的近似值,误差不超过 10^{-4}.

(1) $\sqrt[10]{1024},$ (2) $\ln 3,$ (3) $\int_0^{\frac{1}{2}} \frac{\mathrm{arctg}x}{x} dx,$ (4) $\int_0^1 \frac{dx}{\sqrt{1+x^4}}.$

34. 求下列微分方程的幂级数解:

(1) $y' = xy^2 + 1, y|_{x=1} = 1$,写出前四项.

(2) $y'' - 2(x-1)y' - y = 0$ 以 $x-1$ 的幂级数表示其通解.

35. 将下列函数在区间 $(-\infty, +\infty)$ 上展开为以 T(题中指定)为周期的傅里叶级数:

(1) $f(x) = \begin{cases} x, & -\pi \leqslant x < 0; \\ 0, & 0 \leqslant x < \pi, \end{cases}$ $f(x + 2\pi) = f(x)$.

(2) $f(x) = \begin{cases} ax, & -\pi < x \leqslant 0; \\ bx, & 0 < x \leqslant \pi, \end{cases}$ $(a < 0 < b, a, b$ 常数$), f(x + 2\pi) = f(x)$.

(3) $f(x) = \begin{cases} e^x, & -\pi \leqslant x < 0; \\ 1, & 0 \leqslant x < \pi, \end{cases}$ $f(x + 2\pi) = f(x)$.

(4) $f(x) = \begin{cases} -l - x, & -l \leqslant x < -\dfrac{l}{2}; \\ x, & -\dfrac{l}{2} \leqslant x < \dfrac{l}{2}; \\ l - x, & \dfrac{l}{2} \leqslant x < l, \end{cases}$ $f(x + 2l) = f(x)$.

(5) $f(x) = \begin{cases} 0, & -3 \leqslant x < -1; \\ 1 + \cos\pi x, & -1 \leqslant x < 1; \\ 0, & 1 \leqslant x < 3, \end{cases}$ $f(x + 6) = f(x)$.

(6) $f(t) = |\sin\omega t|, -\dfrac{\pi}{\omega} < t \leqslant \dfrac{\pi}{\omega}, f\left(t + \dfrac{2\pi}{\omega}\right) = f(t)$.

(7) $f(x) = (x - \pi)^2, 0 < x \leqslant 2\pi, f(x + 2\pi) = f(x)$.

(8) $f(x) = \arcsin(\cos x)$.

36. 将下列函数在题示区间 $\left[-\dfrac{T}{2}, \dfrac{T}{2}\right]$ 或 $[0, T]$ 上展开成傅里叶级数:

(1) $f(x) = \begin{cases} -\dfrac{\pi + x}{2}, & -\pi \leqslant x < 0; \\ 0, & x = 0; \\ \dfrac{\pi - x}{2}, & 0 < x < \pi. \end{cases}$ (2) $f(x) = \begin{cases} A, & 0 \leqslant x < l; \\ 0, & l \leqslant x \leqslant 2l. \end{cases}$

(3) $f(x) = x\cos x, \left[-\dfrac{\pi}{2}, \dfrac{\pi}{2}\right]$.   (4) $f(x) = x\sin x, [-\pi, \pi]$.

(5) $f(x) = \left|\cos\dfrac{\pi x}{l}\right|, \left[-\dfrac{l}{2}, \dfrac{l}{2}\right]$.   (6) $f(x) = 2 + |x|, [-1, 1]$.

(7) $f(x) = \begin{cases} x, & -1 \leqslant x < 0; \\ 1, & 0 \leqslant x \leqslant \dfrac{1}{2}; \\ -1, & \dfrac{1}{2} < x \leqslant 1. \end{cases}$

37. 将下列函数在区间 $[0, l]$ 上分别展开为正弦级数与余弦级数:

(1) $f(x) = 10 - x, \ x \in [0, 5]$.   (2) $f(x) = \dfrac{\pi}{4} - \dfrac{x}{2}, \ x \in [0, \pi]$.

(3) $f(x) = \begin{cases} \dfrac{b - x}{2}, & 0 \leqslant x \leqslant b; \\ 0, & b < x \leqslant 2b. \end{cases}$ (4) $f(x) = \begin{cases} x, & 0 \leqslant x \leqslant \pi; \\ 0, & \pi < x \leqslant 2\pi. \end{cases}$

(5) $f(x) = \begin{cases} x + \dfrac{\pi}{2}, & 0 \leqslant x \leqslant \dfrac{\pi}{2}; \\ 0, & \dfrac{\pi}{2} < x \leqslant \pi. \end{cases}$ (6) $f(x) = \begin{cases} x, & 0 \leqslant x \leqslant \dfrac{T}{2}; \\ T - x, & \dfrac{T}{2} < x \leqslant T. \end{cases}$

38. 将下列函数按指定要求展开为傅里叶级数:

(1) 试将 $f(x) = x, x \in [1, 2]$ 在区间 $(1, 2)$ 内展开成一周期 $T = 2$ 的傅里叶级数.

(2) 试用 $f(x) = \pi^2 - x^2, x \in [-\pi, \pi]$ 的傅里叶展开式求级数 $\displaystyle\sum_{n=1}^{\infty} \dfrac{1}{n^2}, \sum_{n=1}^{\infty} \dfrac{(-1)^{n-1}}{n^2}$ 的和.

(3) 试将 $f(x) = x^3, x \in [0, \pi]$ 展开为余弦级数,并求级数 $\displaystyle\sum_{n=1}^{\infty} \dfrac{1}{n^4}$ 的和.

39. 试证

(1) $\displaystyle\sum_{n=1}^{\infty} \frac{\cos 2nx}{(2n-1)(2n+1)} = \frac{1}{2} - \frac{\pi}{4}\sin x, \quad x \in (0, \pi).$

(2) $\displaystyle\sum_{n=1}^{\infty} \frac{\cos nx}{n^2} = \frac{1}{12}(3x^2 - 6\pi x + 2\pi^2), \quad x \in (0, \pi).$

40. 试证以 2π 为周期的三角多项式 $T_n(x) = \displaystyle\sum_{k=0}^{n}(a_k \cos kx + b_k \sin kx)$ 的傅里叶级数就是它本身.

41. 试用傅里叶级数表示方程 $y'' + 2y = \displaystyle\sum_{n=1}^{\infty} \frac{\cos nx}{n^2}$ 的解.

42. 将下列函数展开为复数形式的傅里叶级数:

(1) $f(x) = \begin{cases} -1, & -\pi < x \leqslant 0; \\ 1, & 0 < x \leqslant \pi \end{cases}$ 且 $f(x+2\pi) = f(x)$,

(2) $f(x) = \begin{cases} 0, & -l < x \leqslant 0; \\ x, & 0 < x \leqslant l \end{cases}$ 且 $f(x+2l) = f(x)$,

(3) $f(x) = |x|, \quad -\pi \leqslant x \leqslant \pi.$

综 合 题

43. 试证

(1) 若 $\lim\limits_{n\to\infty} n^2 u_n = q > 0$,则级数 $\displaystyle\sum_{n=1}^{\infty} u_n$ 收敛.

(2) 若 $u_n > 0$ 且 $\lim\limits_{n\to\infty} \dfrac{\ln \dfrac{1}{u_n}}{\ln n} = q$,则当 $q > 1$ 时级数 $\displaystyle\sum_{n=1}^{\infty} u_n$ 收敛;当 $0 \leqslant q < 1$ 时级数发散.

(3) 若 $\displaystyle\sum_{n=1}^{\infty} u_n(u_n \geqslant 0)$ 收敛,则 $\displaystyle\sum_{n=1}^{\infty} \sqrt{\dfrac{u_n}{n^a}}(a > 1)$ 收敛.

(4) 若 $\displaystyle\sum_{n=1}^{\infty} u_n$ 绝对收敛,则 $\displaystyle\sum_{n=1}^{\infty} \dfrac{n+1}{n} u_n$ 也绝对收敛.

44. 试证

(1) 设 $f(x)$ 在区间 $[a,b]$ 上满足 $a \leqslant f(x) \leqslant b$,$|f'(x)| \leqslant q < 1$,且 $u_n = f(u_{n-1})$,$n = 1,2,\cdots,u_0 \in [a,b]$,则 $\displaystyle\sum_{n=1}^{\infty} |u_{n+1} - u_n|$ 收敛.

(2) 设偶函数 $f(x)$ 的二阶导数 $f''(x)$ 在点 $x = 0$ 的一个邻域内连续,且 $f(0) = 1$,$f''(0) = 2$,则级数 $\displaystyle\sum_{n=1}^{\infty} [f(\frac{1}{n}) - 1]$ 绝对收敛.

45. 设 $u_{2n-1} = \dfrac{1}{n}$,$u_{2n} = \displaystyle\int_{n}^{n+1} \dfrac{dx}{x}$,$(n = 1,2,3,\cdots)$,试判定级数 $\displaystyle\sum_{n=1}^{\infty} (-1)^{n-1} u_n$ 的收敛性,并证明 $\lim\limits_{n\to\infty}(1 + \dfrac{1}{2} + \dfrac{1}{3} + \cdots + \dfrac{1}{n} - \ln n)$ 存在.

46. 设 x_n 是方程 $x = \operatorname{tg} x$ 的正根(按递增顺序排列),证明级数 $\displaystyle\sum_{n=1}^{\infty} \dfrac{1}{x_n^2}$ 收敛.

47. 设级数 $\displaystyle\sum_{n=0}^{\infty} a_n x^n$ 当 $n > 1$ 时成立 $a_{n-2} - (n-1)na_n = 0$,且 $a_0 = 4$,$a_1 = 1$,验证这级数在其收敛区间内的和函数 $S(x)$ 满足微分方程 $S''(x) - S(x) = 0$.

48. 求由下列方程在点 $x = 0$ 附近所确定的隐函数 $y = y(x)$ 的幂级数展开式(写出非零的前三项).

(1) $xy - e^x + e^y = 0$, (2) $y + \alpha \sin y = x \quad (\alpha \neq -1)$.

49. 试确定常数 a, b,使二曲线 $y_1 = x\sqrt{\dfrac{1-x}{1+x}}$ 与 $y_2 = a(e^{bx} - 1)$ 在原点附近有尽可能的高阶接触(即 $y_1 - y_2$ 的展开式尽可能从高次幂开始),这时第一非零的项是什么?

50. 试利用函数的幂级数展开式导出下列近似公式:

(1) 悬链线方程 $y = a\text{ch}\dfrac{x}{a}$，其中 $a = \dfrac{H}{\mu}$，μ 是线密度，H 是水平张力，当 H 相当大，因而 a 相当大，有近似公式

$$y = a\text{ch}\frac{x}{a} = a + \frac{x^2}{2a}.$$

(2) 在地球表面某处的重力加速度为 g_0，在同一地点高为 h 处的重力加速度为 g，由万有引力定律得

$$\frac{g}{g_0} = \frac{R^2}{(R+h)^2} \quad \text{或} \quad g = g_0(1 + \frac{h}{R})^{-2},$$

当 $h \ll R$ 时，有近似公式

$$g \approx g_0(1 - 2\frac{h}{R}).$$

(3) 一静止质量为 m_0 的物体，以接近光速 c 的速度 v 运动，根据相对论，其动能为

$$T = m_0 c^2[(1 - \frac{v^2}{c^2})^{-\frac{1}{2}} - 1],$$

当 $v \ll c$ 时，有近似公式

$$T \approx \frac{1}{2}m_0 v^2.$$

51. 应当如何把给定在区间 $(0, \dfrac{\pi}{2})$ 内的可积函数 $f(x)$ 延拓到区间 $(-\pi, \pi)$，从而使它展开成傅里叶级数的形式为 $f(x) = \displaystyle\sum_{n=1}^{\infty} a_{2n-1}\cos(2n-1)x, x \in (-\pi, \pi)$.

52. 设 $f(x)$ 是以 2π 为周期的连续函数，且其傅里叶系数为 $a_0, a_n, b_n (n = 1, 2, \cdots)$，又设函数 $G(x) = \dfrac{1}{\pi}\displaystyle\int_{-\pi}^{\pi} f(t)f(x+t)dt$，试证

(1) $G(x)$ 为偶函数， (2) $G(x) = \dfrac{a_0^2}{2} + \displaystyle\sum_{n=1}^{\infty} (a_n^2 + b_n^2)\cos nx$,

(3) $\dfrac{1}{\pi}\displaystyle\int_{-\pi}^{\pi} f^2(x)dx = \dfrac{a_0^2}{2} + \displaystyle\sum_{n=1}^{\infty} (a_n^2 + b_n^2)$.

53. 若 $f(x)$ 满足条件 $f(x+\pi) = -f(x)$ 的连续函数，试证 $f(x)$ 在区间 $[-\pi, \pi]$ 上的傅里叶系数 $a_{2n} = b_{2n} = 0$，若 $f(x+\pi) = f(x)$，则 $a_{2n-1} = b_{2n-1} = 0$.

*第十四章　含参变量积分

本章,我们利用二元函数的定积分与广义积分来定义函数,并讨论这类函数的连续性、可导性与可积性,最后介绍与伽玛函数有密切联系的贝塔函数.

§1　含参变量的定积分

1.1　含参变量定积分的定义

设二元函数 $f(x,y)$ 在闭矩形域 $D=\{(x,y)\,|\,a\leqslant x\leqslant b,c\leqslant y\leqslant d\}$ 上连续,对每一个取定的 $y_0\in[c,d]$,函数 $f(x,y_0)$ 在区间 $[a,b]$ 上连续,因而,定积分

$$\int_a^b f(x,y_0)dx,\quad y_0\in[c,d]$$

存在,即对每一个给定的 $y\in[c,d]$,都有唯一的积分

$$\int_a^b f(x,y)dx$$

的值与之对应,于是,积分 $\int_a^b f(x,y)dx$ 在区间 $[c,d]$ 上定义了一个自变量是 y 的函数,称为**含参变量 y 的定积分**,记作

$$\varphi(y)=\int_a^b f(x,y)dx,\quad y\in[c,d]. \tag{1.1}$$

在(1.1)中,被积函数所依赖的变量 y,在积分过程中看作常量,通常把它叫做**参变量**.

例如　考虑含参变量 y 的积分

$$\int_0^\pi \cos(x+2y)dx=\sin(x+2y)\big|_0^\pi=\sin(\pi+2y)-\sin 2y$$

$$=-\sin 2y-\sin 2y=-2\sin 2y.$$

它是 y 的函数, $y\in(-\infty,+\infty)$.

1.2　含参变量定积分的分析性质

定理一（连续性）　若函数 $f(x,y)$ 在闭矩形域 $D=\{(x,y)\,|\,a\leqslant x\leqslant b,c\leqslant y\leqslant d\}$ 上连续,则函数 $\varphi(y)=\int_a^b f(x,y)dx$ 在区间 $[c,d]$ 上连续,即有

$$\lim_{y\to y_0}\int_a^b f(x,y)dx=\int_a^b f(x,y_0)dx,\quad y_0\in[c,d]. \tag{1.2}$$

证　任取 $y,y+\Delta y\in[c,d]$,考察

$$|\varphi(y+\Delta y)-\varphi(y)|=\Big|\int_a^b[f(x,y+\Delta y)-f(x,y)]dx\Big|$$

$$\leqslant\int_a^b|f(x,y+\Delta y)-f(x,y)|dx.$$

因 $f(x,y)$ 在闭区域 D 上连续,必一致连续,因此, $\forall\,\varepsilon>0,\exists\,\delta=\delta(\varepsilon)$,当 $|\Delta y|<\delta$ 时,恒有

$$|f(x,y+\Delta y)-f(x,y)|<\frac{\varepsilon}{b-a}.$$

综上所述, $\forall\,\varepsilon>0,\exists\,\delta=\delta(\varepsilon)$,当 $|\Delta y|<\delta$ 时,恒有

$$|\varphi(y+\Delta y)-\varphi(y)|<\int_a^b\frac{\varepsilon}{b-a}dx=\frac{\varepsilon}{b-a}(b-a)=\varepsilon,$$

即 $\varphi(y)$ 在区间 $[c,d]$ 上连续.因而 $\forall\,y_0\in[c,d]$,都有

$$\lim_{y\to y_0}\varphi(y)=\varphi(y_0).$$

而 $\varphi(y_0)=\int_a^b f(x,y_0)dx=\int_a^b\big[\lim_{y\to y_0}f(x,y)\big]dx$.因此,

$$\lim_{y\to y_0}\int_a^b f(x,y)dx=\int_a^b\big[\lim_{y\to y_0}f(x,y)\big]dx=\int_a^b f(x,y_0),$$

即"$\int_a^b$"与"$\lim_{y \to y_0}$"两种运算可交换次序. 证毕

定理二(可导性)　若 $f(x,y)$ 与 $f'_y(x,y)$ 在闭矩形域 $D = \{(x,y) \mid a \leqslant x \leqslant b, c \leqslant y \leqslant d\}$ 上连续,则 $\varphi(y) = \int_a^b f(x,y)dx$ 在区间 $[c,d]$ 上可导,且有

$$\varphi'(y) = \frac{d}{dy}\int_a^b f(x,y)dx = \int_a^b f'_y(x,y)dx, \quad y \in [c,d]. \tag{1.3}$$

证　任取 $y, y + \Delta y \in [c,d]$,根据微分学中值定理,有

$$\Delta \varphi(y) = \varphi(y + \Delta y) - \varphi(y) = \int_a^b [f(x,y+\Delta y) - f(x,y)]dx$$

$$= \Delta y \int_a^b f'_y(x, y + \theta \Delta y)dx, \quad (0 < \theta < 1).$$

因 $f'_y(x,y)$ 在 D 上连续,故由 (1.2) 得

$$\lim_{\Delta y \to 0} \frac{\Delta \varphi(y)}{\Delta y} = \lim_{\Delta y \to 0} \int_a^b f'_y(x, y + \theta \Delta y)dx = \int_a^b f'_y(x,y)dx.$$

也就是说,$\varphi(y) = \int_a^b f(x,y)dx$ 关于 y 在区间 $[c,d]$ 上可导,有

$$\frac{d}{dy}\int_a^b f(x,y)dx = \int_a^b \frac{\partial}{\partial y}f(x,y)dx,$$

即"$\int_a^b$"与"$\frac{d}{dy}$"两种运算次序可交换次序. 证毕

在更一般情况下,对含参变量且具有变上限和变下限的积分

$$\varphi(y) = \int_{a(y)}^{b(y)} f(x,y)dx$$

有如下的求导定理.

定理三(可导性)　设函数 $f(x,y)$ 与 $f'_y(x,y)$ 在闭矩形域 $D = \{(x,y) \mid a \leqslant x \leqslant b, c \leqslant y \leqslant d\}$ 上连续,函数 $a(y), b(y)$ 在区间 $[c,d]$ 上可导,且 $a \leqslant a(y) \leqslant b, a \leqslant b(y) \leqslant b$,则函数 $\varphi(y) = \int_{a(y)}^{b(y)} f(x,y)dx$ 在区间 $[c,d]$ 上可导,且有

$$\varphi'(y) = \int_{a(y)}^{b(y)} f'_y(x,y)dx + f[b(y), y]b'(y) - f[a(y), y]a'(y), \quad y \in [c,d]. \tag{1.4}$$

证　任取 $y, y + \Delta y \in [c,d]$,则有

$$\Delta \varphi(y) = \varphi(y + \Delta y) - \varphi(y) = \int_{a(y+\Delta y)}^{b(y+\Delta y)} f(x, y+\Delta y)dx - \int_{a(y)}^{b(y)} f(x,y)dx$$

$$= \int_{a(y+\Delta y)}^{a(y)} f(x, y+\Delta y)dx + \int_{a(y)}^{b(y)}[f(x, y+\Delta y) - f(x,y)]dx + \int_{b(y)}^{b(y+\Delta y)} f(x, y+\Delta y)dx.$$

最右边的等号后中第一与第三个积分,根据积分中值定理,有

$$\int_{a(y+\Delta y)}^{a(y)} f(x, y+\Delta y)dx = f[a(y) + \theta_1 \Delta a, y + \Delta y](-\Delta a), 0 < \theta_1 < 1;$$

$$\int_{b(y)}^{b(y+\Delta y)} f(x, y+\Delta y)dx = f[b(y) + \theta_2 \Delta b, y + \Delta y](\Delta b), 0 < \theta_2 < 1.$$

其中 $\Delta a = a(y + \Delta y) - a(y), \quad \Delta b = b(y + \Delta y) - b(y).$

又对第二个积分,根据微分中值定理,有

$$\int_{a(y)}^{b(y)}[f(x, y+\Delta y) - f(x,y)]dx = \Delta y \int_{a(y)}^{b(y)} f'_y(x, y + \theta_3 \Delta y)dx, \quad 0 < \theta_3 < 1.$$

于是

$$\frac{\Delta \varphi}{\Delta y} = \int_{a(y)}^{b(y)} f'_y(x, y+\theta_3 \Delta y)dx + f[b(y) + \theta_2 \Delta b, y + \Delta y]\frac{\Delta b}{\Delta y}$$

$$+ f[a(y) + \theta_1 \Delta a, y + \Delta y]\left(-\frac{\Delta a}{\Delta y}\right).$$

令 $\Delta y \to 0$,对上式两端取极限,根据假设条件,即得

$$\varphi'(y) = \lim_{\Delta y \to 0} \frac{\Delta \varphi}{\Delta y} = \int_{a(y)}^{b(y)} f'_y(x,y)dx + f[b(y), y]b'(y) - f'[a(y), y]a'(y), y \in [c,d]. \tag*{证毕}$$

定理四(可积性)　若函数 $f(x,y)$ 在闭矩形域 $D = \{(x,y) \mid a \leqslant x \leqslant b, c \leqslant y \leqslant d\}$ 上连续,则函数 $\varphi(y) =$

$\int_a^b f(x,y)dx$ 在区间 $[c,d]$ 上可积,且

$$\int_c^d \varphi(y)dy = \int_c^d \left[\int_a^b f(x,y)dx\right]dy = \int_a^b \left[\int_c^d f(x,y)dy\right]dx. \tag{1.5}$$

证 任取 $t \in [c,d]$,记

$$G(t) = \int_c^t \left[\int_a^b f(x,y)dx\right]dy,$$

$$H(t) = \int_a^b \left[\int_c^t f(x,y)dy\right]dx,$$

其中,$G(t)$ 是变上限的定积分,根据对上限的求导定理,有

$$G'(t) = \int_a^b f(x,t)dx,$$

又 $H(t)$ 是含参变量 t 的积分,因被积函数 $\int_c^t f(x,y)dy$ 及其偏导数 $\dfrac{\partial}{\partial t}\int_c^t f(x,y)dy = f(x,t)$ 在 D 上连续,根据定理二,有

$$H'(t) = \int_a^b \left[\frac{\partial}{\partial t}\int_c^t f(x,y)dy\right]dx = \int_a^b f(x,t)dx, \quad t \in [c,d].$$

故有 $G'(t) = H'(t)$,$t \in [c,d]$,因此 $G(t) - H(t) =$ 常数.
当 $t = c$ 时,$G(c) - H(c) = 0$,故此常数是 0,即有 $G(t) = H(t)$,或

$$\int_c^t \left[\int_a^b f(x,y)dx\right]dy = \int_a^b \left[\int_c^t f(x,y)dy\right]dx,$$

特别,令 $t = d$,得

$$\int_c^d \left[\int_a^b f(x,y)dx\right]dy = \int_a^b \left[\int_c^d f(x,y)dy\right]dx. \qquad \text{证毕}$$

由以上结果,在定理一中,若 $f(x,y)$ 在矩形域 $D = \{(x,y) \mid a \leqslant x \leqslant b, c \leqslant y \leqslant d\}$ 上连续,则 $\varphi(y) = \int_a^b f(x,y)dx$ 在区间 $[c,d]$ 上连续,$\psi(x) = \int_c^d f(x,y)dy$ 在区间 $[a,b]$ 上连续,它们可再积分,得到累次积分

$$\int_c^d \left[\int_a^b f(x,y)dx\right]dy \quad \text{与} \quad \int_a^b \left[\int_c^d f(x,y)dy\right]dx$$

只有积分次序不同,由定理四,知道这两个累次积分的值是相等的,因此,只要 $f(x,y)$ 在闭矩形域上连续,则累次积分可交换积分次序.

例 1 求 $\lim\limits_{y \to 0} \int_0^1 x^3 \cos 2xy\, dx$.

解 因 $f(x,y) = x^3 \cos 2xy$ 在区域 $D = \{(x,y) \mid -\infty < x < +\infty, -\infty < y < +\infty\}$ 上连续,由定理一 $\varphi(y) = \int_0^1 x^3 \cos 2xy\, dx$ 是区间 $y \in (-\infty, +\infty)$ 上的连续函数,且有

$$\lim_{y \to 0} \int_0^1 x^3 \cos 2xy\, dx = \lim_{y \to 0} \varphi(y) = \varphi(0) = \int_0^1 x^3 dx = \frac{1}{4}.$$

例 2 设 $\varphi(y) = \int_{y^2}^{y^3} e^{-x^2 y}dx$, 求 $\varphi'(y)$.

解 被积函数 $f(x,y) = e^{-x^2 y}$ 与 $f_y'(x,y) = -x^2 e^{-x^2 y}$ 在整个平面区域 $\{(x,y) \mid -\infty < x < +\infty, -\infty < y < +\infty\}$ 连续,又 $a(y) = y^2$,$b(y) = y^3$ 皆有连续的导数,根据定理三,得

$$\varphi'(y) = \int_{a(y)}^{b(y)} f_y'(x,y)dx + f[b(y),y]b'(y) - f[a(y),y]a'(y)$$

$$= \int_{y^2}^{y^3} \frac{\partial}{\partial y}e^{-x^2 y}dx + e^{-(y^3)^2 y}(y^3)' - e^{-(y^2)^2 y}(y^2)'$$

$$= -\int_{y^2}^{y^3} x^2 e^{-x^2 y}dx + 3y^2 e^{-y^7} - 2ye^{-y^5}, \quad y \in (-\infty, +\infty).$$

例 3 证明 $y(x) = \dfrac{1}{k}\int_0^x f(t)\sin k(x-t)dt$ 是定解问题

$$\begin{cases} y'' + k^2 y = f(x), \\ y(0) = y'(0) = 0 \end{cases}$$

的解,其中 $f(t)$ 在 $(-\infty, +\infty)$ 上连续,$k \neq 0$.

解 被积函数 $f(t,x) = \frac{1}{k}f(t)\sin k(x-t)$ 与 $f'_x(t,x) = f(t)\cos k(x-t)$ 在整个平面区域 $\{(t,x)\,|\,-\infty < t < \infty, -\infty < x < +\infty\}$ 上连续，$a(x) = 0, b(x) = x$ 显然有连续的导数，根据定理三，得

$$y'(x) = \int_{a(x)}^{b(x)} f'_x(t,x)dt + f[b(x),x]b'(x) - f[a(x),x]a'(x)$$

$$= \int_0^x f(t)\cos k(x-t)dt + \frac{1}{k}f(x)\sin k(x-x) \cdot x' - 0$$

$$= \int_0^x f(t)\cos k(x-t)dt.$$

同理,有

$$y''(x) = -k\int_0^x f(t)\sin k(x-t)dt + f(x)\cos k(x-x)$$

$$= -k\int_0^x f(t)\sin k(x-t)dt + f(x) = -k^2 y + f(x),$$

因此,得

$$y'' + k^2 y = f(x).$$

显然 $y(0) = y'(0) = 0.$ 证毕

例 4 利用对参数求导,计算定积分 $I = \int_0^1 \frac{\ln(1+x)}{1+x^2}dx.$

解 首先,利用此积分定义一个含参变量积分

$$\varphi(y) = \int_0^1 \frac{\ln(1+xy)}{1+x^2}dx, \quad y \in [0,1].$$

显然 $\varphi(0) = 0, \varphi(1) = I.$

其次,因为函数 $f(x,y) = \frac{\ln(1+xy)}{1+x^2}$ 在矩形闭区域 $\{(x,y)\,|\,0 \leqslant x \leqslant 1, 0 \leqslant y \leqslant 1\}$ 上满足定理二的条件,所以有

$$\varphi'(y) = \int_0^1 f'_y(x,y)dx = \int_0^1 \frac{x}{(1+x^2)(1+xy)}dx = \frac{1}{1+y^2}\int_0^1 \left(\frac{x+y}{1+x^2} - \frac{y}{1+xy}\right)dx$$

$$= \frac{1}{1+y^2}\left[\frac{1}{2}\ln(1+x^2) + y\,\text{arctg}\,x - \ln(1+xy)\right]\Big|_{x=0}^{x=1}$$

$$= \frac{1}{1+y^2}\left[\frac{1}{2}\ln 2 + \frac{\pi}{4}y - \ln(1+y)\right], \quad y \in [0,1].$$

最后,求积分,有

$$\int_0^1 \varphi'(y)dy = \frac{1}{2}\ln 2 \int_0^1 \frac{1}{1+y^2}dy + \frac{\pi}{4}\int_0^1 \frac{y\,dy}{1+y^2} - \int_0^1 \frac{\ln(1+y)}{1+y^2}dy,$$

即 $\quad \varphi(1) - \varphi(0) = \frac{1}{2}\ln 2 \cdot \text{arctg}\,y\Big|_0^1 + \frac{\pi}{8}\ln(1+y^2)\Big|_0^1 - I$

或 $\quad I - 0 = \frac{\pi}{8}\ln 2 + \frac{\pi}{8}\ln 2 - I,$

得 $\quad I = \int_0^1 \frac{\ln(1+x)}{1+x^2}dx = \frac{\pi}{8}\ln 2.$

例 5 利用积分交换次序,计算积分 $I = \int_0^1 \frac{x^b - x^a}{\ln x}dx, \quad (0 < a < b).$

解 被积函数 $f(x) = \frac{x^b - x^a}{\ln x}, f(0), f(1)$ 无定义,但由于

$$\lim_{x \to 0^+} f(x) = \lim_{x \to 0^+} \frac{x^b - x^a}{\ln x} = 0; \quad \lim_{x \to 1^-} f(x) = \lim_{x \to 1^-} \frac{bx^{b-1} - ax^{a-1}}{\frac{1}{x}} = b - a,$$

因此,补充定义 $f(0) = 0, f(1) = b - a$,则 $f(x)$ 在 $[0,1]$ 上连续,定积分 $\int_0^1 f(x)dx$ 存在,我们知道

$$\int_a^b x^y dy = \int_a^b \frac{x^y \ln x}{\ln x}dy = \frac{1}{\ln x}\int_a^b dx^y = \frac{1}{\ln x}x^y\Big|_{y=a}^{y=b} = \frac{x^b - x^a}{\ln x},$$

故积分可写成

$$I = \int_0^1 \frac{x^b - x^a}{\ln x}dx = \int_0^1 \left[\int_a^b x^y dy\right]dx.$$

被积函数 $f(x,y) = x^y$ 在闭区域 $\{(x,y)\,|\,0 \leqslant x \leqslant 1, a \leqslant y \leqslant b\}$ 上连续,故由定理四,有

$$I = \int_0^1 \frac{x^b - x^a}{\ln x} dx = \int_0^1 \left[\int_a^b x^y dy \right] dx = \int_a^b \left[\int_0^1 x^y dx \right] dy$$

$$= \int_a^b \left[\frac{x^{y+1}}{y+1} \Big|_{x=0}^{x=1} \right] dy = \int_a^b \frac{1}{y+1} dy = \ln \frac{b+1}{a+1}.$$

另解　本题也可利用对参数求导得出,将 b 取作参数 y,考虑

$$I(y) = \int_0^1 \frac{x^y - x^a}{\ln x} dx, \quad y \in [a, b].$$

因 $f(x,y) = \dfrac{x^y - x^a}{\ln x}$ 与 $f'_y(x,y) = \dfrac{x^y \ln x}{\ln x} = x^y$ 在闭区域 $\{(x,y) \mid 0 \leqslant x \leqslant 1, a \leqslant y \leqslant b\}$ 上连续,于是 $I(y)$ 在 $[a,b]$ 上对 y 可导,有

$$I'(y) = \int_0^1 \frac{\partial}{\partial y} \left(\frac{x^y - x^a}{\ln x} \right) dx = \int_0^1 x^y dx = \frac{x^{y+1}}{y+1} \Big|_{x=0}^{x=1} = \frac{1}{y+1}.$$

积分,得

$$I(y) = \ln |y+1| + C.$$

由 $I(a) = 0$,代入上式,得 $C = -\ln|a+1|$,即

$$I(y) = \ln |y+1| - \ln |a+1|.$$

令 $y = b$,即得

$$I(b) = \int_0^1 \frac{x^b - x^a}{\ln x} dx = \ln |b+1| - \ln |a+1| = \ln \frac{b+1}{a+1}.$$

§2　含参变量的广义积分

2.1　无穷区间上含参变量的广义积分的定义

设二元函数 $f(x,y)$ 在无限区域 $D = \{(x,y) \mid a \leqslant x < +\infty, c \leqslant y \leqslant d\}$ 上有定义,且对每一个 $y \in [c,d]$,无穷积分

$$\int_a^{+\infty} f(x,y) dx$$

都收敛,即对每一个 $y \in [a,b]$,都有唯一的一个积分 $\int_a^{+\infty} f(x,y)dx$ 的值与之对应,于是,无穷积分 $\int_a^{+\infty} f(x,y)dx$ 在区间 $[c,d]$ 上定义了一个函数,记作

$$\varphi(y) = \int_a^{+\infty} f(x,y) dx, \quad y \in [c,d]. \tag{2.1}$$

(2.1) 称为**含参变量的广义(无穷区间上的)积分**.

我们指出,上一节含参变量的定积分的一些性质对含参变量的广义积分 (2.1) 来说,一般并不成立. 例如

$$\varphi(y) = \int_0^{+\infty} y e^{-xy} dx = \lim_{t \to +\infty} \int_0^t y e^{-xy} dx = \lim_{t \to +\infty} \left[-e^{-xy} \right] \Big|_{x=0}^{x=t}$$

$$= \lim_{t \to +\infty} -[e^{-ty} - 1] = \begin{cases} 1, & 0 < y \leqslant d; \\ 0, & y = 0. \end{cases}$$

尽管被积函数 $f(x,y) = y e^{-xy}$ 在区域 $D = \{(x,y) \mid 0 \leqslant x < +\infty, 0 \leqslant y \leqslant d\}$ 上连续,但 $\varphi(y)$ 在点 $y = 0$ 并不连续. 可见 §1 中定理一对含参变量的广义积分 (2.1) 就不成立. 我们问:含参变量的无穷积分 (2.1) 除了要求被积函数连续外,还需具备什么条件,才能保证上节定理一的结果对积分 (2.1) 仍然成立?我们知道,广义积分 $\int_a^{+\infty} f(x) dx = \sum_{n=0}^{\infty} \int_{A_n}^{A_{n+1}} f(x) dx \triangleq \sum_{n=0}^{\infty} u_n$,其中 $\{A_n\}$ 是任意的单调趋于 $+\infty$ 的数列,同样,含参变量的广义积分 $\int_a^{+\infty} f(x,y) dx = \sum_{n=0}^{\infty} \int_{A_n}^{A_{n+1}} f(x,y) dx \triangleq \sum_{n=0}^{\infty} u_n(y)$,由于广义积分与无穷级数的这种密切联系,回顾在讨论函数项级数 $\sum_{n=1}^{\infty} u_n(x)$ 的和函数的连续性时,一致收敛概念起着决定性作用,同样,讨论由含参变量的广义积分所确定的函数的连续性等解析性质时,积分 (2.1) 的所谓一致收敛也将起到决定性作用.

2.2　含参变量广义积分的一致收敛性

我们知道,广义积分 (2.1) 在点 $y \in [c,d]$ 收敛,即

$$\int_a^{+\infty} f(x,y)dx = \lim_{t \to +\infty} \int_a^t f(x,y)dx$$

存在. 用"$\varepsilon - N$"的语言,$\forall \varepsilon > 0$,$\exists N = N(\varepsilon,y)$,当 $A > N$ 时,恒有

$$\left| \int_a^{+\infty} f(x,y)dx - \int_a^A f(x,y)dx \right| = \left| \int_A^{+\infty} f(x,y) \right| < \varepsilon. \tag{2.2}$$

这里的 N,一般不仅与 ε 有关,且与 y 有关,如果对所有 $y \in [c,d]$,能找到一个公用的 N,即 $N = N(\varepsilon)$,使(2.2)式成立,就称含参变量的广义积分(2.1)在区间 $[c,d]$ 上一致收敛,即有如下定义:

定义 设含参变量的广义积分

$$\int_a^{+\infty} f(x,y)dx, \quad y \in [c,d].$$

$\forall \varepsilon > 0$,$\exists N = N(\varepsilon) > a$,当 $A > N$ 时,对一切 $y \in [c,d]$,都有

$$\left| \int_A^{+\infty} f(x,y)dx \right| < \varepsilon,$$

则称**广义积分 $\int_a^{+\infty} f(x,y)dx$ 在区间 $[c,d]$ 上一致收敛**.

例1 设含参变量的广义积分

$$\int_a^{+\infty} ye^{-xy}dx,$$

证明 (1) 积分在闭区间 $[c,d]$($c > 0$)上一致收敛;

(2) 积分在开区间 $(0,d)$ 上不一致收敛.

证 设 $A > 0$,对 x 计算积分(y 是参变量)

$$\left| \int_A^{+\infty} ye^{-xy}dx \right| = \left| \int_A^{+\infty} e^{-xy}d(xy) \right| = \left| -e^{-xy} \Big|_{x=A}^{x=+\infty} \right| = e^{-Ay}.$$

因 $0 < c \leqslant y \leqslant d$,有

$$\left| \int_A^{+\infty} ye^{-xy}dx \right| = e^{-Ay} = \frac{1}{e^{Ay}} \leqslant \frac{1}{e^{Ac}}.$$

$\forall \varepsilon > 0$ 要 $\frac{1}{e^{Ac}} < \varepsilon$,解得 $e^{Ac} > \frac{1}{\varepsilon}$,$A > \frac{1}{c}\ln\frac{1}{\varepsilon}$,取 $N = \frac{1}{c}\ln\frac{1}{\varepsilon}$,于是

$\forall \varepsilon > 0$,$\exists N = \frac{1}{c}\ln\frac{1}{\varepsilon}$,当 $A > N > a$ 时,对一切 $y \in [c,d]$($c > 0$),恒有

$$\left| \int_A^{+\infty} ye^{-xy}dx \right| < \varepsilon,$$

按定义,参变量积分 $\int_a^{+\infty} ye^{-xy}dx$ 在闭区间 $[c,d]$($c > 0$)上一致收敛.

(2) 对 $\varepsilon_0 = \frac{2}{3}$,不论 $N > 0$ 取得多么大,都存在 $A > N > a$ 和 $y_0 = \left(\frac{2}{3}\right)^a \in (0,d)$,$\left(a > \frac{\ln d}{\ln\frac{2}{3}}\right)$,使得

$\left| \int_A^{+\infty} y_0 e^{-xy_0}dx \right| = e^{-Ay_0} = e^{-A(\frac{2}{3})^a} = e^{A(\frac{3}{2})^a} > A\left(\frac{3}{2}\right)^a > \varepsilon_0$,因此,广义积分 $\int_a^{+\infty} ye^{-xy}dx$ 关于 $y \in (0,d)$ 不一致收敛.

2.3 一致收敛判别法

关于含参变量广义积分的一致收敛判别法与函数项级数相似,有如下定理:

定理一(柯西判别准则) 含参变量广义积分 $\int_a^{+\infty} f(x,y)dx$ 在区间 $[c,d]$ 上一致收敛的必要充分条件是:任给 $\varepsilon > 0$,总存在正数 $N = N(\varepsilon) > a$,使得当 $A_2 > A_1 > N$ 时,对一切 $y \in [c,d]$,都有

$$\left| \int_{A_1}^{A_2} f(x,y)dx \right| < \varepsilon.$$

证 必要性 由一致收敛的定义,$\forall \varepsilon > 0$,$\exists N = N(\varepsilon) > a$,当 $A > N$ 时,对一切 $y \in [c,d]$,有

$$\left| \int_A^{+\infty} f(x,y)dx \right| < \frac{\varepsilon}{2},$$

因而当 $A_1, A_2 > N$ 时,分别有

$$\left|\int_{A_1}^{+\infty}f(x,y)dx\right|<\frac{\varepsilon}{2},\quad\left|\int_{A_2}^{+\infty}f(x,y)dx\right|<\frac{\varepsilon}{2},$$

于是

$$\left|\int_{A_1}^{A_2}f(x,y)dx\right|=\left|\int_{A_1}^{+\infty}f(x,y)dx-\int_{A_2}^{+\infty}f(x,y)dx\right|$$

$$\leqslant\left|\int_{A_1}^{+\infty}f(x,y)dx\right|+\left|\int_{A_2}^{+\infty}f(x,y)dx\right|<\frac{\varepsilon}{2}+\frac{\varepsilon}{2}=\varepsilon.$$

充分性 由假设 $\int_a^{+\infty}f(x,y)dx$ 在区间 $[c,d]$ 上满足：$\forall\,\varepsilon>0,\exists\,N=N(\varepsilon)>a$,使当 $A_1,A_2>N$ 时,对一切 $y\in[c,d]$,有

$$\left|\int_{A_1}^{A_2}f(x,y)dx\right|<\varepsilon.$$

由广义积分的柯西收敛准则,对每一个固定的 $y\in[c,d]$,广义积分 $\int_a^{+\infty}f(x,y)dx$ 收敛,于是

$$\lim_{A_2\to+\infty}\left|\int_{A_1}^{A_2}f(x,y)dx\right|=\left|\int_{A_1}^{+\infty}f(x,y)dx\right|\leqslant\varepsilon,$$

即 $\int_a^{+\infty}f(x,y)dx$ 在 $[c,d]$ 上一致收敛. 证毕

定理二(维尔斯特拉斯判别法或 M 判别法) 对广义积分 $\int_a^{+\infty}f(x,y)dx$,若 $1°$ 存在一个非负的连续函数 $M(x)$,使得在区域 $D=\{(x,y)\,|\,a\leqslant x<+\infty,c\leqslant y\leqslant d\}$ 上,有

$$|f(x,y)|\leqslant M(x);$$

$2°$ 积分 $\int_a^{+\infty}M(x)dx$ 收敛,

则广义积分 $\int_a^{+\infty}f(x,y)dx$ 在区间 $[c,d]$ 上一致收敛.

证 已知积分 $\int_a^{+\infty}M(x)dx$ 收敛,由柯西收敛准则,$\forall\,\varepsilon>0,\exists\,N=N(\varepsilon)>a$,当 $A_1,A_2>N$ 时,有

$$\left|\int_{A_1}^{A_2}M(x)dx\right|<\varepsilon.$$

由条件 $1°$,当 $A_1,A_2>N=N(\varepsilon)$ 时,对一切 $y\in[c,d]$,有

$$\left|\int_{A_1}^{A_2}f(x,y)dx\right|\leqslant\int_{A_1}^{A_2}|f(x,y)|dx\leqslant\int_{A_1}^{A_2}M(x)dx<\varepsilon.$$

由定理一的充分性,广义积分 $\int_a^{+\infty}f(x,y)dx$ 在区间 $[c,d]$ 上一致收敛.

例 2 考察广义积分 $\int_1^{+\infty}\frac{y}{x^2}dx$ 关于 y 在区间 $[-l,l]\,(l>0)$ 上和区间 $(-\infty,+\infty)$ 上的一致收敛性.

解 (1) 由于在区域 $D=\{(x,y)\,|\,1\leqslant x<+\infty,-l\leqslant y\leqslant l,l>0\}$ 上有 $\left|\frac{y}{x^2}\right|\leqslant\frac{l}{x^2}$,且积分 $\int_1^{+\infty}\frac{l}{x^2}dx$ 收敛,由定理二,积分 $\int_1^{+\infty}\frac{y}{x^2}dx$ 关于 y 在区间 $[-l,l]\,(l>0)$ 上一致收敛. 证毕

另解 $\forall\,\varepsilon>0$,由于当 $y\in[-l,l]\,(l>0)$ 时,极限 $\lim_{x\to+\infty}\frac{1}{x^2}$ 存在,由函数极限的柯西收敛准则,$\exists\,N>1$,当 $A_2>A_1>N$ 时,都有 $\left|\frac{1}{A_2}-\frac{1}{A_1}\right|<\frac{\varepsilon}{l}$,于是,得

$$\left|\int_{A_1}^{A_2}\frac{y}{x^2}dx\right|=\left|y\int_{A_1}^{A_2}\frac{1}{x^2}dx\right|=|y|\left|\frac{1}{A_2}-\frac{1}{A_1}\right|<l\cdot\frac{\varepsilon}{l}=\varepsilon.$$

由定理一,$\int_1^{+\infty}\frac{y}{x^2}dx$ 关于 $y\in[-l,+l]\,(l>0)$ 一致收敛. 证毕

(2) 当 $y\in(-\infty,+\infty)$ 时,积分 $\int_1^{+\infty}\frac{y}{x^2}dx$ 是不一致收敛的. 事实上,对 $\varepsilon_0=1$,不论 $N>1$ 多么大,都存在 $A_1=N+1,A_2=N+2>N$ 和 $y_0=(N+2)^2\in(-\infty,+\infty)$,使

$$\int_{A_1}^{A_2}\frac{y_0}{x^2}dx=|y_0|\left|\frac{1}{A_2}-\frac{1}{A_1}\right|=\frac{N+2}{N+1}>1$$

成立. 由定理一, $\int_{1}^{+\infty}\dfrac{y}{x^2}dx$ 关于 $y \in (-\infty, +\infty)$ 上不一致收敛.

2.4 一致收敛的广义积分的分析性质

定理一(连续性) 设二元函数 $f(x,y)$ 在区域 $D = \{(x,y)\,|\,a \leqslant x < +\infty, c \leqslant y \leqslant d\}$ 上连续,且 $\int_{a}^{+\infty}f(x,y)dx$ 在区间 $[c,d]$ 上一致收敛于 $\varphi(y)$,则函数 $\varphi(y)$ 在区间 $[c,d]$ 上连续.

证 由于

$$|\varphi(y) - \varphi(y_0)| = |\int_{a}^{+\infty}f(x,y)dx - \int_{a}^{+\infty}f(x,y_0)dx|$$

$$\leqslant |\int_{a}^{A}[f(x,y) - f(x,y_0)]dx| + |\int_{A}^{+\infty}f(x,y)dx| + |\int_{A}^{+\infty}f(x,y_0)dx|,$$

$\forall\, \varepsilon > 0$,由假设 $\int_{a}^{+\infty}f(x,y)dx$ 在区间 $[c,d]$ 上一致收敛,$\exists\, N = N(\varepsilon) > a$,当 $A > N$ 时,对 $y \in [c,d]$,都有

$$|\int_{A}^{+\infty}f(x,y)dx| < \frac{\varepsilon}{3}, \quad |\int_{A}^{+\infty}f(x,y_0)dx| < \frac{\varepsilon}{3}.$$

又取定这样的 A 后,由 $f(x,y)$ 在 D 上连续,由 §1 含参变量的定积分连续性定理一,对上述 $\varepsilon > 0$,$\exists\, \delta > 0$,当 $|y - y_0| < \delta$ 时,恒有

$$|\int_{a}^{A}[f(x,y) - f(x,y_0)]dx| < \frac{\varepsilon}{3}.$$

综上所述,$\forall\, \varepsilon > 0$,$\exists\, \delta > 0$,当 $|y - y_0| < \delta$ 时,恒有

$$|\varphi(y) - \varphi(y_0)| < \frac{\varepsilon}{3} + \frac{\varepsilon}{3} + \frac{\varepsilon}{3} = \varepsilon.$$

按定义,函数 $\varphi(y) = \int_{a}^{+\infty}f(x,y)dx$ 在区间 $[c,d]$ 上连续.   证毕

定理一的结论 $\lim\limits_{y \to y_0}\varphi(y) = \varphi(y_0)$,亦即

$$\lim_{y \to y_0}\int_{a}^{+\infty}f(x,y)dx = \int_{a}^{+\infty}\lim_{y \to y_0}f(x,y)dx, \tag{2.3}$$

就是在定理条件下 "$\int_{a}^{+\infty}$" 与 "$\lim\limits_{y \to y_0}$" 这两种运算可交换次序.

定理二(可积性) 设 $f(x,y)$ 在区域 $D = \{(x,y)\,|\,a \leqslant x < +\infty, c \leqslant y \leqslant d\}$ 上连续,且 $\int_{a}^{+\infty}f(x,y)dx$ 在区间 $[c,d]$ 上一致收敛于 $\varphi(y)$,则函数 $\varphi(y)$ 在区间 $[c,d]$ 上可积,且

$$\int_{c}^{d}[\int_{a}^{+\infty}f(x,y)dx]dy = \int_{a}^{+\infty}[\int_{c}^{d}f(x,y)dy]dx. \tag{2.4}$$

(2.4) 称为积分可交换次序.

证 由定理一,函数 $\varphi(y)$ 在区间 $[c,d]$ 上连续,因此,$\varphi(y)$ 在 $[c,d]$ 上可积,故积分

$$\int_{c}^{d}\varphi(y)dy = \int_{c}^{d}[\int_{a}^{+\infty}f(x,y)dx]dy$$

存在,再证 $\int_{a}^{+\infty}[\int_{c}^{d}f(x,y)dy]dx$ 收敛于 $\int_{c}^{d}\varphi(y)dy$,即 (2.4) 成立. 即当 A 充分大时,$|\int_{a}^{A}[\int_{c}^{d}f(x,y)dy]dx - \int_{c}^{d}\varphi(y)dy| < \varepsilon$ 成立.

事实上,由 §1,累次积分可交换积分次序的定理,有

$$\int_{c}^{d}[\int_{a}^{A}f(x,y)dx]dy = \int_{a}^{A}[\int_{c}^{d}f(x,y)dy]dx.$$

于是

$$|\int_{a}^{A}[\int_{c}^{d}f(x,y)dy]dx - \int_{c}^{d}\varphi(y)dy| = |\int_{c}^{d}[\int_{a}^{A}f(x,y)dx]dy - \int_{c}^{d}[\int_{a}^{+\infty}f(x,y)dx]dy|$$

$$= |\int_{c}^{d}[\int_{A}^{+\infty}f(x,y)dx]dy| \leqslant \int_{c}^{d}|\int_{A}^{+\infty}f(x,y)dx|dy.$$

由假设 $\int_{a}^{+\infty}f(x,y)dx$ 在区间 $[c,d]$ 上一致收敛,故

$\forall\, \varepsilon > 0$,$\exists\, N = N(\varepsilon) > a$,当 $A > N$ 时,对一切 $y \in [c,d]$,都有

$$\left| \int_A^{+\infty} f(x,y)dx \right| < \frac{\varepsilon}{d-c}.$$

于是

$$\left| \int_a^A \left[\int_c^d f(x,y)dy \right]dx - \int_c^d \varphi(y)dy \right| \leqslant \int_c^d \left| \int_A^{+\infty} f(x,y)dx \right| dy$$

$$< \int_c^d \frac{\varepsilon}{d-c}dy = \frac{\varepsilon}{d-c} \cdot (d-c) = \varepsilon,$$

即 $\displaystyle\int_c^d \left[\int_a^{+\infty} f(x,y)dx \right]dy = \int_a^{+\infty} \left[\int_c^d f(x,y)dy \right]dx$ 成立.　　　证毕

定理三(可导性) 设

1° $f(x,y)$ 与 $f'_y(x,y)$ 在区域 $D = \{(x,y) \mid a \leqslant x < +\infty, c \leqslant y \leqslant d\}$ 上连续;

2° $\displaystyle\int_a^{+\infty} f(x,y)dx$ 在区间 $[c,d]$ 上收敛于 $\varphi(y)$;

3° $\displaystyle\int_a^{+\infty} f'_y(x,y)dx$ 在区间 $[c,d]$ 上一致收敛,则函数 $\varphi(y) = \displaystyle\int_a^{+\infty} f(x,y)dx$ 在区间 $[c,d]$ 上可导,且

$$\varphi'(y) = \frac{d}{dy}\int_a^{+\infty} f(x,y)dx = \int_a^{+\infty} f'_y(x,y)dx. \tag{2.5}$$

(2.5) 即求导"$\dfrac{d}{dy}$"与积分"$\displaystyle\int_a^{+\infty}$"可交换次序.

证 因 $f'_y(x,y)$ 在 D 上连续,且 $\displaystyle\int_c^d f'_y(x,y)dx$ 在区间 $[c,d]$ 上一致收敛,由积分可交换次序的定理二,$\forall t \in [c,d]$,有

$$\int_c^t \left[\int_a^{+\infty} f'_y(x,y)dx \right]dy = \int_a^{+\infty} \left[\int_c^t f'_y(x,y)dy \right]dx$$

$$= \int_a^{+\infty} [f(x,t) - f(x,a)]dx = \varphi(t) - \varphi(a).$$

两边关于 t 求导,得

$$\varphi'(t) = \int_a^{+\infty} f'_t(x,t)dx,$$

即 $\dfrac{d}{dy}\varphi(y) = \dfrac{d}{dy}\displaystyle\int_a^{+\infty} f(x,y)dx = \int_a^{+\infty} f'_y(x,y)dx.$　　　证毕

例 3 讨论下列函数的连续性:

(1) $\varphi(y) = \displaystyle\int_0^{+\infty} ye^{-xy^2}dx$, $y \in (-\infty, +\infty)$,　(2) $\varphi(y) = \displaystyle\int_1^{+\infty} \frac{xdx}{2+x^y}$, $y > 2$.

解 (1) 当 $y \neq 0$ 时,$\varphi(y) = \displaystyle\int_0^{+\infty} ye^{-xy^2}dx = -\frac{1}{y}e^{-xy^2} \Big|_0^{+\infty} = \frac{1}{y}$,当 $y = 0$ 时,$\varphi(0) = \displaystyle\int_0^{+\infty} 0 \cdot e^0 dx = 0$,即有

$$\varphi(y) = \begin{cases} \dfrac{1}{y}, & \text{当 } y \neq 0 \text{ 时}; \\ 0, & \text{当 } y = 0 \text{ 时}, \end{cases}$$

故 $\varphi(y)$ 在 $y = 0$ 处不连续.

(2) 考察积分 $\displaystyle\int_1^{+\infty} \frac{xdx}{2+x^y}$.由于当 $x \geqslant 1, y \geqslant y_0 > 2$ 时,有 $f(x,y) = \dfrac{x}{2+x^y}$ 连续,且

$$0 < \frac{x}{2+x^y} < \frac{x}{x^y} \leqslant \frac{1}{x^{y_0-1}},$$

而积分 $\displaystyle\int_1^{+\infty} \frac{dx}{x^{y_0-1}}$ 收敛,由 M 判别法,积分 $\displaystyle\int_1^{+\infty} \frac{xdx}{2+x^y}$ 对 $y \geqslant y_0 > 2$ 时一致收敛,从而积分 $\varphi(y) = \displaystyle\int_1^{+\infty} \frac{xdx}{2+x^y}$ 当 $y \geqslant y_0 > 2$ 时连续.由于当 $y_0 > 2$ 及 y_0 的任意性,故 $\varphi(y)$ 当 $y > 2$ 时连续.

例 4 计算积分 $I = \displaystyle\int_0^{+\infty} \frac{e^{-\alpha x^2} - e^{-\beta x^2}}{x}dx$ $(0 < \alpha < \beta)$.

解 被积函数 $f(x) = \dfrac{e^{-\alpha x^2} - e^{-\beta x^2}}{x}$,$f(0)$ 无定义,但由于

$$\lim_{x \to 0^+} \frac{e^{-\alpha x^2} - e^{-\beta x^2}}{x} = \lim_{x \to 0^+} \frac{-2\alpha x e^{-\alpha x^2} + 2\beta x e^{-\beta x^2}}{1} = 0,$$

因此,补充定义 $f(0) = 0$,则 $f(x)$ 在 $x \in [0, +\infty)$ 上连续.

又由于将 α 看作参数，考察 $\varphi(\alpha) = \int_0^{+\infty} f(x,\alpha)dx$，其中 $f(x,\alpha) = \begin{cases} \dfrac{e^{-\alpha x^2} - e^{-\beta x^2}}{x}, & \text{当} \ 0 < x < +\infty \ \text{时}; \\ 0, & \text{当} \ x = 0. \end{cases}$

当 $\beta > 0$ 取固定值，易知 $f(x,\alpha)$ 在 $D = \{(x,\alpha) \mid 0 \leqslant x < +\infty, 0 < \alpha < +\infty\}$ 上连续. 由于

$$\frac{e^{-\alpha x^2} - e^{-\beta x^2}}{x} = \int_\alpha^\beta x e^{-yx^2} dy,$$

因 $0 \leqslant x e^{-yx^2} \leqslant x e^{-\alpha x^2} \ (\alpha \leqslant y \leqslant \beta)$，而 $\int_0^{+\infty} x e^{-\alpha x^2} dx$ 收敛，故积分 $\int_0^{+\infty} x e^{-yx^2} dx$ 当 $\alpha \leqslant y \leqslant \beta$ 时一致收敛，从而积分

$$\int_0^{+\infty} \frac{e^{-\alpha x^2} - e^{-\beta x^2}}{x} dx = \int_0^{+\infty} \left[\int_\alpha^\beta x e^{-yx^2} dy \right] dx$$

可交换积分次序，于是

$$I = \int_\alpha^\beta \left[\int_0^{+\infty} x e^{-yx^2} dx \right] dy = \int_\alpha^\beta \left[\frac{e^{-yx^2}}{-2y} \Big|_{x=0}^{x=+\infty} \right] dy$$

$$= \int_\alpha^\beta \frac{1}{2y} dy = \frac{1}{2} \ln \frac{\beta}{\alpha}.$$

另解 本题也可用对参数求导得出.

考察 $\varphi(\alpha) = \int_0^{+\infty} f(x,\alpha)dx$，其中

$$f(x,\alpha) = \begin{cases} \dfrac{e^{-\alpha x^2} - e^{-\beta x^2}}{x}, & \text{当} \ 0 < x < +\infty; \\ 0, & \text{当} \ x = 0, \end{cases}$$

当 $\beta > 0$ 取固定值，$f(x,\alpha)$ 在区域 $D = \{(x,\alpha) \mid 0 \leqslant x < +\infty, 0 < \alpha < +\infty\}$ 上连续，$f'_\alpha(x,\alpha) = -x e^{-\alpha x^2}$ 在 D 上也连续，又由广义积分收敛性判别法，有

$$\lim_{x \to +\infty} x^2 \cdot \frac{e^{-\alpha x^2} - e^{-\beta x^2}}{x} = \lim_{x \to +\infty} \left(\frac{x}{e^{\alpha x^2}} - \frac{x}{e^{\beta x^2}} \right) = 0,$$

故对任何 $\alpha > 0, \beta > 0$，积分 $\int_0^{+\infty} \dfrac{e^{-\alpha x^2} - e^{-\beta x^2}}{x} dx$ 收敛，以及

$$\int_0^{+\infty} f'_\alpha(x,\alpha) dx = -\int_0^{+\infty} x e^{-\alpha x^2} dx.$$

当 $\alpha \geqslant \alpha_0 > 0, 0 \leqslant x < +\infty$ 时，$0 \leqslant x e^{-\alpha x^2} \leqslant x e^{-\alpha_0 x^2}$，而积分

$$\int_0^{+\infty} x e^{-\alpha_0 x^2} dx = \frac{1}{2\alpha_0}$$

收敛，故积分 $\int_0^{+\infty} x e^{-\alpha x^2} dx$ 在 $\alpha \geqslant \alpha_0$ 时一致收敛，因此，当 $\alpha \geqslant \alpha_0$ 时，可在积分号下对参数求导数，

$$\varphi'(\alpha) = \frac{d}{d\alpha} \int_0^{+\infty} f(x,\alpha)dx = \int_0^{+\infty} f'_\alpha(x,\alpha)dx = -\int_0^{+\infty} x e^{-\alpha x^2} dx = -\frac{1}{2\alpha}.$$

由 $\alpha_0 > 0$ 的任意性知，上式对一切 $\alpha > 0$ 皆成立. 积分，得

$$\varphi(\alpha) = -\frac{1}{2} \ln \alpha + C, \ (0 < \alpha < +\infty).$$

在上式中，令 $\alpha = \beta$，并由

$$I(\beta) = \int_0^{+\infty} \frac{e^{-\beta x^2} - e^{-\beta x^2}}{x} dx = 0 \quad \text{得} \quad 0 = I(\beta) = -\frac{1}{2} \ln \beta + C,$$

故 $C = \dfrac{1}{2} \ln \beta$. 于是

$$I(\alpha) = -\frac{1}{2} \ln \alpha + \frac{1}{2} \ln \beta = \frac{1}{2} \ln \frac{\beta}{\alpha}, \quad (0 < \alpha < \beta),$$

即 $\quad \displaystyle\int_0^{+\infty} \frac{e^{-\alpha x^2} - e^{-\beta x^2}}{x} dx = \frac{1}{2} \ln \frac{\beta}{\alpha}, \quad (0 < \alpha < \beta).$

例 5 计算积分 $I(\alpha) = \displaystyle\int_0^{+\infty} e^{-x^2} \cos 2\alpha x \, dx, \ -\infty < \alpha < +\infty.$

解 被积函数 $f(x,\alpha) = e^{-x^2} \cos 2\alpha x$，在区域 $D = \{(x,\alpha) \mid 0 \leqslant x < +\infty, \alpha_1 \leqslant \alpha \leqslant \alpha_2\}$ 上连续，其中 α_1, α_2 是任意符合条件 $\alpha_1 < \alpha_2$ 的两个实数. 以及 $f'_\alpha(x,\alpha) = -2x e^{-x^2} \sin 2\alpha x$ 也在 D 上连续.

又因
$$|f'_a(x,a)| = |-2xe^{-x^2}\sin 2ax| \leqslant 2xe^{-x^2},$$

而 $\int_0^{+\infty} 2xe^{-x^2}dx = -e^{-x^2}\Big|_0^{+\infty} = 1$ 收敛,由 M 判别法,

积分
$$\int_0^{+\infty} f'_a(x,a)dx = -\int_0^{+\infty} 2xe^{-x^2}\sin 2ax dx$$

在 $a \in [a_1, a_2]$ 上一致收敛,满足可导性定理三的条件,于是可在积分号下对参数 a 求导,得

$$
\begin{aligned}
I'(a) &= \frac{d}{da}\int_0^{+\infty} e^{-x^2}\cos 2ax dx = \int_0^{+\infty} \frac{d}{da}(e^{-x^2}\cos 2ax)dx \\
&= -\int_0^{+\infty} 2xe^{-x^2}\sin 2ax dx = \int_0^{+\infty}\sin 2ax de^{-x^2} \\
&= e^{-x^2}\sin 2ax\Big|_0^{+\infty} - \int_0^{+\infty} 2ae^{-x^2}\cos 2ax dx = -2a\int_0^{+\infty} e^{-x^2}\cos 2ax dx \\
&= -2aI(a),
\end{aligned}
$$

即 $\quad \dfrac{dI(a)}{I(a)} = -2ada$,两边积分,得

$$\ln I(a) = -a^2 + \ln C \quad \text{或} \quad I(a) = Ce^{-a^2}.$$

其中 C 为任意常数,又由

$$I(0) = \int_0^{+\infty} e^{-x^2}dx = \frac{\sqrt{\pi}}{2} \quad (\text{见例 6})$$

可得任意常数 $C = \dfrac{\sqrt{\pi}}{2}$,从而求得

$$I(a) = \frac{\sqrt{\pi}}{2}e^{-a^2}, \quad (a_1 \leqslant a \leqslant a_2).$$

由于 a_1, a_2 是任意的,故在 $-\infty < x < +\infty$ 上均有

$$I(a) = \int_0^{+\infty} e^{-x^2}\cos 2ax dx = \frac{\sqrt{\pi}}{2}e^{-a^2}.$$

2.5　二重广义积分的交换积分次序

定理四　若二元函数 $f(x,y)$ 满足条件:

1° $f(x,y)$ 在区域 $D = \{(x,y) \mid a \leqslant x < +\infty, c \leqslant y < +\infty\}$ 上连续;

2° $\displaystyle\int_a^{+\infty} f(x,y)dx$ 在 $y \in [c, +\infty)$ 上任何有限子区间上一致收敛;$\displaystyle\int_c^{+\infty} f(x,y)dy$ 在 $x \in [a, +\infty)$ 上任何有限子区间上一致收敛;

3° $\displaystyle\int_c^{+\infty}\Big[\int_a^{+\infty}|f(x,y)|dx\Big]dy$ 或 $\displaystyle\int_a^{+\infty}\Big[\int_c^{+\infty}|f(x,y)|dy\Big]dx$ 中有一个收敛,则二重广义积分可交换积分次序,即有

$$\int_c^{+\infty}\Big[\int_a^{+\infty} f(x,y)dx\Big]dy = \int_a^{+\infty}\Big[\int_c^{+\infty} f(x,y)dy\Big]dx. \tag{2.6}$$

事实上,由 3°,不妨假定 $\displaystyle\int_a^{+\infty}\Big[\int_c^{+\infty}|f(x,y)|dy\Big]dx$ 收敛,由广义积分的柯西准则,可证积分 $\displaystyle\int_a^{+\infty}\Big[\int_c^{+\infty} f(x,y)dy\Big]dx$ 收敛,然后证明另一次序的积分也收敛,而且二者相等,即成立

$$\lim_{d \to +\infty}\int_c^d\Big[\int_a^{+\infty} f(x,y)dx\Big]dy = \int_a^{+\infty}\Big[\int_c^{+\infty} f(x,y)dy\Big]dx.$$

这可由条件 2°,根据定理二得出.详细证明从略.

例 6　利用含参变量广义积分交换次序的方法证明泊松(Poisson)积分

$$I = \int_0^{+\infty} e^{-x^2}dx = \frac{\sqrt{\pi}}{2}.$$

证　令 $x = ut, u \geqslant 0$,于是 $I = u\displaystyle\int_0^{+\infty} e^{-u^2t^2}dt$.

将上式两边同乘 e^{-u^2},得

$$I \cdot e^{-u^2} = \int_0^{+\infty} ue^{-u^2} \cdot e^{-u^2t^2}dt = \int_0^{+\infty} ue^{-(1+t^2)u^2}dt.$$

两边对 u 积分,得

$$I \cdot \int_0^{+\infty} e^{-u^2} du = \int_0^{+\infty} \Big[\int_0^{+\infty} u e^{-(1+t^2)u^2} dt \Big] du.$$

容易验证上式右端二重广义积分满足定理四中条件,从而可交换积分次序,于是

$$I^2 = \int_0^{+\infty} \Big[\int_0^{+\infty} u e^{-(1+t^2)u^2} du \Big] dt = \int_0^{+\infty} \Big[-\frac{e^{-(1+t^2)u^2}}{2(1+t^2)} \Big|_{u=0}^{u=+\infty} \Big] dt$$

$$= \frac{1}{2} \int_0^{+\infty} \frac{1}{1+t^2} dt = \frac{1}{2} \operatorname{arctg} t \Big|_0^{+\infty} = \frac{\pi}{4}.$$

得

$$I = \int_0^{+\infty} e^{-x^2} dx = \frac{\sqrt{\pi}}{2}.$$

2.6 无界函数的含参变量的广义积分

前面我们讨论的含参变量的广义积分 $\int_a^{+\infty} f(x,y) dx$ 是区间无穷的情形,对于被积函数 $f(x,y)$ 在 $x=a$ 无界的广义积分 $\int_a^b f(x,y) dx$ ($\lim\limits_{x \to a^+} f(x,y) = \infty$) 存在着内在联系,事实上,对 $\int_a^b f(x,y) dx$ ($\lim\limits_{x \to a^+} f(x,y) = \infty$),作变量替换 $t = \frac{1}{x-a}$,$x = a + \frac{1}{t}$,$dx = -\frac{1}{t^2} dt$,则对任何 $u \in [a,b]$,有

$$\int_u^b f(x,y) dx = \int_{\frac{1}{u-a}}^{\frac{1}{b-a}} f\Big(a + \frac{1}{t} \cdot y\Big)\Big(-\frac{1}{t^2}\Big) dt = \int_{\frac{1}{b-a}}^{\frac{1}{u-a}} f\Big(a + \frac{1}{t}, y\Big)\Big(\frac{1}{t^2}\Big) dt$$

$$= \int_{\frac{1}{b-a}}^{\frac{1}{u-a}} g(t,y) dt = \int_c^v g(t,y) dt.$$

其中 $g(t,y) = f\Big(a + \frac{1}{t}, y\Big)\frac{1}{t^2}$,$v = \frac{1}{u-a}$,$c = \frac{1}{b-a}$. 当 $u \to a^+$ 时,$v = \frac{1}{u-a} \to +\infty$,于是

$$\lim_{u \to a^+} \int_u^b f(x,y) dx = \lim_{v \to +\infty} \int_c^v g(t,y) dt \text{ 或 } \int_a^b f(x,y) dx = \int_c^{+\infty} g(t,y) dt. \tag{2.7}$$

因此,一个无界函数的广义积分可以转化为无穷区间上的广义积分.

反之,对无穷区间上的广义积分 $\int_a^{+\infty} f(x,y) dx$ 令 $t = \frac{a}{x}$,则对任何 $u > a$,有

$$\int_a^u f(x,y) dx = \int_1^{\frac{a}{u}} f\Big(\frac{a}{t}, y\Big)\Big(-\frac{a}{t^2}\Big) dt = \int_{\frac{a}{u}}^1 f\Big(\frac{a}{t}, y\Big)\frac{a}{t^2} dt = \int_{\frac{a}{u}}^1 g(t,y) dt.$$

其中 $g(t,y) = f\Big(\frac{a}{t}, y\Big) \cdot \frac{a}{t^2}$,$v = \frac{a}{u}$,当 $u \to +\infty$ 时,$v \to 0^+$,于是

$$\lim_{u \to +\infty} \int_a^u f(x,y) dx = \lim_{v \to 0^+} \int_v^1 g(t,y) dt,$$

即

$$\int_a^{+\infty} f(x,y) dx = \int_0^1 g(t,y) dt. \tag{2.8}$$

这又把无穷区间上的广义积分转化为无界函数的广义积分.

由此可见,通过适当的变量代换,无界函数的广义积分与无穷区间上的广义积分可以互相转化,于是,关于无限区间上的广义积分的性质与收敛判别法都可以平行地过渡到无界函数的广义积分中来,故对无界函数的含参变量的广义积分不作详细讨论,只将若干重要结果叙述于下:

对于无界函数的含参变量的广义积分

$$\psi(y) = \int_a^b f(x,y) dx, \quad y \in [c,d]. \tag{2.9}$$

不妨设 $x=a$ 是唯一奇点,即 $\lim\limits_{x \to a^+} f(x,y) = \infty$.

一致收敛定义 $\forall \varepsilon > 0$,存在 $\delta = \delta(\varepsilon)$,使当 $a < a' < a + \delta$ 时,对一切 $y \in [c,d]$,恒有

$$\Big| \int_a^{a'} f(x,y) dx \Big| < \varepsilon,$$

则称广义积分 (2.9) 在区间 $[c,d]$ 上一致收敛.

柯西准则 广义积分 (2.9) 在区间 $[c,d]$ 上一致收敛的必要充分条件是:$\forall \varepsilon > 0$,存在 $\delta = \delta(\varepsilon)$,使当 $a < a_1 < a_2 < a + \delta$ 时,对一切 $y \in [c,d]$,恒有

$$\left| \int_{a_1}^{a_2} f(x,y)dx \right| < \varepsilon.$$

M 判别法   对广义积分(2.9),若

1° 存在函数 $M(x)$,使得在区域 $D = \{(x,y) \mid a < x \leqslant b, c \leqslant y \leqslant d\}$ 上,有 $|f(x,y)| \leqslant M(x)$;

2° $\int_a^b M(x)dx$ 收敛,

则广义积分(2.9)在区间$[c,d]$上一致收敛.

一致收敛的广义积分的分析性质:

(1) **(连续性)**   设 $f(x,y)$ 在区域 $D = \{(x,y) \mid a < x \leqslant b, c \leqslant y \leqslant d\}$ 上连续,无界函数广义积分$\int_a^b f(x,y)dx$在区间$[c,d]$上一致收敛于函数 $\psi(y)$,则 $\psi(y)$ 在区间$[c,d]$上连续,即 $\lim\limits_{y \to y_0} \psi(y) = \psi(y_0)$ 或

$$\lim_{y \to y_0} \int_a^b f(x,y)dx = \int_a^b \lim_{y \to y_0} f(x,y)dx, \quad y_0 \in [c,d]. \tag{2.10}$$

(2) **(可积性)**   设 $f(x,y)$ 在区域 $D = \{(x,y) \mid a < x \leqslant b, c \leqslant y \leqslant d\}$ 上连续,无界函数广义积分$\int_a^b f(x,y)dx$在区间$[c,d]$上一致收敛于函数 $\psi(y)$,则 $\psi(y)$ 在区间$[c,d]$上可积,并有

$$\int_c^d \left[\int_a^b f(x,y)dx \right] dy = \int_a^b \left[\int_c^d f(x,y)dy \right] dx. \tag{2.11}$$

(3) **(可导性)**   设 1° $f(x,y)$ 与 $f'_y(x,y)$ 在区域 $D = \{(x,y) \mid a < x \leqslant b, c \leqslant y \leqslant d\}$ 上连续;

2° $\int_a^b f(x,y)dx$ 在$[c,d]$上收敛于函数 $\psi(y)$;

3° $\int_a^b f'_y(x,y)dx$ 在$[c,d]$上一致收敛,

则函数 $\psi(y) = \int_a^b f(x,y)dx$ 在区间$[c,d]$上有连续导数,且

$$\psi'(y) = \frac{d}{dy} \int_a^b f(x,y)dx = \int_a^b f'_y(x,y)dx. \tag{2.12}$$

§ 3   B（Beta）函数

下面两个含参变量的广义积分

$$\Gamma(s) = \int_0^{+\infty} x^{s-1}e^{-x}dx, (s > 0); \tag{3.1}$$

$$B(p,q) = \int_0^1 x^{p-1}(1-x)^{q-1}dx, (p > 0, q > 0) \tag{3.2}$$

统称**欧拉积分**,它们表示的函数分别称为 Γ **函数**和 B **函数**.

在第六章,已经证明(3.1)的积分当$s > 0$时收敛,所以 $\Gamma(s)$ 的定义域是$s > 0$.同样可以证明(3.2)的积分当 $p > 0, q > 0$ 时收敛,所以 $B(p,q)$ 的定义域是 $p > 0, q > 0$.

3.1 $\Gamma(s)$ 与 $B(p,q)$ 的连续性

(一) $\Gamma(s)$ 在 $s \in (0, +\infty)$ 上连续

证   任取一点 $s \in (0, +\infty)$,总存在正数 a,b,使得 $0 < a \leqslant s \leqslant b$,由于

$$\Gamma(s) = \int_0^{+\infty} x^{s-1}e^{-x}dx = \int_0^1 x^{s-1}e^{-x}dx + \int_1^{+\infty} x^{s-1}e^{-x}dx,$$

$$0 < x^{s-1}e^{-x} \leqslant x^{a-1}e^{-x}, \quad (0 < x < 1, s \geqslant a > 0),$$

而 $\int_0^1 x^{a-1}e^{-x}dx$ 收敛,故 $\int_0^1 x^{s-1}e^{-x}dx$ 在 $s \geqslant a > 0$ 上一致收敛. 又由于

$$0 < x^{s-1}e^{-x} \leqslant x^{b-1}e^{-x}, \quad (x \geqslant 1, s \leqslant b),$$

而 $\int_1^{+\infty} x^{b-1}e^{-x}dx$ 收敛,所以 $\int_1^{+\infty} x^{s-1}e^{-x}dx$ 在 $s \leqslant b$ 上一致收敛.

综合上述,积分$\int_0^{+\infty} x^{s-1}e^{-x}dx$ 在 $0 < a \leqslant s \leqslant b$ 上一致收敛. 又被积函数 $f(x,s) = x^{s-1}e^{-x}$ 在区域 $D = \{(x, s) \mid 0 < x < +\infty, 0 < s < +\infty\}$ 上连续,因此,由上节定理一,$\Gamma(s)$ 在 $s \in [a,b]$ 上连续,由a,b的任意性得$\Gamma(s)$

在 $s \in (0, +\infty)$ 上连续.

(二) $B(p,q)$ 在 $p \in (0, +\infty), q \in (0, +\infty)$ 上连续

由于 $B(p,q) = \int_0^1 x^{p-1}(1-x)^{q-1}dx$, 所以对任意的正数 p_0, q_0, 当 $p \geqslant p_0, q \geqslant q_0$ 时, 都有

$$x^{p-1}(1-x)^{q-1} \leqslant x^{p_0-1}(1-x)^{q_0-1}, \quad (0 < x < 1),$$

而 $\int_0^1 x^{p_0-1}(1-x)^{q_0-1}dx = B(p_0, q_0)$ 收敛, 由 M 判别法, 积分 $\int_0^1 x^{p-1}(1-x)^{q-1}dx$ 当 $p \geqslant p_0 > 0, q \geqslant q_0 > 0$ 时一致收敛. 又被积函数 $f(x,p,q) = x^{p-1}(1-x)^{q-1}$ 当 $0 < x < 1, p > 0, q > 0$ 连续, 由一致收敛广义积分的性质知二元函数 $B(p,q)$ 当 $p \geqslant p_0, q \geqslant q_0$ 连续. 由 $p_0 > 0, q_0 > 0$ 的任意性, 得 $B(p,q)$ 当 $p > 0, q > 0$ 时连续.

3.2 $\Gamma(s)$ 与 $B(p,q)$ 的可导性

(1) 对任何正整数 n, $\Gamma(s)$ 的 n 阶导数 $\Gamma^{(n)}(s)$ 在 $s \in (0, +\infty)$ 都存在连续, 并且可在积分号下求导数, 即有

$$\Gamma^{(n)}(s) = \int_0^{+\infty} x^{s-1}(\ln x)^n e^{-x}dx, \quad (s > 0). \tag{3.3}$$

(2) 对任何正整数 n, $B(p,q)$ 的 n 阶偏导数在 $p > 0, q > 0$ 时都存在连续, 并且可在积分号下求偏导数, 即有

$$\frac{\partial^n B(p,q)}{\partial p^n} = \int_0^1 x^{p-1}(1-x)^{q-1}(\ln x)^n dx, \quad (p > 0, q > 0); \tag{3.4}$$

$$\frac{\partial^n B(p,q)}{\partial q^n} = \int_0^1 x^{p-1}(1-x)^{q-1}[\ln(1-x)]^n dx, \quad (p > 0, q > 0); \tag{3.5}$$

$$\frac{\partial^n B(p,q)}{\partial p^k \partial q^{n-k}} = \int_0^1 x^{p-1}(1-x)^{q-1}(\ln x)^k[\ln(1-x)]^{n-k}dx, \quad (p > 0, q > 0). \tag{3.6}$$

以上结果都可由含参变量的广义积分的可导性定理及数学归纳法得出, 证略.

3.3 $B(p,q)$ 的计算公式

(一) $B(p,q)$ 具有对称性, 即

$$B(p,q) = B(q,p), \quad (p > 0, q > 0). \tag{3.7}$$

证 令 $x = 1 - u, dx = -du$, 于是

$$B(p,q) = \int_0^1 x^{p-1}(1-x)^{q-1}dx = -\int_1^0 (1-u)^{p-1}u^{q-1}du$$

$$= \int_0^1 u^{q-1}(1-u)^{p-1}du = B(q,p). \qquad \text{证毕}$$

(二) $B(p,q)$ 的递推公式

$$B(p+1, q+1) = \frac{pq}{(p+q+1)(p+q)}B(p,q), \quad (p > 0, q > 0). \tag{3.8}$$

证 利用分部积分法, 有

$$B(p+1, q+1) = \int_0^1 x^p(1-x)^q dx = \int_0^1 (1-x)^q d(\frac{x^{p+1}}{p+1})$$

$$= \left[\frac{x^{p+1}}{p+1}(1-x)^q\right]\Big|_{x=0}^{x=1} + \frac{q}{p+1}\int_0^1 x^{p+1}(1-x)^{q-1}dx$$

$$= \frac{q}{p+1}\int_0^1 [x^p - x^p(1-x)](1-x)^{q-1}dx$$

$$= \frac{q}{p+1}[B(p+1, q) - B(p+1, q+1)],$$

于是

$$B(p+1, q+1) = \frac{q}{p+q+1}B(p+1, q), \quad (p > 0, q > 0).$$

上式中, 以 p 代 $p+1$ 仍然成立, 即

$$B(p, q+1) = \frac{q}{p+q}B(p,q), \quad (p > 0, q > 0).$$

由对称性, 有

$$B(p+1, q) = \frac{p}{p+q}B(p,q), \quad (p > 0, q > 0).$$

得 $$B(p+1,q+1) = \frac{pq}{(p+q+1)(p+q)}B(p,q), \quad (p>0,q>0).$$ 证毕

（三）$B(p,q)$ 的另外两种表达式

（1）作变量变换 $x = \sin^2\theta$，得

$$B(p,q) = \int_0^{\frac{\pi}{2}} \sin^{2(p-1)}\theta \cdot \cos^{2(q-1)}\theta \cdot 2\sin\theta\cos\theta d\theta$$

$$= 2\int_0^{\frac{\pi}{2}} \sin^{2p-1}\theta \cdot \cos^{2q-1}\theta \cdot d\theta. \tag{3.9}$$

特别，令 $p = q = \frac{1}{2}$，得 $B(\frac{1}{2},\frac{1}{2}) = 2\int_0^{\frac{\pi}{2}} d\theta = \pi$.

（2）作变量变换 $x = \frac{1}{1+t}$，则 $1 - x = \frac{t}{1+t}, dx = -\frac{dt}{(1+t)^2}$，于是

$$B(p,q) = \int_{+\infty}^0 (\frac{1}{1+t})^{p-1}(\frac{t}{1+t})^{q-1} \cdot \frac{-dt}{(1+t)^2} = \int_0^{+\infty} \frac{t^{q-1}}{(1+t)^{p+q}}dt. \tag{3.10}$$

（四）$B(p,q)$ 与 $\Gamma(s)$ 之间的关系

（1）**转化公式** $B(p,q) = \frac{\Gamma(p)\Gamma(q)}{\Gamma(p+q)}, \quad (p>0,q>0).$ \tag{3.11}

证 在 Γ 函数中，令 $x = y^2$，有

$$\Gamma(s) = \int_0^{+\infty} x^{s-1}e^{-x}dx = 2\int_0^{+\infty} y^{2s-1}e^{-y^2}dy.$$

于是 $\Gamma(p)\Gamma(q) = 2\int_0^{+\infty} x^{2q-1}e^{-x^2}dx \cdot 2\int_0^{+\infty} y^{2p-1}e^{-y^2}dy$

$$= 4\int_0^{+\infty}\int_0^{+\infty} x^{2q-1}y^{2p-1}e^{-x^2-y^2}dxdy.$$

令 $x = r\cos\theta, y = r\sin\theta$，得

$$\Gamma(p)\Gamma(q) = 2\int_0^{\frac{\pi}{2}} \sin^{2p-1}\theta\cos^{2q-1}\theta d\theta \cdot 2\int_0^{+\infty} r^{2(p+q)-1}e^{-r^2}dr = B(p,q) \cdot \Gamma(p+q),$$

即有 $$B(p,q) = \frac{\Gamma(p)\Gamma(q)}{\Gamma(p+q)}.$$ 证毕

当 p,q 均为自然数时，由 $\Gamma(n+1) = n!$，得

$$B(p,q) = \frac{(p-1)!(q-1)!}{(p+q-1)!}.$$

（2）**余元公式**

$$B(p,1-p) = \Gamma(p)\Gamma(1-p) = \frac{\pi}{\sin p\pi}, \quad (0<p<1). \tag{3.12}$$

证 由（3.11），得 $\Gamma(p)\Gamma(1-p) = B(p,1-p) \cdot \Gamma(1)$,

因 $\Gamma(1) = \int_0^{+\infty} e^{-x}dx = 1$，以及由公式（3.10），（3.7）得

$$B(p,1-p) = \int_0^{+\infty} \frac{t^{p-1}}{1+t}dt,$$

可以证明（从略） $\int_0^{+\infty} \frac{t^{p-1}}{1+t}dt = \frac{\pi}{\sin p\pi}, \quad (0<p<1).$

综合上述，得

$$B(p,1-p) = \Gamma(p)\Gamma(1-p) = \frac{\pi}{\sin p\pi}.$$ 证毕

例 1 计算 $\int_0^{+\infty} e^{-ax^2}dx \quad (a>0).$

解 由（3.11），得

$$\Gamma(\frac{1}{2})\Gamma(\frac{1}{2}) = B(\frac{1}{2},\frac{1}{2}) = \pi,$$

故 $$\Gamma(\frac{1}{2}) = \sqrt{\pi},$$

又在积分 $\int_0^{+\infty} e^{-x^2}dx$ 中，令 $x^2 = t, dx = \frac{dt}{2\sqrt{t}}$，于是

$$\int_0^{+\infty} e^{-x^2}dx = \frac{1}{2}\int_0^{+\infty} t^{-\frac{1}{2}}e^{-t}dt = \frac{1}{2}\int_0^{+\infty} t^{\frac{1}{2}-1}e^{-t}dt = \frac{1}{2}\Gamma(\frac{1}{2}) = \frac{\sqrt{\pi}}{2}.$$

因此,得

$$\int_0^{+\infty} e^{-ax^2}dx = \frac{1}{2}\sqrt{\frac{\pi}{a}}, \quad (a > 0).$$

例2 计算积分

$(1)\displaystyle\int_0^1 \frac{dx}{\sqrt{1-x^{1/4}}},\qquad (2)\displaystyle\int_0^{\frac{\pi}{2}}\sin^{\frac{3}{2}}x\cos^{\frac{1}{2}}xdx.$

解 (1) 先将积分化成 B 函数的形式,令 $t = x^{\frac{1}{4}}$,有

$$\int_0^1 \frac{dx}{\sqrt{1-x^{1/4}}} = 4\int_0^1 t^3(1-t)^{-\frac{1}{2}}dt = 4\int_0^1 t^{4-1}(1-t)^{\frac{1}{2}-1}dt$$

$$= 4B(4,\frac{1}{2}) = 4\frac{\Gamma(4)\Gamma(\frac{1}{2})}{\Gamma(\frac{9}{2})} = 4\frac{3!\Gamma(\frac{1}{2})}{\frac{7}{2}\cdot\frac{5}{2}\cdot\frac{3}{2}\cdot\frac{1}{2}\Gamma(\frac{1}{2})} = \frac{128}{35}.$$

(2) 由公式(3.9),有

$$\int_0^{\frac{\pi}{2}}\sin^{\frac{3}{2}}x\cos^{\frac{1}{2}}xdx = \frac{1}{2}\cdot 2\int_0^{\frac{\pi}{2}}\sin^{2\cdot\frac{5}{4}-1}x\cdot\cos^{2\cdot\frac{3}{4}-1}xdx$$

$$= \frac{1}{2}B(\frac{5}{4},\frac{3}{4}) = \frac{1}{2}\frac{\frac{1}{4}\Gamma(\frac{1}{4})\Gamma(\frac{3}{4})}{\Gamma(2)} = \frac{1}{8}\Gamma(\frac{1}{4})\Gamma(\frac{3}{4})$$

$$= \frac{1}{8}\Gamma(\frac{1}{4})\Gamma(1-\frac{1}{4}) = \frac{1}{8}\frac{\pi}{\sin\frac{1}{4}\pi} = \frac{\sqrt{2}}{8}\pi.$$

例3 计算积分

$(1)\displaystyle\int_0^{+\infty}\frac{x^{a-1}}{1+x^\beta}dx \quad (0 < a < \beta), \quad (2)\displaystyle\int_0^{+\infty}\frac{x^{\frac{1}{2}}}{1+x^{\frac{9}{2}}}dx.$

解 (1) 令 $x^\beta = t$,则 $x = t^{\frac{1}{\beta}}, dx = \frac{1}{\beta}t^{\frac{1}{\beta}-1}dt$,于是

$$\int_0^{+\infty}\frac{x^{a-1}}{1+x^\beta}dx = \int_0^{+\infty}\frac{1}{\beta}\frac{t^{\frac{a}{\beta}-1}}{1+t}dt = \frac{1}{\beta}B(1-\frac{a}{\beta},\frac{a}{\beta})$$

$$= \frac{1}{\beta}\Gamma(\frac{a}{\beta})\Gamma(1-\frac{a}{\beta}) = \frac{\pi}{\beta\sin\frac{a}{\beta}\pi}, \quad (0 < a < \beta).$$

$(2)\displaystyle\int_0^{+\infty}\frac{x^{\frac{1}{2}}}{1+x^{\frac{9}{2}}}dx = \int_0^{+\infty}\frac{x^{\frac{3}{2}-1}}{1+x^{\frac{9}{2}}}dx = \frac{\pi}{\frac{9}{2}\sin\frac{3}{2}\cdot\frac{2}{9}\pi} = \frac{\pi}{\frac{9}{2}\sin\frac{\pi}{3}} = \frac{4\sqrt{3}}{27}\pi.$

例4 求由曲线 $|x|^n + |y|^n = a^n$ $(n > 0, a > 0)$ 所围面积.

解 所求面积为 $A = 4\displaystyle\int_0^a(a^n - x^n)^{\frac{1}{n}}dx.$

令 $x = at^{\frac{1}{n}},\quad dx = \frac{a}{n}t^{\frac{1}{n}-1}dt$,于是

$$A = \frac{4a^2}{n}\int_0^1 t^{\frac{1}{n}-1}(1-t)^{\frac{1}{n}}dt = \frac{4a^2}{n}B(\frac{1}{n},\frac{1}{n}+1)$$

$$= \frac{4a^2}{n}\frac{\Gamma(\frac{1}{n})\Gamma(\frac{1}{n}+1)}{\Gamma(\frac{2}{n}+1)} = \frac{4a^2}{n}\frac{\Gamma(\frac{1}{n})\cdot\frac{1}{n}\Gamma(\frac{1}{n})}{\frac{2}{n}\Gamma(\frac{2}{n})} = \frac{2a^2}{n}\frac{[\Gamma(\frac{1}{n})]^2}{\Gamma(\frac{2}{n})}.$$

例如 $n = 2$ 时,得圆面积

$$A = \frac{2a^2}{2}\cdot\frac{[\Gamma(\frac{1}{2})]^2}{\Gamma(1)} = a^2\cdot\frac{(\sqrt{\pi})^2}{1} = \pi a^2.$$

习题十四

§ 1

1. 计算 $\lim_{r \to 0} \int_0^2 x^2 \cos yx \, dx$.

2. 验证 $\int_0^1 dy \int_0^1 \dfrac{x^2 - y^2}{(x^2 + y^2)^2} dx \neq \int_0^1 dx \int_0^1 \dfrac{x^2 - y^2}{(x^2 + y^2)^2} dy$.

3. 对下列函数 $\varphi(y)$ 求 $\varphi'(y)$：

   (1) $\varphi(y) = \int_y^{y^2} e^{-x^2 y} dx$,   (2) $\varphi(y) = \int_0^y \dfrac{\ln(1 + xy)}{x} dx$.

4. 设 $\varphi(y) = \int_a^b f(x) |y - x| dx, a < b$，其中 $f(x)$ 在 $[a,b]$ 上连续，求 $\varphi''(y)$.

5. 设 $\varphi(y) = \int_a^y f(x)(y - x)^{n-1} dx$，求 $\varphi^{(n)}(y)$.

6. 设 $f(x,y)$ 在积分区域 $\sigma = \{(x,y) \mid x^2 + y^2 \leqslant t^2, t > 0\}$ 上连续，又 $F(t) = \iint\limits_{\sigma} f(x,y) d\sigma$，求 $F'(t)$.

7. 设 $f(x) = (\int_0^x e^{-t^2} dt)^2, g(x) = \int_0^1 \dfrac{e^{-(1+t^2)x^2}}{1 + t^3} dt$，试证：

   (1) $f'(x) + g'(x) = 0, f(x) + g(x) = \dfrac{\pi}{4}, (x \geqslant 0)$.

   (2) 利用 (1) 证明 $\int_0^{+\infty} e^{-x^2} dx = \dfrac{\sqrt{\pi}}{2}$.

§ 2

8. 判别下列积分在指定区间上的一致收敛性：

   (1) $\int_0^{+\infty} \dfrac{\cos xy}{x^2 + y^2} dx, y \in (-\infty, +\infty)$.

   (2) $\int_0^{+\infty} e^{-xy} \sin \beta x \, dx$ (i) $0 < \delta \leqslant y < +\infty$,   (ii) $0 < y < +\infty$.

9. 计算下列积分：

   (1) $\varphi(y) = \int_0^{+\infty} \dfrac{1 - \cos xy}{x} e^{-kx} dx$ $(k > 0)$.

   (2) $\varphi(y) = \int_0^{+\infty} \dfrac{1 - e^{-x^2 y}}{x^2} dx$ $(y > 0)$.

   (3) $\varphi(y) = \int_0^{+\infty} e^{-x^2 - \frac{y^2}{x^2}} dx$ $(y > 0)$.

10. 已知 $\int_0^{+\infty} \dfrac{\sin x}{x} dx = \dfrac{\pi}{2}$，试证：

    (1) $\int_0^{+\infty} \dfrac{\sin x \cos x}{x} dx = \dfrac{\pi}{4}$,   (2) $\int_0^{+\infty} \dfrac{\sin^2 x}{x^2} dx = \dfrac{\pi}{2}$.

§ 3

11. 求曲线 $(\dfrac{x}{a})^n + (\dfrac{y}{b})^n = 1 (a,b,n > 0)$ 在第一象限部分和坐标轴所围面积.

12. 试证双纽线 $r^2 = 2a^2 \cos 2\theta (a > 0)$ 的弧长为

$$L = \frac{4\sqrt{2}}{3} a \int_0^1 \frac{dx}{\sqrt{1 - x^4}} = \frac{4\sqrt{2}a}{3} \frac{\Gamma(\frac{1}{4})\Gamma(\frac{1}{2})}{\Gamma(\frac{3}{4})}.$$

13. 试证 $\int_0^{\frac{\pi}{2}} \sin^m x \cos^n x \, dx = \dfrac{1}{2} \dfrac{\Gamma(\frac{m+1}{2})\Gamma(\frac{n+1}{2})}{\Gamma(\frac{m+n}{2} + 1)}, (m > -1, n > -1)$.

14. 设 $a,b,c > 0, V = \{(x,y,z) \mid x + y + z \leqslant 1, x \geqslant 0, y \geqslant 0, z \geqslant 0\}$，试证：

$$\iiint\limits_{V} x^{a-1} y^{b-1} z^{c-1} dV = \frac{1}{a+b+c} \frac{\Gamma(a)\Gamma(b)\Gamma(c)}{\Gamma(a+b+c)}.$$

附　录

§1　微分方程解的存在唯一性定理

用微分方程来描述某种实际现象或物质变化过程中,首先关心的是对所提出的定解问题的解是否存在而且唯一,不然,所提出的定解问题就失去了实际意义,又若一个定解问题的解存在而且唯一,那么,也就不依赖于求解的方法或所求解的表达形式,在数值解法中,只要求解方法是收敛的,这时,近似解就能任意逼近所求唯一解.

(一) 定理的叙述

定理一(Cauchy-Picard)　设 $f(x,y)$ 与 $f'_y(x,y)$ 在矩形域 $D=\{(x,y)\,|\,|x-x_0|\leqslant a,|y-y_0|\leqslant b\}$ 上连续[①],则存在某个 x_0 的 l 邻域 $\{x\,|\,|x-x_0|<l\}$,在此邻域内,定解问题

$$\begin{cases} y'=f(x,y), \\ y|_{x=x_0}=y_0 \end{cases} \tag{1.1}$$

存在唯一解,其中 $l=\min\{a,\dfrac{b}{M}\}$,M 是 $f(x,y)$ 在 D 上的一个界,即 $|f(x,y)|\leqslant M,(x,y)\in D$.

例 1　一阶线性微分方程定解问题

$$\begin{cases} y'+P(x)y=Q(x), \\ y|_{x=x_0}=y_0. \end{cases}$$

其中 $P(x),Q(x)$ 在区间 (a,b) 内连续,$x_0\in(a,b)$.

将方程改写为

$$y'=Q(x)-P(x)y,$$

这里 $f(x,y)=Q(x)-P(x)y$,$f'_y=-P(x)$ 都在点 x_0 的任何 l 邻域 $\{x\,|\,|x-x_0|<l\}\subset(a,b)$ 内连续,因此,在该邻域内定解问题存在唯一解.

定理二　设 $n(n\geqslant 2)$ 阶微分方程的定解问题

$$\begin{cases} y^{(n)}=f(x,y,y',y'',\cdots,y^{(n-1)}), \\ y|_{x=x_0}=y_0,y'|_{x=x_0}=y'_0,\cdots,y^{(n-1)}|_{x=x_0}=y_0^{(n-1)}. \end{cases} \tag{1.2}$$

其中 $f,f'_y,f'_{y'},\cdots,f'_{y^{(n-1)}}$ 在 n 维空间包含点 $(x_0,y_0,y'_0,\cdots,y_0^{(n-1)})$ 的某个闭区域上连续,则存在 x_0 的一个邻域:$\{x\,|\,|x-x_0|<l\}$,在该邻域内,定解问题(1.2)存在唯一解.

例 2　二阶线性微分方程定解问题

$$\begin{cases} y''+p(x)y'+q(x)y=f(x), \\ y|_{x=x_0}=y_0,y'|_{x=x_0}=y'_0. \end{cases}$$

其中 $p(x),q(x),f(x)$ 在区间 (a,b) 内连续,$x_0\in(a,b)$.

将方程改写为

$$y''=f(x)-q(x)y-p(x)y',$$

于是 $f(x,y,y')=f(x)-q(x)y-p(x)y'$,

$$f'_y(x,y,y')=-q(x),\quad f'_{y'}(x,y,y')=-p(x),$$

由假设条件知,$f,f'_y,f'_{y'}$ 都在包含点 (x_0,y_0,y'_0) 的某个闭区域上连续,因此,由解的存在唯一定理二,该定解问题存在唯一的解.

定理三　设定解问题

[①] $f'_y(x,y)$ 在区域 D 上连续,这条件可放宽为 $f(x,y)$ 在 D 上满足李普希兹(Lipschitz)条件:
$$|f(x,\bar{y})-f(x,y)|\leqslant N|\bar{y}-y|\quad(N\text{ 是正常数}).$$

$$\begin{cases} y' = f(x,y,z); \\ z' = g(x,y,z); \\ y|_{x=x_0} = y_0, z|_{x=x_0} = z_0. \end{cases} \quad (1.3)$$

其中 f,g,f'_y,f'_z,g'_y,g'_z 都在包含点 (x_0,y_0,z_0) 的某个闭区域 $V = \{(x,y,z) \mid |x-x_0| \leqslant a, |y-y_0| \leqslant b, |z-z_0| \leqslant c\}$ 上连续,则存在 x_0 的一个邻域 $\{x \mid |x-x_0| < l\} \subset V$,使得在此邻域内,定解问题存在唯一的一组解.

例 3 设方程组定解问题

$$\begin{cases} y' = x - 3y - z; \\ z' = x + y - z; \\ y|_{x=0} = 1, z|_{x=0} = 2. \end{cases}$$

于是 $f(x,y,z) = x - 3y - z, g(x,y,z) = x + y - z.$

$$f'_y = -3, f'_z = -1, g'_y = 1, g'_z = -1$$

都在包含点 $(0,1,2)$ 的任何闭区域 $V = \{(x,y,z) \mid |x-0| \leqslant a, |y-1| \leqslant b, |z-2| \leqslant c\}$ 上连续,因此,该定解问题的解存在唯一.

(二) 微分方程定解问题与积分方程的联系

证明微分方程定解问题

$$\begin{cases} y' = f(x,y), \\ y|_{x=x_0} = y_0 \end{cases} \quad (1.4)$$

与积分方程 $y = y_0 + \int_{x_0}^{x} f(x,y)dx$ 等价,并用迭代法求其近似解.

证 将 (1.4) 的微分方程两端从 x_0 到 x 积分,得

$$\int_{x_0}^{x} y' dx = \int_{x_0}^{x} f(x,y)dx,$$

由 $y|_{x=x_0} = y_0$,得

$$y - y_0 = \int_{x_0}^{x} f(x,y)dx,$$

即

$$y = \int_{x_0}^{x} f(x,y)dx + y_0. \quad (1.5)$$

(1.5) 中未知函数 $y = y(x)$ 出现在积分的被积式中,这样的方程称为**积分方程**.

显然,(1.4) 的解一定满足 (1.5).反之,(1.5) 的解也一定满足 (1.4).事实上,设 $y = y(x)$ 满足 (1.5),

即

$$y(x) \equiv \int_{x_0}^{x} f[x,y(x)]dx + y_0,$$

以 $x = x_0$ 代入,得 $y(x_0) = y_0$.再将式两边对 x 求导,得

$$y'(x) \equiv f[x,y(x)].$$

因此,(1.5) 的解一定满足 (1.4).即 (1.4) 与 (1.5) 等价.

这样,求解 (1.4),只要求解 (1.5) 就可以了,用迭代法求 (1.5) 的解,过程如下:

以 $y = y_0$ 作为零次近似解,将它代入 (1.5) 右边,所得到的函数作为一次近似解,并记为 $y_1(x)$,即

$$y_1(x) = \int_{x_0}^{x} f(x,y_0)dx + y_0.$$

再将 $y = y_1(x)$ 代入 (1.5) 右边,所得到的函数作二次近似解,并记为 $y_2(x)$,即

$$y_2(x) = \int_{x_0}^{x} f(x,y_1(x))dx + y_0,$$

如此继续下去,设已求得第 k 次近似解 $y = y_k(x)$,那么,第 $k+1$ 次近似解为

$$y_{k+1}(x) = \int_{x_0}^{x} f(x,y_k(x))dx + y_0. \quad (1.6)$$

下面,在定理一证明中将得出:当 (1.4) 满足定理一的条件时,由迭代法得出的近似解 $y_k(x)$ 一定趋于 (1.4) 的精确解.

例 4 用迭代法求

$$\begin{cases} y' = x^2 + y^2, \\ y|_{x=0} = 1 \end{cases}$$

的逐次近似解 y_0, y_1, y_2.

解 定解问题等价于积分方程

$$y = \int_0^x (x^2 + y^2)dx + 1,$$

于是 $y_0(x) = 1$, 代入上式, 得

$$y_1(x) = \int_0^x (x^2 + 1^2)dx + 1 = \frac{x^3}{3} + x + 1;$$

$$y_2(x) = \int_0^x [x^2 + (\frac{x^3}{3} + x + 1)^2]dx + 1 = \frac{x^7}{63} + \frac{2x^5}{15} + \frac{x^4}{6} + \frac{2x^3}{3} + x^2 + x + 1.$$

定理一(Cauchy-Picard) **的证明**

设 $f(x,y), f'_y(x,y)$ 在闭区域 $D = \{(x,y)\,|\,|x-x_0| \leqslant a, |y-y_0| \leqslant b\}$ 上连续, 则存在正数 l, 使得在 $\{x\,|\,|x-x_0| < l\}$ 上, 定解问题

$$\begin{cases} y' = f(x,y), \\ y|_{x=x_0} = y_0 \end{cases} \tag{1.7}$$

存在唯一解 $y = y(x)$. 其中 $l = \min\{a, \frac{b}{M}\}$, $|f(x,y)| \leqslant M, (x,y) \in D$.

证 考虑与(1.7)等价的积分方程

$$y = y_0 + \int_{x_0}^x f(x,y)dx, \tag{1.8}$$

用迭代法构造出函数列 $\{y_n(x)\}$:

$$y_0(x) = y_0;$$

$$y_1(x) = y_0 + \int_{x_0}^x f(x,y_0)dx;$$

$$y_2(x) = y_0 + \int_{x_0}^x f[x, y_1(x)]dx;$$

$$\cdots \quad \cdots \quad \cdots$$

$$y_n(x) = y_0 + \int_{x_0}^x f[x, y_{n-1}(x)]dx;$$

$$\cdots \quad \cdots \quad \cdots$$

下面证明当 $n \to \infty$ 时, $y_n(x)$ 存在极限函数 $y(x)$, 且 $y(x)$ 满足积分方程(1.8), 于是, 也就证明了微分方程定解问题(1.7)解的存在性, 然后再证明解的唯一性. 按以下四个步骤来证明:

(1) 证明 当 $|x-x_0| \leqslant l$ 时, 解的逐次近似 $y_n(x)$ 的图形都不越出区域 D, 亦即 $|y_n(x) - y_0| \leqslant b$.

由归纳法. 选择函数 $y_0(x) \equiv y_0$, 当然满足, 假设函数 $y_{n-1}(x)$ 的图形不越出区域 D, 由

$$y_n(x) = y_0 + \int_{x_0}^x f[x, y_{n-1}(x)]dx,$$

得

$$|y_n(x) - y_0| = |\int_{x_0}^x f[x, y_{n-1}(x)dx| \leqslant |\int_{x_0}^x |f[x, y_{n-1}(x)]||dx|$$

$$\leqslant M \cdot |x-x_0| \leqslant M \cdot \frac{b}{M} = b.$$

(2) 证明 当 $|x-x_0| < l$ 时, $\lim_{n \to \infty} y_n(x) = y(x)$ 存在, 连续.

考虑级数

$$y_0 + (y_1 - y_0) + (y_2 - y_1) + \cdots + (y_n - y_{n-1}) + \cdots,$$

其部分和是

$$S_n(x) = y_0 + (y_1 - y_0) + (y_2 - y_1) + \cdots + (y_n - y_{n-1}) = y_n,$$

由于 $|y_1 - y_0| = |\int_{x_0}^x f(x,y_0)dx| \leqslant |\int_{x_0}^x |f(x,y_0)||dx| \leqslant M \cdot |x-x_0|;$

$$|y_2 - y_1| \leqslant |\int_{x_0}^{x} |f(x,y_1) - f(x,y_0)| dx|$$

$$\xrightarrow[\substack{\text{微分中值定理} \\ (0 < \theta_1 < 1)}]{} |\int_{x_0}^{x} |f'_y[x, y_0 + \theta_1(y_1 - y_0)](y_1 - y_0)| dx| \leqslant N |\int_{x_0}^{x} (y_1 - y_0) dx|$$

$$\leqslant N |\int_{x_0}^{x} M|x - x_0| dx| \leqslant \frac{MN}{2!} |x - x_0|^2;$$

其中,由假设 $f'_y(x,y)$ 在闭区域 D 上连续,因此 $f'_y(x,y)$ 在 D 上有界,即存在正数 N,使得 $|f'_y(x,y)| \leqslant N,(x,y)$ $\in D$,类似地,有

$$|y_3 - y_2| \leqslant |\int_{x_0}^{x} |f(x,y_2) - f(x,y_1)| dx \leqslant N |\int_{x_0}^{x} |y_2 - y_1| dx|$$

$$\leqslant MN^2 |\int_{x_0}^{x} \frac{|x - x_0|^2}{2!} dx = MN^2 \frac{|x - x_0|^3}{3!};$$

由于对 $n = 1,2,3,\cdots,$ 不等式

$$|y_n - y_{n-1}| \leqslant MN^{n-1} \frac{|x - x_0|^n}{n!} \tag{1.9}$$

成立. 下面用归纳法证明对任何自然数 $n,(1.9)$ 成立. 即假设 (1.9) 对某个自然数 n 成立,要证对 $n+1$ 它也成立,事实上,由 (1.9),得

$$|y_{n+1} - y_n| \leqslant |\int_{x_0}^{x} |f(x,y_n) - f(x,y_{n-1})| dx|$$

$$\leqslant N |\int_{x_0}^{x} |y_n - y_{n-1}| dx| \leqslant MN^n |\int_{x_0}^{x} \frac{|x - x_0|^n}{n!} dx| = MN^n \frac{|x - x_0|^{n+1}}{(n+1)!}$$

$$\leqslant MN^n \frac{l^{n+1}}{(n+1)!}, \quad |x - x_0| < l.$$

由于级数 $y_0 + \sum_{n=1}^{\infty}(y_{n+1} - y_n)$ 的一般项的绝对值不大于一个收敛的正项级数 $\sum_{n=1}^{\infty} MN^n \frac{l^{n+1}}{(n+1)!}$ 的一般项,由 M 判别法,级数 $y_0 + \sum_{n=1}^{\infty}(y_{n+1} - y_n)$ 在区间 $(x_0 - l, x_0 + l)$ 上一致收敛. 可知其和函数 $y(x) = \lim_{n \to \infty} S_n(x) = \lim_{n \to \infty} y_n(x)$ 在区间 $(x_0 - l, x_0 + l)$ 上存在且连续.

(3) 证明 $y(x)$ 满足方程 (1.8):$y(x) = y_0 + \int_{x_0}^{x} f(x, y(x)) dx.$

由 $|y_n(x) - y_0| \leqslant b$,取极限 $\lim_{n \to \infty} |y_n(x) - y_0| \leqslant b$,即

$$|y(x) - y_0| \leqslant b.$$

又由 $|f(x, y_n(x)) - f(x, y(x))|$

$$\xrightarrow[\substack{\text{微分中值定理} \\ (0 < \theta_n < 1)}]{} |f'_y[x, y_n(x) + \theta_n(y_n(x) - y(x))](y_n(x) - y(x))|$$

$$\leqslant N|y_n(x) - y(x)| \xrightarrow{\text{由}(2)} 0, \quad x \in (x_0 - l, x_0 + l),$$

故 $\lim_{n \to \infty} f(x, y_n(x)) = f(x, y(x)), x \in (x_0 - l, x_0 + l)$,即 $f(x, y_n(x))$ 一致收敛于 $f(x, y(x))$,可将下式右端的极限与积分号交换次序,于是

$$\lim_{n \to \infty} y_n(x) \equiv y_0 + \lim_{n \to \infty} \int_{x_0}^{x} f(x, y_{n-1}) dx$$

或

$$y(x) \equiv y_0 + \int_{x_0}^{x} f(x, y(x)) dx.$$

即 $y(x)$ 是积分方程 (1.8) 的解. 从而证明了微分方程定解问题 (1.7) 的解的存在性.

(4) 证明积分方程 (1.8) 的解的唯一性,从而也就证明了微分方程定解问题 (1.7) 的唯一性.

设 $\tilde{y}(x)$ 为积分方程 (1.8) 的另外一个解,即

$$\tilde{y}(x) = y_0 + \int_{x_0}^{x} f(x, \tilde{y}(x)) dx,$$

于是

$$|y_0(x) - \tilde{y}(x)| = |\int_{x_0}^{x} f(x, \tilde{y}(x)) dx| \leqslant M|x - x_0|;$$

$$|y_1(x) - \tilde{y}(x)| = |\int_{x_0}^{x} [f(x, y_0(x)) - f(x, \tilde{y}(x))] dx|$$

$$\leqslant N|\int_{x_0}^{x}|y_0(x)-\tilde{y}(x)|dx\leqslant N|\int_{x_0}^{x}M|x-x_0|dx|=\frac{MN}{2!}|x-x_0|^2;$$

$$\cdots\quad\cdots\quad\cdots$$

一般得

$$|y_n(x)-\tilde{y}(x)|\leqslant\frac{MN^n}{(n+1)!}|x-x_0|^{n+1}\leqslant\frac{MN^n}{(n+1)!}l^{n+1}\to 0(n\to\infty),|x-x_0|\leqslant l.$$

于是,当 $x\in[x_0-l,x_0+l]$ 时,有

$$\lim_{n\to\infty}y_n(x)=\tilde{y}(x).$$

但 $\lim_{n\to\infty}y_n(x)=y(x)$,由极限的唯一性,$\tilde{y}(x)\equiv y(x)$. 证毕

我们指出:用类似的方法可以证明关于微分方程组定解问题的存在唯一性定理.

由于对高阶方程 $y^{(n)}=f(x,y,y',\cdots,y^{(n-1)})$ 情形,不仅 y 是未知函数,而且认为 $y'=y_1,y''=y_2,\cdots y^{(n-1)}=y_{n-1}$ 也是未知函数,那么,这个高阶方程可化为一个方程组:

$$\begin{cases} y'=y_1,\\ y'_1=y_2,\\ \cdots\cdots,\\ y'_{n-2}=y_{n-1},\\ y'_{n-1}=f(x,y,y_1,\cdots,y_{n-1}), \end{cases}$$

及初始条件

$$y|_{x=x_0}=y_0,\quad y_1|_{x=x_0}=y_{1,0},\quad\cdots,\quad y_{n-1}|_{x=x_0}=y_{n-1,0}.$$

从而,就可应用方程组的解的存在唯一性定理了.

§2 高阶线性微分方程的通解

利用解的存在唯一性定理,可以证明当高阶线性微分方程的系数和自由项连续时,其通解就是全部解. 在证明过程中,要利用朗斯基(Wronski)行列式及其性质.

(一)朗斯基行列式

设函数 $y_1(x),y_2(x),\cdots,y_n(x)$ 及其直到 $n-1$ 阶导数在区间 $x\in(a,b)$ 上都存在,则称 n 阶行列式

$$\begin{vmatrix} y_1 & y_2 & \cdots & y_n \\ y'_1 & y'_2 & \cdots & y'_n \\ y''_1 & y''_2 & \cdots & y''_n \\ \cdots & \cdots & & \cdots \\ y_1^{n-1} & y_2^{(n-1)} & \cdots & y_n^{(n-1)} \end{vmatrix}$$

为函数 $y_1,y_2,\cdots,y_n$ 的**朗斯基行列式**,记为 $W(x)$ 或 $W(y_1,y_2,\cdots,y_n)$.

关于朗斯基行列式的性质,下面着重讨论两个函数 y_1,y_2 的情形,即

$$W(x)=W(y_1,y_2)=\begin{vmatrix} y_1 & y_2 \\ y'_1 & y'_2 \end{vmatrix},\quad x\in(a,b).$$

定理一 两个函数 y_1,y_2 在某区间 (a,b) 上线性相关的必要充分条件是 y_1,y_2 的朗斯基行列式在该区间 (a,b) 上恒等于零.

证 设 y_1,y_2 在区间 (a,b) 上线性相关,即有 $y_2=ky_1,(k$ 为常数),则

$$W(y_1,y_2)=W(y,ky_1)=\begin{vmatrix} y_1 & ky_1 \\ y'_1 & ky'_1 \end{vmatrix}=k\begin{vmatrix} y_1 & y_1 \\ y'_1 & y'_1 \end{vmatrix}\equiv 0.$$

反之,设 $W(y_1,y_2)\equiv 0$,即 $y_1y'_2-y_2y'_1\equiv 0$ 或 $\frac{y_1y'_2-y_2y'_1}{y_1^2}\equiv 0$,即 $(\frac{y_2}{y_1})'\equiv 0$,故 $\frac{y_2}{y_1}\equiv k$(常数). 证毕

定理二 设 y_1,y_2 为二阶线性方程

$$y''+p(x)y'+q(x)y=0$$

的两个解,其中系数 $p(x),q(x)$ 在 $x\in(a,b)$ 上连续,如果有一点 $x_0\in(a,b)$ 使得 y_1,y_2 的朗斯基行列式

$$W(y_1,y_2)|_{x=x_0} \neq 0,$$

则对 (a,b) 内每一点 $x, W(y_1,y_2)$ 都不为 0.

证 由假设

$$y''_1 + py'_1 + qy_1 = 0; \tag{2.1}$$

$$y''_2 + py'_2 + qy_2 = 0, \tag{2.2}$$

$y_1 \times (2.2) - y_2 \times (2.1),$ 得

$$(y_1 y''_2 - y''_1 y_2) + p(y_1 y'_2 - y'_1 y_2) = 0, \tag{2.3}$$

由于

$$W(y_1,y_2) = \begin{vmatrix} y_1 & y_2 \\ y'_1 & y'_2 \end{vmatrix} = y_1 y'_2 - y'_1 y_2,$$

$$\frac{d}{dx} W(y_1,y_2) = y_1 y''_2 - y''_1 y_2,$$

于是 (2.3) 化为

$$\frac{dW}{dx} + pW = 0 \quad \text{或} \quad \frac{dW}{W} = -pdx.$$

解得

$$W = Ce^{-\int_{x_0}^{x} pdx}. \tag{2.4}$$

当 $x = x_0$ 时, $W|_{x=x_0} = C$, 由假设 $W|_{x=x_0} \neq 0$, 因此 $C \neq 0$ 由 (2.4), $\forall x \in (a,b), W \neq 0$.　　　　证毕

定理三 设 y_1, y_2 为二阶线性方程

$$y'' + p(x)y' + q(x)y = 0$$

的两个解, 其中系数 $p(x), q(x)$ 在 $x \in (a,b)$ 上连续, 如果有一点 $x_1 \in (a,b)$, 使得

$$W(y_1,y_2)|_{x=x_1} = 0,$$

则对区间 (a,b) 内每一点 $x, W(y_1,y_2)$ 都等于 0.

证 将 $\frac{dW}{dx} + pW = 0$ 的解写成

$$W = Ce^{-\int_{x_1}^{x} pdx}, \tag{2.5}$$

于是当 $x = x_1$ 时

$$W|_{x=x_1} = C,$$

由假设 $W(y_1,y_2)|_{x=x_1} = 0,$ 代入上式, 得 $C = 0$. 于是由 (2.5) 得 $\forall x \in (a,b), W(y_1,y_2) = 0$.

定理二与定理三说明, 当 $p(x), q(x)$ 在区间 (a,b) 上连续时, 线性齐次方程 $y'' + p(x)y' + q(x)y = 0$ 的任何两个解 y_1, y_2 的朗斯基行列式 $W(y_1,y_2)$, 要么在任何点都不为 0, 要么在任何点都为 0(恒为 0).

定理四 设 y_1, y_2 为线性齐次方程

$$y'' + p(x)y' + q(x)y = 0$$

的两个线性无关的解, 其中 $p(x), q(x)$ 在区间 (a,b) 上连续. 则 $\forall x \in (a,b), W(y_1,y_2) \neq 0$.

证 反证法. 设 $\exists x_0 \in (a,b)$, 使

$$W(y_1,y_2)|_{x=x_0} = 0,$$

因为 y_1, y_2 是方程的解, 则由定理三知 $W(y_1,y_2) \equiv 0$, 再由定理一, y_1, y_2 线性相关的必要充分条件, 得 y_1, y_2 线性相关, 这与假设 y_1, y_2 线性无关矛盾.　　　　证毕

定理五 设 y_1, y_2 为线性齐次方程

$$y'' + p(x)y' + q(x)y = 0$$

的两个线性无关的解, 其中 $p(x), q(x)$ 在区间 (a,b) 上连续, 则 $y = C_1 y_1 + C_2 y_2$ 是该方程的全部解. 其中 C_1, C_2 是任意常数.

证 只要证明方程的任何一个解都可表示为 $C_1 y_1 + C_2 y$ 的形式, 其中 C_1, C_2 为任意常数.

设 $\bar{y}$ 是方程的任一解, 任取 $x_0 \in (a,b)$, 记

$$\bar{y}(x_0) = \bar{y}_0, \bar{y}'(x_0) = \bar{y}'_0$$

以及 $y_1(x_0) = y_{10}, y'_1(x_0) = y'_{10}; y_2(x_0) = y_{20}, y'_2(x_0) = y'_{20}.$

考虑定解问题

$$\begin{cases} y'' + py' + qy = 0, \\ y\big|_{x=x_0} = \bar{y}_0, \quad y'\big|_{x=x_0} = \bar{y}'_0. \end{cases} \tag{2.6}$$

当然, $\bar{y}(x)$ 是 (2.6) 的解.

下面证明 $\bar{y}(x)$ 一定可表示为 $C_1 y_1 + C_2 y_2$ 的形式. 为此将 (2.6) 的初始条件代入 $C_1 y_1 + C_2 y_2$, 得

$$\begin{cases} C_1 y_{10} + C_2 y_{20} = \bar{y}_0, \\ C_1 y'_{10} + C_2 y'_{20} = \bar{y}'_0. \end{cases} \tag{2.7}$$

这是关于 C_1, C_2 为未知数的方程组, 其系数行列式

$$\begin{vmatrix} y_{10} & y_{20} \\ y'_{10} & y'_{20} \end{vmatrix} = W(y_1, y_2)\big|_{x=x_0},$$

因为由定理四, 对每一个 $x \in (a,b), W(y_1, y_2) \neq 0$, 所以对 $x_0 \in (a,b)$, 也有

$$W(y_1, y_2)\big|_{x=x_0} \neq 0,$$

即 (2.7) 的系数行列式不为 0, 于是可以求出唯一的一组解 $C_1 = C_{10}, C_2 = C_{20}$, 于是 (2.6) 的解为

$$y = C_{10} y_1 + C_{20} y_2.$$

再由 $p(x), q(x)$ 在 (a,b) 上连续, $x_0 \in (a,b)$, 由解的存在唯一性定理知, 定解问题 (2.6) 的解唯一, 所以 $\bar{y}$ 与 $C_{10} y_1 + C_{20} y_2$ 相等, 即

$$\bar{y} = C_{10} y_1 + C_{20} y_2. \qquad\qquad 证毕$$

定理六 设 y_1, y_2 是二阶线性齐次方程

$$y'' + p(x)y' + q(x)y = 0$$

的两个线性无关的特解, $\bar{y}$ 是二阶线性非齐次方程

$$y'' + p(x)y' + q(x)y = f(x) \tag{2.8}$$

的一个解, 则 $C_1 y_1 + C_2 y_2 + \bar{y}$ 表示 (2.8) 的全部解.

本定理的证明与定理五类似, 从略.

最后指出, 以对二阶线性方程解的讨论, 可直接推广 $n(n \geq 2)$ 阶方程的情形.

例如 如果 $y_1, y_2, \cdots, y_n$ 是线性齐次方程

$$y^{(n)} + p_1(x)y^{(n-1)} + \cdots + p_n(x)y = 0$$

的 n 个线性无关的解, 系数 $p_1(x), p_2(x), \cdots, p_n(x)$ 在 $x \in (a,b)$ 上连续, 则 $\forall x \in (a,b)$, 朗斯基行列式

$$W(y_1, y_2, \cdots, y_n) = \begin{vmatrix} y_1 & y_2 & \cdots & y_n \\ y'_1 & y'_2 & \cdots & y'_n \\ \cdots & \cdots & \cdots & \cdots \\ y_1^{(n-1)} & y_2^{(n-1)} & \cdots & y_n^{(n-1)} \end{vmatrix}$$

不等于 0.

习题答案

习题八

§1

1. (1) 10; (2) -4; (3) 18; (4) $x^2(z-y)+y^2(x-z)+z^2(y-x)$.   2. $x_1=2,x_2=4$.   3. (1) $x=-22,y=17$; (2) $x=1,y=0,z=1$; (3) $x=13/28,y=47/28,z=3/4$.

§2

5. $\overrightarrow{AM}=\dfrac{1}{2}(\vec{a}+\vec{b}),\overrightarrow{BM}=\dfrac{1}{2}(\vec{b}-\vec{a}),\overrightarrow{CM}=-\dfrac{1}{2}(\vec{a}+\vec{b}),\overrightarrow{DM}=\dfrac{1}{2}(\vec{a}-\vec{b})$.   6. (1) 不一定; (2) 有可能.   7. 同向时 $|\vec{a}+\vec{b}|=|\vec{a}|+|\vec{b}|$; 反向时 $|\vec{a}-\vec{b}|=|\vec{a}|+|\vec{b}|$.   8. (1) $\vec{a}\perp\vec{b}$; (2) $\vec{a}$ 与 $\vec{b}$ 的夹角为锐角时; (3) 钝角时; (4) $\vec{a},\vec{b}$ 反向且 $|\vec{a}|>|\vec{b}|$.   9. $\pm\dfrac{|\vec{n}|\vec{m}+|\vec{m}|\vec{n}}{|\,|\vec{n}|\vec{m}+|\vec{m}|\vec{n}\,|}$.   10. $|\vec{P}|=2\sqrt{13},|\vec{Q}|=\sqrt{13}$.   11. 4.   12. 共线.   13. 共面 $\vec{l}=\dfrac{1}{2}\vec{m}+\dfrac{5}{2}\vec{n}$.   14. 提示: $\triangle ABC$ 的三条边的矢量之和等于零, 即 $\overrightarrow{AB}+\overrightarrow{BC}+\overrightarrow{CA}=\vec{0}$.   15. 提示: 应用定理一.   16. 提示: 应用定理二, $\overrightarrow{AP},\overrightarrow{BP},\overrightarrow{CP}$ 共面 $\Rightarrow$ 存在唯一实数 m, n, 使 $\overrightarrow{AP}=m\overrightarrow{BP}+n\overrightarrow{CP}$, 且由题 15 和 $m+n\neq1$, 又 $\overrightarrow{AP}=\overrightarrow{OP}-\vec{a},\overrightarrow{BP}=\overrightarrow{OP}-\vec{b},\overrightarrow{CP}=\overrightarrow{OP}-\vec{c}$, 于是 $\overrightarrow{OP}-\vec{a}=m(\overrightarrow{OP}-\vec{b})+n(\overrightarrow{OP}-\vec{c})$, $(1-m-n)\overrightarrow{OP}=\vec{a}-m\vec{b}-n\vec{c}$, $\overrightarrow{OP}=\dfrac{1}{1-m-n}\vec{a}+\dfrac{-m}{1-m-n}\vec{b}+\dfrac{-n}{1-m-n}\vec{c}$, 取 $\lambda=\dfrac{1}{1-m-n},\mu=\dfrac{-m}{1-m-n},v=\dfrac{-m}{1-m-n}$, 有 $\lambda+\mu+v=1$.

§3

18. 关于 xOy 平面 $(a,b,-c)$, 关于 yOz 平面 $(-a,b,c)$, 关于 zOx 平面 $(a,-b,c)$; 关于 x 轴 $(a,-b,-c)$, 关于 y 轴 $(-a,b,-c)$, 关于 z 轴 $(-a,-b,c)$; 关于原点 $(-a,-b,-c)$.   20. $(-6,-4,3)$.   21. $(0,-7/3,0)$.   22. $|\overrightarrow{M_1M_2}|=2,\cos\alpha=\dfrac{1}{2},\cos\beta=-\sqrt{2}/2,\cos\gamma=-\dfrac{1}{2},\alpha=\pi/3,\beta=3\pi/4,\gamma=2\pi/3$.   23. $|\vec{a}+\vec{b}|=3\sqrt{3},|\vec{a}-\vec{b}|=\sqrt{3}$.   24. $(-4,-3,3)$.   25. $(3\vec{i}-2\vec{j}-2\vec{k})/\sqrt{17}$.   26. $(5\vec{i}+\vec{j}+2\vec{k})/\sqrt{6}$.   27. $|\vec{F}|=2\sqrt{11},\cos\alpha=1/\sqrt{11},\cos\beta=-1/\sqrt{11},\cos\gamma=3/\sqrt{11}$.   28. 不一定等于 $180°$, 满足 $\cos^2\alpha+\cos^2\beta+\cos^2\gamma=1$.   30. $M(7/2,1/2,-3/2),P_1(10/3,0,-1/3),P_2(11/3,1,-8/3)$.   31. $5/\sqrt{3}(\vec{i}+\vec{j}-\vec{k})$.   32. $(5/3,-4/3,10/3)$.

§4

33. (1) 10; (2) $|\vec{P}|=\sqrt{19},|\vec{Q}|=\sqrt{13}$; (3) $10/\sqrt{247}$.   34. 10.   37. (1) -7; (2) -11; (3) 52.   38. 19(焦耳).   39. $0.4\sqrt{5}$.   40. $\theta=\pi/3,1/\sqrt{2}$.   41. $10/3,1/3,20/3$.   42. $\dfrac{\pm1}{3\sqrt{10}}\{-7,4,5\}$, 提示: 应用共面条件 $\vec{c}=\lambda\vec{a}+\mu\vec{b}$.   43. $\{1,0,1\}$ 或 $\dfrac{1}{3}\{-1,4,-1\}$.   44. $3\sqrt{3}$.   45. (1) $\{-2,11,8\}$; (2) $2\{2,-11,-8\}$.   46. $\pm\dfrac{1}{\sqrt{5}}\{1,2,0\}$.   47. (1) $3\sqrt{26}$; (2) $\sqrt{206}$.   48. $\dfrac{1}{2}\sqrt{35}$.   49. (1) 垂直; (2) 平行; (3) 既不垂直也不平行.   51. $\{-4,2,-4\}$.   52. 1.   53. (1) -45; (2) $\{2,-5,-6\}$; (3) 45.   54. 10.   57. $|\vec{a}|^4\vec{b}$.

§5

58. (1) $\dfrac{x}{1}=\dfrac{y}{-2}=\dfrac{z}{3}$; (2) $\dfrac{x-1}{3}=\dfrac{y+2}{2}=\dfrac{z}{1}$; (3) $\dfrac{x-3}{11}=\dfrac{y+2}{-28}=\dfrac{z-4}{18}$; (4) $\dfrac{x-2}{1}=\dfrac{y-1}{0}=\dfrac{z+1}{5}$.   59. $m=\dfrac{5}{4},(5,7,6)$.   60. (1) $4x-y+3z-18=0$; (2) $2x+z=0$; (3) $3x+5y+z=0$; (4) $x+2y-2z-1=0$; (5) $x-y-z=0$; (6) $14x+9y-z-15=0$.   61. $2x-z-5=0$.   62. (1) $\dfrac{x}{-11}$

$= \dfrac{y-2}{17} = \dfrac{z-1}{13}, x = -11t, y = 2+17t, z = 1+13t.$ (2) $\dfrac{x+8/5}{7} = \dfrac{y+3/5}{2} = \dfrac{z}{-5}, x = -\dfrac{8}{5} + 7t, y = -\dfrac{3}{5} + 2t, z = -5t.$ 63. $\dfrac{x-1}{2} = \dfrac{y}{-4} = \dfrac{z+2}{-9}.$ 64. $(2, -3, 6).$ 66. $\dfrac{x+1}{2} = \dfrac{y-2}{-3} = \dfrac{z+3}{6},$ 提示：过点 P 以 $\vec{a}$ 为法矢量的平面，找出它与已知直线的交点 Q，则 PQ 就是所求的直线. 67. $x + 7y - 11z - 3 = 0.$

68. $(4, 0, -2).$ 69. $(7, 2, -3).$ 70. $\begin{cases} y - z - 1 = 0. \\ x + y + z = 0 \end{cases}$ 或 $\dfrac{x - \frac{1}{3}}{-2} = \dfrac{y - \frac{1}{3}}{1} = \dfrac{z + \frac{2}{3}}{1}.$ 71. (1) 垂直；(2) 平行；(3) 不垂直也不平行. 73. $x - z + 4 = 0$ 及 $x + 20y + 7z - 12 = 0,$ 提示：用平面束. 74. $2x + y - 3z + 8 = 0$ 及 $4x - 5y + z - 2 = 0.$ 75. $\dfrac{6\sqrt{21}}{7}.$ 76. $\dfrac{19}{5\sqrt{5}}.$

§6

77. 特征是 x, y, z 的平方项系数相等. (1) 不是球面，(2) 是球面，球心 $(1, 2, 0)$，半径 $\sqrt{3}$. 78. (1) $(x-3)^2 + (y-1)^2 + (z-2)^2 = 6$；(2) $(x-3)^2 + (y+1)^2 + (z-2)^2 = 242/7$；(3) $(x-6)^2 + (y+8)^2 + (z-1)^2 = 100$；(4) $(x-2)^2 + (y-1)^2 + (z+2)^2 = 9.$ 79. $(0, 1, -1), (4, -3, 7).$ 80. (1) 母线 $/\!/ x$ 轴的圆柱面；(3) 母线 $/\!/ y$ 轴的平面；(4) 母线 $/\!/ Oy$ 轴的抛物柱面；(6) 母线 $/\!/ z$ 轴的双曲柱面. 81. $\dfrac{\pi}{6}.$ 82. $x^2 + y^2 = 3z^2$ 或 $x^2 + y^2 = 3(z-a)^2.$ 83. $\dfrac{x^2}{25} + \dfrac{y^2}{9} - \dfrac{(z-1)^2}{4} = 0.$ 提示：设 $M(x, y, z)$ 为锥面上任一点，A, M 连线必与椭圆相交，记交点为 $M_0(x_0, y_0, z_0)$，则有 $\dfrac{x_0}{x} = \dfrac{y_0}{y} = \dfrac{z_0}{z}$ 或 $x_0 = \lambda x, y_0 = \lambda y, z_0 = 1 + \lambda(z-1)$，代入椭圆方程中，并消去 λ. 84. 圆锥面 $(x-1)^2 + y^2 = z^2.$ 85. $x^2 + z^2 = y - 1.$ 86. (1) $(x-1)^2 + y^2 + z^2 = 1$；(2) $(x^2 + y^2 + z^2)^2 = 4(x^2 + z^2).$ 87. 提示：设 $M_1(x_1, y_1, z_1)$ 是曲面上与原点相异的任一点，则过原点及 M_1 的直线 L 上任一点为 $x = tx_1, y = ty_1, z = tz_1$，于是有 $F(tx_1, ty_1, tz_1) = t^n F(x_1, y_1, z_1) = 0$，表明直线 L 上任意点都在曲面上，或者说曲面由过原点的直线组成. 88. $5x^2 - 3y^2 = 1, \begin{cases} 5x^2 - 3y^2 = 1, \\ z = 0. \end{cases}$

89. (1) $\begin{cases} x^2 + 5y^2 + 8y - 12 = 0, \\ z = 0; \end{cases}$ (2) $\begin{cases} x^2 + y^2 = 3, \\ z = 0; \end{cases}$ (3) $\begin{cases} (x-1)^2 + (y-1)^2 + (x-1)(y-1) = 2, \\ z = 0. \end{cases}$ 90. (1) $L_1: \begin{cases} 21y - 7z + 46 = 0, \\ x = 0; \end{cases}$ (2) $L_2: \begin{cases} 7x + 14y + 24 = 0, \\ 2x - y + 5z - 5 = 0. \end{cases}$ 91. (1) $x = 2\cos t, y = 2\sin t, z = 4, 0 \leqslant t < 2\pi.$ (2) $x = R(1 + \cos t), y = R\sin t, z = \sqrt{2}R\sqrt{1 - \cos t}, 0 \leqslant t \leqslant \pi.$ (3) $x = a\cos t, y = a\sin t, z = \dfrac{1}{2} - \dfrac{a}{2}(\cos t + \sin t), 0 \leqslant t < 2\pi.$

§7

92. (1) 旋转椭球面，由曲线 $\begin{cases} \dfrac{x^2}{4} + \dfrac{y^2}{9} = 1, \\ z = 0 \end{cases}$ 绕 x 轴旋转而成；(2) 旋转单叶双曲面，由 $\begin{cases} x^2 - \dfrac{y^2}{4} = 1, \\ z = 0 \end{cases}$ 绕 y 轴旋转而成；(3) 旋转双叶双曲面，由 $\begin{cases} x^2 - z^2 = 1, \\ y = 0 \end{cases}$ 绕 x 轴旋转而成；(4) 旋转抛物面，由 $\begin{cases} x^2 - 9z = 0, \\ y = 0 \end{cases}$ 绕 z 轴旋转而成；(5) 双曲抛物面，不是旋转曲面；(6) 圆锥面，由 $\begin{cases} z = |x|, \\ y = 0 \end{cases}$ 绕 z 轴旋转而成. 93. (1) 椭球面；(2) 椭圆抛物面；(3) 椭圆锥面；(4) 双叶双曲面. 94. $4x^2 + 3y^2 + 4z^2 = 12$ 旋转椭球面. 99. $2x'^2 + y'^2 + 5z'^2 = 1.$ 100. 提示：作旋转变换 $\begin{cases} x = \dfrac{x' - y'}{\sqrt{2}}, \\ y = \dfrac{x' + y'}{\sqrt{2}}, \\ z = z' - 3. \end{cases}$ $4x'^2 - 2y'^2 = z'$ 是双曲抛物面.

综合题

102. $\dfrac{\pi}{3}.$ 103. $20\sqrt{2}/11.$ 104. $\{10, 3, 1\}.$ 105. $\overrightarrow{OD} = \vec{r_3} - \dfrac{\vec{r_3} \cdot (\vec{r_1} \times \vec{r_2})}{|\vec{r_1} \times \vec{r_2}|^2}(\vec{r_1} \times \vec{r_2}), D(\dfrac{4}{9}, \dfrac{13}{9},$

$\frac{2}{9}$). 106. $S = \frac{1}{2}|\vec{r}_1 \times \vec{r}_2 + \vec{r}_2 \times \vec{r}_3 + \vec{r}_3 \times \vec{r}_1|$. 107. (1) $\frac{3}{\sqrt{14}}$;(2) $\frac{7}{2}$;(3) 1. 108. (1) $S(0,9,-$

3);(2) $A = 3\sqrt{107}$;(3) $A_{xOy} = 11, A_{yOz} = 29, A_{zOx} = 1$. 109. $\frac{1}{2}\sqrt{6}$. 110. $\frac{x-2}{2} = \frac{y-1}{-1} = \frac{z-3}{4}$. 111.

$\frac{x+2}{4} = \frac{y-3}{1} = \frac{z}{2}$. 112. $x_1 = x_0 - 2aA, y_1 = y_0 - 2bA, z_1 = z_0 - 2CA$,其中 $A = \frac{ax_0 + by_0 + cz_0 + d}{a^2 + b^2 + c^2}$. 提示:

过点 P_0 垂直于平面的直线参数方程为 $x = x_0 + at, y = y_0 + bt, z = z_0 + ct$,当 $t = 0$ 时就是 P_0,设直线与平面的 交点对应于参数值 t',则 P_1 对应于 $2t'$,即 $x_1 = x_0 + 2at', y_1 = y_0 + 2bt', z_1 = z_0 + 2ct'$. 113. $15x - 3y - 26z$ $-6 = 0$. 114. $2y - z + 4 = 0$,提示:空间两直线相交的条件是两直线共平面,且不平行. 115. $(x - t_0)^2 +$ $(y - t_0)^2 + (z - t_0)^2 = t_0^2$,其中 $t_0 = \frac{3 - \sqrt{3}}{6}$. 116. 提示:取直线 l_1 为 Oz 轴,且使 $M_0(x_0, 0, 0)$ 为直线 l_2 上 一点,设直线 l_2 的方向矢量为 $\{l, m, n\}$,则 l_2 的方程是 $x = x_0 + lt, y = mt, z = nt$,设 $M(x, y, z)$ 为旋转曲面上任 一点,由曲面生成规则,它必是 l_2 上某点 $M_1(x_1, y_1, z_1) = M_1(x_0 + lt_1, mt_1, nt_1)$ 绕 l_1 旋转某个角度后的位置,于是 有

$$\begin{cases} x^2 + y^2 = x_1^2 + y_1^2 = (x_0 + lt_1)^2 + (mt_1)^2, \\ z = z_1 = nt_1. \end{cases}$$

消去参数 t_1,整理后得 $x^2 + y^2 = \frac{l^2 + m^2}{n^2}(z + \frac{nx_0 l}{l^2 + m^2})^2 + \frac{x_0^2 m^2}{l^2 + m^2}$,这是一个单叶双曲面方程.

习题九

§1

1. (1) $|x| \leqslant 1, y \geqslant 0$;(2) $1 \leqslant x^2 + y^2 \leqslant 9$;(3) $|y| \leqslant |x|, x \neq 0$;(4) $x^2 + 4y^2 > 1$;(5) $-\infty < x < +\infty$, $-\infty < y < +\infty$;(6) $|x| \leqslant 2, xy \geqslant 0$.

2. (1) $-\frac{13}{12}, \frac{x^2 + y^2}{2x^2 y}$;(2) $\frac{x^4 - 1}{2x^2}$.

3. (1) $(x+1)^2 + y^2 = 1, (x-2)^2 + y^2 = 4, (x-1)^2 + y^2 = 1$. (2) $x + y = -1, x + y = 0, x + y = 2$. (3) $x + y + z = -1, x + y + z = 2$. (4) $x^2 + 2y^2 + 3z^2 = 6, x^2 + 2y^2 + 3z^2 = 12$.

6. $0, 0$,不存在.

7. (1) 3;(2) a.

8. 反之不成立的例子 $f(x, y) = \begin{cases} \dfrac{x^2 y}{x^4 + y^2}, & \text{当 } x^2 + y^2 \neq 0. \\ 0, & \text{当 } x^2 + y^2 = 0. \end{cases}$

§2

9. $f'_x(x, 1) = 1$. 10. $z'_x(2, -1) = 14, z'_y(2, -1) = -3$.

11. $f'_x(1, 1) = \sqrt[3]{2}/3, f'_y(1, 2) = 4\sqrt[3]{5}/15$.

12. (1) $z'_x = 4x^3 - 6xy, z'_y = 4y^3 - 3x^2$. (2) $z'_x = \frac{2}{y}\csc\frac{2x}{y}, z'_y = -\frac{2x}{y^2}\csc\frac{2x}{y}$. (3) $z'_x = e^{\frac{x}{y}}[\frac{1}{y}\cos(x+y)$ $- \sin(x+y)], z'_y = -e^{\frac{x}{y}}[\frac{x}{y^2}\cos(x+y) + \sin(x+y)]$. (4) $z'_x = e^x[\cos y + (x+1)\sin y], z'_y = e^x(x\cos y - \sin y)$.

(5) $z'_x = \frac{1}{\sqrt{x^2 + y^2}}, z'_y = \frac{1}{x + \sqrt{x^2 + y^2}} \cdot \frac{y}{\sqrt{x^2 + y^2}}$. (6) $z'_x = \frac{x^4 - y^4 + 2x^3 y}{x^2 y}e^{\frac{x^2 + y^2}{xy}}, z'_y = \frac{y^4 - x^4 + 2xy^3}{xy^2} \cdot$

$e^{\frac{x^2 + y^2}{xy}}$. (7) $z'_x = \frac{|y|}{y\sqrt{y^2 - x^2}}, z'_y = -\frac{x|y|}{y^2\sqrt{y^2 - x^2}}$. (8) $u'_x = y(z^2 + y), u'_y = x(z^2 + 2y), u'_z = 2xyz$.

(9) $u'_x = \frac{zx^{z-1}}{y^z}, u'_y = -\frac{zx^z}{y^{z+1}}, u'_z = (\frac{x}{y})^z\ln\frac{x}{y}$. (10) $z'_x = 2xf', z'_y = -2yf'$.

13. $\theta = \frac{\pi}{4}$, $\begin{cases} x - z + 1 = 0, \\ y = 2. \end{cases}$ 14. (1) $u''_{xx} = \frac{-1}{(x+y)^2}, u''_{xy} = \frac{-2y}{(x+y)^2}, u''_{yy} = \frac{2(x-y^2)}{(x+y)^2}$;(2) $u''_{xx} =$

$\frac{-2x}{(1+x^2)^2}, u''_{xy} = 0, u''_{yy} = \frac{-2y}{(1+y^2)^2}$ $(xy \neq 1)$;(3) $u''_{xx} = u''_{yy} = u''_{zz} = 0, u''_{xy} = u''_{yz} = u''_{zx} = 1$;(4) $u''_{xx} = 0, u''_{yy} =$

$2xz^3, u''_{zz} = 6xy^2 z, u''_{xy} = 2yz^3, u''_{xz} = 3y^2 z^2, u''_{yz} = 6xyz^2$. 15. 0. 16. $e^{xyz}(1 + 3xyz + x^2 y^2 z^2)$.

22. (1) $\frac{\partial z}{\partial u} = \frac{2x}{y}(1-\frac{x}{y}), \frac{\partial z}{\partial v} = -\frac{x}{y}(4+\frac{x}{y})$; (2) $\frac{\partial z}{\partial u}=0, \frac{\partial z}{\partial v}=-1$; (3) $\frac{\partial z}{\partial u}=\frac{e^{xy}}{u^2+v^2}(yu+xv), \frac{\partial z}{\partial v}$

$=\frac{e^{xy}}{u^2+v^2}(yv-xu)$; (4) $\frac{\partial w}{\partial u}=1+v\cos uv + \frac{3u^3v-v^2}{2\sqrt{u^3v-uv^2}}, \frac{\partial w}{\partial v}=1+u\cos uv + \frac{u^3-2uv}{2\sqrt{u^3v-uv^2}}$; (5) $\frac{dz}{dx}=4uvw^3$

$+2xu^2w^3 + 9u^2vw^2$; (6) $\frac{dz}{dt}=e^{\sin t-2t^3}\cdot(\cos t-6t^2)$; (7) $\frac{dz}{dt}=\frac{y\sqrt{x^2+1}-x^2}{|y|\sqrt{y^2-x^2}\cdot\sqrt{x^2+1}}$; (8) $\frac{dz}{dt}|_{t=\pi}=2$. 23.

$\frac{\partial z}{\partial x}=2xf'_1+yf'_2\cdot e^{xy}, \frac{\partial z}{\partial y}=-2yf'_1+xf'_2\cdot e^{xy}$. 24. $\frac{\partial u}{\partial x}=f'_1+zf'_2, \frac{\partial u}{\partial y}=f'_1, \frac{\partial u}{\partial z}=xf'_2$. 25. $\frac{du}{dt}=f'_1\cdot$

$(\varphi+t\varphi')+f'_2\cdot(2t+2\varphi\varphi')$.

26. $\frac{\partial u}{\partial x}=\frac{1}{y}\varphi'_1, \frac{\partial u}{\partial y}=-\frac{x}{y^2}\varphi'_1+\frac{1}{z}\varphi'_2, \frac{\partial u}{\partial z}=-\frac{y}{z^2}\varphi'_2$. 27. u是1个中间变量3个自变量的复合函数,

v是3个中间变量3个自变量的函数, $\frac{\partial u}{\partial x}=f'\cdot(1+y+yz), \frac{\partial v}{\partial x}=f'_1+yf'_2+yzf'_3$. 28. $\frac{\partial u}{\partial x}=f'_1\cdot 2x +$

$2xg', \frac{\partial u}{\partial y}=f'_2\cdot 2y+2yg'$. 29. (1) 设 $u=xy, v=(x+y)$, 则 $z=e^u\sin v, \frac{\partial z}{\partial x}=e^{xy}\sin(x+y)\cdot y + e^{xy}\cos(x+$

$y), \frac{\partial z}{\partial y}=e^{xy}\sin(x+y)\cdot x+e^{xy}\cos(x+y)$. (2) 设 $u=(x+\frac{y}{x}), v=y$, 则 $z=u^v, \frac{\partial z}{\partial x}=vu^{v-1}\cdot(1-\frac{y}{x^2})=y(x$

$+\frac{y}{x})^{y-1}\cdot(1-\frac{y}{x^2}), \frac{\partial z}{\partial y}=vu^{v-1}\cdot\frac{1}{x}+u^v\ln u\cdot 1 = (x+\frac{y}{x})^{y-1}\cdot[\frac{y}{x}+(x+\frac{y}{x})\ln(x+\frac{y}{x})]$. (3) 设 $u=$

$x+y^2, v=\sin(2x+y)$, 则 $z=u^v, \frac{\partial z}{\partial x}=vu^{v-1}\cdot 1 + u^v\ln u\cdot 2\cos(2x+y)=(x+y^2)^{\sin(2x+y)-1}\cdot[\sin(2x+y)+$

$2(x+y^2)\cos(2x+y)\ln(x+y^2)], \frac{\partial z}{\partial y}=vu^{v-1}\cdot 2y+u^v\ln u\cdot\cos(2x+y)=(x+y^2)^{\sin(2x+y)-1}\cdot[2y\sin(2x+y)+$

$(x+y^2)\cos(2x+y)\ln(x+y^2)]$. 31. 0 32. (1) $\frac{\partial^2 z}{\partial y^2}=2(f'_1-f'_2)+y(f''_{11}-2f''_{12}+f''_{22})$; (2) $\frac{\partial^2 z}{\partial x^2}=\frac{y}{x^3}[yf'$

$+2g'+\frac{y}{x}g''], \frac{\partial^2 z}{\partial y^2}=\frac{1}{x^2}(xf''+g''), \frac{y^2z}{\partial x\partial y}=-\frac{1}{x^2}[yf''+g'+\frac{y}{x}g'']$; (3) $\frac{\partial^2 u}{\partial x\partial y}=f''_{12}+\frac{1}{x^2+y^2}[yf''_{13}+xf''_{32}]+$

$\frac{xy}{(x^2+y^2)^2}[f''_{33}-2f'_3]$; (4) $\frac{\partial u}{\partial x}=f'_1+2xf'_2+yf'_3, \frac{\partial^2 u}{\partial x\partial y}=f'_3+2yf''_{12}+xf''_{13}+xy[4f''_{22}+f''_{33}]+2(x^2+$

$y^2)f''_{23}$; (5) $\frac{\partial^3 u}{\partial x\partial y\partial z}=f''_{12}+xzf'''_{121}+zf'''_{122}$. 33. $\Delta u=3f''_{11}+4(x+y+z)f''_{12}+4(x^2+y^2+z^2)f''_{22}+6f'_2$.

35. $u\frac{\partial z}{\partial u}-z=0$. 36. $3\frac{\partial^2 z}{\partial u\partial v}+\frac{\partial z}{\partial u}=0$. 37. 提示:令 $\xi=x^2-y^2, \eta=2xy$. 38. $\frac{\partial^2 z}{\partial u\partial v}=0$.

§4

39. $\frac{dy}{dx}=\frac{x+y}{x-y}$. 40. $\frac{\partial z}{\partial x}=\frac{z}{x+z}, \frac{\partial z}{\partial y}=\frac{z^2}{y(x+z)}, \frac{\partial^2 z}{\partial x\partial y}=\frac{xz^2}{y(x+z)^3}$. 41. $\frac{\partial z}{\partial x}=\frac{1}{m-n\varnothing'}, \frac{\partial z}{\partial y}=$

$\frac{\varnothing'}{n\varnothing'-m}$. 42. $\frac{\partial z}{\partial x}=\frac{zF'_1}{xF'_1+yF'_2}, \frac{\partial z}{\partial y}=\frac{zF'_2}{xF'_1+yF'_2}$. 43. $\frac{\partial z}{\partial x}=\frac{--z}{x+2z-t^2}, \frac{\partial z}{\partial y}=\frac{-2y}{x+2z-e^z}, \frac{\partial^2 z}{\partial x^2}=$

$\frac{z(2x+2z+ze^z-2e^z)}{(x+2z-e^z)^3}$. 45. $P(x)\frac{\partial z}{\partial y}+P(y)\frac{\partial z}{\partial x}\equiv 0$.

46. $\frac{\partial z}{\partial x}=\frac{F'_1-F'_3}{F'_2-F'_3}, \frac{\partial z}{\partial y}=\frac{F'_2-F'_1}{F'_2-F'_3}$. 47. $\frac{\partial^2 z}{\partial x^2}=\frac{2xy^3z}{(xy-z^2)^3}, \frac{\partial^2 z}{\partial y^2}=\frac{2x^3yz}{(xy-z^2)^3}$. 48. $\frac{\partial u}{\partial x}=$

$\frac{\sin v+x\cos v}{x\cos v+y\cos u}, \frac{\partial u}{\partial y}=\frac{x\cos v-\sin u}{x\cos v+y\cos u}$.

49. $\frac{dy}{dx}=\frac{z-3x}{3y-2z}, \frac{dz}{dx}=\frac{y-2x}{2z-3y}$. 50. $\frac{\partial u}{\partial x}=-\frac{xu+yv}{x^2+y^2}, \frac{\partial u}{\partial y}=\frac{xv-yu}{x^2+y^2}, \frac{\partial v}{\partial x}=\frac{yu-xv}{x^2+y^2}, \frac{\partial v}{\partial y}=-\frac{xu+yv}{x^2+y^2}$.

51. $\frac{\partial r}{\partial x}=\frac{x}{x^2+y^2}, \frac{\partial \theta}{\partial x}=-\frac{y}{x^2+y^2}, \frac{\partial r}{\partial y}=\frac{y}{x^2+y^2}, \frac{\partial \theta}{\partial y}=\frac{x}{x^2+y^2}$. 52. (1) $\frac{\partial f}{\partial x}|_{(1,1,-2)}=-3$; (2) $\frac{\partial f}{\partial x}|_{(1,1,-2)}$

$=\frac{2(e^2+5)}{e^2-1}$. 53. $\frac{\partial u}{\partial x}=f'_1+\frac{y}{1+z^4}f'_3, \frac{\partial^2 u}{\partial x^2}=f''_{11}+\frac{2yf''_{13}}{1+z^4}+\frac{y^2f''_{33}}{(1+z^4)^2}-\frac{4y^2z^3f'_3}{(1+z^4)^3}$. 54. (2) 提示:用

数学归纳法. 55. $\frac{d^2u}{dr^2}+\frac{2}{r}\frac{du}{dr}=0, u=C_1+\frac{C_2}{r}$.

§5

56. (1) $dz=[y\sin x+(xy+2)\cos x]dx+x\sin xdy$; (2) $du=\frac{xdx+ydy+zdz}{\sqrt{x^2+y^2+z^2}}$; (3) $df(1,1,1)=dx-dy$; (4)

$$du = \frac{zx^{z-1}}{y^z}dx - \frac{x^z z}{yz+1}dy + \left(\frac{x}{y}\right)^z \ln\frac{x}{y}dz; (5)\ dz = (2xf'_1 + yf'_2)dx + (xf'_2 - 2yf'_1)dy.$$

57. (1) 偏导数连续 $\Rightarrow$ 可微 $\begin{cases} \Rightarrow \text{函数连续} \Rightarrow \lim_{\substack{x\to x_0 \\ y\to y_0}} f(x,y) \text{ 存在.} \\ \Rightarrow \text{偏导数存在.} \end{cases}$

(2) 提示：不可微只要证明 $\lim_{\substack{\Delta x\to 0 \\ \Delta y\to 0}} \dfrac{\Delta f - (f'_x(0,0)\Delta x + f'_y(0,0)\Delta y)}{\sqrt{\Delta x^2 + \Delta y^2}}$ 不存在.

58. (1) $dz = -\dfrac{xdx + ydy}{z}$; (2) $dz|_{(1,1,1)} = \dfrac{1}{2}(dx + dy)$; (3) $dz = \dfrac{\frac{y^2}{x^2}f'_1 dx - (\frac{y}{x}f'_1 - \frac{z}{y}f'_2)dy}{-f'_2}$; (4) $du =$

$\dfrac{-2vdx + dy}{4uv+1}, dv = \dfrac{dx + 2udy}{4uv+1}$. 59. (1) $u(x,y) = \dfrac{x^3}{3} + \dfrac{y^3}{3} - xy^2 + C$; (2) $u(x,y,z) = xyz + C$; (3) $u(x,y) =$

$y^2 + e^x \sin y + C$; (4) $u(x,y) = \dfrac{1}{2}e^{x^2 - y^2} + C$. 60. (1) $\dfrac{\partial z}{\partial x} = \dfrac{f(\frac{y}{x}) - \frac{y}{x}f'(\frac{y}{x}) - 2x}{2z}, \dfrac{\partial z}{\partial y} = \dfrac{f'(\frac{y}{x}) - 2y}{2z}$; (2)

$\dfrac{du}{dx} = f'_1 + f'_3 g'_1 - (f'_2 + f'_3 g'_2)h'_1/h'_2$; (3) $\dfrac{\partial r}{\partial x} = \cos\theta, \dfrac{\partial \theta}{\partial x} = -\dfrac{\sin\theta}{r}, \dfrac{\partial r}{\partial y} = \sin\theta, \dfrac{\partial \theta}{\partial y} = \dfrac{\cos\theta}{r}$; (4) $\dfrac{\partial u}{\partial x} = \dfrac{\partial y}{\partial v}/\dfrac{\partial(x,y)}{\partial(u,v)}$,

$\dfrac{\partial v}{\partial x} = -\dfrac{\partial y}{\partial u}/\dfrac{\partial(x,y)}{\partial(u,v)}, \dfrac{\partial u}{\partial y} = -\dfrac{\partial x}{\partial v}/\dfrac{\partial(x,y)}{\partial(u,v)}, \dfrac{\partial v}{\partial y} = \dfrac{\partial x}{\partial u}/\dfrac{\partial(x,y)}{\partial(u,v)}$; (5) $\dfrac{\partial u}{\partial x} = \dfrac{-(2yvg'_2 - 1)uf'_1 - f'_2 g'_1}{(xf'_1 - 1)(2yvg'_2 - 1) - f'_2 g'_1}, \dfrac{\partial u}{\partial y} =$

$\dfrac{-(2yvg'_2 - 1)f'_2 + f'_2 g'_2 v^2}{(xf'_1 - 1)(2yvg'_2 - 1) - f'_2 g'_1}$; (6) $\dfrac{\partial z}{\partial x} = -\text{tg}\varphi\cos\theta, \dfrac{\partial z}{\partial y} = -\text{tg}\varphi\sin\theta$. 61. (1) ≈ 1.08; (2) ≈ 2.95; (3) ≈ 9.

0225; (4) ≈ 0.005; 62. ≈ 1.8. 63. $\Delta V \approx dV = -30\pi \approx -94.2$(厘米^3). 64. $|\Delta V| \approx |dV| = 3.25\pi \approx$

10.21(米^3)$,13\%$. 65. $\dfrac{\alpha}{2l} + \dfrac{\beta}{2g}$.

$$\S 6$$

66. 导矢量的几何意义是曲线 $x = f_1(t), y = f_2(t), z = f_3(t)$ 的切线矢量，即 $\vec{l} = \dfrac{d\vec{f}}{dt}$. 并方向指向 t 增加的

方向；导矢量的物理意义是质点运动 $x = f_1(t), y = f_2(t), z = f_3(t)$ 的瞬时速度，即 $\vec{v} = \dfrac{d\vec{f}}{dt}$. 67. (1) $\dfrac{d\vec{f}}{dt} = -$

$\sin t\vec{i} + \dfrac{1}{\sqrt{2}}\cos t\vec{j} + \dfrac{1}{\sqrt{2}}\sin t\vec{k}$; (2) $\dfrac{d\vec{f}}{dt} = e^t\vec{i} - e^{-t}\vec{j}$; (3) $\dfrac{d\vec{f}}{dt} = 2t\vec{i} + e^{-t}(\cos t - \sin t)\vec{j} - \sin t\vec{k}$. 69. $\vec{V}(1) =$

$\dfrac{d\vec{r}}{dt}|_{t=1} = -\dfrac{\pi}{2\sqrt{2}}\vec{i} + \dfrac{\pi}{2\sqrt{2}}\vec{j} + 0.5\vec{k}, \dfrac{x - \sqrt{2}}{-\dfrac{\pi}{2\sqrt{2}}} = \dfrac{y - \sqrt{2}}{\dfrac{\pi}{2\sqrt{2}}} = \dfrac{z - 0.5}{0.5}, -\dfrac{\pi}{2\sqrt{2}}(x - \sqrt{2}) +$

$\dfrac{\pi}{2\sqrt{2}}(y - \sqrt{2}) + 0.5(z - 0.5) = 0.$

70. (1) $\dfrac{x - \dfrac{R}{2}}{2} = \dfrac{y - \dfrac{R}{2}}{0} = \dfrac{z - \dfrac{\sqrt{2}}{2}R}{-\sqrt{2}}, \sqrt{2}x - z = 0$; (2) $\dfrac{x - (\dfrac{\pi}{2} - 1)}{1} = \dfrac{y - 1}{1} = \dfrac{z - 2\sqrt{2}}{\sqrt{2}}, (x$

$-\dfrac{\pi}{2} + 1) + (y - 1) + \sqrt{2}(z - 2\sqrt{2}) = 0$; (3) $\dfrac{x + 2}{27} = \dfrac{y - 1}{28} = \dfrac{z - 6}{4}, 27x + 28y + 4z + 2 = 0$. 71.

$\dfrac{x - 1}{16} = \dfrac{y - 1}{9} = \dfrac{z - 1}{-1}$. 72. $\cos\gamma = \dfrac{\vec{\tau} \cdot \vec{k}}{|\vec{\tau}||\vec{k}|} = \dfrac{b}{\sqrt{a^2 + b^2}}$. 73. 提示：两条曲线的交角是指它们在交点的切

线之夹角，设交点为 (x,y,z)，则过交点曲线的切矢量为 $\vec{z} = \{x', y', z'\}$，而过交点锥面的母线方向矢量为 $\vec{S} =$

$\{x,y,z\}$ 则 $\cos\varphi = \dfrac{\vec{\tau} \cdot \vec{S}}{|\vec{\tau}||\vec{S}|} = \dfrac{\sqrt{6}}{3}$. 74. (1)$\{F'_x, F'_y, F'_z\}_p$; (2) $\{f'_x, f'_y, -1\}_p$; (3) $\{F'_x, F'_y, F'_z\}_p \times \{G'_x, G'_y, G'_z\}_p$.

$G'_z\}_p$. 75. (1) $2x + 4y - z - 5 = 0, \dfrac{x - 1}{2} = \dfrac{y - 2}{4} = \dfrac{z - 5}{-1}$; (2) $x + y - 2z = 0, \dfrac{x - 1}{1} = \dfrac{y - 1}{1} = \dfrac{z - 1}{-2}$;

(3) $\dfrac{y_0 f'_1}{x_0^2}(x - x_0) - (\dfrac{f'_1}{x_0} - \dfrac{z_0 f'_2}{y_0^2})(y - y_0) - \dfrac{f'_2}{y_0}(z - z_0) = 0, \dfrac{x - x_0}{\dfrac{y_0 f'_1}{x_0^2}} = \dfrac{y - y_0}{-\dfrac{f'_1}{x_0} + \dfrac{z_0 f'_2}{y_0^2}} = \dfrac{z - z_0}{-\dfrac{f'_2}{y_0}}$.

76. $2x - 3y + 2z = \pm 9$. 77. (1) $2x - y + z - 1 = 0$;(2) 最近点 $(-1,2,5)$,最近距离 $d = \sqrt{6}$. 78. $V = \frac{9}{2} a^2$.

§7

82. (1) 极小值 $f(1,0) = -1$;(2) 极大值 $f(3,-2) = 30$;(3) $(\frac{a}{3}, \frac{a}{3})$,当 $a > 0$ 时为极大值点,当 $a < 0$ 时为极小值点;(4) 极大值 $z(\frac{16}{7}, 0) = -\frac{8}{7}$,极小值 $z(-2,0) = 1$.

83. (1) 最大值 $z(1,2) = 17$,最小值 $z(1,0) = -3$;(2) 最大值 $z(\frac{4}{3}, \frac{4}{3}) = 64/27$,最小值 $z(3,3) = -18$;(3) 最大值 $z(0, \pm 2) = 25$,最小值 $z(0,0) = 9$;(4) 最大值 $z(2,1) = 4$,最小值 $z(4,2) = -64$. 84. $A(1,0)$,$B(0,1)$ 为最大值点,最大值为 3. 85. 正三角形. 86. $f(\frac{3}{2}, \frac{3}{2}) = \frac{11}{2}$ 为极小值,几何上表示抛物面 $z = x^2 + y^2 + 1$ 与平面 $x + y = 3$ 的交线的最低点 $(\frac{3}{2}, \frac{3}{2}, \frac{11}{2})$,即当 $x = \frac{3}{2}$,$y = \frac{3}{2}$ 时,z 取到极小值. 87. $\frac{x}{3} + \frac{y}{9} + \frac{z}{6} = 1$,最小体积 $V = 27$. 88. 70,30,145(万元).

89. 最短距离 $d(-1,1, \pm \sqrt{3}) = \sqrt{5}$. 90. 最大值为 $(\frac{a}{n})^n$.

91. 以 $(0,2)$,$(3,-1)$,$(-3,-1)$ 为顶点的三角形面积最大. 92. 以 $(\frac{a}{\sqrt{3}}, \frac{b}{\sqrt{3}}, \frac{c}{\sqrt{3}})$ 为内接长方体的体积最大,最大体积为 $V = \frac{8\sqrt{3}}{9} abc$. 93. $y = 0.9x + 1.2$. 94. $I_0 = 5.631$,$\alpha = 2.888$. 95. $e^x \sin y = y + xy + \frac{1}{3!} e^\xi [x^3 \sin\eta + 3x^2 y\cos\eta - 3xy^2\sin\eta - y^3\cos\eta]$,其中 $\xi = \theta x, \eta = \theta y, 0 < \theta < 1$.

96. $\sin(2x + y) = \frac{\sqrt{2}}{2} + \sqrt{2} x + \frac{\sqrt{2}}{2}(y - \frac{\pi}{4}) - \frac{1}{2!}\sin(2\xi + \eta)[4x^2 + 4x(y - \frac{\pi}{4}) + (y - \frac{\pi}{4})^2]$,其中 (ξ, η) 在点 $(0, \frac{\pi}{4})$ 与 (x,y) 之间的连续上.

§8

98. (1) $\frac{\partial u}{\partial l}|_P = 1 + \frac{1}{\sqrt{2}}$;(2) $\frac{\partial u}{\partial l}|_P = -\frac{8}{3}$;(3) $\frac{\partial u}{\partial l}|_M = 1 - \sqrt{3}$.

99. (2)(i) $|\text{grad } u|_P = \sqrt{41}$;(ii) $\text{grad } u|_P \cdot \vec{l^0} = 6$. 100. (1) $\text{grad } u|_P = y_0(z_0^2 + y_0)\vec{i} + x_0(z_0^2 + 2y_0)\vec{j} + 2x_0 y_0 z_0\vec{k}$;(2) $\text{grad } u|_P = (-1 - \sqrt{3})\vec{i} - \sqrt{3}\vec{j}$;(3) $\text{grad } u|_P = -\frac{2}{25}\vec{i} - \frac{3}{50}\vec{j}$. 101. (1) 沿 $\text{grad } u|_P = 4\vec{i} - 3\vec{j}$ 的方向导数最大,最大值 $|4\vec{i} - 3\vec{j}| = 5$;(2) 沿 $-\text{grad } u|_P = -4\vec{i} + 3\vec{j}$ 最小,最小值为 -5;(3) 沿垂直于梯度的方向 $3\vec{i} + 4\vec{j}$ 时方向导数为零. 103. $\text{grad } r = \frac{\vec{r}}{r}$,$\text{grad } \frac{k}{r} = -\frac{k}{r^3}\vec{r}$,$\text{grad } f(r) = f'(r) \frac{\vec{r}}{r}$.

105. $\frac{\partial u}{\partial l}|_M = \frac{16}{243}$. 106. $\frac{\partial u}{\partial l}|_P = \frac{\frac{\partial u}{\partial x} \cdot \frac{\partial v}{\partial x} + \frac{\partial u}{\partial y} \cdot \frac{\partial v}{\partial y} + \frac{\partial u}{\partial z} \cdot \frac{\partial v}{\partial z}}{\sqrt{(\frac{\partial v}{\partial x})^2 + (\frac{\partial v}{\partial y})^2 + (\frac{\partial v}{\partial z})^2}}$. 107. $|\text{grad } u|_P = 7$,$\cos\alpha = \frac{3}{7}$,$\cos\beta = -\frac{2}{7}$,$\cos\gamma = \frac{-6}{7}$,$\text{grad } u|_{(-2,1,1)} = \vec{0}$.

综合题

108. 在 $|x| + |y| = 1$ 不连续. 109. $\theta = \arccos(-\frac{16}{17})$. 提示:由 $\frac{\partial z}{\partial x}|_{(1,2)} = 4$,得到一条切线 $\begin{cases} 4x - z + 2 = 0, \\ y = 2. \end{cases}$ 由 $\frac{\partial z}{\partial y}|_{(1,2)} = 4$,得到另一条切线 $\begin{cases} 4y - z - 2 = 0, \\ x = 1. \end{cases}$ 再求此两切线的夹角. 110. 常用的方法有:偏导数定义;把 $y = y_0$ 代入 $f(x, y_0)$,再对 x 求导;先求出导函数 $f'_x(x, y)$,再把 (x_0, y_0) 代入,$f'_x(1,3) = \frac{\pi}{6}$. 111. $\frac{\partial u}{\partial x} = \frac{\partial f}{\partial x} + \frac{\partial f}{\partial y} \cdot \frac{\partial \varphi}{\partial x} + \frac{\partial f}{\partial y} \cdot \frac{\partial \varphi}{\partial t} \cdot \frac{\partial \psi}{\partial x}$,$\frac{\partial u}{\partial z} = \frac{\partial f}{\partial z} + \frac{\partial f}{\partial y} \cdot \frac{\partial \varphi}{\partial t} \cdot \frac{\partial \psi}{\partial z}$. 提示:利用全微分形式不变性求偏

导数较为简单,尤其对于复合关系较为复杂的多元复合函数求偏导数. 112. $\dfrac{\partial z}{\partial x} = \dfrac{v\cos v - u\sin v}{e^u}$, $\dfrac{\partial z}{\partial y} = \dfrac{u\cos v + v\sin v}{e^u}$.

113. 提示:3个方程5个变量决定3个二元隐函数,又后2个方程与 x 无关,故 $z = z(y)$,$t = t(y)$,则 $u = f(x, y, z(y), t(y))$,于是 $\dfrac{\partial u}{\partial x} = f'_x$,$\dfrac{\partial u}{\partial y} = f'_y + f'_z \dfrac{dz}{dy} + f'_t \dfrac{dt}{dy}$,将 $\begin{cases} g(y, z, t) = 0, \\ h(z, t) = 0 \end{cases}$ 对 y 求导,可得到 $\dfrac{dz}{dy} = \dfrac{-g'_y h'_t}{g'_z h'_t - g'_t h'_z}$,$\dfrac{dt}{dy} = \dfrac{g'_y h'_z}{g'_z h'_t - g'_t h'_z}$. 代入上式得 $\dfrac{\partial u}{\partial x} = f'_x$,$\dfrac{\partial u}{\partial y} = f'_y + \dfrac{f'_t g'_y h'_z - f'_z g'_y h'_t}{g'_z h'_t - g'_t h'_z}$. 114. 当 $x = 1, y = 0$ 时 $z = -1$,$du|_{\substack{x=1 \\ y=0}} = \cos3(dx + 2dy)$,$\dfrac{\partial u}{\partial x}|_{\substack{x=1 \\ y=0}} = \cos3$,$\dfrac{\partial u}{\partial y}|_{\substack{x=1 \\ y=0}} = 2\cos3$.

115. $x\dfrac{\partial z}{\partial x} + y\dfrac{\partial z}{\partial y} = \dfrac{z^2}{z[1 - xyf'(z^2)]}$. 116. $\dfrac{\partial u}{\partial y} = -\dfrac{1}{2}$,提示:将 $u(x, x^2) = 1$ 关于 x 求导. 118. (1)$\alpha = -\dfrac{a}{2}$,$\beta = \dfrac{a}{2}$,新方程 $\dfrac{\partial^2 u}{\partial x^2} - \dfrac{\partial^2 v}{\partial y^2} = 0$;(2) $\dfrac{\partial^2 v}{\partial \xi \partial \eta} = 0$. 119. $\Delta u = \dfrac{1}{\rho^2}\dfrac{\partial}{\partial \rho}\left(\rho^2 \dfrac{\partial u}{\partial \rho}\right) + \dfrac{1}{\rho^2\sin\varphi}\dfrac{\partial}{\partial \varphi}\left(\sin\varphi \cdot \dfrac{\partial u}{\partial \varphi}\right) + \dfrac{1}{\rho^2\sin^2\varphi}\dfrac{\partial^2 u}{\partial \theta^2}$. 120. 提示:与以 $\{1, 1, 1\}$ 为方向的直线平行. 121. $\cos\alpha = \dfrac{3}{\sqrt{19}}$,$\cos\beta = \dfrac{-3}{\sqrt{19}}$,$\cos\gamma = \dfrac{1}{\sqrt{19}}$,法线方程 $\dfrac{x-2}{3} = \dfrac{y-2}{-3} = \dfrac{z-2}{1}$,切平面方程 $3x - 3y + z - 2 = 0$.提示:由 $\begin{cases} x = u + v, \\ y = u^2 + v^2 \end{cases}$ 确定 u, v 是 x, y 的函数,则 $z = u^3 + v^3$ 就视为以 u, v 为中间变量 x, y 为自变量的复合函数.

122. 正三角形面积最小. 123. 最近点 $P(0, -1, 1)$,最短距离 $d = 3$.提示:是2个约束条件的条件极值问题. 124. $d = \dfrac{\sqrt{2}}{2}$,提示:设 $(x_1, 2x_1, x_1 + 1)$,$(x_2, x_2 + 3, x_2)$ 分别为 l_1 与 l_2 上的任意点. 125. 最大值 $f(r, r, \sqrt{3}r) = \ln3\sqrt{3}r^5 = \ln\sqrt{27}r^5$,于是 $\ln xyz^3 = \ln\sqrt{x^2 y^2 z^6} \leqslant \ln\sqrt{27}r^5 = \ln\sqrt{27}\left(\dfrac{x^2 + y^2 + z^2}{5}\right)^{5/2}$,得 $\sqrt{x^2 y^2 z^6} \leqslant \sqrt{27}\left(\dfrac{x^2 + y^2 + z^2}{5}\right)^{5/2}$,即 $x^2 y^2 z^6 \leqslant 27\left(\dfrac{x^2 + y^2 + z^2}{5}\right)^5$,令 $a = x^2, b = y^2, c = z^2$,就有 $abc^3 \leqslant 27\left(\dfrac{a + b + c}{5}\right)^5$.

127. $y = 2, x = 200$. 128. $\text{grad } z|_{(1,2)} = 2\vec{i} + 2\vec{j}$. 129. 在点 $(1, 0)$ 沿 $\text{grad } u|_{(1,0)} = 6\vec{i}$ 方向或在点 $(-1, 0)$ 沿 $\text{grad } u|_{(-1,0)} = -6\vec{i}$ 方向时方向导数达到最大.

习题十

§ 1

1. (1) $Q = \iint\limits_{\sigma} \mu(x, y)d\sigma$;(2) $I_y = \iiint\limits_{\Omega} (x^2 + z^2) \cdot k\sqrt{y^2 + z^2}dV$.

2. 负. 3. (1) $36\pi \leqslant I \leqslant 100\pi$;(2) $-8 \leqslant I \leqslant \dfrac{2}{3}$;(3) $1 \leqslant I \leqslant \sqrt{2}$. 4. 1. 5. B. 6. (1)$\pi R^2$;(2) 0. 9. 提示:反证法,设在 σ 内有一点 (x_0, y_0) 使得 $f(x_0, y_0) \neq 0$,由连续函数的保号性与积分中值定理即可证与假设矛盾.

§ 2

10. (1) e^{-1};(2) $\dfrac{1 - \cos1}{3}$;(3) $e^3 + e - 2$;(4) -2;(5) $\ln\dfrac{2 + \sqrt{2}}{1 + \sqrt{3}}$;(6) $\dfrac{9}{4}$;(7) $\dfrac{1}{2}$;(8) 50.4;(9) $4\sqrt{5} + 2\ln(2 + \sqrt{5})$;(10) $\dfrac{\pi}{6}$;(11) 6.

11. (1) $\displaystyle\int_{-1}^{1}dx\int_{1-\sqrt{1-x^2}}^{1+\sqrt{1-x^2}}f(x, y)dy = \int_{0}^{2}dy\int_{-\sqrt{2y-y^2}}^{\sqrt{2y-y^2}}f(x, y)dx$;

(2) $\displaystyle\int_{-6}^{2}dx\int_{\frac{x^2}{4}-1}^{2-x}f(x, y)dy = \int_{-1}^{0}dy\int_{-2\sqrt{y+1}}^{2\sqrt{y+1}}f(x, y)dx + \int_{0}^{8}dy\int_{-2\sqrt{y+1}}^{2-y}f(x, y)dx$.

12. (1) $\displaystyle\int_{0}^{1}dy\int_{e^y}^{e}f(x, y)dx$;(2) $\displaystyle\int_{0}^{\pi}dx\int_{0}^{\sin x}f(x, y)dy$;(3) $\displaystyle\int_{-2}^{1}dx\int_{x}^{2-x^2}f(x, y)dy$;(4) $\displaystyle\int_{-1}^{1}dy\int_{y-3}^{\sqrt{2y+2}}f(x, y)dx$.

13. (1) $\frac{1}{6}(1-\cos1)$; (2) 2; (3) $\frac{\sqrt{2}-1}{3}$; (4) $\frac{2}{3}(a-\sin a)$; (5) $\frac{4}{\pi^3}(\pi+2)$; (6) $\frac{e^4}{2}-e^2$; (7) $\frac{1}{2}$.

15. (1) $\frac{4}{3}$; (2) $\frac{8}{3}$; (3) $\frac{5}{3}+\frac{\pi}{2}$; (4) 6; (5) 0.

16. (1) $\int_0^{2\pi}d\theta\int_a^b f(r\cos\theta,r\sin\theta)rdr$; (2) $\int_{-\frac{\pi}{3}}^{\frac{\pi}{3}}d\theta\int_a^{2a\cos\theta}f(r\cos\theta,r\sin\theta)rdr$;

   (3) $\int_0^{\frac{\pi}{4}}d\theta\int_0^{2a\sin\theta}f(r\cos\theta,r\sin\theta)rdr+\int_{\frac{\pi}{4}}^{\frac{\pi}{2}}d\theta\int_0^{2a\cos\theta}f(r\cos\theta,r\sin\theta)rdr$.

17. (1) $\frac{\pi}{2}(2\ln2-1)$; (2) $\frac{3\pi^2}{64}$; (3) $-6\pi^2$; (4) $\frac{2}{3}a^3(\pi-\frac{2}{3})$; (5) $\pi(\frac{\pi}{2}-1)$; (6) $\frac{\pi}{6a}$; (7) $\frac{41}{2}\pi$;

   (8) $\frac{\pi}{8}(1-e^{-9})$; (9) $\frac{\pi^2}{32}$.

18. (1) 当 $a>1$ 时，$\frac{\pi}{a-1}$；当 $a<1$ 时，∞. (2) $-\pi$.

19. (1) $\frac{32}{3}$; (2) $\frac{1}{2}(2\sqrt{5}+\ln(2+\sqrt{5}))$; (3) $\frac{8}{5}$; (4) $a^2(\frac{\sqrt{3}}{2}-\frac{\pi}{6})$; (5) $\frac{\pi a^2}{2}$.

20. (1) $\frac{40}{3}$; (2) $\frac{2a^2}{3}(\pi-\frac{4}{3})$; (3) $\frac{4}{9}a^2b$; (4) $\frac{11}{6}$.

21. (1) $\frac{14}{15}$; (2) $2a^2(\sqrt{3}-\frac{\pi}{3})$; (3) $\frac{\sqrt{2}}{3}a^2(\sqrt{2}+\ln(\sqrt{2}+1))]$.

22. (1) $(\frac{2}{5},0)$; (2) $(\frac{12-\pi^2}{3(4-\pi)},\frac{\pi}{6(4-\pi)})$; (3) $(\frac{5}{6}a,0)$; (4) $(\frac{14}{9}\frac{\sin\alpha}{\alpha},0)$; (5) $(\frac{2a}{5},\frac{2a}{5})$.

23. (1)(i) $\frac{5}{4}\pi a^4\mu$，(ii) $\frac{3}{2}\pi a^4\mu$；(2) $\frac{8}{5}a^4\mu$；(3) $\frac{23}{60}\mu$；(4) $\frac{1}{40}\mu a^5[7\sqrt{2}+3\ln(\sqrt{2}+1)]$；

   (5) $\frac{\pi a^4}{2}\mu$；(6) $\frac{35}{12}\pi\mu a^4$.

24. (1) $\frac{8}{15}(31+12\sqrt{2}-27\sqrt{3})$；(2) $\frac{1}{720}$；(3) $\frac{1}{8}$；(4) $\frac{\pi}{4}h^2R^2$；(5) $\frac{1}{110}$.

25. $\int_0^1dx\int_0^x dy\int_0^{xy}f(x,y,z)dz=\int_0^1dy\int_y^1dx\int_0^{xy}f(x,y,z)dz$

   $=\int_0^1dy\int_0^{y^2}dz\int_{\frac{z}{y}}^1 f(x,y,z)dx+\int_0^1dy\int_{y^2}^y dz\int_{\frac{z}{y}}^1 f(x,y,z)dx$.

26. (1) 先交换 u 和 t 的积分次序，得

$$\int_0^v du\int_0^u f(t)dt=\int_0^v f(t)dt\int_t^v du=\int_0^v f(t)(v-t)dt,$$

再交换 v 和 t 的积分次序，于是

$$\int_0^x dv\int_0^v du\int_0^u f(t)dt=\int_0^x dv\int_0^v f(t)(v-t)dt=\int_0^x f(t)dt\int_t^x(v-t)dv$$

$$=\int_0^x f(t)\cdot\frac{(v-t)^2}{2}\Big|_{v=t}^{v=x}dt=\frac{1}{2}\int_0^x f(t)(x-t)^2dt.$$

27. (1) $I=\int_{-\frac{1}{2}}^{\frac{1}{2}}dx\int_{-\sqrt{\frac{1}{4}-x^2}}^{\sqrt{\frac{1}{4}-x^2}}dy\int_{\sqrt{x^2+y^2}}^{\frac{1}{2}+\sqrt{\frac{1}{4}-x^2-y^2}}\sqrt{x^2+y^2+z^2}dz$；

   (2) $I=\int_0^{2\pi}d\theta\int_0^{\frac{1}{2}}rdr\int_r^{\frac{1}{2}+\sqrt{\frac{1}{4}-r^2}}\sqrt{r^2+z^2}dz$；

   (3) $I=\int_0^{2\pi}d\theta\int_0^{\frac{\pi}{4}}d\varphi\int_0^{\cos\varphi}\rho\cdot\rho^2\sin\varphi d\rho=\frac{\pi}{10}(1-\frac{\sqrt{2}}{8})$.

28. (1)(i) $I=\int_0^{2\pi}d\theta\int_0^1 rdr\int_{r^2}^r f(r\cos\theta,r\sin\theta,z)dz$；

   (ii) $I=\int_0^{2\pi}d\theta\int_{\frac{\pi}{4}}^{\frac{\pi}{2}}\sin\varphi d\varphi\int_0^{\cos\varphi\csc^2\varphi}f(\rho\sin\varphi\cos\theta,\rho\sin\varphi\sin\theta,\rho\cos\varphi)\rho^2 d\rho$.

   (2)(i) $I=\int_0^{2\pi}d\theta\int_0^1 rdr\int_{\frac{r}{\sqrt{2}}}^r f(r\cos\theta,r\sin\theta,z)dz+\int_0^{2\pi}d\theta\int_1^{\sqrt{2}}rdr\int_{\frac{r}{\sqrt{2}}}^1 f(r\cos\theta,r\sin\theta,z)dz$；

(ii) $I = \int_0^{2\pi} d\theta \int_{\frac{\pi}{4}}^{arctg\sqrt{2}} sin\varphi d\varphi \int_0^{sec\varphi} f(\rho sin\varphi cos\theta, \rho sin\varphi sin\theta, \rho cos\varphi) \rho^2 d\rho.$

29. (1) $\frac{8}{9}a^2$; (2) $\frac{16}{3}\pi$; (3) $\frac{4}{3}\pi$; (4) $\frac{\pi}{2}\pi(1 - ln2)$; (5) $\frac{\pi a^4}{8}$; (6) $\frac{53}{60}$; (7) $\frac{\pi a^5}{5}(18\sqrt{3} - \frac{97}{6})$; (8) $\frac{59}{480}\pi R^5$.

30. (1) $\frac{28}{45}$; (2) $\frac{8a^2}{9}$; (3) $\frac{11}{9}\pi a^6$. 31. (1) $\frac{32}{9}$; (2) $\frac{88}{105}$; (3) $\frac{21}{4}(2 - \sqrt{2})\pi$; (4) $\frac{\pi}{3}$.

32. (1) $\frac{\pi\rho_0 h^{n+3} tg^2\alpha}{n+3}$; (2) 480π; (3) $(\frac{R^2}{2} + \frac{H^2}{3})\pi R^2 H$.

33. (1) $(0, 0, \frac{3}{4}R cos^2 \frac{\alpha}{2})$; (2) $(\frac{4}{3}, 0, 0)$; (3) $(0, 0, \frac{1}{3})$.

34. (1) $\frac{28}{15}\pi R^5$; (2) $\frac{3}{2}\pi R^4 H\mu_0$; (3) $\frac{4}{3}\pi R^3 cos^4\alpha$.

35. (1) $2\pi G\mu_0 H(1 - cos\alpha)\vec{k}$; (2) $2\pi Gm\mu_0(H + \sqrt{R^2 + a^2} - \sqrt{R^2 + (a+H)^2})\vec{k}$; (3) $F_x = 0, F_y = \frac{4GmM}{\pi R^2}[ln(\frac{R + \sqrt{R^2 + b^2}}{b}) - \frac{R}{\sqrt{R^2 + b^2}}], F_z = -\frac{2GmM}{R^2}(1 - \frac{b}{\sqrt{R^2 + b^2}}), \vec{F} = F_y\vec{j} + F_z\vec{k}.$ (4) $|\vec{E}| = \frac{\mu}{2\pi}ln\frac{b}{a}$,

方向沿 y 轴,当圆环带正电荷时,$\vec{E}$ 沿 y 轴负向;带负电荷时正向.

36. (1) $\frac{\pi}{2}$(令 $x - \frac{1}{2} = u, y - \frac{1}{2} = v$); (2) $\frac{8}{3}ab arctg\frac{a}{b}$; (3) $\frac{2}{15}ab$; (4) $\frac{1}{4}(e - e^{-1})$; (5) $\frac{\pi^4}{3}$.

37. (1) $\frac{(n^3 - m^3)(b^2 - a^2)}{6}$; (2) 10π(令 $u = x - 2y + 3, v = 3x + 4y - 1$); (3) 6.

38. (1) $\frac{3\pi ab}{2}$; (2) $\frac{\pi a^2 bc}{3d}$; (3) $\frac{\sqrt{2}}{8}\pi^2 a^3$. 39. (1) $\frac{4\pi abc}{15}(b^2 + c^2)$; (2) $\frac{4}{3}\pi(a + b + c)R^3$.

40. $F(t) = \begin{cases} 0, & t \leq 0; \\ \frac{1}{2}t^2, & 0 < t \leq 1; \\ 1 - \frac{1}{2}(2-t)^2, & 1 < t \leq 2; \\ 1, & t > 2. \end{cases}$ 42. $\frac{\pi}{8}(\frac{\pi}{2} + 5)$. 43. $4(\frac{\pi}{3} + 2ln\frac{1 + \sqrt{3}}{\sqrt{2}})$.

44. $e^{-1} - 1$.

45. (1)(i) $\pi ab(1 - e^{-1})$, (ii) πabe^{-1}; (2) $\frac{5}{144}$; 46. (2) $3e^{-2}$.

47. $20\pi e^{-1}\rho_0$. 48. 切平面为 $2x - z = 0$,最小体积为 $\frac{\pi}{2}$. 49. (1) $\frac{abc^2}{24}$; (2) $a = b = \frac{K}{4}, c = \frac{K}{2}$,最大值 为 $\frac{K^4}{1536}$. 50. $I_l = \frac{28 + 60k^2}{105(1 + k^2)}$(过原点的直线为 $y = kx$);最小值为 $I_x = \frac{4}{15}$,最大值为 $I_y = \frac{4}{7}$. 51. $\frac{\pi}{3}$.

52. $\frac{31}{60}\pi a^5$. 53. $a = \sqrt{2}b$. 54. $\pi R^2(H - R)$.

习题十一

§1

1. (1) $2\pi ah$; (2) $2\sqrt{3}\pi(\sqrt{5} + \sqrt{2})$; (3) $2\pi c^2$; (4) $24(2 - \sqrt{2})a^2$.

2. (1) $\frac{\sqrt{3}}{120}$; (2) (i) $8\pi a^4$; (ii) $\frac{\pi}{2}$; (3) $\frac{64\sqrt{2}}{15}a^4$; (4) $2\pi arctg\frac{H}{R}$; (5) $\frac{\pi}{12}$.

3. (1) $\frac{\pi}{12}(5\sqrt{5} + \frac{1}{5})$; (2) $\frac{\pi}{6}$.

4. (1) 在对称轴上,离圆锥顶点距离为 $\frac{2}{3}h$ 的点处;(2) $(0, 0, \frac{3}{8}a)$.

5. (1) $\frac{149\pi}{30}\mu_0$; (2) $\frac{I_1}{I_2} = \frac{\sqrt{a^2 + h^2}}{a}$.

6. (1) $\vec{F} = 2KR\pi(\frac{1}{R} - \frac{1}{\sqrt{R^2 + H^2}})\vec{k}$; (2) $\vec{F} = \begin{cases} \vec{0}, & a < R; \\ -\frac{4\pi R^2 K}{a^2}\vec{k}, & a > R. \end{cases}$ (其中 K 为引力常数).

7. $\frac{4}{3}\pi R^3$. 9. $\frac{a}{2\mu_2}(\sqrt{u_2^2 + 4\mu_1\mu_2} - \mu_2)$.

§ 2

10. (1) (i) $\frac{a^3}{2}$,(ii) 3; (2) $4\pi abc(\frac{1}{a^2} + \frac{1}{b^2} + \frac{1}{c^2})$; (3) $\frac{\pi}{2}b^2(2a^2 - b^2)$; (4) $\frac{4HR^3}{15}$; (5) $\frac{h^2R^3}{3}$; (6) $\frac{2\pi b^3 ac}{5}$;

(7) $\frac{16}{3}$.

§ 3

11. (1) $\frac{7\pi a^4}{3}$; (2) $\frac{\pi}{8}$; (3) $2\pi(e^2 - 1)$; (4) $\frac{4}{15}\pi R^5$. 12. (1) $\frac{2}{3}\pi a^3 + \frac{\pi a^4}{4}$; (2) $\frac{32\pi}{3}$; (3) $\frac{\pi a^3 b^3}{24}$; (4) $\frac{abc}{2}$.

§ 4

14. (1) $\frac{32}{15}\pi$; (2) q; (3) πa^4; (4) πabc^2; (5) 21π. 15. (1) 12; (2) 6. 18. 0.

19. $\text{div}\,\vec{F} = \begin{cases} \frac{1}{zr}, & z < 0; \\ -\frac{1}{zr}, & z > 0. \end{cases}$ 20. $0(r \neq 0)$.

22. (1) $18\sqrt{3}$; (2) $\frac{4}{3}(5\sqrt{5} - 2\sqrt{2})$; (3) $\frac{4}{3}\pi abc(\frac{1}{a^2} + \frac{1}{b^2} + \frac{1}{c^2})$, 提示：上半椭球面在 xOy 的投

影 $\frac{x^2}{a^2} + \frac{y^2}{b^2} \leqslant 1$ 中，令 $x = au, y = bv$; (4) $\pi(\frac{4}{3} - \frac{5\sqrt{2}}{6})$; (5) $4a\alpha\text{arctg}\frac{H}{a}$.

27. $f(x) = \frac{x(x^2 + 3)}{(1 + x^2)^2}$. 提示：在闭曲线 l 上任意作两个光滑曲面 S_1 与 S_2，只须确定 $f(x)$，使 $\iint\limits_{S_1}\vec{A} \cdot \vec{n}\,dS =$

$\iint\limits_{S_2}\vec{A} \cdot \vec{n}\,dS$ 即可，其中 $\vec{n}$ 指向同一侧，即 $\oiint\limits_{S_1 + S_2}\vec{A} \cdot \vec{n}\,dS = \iiint\text{div}\vec{A}dV \equiv 0$，即 $\text{div}\,\vec{A} = 0$，由此可求得 $f(x)$.

28. 1. 提示：令 $u = x - y + z, v = y - z + x, w = z - x + y, J = \frac{\partial(x,y,z)}{\partial(u,v,w)} = \frac{1}{4}$，区域 V 化成由 $|u| +$

$|v| + |w| = 1$ 所成正八面体. 29. S 不包含原点时，为 0；S 包含原点时，为 4π. 30. $\frac{15}{4}\pi$.

32. (1) 0; (2) $\frac{1}{\varepsilon_0}$; (3) $\frac{2}{\varepsilon_0}$.

习题十二

§ 1

1. (1) $4(\frac{19\sqrt{2}}{3} + \frac{14}{3})$; (2) πa^7; (3) (i)8, (ii) $(1 + \frac{\pi}{4})a^2$; (4) (i) $\frac{1}{3}(5^{\frac{3}{2}} - 1)$, (ii) $(4 - 2\sqrt{2})a^2$; (5)

(i) $\frac{\pi}{2}a^3$; (ii) $\frac{3}{8}\sqrt{2}\pi a^3$; (iii) $\frac{2}{3}\pi a^3$, 提示：由对称性，$\int_l x^2 dS = \int_l y^2 dS = \int_l z^2 dS = \frac{1}{3}\int_l (x^2 + y^2 + z^2)dS$;

(6) $\frac{2}{3}(2\sqrt{2} - 1)$; (7) $\frac{4ab}{3(a^2 - b^2)}[(c^2 + a^2)^{\frac{3}{2}} - (c^2 + b^2)^{\frac{3}{2}}]$.

2. (1) $(-\frac{8}{7}a, 0)$; (2) $(0, -\frac{a}{\pi}, \frac{4}{3}b\pi)$, 3. (1) $16a^3(\pi^2 - \frac{128}{45})$; (2) $\frac{4}{3}\pi a^3$.

4. (1) 4; (2) $2\pi a^2$; (3) $\frac{32}{3}\pi a^3$.

5. (1) $\frac{2G\mu}{a}\vec{j}$, G 为引力常数; (2) $G(\vec{i} + \vec{j})$, G 为引力常数; (3) $-\frac{GmMb}{(a^2 + b^2)^{3/2}}\vec{k}$, M 为圆线的质量, G 为引力

常数.

§ 2

6. (1) (i) $\frac{4}{3}$; (ii) $\frac{12}{5}$; (iii)0; (iv) -4; (v)4. (2) $\frac{4}{3}$; (3) $\frac{\pi}{4} - 1$; (4) (i)1, (ii)1; (5) -4π;

7. (1) -2π; (2) $\frac{k}{2}\ln 2, k$ 为比例常数; (3) $GmM(\frac{1}{a} - \frac{1}{a - \sqrt{a^2 - b^2}})$.

§ 3

8. (1) $\dfrac{16}{3}$;(2) 0;(3) 3π;(4) $\dfrac{1}{6}$;(5) 0.　9. (1) $2a$;(2) 2;(3) 0;(4) $-4(\pi - 3\mathrm{arctg}\dfrac{b}{a})$.

10. (1) $\dfrac{3}{8}\pi a^2$;(2) $6\pi a^2$.　11. 0.

§ 4

12. (1) $e + 1$;(2) 0;(3) $\dfrac{\pi^2}{4}$.

13. (1) $\varphi(x) = x(\sin x - x\cos x - 1);(1 - \pi) + \dfrac{3\pi^2}{2}$;(2) $\varphi(x) = C_1 e^{3x} + C_2 e^{-2x} - \dfrac{1}{5}xe^{-2x}$;

(3) $\varphi(y) = \sin y + y^2 - 2, \psi(y) = \varphi'(y) = \cos y + 2y$.

14. (1) $x^2 + \dfrac{x}{y} + \ln y + C$;(2) $\dfrac{e^y - 1}{1 + x^2} + C$.

15. (1) $x\sin y + y\sin y = C$;(2) $x^3 + y^3 + x^2 e^{-y} = C$;(3) $\dfrac{x^2}{2} + y + \arcsin\dfrac{x}{y} = C$;

(4) $x^3 - \ln|x - y^2| + \cos\dfrac{x}{y} = C$.

16. (1) $\mu = \dfrac{1}{y^2}, \ln y - \dfrac{x}{y} = C$;(2) $\mu = \dfrac{1}{x^2}, \dfrac{3x^2 - y^2}{x} = C$;(3) $\mu = x, x^2 y - \dfrac{x^5}{5} + C = 0$;(4) $\mu = e^{\frac{x^2}{2}}, e^{\frac{x^2}{2}}(\sin y$

$- 2) = C$;(5) $\mu = e^{2x}, e^{2x}\sin y = C$;(6) $\mu = \dfrac{1}{x^2 + y^2}, x + \mathrm{arctg}\dfrac{x}{y} = C$;(7) $\mu = \dfrac{1}{\sqrt{x^2 + y^2}}, x + \dfrac{1}{2}\ln(x^2 + y^2) =$

C.

17. (1) $x = C_1 y, z = y + x + C_2$;(2) $y^2 - z^2 = C_1, 2x + (z - y)^2 = C_2$;(3) $z - x = C_1(x - y), (x - y)^2(x$

$+ y + z) = C_2$;(4) $x - y = z + C_1, x^2 + y^2 = C_2 z^2$.

§ 5

18. (1) -4π;(2) $-\sqrt{3}\pi a^2$;(3) $-\dfrac{\pi a^3}{4}$.

19. (1) -2;(2) -3;(3) $(x_0^2 + y_0^2 + z_0^2)^{-\frac{1}{2}} - (x_1^2 + y_1^2 + z_1^2)^{-\frac{1}{2}}$.

20. (1) $x^2 + xy + 2yz - 3z^2 + C$;(2) $x - \dfrac{x}{y} + \dfrac{xy}{z} + C$.

21. (1) $\dfrac{h^3}{3}$;(2) 12π.

§ 6

22. (1) $\dfrac{3}{4}\pi R^2$;(2) (i) 0;(ii) l 绕 z 轴一圈时为 2π;绕 z 轴 n 圈时为 $2n\pi$.

23. (1) $-y\vec{i} - z\vec{j} - 2(x + y)\vec{k}$;(2) $4y\vec{k}$;(3) $\vec{0}$.

26. (1) $0;2\sqrt{6}, \cos\alpha = \dfrac{2}{\sqrt{6}}, \cos\beta = -\dfrac{1}{\sqrt{6}}, \cos\gamma = -\dfrac{1}{\sqrt{6}}$.

(2) $\dfrac{1}{3};\sqrt{26}, \cos\alpha = \dfrac{-1}{\sqrt{26}}, \cos\beta = \dfrac{-3}{\sqrt{26}}, \cos\gamma = \dfrac{4}{\sqrt{26}}$.

27. (1) $x^2\cos y + y^2\cos x + C$;(2) $x^2 y z^3 + xz + C$;(3) 否;(4) $\sin xy - \cos z + C$.

28. (1) $a = \dfrac{1}{2}, b = 0, \dfrac{1}{2}x_1 y_1^2$;(2) $a = 2, b = -1, c = -2$.　29. $u = \dfrac{kM}{r} + C$.

31. $\dfrac{q}{4\pi\varepsilon}\ln\dfrac{x_0^2 + y_0^2}{x^2 + y^2}$;　$\dfrac{q}{2\pi\varepsilon_0}(\mathrm{arctg}\dfrac{y}{x} + \mathrm{arctg}\dfrac{x_0}{y_0} - \dfrac{\pi}{2})$.

32. (2) 由 $\dfrac{\partial v}{\partial x} = -\dfrac{\partial u}{\partial y}$　或　$\dfrac{\partial v}{\partial y} = \dfrac{\partial u}{\partial x}$　可得 $v = -3xy^2 + x^3 + C(C$ 为任意常数).

§ 9

36. $\vec{E} = \mathrm{grad}\, v = -(\dfrac{a^2}{r^2} + 1)\cos\theta e_r - (\dfrac{a^2}{r^2} - 1)\sin\theta e_\theta, \mathrm{div}\,\vec{E} = 0, (r \neq 0)$.

37. $\mathrm{rot}\,\vec{E} = 2\sin\theta(1 + \cos\theta)e_z$.

38. $\vec{E} = \mathrm{grad}\, v = (2a\rho - \dfrac{3}{\rho^4})\sin 2\varphi\cos\theta e_\rho + 2(a\rho + \dfrac{1}{\rho^4})\cos 2\varphi\cos\theta e_\varphi - 2(a\rho + \dfrac{1}{\rho^4})\cos\varphi\sin\theta e_\theta$.

39. $\Delta u = \dfrac{4\sin\varphi}{\rho} + 6\cos\theta + \dfrac{2\cos 2\varphi}{\rho\sin\varphi} - \dfrac{\cos\theta}{\sin^2\varphi}$.

40. $\vec{r}(r,\theta,z) = re_r + ze_z;\quad \vec{r}(\rho,\varphi,\theta) = \rho e_\rho.$

综合题

41. (1) $\vec{0}$;(2) $2\vec{i} + 2y\vec{j}$;(3) 0;(4) $e^{x+y+z}[3xyz + 2(xy + xz + yz)]$.

42. (1) l 不包围原点时为 0,l 包围原点时为 -2π;(2) -4.

43. (1) $\dfrac{1}{\sqrt{1+x^2}}$;(2) $1 - \dfrac{1}{x^2 - y^2}$.

44. $P = \dfrac{\partial u}{\partial x}, Q = Kx + \dfrac{\partial u}{\partial y}, K$ 是常数,u 是具有连续二阶偏导数的函数.

46. $\left(\dfrac{a}{\sqrt{3}}, \dfrac{b}{\sqrt{3}}, \dfrac{c}{\sqrt{3}}\right), \dfrac{\sqrt{3}}{9}abc$.

习题十三

§ 1

1. (1) $\dfrac{2^{n+1}}{2n+1}; \sum\limits_{n=1}^{\infty} \dfrac{2^{n+1}}{2n+1}$,(2) $\dfrac{(-1)^{n-1}}{3n+2}; \sum\limits_{n=1}^{\infty} \dfrac{(-1)^{n-1}}{3n+2}$,(3) $\dfrac{2^{n-1}}{\sqrt{4n-3}}; \sum\limits_{n=1}^{\infty} \dfrac{2^{n-1}}{\sqrt{4n-3}}$,

(4) $\dfrac{1\cdot3\cdot5\cdot7\cdots(2n-1)}{1\cdot4\cdot7\cdot10\cdots(3n-2)}; \sum\limits_{n=1}^{\infty} \dfrac{1\cdot3\cdot5\cdot7\cdots(2n-1)}{1\cdot4\cdot7\cdot10\cdots(3n-2)}$.

2. (1) $\dfrac{1}{2} + \dfrac{3}{5} + \dfrac{5}{10} + \dfrac{7}{17} + \cdots + \dfrac{2n-1}{n^2+1} + \cdots$;

(2) $\dfrac{2}{1} + \dfrac{2^2\cdot1\cdot2}{2^2} + \dfrac{2^3\cdot1\cdot2\cdot3}{3^3} + \cdots + \dfrac{2^n\cdot1\cdot2\cdot3\cdots n}{n^n} + \cdots$;

(3) $1 + \dfrac{2}{3^2} + 3 + \dfrac{4}{3^4} + \cdots + \dfrac{n}{[2+(-1)^n]^n} + \cdots$;

(4) $1 + \dfrac{1}{2}\cdot\dfrac{1}{3} + \dfrac{1\cdot3}{2\cdot4}\cdot\dfrac{1}{5} + \dfrac{1\cdot3\cdot5}{2\cdot4\cdot6}\cdot\dfrac{1}{7} + \cdots + \dfrac{1\cdot3\cdot5\cdots(2n-1)}{2\cdot4\cdot6\cdots(2n)}\cdot\dfrac{1}{2n+1} + \cdots$.

3. (1) $\left\{\sum\limits_{k=1}^{\infty}(-1)^{k-1}\dfrac{1}{2^k}\right\} = \left\{\dfrac{1}{3}\left(1 - \dfrac{1}{2^n}\right)\right\}$,收敛,$\dfrac{1}{3}$. (2) $\left\{\sum\limits_{k=1}^{\infty} \dfrac{1}{(5k-4)(5k+1)}\right\} = \left\{\dfrac{1}{5}\left(1 - \dfrac{1}{5n+1}\right)\right\}$,

收敛,$\dfrac{1}{5}$. (3) $\left\{\sum\limits_{k=1}^{n}\left(\dfrac{\ln3}{2}\right)^k\right\}$,收敛,$\dfrac{\ln3}{2-\ln3}$. (4) $\ln\dfrac{1}{2}$. (5) -1. (6) $\dfrac{\pi}{4}$,提示 $\mathrm{tg}^{-1}x - \mathrm{tg}^{-1}y = \mathrm{tg}^{-1}\dfrac{x-y}{1+xy}$.

4. (1) $u_1 = 2, u_n = S_n - S_{n-1} = -\dfrac{1}{n(n-1)}, n \geqslant 2; 2 - \sum\limits_{n=2}^{\infty} \dfrac{1}{n(n-1)} = 1$.

(2) $u_1 = \dfrac{2}{3}, u_n = \dfrac{2}{3^n}, 2\sum\limits_{n=1}^{\infty} \dfrac{1}{3^n} = 1$.

5. (1) 至(6) 都发散;(7) 收敛,$\dfrac{3}{2}$;(8) 收敛,$1 - \sqrt{2}$. 7. $\dfrac{1}{2}\dfrac{e^{\pi}+1}{e^{\pi}-1} \doteq 0.546$.

§ 2

8. (1) 至(5),(9) 至(12) 都收敛,(6) 至(8) 都发散.

10. (1) 至(6) 都收敛,(7) ~ (9) 都发散.

11. (1) 至(6) 都收敛,(7) ~ (9) 都发散;(10) $p > 1$ 收敛;$0 < p \leqslant 1$ 发散.

12. (1) 至(7) 都收敛.

13. (1) $p \leqslant 0$ 发散;$p > 0$ 收敛,(2) $0 < a \leqslant 1$ 发散;$a > 1$ 收敛,(3) $p \leqslant 1$ 发散;$p > 1$ 收敛,(4) $a \leqslant \dfrac{1}{2}$ 发散;$a > \dfrac{1}{2}$ 收敛,(5) $p \leqslant 2$ 发散;$p > 2$ 收敛,(6)$a \geqslant 1$ 发散;$0 < a < 1$ 收敛,(7) 当 $p < 1,q$ 任意或 $p = 1$,$q \leqslant 1$ 时发散;当 $p > 1,q$ 任意或 $p = 1,q > 1$ 时收敛,(8) $a > 1$ 收敛;$a \leqslant 1$ 发散,(9) $p > 0$ 收敛;$p \leqslant 0$ 发散.

§ 3

16. (1) 至(8) 都绝对收敛,(9) ~ (14) 都条件收敛;(15) 发散;(16) 对 $x \in (-\infty, +\infty)$ 绝对收敛.

§ 4

18. $(1)e^{-1} < x < e;(2) -1 < x < 1;(3) |x| > 1;(4) -\infty < x \leqslant -\frac{1}{2};((5) \ 0 < x < +\infty;(6) \ (2k\pi,$
$(2k+1)\pi), k = 0, \pm 1, \pm 2, \cdots;(7) \ \Phi.$

19. (1) 至 (4) 都一致收敛.(5)(i) 一致收敛,(ii) 不一致收敛.

20. (2) 提示取 $0 < \varepsilon_0 < \frac{1}{2}$,不论 n 多么大,取 $x = \frac{1}{n} \in (0,1), \ |f_n(\frac{1}{n}) - f(0)| = |f_n(\frac{1}{n})| = \frac{1}{2} > \varepsilon_0.$

21. $(1) \ f_n(x) \to e^x(n \to \infty);(2) \ |f_n(x) - e^x| < \frac{e}{n} \to 0(n \to \infty),\{f_n(x)\}$ 在 $[0,1]$ 内一致收敛;$(3) \ 2e - 3.$

§ 5

23. $(1)3,[-3,3);(2) \ \frac{\sqrt{5}}{2},[-\frac{\sqrt{5}}{2},\frac{\sqrt{5}}{2});(3) \ \frac{1}{3},[-\frac{1}{3},\frac{1}{3});(4) \ 1,[-1,1);(5) \ \frac{1}{3},[-\frac{4}{3},-\frac{2}{3});(6) \ 3,(0,6);(7) \ 1,(-2,0];(8) \ \sqrt{2},(-\sqrt{2},\sqrt{2});(9) \ \frac{1}{2},(-\frac{1}{2},\frac{1}{2});(10) \ 2,[-1,3];(11) \ \frac{3}{2};(-1,2).$

24. $(1) \ \frac{1}{(1-x)^2},|x| < 1;(2) \ \frac{x^2+x}{(1-x)^3},|x| < 1;(3) \ \frac{1}{2}\ln|\frac{1+x}{1-x}|,|x| < 1;$

$(4) \ S(x) = \begin{cases} (\frac{1}{x}-1)\ln(1-x) + 1, & x \in (-1,0) \bigcup (0,1); \\ 0, & x = 0; \\ 1, & x = 1. \end{cases}$

$(5) \ \frac{1}{2}\text{arctg } x + \frac{1}{4}\ln\frac{1+x}{1-x},|x| < 1;(6) \ \frac{1+x}{(1-x)^2},|x| < 1.$

25. $(1) \ 3,$ 由 $\sum_{n=1}^{\infty} \frac{2n-1}{2^n}x^{2n-2} = \frac{2+x^2}{(2-x^2)^2},|x| < \sqrt{2}$,令 $x = 1;(2) \ \ln 2 - \frac{\pi}{2};(3) \ \ln 2.$

§ 6

27. $(1) \ \text{ch} x = \frac{e^x + e^{-x}}{2} = \sum_{n=0}^{\infty} \frac{x^{2n}}{(2n)!} \quad |x| < +\infty;(2) \ \sin^2 x = \frac{1 - \cos 2x}{2} = \frac{1}{2} - \frac{1}{2}\sum_{n=0}^{\infty} \frac{(-1)^n 2^{2n}x^{2n}}{(2n)!} \quad |x| < +\infty;(3) \ \sin(x+a) = (\cos a)\sum_{n=0}^{\infty} \frac{(-1)^n x^{2n+1}}{(2n+1)!} + (\sin a)\sum_{n=0}^{\infty} \frac{(-1)^n x^{2n}}{(2n)!} \quad |x| < +\infty;(4) \ \frac{1}{\sqrt{2+x}} = \frac{1}{\sqrt{2}}[1 + \sum_{n=1}^{\infty} (-1)^n \frac{(2n-1)!!}{2^n n!} \cdot \frac{x^n}{2^n}] \quad |x| < 2;(5) \ \frac{1}{1+x-2x^2} = \frac{1}{3}\sum_{n=0}^{\infty}[1 + (-1)^n 2^{n+1}]x^n,|x| < \frac{1}{2};(6) \ \ln(10 - x) = \ln 10 - \sum_{n=1}^{\infty} \frac{x^n}{n \cdot 10^n},|x| < 10;(7) \ \ln(1 - 3x + 2x^2) = -\sum_{n=1}^{\infty} \frac{1 + 2^n}{n}x^n,|x| < \frac{1}{2};$

$(8) \ \arcsin x = x + \sum_{n=1}^{\infty} \frac{(2n-1)!!}{2^n \cdot n!} \frac{x^{2n+1}}{2n+1},|x| < 1;$

$(9) \ \ln(x + \sqrt{1+x^2}) = x + \sum_{n=1}^{\infty} (-1)^n \frac{(2n-1)!!}{2^n n!} \frac{x^{2n+1}}{2n+1},|x| < 1;(10) \ \text{arctg} \frac{4+x^2}{4-x^2} = \frac{\pi}{4} + \sum_{n=0}^{\infty} \frac{(-1)^n}{2n+1}(\frac{x}{2})^{4n+2},|x| < 2;(11) \ \frac{x^2}{\sqrt{1-x^2}} = x^2 + \sum_{n=1}^{\infty} \frac{(2n-1)!!}{2^n n!}x^{2n+2},|x| < 1.$

$(12) \ (x - \text{tg} x)\cos x = x\cos x - \sin x = \sum_{n=1}^{\infty} (-1)^n \frac{2nx^{2n+1}}{(2n+1)!},|x| < \frac{\pi}{2}.$

$(13) \ x\text{arctg} x - \ln\sqrt{1+x^2} = \sum_{n=0}^{\infty} \frac{(-1)^n x^{2n+2}}{(2n+1)(2n+2)},|x| < 1.$

$(14) \ \frac{e^x}{1-x} = \sum_{n=0}^{\infty} (1 + 1 + \frac{1}{2!} + \cdots + \frac{1}{n!})x^n,|x| < 1. \ (15) \ (1+x)^x = 1 + x^2 - \frac{x^3}{2} + \frac{5}{6}x^4 + \cdots.$

28. $\frac{d}{dx}(\frac{e^x - 1}{x}) = \sum_{n=1}^{\infty} \frac{n}{(n+1)!}x^n,0 < |x| < +\infty;\sum_{n=1}^{\infty} \frac{n}{(n+1)!} = 1.$

29. $(1) \ \ln(-x^2 - 2x) = \ln[1 + (-(x+1)^2)] = -\sum_{n=1}^{\infty} \frac{(x+1)^{2n}}{n}, -2 < x < 0;$

(2) $\dfrac{2x+3}{x^2+3x} = \dfrac{1}{x} + \dfrac{1}{x+3} = \sum\limits_{n=0}^{\infty}\left[(-1)^n - \dfrac{1}{2^{n+1}}\right](x+2)^n, \ -3 < x < -1.$

30. $f^{(16)}(0) = -\dfrac{16!}{2!}.$ 31. (1) $\dfrac{1}{4}$; (2) $a=4, b=1.$

32. (1) $\sum\limits_{n=1}^{\infty}(-1)^{n-1}\dfrac{x^{2n-1}}{(2n-1)!(2n-1)} + C, 0 < |x| < +\infty$; (2) $\sum\limits_{n=1}^{\infty}\dfrac{(-1)^{n-1}x^n}{n^2} + C, 0 < |x| < 1$; (3)

$\sum\limits_{n=0}^{\infty}\dfrac{(-1)^n x^{4n+1}}{(2n)!(4n+1)}, |x| < +\infty$; (4) $\sum\limits_{n=1}^{\infty}\dfrac{(-1)^{n-1}x^{2n-1}}{(2n-1)n!}, 0 < |x| < +\infty.$

33. (1) 2.00058, 提示 $2^{10} = 1024$; (2) 1.09860, 提示由 $\ln\left(\dfrac{1+x}{1-x}\right) = 2\left(x + \dfrac{x^3}{3} + \dfrac{x^5}{5} + \cdots\right),$

令 $\dfrac{1+x}{1-x} = 3$; (3) 0.4872; (4) 0.921996.

34. (1) $y = 1 + 2(x-1) + \dfrac{5}{2!}(x-1)^2 + \dfrac{26}{3!}(x-1)^3 + \cdots$;   (2) $y = c_0\left[1 + \sum\limits_{k=1}^{\infty}\dfrac{1\cdot5\cdot9\cdots(4k-3)}{(2k)!}(x$

$-1)^{2k}\right] + c_1\left[(x-1) + \sum\limits_{k=2}^{\infty}\dfrac{3\cdot7\cdots(4k-5)}{(2k-1)!}(x-1)^{2k-1}\right]$, 提示: 令 $t = x-1, y(t) = \sum\limits_{n=0}^{\infty}c_n t^n$, 方程化为

$$\sum\limits_{n=2}^{\infty}n(n-1)c_n t^{n-2} - 2\sum\limits_{n=1}^{\infty}nc_n t^n - \sum\limits_{n=0}^{\infty}c_n t^n = 0,$$

为了合并同类项, 将各项加以改写

$$\sum\limits_{n=2}^{\infty}n(n-1)c_n t^{n-2} = 2c_2 + \sum\limits_{n=3}^{\infty}n(n-1)c_n t^{n-2}, \quad \sum\limits_{n=1}^{\infty}nc_n t^n = \sum\limits_{n=3}^{\infty}(n-2)c_{n-2}t^{n-2}, \quad \sum\limits_{n=0}^{\infty}c_n t^n = c_0 + \sum\limits_{n=1}^{\infty}c_n t^n =$$

$c_0 + \sum\limits_{n=3}^{\infty}c_{n-2}t^{n-2}$, 得 $(2c_2 - c_0) + \sum\limits_{n=3}^{\infty}\{n(n-1)c_n - [2(n-2)+1]c_{n-2}\}t^{n-2} = 0.$

35. (1) $-\dfrac{\pi}{4} - \sum\limits_{n=1}^{\infty}\left[\dfrac{(-1)^n-1}{n^2\pi}\cos nx + \dfrac{(-1)^n}{n}\sin nx\right] = \begin{cases} f(x), x \in (-\pi,\pi); \\ -\dfrac{\pi}{2}, x = \pm\pi, \end{cases} \quad f(x+2\pi) = f(x).$

(2) $\dfrac{\pi}{4}(b-a) - \sum\limits_{n=1}^{\infty}\left\{\dfrac{[(-1)^n-1](a-b)}{n^2\pi}\cos nx + \dfrac{(-1)^n(a+b)}{n}\sin nx\right\} = \begin{cases} f(x), -\pi < x < \pi; \\ \dfrac{(a+b)\pi}{2}, x = \pm\pi, \end{cases}$

$f(x+2\pi) = f(x).$

(3) $\dfrac{1+\pi-e^{-\pi}}{2\pi} + \dfrac{1}{\pi}\sum\limits_{n=1}^{\infty}\left\{\dfrac{1-(-1)^n e^{-\pi}}{1+n^2}\cos nx + \left[\dfrac{n((-1)^n e^{-\pi}-1)}{1+n^2} + \dfrac{1-(-1)^n}{n}\right]\sin nx\right\}$

$= \begin{cases} f(x), -\pi < x < \pi; \\ \dfrac{e^{-\pi}+1}{2}, x = \pm\pi, \end{cases} \quad f(x+2\pi) = f(x).$

(4) $\sum\limits_{n=1}^{\infty}\dfrac{4}{n^2\pi^2}\sin\dfrac{n\pi}{2}\sin\dfrac{n\pi x}{l} = \dfrac{4}{\pi^2}\sum\limits_{k=1}^{\infty}\dfrac{(-1)^{k-1}}{(2k-1)^2}\sin\dfrac{(2k-1)\pi x}{l} = f(x), -l \leqslant x < l, f(x+2l) = f(x).$

(5) $\dfrac{1}{3} + \dfrac{\cos\pi x}{3} - \dfrac{18}{\pi}\sum\limits_{n\neq0,3}\dfrac{1}{n(n^2-9)}\sin\dfrac{n\pi}{3}\cos\dfrac{n\pi x}{3} = f(x), -3 \leqslant x < 3, f(x+6) = f(x).$

(6) $\dfrac{2}{\pi} - \dfrac{4}{\pi}\sum\limits_{n=1}^{\infty}\dfrac{\cos 2n\omega t}{4n^2-1} = f(t), -\dfrac{\pi}{\omega} < t \leqslant \dfrac{\pi}{\omega}, f\left(t+\dfrac{2\pi}{\omega}\right) = f(t).$

(7) $\dfrac{\pi^2}{3} + 4\sum\limits_{n=1}^{\infty}\dfrac{\cos nx}{n^2} = f(x), 0 < x \leqslant 2\pi, f(x+2\pi) = f(x).$

(8) $\dfrac{2}{\pi}\sum\limits_{n=1}^{\infty}\dfrac{1}{n^2}[1-(-1)^n]\cos nx = \dfrac{4}{\pi}\sum\limits_{k=1}^{\infty}\dfrac{1}{(2k-1)^2}\cos(2k-1)x = \arcsin(\cos x), x \in (-\infty, +\infty).$

36. (1) $\sum\limits_{n=1}^{\infty}\dfrac{1}{n}\sin nx = f(x), -\pi \leqslant x \leqslant \pi.$

(2) $\dfrac{A}{2} + \dfrac{A}{\pi}\sum\limits_{n=0}^{\infty}[1-(-1)^n]\dfrac{1}{n}\sin\dfrac{n\pi x}{l} = \dfrac{A}{2} + \dfrac{2A}{\pi}\sum\limits_{k=0}^{\infty}\dfrac{1}{2k+1}\sin\dfrac{(2k+1)\pi x}{l} = \begin{cases} A, 0 < x < l; \\ 0, l < x < 2l; \\ \dfrac{A}{2}, x = 0, l, 2l. \end{cases}$

(3) $\dfrac{16}{\pi}\displaystyle\sum_{n=1}^{\infty}\dfrac{n(-1)^{n+1}}{(4n^2-1)^2}\sin 2nx = x\cos x$，$-\dfrac{\pi}{2}\leqslant x\leqslant\dfrac{\pi}{2}$．提示：$b_n=\dfrac{4}{\pi}\displaystyle\int_0^{\frac{\pi}{2}}x\cos x\sin 2nx\,dx$．

(4) $1-\dfrac{\cos x}{2}+2\displaystyle\sum_{n=2}^{\infty}\dfrac{(-1)^{n+1}}{n^2-1}\cos nx = x\sin x$，$-\pi\leqslant x\leqslant\pi$．

(5) $\dfrac{4}{\pi}\left[\dfrac{1}{2}+\displaystyle\sum_{n=1}^{\infty}(-1)^{n-1}\dfrac{\cos\frac{2n\pi}{l}}{4n^2-1}\right]=\left|\cos\dfrac{\pi x}{l}\right|$，$-\dfrac{l}{2}\leqslant x\leqslant\dfrac{l}{2}$．

(6) $\dfrac{5}{2}+\displaystyle\sum_{n=1}^{\infty}\dfrac{2[(-1)^n-1]}{n^2\pi^2}\cos n\pi x=\dfrac{5}{2}-\dfrac{4}{\pi^2}\displaystyle\sum_{k=0}^{\infty}\dfrac{\cos(2k+1)\pi x}{(2k+1)^2}=2+|x|$，$-1\leqslant x\leqslant 1$．

(7) $-\dfrac{1}{4}+\displaystyle\sum_{n=1}^{\infty}\left\{\left[\dfrac{2}{n\pi}\sin\dfrac{n\pi}{2}+\dfrac{1-(-1)^n}{n^2\pi^2}\right]\cos n\pi x+\left[\dfrac{1}{n\pi}\left(1-2\cos\dfrac{n\pi}{2}\right)\right]\sin n\pi x\right\}=\begin{cases}x,& x\in[-1,0);\\ 1,& x\in(0,\frac{1}{2});\\ \frac{1}{2},& x=0;\\ -1,& x\in(\frac{1}{2},1];\\ 0,& x=\frac{1}{2}.\end{cases}$

37. (1) $\dfrac{10}{\pi}\displaystyle\sum_{n=1}^{\infty}\dfrac{2-(-1)^n}{n}\sin\dfrac{n\pi x}{5}=\begin{cases}10-x,& 0<x<5;\\ 0,& x=0,5.\end{cases}\quad\dfrac{15}{2}+\dfrac{20}{\pi^2}\displaystyle\sum_{n=1}^{\infty}\dfrac{1}{(2n-1)^2}\cos\dfrac{(2n-1)\pi x}{5}$
$=10-x$，$0\leqslant x\leqslant 5$．

(2) $\displaystyle\sum_{n=1}^{\infty}\dfrac{1+(-1)^n}{2n}\sin nx=\begin{cases}\frac{\pi}{4}-\frac{x}{2},& 0<x<\pi;\\ 0,& x=0,\pi.\end{cases}\quad\displaystyle\sum_{n=1}^{\infty}\dfrac{1-(-1)^n}{n^2\pi}\cos nx=\dfrac{2}{\pi}\displaystyle\sum_{k=1}^{\infty}\dfrac{\cos(2k-1)x}{(2k-1)^2}$
$=\dfrac{\pi}{4}-\dfrac{x}{2}$，$0\leqslant x\leqslant\pi$．

(3) $\displaystyle\sum_{n=1}^{\infty}\left[\dfrac{b}{n\pi}-\dfrac{2b}{(n\pi)^2}\sin\dfrac{n\pi}{2}\right]\sin\dfrac{n\pi}{2b}x=\begin{cases}f(x),& 0<x<2b;\\ 0,& x=0,2b.\end{cases}\quad$ 提示：$b_n=\dfrac{1}{b}\displaystyle\int_0^b\dfrac{b-x}{2}\sin\dfrac{n\pi x}{2b}dx$．$\dfrac{b}{8}+\displaystyle\sum_{n=1}^{\infty}$
$\dfrac{2b}{(n\pi)^2}\left[1-\cos\dfrac{n\pi}{2}\right]\cos\dfrac{n\pi}{2b}x=f(x)$，$0\leqslant x\leqslant 2b$．

(4) $\displaystyle\sum_{n=1}^{\infty}\left[\dfrac{4}{n^2\pi}\sin\dfrac{n\pi}{2}-\dfrac{2}{n}\cos\dfrac{n\pi}{2}\right]\sin\dfrac{nx}{2}=\begin{cases}f(x),& x\in(0,\pi)\cup(\pi,2\pi]\\ \frac{\pi}{2},& x=\pi.\end{cases}$

$\dfrac{\pi}{4}+\displaystyle\sum_{n=1}^{\infty}\left[\dfrac{2}{n}\sin\dfrac{n\pi}{2}+\dfrac{4}{n^2\pi}\left(\cos\dfrac{n\pi}{2}-1\right)\right]\cos\dfrac{nx}{2}=\begin{cases}f(x),& x\in[0,\pi)\cup(\pi,2\pi];\\ \frac{\pi}{2},& x=\pi.\end{cases}$

(5) $\displaystyle\sum_{n=1}^{\infty}\left(\dfrac{1}{n}-\dfrac{2}{n}\cos\dfrac{n\pi}{2}+\dfrac{2}{n^2\pi}\sin\dfrac{n\pi}{2}\right)\sin nx=\begin{cases}f(x),& x\in(0,\frac{\pi}{2})\cup(\frac{\pi}{2},\pi);\\ \frac{\pi}{2},& x=\frac{\pi}{2};\\ 0,& x=0,\pi.\end{cases}$

$\dfrac{3}{8}\pi+\displaystyle\sum_{n=1}^{\infty}\left(\dfrac{2}{n}\sin\dfrac{n\pi}{2}+\dfrac{2}{n^2\pi}\left(\cos\dfrac{n\pi}{2}-1\right)\right)\cos nx=\begin{cases}f(x),& x\in[0,\frac{\pi}{2})\cup(\frac{\pi}{2},\pi];\\ \frac{\pi}{2},& x=\frac{\pi}{2}.\end{cases}$

(6) $\dfrac{4T}{\pi^2}\displaystyle\sum_{n=1}^{\infty}\dfrac{1}{n^2}\sin\dfrac{n\pi}{2}\sin\dfrac{n\pi x}{T}=\dfrac{4T}{\pi^2}\displaystyle\sum_{k=0}^{\infty}\dfrac{(-1)^k}{(2k+1)^2}\sin\dfrac{(2k+1)\pi x}{T}=f(x)$，$x\in[0,T]$．

$\dfrac{T}{4}+\dfrac{2T}{\pi^2}\displaystyle\sum_{n=1}^{\infty}\dfrac{1}{n^2}\left[2\cos\dfrac{n\pi}{2}-1-(-1)^n\right]\cos\dfrac{n\pi x}{T}=\dfrac{T}{4}-\dfrac{8T}{\pi^2}\displaystyle\sum_{k=0}^{\infty}\dfrac{1}{(4k+2)^2}\cos\dfrac{(4k+2)\pi x}{T}=f(x)$，$0\leqslant x\leqslant$
T．

38. (1) $\dfrac{3}{4}+\displaystyle\sum_{n=1}^{\infty}\left[\dfrac{1-(-1)^n}{(n\pi)^2}\cos n\pi x+\dfrac{(-1)^n-2}{n\pi}\sin n\pi x\right]=x$，$x\in(1,2)$．提示：将 $g(x)=$

$\begin{cases} 0, & 0 \leqslant x < 1; \\ f(x), & 1 \leqslant x \leqslant 2 \end{cases}$ 在区间 $[0,2]$ 上展开成 $T=2$ 的傅里叶级数. (2) $\dfrac{2\pi^2}{3}+4\sum\limits_{n=1}^{\infty}(-1)^{n-1}\dfrac{\cos nx}{n^2}=\pi^2-x^2, x \in$

$[-\pi,\pi]$ 当 $x=\pi$ 时,得 $\sum\limits_{n=1}^{\infty}\dfrac{1}{n^2}=\dfrac{\pi^2}{6}$,当 $x=0$ 时,得 $\sum\limits_{n=1}^{\infty}\dfrac{(-1)^{n-1}}{n^2}=\dfrac{\pi^2}{12}$.

(3) $\dfrac{\pi^3}{4}+\sum\limits_{n=1}^{\infty}\left\{\dfrac{(-1)^n 6\pi}{n^2}-\dfrac{12[(-1)^n-1]}{n^4\pi}\right\}\cos nx=x^3, x\in[0,\pi]$, $\sum\limits_{n=1}^{\infty}\dfrac{1}{n^4}=\dfrac{\pi^4}{90}$.

41. $y=\sum\limits_{n=1}^{\infty}\dfrac{1}{n^2(2-n^2)}\cos nx$

42. (1) $\sum\limits_{n=-\infty}^{+\infty}\dfrac{i}{n\pi}[(-1)^n-1]e^{inx}=\begin{cases} f(x), & x\in(-\pi,0)\bigcup(0,\pi); \\ 0, & x=0,\pm\pi, \end{cases}$ $f(x+2\pi)=f(x)$.

(2) $\dfrac{l}{4}+\sum\limits_{\substack{n=-\infty \\ n\neq 0}}^{+\infty}\dfrac{l}{2\pi}\{\dfrac{1}{n^2\pi}[(-1)^n-1]+i\dfrac{(-1)^n}{n}\}e^{\frac{n\pi}{l}x}=\begin{cases} f(x), & x\in(-l,l); \\ \dfrac{l}{2}, & x=\pm l, \end{cases}$ $f(x+2l)=f(x)$.

(3) $\dfrac{\pi}{2}+\sum\limits_{\substack{n=-\infty \\ n\neq 0}}^{+\infty}\dfrac{(-1)^n-1}{n^2\pi}e^{-inx}=|x|$ $x\in[-\pi,\pi]$.

45. 提示:利用 $\dfrac{1}{x}>\ln(1+\dfrac{1}{x})(x\geqslant 1)$,由交错级数的莱布尼兹定理.

46. 提示:$x_n\in(n\pi,\dfrac{\pi}{2}+n\pi)(n=1,2,\cdots)$.

48. (1) $y(x)=x-x^2+2x^3+\cdots$, (2) $y(x)=\dfrac{x}{1+\alpha}+\dfrac{\alpha x^3}{3!(1+\alpha)^4}+\dfrac{(9\alpha^2-\alpha)x^5}{5!(1+\alpha)^7}+\cdots$.

49. $a=-\dfrac{1}{2},b=-2,y_1-y_2=-\dfrac{1}{6}x^3+\cdots$.

51. **延拓后的函数** $F(x)=\begin{cases} f(x), & x\in(0,\dfrac{\pi}{2}); \\ -f(\pi-x), & x\in(\dfrac{\pi}{2},\pi); \\ f(-x), & x\in(-\dfrac{\pi}{2},0); \\ -f(\pi+x), & x\in(-\pi,-\dfrac{\pi}{2}). \end{cases}$

习题十四

§1

1. $\dfrac{8}{3}$. 3. (1) $\int_y^{y^2}-x^2e^{-x^2y}dx+2ye^{-y^5}-e^{-y^3}$; (2) $\dfrac{2}{y}\ln(1+y^2)$.

4. $\varphi''(y)=\begin{cases} 2f(y), & \text{当 } y\in[a,b]; \\ 0, & \text{当 } y\bar\in[a,b]. \end{cases}$ 5. $(n-1)!f(y)$. 6. $\int_0^{2\pi}tf(t\cos\theta,t\sin\theta)d\theta$.

§2

8. (1) 一致收敛,(2) (i) 一致收敛;(ii) 不一致收敛.

9. (1) $\dfrac{1}{2}\ln\dfrac{y^2+k^2}{k^2}$,(2) $\sqrt{\pi}\,y$,(3) $\dfrac{\sqrt{\pi}}{2}e^{-2y}$.

§3

11. $\dfrac{ab}{2n}-\dfrac{\Gamma^2(\dfrac{1}{n})}{\Gamma(\dfrac{2}{n})}$.